U0904785

新农村建设
环境污染治理技术与应用

Environmental Pollution Control Technology and its Application in New Rural Construction

周家正　主　编

魏俊峰　阎振元　张卓然　副主编

科学出版社

北　京

图书在版编目(CIP)数据

新农村建设环境污染治理技术与应用／周家正主编. —北京：科学出版社，2010. 10

ISBN 978-7-03-029078-6

Ⅰ. ①新…　Ⅱ. ①周…　Ⅲ. ①农业环境－环境污染－污染防治－中国　Ⅳ. ①X322. 2

中国版本图书馆 CIP 数据核字（2010）第 187949 号

责任编辑：牛　玲　刘希胜／责任校对：陈玉凤

责任印制：赵德静／封面设计：无极书装

科学出版社 出版

北京东黄城根北街16号

邮政编码:100717

http://www.sciencep.com

双青印刷厂 印刷

科学出版社发行　各地新华书店经销

*

2010 年 10 月第　一　版　开本：B5（720 × 1000）

2010 年 10 月第一次印刷　印张：39　插页：4

印数：1—3 000　　字数：745 000

定价：98. 00 元

（如有印装质量问题，我社负责调换〈双青〉）

《新农村建设环境污染治理技术与应用》编委名单

主　编　周家正

副主编　魏俊峰　阎振元　张卓然

编　委　（按姓氏笔画排序）

于淑萍　大连大学

吕福荣　大连大学

朱志祥　国家环境保护农业废弃物综合利用工程技术中心

朱新宇　大连市环境保护局

严良政　国家环境保护农业废弃物综合利用工程技术中心

李　慧　大连市环境科学设计研究院

张　晶　大连大学

张　令　大连市环境科学设计研究院

张卓然　大连医科大学

陈丽荣　大连大学

杨玉锁　大连大学

周家正　大连金水微生物工程研究所

郑国侠　大连大学

侯关运　大连金水微生物工程研究所

阎振元　国家环境保护农业废弃物综合利用工程技术中心

魏俊峰　大连大学

序

党的十六届五中全会提出了推进社会主义新农村建设的历史任务，这是在当前社会主义建设关键时期我们必须承担和完成的一项重要的使命。在努力做到生产发展、生活富裕的同时，治理污染、节约资源、改善农村生态环境是实现乡风文明、村容整洁、全面建设小康社会的重要任务，也是实现人与环境和谐发展的必然要求。

目前，农业资源日趋减少和退化，农村基础生活设施建设和环境管理滞后造成生活污染加剧、水土流失严重、水资源紧缺，农村环境污染带来生态环境质量不断恶化。在这种情况下，如何进行新农村建设，如何在发展农业经济的同时保护农村的生态环境，如何保障农民的生活和身体健康，这涉及农业、农村和农民的“三农”问题，是摆在环保工作者面前的一个难题，但是专门介绍农村环境建设的书籍却寥寥无几。

周家正从事农村环保及清洁设备的研发工作有 20 余年，积累了丰富的工作经验和科研成果，具有较高的学术水平和创新思路。他主编的《新农村建设环境污染治理技术与应用》一书，全面阐述新农村建设中的环保设计与治理，包括农村污水、垃圾废物、人畜粪便等污染物的治理技术与应用，并根据农村居住分散、污染源复杂、污染严重和治理的投资力度不大等特点，提出关于农村急需的、切实可行的治理技术与措施，主张农村污染要从源头进行治理，推荐了单元式和移动式的设计、生物与膜技术有机结合等新技术和新理念；并对某些前沿问题进行了有益的探索和尝试。该书是环保学科的基础理论与应用实践相结合的范本，既新颖又实用，使读者能获得新的启迪和灵感，特别是在新农村建设中具有重要的参考价值和指导意义，将促进农村环境污染治理工作的健康发展，加快新农村建设的步伐。

对有志投身于社会主义新农村建设的环保工作者和工程技术人员来说，《新农村建设环境污染治理技术与应用》一书不仅是案头的工具，也应该是工作的伴侣。

于越峰

中国环境保护产业协会副会长

2010 年于北京

前　　言

中国是一个发展中的农业大国，农业是中国的第一产业，作为能解决穿衣吃饭问题的农业发展举足轻重。在2010年的中央一号文件中提到“夯实打牢农业农村发展基础，协调推进工业化、城镇化和农业现代化，努力形成城乡经济社会发展一体化新格局”。但在新农村建设的道路上，在农村城镇化的进程中，仍然看到农村经济发展滞后的影子。目前，我国农村仍有3.6亿人的饮用水不安全，即占40%的农村人口尚未解决饮水问题；乡镇企业和畜禽养殖场的点源污染，现代农业生产带来的面源污染；农村每年产生1.2亿t生活垃圾几乎是露天堆放，农村生活污水日排放量达2320.5万t，而且几乎全部直排；城市垃圾及工业污水等逐渐向农村蔓延。面对这些问题我们该怎么做？我们能否为新农村的建设提点建议，能否为农村的环保事业提供一些方法与技术？我们想用多年来在农村环境污染治理方面的一些科研成果为新农村建设出点主意，这就是我们编写此书的初衷。作为从事农村环保工作的人员应以科学发展观为指导，以改善农村环境质量为目标，以清洁家园、清洁水源、清洁田园、清洁能源为己任。我们期待着阳光明媚、蓝天碧水的新农村的出现。

本书共三篇22章。第一篇论述新农村建设与环境保护，介绍关于农村环境污染治理的法规；第二篇为农村环境污染治理基本技术；第三篇论述农村环境污染治理应用技术，针对新农村建设环境污染中最急需解决的技术问题，介绍对农村生活垃圾、人与畜禽粪便、生活污水等的规范处理模式和治理技术，还有农村饮用水、畜禽粪便治理的综合利用，以及具有特色的单元式农村污水处理站等成功的应用实例。本书的特点是从中国农村的实际出发，坚持以基础理论和应用实践相结合；内容向实际应用倾斜，向成熟技术倾斜；做到内容深入浅出、通俗易懂、图文并茂。

本书在编写过程中得到大连市环境科学设计研究院、大连大学、大连金水微生物工程研究所等单位的支持，金水微生物工程研究所的曲新、李岩、田雪等为本书收集资料和录入，王沥濾为本书绘制了全部新添的插图，在此一并表示感谢。

本书由于编写时间仓促，加之作者的技术水平和编写能力有限，不足之处在所难免，恳请广大读者与同仁批评指正。

周家正

2010年5月

本书常用术语缩写

英文缩写	英文全文	中文
AF	anaerobic filter	厌氧滤池
AOB	ammonium oxidizing bacteria	氨氧化菌
ASC	activated sludge culture	活性污泥培养
ASP	activated sludge process	活性污泥法
BABE	bioaugmentation batch enhanced	生物强化／间接富集
BATOW	biological aerobic treatment of wastewater	废水好氧生物处理
BOD	biological oxygen demand	生物需氧量
BRD	biological rotating disk	生物转盘
BTOW	biological treatment of wastewater	废水生物处理
COD	chemical oxygen demand	化学需氧量
DO	dissolved oxygen	溶解氧
ED	electrodialyzer、electrodialysis	电渗析器、电渗析法
EM	eubiosis microbiota	生态菌群
HRT	hydraulic retention time	水力停留时间
MBR	membrane bioreactor	膜生物反应器
MF	microfiltration	微滤
MLSS	mixed liquor suspended solids	混合液悬浮固体浓度
MLVSS	mixed liquor volatile suspended solids	混合液挥发性悬浮固体浓度
MST	membrane separation technique	膜分离技术
NF	nanofiltration	纳滤
NH_3-N	ammonia-nitrogen	氨态氮

续表

英文缩写	英文全文	中文
NOB	nitrite oxidizing bacteria	亚硝酸氧化菌
N-organ	organic- nitrogen	有机氮
NTU	nephelometric turbidity unit	散射浊度单位
PCP	pentachlorophenol	五氯酚
Poly-P	phosphorus polymer	聚合磷
P-organ	organic phosphorus	有机磷
PST	primary sedimentation tank	初次沉淀池
RO	reverse osmosis	反渗透
ROP	reverse osmosis process	反渗透法
SBR	sequence batch reactor	序批式活性污泥法
SRT	biological solids retention	生物固体停留时间
SRT	sludge retention time	固体污泥停留时间
SS	suspended solid	悬浮固体浓度
SST	secondary sedimentation tank	二次沉淀池
SVI	sludge volume index	污泥容积系数（污泥指数）
THOD	theoretical oxygen demand	理论需氧量
TKN	total Kjeldahl nitrogen	总凯氏氮
TN	total nitrogen	总氮
TOC	total organic carbon	总有机碳
TOD	total oxygen demand	总需氧量
TP	total phosphorus	总磷
TS	total solids	总固体
UASB	upflow anaerobic sludge blanket	升流式厌氧污泥
UF	ultra filtration	超滤

目　　录

序
前言
本书常用术语缩写

第一篇　新农村建设与环境保护

第一章　农村环境污染现状与新农村建设 …… 3
　第一节　农村生态环境及环境的污染 …… 3
　第二节　新农村建设现状 …… 8
　第三节　新农村环境污染治理的特点及前景展望 …… 11
第二章　新农村环境污染治理的相关法律及环保政策和措施 …… 16
　第一节　农村饮用水安全相关的法律法规及环保政策 …… 16
　第二节　农村生活污水及垃圾治理相关政策 …… 20
　第三节　农药、化肥使用相关的法律法规及要求 …… 22
　第四节　畜禽粪便处理的相关法律法规和规章 …… 23
　第五节　加强法制建设、规划农村发展 …… 25

第二篇　农村环境污染治理基本技术

第三章　污染治理技术简介 …… 31
　第一节　饮用水安全与污水污染控制技术 …… 31
　第二节　固体废物污染防治技术 …… 57
第四章　水的物理处理 …… 62
　第一节　格栅和筛网 …… 62
　第二节　沉淀的基础理论 …… 66
　第三节　沉砂池 …… 71
　第四节　沉淀池 …… 75
　第五节　隔油和破乳 …… 84

第六节　浮上法 …… 87

第五章　水的化学处理 …… 97

第一节　混凝 …… 97

第二节　深层过滤 …… 103

第三节　吸附法 …… 109

第四节　离子交换 …… 118

第五节　萃取 …… 126

第六节　消毒 …… 130

第六章　废水生物处理的基本原理 …… 138

第一节　废水生物处理的微生物学基础 …… 139

第二节　废水生物处理的微生物学原理 …… 171

第三节　废水的好氧生物处理 …… 183

第四节　废水的厌氧生物处理 …… 193

第七章　废水好氧生物处理（1）——活性污泥 …… 199

第一节　基本概念 …… 199

第二节　活性污泥法的运行方式 …… 205

第三节　气体传递原理和曝气系统 …… 215

第四节　活性污泥系统的工艺设计 …… 222

第五节　活性污泥法的运行管理 …… 225

第八章　废水好氧生物处理工艺（2）——生物膜法 …… 230

第一节　生物膜法的基本原理 …… 230

第二节　生物滤池 …… 233

第三节　生物转盘 …… 238

第四节　生物接触氧化法 …… 241

第五节　生物流化床 …… 243

第九章　厌氧生物处理工艺 …… 247

第一节　厌氧生物处理法的基本原理 …… 248

第二节　厌氧生物处理法的工艺 …… 253

第十章　天然生物处理工艺 …… 266

第一节　稳定塘 …… 266

第二节　污水土地处理系统 …… 272

第三节　人工湿地 …… 277

第十一章　生物脱氮除磷系统 …… 283

第一节　废水中氮的来源及危害 …… 283

第二节　微生物脱氮 …… 286

第三节　微生物除磷 …… 300

第四节　废水同步除磷脱氮工艺 …… 309

第十二章　水处理新技术的发展和前景 …… 312

第一节　生物强化技术 …… 312

第二节　膜-生物反应器处理工艺 …… 333

第三节　生物处理技术的发展和展望 …… 349

第十三章　固体废物的管理系统 …… 359

第一节　固体废物的概念、来源及分类 …… 359

第二节　固体废物的管理系统 …… 361

第三节　固体废物对人类环境的危害 …… 372

第四节　小城镇垃圾的收集、运输 …… 374

第十四章　固体废物处理技术 …… 378

第一节　固体废物的压实技术 …… 378

第二节　固体废物的破碎技术 …… 380

第三节　固体废物的分选技术 …… 389

第四节　固体废物的脱水与干燥 …… 401

第五节　危险废物的化学处理和固化 …… 404

第十五章　小城镇生活垃圾处理 …… 407

第一节　垃圾堆肥处理 …… 407

第二节　垃圾的热解处理 …… 415

第三节　垃圾的焚烧处理 …… 420

第四节　垃圾填埋 …… 425

第十六章　污泥与放射性固体废物的处理 …… 428

第一节　污泥处理技术 …… 428

第二节　放射性固体废物的处理 …… 437

第十七章　固体废物资源化和最终处置 …… 442

第一节　材料回收系统 …… 442

第二节　生物转化产品的回收 …… 444
第三节　固体废物的最终处置 …… 449

第三篇　农村环境污染治理应用技术

第十八章　农村垃圾的处理 …… 461
第一节　农村的垃圾问题 …… 461
第二节　农村垃圾的处理模式 …… 463
第三节　农村垃圾处理的建议 …… 468
第十九章　农村生活污水处理工艺 …… 471
第一节　农村生活污水污染现状 …… 471
第二节　农村生活污水的水质特征和排放特点 …… 471
第三节　适合农村生活污水处理的工艺 …… 473
第四节　农村生活污水处理工艺的发展前景 …… 478
第二十章　农村人粪便的处理及生态厕所 …… 481
第一节　农村的粪便处理现状 …… 481
第二节　生态卫生厕所 …… 497
第二十一章　畜禽粪便的处理与资源化 …… 504
第一节　畜禽粪便的污染特性、治理目标及管理体系 …… 504
第二节　畜禽粪便的收运和预处理 …… 513
第三节　畜禽粪便臭气的控制技术 …… 517
第四节　畜禽粪便污水处理模式与技术 …… 521
第五节　畜禽粪便的资源化技术 …… 537
第二十二章　新农村建设环境污染治理技术推荐 …… 545
第一节　农村饮用水现状和实用处理技术 …… 545
第二节　膜生物反应器在污水处理方面的应用 …… 557
第三节　畜禽粪便处理设备与有机肥生产 …… 566
第四节　农村沼气发酵及综合利用技术 …… 577
第五节　高效复合生物反应器 …… 592
第六节　生物反应器与膜技术相结合的单元式农村污水处理站 …… 599
索引 …… 606
彩图

第一篇　新农村建设与环境保护

第一章　农村环境污染现状与新农村建设

第一节　农村生态环境及环境的污染

一、我国农村的生态环境

生态环境是人类赖以生存和发展的基本条件，是农业生产和农村经济发展的基础。我国长期以来，地域和人口的重点都在农村。改革开放以后，农村经济的不断发展、农业综合开发规模和乡镇工业对资源的利用强度在日益扩大，使农村本来就短缺的资源和脆弱的生态环境面临着越来越大的压力。保护和建设好生态环境、建设良性循环的生态农业、实现农业可持续发展，是我国现代化农业建设的一项基本方针。近年来，我国政府在环境保护方面做出了巨大的努力。生态农业建设、环境保护和绿色食品生产得到了重视和加强，促使我国农业经济继续保持稳定增长的良好态势。但是，不能不看到，我国农村所面临的生态环境形势还相当严峻，水源污染、水土流失、荒漠化、森林和草地功能衰退等生态问题比较突出。

1. 农业资源日趋减少和退化

农业资源在日趋减少和退化，主要原因是：①工业化、城镇化进程使耕地减少。自 1998 年以来，工业化、城镇化以及其他各种原因的非农业使用土地等使耕地面积大幅度减少，年均减少超过 66.7 万 hm^2，部分沿海省（直辖市）的人均耕地面积已经低于联合国粮食及农业组织提出的 0.8 亩（1 亩 =1/15hm^2）警戒线。②环境污染造成耕地减少。我国酸雨面积已占国土面积的 40% 以上；重金属污染面积至少有 2000 万 hm^2，农药污染面积 1300 万 ~1600 万 hm^2；我国因固体废物堆放而被占用和毁损的农田面积达 13.3 万 hm^2 以上。③农田退化：我国目前土地质量差、退化严重的区域也就是我国生态环境恶化严重的区域，我国农田退化面积占农田总面积的 20%。

2. 水土流失日趋严重

由于森林、草地被严重破坏，水域、湿地的不适当开垦，我国目前水土流失面积达3.67亿hm^2，占国土总面积的38%，而且还在以每年100万hm^2的速度递增，全国每年因水土流失而损失的土壤为50亿t，带走的N、P、K营养元素超过了全国年产化肥的总量；因水土流失而毁掉的耕地达27亿hm^2，年均损失约600万hm^2。我国水土流失的特点是：流失面积大，波及范围广，发展速度快，侵蚀模数高，泥沙流失量大，危害严重。

3. 草原退化、土地荒漠化加速发展

由于持续干旱和超载放牧，加之牧区水利建设长期滞后等原因，我国草原退化、沙化严重。全国牧区饲草料灌溉面积仅占可利用草原面积的0.4%，与20世纪80年代初相比，天然草原载畜能力下降了约30%，而载畜量却增加了46%。目前全国牧区2.248亿hm^2，可利用草原近90%出现不同程度的退化、沙化。一些生态严重恶化的地区，河流断流、湖泊干涸、湿地萎缩、绿洲消失，生物多样性减少，有的地方丧失了人类基本居住条件。近5年来，牧区已有26万人不得不搬迁移居。同时，我国土地荒漠化正在加速发展。全国荒漠化面积26 220万hm^2，占国土总面积的27.3%。目前沙漠化土地以每年24.6万hm^2的速度发展，因此而造成的草场退化达84.188亿hm^2，耕地退化达2.838亿hm^2，造成了巨大的经济损失和严重的生态后果。

4. 淡水资源严重紧缺

我国是世界公认的贫水国。目前农村水资源的特点是：① 缺水严重，全国农田平均受旱面积由20世纪70年代的170亿hm^2，增加到1997年的500亿hm^2。每年因缺水造成的粮食减产750亿～1000亿kg；每年有1400亿hm^2草场缺水；有约8000万农村人口和4000多万头牲畜饮水困难。② 水利用效率低，水资源浪费严重。目前我国农业灌溉水的利用系数仅为0.3～0.4，水的粮食生产效率为$0.8kg \cdot m^{-3}$，不及发达国家的一半。③ 开采利用不合理，加上河流的上、下游用水缺乏科学规划和统筹调度，近年来，在缺水地区争水、断流经常发生，导致环境退化严重、旱化加剧、生物多样性受损。对地下水的掠夺性开采，引起了一系列的生态退化问题。

5. 内源性环境污染带来的生态问题

由农药、化肥、农膜、兽药、粪便及秸秆引起的污染为内源性环境污染(endogenous environment pollution)。农村经济的发展，使这些内源性污染物的使用量大大增加，已对农村环境造成了严重的面源污染，许多河道发黑，河岸杂草丛生，垃圾成堆；不少农田土壤层有害元素含量超标、板结硬化，农村水环境的

恶化不仅危及农民的身体健康，也影响了农产品的安全。许多乡村特别是乡镇企业发达地区和开发项目比较多的地区，很难找到"一块净土"、"一方净水"。现在很多地方大力开展农村旅游业，从某种程度上，农村旅游业是推动了农村经济的发展，增加了当地人民的人均收入，提高了当地人民的生活水平，但同时也给环境带了严重的污染。要发展旅游业，首先就要解决交通、餐饮、住宿、娱乐、购物等方面的问题，但环境污染也随之产生，比如对大气的影响、对水体环境的影响、噪声污染、对动植物的破坏和干扰、对景观环境的破坏等方面。

6. 人口增长给生态环境带来的压力

人口的增长始终是我国农村生态环境改善和农村经济发展的一大制约因素。我国的许多生态问题、环境问题，无不与人口重负这个问题直接相关。例如，在生态环境十分脆弱的贵州，人口增长过快，毁林毁草开荒严重。有的地区将地平35°以上的陡坡加以开垦，造成水土流失、水灾、旱灾越来越严重。在素有"北大荒"之称的三江平原，为解决人口增长过快对粮食的需求，经过45年的大面积开发，垦殖率已由1949年的7.22%增至2004年的18.21%，但是森林覆盖率也由1949年的30.41%降到2004年的18.21%，湿地面积减少386万hm^2之多。滥垦乱伐的结果使得该地区的生物、淡水、土地等资源衰退，生态环境恶化。农村生态环境的保护，是关系农村经济和社会发展的大事，不仅直接影响当代人民的生活环境，而且将影响子孙后代的健康。因此农村生态环境的保护应该成为发展社会主义新农村建设的战略重点。

二、我国农村环境污染现状

农村环境是指以农村居民为中心的乡村区域范围内，各种天然的和人工改造的自然因素的总体。农村环境包括该区域内的土地、大气、水、动植物、交通道路、设施、构筑物等。随着我国现代化进程速度的加快，在城市环境日益改善的同时，农村环境污染问题越来越突出。尤其是在工业化和城镇化程度较高的东部发达地区，农村环境质量下降与经济社会发展已形成了强烈的反差。农村环境污染问题对农村社会发展和农民福利改善的阻碍也将日趋明显。

根据污染物产生来源和性质，可将农村环境污染分为点源污染、面源污染和生活污染三类。点源污染是由乡镇企业和集约化畜禽养殖场等布局不当、治理不够而产生企业与养殖场周围的工业污染和畜禽粪便的污染；面源污染是在现代农业生产中使用化肥、农药、地膜等造成的各类污染；生活污染是由小城镇和农村聚居点的基础设施建设和环境管理滞后而产生的各种垃圾与污水的污染。

1. 我国农村的点源污染

乡镇企业和集约化养殖场布局不当、污染治理不够导致的污染，是农村环境污染中对农村人群健康危害最直接的污染。农村工业化是中国改革开放 30 多年经济增长的主要推动力，在县域经济发达的浙江、江苏等东部发达地区表现得尤为明显。这种工业化实际上是一种以低技术含量的粗放经营为特征、以牺牲环境为代价的反集聚效应的工业化，村村点火、户户冒烟，不仅造成污染治理困难，还导致污染危害更加直接。目前，我国乡镇企业废水 COD 和固体废物等主要污染物排放量增高，已占工业污染物排放总量的 50% 以上，而且乡镇企业布局不合理，污染物处理率也显著低于工业污染物平均处理率。与乡镇企业污染类似的，是近些年来集约化畜禽养殖带来的污染问题。在人口密集地区，尤其是经济发达地区，居民消费能力强，农牧业的发展空间受到限制，集约化的畜禽养殖场迅速发展起来。对环境影响较大的大中型集约化畜禽养殖场约 80% 分布在人口比较集中、水系较发达的东部沿海地区和诸多大城市周围。由于这些地区可供利用的环境容量小（没有足够的耕地消纳畜禽粪便，生产地点离人的聚居点近或者处于同一个水资源循环体系中），加之其规模没有得到有效控制，养殖业规模还在不断发展，一些地区养殖总量已经超过了当地土地负荷警戒值，养殖业的不合理布局也严重破坏了农村和城镇居民的生活环境。大多数养殖场粪便、污水的储运和处理能力不足，90% 以上的规模化养殖场没有污水防治设施，大量粪便、污水不经任何处理直接排入水体，加速了我国水体富营养化趋势，并危及地下水源。畜禽粪便中所含的病原体对人群健康的威胁也更直接。

2. 我国农村的面源污染

现代化农业生产某些手段的过度使用所带来的污染是目前对农村环境影响最大的污染。我国人多地少，土地资源的开发已接近极限。多年来，人口数量的增加，对于农产品的需求量不断增加，为此，只有通过化肥、农药的大量使用来提高粮食、蔬菜等的单产量。加之改革开放以后，农村经济逐渐发展起来，化肥、农药、地膜等的使用量随着迅猛发展的果蔬产业而大幅度增加，使得我国成为世界上使用化肥、农药数量最大的国家。农药、化肥及地膜等的大量采用，对自然环境造成严重污染，敲响了生态灾难的警钟。

目前，我国农村的施肥结构普遍不合理，导致农药的生物利用率低，流失率高，流失的农药大部分进入水体、土壤中，使自然环境受到不同程度的污染。农药污染严重破坏了生态平衡，威胁生物多样性。目前我国化肥年使用量达 4124 万 t，按播种面积计算，平均每公顷化肥施用量达 400kg 以上，远远超过发达国家为防止化肥对水体污染而设置的每公顷225kg的安全上限。其中，氮肥平均利用率为30%～40%，磷肥为10%～20%，钾肥为35%～50%。化肥的流失加剧了湖泊和海洋等水体的富营养化，造成地下水和蔬菜中硝态氮含量超标，影响土壤的自净能力。有关调查显示，化肥和农药造成的污染已经使我国东部地区的水环境污染从常规的点源污染型转向面源与点源结合的复合污染型，还直接破坏农业伴随型生态系统，对诸多野生动物的生存形成巨大的威胁。同时，由于大棚农业的普及，地膜污染也在加剧。我国的地膜用量和覆盖面积已居世界首位，2005年地膜用量超过180万t，地膜污染的危害在发达地区已很突出。据浙江省环境保护局2002年的局部调查显示，被调查区地膜平均残留量为$3.78t \cdot km^{-2}$，造成减产损失达到产值的20%左右。地膜的大量使用所带来的“白色污染”，使农田土壤结构破坏、养分减少、地力下降，随着中西部农业现代化的进展，这类污染在中西部粮食主产区也已经出现。

另外，还有一些是农业现代化导致的衍生污染。例如，由于化肥的普及以及燃料结构的调整，农民通常将秸秆一烧了之，使其由宝变废，还产生大量的温室气体，由此产生的空气污染不仅影响农村环境，也对城市环境造成了很大危害。总之，现代化农业生产方式导致的污染影响面大，且易于通过水、大气、食品等媒介影响到城市人口，因此可视为影响最大的农村环境污染。

3. 小城镇和农村聚居点的生活污染

村镇等农村聚居点因缺乏合理规划和环境管理滞后造成的生活污染，是目前农村环境污染中最敏感、最直观的污染。随着现代化进程的加快，农村聚居点规模迅速扩大。但在“新镇、新村、新房”建设中，规划和配套基础设施建设未能跟上。环境规划缺位或规划之间不协调，只重视编制城镇总体建设规划，忽视了与土地、环境、产业发展等规划的有机联系；由于缺少规划，城镇和农村聚居点或者习惯性地沿公路带状发展，或者与工业区混杂。小城镇和农村聚居点的生活污染物则因基础设施和管理制度的缺失，一般直接排入周边环境中，造成严重的“脏乱差”现象。例如，大多数村镇没有无害化垃圾填埋场，生活垃圾被随意抛弃在河塘或低洼地，不仅影响城镇卫生，也造成河流淤积，污染水体，使农村聚居点周围的环境质量严重恶化。据建设部2005年对全国74个行政村的抽样调查，96%的村庄没有排水沟渠和污水处理系统，89%的村庄将垃圾堆放在房前屋后、坑边路旁，甚至水源地、泄洪道、村内外池塘，无人负责垃圾收集与处理。浙江省环境保护局2002年进行的局部调查表明，除了大气污染指标外，农村聚居点的其余环境要素指标已劣于城市。此外，农村医疗垃圾污染也很严重，绝大部分城镇的生活污水未经处理而直接排入河道，成为农村内河水污染的主要来源。据统计，全国农村生活污水日排放量为2320.5万t，其中总氮日排放量约为283.1t，总磷约为56.6t，很容易造成水体的富营养化。

尤其值得注意的是，在我国农村现代化进程较快的地区，这种基础设施建设和环境管理落后于经济和城镇化发展水平的现象，并没有随着经济水平的提高而改善，其对人群健康的威胁在与日俱增。由于农村聚居点是农民的主要生活场所，就民意而言，这类污染是最敏感、最直观的，因此应被列为农村环境管理和治理的首位污染。

综上所述，农村生态环境问题种类繁多、分布面广、治理难度大，它已不是农民自己能解决的问题。如不及早重视、防范和治理，将会造成比现在城市生态环境更复杂、更有害、更难治理的被动局面。各级政府和职能部门应将加强农村生态环境的保护摆上议事日程的重要位置，制定政策，研究措施，落实目标责任等。

第二节　新农村建设现状

一、我国新农村建设的内涵

1. 新农村建设的主要内容

建设社会主义新农村不是一个新概念，20世纪50年代以来曾多次使用过类似提法，但在新的历史背景下，党的十六届五中全会提出的建设社会主义新农村，具有更为深远的意义和更加全面的要求。十六届五中全会对新农村建设提出了“生产发展、生活宽裕、乡风文明、村容整洁、管理民主”的20字方针。这20字方针既是我国新农村建设长期的奋斗目标，也是新农村建设的必由之路，各个方面相互联系、互为因果。其主要包括以下几个方面：①发展经济、增加收入。这是建设社会主义新农村的首要前提。要通过高产高效、优质特色、规模经营等产业化手段，提高农业生产效益。②建设村镇、改善环境。包括住房改造、垃圾处理、安全用水、道路整治、村屯绿化等内容。③扩大公益、促进和谐。要办好义务教育，使适龄儿童都能入学并受到基本教育；要实施新型农村合作医疗，使农民享受基本的公共卫生服务；要加强农村养老和贫困户的社会保障；要统筹城乡就业，为农民进城提供方便。④培育农民、提高素质。要加强精神文明建设，倡导健康文明的社会风尚；要发展农村文化设施，丰富农民的精神文化生活；要加强村级自治组织建设，引导农民主动有序参与乡村建设事业。具体而言，所谓“新农村”包括5个方面，即新房舍、新设施、新环境、新农民、新风尚。这五者缺一不可，共同构成社会主义“新农村”的范畴，即要因地制宜地建设各具民族和地域风情的居住房，而且房屋建设要符合“节约型社会”的要求；要完善基础设施建设，道路、水电、广播、通信、电信等配套设施要俱全，让现代农村共享信息文明；生态环境良好、生活环境优美，尤其在环境卫生的处理能力上要体现出新的时代特征；使农民具备现代化素质，成为有理想、有文化、有道德、有纪律的“四有农民”；要移风易俗，提倡科学、文明、法治的生活观，加强农村的社会主义精神文明建设。

2. 新农村建设的意义

我国是一个拥有9亿农村人口的农业大国，长期以来，农业、农村、农民（三农）问题一直是决定我国全面建设小康社会进程和现代化进程的关键性问题，也是关系党和国家工作全局的根本性问题。没有农业的牢固基础和农业的积累与支持，就不可能有国家的自立和工业的发展；没有农村的稳定和全面进步，就不可能有整个社会的稳定和全面进步；没有农民的小康就不可能有全国人民的小康。农业丰，则基础牢；农村稳，则社会安；农民富，则国家昌。只有9亿农民全员加入现代化进程，才能盘活国民经济全局，实现可持续发展；只有广大农村的落后面貌明显改变，才能实现更大范围、更高水平的小康。为此，党中央审时度势，在十六届五中全会上作出了建设社会主义新农村的重大战略决策，为今后我国农村勾画出了“生产发展、生活富裕、乡风文明、村容整洁、管理民主”的新蓝图。新农村的建设是确保我国现代化建设顺利推进的必然要求，新农村的建设是全面建设小康社会的重点任务，新农村的建设是保持国民经济平稳快速发展的持久动力，新农村的建设是构建社会主义和谐社会的重要基础。

二、我国新农村的建设现状

1. 新农村建设已取得的成绩

目前，我国新农村建设已取得了很大的成绩，农村社会的生存环境普遍得到了改善，主要表现为：①增强了基础设施的建设。公路交通、输电用电、电话网络等基础设施建设较好，村乡之间一般都通了水泥公路，电话普及率在95%以上，靠近城镇的农村有的也连通了宽带网络。②经济生活方面得到改善。农村家庭收入普遍提高，生活水平大有改善。一般农民家庭全年总支出在1万元以上，多则达3万~4万元，农民全年人均纯收入一般为2000~4000元，多则有达8000元以上。农业人口中农民工比例高，农民外出打工比例一般占当地总人口的40%以上，占青壮年劳动力的70%以上，打工收入一般占农民家庭收入的80%以上。也有农民在沿海城市自主创业，有的办公司，有的从事各种零售、家具制造、发艺与餐饮服务等，自主创业者的收入一般年人均收入在 2 万元以上。③社会福利建设方面，住房条件大有改善。80% 以上的农民住上了钢筋水泥砖瓦房，住房面积达到当地一般标准。普遍参与合作医疗，大部分村庄的参加率在 95% 以上。低保制度基本建立，原五保户全部纳入低保范围。农村老龄化尚不严重，一般以子女养老为主。④文化教育与思想道德建设方面。农民素质不断提高，农民工普遍受到发达地区文明社会和文化风尚的影响，思想观念更加开放，对生活有更乐观的预期。义务教育完成达标率一般在 80% 以上，有许多村庄达到 100%。⑤ 农村生态环境普遍得到改善，生态系统逐渐恢复，能源利用由木材、草、糠逐渐为电与燃气所取代，人均耕地面积为 0. 8 ~ 2. 0 亩不等。由于城镇化速度加快，农村人口转移数量日益增多，也由于沿海经济发达，就业机会多，就业工资较高，去沿海打工的农民工数量也居高不下，致使农村资源环境负担减轻。

2. 新农村建设中仍存在的问题

在新农村建设逐渐发展完善的同时，也存在着一些问题，主要表现为：①村庄建设缺乏整体规划。一方面，农民往往根据合作化以前的土地产权建房，另一方面，土地批租时缺乏规划，整个村庄显得杂乱无序，严重影响各种基础设施建设，也有欠美观。②水泥公路与公交系统尚未完善，有的地方公路损坏极其严重，一方面在于缺乏日常维护与管理，另一方面直接与公路质量相关。③有线电视还没有普及，宽带网络极其有限。除家庭电视与体力劳动外，文化娱乐健身设施欠缺。消防设施、太阳能利用、沼气利用等方面尚需加强。④清洁饮水严重缺乏，基本没有自来水，有自来水的地方自来水也没有经过科学净化；井水尚未经过技术检测鉴定合格就直接饮用。据相关的调研报告指出，113 个环保重点城市的 222 个地表饮用水源地平均水质达标率只有 72%；我国农村有 3 亿多人的饮用水不安全，其中饮用高氟水的 6300 多万人中有近 3000 万人出现病症，因饮用高砷水致地方性砷中毒的病区人口有 200 多万，有 3800 多万人饮用苦咸水，1100 多万人的饮用水受到血吸虫威胁。经过 10 余年的努力，农村饮用自来水人口比例已由 1987 年的 20. 6% 上升为 2003 年的 58. 2%，年均增幅约 2. 4 个百分点，但 2000 年后年均增幅减缓为 1 个百分点。中国农村人口基数庞大，要解决剩余的超过 40% 农村人口的安全饮水问题，难度更大，困难更多。⑤ 生态文明建设方面。废物与污物处理欠缺，厕所建设不合理，没有良好的排污系统，生态农村与生态文明意识薄弱，生态经济不发达。农村地区基础生活设施建设和环境管理的滞后造成生活污染加剧。每年产生的约 1. 2 亿 t 的农村生活垃圾几乎全部露天堆放；每年产生的超过 2500 万 t 的农村生活污水几乎全部直排，使农村聚居点周围的环境质量严重恶化。

第三节　新农村环境污染治理的特点及前景展望

一、新农村环境污染治理的特点

我国农村地区经济欠发达、居住分散、收入水平相对较低的特点，决定了新农村建设不能采取城市型的集中、大规模和高成本的建设模式。如何设计适合农村地区分散、小规模和低成本的建设模式，是解决农村相关环境卫生问题的关键所在。目前，农村的城镇化进程在快速发展，新农村建设中相关环境问题的解决最缺的不是资金，而是管理。新农村建设解决环境问题长效机制的建立和完善，是确保新农村建设的环境管理“有人干事、有经费作保障、有制度来约束”的重大问题。因此，理顺农村环境管理的关系，明确职能，强化农村管理，让管理与建设同行，这是推动新农村建设环境问题解决的根本保证。同时，要建立和健全完善新农村环境建设的引导机制，优化资源在城乡之间的合理配置和重新组合，通过投资政策、土地政策、科技政策和政绩考核机制，对地方政府和农民的行为进行引导，对环境友好的实践加以扶持和鼓励。

1. 政策引导，资金扶持

农民始终是农村环境建设的主体，也是最终受益者。新农村环境建设，首先必须充分尊重村民的意愿，发挥农民的积极性、主动性和创造性，组织和引导村民参与村庄规划和供水、排水、供电、通信等生产、生活设施的建设。政府积极引导扶持，但不搞包办代替，形成村庄的自我调整机制和自我更新能力。此外，新农村环境建设还应与本地村民的生活习惯相符合，与各地资源特点和村舍民居相结合，立足乡村实际，从村民最迫切的需要出发；尊重各地的传统习惯，突出地方特色，使农民能够接受和使用。

“钱从哪里来”是当前新农村环境建设最核心的问题。必须调整财政支出，“以工业反哺农业”和“以城带乡、以工带农”的模式，建立支持性和保障性投入，形成政府资金与金融资金的联动机制，形成社会资本的引导机制，强化对新农村基础设施和生态环境的投资，增加直接补贴，建立对农村环境维护费用的补偿机制。加大对生态脆弱区、水源涵养区和重点功能区的财政支持力度，并发挥市场的作用，建立财政、集体、农民和社会力量共同帮扶的资金长效机制。

2. 坚持因地制宜、保持地方特色

农村城镇化进程的推进，使城乡的差距在缩小。2004 年底全国就有建制镇 1.9 万多个、乡级镇 2 万个、行政村 63 万个、自然村 253 万个，乡村社区人口 7.6 亿。我国农村地区广大，经济社会发展、自然地理条件、民族风俗传统等各地迥异，东、中、西部农村环境问题更是千差万别。因此，必须结合本地的经济社会发展水平、地理特征、环境资源状况、人口素质和乡村未来发展方向等因素因地制宜，分类指导，突出特色，体现多样化，不搞统一标准、固定模式或达标升级等。

3. 优先保障饮用水安全，重点改善公共卫生条件

在新农村建设中，我们应把保障饮用水安全和改善公共卫生条件放在优先和突出的位置，将其作为提高农民寿命、减少疾病、改善生活条件、提升劳动力质量的重要措施，作为提高牲畜的成活率、改善畜产品的产量和品质的重要保障，也作为提高农民收入、发展村镇工业的重要基础。各级政府要制订明确的计划，务必经过若干年的努力，使农村的用水标准和公共卫生标准达到与城市相同或相近的水平。

二、我国农村分散式处理技术的应用与发展

1. 污水土地处理技术

污水土地处理技术是一项低造价、低能耗或无能耗、低运行费用和易于维护的污水处理技术。研究和应用比较多的污水土地处理工艺有快速渗滤处理系统、人工湿地处理系统和地下渗滤处理系统。其中，人工湿地兼具了生态效益、经济效益和美学效益，近年来对其研究与应用逐步升温。早在“七五”期间我国就开展了人工湿地的研究，目前该技术在我国已发展到实用阶段。国内对湿地系统的研究热点集中在湿地污染物去除机制、湿地植物、湿地基质填料、湿地微生物种群和生态系统的研究等方面。但人工湿地占地面积大，且基质再处理及再利用技术尚不成熟，因此在土地资源缺乏地区的应用受到限制。

2. 厌氧消化技术

厌氧消化技术具有动力消耗少，环境污染少，沼渣、沼液利用途径多，且能产生能源沼气等优点。近年来，我国大力推广厌氧消化技术在农村地区的使用。通过农业部国债项目的推行，截至 2005 年底，全国沼气用户达到 1807 万户，养

殖场的沼气工程3556处，年产沼气70亿m^3，折合标煤500万t，在农业部发布的《全国农村沼气工程建设规划》上，计划到2010年全国将有4000万农户用上沼气。国债沼气项目要求用户沼气"一池三改"，最大量地减少了传染源，切断了疫病传播途径，因此也是农村血吸虫病防治的一项有效手段。

自20世纪80年代，生活污水净化沼气池由农村能源部门向城镇的住宅楼、医院、学校等卫生配套建设中大力推广，住宅楼中每10～12户生活污水所产沼气可供其中1户全年用气，因此可考虑由用气户承担净化沼气池的日常维护工作。20多年来生活污水净化沼气池一直采用二级厌氧消化加多级兼氧过滤的处理模式，目前考虑到生活污水脱氮除磷的需求，国内有研究在工艺上采用二级厌氧和一级好氧达到脱氮除磷效果。近年来，随着农村畜禽养殖户和农村劳动力的减少，同时集中养殖户的增多，国家及时调整政策，从2007年开始将对养殖小区集中供沼气工程和联户沼气工程予以资金支持，以推进人畜粪便、农作物秸秆、生活垃圾和污水的综合治理和转化。此举必将在短期内使我国沼气工程技术得到快速的发展。

3. 一体化装置的研发与推广

我国近几年通过私有资金和民营企业的参与，在一体化装置方面也有了快速的发展。如有的环保公司与日本公司合作生产净化槽；也有自主开发出多种不同规模的一体化污水处理装置，如以风能带动曝气的一体化分散污水处理装置、单元式生物膜的农村污水处理系统等。

三、新农村建设中环境污染治理的前景

1. 体现生态环境建设的综合性和系统性

我国农村经济落后和环境质量下降的状况是历史形成的，改变这种状况也要经过一个长期的过程。我国农村发展的不平衡，要求我们在新农村建设中应立足现实，确定合理目标任务，量力而行，先急后缓、突出重点、分步实施。要坚决避免一蹴而就、急于求成的运动式做法。另外，新农村建设涉及多个部门、多个方面，一定要做好统筹规划，有效协调各方面的建设，充分体现生态环境建设的综合性和系统性。据2005年的一项调查表明，我国99%的村庄没有基础设施和公共服务设施的专项规划，75%的乡级镇、95%的行政村、98%的自然村缺乏用于改善人居环境的地形图等基础资料。国家和地方政府应积极做好村庄建设的基础工作，要制定与我国社会主义新农村建设相适应的规划方法和规范，坚决避免简单套用城市规划的编制办法和设计规范，以使村庄的基础设施、村容村貌、民

房设计以及村镇建设与自然环境相和谐，避免出现“只见新房、不见新村”或“只见新村、不见新貌”的状况。

我国农业生产的物质利用效率低，作物秸秆和畜禽粪便的资源化和循环利用尚未形成。当前，我国废物的肥料利用率仅为32% ~35%，远低于发达国家的50% ~60%，大量流失的氮磷向环境迁移；20%的地膜在使用后残留在土壤中。另外，每年产生的6.5亿t各类作物秸秆60%以上未被有效利用。同时，2004年全国有1.5亿农户未能解决燃料问题，2.4亿多农民采用柴草烧火做饭，热能利用率仅为10%。因此，延长农产品加工产业链，建立资源节点的有效连接，因地制宜地发展分散式、高效的资源能源技术和成套设备，推进农村废物资源的循环利用将大大改善农村环境。2005年，我国农村居民人均纯收入3255元，仅为城镇居民的31%，中央财政用于“三农”的支出为2975亿元，仅占总支出的14.7%，农村固定资产投资占总投资的比例在“十五”期间逐渐下降，当前仅为15.2%。因此，我国新农村的工程建设，首先要充分考虑国家投入效率约束和农民家庭预算约束这两个方面的要求。治理工程的建设和推广应追求低投入、高产出，既不能造成政府投入的浪费，也不能增加农民的负担。其次，工程建设中应推广使用新材料、新技术和新工艺，在2010年中央一号文件中提出要采取有效措施推动建材下乡，改善农民的居住条件，加强村镇规划，引导农民建设富有地方特点、民族特色、传统风貌的安全节能环保型住房，稳步推进农村环境综合整治，开展农村排水、河道疏浚，搞好垃圾、污水处理，改善农村人居环境，采取有效措施防止城市和工业的污染向农村扩散。

2. 新农村建设的近期目标

目前在农村生活的有9亿农民，有16.67万km^2的非农建设用地，有320多万个自然村、72万个行政村、20 226个建制镇、1.8万个乡级镇。国家统计局披露的一组数据表明：在近4万个乡镇，50%的行政村没有通自来水；1.5亿农户需要解决燃料问题；7000万户农民住房需要改善；中小学危房数占78.5%；60%的农村没有卫生厕所；60%以上的乡镇没有标准的污水处理场；6%的行政村没有通公路和电话；2%的行政村没有通电；1%的乡镇没有卫生院。城乡居民收入差距由改革开放初期1978年的2.57倍扩大到2005年的3.22倍，特别是1997年之后明显扩大。乡镇基础设施建设和教育、卫生、文化等社会事业与城市的差距更大。

以小城镇为重要抓手的新农村建设，应达到的目标是到2020年解决80%左右饮水不安全人口的饮水安全问题；85%以上的行政村和95%以上的建制镇道路达到国标规定的通达、硬化水平；60%以上的行政村面源污染、工业污染治理程度基本达到国家标准；60%以上的行政村实现信息化、网络化；80%的行政村和95%以上的建制镇实现太阳光电能源、风能、沼气等多种形式的生活能源基本自给；60%以上的行政村住宅和80%以上的建制镇有上下水设施，需要进行污水处理的应达到国家三级排放标准。靠农业的积累、农民的贡献和农村的支持，我国建立了比较完整的国民经济和工业化体系，但城乡二元结构也日益强化，农村发展越来越落后于城市。新农村建设的一个重要战略目标就是要统筹城乡发展，从宏观政策和体制上改变“重城市、轻农村，先市民、后农民”的做法。实现城乡统筹发展的关键点在小城镇，小城镇是“三农”工作的物质载体，是农村精神文明建设的示范点，是亿万农民安居乐业的家园，直接体现着农村经济社会文化、生态环境状况、农村面貌、农民生活乃至农村文明的总体水平。

（周家正　王　琨　张卓然）

参考文献

卞有生．2005．生态农业中废弃物处理与再生利用．第二版．北京：化学工业出版社

国家环境保护总局．1996．国家环境保护“九五”计划和2010年远景目标

国家环境保护总局．2001．中国环境状况公报

秦峰，柴晓利，赵爱华．2006．粪便处理与处置技术．北京：化学工业出版社

许丽丽．2007．饮用水水质安全保障技术浅议．西南给排水，29（3）：20～23

中国共产党中央委员会．2009．2010年中央一号文件．中共中央、国务院关于加大统筹城乡发展力量，进一步夯实农业农村发展基础的若干意见

第二章　新农村环境污染治理的相关法律及环保政策和措施

为贯彻落实《国务院关于落实科学发展观加强环境保护的决定》（国发〔2005〕39号）和《国务院办公厅转发环保总局等部门关于加强农村环境保护工作意见的通知》（国办发〔2007〕63号）精神，保护和改善农村环境，提高农民生活质量和健康水平，各地积极推进社会主义新农村建设。但是，随着农村经济总量的扩大，农村环境情况依然严峻，点源污染与面源污染、生活污染和工业污染交织共存；工业及城市污染向农村转移，危及农村饮水安全和农产品安全；农村环境问题已经成为影响农民生活、生产和财产安全的突出矛盾，制约了农村经济社会的可持续发展。

近年来，国家相继制定了一系列环境保护领域的法律和法规，已形成了环境保护法规体系。但事实上，到目前为止，这些法律法规几乎都是针对城市环境污染，却鲜有关于农村环境污染治理的专项法律文件，甚至目前我国还没有出台一部针对农村特殊生态环境保护的法律法规。对于农村环境的保护条文规定分散在多部法律文件中，且原则性的规定比较多，概括性强，缺乏实际可操作性，因此我国农村环境污染治理的法律制度相对城市较薄弱。由于现行法律中一些规定的针对性和可操作性不强，农村环保执法和环境问题的解决存在一定的困难，这严重阻碍了农村环境污染治理的进程。因此急需对我国农村环境污染治理的法律制度进行构建，以便切实保护我国的农村环境。

第一节　农村饮用水安全相关的法律法规及环保政策

一、农村饮用水安全相关的法律法规

1. 中华人民共和国环境保护法

1989年颁布的《中华人民共和国环境保护法》第二十条规定："各级人民政府应当加强对农业环境的保护，防治土壤污染、土地沙化、盐渍化、贫瘠化、沼泽化、地面沉降和防治植被破坏、水土流失、水源枯竭、种源灭绝以及其他生态失调现象的发生和发展，推广植物病虫害的综合防治，合理利用化肥、农药及植

物生长激素。”

2. 中华人民共和国水法

2002年颁布的《中华人民共和国水法》第三十三条明确规定：“国家建立饮用水水源保护区制度。省、自治区、直辖市人民政府应当划定饮用水水源保护区，并采取措施，防止水源枯竭和水体污染，保证城乡居民饮用水安全。”第三十四条规定：“禁止在饮用水水源保护区内设置排污口。”第六十七条规定：“在饮用水水源保护区内设置排污口的，由县级以上地方人民政府责令限期拆除、恢复原状；逾期不拆除、不恢复原状的，强行拆除、恢复原状，并处五万元以上十万元以下的罚款。”

3. 中华人民共和国水污染防治法

2008年颁布的《中华人民共和国水污染防治法》第五十六条明确：“国家建立饮用水水源保护区制度。”第五十七条要求：“在饮用水水源保护区内，禁止设置排污口。”第五十八条规定：“禁止在饮用水水源一级保护区内新建、改建、扩建与供水设施和保护水源无关的建设项目；已建成的与供水设施和保护水源无关的建设项目，由县级以上人民政府责令拆除或者关闭。禁止在饮用水水源一级保护区内从事网箱养殖、旅游、游泳、垂钓或者其他可能污染饮用水水体的活动。”第五十九条规定：“禁止在饮用水水源二级保护区内新建、改建、扩建排放污染物的建设项目；已建成的排放污染物的建设项目，由县级以上人民政府责令拆除或者关闭。在饮用水水源二级保护区内从事网箱养殖、旅游等活动的，应当按照规定采取措施，防止污染饮用水水体。”第六十条规定：“禁止在饮用水水源准保护区内新建、扩建对水体污染严重的建设项目；改建建设项目，不得增加排污量。”第六十一条要求“县级以上地方人民政府应当根据保护饮用水水源的实际需要，在准保护区内采取工程措施或者建造湿地、水源涵养林等生态保护措施，防止水污染物直接排入饮用水水体，确保饮用水安全。”第六十二条规定：“饮用水水源受到污染可能威胁供水安全的，环境保护主管部门应当责令有关企业事业单位采取停止或者减少排放水污染物等措施。”

4. 饮用水水源保护区污染防治管理规定

1989年颁布的《饮用水水源保护区污染防治管理规定》主要内容为：规定了饮用水水源保护区一般划分为一级保护区和二级保护区，必要时可增设准保护区，各级保护区应有明确的地理界线；提出了各级保护区划分的方法和保护内的水质标准以及必须遵守的规定；制定了饮用水源保护区的污染防治管理规定和监督管理措施以及应对突发性事故的措施；根据执行本规定的情况，提出了相应的奖励和惩罚措施。

5. 生活饮用水卫生监督管理办法

1997 年颁布的《生活饮用水卫生监督管理办法》第十三条规定：“饮用水水源地必须设置水源保护区。保护区内严禁修建任何可能危害水源水质卫生的设施及一切有碍水源水质卫生的行为。”第十七条规定：“新建、改建、扩建集中式供水项目时，当地人民政府卫生行政部门应做好预防性卫生监督工作，并负责本行政区域内饮用水的水源水质监督监测和评价。”

6. 关于加强农村环境保护工作的意见

《关于加强农村环境保护工作意见的通知》（国办发〔2007〕63 号）提出了“切实加强农村饮用水水源地环境保护和水质改善。把保障饮用水水质作为农村环境保护工作的首要任务。配合《全国农村饮水安全工程“十一五”规划》的实施，重点抓好农村饮用水水源的环境保护和水质监测与管理，根据农村不同的供水方式采取不同的饮用水水源保护措施。集中饮用水水源地应建立水源保护区，加强监测和监管，坚决依法取缔保护区内的排污口，禁止有毒有害物质进入保护区。要把水源保护区与各级各类自然保护区和生态功能保护区建设结合起来，明确保护目标和管理责任，切实保障农村饮水安全。加强分散供水水源周边环境保护和监测，及时掌握农村饮用水水源环境状况，防止水源污染事故发生。制订饮用水水源保护区应急预案，强化水污染事故的预防和应急处理。大力加强农村地下水资源保护工作，开展地下水污染调查和监测，开展地下水水功能区划工作，制定保护规划，合理开发利用地下水资源。加强农村饮用水水质卫生监测、评估，掌握水质状况，采取有效措施，保障农村生活饮用水达到卫生标准。”

二、农村饮用水安全相关的技术标准

1. 生活饮用水水源水质标准

1993 年实施的《生活饮用水水源水质标准》主要内容为：①提出了生活饮用水水源的水质指标、水质分级、标准限值、水质检验以及标准的监督执行；②说明了此标准适用于城乡集中式生活饮用水的水源水质（包括各单位自备生活饮用水的水源），分散式生活饮用水水源的水质参照使用此标准。此标准将生活饮用水水源水质分为两级，规定了两级标准的限值。与《地表水环境质量标准》相比有四点不同：①没有将饮用水水源分为地表水和地下水分别进行规定；②没有将水质指标分为基本项目、补充项目和特定项目；③限值标准等于或低于《地表水环境质量标准》相应级别的限制标准；④水质检验方法不同。

2001年卫生部颁布执行的《生活饮用水卫生规范》中的“生活饮用水水质卫生规范”，其编制说明实质是对1985年颁布的《生活饮用水卫生标准》国家标准的修订，但国家标准化管理委员会未予承认，目前仅仅是在卫生系统内部通用。与1985年的《生活饮用水卫生标准》相比，《生活饮用水卫生规范》规定了饮用水水源的水质“法定的量的限值”共122项，新增水源水有害物质检测项目64项，标准限值要求有所提高。

2007年7月1日实施的《生活饮用水卫生标准》作为替代1985年颁布的《生活饮用水卫生标准》，此标准涉及对饮用水水源水质的规定有：“5.1 采用地表水为生活饮用水水源时应符合GB3838要求”，“5.2 采用地下水为生活饮用水水源时应符合GB/T14848要求”，依据此标准的适用范围，农村饮用水水源水质也应执行此规定。”

2. 地表水环境质量标准

2002年实施的《地表水环境质量标准》规定了集中式生活饮用水地表水源地一级保护区和二级保护区要分别达到其规定的Ⅱ类和Ⅲ类水质标准，并且将水质指标分为基本项目、补充项目和特定项目三大类及规定了相应指标的检验方法。除此之外，还规定了如果集中式饮用水地表水源地水质超标，则经自来水净化处理后，必须达到《生活饮用水卫生规范》的要求。为了标准能够更好的执行，《地表水环境质量标准》对集中式饮用水地表水源地水质评价的项目作了灵活规定，即基本项目和补充项目为必检项目，特定项目可以根据实际情况自主选择。1994年实施的《地下水质量标准》以人体健康基准值为依据，要求集中式生活饮用水地下水水源至少应满足其规定的Ⅲ类水质标准。

3. 饮用水水源保护区划分技术规范

2007年实施的《饮用水水源保护区划分技术规范》是为贯彻《中华人民共和国水污染防治法》和《中华人民共和国水污染防治法实施细则》、防治饮用水水源地污染、保证饮用水安全制定的标准。此标准适用于集中式地表水、地下水饮用水水源保护区（包括备用和规划水源地）的划分。农村及分散式饮用水水源保护区的划分可参照本标准执行。此标准主要内容有：适用范围；规范性引用文件、术语、定义与总则；河流型饮用水水源保护区的划分方法；湖泊水库饮用水水源保护区的划分方法；地下水饮用水水源保护区的划分方法和其他等。

第二节 农村生活污水及垃圾治理相关政策

一、关于推进社会主义新农村建设的若干意见

中共中央、国务院《关于推进社会主义新农村建设的若干意见》（中发〔2006〕1号）提出随着生活水平的提高和全面建设小康社会的推进，需要加强村庄规划和人居环境治理，搞好农村污水、垃圾治理，改善农村环境卫生。

二、关于加强农村环境保护工作的意见

《关于加强农村环境保护工作意见的通知》（国办发〔2007〕63号）提出了“大力推进农村生活污染治理。因地制宜开展农村污水、垃圾污染治理。逐步推进县域污水和垃圾处理设施的统一规划、统一建设、统一管理。有条件的小城镇和规模较大村庄应建设污水处理设施，城市周边村镇的污水可纳入城市污水收集管网，对居住比较分散、经济条件较差村庄的生活污水，可采取分散式、低成本、易管理的方式进行处理。逐步推广户分类、村收集、乡运输、县处理的方式，提高垃圾无害化处理水平。加强粪便的无害化处理，按照国家农村户厕卫生标准，推广无害化卫生厕所。把农村污染治理和废物资源化利用同发展清洁能源结合起来，大力发展农村户用沼气，综合利用作物秸秆，推广‘猪-沼-果’、‘四位（沼气池、畜禽舍、厕所、日光温室）一体’等能源生态模式，推行秸秆机械化还田、秸秆气化、秸秆发电等措施，逐步改善农村能源结构”。

三、农村生活污染防治技术政策

2010年2月8日实施的《农村生活污染防治技术政策》适用于指导农村居民日常生活中产生的生活污水、生活垃圾、粪便和废气等生活污染防治的规划和设施建设。

1. 农村生活污水污染防治的主要内容

根据不同地区的农村社会经济发展水平、自然条件及环境承载力等差异，按照因地制宜、循序渐进和分类指导原则，统筹城乡生活污水防治基础设施建设，推动农村生活污水治理工作。

1）农村雨水宜利用边沟和自然沟渠等进行收集和排放，通过坑塘、洼地等

地表水体或自然入渗进入当地水循环系统。鼓励将处理后的雨水回用于农田灌溉等。对于人口密集、经济发达并且建有污水排放基础设施的农村，宜采取合流制或截流式合流制；对于人口相对分散、干旱半干旱地区、经济欠发达的农村，可采用边沟和自然沟渠输送，也可采用合流制。

2）在没有建设集中污水处理设施的农村，不宜推广使用水冲厕所，避免造成污水直接集中排放，在上述地区鼓励推广非水冲式卫生厕所。

3）对于分散居住的农户，鼓励采用低能耗小型分散式污水处理；在土地资源相对丰富、气候条件适宜的农村，鼓励采用集中自然处理；人口密集、污水排放相对集中的村落，宜采用集中处理；对于以户为单元就地排放的生活污水，宜根据不同情况采用庭院式小型湿地、沼气净化池和小型净化槽等处理技术和设施。

4）鼓励采用粪便与生活杂排水分离的新型生态排水处理系统。宜采用沼气池处理粪便，氧化塘、湿地、快速渗滤及一体化装置等技术处理生活杂排水。对于经济发达、人口密集并建有完善排水体制的村落，应建设集中式污水处理设施，宜采用活性污泥法、生物膜法和人工湿地等二级生物处理技术。对于处理后的污水，宜利用洼地、农田等进一步净化、储存和利用，不得直接排入环境敏感区域内的水体。

5）鼓励采用沼气池厕所、堆肥式、粪尿分集式等生态卫生厕所。在水冲厕所后，鼓励采用沼气净化池和户用沼气池等方式处理粪便污水，产生的沼气应加以利用。

6）污水处理设施产生的污泥、沼液及沼渣等可作为农肥施用，在当地环境容量范围内，鼓励以就地消纳为主，实现资源化利用，禁止随意丢弃堆放，避免二次污染；小规模畜禽散养户应实现人畜分离；鼓励采用沼气池处理人畜粪便，并实施“一池三改”，推广“四位一体”等农业生态模式。

2. 农村生活垃圾处理处置的主要内容

农村生活垃圾的防治要从源头上削减、污染控制与资源化利用。

1）鼓励生活垃圾分类收集，设置垃圾分类收集容器。对金属、玻璃、塑料等垃圾进行回收利用；危险废物应单独收集处理处置。禁止农村垃圾随意丢弃、堆放、焚烧。

2）城镇周边和环境敏感区的农村，在分类收集、减量化的基础上可通过“户分类、村收集、镇转运、县市处理”的城乡一体化模式处理处置生活垃圾。

3）对无法纳入城镇垃圾处理系统的农村生活垃圾，应选择经济、适用、安全的处理处置技术，在分类收集基础上，采用无机垃圾填埋处理、有机垃圾堆肥处理等技术。砖瓦、渣土、清扫灰等无机垃圾，可作为农村废弃坑塘填埋、道路垫土等材料使用。

4）有机垃圾宜与秸秆、稻草等农业废物混合进行静态堆肥处理，或与粪便、污水处理产生的污泥及沼渣等混合堆肥，亦可混入粪便，进入户用、联户沼气池厌氧发酵。

第三节 农药、化肥使用相关的法律法规及要求

一、法律法规

中华人民共和国水污染防治法。2008 年颁布的《中华人民共和国水污染防治法》第四十七条规定：“使用农药，应当符合国家有关农药安全使用的规定和标准。运输、存贮农药和处置过期失效农药，应当加强管理，防止造成水污染。”第四十八条要求：“县级以上地方人民政府农业主管部门和其他有关部门，应当采取措施，指导农业生产者科学、合理地施用化肥和农药，控制化肥和农药的过量使用，防止造成水污染。”

二、相关政策及要求

1. 关于加强农村环境保护工作的意见

《关于加强农村环境保护工作意见的通知》（国办发〔2007〕63 号）提出要“控制农业面源污染。综合采取技术、工程措施，控制农业面源污染。大力推广测土配方施肥技术，积极引导农民科学施肥，在粮食主产区和重点流域要尽快普及。积极引导和鼓励农民使用生物农药或高效、低毒、低残留农药，推广病虫草害综合防治、生物防治和精准施药等技术”。

2. 生态县建设指标中关于化肥施用量的要求

关于印发《生态县、生态市、生态省建设指标（修订稿）》的通知（环发〔2007〕195 号）中，生态县建设指标中要求“化肥施用强度（折纯）”小于 $250kg \cdot hm^{-2}$。环境优美乡镇考核指标中要求“化肥施用强度（折纯）”小于等于 $280kg \cdot hm^{-2}$。

第四节　畜禽粪便处理的相关法律法规和规章

一、法　　律

1. 中华人民共和国水污染防治法

《中华人民共和国水污染防治法》第四十九条规定："国家支持畜禽养殖场、养殖小区建设畜禽粪便、废水的综合利用或者无害化处理设施。畜禽养殖场、养殖小区应当保证其畜禽粪便、废水的综合利用或者无害化处理设施正常运转，保证污水达标排放，防止污染水环境。"

2. 中华人民共和国固体废物污染环境防治法

《中华人民共和国固体废物污染环境防治法》第二十条规定："从事畜禽规模养殖应当按照国家有关规定收集、贮存、利用或者处置养殖过程中产生的畜禽粪便，防止污染环境。"第七十一条规定："从事畜禽规模养殖未按照国家有关规定收集、贮存、处置畜禽粪便，造成环境污染的，由县级以上地方人民政府环境保护行政主管部门责令限期改正，可以处五万元以下的罚款。"

二、规　　章

1. 畜禽养殖污染防治管理办法

《畜禽养殖污染防治管理办法》对畜禽养殖的污染防治提出了要求，主要内容有：

1）畜禽养殖污染防治实行综合利用优先，资源化、无害化和减量化的原则。

2）新建、改建和扩建畜禽养殖场，必须按建设项目环境保护法律、法规的规定，进行环境影响评价，办理有关审批手续。畜禽养殖场的环境影响评价报告书（表）中，应规定畜禽废渣综合利用方案和措施。

3）禁止在生活饮用水水源保护区、风景名胜区、自然保护区的核心区及缓冲区，城市和城镇中居民区、文教科研区、医疗区等人口集中地区，县级人民政府依法划定的禁养区域，国家或地方法律、法规规定需特殊保护的其他区域内建设畜禽养殖场。

4）畜禽养殖场污染防治设施必须与主体工程同时设计、同时施工、同时使用；畜禽废渣综合利用措施必须在畜禽养殖场投入运营的同时予以落实。环境保护行政主管部门在对畜禽养殖场污染防治设施进行竣工验收时，其验收内容中应包括畜禽废渣综合利用措施的落实情况。

5）畜禽养殖场必须按有关规定向所在地的环境保护行政主管部门进行排污申报登记。畜禽养殖场排放污染物不得超过国家或地方规定的排放标准。在依法实施污染物排放总量控制的区域内，畜禽养殖场必须按规定取得排污许可证，并按照排污许可证的规定排放污染物。畜禽养殖场排放污染物，应按照国家规定缴纳排污费；向水体排放污染物，超过国家或地方规定排放标准的，应按规定缴纳超标准排污费。

6）县级以上人民政府环境保护行政主管部门有权对本辖区范围内的畜禽养殖场的环境保护工作进行现场检查、索取资料、采集样品、监测分析。被检查单位和个人必须如实反映情况，提供必要资料。检查机关和人员应当为被检查的单位和个人保守技术秘密和业务秘密。

7）畜禽养殖场必须设置畜禽废渣的储存设施和场所，采取对储存场所地面进行水泥硬化等措施，防止畜禽废渣渗漏、散落、溢流、雨水淋失、恶臭气味等对周围环境造成污染和危害。畜禽养殖场应当保持环境整洁，采取清污分流和粪尿的干湿分离等措施，实现清洁养殖。

8）畜禽养殖场应采取将畜禽废渣还田、生产沼气、制造有机肥料、制造再生饲料等方法进行综合利用。用于直接还田利用的畜禽粪便，应当经处理达到规定的无害化标准，防止病菌传播。禁止向水体倒畜禽废渣。运输畜禽废渣，必须采取防渗漏、防流失、防遗撒及其他防止污染环境的措施，妥善处置储运工具清洗废水。

9）对超过规定排放标准或排放总量指标，排放污染物或造成周围环境严重污染的畜禽养殖场，县级以上人民政府环境保护行政主管部门可提出限期治理建议，报同级人民政府批准实施。被责令限期治理的畜禽养殖场应向做出限期治理决定的人民政府的环境保护行政主管部门提交限期治理计划，并定期报告实施情况。提交的限期治理计划中，应规定畜禽废渣综合利用方案。环境保护行政主管部门在对畜禽养殖场限期治理项目进行验收时，其验收内容中应包括上述综合利用方案的落实情况。

2. 关于加强农村环境保护工作意见的通知

《关于加强农村环境保护工作意见的通知》提出："到 2010 年，农村环境污染加剧的趋势有所控制，农村饮用水水源地环境质量有所改善；摸清全国土壤污染与农业污染源状况，农业面源污染防治取得一定进展，测土配方施肥技术覆盖率与高效、低毒、低残留农药使用率提高 10% 以上，农村畜禽粪便、农作物秸秆的资源化利用率以及生活垃圾和污水的处理率均提高10%以上；农村改水、改厕工作顺利推进，农村卫生厕所普及率达到65%，严重的农村环境健康危害得到有效控制；农村地区工业污染和生活污染防治取得初步成效，生态示范创建活动深入开展，农村环境监管能力得到加强，公众环保意识提高，农民生活与生产环境有所改善。加强畜禽、水产养殖污染防治。大力推进健康养殖，强化养殖业污染防治。科学划定畜禽饲养区域，改变人畜混居现象，改善农民生活环境。鼓励建设生态养殖场和养殖小区，通过发展沼气、生产有机肥和无害化畜禽粪便还田等综合利用方式，重点治理规模化畜禽养殖污染，实现养殖废物的减量化、资源化、无害化。对不能达标排放的规模化畜禽养殖场实行限期治理等措施。开展水产养殖污染调查，根据水体承载能力，确定水产养殖方式，控制水库、湖泊网箱养殖规模。加强水产养殖污染的监管，禁止在一级饮用水水源保护区内从事网箱、围栏养殖；禁止向库区及其支流水体投放化肥和动物性饲料。”

三、相关标准

1.《畜禽养殖业污染防治技术规范》

该技术规范规定了畜禽养殖场的选址要求、场区布局与清粪工艺、畜禽粪便储存、污水处理、固体粪肥的处理利用、饲料和饲养管理、病死畜禽尸体处理与处置、污染物监测等污染防治的基本技术要求。

2.《畜禽养殖业污染物排放标准》

为推动畜禽养殖业污染物的减量化、无害化和资源化，该标准规定了废水、恶臭排放标准和废渣无害化环境标准。

第五节　加强法制建设、规划农村发展

农村环境污染点多面广、情况复杂，单纯依靠单项污染治理解决不了问题。只有加强法律制度建设，将农村环境污染治理纳入法制化轨道，才能在农村环境保护工作中做到有法可依、有法可循。地方政府应结合各地实际情况，制定农村污染防治的实施细则和办法，使农村环境污染治理走向法制化、标准化、长效化。

农村环境保护是公益性事业，各级政府要起主导作用。在农村环境基础设施建设等公益性较强的领域，政府要担当主要责任。各地应逐年增加农村环境保护的财政预算，加大资金投入力度，并安排一定比例的排污费专项资金用于农村环

境保护。在实行统一规划的基础上，要把建设、水利、交通、供水、绿化、治污等各项任务落实到相关部门并组织实施。重点支持饮用水源地保护、环保基础设施建设、畜禽水产养殖污染防治、土壤污染治理和有机食品基地建设及生态示范创建活动的开展。逐步完善农村环境保护投入机制，引导和鼓励社会资金参与农村环境保护。国土资源部门负责实施农村土地用途管理，加强基本农田保护；指导农村集体非农土地使用权的流转管理；负责监督管理矿产资源的开发利用以及矿山的生态治理和修复；建设部门负责制订镇村建设规划，指导并组织农村生活污水、垃圾的处理及村容村貌的整治；农业部门负责指导农业产业发展，组织实施农村沼气工程、乡村清洁工程、规模化畜禽养殖污染防治、农业面源污染防治和生态农业的推广示范；做好有机食品、绿色食品、无公害农产品及其他农产品基地的环境监测、评价及监督管理工作；配合做好推广秸秆综合利用和禁烧工作；林业部门负责推进农村生态建设工作，抓好天然林保护、退耕还林、生态防护林和“三化一片林”等工程；水利部门负责组织实施农村水利工程，农田基本建设和农村供水、人畜饮水工程和水保生态工程；卫生部门负责农村无害化卫生户厕的建设工作；财政部门负责安排农村污染治理资金、试点经费补助，加强资金的使用管理；积极探索农村环境保护项目支持的方式和方法。

（阎振元　张　令　严良政　朱新宇　周家正）

参考文献

国家环境保护总局.2002. 地表水环境质量标准（GB 3838—2002）

国家环境保护总局.2007. 关于印发《生态县、生态市、生态省建设指标（修订稿）》的通知（环发［2007］195号）

国家环境保护总局，卫生部，建设部等.1989. 饮用水水源保护区污染防治管理规定（（89）环管字第201号）

国家环境保护总局.2001. 畜禽养殖污染防治管理办法

国家环境保护总局.2002. 畜禽养殖业污染防治技术规范（HJ/T81—2001）（国家环境保护总局令第9号）

国家环境保护总局.2007. 饮用水水源保护区划分技术规范（HJ/T338—2007）

国务院办公厅.2007. 关于加强农村环境保护工作意见的通知（国办发〔2007〕63号）

国务院.2004. 关于加强畜禽养殖业环境监管严防禽流感扩散的紧急通知

环境保护部.2010. 化肥使用环境安全技术导则（HJ555—2010）

环境保护部.2010. 农村生活污染防治技术政策（环发〔2010〕20号）

全国人大常务委员会.1989. 中华人民共和国环境保护法

中共中央，国务院.2006. 关于推进社会主义新农村建设的若干意见（中发〔2006〕1号）

中华人民共和国建设部. 1993. 生活饮用水水源水质标准（CJ3020—93）
中华人民共和国. 2004. 中华人民共和国固体废物污染环境防治法（中华人民共和国主席令第58号）
中华人民共和国. 2002. 中华人民共和国水法（中华人民共和国主席令第74号）
中华人民共和国. 2008. 中华人民共和国水污染防治法（中华人民共和国主席令第87号）

第二篇　农村环境污染治理基本技术

第三章　污染治理技术简介

第一节　饮用水安全与污水污染控制技术

一、饮用水安全处理技术

（一）概　　述

饮用水（生活饮用水）是指人们的饮水和生活用水，主要通过饮水和食物经口摄入体内，并可通过洗漱、洗涤物品、沐浴等生活用水接触皮肤或其蒸汽通过呼吸摄入人体。饮用水与人体健康和生活质量密切相关，其重要性不亚于食品。

世界卫生组织（WHO）调查表明：全球80%的人所患的疾病与饮水污染有关。通过流行病学调查研究和对污染物质毒理学的验证，很多物质与居民发病率具有很强的相关性，从而引起了人们对饮用水的卫生与安全性的极大重视，饮用水问题自然也受到了空前的关注。根据联合国环境规划署的报告，2000年全世界有20%的人口饮用不到清洁的饮用水，许多非洲中部国家拥有清洁水源的人口低于50%。如果人长期饮用被污染或不良品质的水，将会引起多种疾病的发生，这时水就成为影响人类健康的隐形杀手。非洲绝大多数国家，亚洲的中国、印度、巴基斯坦、阿富汗、伊拉克、也门，以及中南美洲的厄瓜多尔、秘鲁、玻利维亚、危地马拉、尼加拉瓜和海地，因水源不清洁而引起的疾病都高达4%以上。联合国“净水与供水协商理事会”（WSSCC）在2001年12月于法国波恩召开了国际淡水资源会议，通过了“给个人洁净水”（WASH）运动计划。该计划呼吁各国政府广泛动员舆论，让群众充分认识饮用洁净水的重要性，争取到2025年能向每个人供应最低需求的洁净水。另外，联合国确定2005～2015年为“生命之水”国际行动10年，而中国政府曾决定，2005年我国纪念“世界水日”和开展“中国水周”活动的宣传主题为“保障饮水安全，维护生命健康”。21世纪是一个健康的世纪，为了创造一个“健康奔小康”的环境，需要人们提高科学饮水的认识。

为保证饮用水的质量，世界各国不仅及时修订了本国的水质标准，而且制定了控制水中有毒有害物质的对策。其中，世界卫生组织先后于 1984 年、1993 年、1996 年、1998 年、2003 年、2004 年公布了《饮用水水质准则》或相关资料。我国建设部①也于 2005 年颁布了新行业标准《城市供水水质标准》（CJ/T 206—2005）。《城市供水水质标准》对水质提出了更高的要求，与以前的国标《生活饮用水卫生标准》（1985 年颁布）相比，水质检测项目由 35 项增加到 93 项，包括添加的一些分量检测，总项目达 101 项。其中常规检测项目 42 项，非常规检测项目 59 项。一是针对工业废水和农药污染的趋势，增加了对有机污染物和农药的检测项目，其中，有机污染物由过去的 2 种增加到 27 种；二是针对水处理中消毒剂使用状况，在提高消毒效果的同时，有效防范消毒剂的负面影响。标准增加了对消毒副产物的检测项目，并作了严格限制；三是汲取国外的教训，增加了对原虫类病原体的检测项目。同时，对项目的限值有更严格的要求，如对浊度“特殊情况下不超过 5 度”改成“特殊情况下不超过 3 度”，有机污染物指标从 6 个检测指标提高到近百个检测指标，其中每一项有机污染物除了必须有各自的检测指标外，根据其对人饮用的危害程度不同，还须达到总体指示性指标。

（二）饮用水安全存在的主要问题

随着工业废水、城乡生活污水的排放量和农药、化肥用量的不断增加，许多饮用水源受到污染，水中污染物含量严重超标。饮用水水质中感观指标和细菌学指标超标问题依然严重，且越来越多的化学指标甚至毒理学指标超标。由于水质恶化，直接饮用地表水和浅层地下水的城乡居民饮水质量和卫生状况难以保障。据调查，我国城市约 1 亿人口饮用水不能完全符合生活饮用水卫生标准，农村有 3.6 亿人饮水不安全，约有 1.9 亿人饮用水中有害物质含量超标，易导致疾病流行，有的地方还因此暴发伤寒、副伤寒以及霍乱等重大传染病，个别地区癌症发病率居高不下。

饮用水水质问题主要可以分为以下几个方面。

1. 微生物污染

由于大量生产和生活的废物未经处理排入各种水体，加之公共卫生设施跟不上发展的需要，农村大量人口饮用不安全卫生水。

农村饮用水源大多受到污染，1983 ~ 1985 年调查表明大肠菌群超标率达

---

① 2008 年改为“住房和城乡建设部”

86%，全国约有7亿人饮用这种超标水；1993年在全国26个省的180个县全面展开的饮用水卫生监测网的监测结果可在一定程度上反映我国农村饮用水的现状：微生物指标超标严重，饮用水总大肠菌群超过3个$\cdot L^{-1}$水的人口数占总调查人数的51.8%，部分省如贵州、海南、安徽、广西、湖北等的超标率（指超过I级水标准）均已超过60%。饮用水细菌总数超过1×10^5个$\cdot L^{-1}$（100个$\cdot mL^{-1}$）的人口数占总调查人数的39.1%；部分省（自治区），如甘肃、广西、湖北、海南、浙江等的超标率也已超过60%。分散式供水的超标情况更为严重，总大肠菌群和细菌总数的超标率分别达到69.22%和54.9%。此次调查结果显示，我国仍有53%的人口使用分散式供水，集中式供水中未经过任何处理的自来水也占到一半以上，由此造成了农村饮用水微生物指标的严重超标，也就不可避免地造成了肠道传染病的流行。我国几次大的水致传染病的暴发也充分反映出该问题的严重性。

当前，微生物污染仍为农村饮用水污染的主要类型，加强饮用水净化与消毒工作是改善农村饮用水卫生状况的有效措施。

2. 自来水厂常规水处理工艺受到挑战

长期以来，人们一直认为自来水是安全卫生的，但是因为水污染使自来水屡屡受到影响，引起人们对自来水的安全性提出质疑。近年来许多地区自来水存在有异味等问题，给居民的日常生活造成了不便和恐慌。2004年11月，南京市民反映家中自来水有异味，导致居民都不敢使用自来水管流出来的水。经调查证实水中刺鼻气味为余氯气味；2006年7月北京某小区居民中厨房或卫生间的自来水有浓烈的刺鼻气味，经调查发现造成自来水出现异味的原因是苯和苯乙烯严重超标。

目前自来水的处理技术依然沿袭100年前的传统工艺，即“混凝沉淀—过滤—消毒—净化”的方法，将江、河水或地下水简单加工成可饮用水。经过100年的洗礼，当代的水质现状与100年前的水已经截然不同了。传统的水处理工艺对降低浑浊度、去除水中悬浮物有较好的净化消毒作用，但对目前以有机污染为主的微污染，则不能彻底去除有机污染物、农药、环境内分泌干扰物和藻毒素，致使出厂饮用水时有检出上述物质，甚至超标。

3. 消毒副产物带来的新污染

氯化消毒是我国沿用多年且仍然普遍采用的自来水消毒技术。近20年来，人们逐渐发现在氯化消毒的同时，会产生一系列消毒副产物，其中大部分对人体健康构成潜在的威胁。现已发现氯化消毒副产物有300多种，其中许多氯化副产物在动物实验中证明具有致突变性和（或）致癌性，有的还有致畸形和（或）神经毒性作用。譬如，三氯甲烷、一溴二氯甲烷、二溴一氯甲烷和三溴甲烷均对实验动物有致癌性，可引起肝、肾和胃肠道肿瘤。卤代乙酸类中的二氯乙酸、三氯乙酸、二溴乙酸等也能诱发小鼠肝肿瘤。三氯甲烷和二氯一溴甲烷已被世界卫生组织列在其《饮用水水质准则》中，作为有致癌性的物质而确定了致癌危险性水平的限值。我国许多研究证明，氯化饮用水的有机提取物在 Ames 试验中和在小鼠骨髓微核试验中均具有致突变性，有的还证实具有潜在致癌性。由于氯消毒会产生大量副产物，许多消毒产品已用于饮用水的消毒，如二氧化氯、臭氧、紫外线等。但同样也会出现不同类型的消毒副产物，如二氧化氯消毒，会产生亚氯酸盐、氯酸盐等副产物。臭氧消毒可能会产生溴酸盐、甲醛等副产物。这些副产物对健康也会产生危害。

从保护人群健康出发，在进行饮用水消毒时应尽量降低副产物的生成。其中最为重要的问题之一是水源水中是否含有与消毒剂生成消毒副产物的前体物质。例如，氯消毒时原水中含有腐殖质等大分子团有机物；二氧化氯消毒时含有有机物；臭氧消毒时含有溴化物等。因此对如何减低消毒副产物的前体物质，选择消毒剂最佳投加量等问题引起众多科学工作者的关注与研究。

4. 自来水管网污染

我国大城市的输配水主管道许多是 20 世纪五六十年代安装配备的，经过半个世纪的氧化和腐蚀，由于物理、化学、电化学、微生物等的作用，在给水管道的内壁会逐渐形成不规则的“生长环”，且随着管龄的增长而不断增厚，使得过水断面面积减小、输水能力降低并严重污染水质。加之城市自来水管网年久失修，维护管理不力，管网渗漏达 20% 以上，甚至高达 40%，造成二次污染，安全堪忧。例如，2006 年 1 月，北方某大城市交通主干线污水管线发生漏水事故，导致交通主干线双向交通断行，给市民的生活带来了极大的不便。

由于管网陈旧、污染等问题，饮用水卫生事件频发，在一定程度上抹杀了自来水部门为水质所做的一切努力。中国疾病预防控制中心对全国 35 个城市调查表明，出厂水经管网输送到用户自来水龙头，自来水水质合格率下降 20% 左右。根据某水务公司 2000 年 1 月至 2002 年 9 月 210 起用户投诉水质报告的调查表明，由于自来水管网引发的问题近 50%，约 25% 的问题是由于管网流向的变化引起的管网水浊度升高；约 16% 的问题是因为内管质量低劣影响水质引起的红水、黑水、白浊水等；约 5% 的问题是生物污染造成的，用户在水中发现过红虫、蚂蝗等，心理感觉非常不好；约 2% 的问题是由于施工造成污水进入管网对水质造成严重影响。例如，某建筑公司把施工用水（抽地下室臭水）与用户管网混在一起，送到某公寓后，全部住户用水发臭；某地由于施工时污水进入给水管道，造成大片污染等。

5. 二次供水污染

随着城市化的发展，高层建筑迅速增加。高层建筑的供水设施与低层建筑不同，低层建筑是由自来水厂通过管道直接供水，而高层建筑供水设施则需通过二次供水设施才能获得。通常，二次供水设施包括高低位储水箱、水泵、输水管道等。自来水首先进入低位储水箱，然后通过水泵加压输送到高位储水箱，再通过重力作用供给高层的各住户。由于低位和高位储水箱的管理不善，存放水时间长等，饮用水二次污染的情况普遍存在。二次供水水质污染的直接后果是影响用户感官，使饮用者感到恶心、呕吐、腹胀、腹泻，严重的甚至发病，危害人体健康。全国由二次供水蓄水池污染引起的饮水污染危害健康事故屡有发生。据报道，北方某大城市在1990～1998年发生了29起二次供水污染事件，二次供水污染集中发生在7～9月，占总二次污染事故的1/2。2001年对南方某城市500个水箱的抽查结果表明，水箱饮用水总合格率在90%以上；但居民自己送检的水样，合格率仅为75%；居民投诉送检的水样，100%的水质检测不合格。

二次供水污染的原因是多方面的，既与水质本身的性质有关，也与供水所接触的截面性质有关，又与外界的许多条件相联系。水二次污染的实质是污染物在水中的迁移转化，这种迁移转化是一种物理、化学和生物学的综合作用过程。从目前调查的情况来看，造成二次供水污染的原因主要有：① 蓄水箱各内表面涂层渗出有害物质；② 贮水设备的设计大小不合理，使得水在设备中的停留时间过长，影响饮用水水质；③ 贮水设备的结构不合理；④ 泄水管与下水管连接不合理，溢、泄水管与下水或雨水管线直接连通；⑤ 水设备的位置选择不合适，周围环境脏、乱、差；⑥ 贮水所设的各种配套不完善，如通气孔无防污染措施、人孔盖板密封不严密、埋地部分无防渗漏措施、溢泄水管出口无网罩等；⑦ 二次供水系统管理不善，未定期进行水质检验，按规范进行清洗、消毒，有的水池水面上还漂浮着杂质，有的水池内壁长满青苔，池底积满厚厚的淤泥，致使水质逐步恶化等。

6. 突发饮用水卫生事件

饮用水不同于食品，某种食物出现问题时，可以选择其他食物来食用，而水则是无法选择和替代的。社会的发展、城市化进程的加快、城市系统越来越发达，人们对城市系统的依赖程度也越来越高。城市供水是城市体系的重要组成部分，一旦遇到突发事件，就不得不进行大规模的清理行动并切断数百万民众饮用水的供应。据《解放日报》2005 年 6 月 30 日报道，2001 ~ 2004 年，全国共发生水污染事故 3988 起，平均每年近 1000 起，每天 2 ~ 3 起。据人民网环保频道报道，自 2005 年 11 月 13 日松花江水质污染事件至 2006 年 9 月，我国共发生 130 多起与水有关的污染事故，平均每 2 ~ 3 天发生一起。特别是近年，大范围的水污染事件不断在媒体上曝光，可以说件件惊心动魄。2005 年 11 月 13 日由于吉林市中石油吉化公司发生爆炸而造成松花江硝基苯污染，导致哈尔滨市停水 4 天，而且还影响邻国的个别城市。松花江水污染事件尚未平息，广东北江流域又发生一起因企业违法超标排放金属镉导致的严重环境污染事故，致使北江下游韶关、清远、英德 3 个城市的饮用水受到威胁，部分城市自来水供应停止，广州、佛山也启动了饮用水应急预案。2005 年 11 月 24 日湖南冷水江市金信化工有限责任公司尿素厂造粒塔底用于尿素清洗水的集水池发生墙体意外倒塌，含氨废水流入资江，导致冷水江市停水。2006 年 1 月 5 日河南省巩义市发生柴油泄漏事故，6t 泄漏的柴油经黄河支流伊洛河进入黄河，形成 60km 污染带。对此，山东省政府决定从 2006 年 1 月 7 日起在污染水体进入山东之前关闭了沿黄河的全部 63 个取水口。2006 年 1 月 6 日湖南省株洲市霞湾港因清淤治理工程施工不当且未采取适当防范措施，造成湘江株洲霞湾港至长沙的江段发生严重水污染事故，导致湘潭、长沙两市水厂取水水源的水质受到不同程度污染。2006 年 1 月 6 日上午，古兰镇重庆华强化肥有限公司大量硫酸废水泄漏，直排綦江河，初步估算，约 600t 紫红色硫酸废水排入綦江河，在河面形成一条长达 300m 的污染带，导致沿岸 3 万居民停水 2 天。

饮用水安全问题是关系到广大人民群众生活和生命健康的头等大事，要慎重对待。针对不同原因而引起的饮用水安全问题，应采取积极有效的措施进行预防和控制。加强宣传教育，大力提高全社会的饮用水安全意识，居安思危，重在预防；与此同时，加强应急能力建设，提高应对各种饮用水突发事件的预测能力和快速反应能力。

（三）饮用水处理技术

饮用水处理是给水工程的一个重要组成部分。它的目的是对所选取的水源水进行适当的处理，去除水中的有害成分，使处理后的水满足生活饮用水的水质要求。饮用水处理涉及多种水处理技术。根据在水处理系统中的这些技术的使用位置和处理对象，可以将其分为常规处理、深度处理、预处理、纯净水处理、特殊处理等几大类水处理技术。

1. 常规处理技术

(1) 饮用水常规处理技术简介

饮用水常规处理技术及其工艺在20世纪初期就已形成雏形，并在饮用水处理的实践中不断得以完善。饮用水常规处理工艺的主要去除对象是水源水中的悬浮物、胶体物和病原微生物等。饮用水常规处理工艺所使用的处理技术有混凝、沉淀、澄清、过滤、消毒等。由这些技术所组成的饮用水常规处理工艺目前仍为世界上大多数水厂所采用，我国目前95%以上的自来水厂都是采用常规处理工艺，因此常规处理工艺是饮用水处理系统的主要工艺。

混凝是向原水中投加混凝剂，使水中难以自然沉淀分离的悬浮物和胶体颗粒相互聚合，形成大颗粒絮体（俗称矾花）。沉淀是将混凝形成的大颗粒絮体通过重力沉降作用从水中分离。澄清则是把混凝与沉淀两个过程集中在同一个处理构筑物中进行。过滤是利用颗粒状滤料（石英砂等）截留经过沉淀后水中残留的颗粒物，进一步去除水中的杂质，降低水的浑浊度。消毒是饮用水处理的最后一步，向水中加入消毒剂（一般用液氯）来灭活水中的病原微生物。

在以地表水为水源时，饮用水常规处理的主要去除对象是水中的悬浮物质、胶体物质和病原微生物，所需采用的技术包括混凝（coagulation）、沉淀、过滤、消毒，典型的以地表水为水源的净水厂处理工艺流程如图3-1所示。

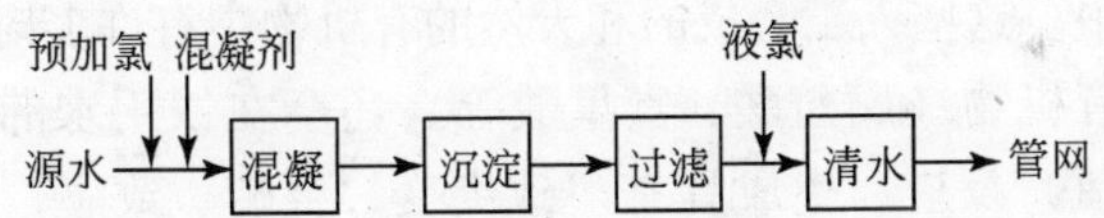

图3-1 以地表水为水源的自来水净水厂典型处理工艺流程

在以地下水为水源时，饮用水常规处理的主要去除对象是水中可能存在的病原微生物。对于不含有特殊有害物质（过量铁、锰等）的地下水，饮用水处理只需进行消毒处理就可以达到饮用水水质要求，处理工艺流程见图3-2。

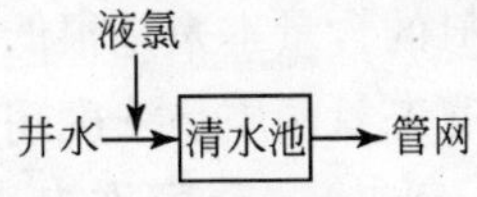

图3-2 以地下水为水源的自来水厂典型工艺流程

饮用水常规处理工艺对水中的悬浮物、胶体物和病原微生物有很好的去除效果，对水中的一些无机污染物，如某些重金属离子和少量的有机物也有一定的去除效果。地表水水源水经过常规工艺处理后，可以去除水中的悬浮物和胶体物，出厂水的浊度可以降到1 NTU（nephelometric turbidity unit，散射浊度单位）以下

（运行良好的出厂水浊度可在0.3NTU以下）。经过良好消毒的自来水可以满足直接生饮对微生物学的健康要求。饮用水常规处理技术及其工艺在过去的100年中对于保护人类饮水安全、促进社会经济的发展发挥了巨大的作用。

（2）常规处理工艺的局限性

在工业化和城市化尚不发达的时期，天然水体很少受到人类大规模活动的污染，饮用水水处理的主要对象是水体中的泥沙和胶体物质，以及少量的病原微生物。水源水经过常规处理后就可以得到透明、无色、无臭、味道可口的饮用水，那时饮用水处理的任务主要是去除水中的浊度和保证饮用者免受水传播疾病的危害。随着工业和城市化的发展，以及现代农业大量使用化肥和农药等，越来越多的污染物随着工业废水、生活污水、城市废水、农田径流、大气降尘和降水、垃圾渗滤液等进入了水体，对水体形成了不同程度的污染，水中的有害物质的种类和数量越来越多。目前饮用水处理面临的问题，除了原有的泥沙、胶体物质和病原微生物外，主要还有有机污染物、高氨态氮、消毒副产物、水质生物稳定性等。

有机污染是受污染水源水进行饮用水处理面临的首要问题。人类合成的有机物中的相当大的一部分会通过工业废水和生活污水进入水体；未经处理的生活污水中也含有大量的人体排泄的有机污染物；农田径流中含有化肥、农药；近年来引起人们普遍关注的二噁英、内分泌干扰物质（环境激素）等污染物质也有可能存在于饮用水中。这些人工合成的和天然的有机物中有许多对人体健康有着毒理学影响，一些有机物（腐殖酸、富里酸等）还会在饮用水的处理过程中与所加入的消毒剂（氯）反应，生成具有“致突变、致畸、致癌”作用的消毒副产物，如三卤甲烷、卤乙酸等。对于有机污染物，常规水处理技术及其工艺的去除作用十分有限，国内外的研究结果和实际生产结果表明，以去除水中泥沙和胶体物质而发展起来的混凝、沉淀、过滤等常规处理工艺只能去除水中有机物的20%左右，特别是对于水中溶解状的有机物，除了极少量的有机物会被吸附在矾花和滤料表面上，常规处理工艺基本上没有去除效果。

未受到污染的水体中氨态氮的含量本来是很低的，但是近年来由于水体被污染，不少地方地表水水源水中氨态氮的质量浓度超过或经常超过饮用水水源水对氨态氮的水质要求（$\leqslant 0.5\mathrm{mg \cdot L^{-1}}$）。我国许多水厂都采用折点氯化法进行消毒，对于氨态氮过高的水源水，在加氯消毒时为了获得自由性余氯必须投加大量的氯来分解氨态氮，使水的加氯量大大增加，高的加氯量更加重了产生消毒副产物的问题。

饮用水的水质生物稳定性问题是20世纪90年代提出的。理想的饮用水中应该不含有有机物，因此异养微生物无法在自来水中大量繁殖。传统的消毒理论认为，在已消毒的水中保持有一定浓度的剩余消毒剂的条件下，水中微生物无法再繁殖，从而保持自来水在自来水配水管网系统中的生物稳定性。但是近年来的研究表明，如果自来水中含有一定量的可以被异养微生物作为基质利用的有机物，则此种自来水为生物不稳定的水，即使在水中保持一定浓度的剩余消毒剂，仍然存在着较高的微生物再繁殖的风险。特别是对于超大型城市配水管网和高位水箱，由于存在水的停留时间过长、剩余消毒剂被完全分解的可能性，生物稳定性差的饮用水更容易出现管网或水箱中微生物再繁殖的问题。

近年来，我国水污染的状况十分严重。根据国家环境保护总局发布的《2000年中国环境状况公报》，我国七大重点流域地表水普遍受到有机污染，各流域干流的断面满足地表水三类及其以上水体水质要求的为57.7%，21.6%的断面为四类水质，6.9%的断面属五类水质，13.8%的断面属劣五类水质，主要污染指标为高锰酸盐指数和氨态氮；主要湖泊富营养化问题突出，如太湖、滇池、巢湖等，氮、磷、高锰酸盐指数严重超标；全国多数城市地下水受到一定程度的点状或面状污染，局部地区地下水部分水质指标超标，主要有矿化度、总硬度、硝酸盐、亚硝酸盐、氨态氮、铁、锰、氯化物、硫酸盐、氟化物、pH 等。可以说，水源受到不同程度的污染是困扰大多数自来水厂的普遍问题。对于许多水源受到污染的水厂，常规处理工艺已经无法解决水源不断恶化、饮用水水质标准不断提高的矛盾。必须在现有常规处理技术与工艺的基础上，发展新的水处理技术与工艺。从20世纪70年代开始，经过几十年的努力，国内外水处理工作者已经研究开发出许多水处理的新技术、新工艺，并且已有大量的工程应用，取得了较好的净化效果。

2. 深度处理技术

当饮用水的水源受到一定程度的污染，又无适当的替代水源时，为了达到生活饮用水的水质标准，在常规处理的基础上，需要增设深度处理工艺。应用较广泛的深度处理技术有活性炭吸附、臭氧氧化、生物活性炭和膜分离技术（membrane separation technique，MST）等。

（1）*活性炭吸附*

活性炭吸附是一种较早地被应用于生产的除微污染技术，其原理是利用活性炭巨大的比表面积吸附水中的有机污染物。粒状活性炭的使用通过活性炭滤床实现，将其置于砂滤后或者取代现有砂滤床。受污染的水经过活性炭滤床后，有机污染物被截留在活性炭滤床中。但由于我国水源污染较重，活性炭使用不久便饱和、失效，水体污染严重时活性炭只能运行几周时间。活性炭的吸附性能可以通过再生得到恢复，但更换活性炭频繁、再生费用很高。粉末活性炭在应用中基建与设备投资较低，使用灵活方便。但活性炭难以回收，使用过程中运行费用较高，仅在污染严重时期使用。近些年来，人们将粉末活性炭预涂到某些载体上，提高了粉末活性炭利用率，也提高了有机污染物的去除效率。另外，黏胶基活性炭纤维由于其具有发达的微孔结构、巨大的比表面积、吸附容量大及易于再生等特点已逐渐被用于水处理中。

(2) 臭氧氧化

臭氧是一种强氧化剂，它可以通过氧化作用分解有机污染物。臭氧在水处理中的最早应用是用于消毒，如20世纪初法国的尼斯城就开始使用臭氧。到20世纪中期，使用臭氧的目的转为去除水中的色、臭。20世纪70年代以后，随着水体有机污染的日趋严重，臭氧用于水处理的主要目的是去除水中的有机污染物。目前欧洲已有上千家水厂使用臭氧氧化作为深度处理的一个组成部分。我国从80年代开始，也有少数水厂使用了臭氧氧化技术。

臭氧可以分解多种有机物，除色、除臭，但是因为水处理中臭氧的投加量有限，不能把有机物完全分解成二氧化碳和水，其中间产物仍在水中。经过臭氧氧化处理，水中有机物增加了羧基、羟基等，其生物降解性得到大大提高，如不加以进一步处理，容易引起微生物的繁殖。另外，臭氧处理出水再进行加氯消毒时，某些臭氧化中间产物更易于与氯反应，往往产生更多的三卤甲烷类物质，使水的致突变活性增加。某些有机物的被臭氧氧化的中间产物也具有一定的致突变活性，因此，在饮用水处理中，臭氧氧化一般并不单独使用，或者是用于臭氧替代原有的预氯化，或者是在活性炭床前设置臭氧氧化与活性炭联合使用。

(3) 臭氧生物活性炭

臭氧生物活性炭技术是在欧洲饮用水处理的实践中产生的。在20世纪70年代德国慕尼黑市的Dohne水厂，在以预臭氧代替了原来的预氯化后，在活性炭滤床中出现了明显的生物活性，从而发展成为臭氧生物活性炭深度处理工艺。在原有水厂普遍采用的预氯化处理的条件下，水中所含有的氯使微生物无法在活性炭床中大量生长。改为预臭氧后，臭氧氧化出水中有机物的可生物降解性大为提高，水中剩余臭氧可以被活性炭迅速分解，加之臭氧氧化出水中的溶解氧浓度较高（因臭氧氧化气体的曝气作用），使得臭氧后设置的活性炭床中生长了大量的细菌，生物分解水中可生物降解的有机物，由原有单纯进行吸附的活性炭床演变成为同时具有明显生物活性的活性炭床，因此这种活性炭技术被称之为生物活性炭。图3-3所示为采用了臭氧生物活性炭技术的德国Dohne水厂处理工艺流程图。

与单纯采用活性炭吸附相比，生物活性炭具有以下优点：①提高了出水水质，通过物理吸附（主要对非极性分子物质）和生物分解（主要对小分子极性物质）的共同作用，增加了对水中有机物的去除效果；②降低了活性炭的吸附负

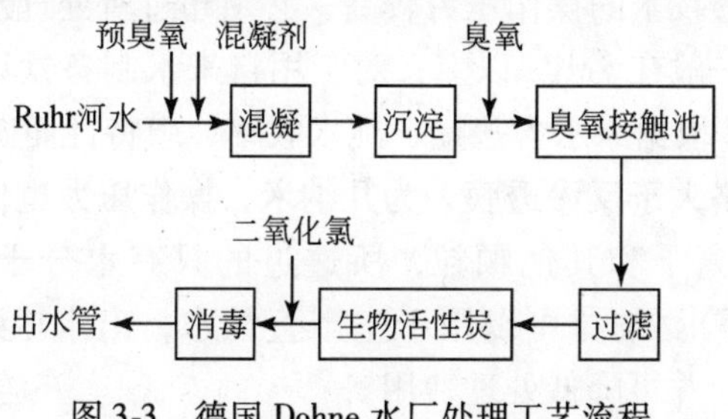

图 3-3　德国 Dohne 水厂处理工艺流程

荷，延长了活性炭的再生周期，从而降低了处理的运行费用；③氨态氮可以被生物转化为硝酸盐；④出水需氯量低，由此降低了消毒副产物的生成量；⑤比单一使用臭氧氧化法经济。

(4) 膜分离技术

膜分离技术是从 20 世纪 70 年代开始发展起来的水处理新技术，在 90 年代得到飞速发展，目前被认为是最有前途的水处理技术。膜分离技术是一种以压力为推动力，利用不同孔径的膜进行水与水中颗粒物质（广义上的颗粒，可以是离子、分子、病毒、细菌、黏土、沙粒等）筛除分离的技术。根据膜孔径从大到小排列，可以把膜滤分为微滤、超滤、纳滤和反渗透 4 种。膜材料主要有乙酸纤维膜、芳香族聚酰胺膜、聚砜膜、聚丙烯膜、无机陶瓷膜等。膜组件的形式主要有板式、卷式、中空纤维、管式等。

微滤的孔径为零点几微米到几微米，配合混凝剂的使用，能够去除水源水中的悬浮颗粒、胶体物质和细菌，操作压力为 0.1M ~ 0.2MPa。微滤可以替代饮用水常规处理的混凝、沉淀、过滤，在一个设备中实现常规工艺多个处理构筑物才能完成的净水效果。目前微滤技术已经成功地用于小型地表水净水厂。世界上最大规模为每天微滤 3 万 t，我国也已建成数个每天几千吨规模的微滤膜净水厂。

超滤膜的孔径为 5nm ~ 0.1μm，可以去除相对分子质量为 300 ~ 300 000 的大分子、细菌、病毒和胶体微粒，操作压力为 0.1M ~ 1.0MPa。超滤被广泛用于从工业废水中回收有用物质，如造纸废水中回收木质素，洗毛废水中回收羊毛脂，电泳涂漆废水中回收电泳漆，食品工业废水中回收蛋白、乳清等。在饮用水处理领域，大多数家用净水器（一般构成：粗滤 - 粒状活性炭 - 超滤）中都设有中空纤维超滤膜来截留水中的杂质颗粒和细菌。

反渗透膜的孔径最小，为 2nm 以下。除了水分子外，其他所有杂质颗粒（包括离子）都不能通过反渗透膜，因此反渗透膜分离得到的水为纯水。反渗透技术已经广泛用于海水淡化、苦咸水脱盐、工业给水高纯水的制备（电子工业用水、锅炉给水等），近年来迅速发展起来的饮用纯净水、优质直饮水的核心技术就是反渗透。反渗透技术的操作压力较高，必须超过所处理水的渗透压；对于海水淡化，操作压力一般在 3MPa 以上；对于用自来水制备饮用纯净水，操作压力一般在 1MPa 以下（根据原水含盐量、纯水收率、膜特性而确定）。

纳滤膜的孔径略大于反渗透膜，为几纳米，操作压力也低于反渗透。纳滤可以截留二价以上的离子和其他颗粒，所透过的只有水分子和一些一价的离子（钠、钾、氯离子等）。纳滤可以用于生产直饮水，出水中仍保留一定的离子，比纯水有益于健康，并可降低处理费用。

膜分离技术具有多项优点：不需要投加药剂；去除的污染物范围广；可通过选用不同的膜实现预定的分离效果；运行可靠；设备紧凑、易于实现自动控制等。缺点是：设备费和运行费高；运行中膜易堵塞，需要定期进行化学清洗；前处理要求较高；存在浓缩液的处理与处置问题等。近年来随着膜材料价格的不断降低，膜分离技术在水处理应用中具有越来越强的竞争力。

3. 预处理技术

预处理是针对传统工艺的缺陷，为了强化水处理工艺、改善处理出水水质，在常规处理工艺之前，采用一定的物理、化学或生物的方法，对水中污染物进行初步去除，特别是去除那些常规工艺不能有效去除的污染物，使常规工艺更好地发挥作用，减轻常规处理和深度处理的负担，更好地发挥水处理工艺的整体作用。预处理工艺可分为氧化法和吸附法，其中氧化法又可分为化学氧化法和生物氧化法。

当饮用水的水源水受到一定的污染或者具有某些特殊性质时，在常规处理之前，需要先进行预处理，包括粗大悬浮物和漂浮物的筛除、沉砂、高浊度水的预沉淀、原水储存、土层渗滤、曝气去除挥发性物质、粉状炭吸附、化学预氧化、生物预处理等。下面主要介绍用于受污染水源水处理的后两种预处理技术。

（1）化学预氧化

化学预氧化技术是通过投加氧化剂，利用氧化剂的氧化能力，分解破坏水中的污染物质。常用的氧化剂有氯、高锰酸钾、臭氧，正在研究开发中的还有紫外光催化氧化等。

1）预氯化：预氯化是饮用水处理中应用最为广泛的一种预氧化技术，目前仍为我国绝大多数水厂所采用。预氯化是在地表水的取水口或净水厂的入口处向水中加入一定量的氯，投加量为 $1 \sim 2mg \cdot L^{-1}$（根据水质而定，对于受到污染的水源水预氯化的所需加氯量远高于此值）。由于氯是氧化剂，预氯化可以氧化分解水中的一部分有机物质，降低臭味，增强混凝效果，去除氨态氮（生成氯胺，或者通过折点氯化而被破坏），可以控制微生物和藻类在取水口至水厂的管道中和在净水厂的处理构筑物中生长繁殖，并可收到一定的消毒杀菌效果。预氯化可以采用简单加氯法或折点氯化法。预氯化的缺点是当水源水中有机物含量较高时，投加的氯会与水中的有机物反应，生成三卤甲烷、卤乙酸等具有“三致”作用的消毒副产物。

2）预臭氧：由于臭氧比液氯具有更强的氧化能力，故可有效杀灭藻类、细菌、病毒等，同时能够快速氧化大分子难降解物，有较强的脱色、除臭能力。臭氧预氧化法可使水源水化学耗氧量有一定程度的下降，对氧化三卤甲烷前体物有较好的效果。由于投加臭氧的成本较高，一般采用低剂量投加，在这种情况下，大部分投加的臭氧只能把大分子有机物氧化为小分子有机物（酮、醛、酸等），而不是将有机物彻底降解。这样就导致了处理出水溶解性的、可生化的有机物量比例得以提高。因此，如能将臭氧预氧化法与生物法结合起来，会起到优势互补的作用；反之，单纯的臭氧预氧化法由于可使出水溶解性有机物量提高，可能会导致最终出厂水中的可同化有机碳（assimilable organic carbon，AOC）的升高，管网细菌量升高，反而降低饮用水质。预臭氧是为了避免预氯化产生氯代有机物的问题而采用的替代方法，已经在欧洲得到广泛的应用，在我国目前尚未采用。加入臭氧除了有前述的氧化、除臭作用外，还可以增加水中有机物的可生物降解性，有利于后续的生物处理，如生物氧化预处理或生物活性炭，预臭氧还有一定的改善混凝的效果。预臭氧的最大优点是不产生氯代有机物，但费用较高。此外，因臭氧在水中会迅速分解，此法不适于长距离输水管道的菌藻控制。

3）高锰酸钾预氧化：高锰酸钾预氧化曾是一种传统水处理预氧化技术，近年来由于我国水源水的污染日趋严重，高锰酸钾预氧化技术发展较快，现已经开发出高锰酸钾预氧化与混凝剂联合使用的复合药剂。高锰酸钾氧化不产生氯代副产物，氧化能力强，除臭效果好，高锰酸钾氧化后生成的二氧化锰对高锰酸钾的氧化具有催化作用，同时又具有助凝作用，从而大大增强混凝效果。该法不需要增加新设备，运行费用低，便于根据原水水质情况调整投药量，有着良好的应用前景。

(2) 生物预处理

众所周知，在废水处理中生物处理法是去除水中溶解状有机物的有效而经济的方法。随着饮用水水源污染问题的日趋严重，生物处理法也已经被开发成为处理受污染水源水的饮用水处理技术。生物预处理主要依靠微生物的生命活动（氧化降解、吸附和生物絮凝等）来去除水中的污染物。在这些微生物中，对净化水质起主要作用的绝大多数属于贫营养型微生物，具有世代周期长、繁殖缓慢的特性。为了保证处理效果和加快净化的效率，必须保证有足够的微生物量（生物浓度）。生物膜法因微生物附着在载体填料上，相对而言能获得更稳定的生长环境，适合于世代周期长的微生物生存和繁殖，因而绝大多数的生物预处理都采用生物膜法的形式。

生物预处理是指在常规净水工艺前增设生物处理工艺，借助于微生物的新陈代谢活动，对水中的氨态氮、有机污染物、亚硝酸盐、铁、锰等污染物进行初步的去除，减轻常规处理和深度处理的负荷，通过综合发挥生物预处理和后续处理的物理、化学和生物的作用，努力提高处理后出水水质。

饮用水生物预处理采用好氧生物膜法。已经开发实用的处理技术主要有生物接触氧化法和淹没式生物滤池法。生物接触氧化法采用挂满弹性填料或纤维束填料的水池，池中设有穿孔管曝气装置，供给生物处理所需要的氧。淹没式生物滤池采用颗粒填料作为生物生长的载体，一般采用陶粒填料，池型与给水处理的砂滤池相似，只是在滤料下增加了穿孔管曝气系统。水的流向多采用升流式，滤池定期（几天到一个月）进行气水反冲洗，洗去截留的悬浮物和多余的生物膜。淹没式生物滤池具有填料比表面积大，生物量高，对氨态氮和有机物的处理效果好，有过滤作用，有较好的除藻功能，在低温条件下仍有较好的处理效果，可承受一定的进水悬浮物浓度等优点。不足之处是基建费高于生物接触氧化法。淹没式生物滤池既可以用于预处理，设在常规处理之前；也可以设在混凝沉淀之后砂滤之前，对其进行生物处理。

生物预处理有如下的去除效果：

1）生物预处理能有效去除水中可生物降解的有机物，减低消毒副产物的生成，提高水质的生物稳定性，降低后续常规处理的负荷，改善常规处理的运行条件（降低混凝剂的投加量，延长过滤周期，减少加氯量等）。饮用水生物预处理可以去除进水中80%左右的可生物降解有机物，如以高锰酸盐指数（耗氧量）表示，生物预处理的去除率一般为20%～30%。对高锰酸盐指数去除率偏低的原因是：①水源水中有机物包括了可生物降解和不可生物降解两大部分；②高锰酸盐的氧化能力低，对一些可生物降解有机物测不出，如草酸等。如果采用预臭氧－生物处理工艺，将可以大大提高生物预处理对有机物的去除效率。

2）生物预处理能有效去除水中的氨态氮：在生物预处理构筑物中，氨态氮在亚硝化菌的作用下先被生物转化为亚硝酸盐，再在硝化菌的作用下进一步转化为硝酸盐。生物预处理对氨态氮去除率可以达到70%～90%，例如，在进水氨态氮质量浓度为2～3mg·L^{-1}的条件下，出水在0.1mg·L^{-1}左右。在饮用水生物预处理中，对氨态氮的硝化比去除有机物更容易实现，所需要的水力停留时间也较短。采用生物硝化去除氨态氮的预处理已经成为饮用水预处理的一个重要处理目的。

4. 强化混凝技术

强化混凝是指在混凝处理中投加过量的混凝剂、新型混凝剂或助凝剂，或者是其他的药剂，通过加强混凝与絮凝作用，使常规处理工艺尽可能多地去除水中的有机物和消毒副产物的前体物（主要指腐殖酸、富里酸等有机物）。

混凝所去除的有机物及其去除机制主要包括：胶体状有机物的吸附电中和与凝聚、混凝形成的金属氢氧化物矾花的巨大比表面积对溶解有机物的吸附和共沉作用、腐殖酸和富里酸的聚合沉淀等。强化混凝提高对有机物的去除机制主要是加强混凝产生的絮体对有机物的吸附作用。例如，北京第九水厂的生产实践表明，在相同加药量下，机械搅拌澄清池对有机物和消毒副产物前体物的去除效果要优于反应池－沉淀池工艺，其原因就是在机械搅拌澄清池中大量保持的矾花可以充分发挥其吸附作用，而反应池－沉淀池工艺中矾花形成后即被沉淀去除，其吸附潜力尚未完全发挥。

强化混凝的措施有：①由铝盐混凝剂改为铁盐混凝剂（铁盐比铝盐更易于形成与腐殖酸和富里酸的聚合物），降低 pH（pH 为 5～6 的条件有利于形成腐殖酸、富里酸的聚合物）；②投加有机或无机絮凝剂，采用具有絮凝作用的新型混凝药剂（聚硅酸盐铁盐、聚硅酸盐铝盐等），增加混合与絮凝反应的时间，选用澄清工艺等。在混凝中同时进行高锰酸钾预氧化、粉状炭吸附（如采用含有高锰酸钾、粉状炭、混凝剂的复合药剂）也可以收到强化混凝的效果，尽管其中还包括了氧化、吸附等作用。

常规处理对水中溶解有机物的去除效率一般为10%～20%，通过强化混凝可以把去除率提高到25%～30%，具体效果依原水水质和强化混凝的措施而定。

5. 纯水和净水处理技术

近年来，纯净水（包括桶装水、瓶装水）、优质直饮水等日趋流行。造成这一现象的原因有：①因水源水质的恶化，对城镇自来水水质产生疑虑；②对饮水水质要求的提高，愿意消费更为安全且有益于健康的水；③饮水方式的时尚。特别是在一些自来水水质较差的城镇或地区，纯净水和优质直饮水发展的速度很快。

纯水和净水是有一定区别的。“纯水”这一术语来源于工业给水的纯水，即去除了水中一切杂质（包括各种离子）的水，水的纯度用电导率表示。虽然饮用纯水对水的电导率要求并不需要像对电子工业、高压锅炉给水那样严格，但我国现行的饮用纯水行业标准中仍对水的电导率进行了严格的规定。尽管离子交换、蒸馏等技术在早期曾用于生产饮用纯水，目前生产纯水所普遍采用的核心技术是反渗透，其工艺流程如图 3-4 所示。

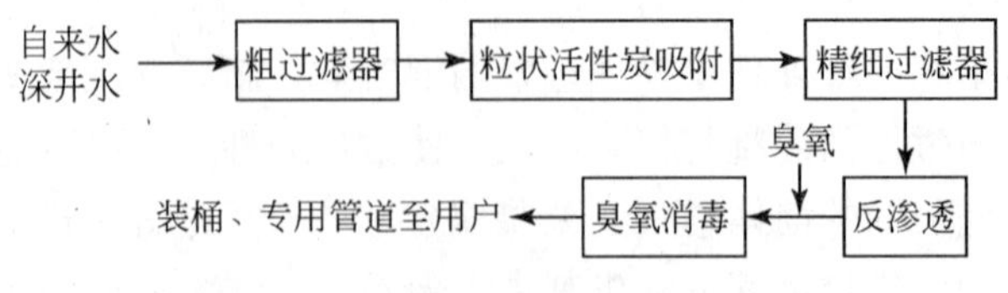

图 3-4 饮用纯水生产工艺流程

用户使用饮用纯水的方式包括瓶装水（主要是作为饮料）、桶装水、净水屋、楼宇或小区专用饮水管道，家用纯水机等。饮用净水的含义实际上是指优质直饮水。按照生活饮用水水质标准的制定原则，凡符合该标准的自来水实际上都可以直接生饮。但是在实际操作中，为了提高直饮水的卫生学质量和具有较好的口感，又制定了优质直饮水的水质标准。由于纯水中不含任何矿物质，长期饮用可能对人体健康产生不利影响，因此，优质直饮水并不要求必须是纯水。

优质直饮水系统一般设在采用分质供水系统的楼宇或住宅小区中，它以市政自来水或当地的地下水为水源，再经过特殊的净化处理后，由专用管道送到用户家中。优质直饮水的处理系统有许多种，包括：①另选用优质的地下水源和先进的消毒工艺，优水优用；②“臭氧氧化—活性炭吸附—紫外线消毒或二氧化氯消毒”的饮用水深度处理工艺流程；③“粗过滤—活性炭吸附—精细过滤—反渗透—臭氧消毒或紫外线消毒”的饮用纯水处理流程；④把反渗透生产的纯水与纳滤生产的水（或活性炭出水）按比例勾兑成一定矿化度的水的组合处理工艺。

6. 特种水质处理技术

（1）除铁、除锰

某些地下水中含有较高浓度的铁和锰离子。由于地下水一般缺氧，这些铁和锰主要以还原形式（氧化态 +2 价）存在于水中。我国一些地区地下水含铁、含锰，含铁量在 5 ~ 15mg · L^{-1}，有的高达 20 ~ 30mg · L^{-1}，含锰量为 0.5 ~ 10mg · L^{-1}，个别的高达 5 ~ 20mg · L^{-1}。水中含有过量的铁锰将给生活饮用及工业用水带来危害。我国《生活饮用水卫生规范》规定铁的质量浓度≤0.3mg · L^{-1}、锰的质量浓度≤0.1mg · L^{-1}。当原水的铁、锰含量超过上述标准时就要进行除铁、除锰处理，其基本流程为氧化过滤流程，具体处理方法如下：

1）曝气氧化过滤法除铁工艺：利用空气中的氧把 Fe^{2+} 氧化成 Fe^{3+}，使其形成氢氧化铁沉淀物从水中析出，再通过滤池加以去除。水的 pH 越高，氧化速度越快。

2）曝气接触氧化锰砂过滤法除铁、除锰工艺：经曝气使含溶解氧的水通过含有铁质或锰质的活性滤料，在所含铁质和二氧化锰的催化作用下，Fe^{2+}、Mn^{2+}的氧化速率大大加快，进而被滤料去除。活性滤料可以采用天然锰砂，也可以由普通砂滤料经熟化而形成。接触氧化法除锰需要在 pH 大于 7 的条件下进行。

3）氯氧化过滤法除铁工艺：氯的氧化能力大于氧，它在 pH 大于 5 的条件下就可以迅速地把 Fe^{2+} 氧化成 Fe^{3+}，再经砂滤池过滤去除生成的氢氧化铁析出物。

4）高锰酸钾氧化除铁除锰工艺：高锰酸钾是比氧和氯更强的氧化剂，可以在中性或弱酸性条件下迅速地把水中的 Mn^{2+} 氧化成二氧化锰，再经过滤予以去除。为了降低投药量，原水应先进行曝气。此法的另一形式是采用锰沸石过滤吸附水中的 Mn^{2+}，再用高锰酸钾对锰沸石再生。

5）充氧回灌地下水层除铁除锰工艺：将曝气后含有大量溶解氧的水，通过取水井周围的回灌井定期注入到地下水层，或是通过取水井本身进行周期性的回灌。在取水井周围地下水层中形成氧化带，其中生长有大量的铁锰细菌。当取水时，地下水在通过充氧地层的过程中，在铁锰细菌的参与下，水中溶解氧把 Fe^{2+} 和锰氧化成不溶的析出物，截留在地层中。

（2）除藻

易受日照影响的较浅和流动缓慢的水体（如湖泊），在富营养条件下，水中藻类易于大量繁殖，特别是在水温较高的夏秋季节，水中的含藻量将很高。水中的藻类除了会使水产生令人厌恶的口味和臭味外，还因为它们的密度接近于水，混凝沉淀的效果不好，易于堵塞滤池，影响水厂的正常运行。因此在处理藻类含量较多的湖泊水时，应考虑除藻问题。常用的除藻方法有如下 3 种。

1）微滤机除藻：微滤机是一种截留细小悬浮物的筛网过滤装置。除藻用的微滤机多采用孔眼 20 ~ 40μm 的滤网，它对藻类的去除效率为 40% ~ 70%，对浮游生物的去除率可达 97% ~ 100%。此法主要用于处理低浊高藻的湖泊水。

2）气浮法除藻：在含有较多藻类和一定浊度的水中投加混凝剂，反应生成絮凝体，再用气浮法把絮体浮升到水面去除，可以取得远比沉淀为快的分离速度。

3）加药灭藻法：在取水湖泊或原水存贮池中定期投加硫酸铜（$2 \sim 3mg \cdot L^{-1}$），可以杀灭藻类或控制其繁殖，但此法对鱼类有毒害作用。在净水工艺中采用预氯化法，可以控制藻类在净水构筑物中的生长。

（3）除氟

长期饮用过量含氟化物的水，轻者患牙斑症，早期脱落；重者则患氟骨症，骨骼发脆、变形、骨折。我国《生活饮用水卫生规范》规定饮水中氟化物的适宜质量浓度为 $0.5 \sim 1.0mg \cdot L^{-1}$。有些地区的水属于高氟水，含氟量可达

$10mg \cdot L^{-1}$以上，必须经除氟处理后才能饮用。除氟的方法如下：

1）吸附法：以活性氧化铝、磷酸三钙等作为吸附剂，过滤吸附水中的氟离子。饱和的活性氧化铝用硫酸铝溶液再生，磷酸三钙用氢氧化钠再生。

2）混凝沉淀法：用硫酸铝、聚合氯化铝等混凝剂形成的絮体吸附氟离子，经沉淀过滤去除。因为此法的投药量很大，一般为含氟量的100～200倍，已较少使用。

3）离子交换法：利用离子交换树脂的交换能力去除氟离子。此法目前应用较少。

4）电渗析法：利用离子交换膜的选择透过性除氟。

（4）过硬源水的软化、苦咸水淡化与海水淡化

在没有替代水源的情况下，对于含有过量硬度的源水可以采用软化法制取生活饮用水，常用的方法是石灰软化法和离子交换法，小规模使用时也可以采用膜分离法。采用石灰软化法时，软化通常与澄清同时进行，此时应选用三氯化铁作为混凝剂（在石灰软化中，因水的pH较高，铝盐混凝剂不适用）。离子交换法采用钠型磺酸基阳离子交换树脂，用所含钠离子交换水中的钙离子。为了保持饮用水有较好的口感，出厂水中应保留一定的残余硬度，其方法是只从水中去除一部分硬度，或是在总水量中只软化一部分水，再与其他的水混合。饮用水的软化处理目前主要用在欧美国家的一些地区。

含盐量很高（每升几千毫克以上）的水称为苦咸水，我国西北部地区，如青海、甘肃、新疆等内陆干旱地区常遇到这种水。以苦咸水为源水制取饮用水需要进行淡化处理。常用的淡化方法有反渗透法、电渗析法等，可供钻井队、勘探队、小的社区等小规模用水单位饮用。

海水可以通过淡化供饮用，但费用较高。常用的方法有：反渗透法、蒸馏法、电渗析法、结冰法等。大规模海水淡化厂多采用蒸馏法、反渗透法。小规模海水淡化，如船用海水淡化器、岛用海水淡化器，多采用反渗透法或电渗析法。

二、水污染控制技术

（一）废水与水处理的基本概念

1. 废水的基本类型

通常废水可分为生活污水、工业废水以及城市污水3种类型。

生活污水是指由居民的生活以及公共场所（浴池、厕所和宾馆等）所产生

的废水，主要为生活废料和人的排泄物所污染，其数量、成分和污染物质的浓度与居民的生活习惯、条件有关。其中，从洗涤途径（厨房的洗涤池和卫生间的浴缸或淋浴器）排放的污水中污染物含量相对较低，通常称为生活废水，属于回用水的主要对象。生活污水一般不含对生物有毒物质，适合于微生物繁殖，因此也容易腐化变质。生活污水排入水体后将降低水体的透明度、大量消耗水体的溶解氧、增加水体中氨态氮的浓度。另外，生活污水中含有大量的病原微生物，从卫生角度上看，具有一定的危害性。

工业废水是指在各类工业生产过程中所产生的废水，工业废水中污染物主要是工业原料、中间体和反应产物。工业废水的危害性受其所含污染物成分所决定。发酵、食品和水产加工等工业生产中排放的废水，所含污染物成分与生活污水比较相近，但许多工矿业生产废水中所含污染物成分和危害性十分独特。同时，由于工业门类繁多、生产性质各种各样，不同的工业废水在废水水量、污染物成分和浓度上差别也很大。

城镇污水是指生活污水和部分工业废水混合后的废水，具有量大、性质和污染物成分相对稳定的特点，城镇污水一般都进入城镇污水处理厂进行集中处理。在合流制排水系统中，城镇污水还包括部分雨水。许多工业废水由于性质独特（污染物浓度过高、污染物危害性大），直接进入城镇污水处理厂后将严重影响集中处理的效果，因此必须先进行预处理并达到一定的排放标准后才能排入城镇污水处理系统。许多国家和地区对工业废水进入城镇排水管道提出了相应的水质标准，通常称为“接管标准”。

2. 废水的特性

（1）废水的特性及组分分类

废水的特性必须从其物理特性、化学组分、生物成分3方面来考虑。

1）物理特性：废水的物理特性主要包括浊度、颜色、气味、嗅味、温度、固体悬浮物浓度和放射性等。

2）化学组分：废水的化学组分分为有机物、无机物两类。废水中主要的有机物组分有碳氢化合物、脂肪、油和润滑脂、农药、酚、蛋白质、表面活性剂等；主要无机物组分有碱度物质、酸度物质、氯化物、重金属、氮、磷、硫、有毒化合物等。这些污染物在废水中可以呈多种相态存在，其中气体组分主要有硫化氢、甲烷和氧气等。

3）生物成分：废水中主要生物成分是微生物，包括细菌、放线菌、真菌、藻类、原生动物和病毒等。这些微生物可能是原废水带来的，也可能是在废水排放后孳生的，说明废水本身有适合于微生物生存的各方面条件，微生物含量高的废水适合于使用生物法处理。

（2）废水的污染物成分及污染特点分类

由于废水性质的复杂性、多样性，实际工程中要彻底分析清楚废水中所含的污染物成分及其含量是相当困难的。因此，我们常常根据各种污染物的污染特点，将其划分为以下几种主要类型。

1）固体悬浮物：造成水的浊度和色度的主要组分。影响水的景观和使用功能，使得管道和处理设备淤积、堵塞。废水中常见的固体悬浮物有泥沙、生物污泥、化学污泥等。

2）有机污染物：包括天然和人工合成的有机高分子物质如纤维素、蛋白质、木质素、淀粉、农药、有机合成染料等以及这些高分子物质的中间体和生物代谢物质如单糖、氨基酸、脂肪酸、醛类和酚类以及酮类等。许多有机污染物具有耗氧性质，即在水体中被微生物分解而消耗大量的溶解氧，成为其污染的主要特征之一。

3）植物营养素氮、磷：生活污水和许多工业废水中含有大量的氮、磷物质，如粪便污水、洗涤废水、化肥及农药工业排水。它们是造成水体富营养化的直接而最重要的原因。

4）重金属：产生于采矿业、金属品加工和农药生产等。其中汞、镉、铅、铬、砷危害最大，并称“五毒”。重金属在生物体内能富集，并且不同的重金属形态表现出不同的毒性。

5）酸、碱：许多工业生产排放大量酸性和碱性废水，典型的有基本无机化学品（苛性碱、硫酸、盐酸等）生产行业、电镀加工、钢铁生产、造纸、采矿和微生物发酵等。酸、碱不仅造成设备和材料的腐蚀，而且妨碍废水的生物处理，破坏水体的生态环境。

6）石油类：不仅有害于水资源的利用，而且妨碍水体的复氧，对水生生物有相当大的危害。

7）难降解的有机物：来自于有机合成工业，主要指有机氯化合物和多环有机化合物。生物难降解性质，将导致在环境和生物体内富集，并具有致畸、致突变和致癌等“三致”危害性。

8）放射性物质：主要来自于采矿业的排水和核电站的废水，常见的放射性污染物有：铀、钍、钚等。

3. 废水的水质指标

在考虑或研究废水处理的方法时，首要条件是全面掌握废水的特性，包括物理特性、化学组分和生物成分。其次，为了控制和掌握废水处理设备的工作状况和处理效果，也必须定期对处理过程中的废水水质进行检测。正如前面所提到的，要彻底分析清楚废水的化学组分是相当困难的，尤其是水质的测定必须处于经常性进行的情况下。这样，通过长期的研究和实践，人们确定了一些具有规范化的水质测定方法和相应的水质指标。这些指标在较大程度上反映了废水的性质，并能用于在相当程度上反映废水处理过程的本质。测定方法在保证有效性的前提下应力求简便、快捷，以指导水污染控制工程实践。常用的废水水质指标如下所述。

(1) 悬浮固体

水质中的悬浮固体（suspended solid，SS）是指水样通过孔径为 0.45μm 的滤膜，截留在滤膜上并于 103～105℃烘干至恒重的固体物质，单位是 $mg \cdot L^{-1}$。

(2) 生化需氧量

生化需氧量（biological oxygen demand，BOD）是指 1 L 废水中有机污染物在好氧微生物作用下进行氧化分解时所消耗的溶解氧，单位是 $mg \cdot L^{-1}$。BOD 即是对水中可生物降解有机成分的间接指标，也是进行生化反应需氧量的直接反映，它是废水生物处理（bidogical treatment of wastewater，BTOW）中最重要的参数之一。由于微生物的降解作用较缓慢，废水中有机物完全降解完毕需要大约 20 天的时间。因此，为实用起见，一般取 5 天所消耗的氧来作为指标，简称为 BOD_5。另外，由于温度不一样，微生物降解作用也不一样，因此控制温度为 20℃。

(3) 化学需氧量

用强氧化剂（重铬酸钾或高锰酸钾）在酸性条件下能将废水中有机物彻底矿化，其中碳水化合物被氧化为 H_2O 和 CO_2，此时所测定的氧（重铬酸钾或高锰酸钾中的化合态氧）的消耗量即为化学需氧量（chemical oxygen demand，COD）。由重铬酸钾法测定得出的化学需氧量，简称为 COD_{Cr}；由高锰酸钾法测定得出的化学需氧量简称为 COD_{Mn} 或高锰酸钾指数。COD 是间接反映废水中相对强氧化剂为还原性的物质的指标，包括几乎所有的有机物和一些还原性无机物。如果废水中无机物很少，那么 COD 反映的几乎就是废水中全部的有机物含量。

由于强氧化剂对有机物的氧化作用比微生物的生物氧化作用更强烈和彻底，因此废水的 COD 一般总是大于 BOD。对于生活污水 BOD_5 和 COD_{Cr} 的比值大致为 0.4～0.8，BOD_5 和 COD_{Cr} 的比值（B/C）常常被用来判断废水能否用好氧生物法来处理或者判断用好氧生物法处理能够进行到怎样的程度。另外，该比值可以间接地衡量原废水中生物毒性物质含量的高低。由于生物需氧量的测定是在好氧条件下进行的，因此废水的 BOD 指标对指导厌氧生物处理仅具有一定的参考意义。

(4) 理论需氧量

如果废水中的有机物能被写出其分子式，那么就可以用相应的完全氧化反应方程来计算出对其完全氧化所需要的氧量的理论值，这便是理论需氧量（theoretical oxygen demand，THOD）。

（5）总需氧量

总需氧量（total oxygen demand，TOD）是指在900℃下将废水加以燃烧，使废水中的有机物及部分无机物完全氧化所需氧量。这一指标目前很少使用。

（6）总有机碳

前面反映有机物浓度的指标BOD、COD等，虽说测定方法成熟、有效性好，但测定所花的时间较长，一般BOD_5检测需5天，一般COD检测需加热沸腾2h，另外废水中的有机物浓度不高时测定的精度也不高。为了快速测定废水的有机物浓度，特别是废水中含微量有机物的情况下，往往测定废水的总有机碳（total organic carbon，TOC）来反映有机物浓度。在TOC测定过程中，废水样品在约950℃下高温燃烧，用红外线仪定量测出燃烧中所生成的CO_2量，此时测得的碳的含量为废水中的总碳（TC）含量。总碳中包含有机碳和以CO_2和HCO_3^-形成存在的无机碳。如在高温燃烧前，将废水进行酸化曝气，去除无机碳后用同样的方法测定的废水的含碳量即为总有机碳（TOC）。

（7）营养物质氮、磷

有关氮的指标有：

1）有机氮（N-organ），主要指在蛋白质、尿素、尿酸、氨基酸等有机物内所含的氮，也包括偶氮和联氮等。

2）氨态氮（NH_3-N），指以NH_3和NH_4^+形态存在的氮。

3）总凯氏氮（TKN），指以 -3 价存在的氮。

4）硝态氮（NOx-N），指以NO_2^-和NO_3^-形态存在的氮。

5）总氮（TN），所有形态的氮的总和。

有关磷的指标有：

1）有机磷（P-organ），指在有机物中结合的磷，如合成洗涤剂和有机磷农药中的磷。

2）正磷（PO_4^{3-}-P），指以PO_4^{3-}或HPO_4^{2-}，$H_2PO_4^-$形态存在的磷。

3）聚合磷（Poly-P），指以焦磷酸盐$P_2O_7^{4-}$和聚合三磷酸盐$P_3O_{10}^{5-}$等形态存在的磷。

4）总磷（TP），所有形态磷的总和。

有关氮、磷的指标之所以重要，不仅因为氮、磷是水体富营养化的主要原因，而且氮、磷也是废水生物处理过程中的重要因素。另外，不同形态的氮、磷也反映了废水处理过程的不同阶段。工业废水因为缺乏必要的氮、磷，将严重影响生物处理效果。

(8) 有毒物质

废水中对人体健康或其他生物危害较大的有毒物质往往需要单独测定。常用的有毒物质指标有：氰化物、甲基汞、砷化物、镉、铅、六价铬、酚、醛等。

(9) 酸度及碱度

酸度用pH来表示；碱度指水中HCO_3^-和CO_3^{2-}的含量，一般以$CaCO_3$的含量来计算。碱度的大小某种程度上也能反映pH的大小，pH小，碱度也小，pH大则碱度也大。废水中碱度的高低还决定了废水的缓冲性能强弱，对废水处理有重要影响。

（二）废水处理的基本方法

现代的废水处理主要分为物理处理法、化学处理法和生物处理法三大类。

1. 物理处理法

通过物理作用可分离、回收废水中不溶解的呈悬浮状态的污染物（油膜和油珠）的废水处理法，可分为重力分离法、离心分离法和筛滤截留法等。以热交换原理为基础的处理法也属于物理处理法。物理法的去除对象是水中不溶性的悬浮物质，使用的处理设备和方法主要有格栅、筛网、沉淀（沉砂）、过滤、微滤、气浮、离心（旋流）分离等。

1）格栅（筛网）：它是由一组平行排列的金属栅条制成的框架，呈60°~70°斜置于废水流经的渠道内，当废水流过时，呈块状的污染物质即被栅条截留而从废水中去除，它是一种对后续处理构筑物或废水提升泵站有保护作用的设备，筛网截留亦属于这一性质的设备。

2）沉淀（沉砂）：借助废水悬浮固体本身的重力作用使其与废水相分离的方法。这种工艺分离效果好、简单易行、应用广泛，往往在处理废水过程中多次使用，是一种十分重要的处理构筑物。沉淀池主要用于去除废水中大量的呈颗粒状的悬浮固体，沉砂池则主要去除废水密度较大的固体颗粒。

3）气浮：气浮是设法在废水槽通入大量密集的微细气泡，使其与微细的悬浮物相互黏附，形成整体密度小于水的浮体，从而依靠浮力上升至水面，以完成固液分离的处理方法。气浮按气泡的来源可分为压力溶气气浮、电解凝聚气浮、微孔布气气浮三大类。

4）过滤：过滤是使废水通过具有孔隙的粒状滤层，从而截留废水的悬浮物，使废水得到澄清的处理工艺。

5）离心（旋流）分离：使含有悬浮固体或浮化油的废水在设备中高速旋

转，由于悬浮固体和废水的质量不同，受到的离心力也不同，质量大的悬浮固体被抛到废水外侧，这样就可使悬浮固体和废水分别通过各自出口排出设备之外，从而使废水得以净化。

2. 化学处理法

通过化学反应和传质作用来分离、去除废水中呈溶解、胶体状态的污染物，或将其转化为无害物质的废水处理法。在化学处理法中，以投加药剂产生化学反应为基础的处理单元是混凝、中和、氧化还原等；而以传质作用为基础的处理单元则有萃取、汽提、吹脱、吸附、离子交换以及电渗析和反渗透等。后两种处理单元又合称为膜分离技术。

1）中和处理：用化学方法消除废水中过量的酸或碱，使其 pH 达到中性左右的过程称为中和。处理含酸废水以无机碱作中和剂，处理碱性废水以无机酸作中和剂。中和处理应考虑以“以废治废”原则，亦可采用药剂中和处理。中和处理可以连续进行，也可以间歇进行。

2）混凝处理法：混凝法是向废水中投加一定量的絮凝剂，经过脱稳、架桥等反应过程，使废水呈胶体状态的污染物质形成絮凝体，再经过沉淀或气浮，使污染物从废水中分离出来。通过混凝能够降低废水的浊度、色度，去除高分子物质、呈胶体的有机污染物、某些重金属毒物（汞、镉）和放射性物质等，也可去除磷等可溶性有机物，应用十分广泛。它可以作为独立处理法，也可以和其他处理法配合，作为预处理、中间处理工艺，甚至可以作为深度处理工艺。

3）化学沉淀法：向废水中投加某种化学物质，使它和废水中的某些溶解物质产生反应，生成难溶物沉淀下来。它一般用以处理含重金属离子的工业废水。根据所投加的沉淀剂，化学沉淀法又可分为氢氧化物沉淀法、硫化物沉淀法、钡盐沉淀法等。

4）氧化还原法：利用溶解于废水中的有毒、有害物质在氧化还原反应中能被氧化或还原的性质，把它转化为无毒无害的新物质，或转化成气体或固体而从废水中分离出来。在废水处理中使用的氧化剂有空气中的氧、纯氧、臭氧、氯气、次氯酸钠、三氯化铁等，使用的还原剂有铁、锌、锡、锰、亚硫酸氢钠、焦亚硫酸盐等。

5）吸附法：用多孔性固体吸附剂处理废水，使其中的污染物质被吸着于固体表面而分离的方法。吸附可分为物理吸附、化学吸附和生物吸附等。物理吸附剂和吸附质之间在分子间力作用下产生的，不产生化学变化。而化学吸附则是吸附剂和吸附质之间发生化学反应，生成化学键引起的吸附，因此化学吸附选择性较强。另外，在生物作用下也可以产生生物吸附。在废水处理中常用的吸附剂有活性炭、磺化煤、沸石、硅藻土、焦炭、木屑等。

6）离子交换法：离子交换法在废水处理中应用较广，主要用于去除废水中的金属离子，它是利用离子交换剂上的可交换离子与废水中的其他同性离子的交换反应，是一种特殊的吸附过程。使用的离子交换剂可分为无机离子交换剂（天然沸石和合成沸石）、有机离子交换树脂（强酸阳离子树脂、弱酸阳离子树脂、强碱阴离子树脂、螯合树脂等）。采用离子交换法处理废水时，必须考虑树脂的选择性，树脂对各种离子的交换能力是不同的，这主要取决于各种离子与该种树脂亲和力的大小，又称选择性的大小，另外还要考虑到树脂的再生方法等。

7）膜分离法：渗析、电渗析、超滤、反渗透等技术都是通过一种特殊的半渗透膜来分离废水中离子和分子的技术，统称为膜分离法。电渗析法、反渗透法主要用于废水的脱盐、回收某些金属离子等。反渗透与超滤均属于膜分离法，但其本质又有所不同，反渗透作用主要是膜表面化学本性所起的作用，它分离的物质粒径小、除盐率高、所需工作压力大；超滤所用材质和反渗透可以相同，但超滤是筛滤作用，分离物质粒径大、透水率高、除盐率低、工作压力小。

8）萃取法：利用废水中的污染物在水和萃取剂中溶解度的不同来分离污染物的方法称为萃取法。萃取法一般有三步：一是把萃取剂加入废水中，使废水中的污染物转移到萃取剂中；二是把萃取剂和废水分开，使废水得到净化；三是把污染物与萃取剂分开，使萃取剂循环回用。

3. 生物处理法

通过微生物的代谢作用，使废水中呈溶液、胶体以及微细悬浮状态的有机污染物，转化为稳定、无害的物质的废水处理法。根据作用微生物的类型，生物处理法可分为好氧处理法和厌氧处理法两大类。前者处理效率高、效果好、使用广泛，是生物处理法的主要方法。另外也可根据微生物在废水中是处于悬浮状态还是附着在某种填料上来分，可分为活性污泥法和生物膜法。

1）活性污泥法：是当前应用最为广泛的一种生物处理技术。活性污泥是一种由无数细菌和其他微生物组成的絮凝体，其表面有一多糖类黏质层。活性污泥法就是利用这种活性污泥的吸附、氧化作用，去除废水的有机污染物。活性污泥法有多种运行方式。

2）生物膜法：废水连续流经固体填料（碎石、塑料填料等），在填料上就会生成污泥状的生物膜，生物膜中繁殖着大量的微生物，起到与活性污泥同样的净化废水的作用。生物膜法有多种处理构筑物，如生物滤池、生物转盘、生物接触氧化床和生物流化床等。

3）自然生物处理法：利用在自然条件下生长、繁殖的微生物（不加以人工强化或略加强化）处理废水的技术。其主要特征是工艺简单、建设与运行费用都较低，但受自然条件的制约。主要的处理技术是稳定塘和土地处理法。

稳定塘是利用塘水中自然繁育的微生物（好氧、兼性厌氧及厌氧），在其自身的代谢作用下氧化分解废水中的有机物，稳定塘中的氧由塘中生长的藻类光合作用和塘面与大气相接触的复氧作用提供。在稳定塘内废水停留时间长，对废水的净化过程和自然水体净化过程相近。稳定塘可分为好氧塘、兼性塘、厌氧塘和曝气塘等。

包括废水灌溉在内的土地处理也是一种生物处理法。废水向农作物提供水分和肥分，废水中非溶解性杂质为表层土壤过滤截留，并逐渐被微生物分解利用。近十几年来在利用土地处理废水方面有了较大的发展。

4）厌氧生物处理法：厌氧生物处理是利用兼性厌氧菌和专性厌氧菌在无氧条件下降解有机污染物的处理技术。有机污泥、某些含高浓度有机污染物的工业废水，如屠宰场、酒精厂废水等适于用厌氧生物处理法进行处理。用于厌氧处理的构筑物最普通的是消化池。最近20年来这个领域有了很大发展，开创了一系列新型、高效的厌氧处理构筑物，如厌氧滤池、上流式厌氧污泥床、厌氧转盘、挡板式厌氧反应器以及复合厌氧反应器等。

此外，按处理程度，可以把废水处理（主要是城镇生活污水和某些工业废水）分为三级：

1）一级处理的任务是从废水中去除呈悬浮状态的固体污染物。为此，多采用物理处理法。一般经过一级处理后，悬浮固体的去除率为70%～80%，而BOD的去除率只为25%～40%，废水的净化程度不高。

2）二级处理的任务是大幅度地去除废水中的有机污染物，以BOD为例，一般通过二级处理后废水中的BOD可去除80%～90%，如城镇污水处理后水中的BOD含量可低于$30mg \cdot L^{-1}$。需氧生物处理法的各种处理单元大多能够达到这种要求。

3）三级处理的任务是进一步去除二级处理未能去除的污染物，其中包括微生物未能降解的有机物、磷、氮和可溶性无机物。三级处理是高级处理的同义语，但两者又不完全一致。三级处理是经二级处理后，为了从废水中去除某种特定的污染物，如磷、氮等，而补充增加的一项或几项处理单元；高级处理则往往是以废水回收、复用为目的，在二级处理后所增设的处理单元或系统。三级处理耗资较大，管理也较复杂，但能充分利用水资源。

第二节 固体废物污染防治技术

一、固体废物的定义及分类

固体废物是指人类在生产、消费、生活和其他活动中产生的固态、半固态废物质（国外的定义则更加广泛，动物活动产生的废物也属于此类），通俗地说，就是“垃圾”。主要包括固体颗粒、垃圾、炉渣、污泥、废弃的制品、破损器皿、残次品、动物尸体、变质食品、人畜粪便等。有些国家把废酸、废碱、废油、废有机溶剂等高浓度的液体也归为固体废物。

固体废物按其组成可分为有机废物和无机废物；按其形态可分为固态的废物、半固态的废物和液态（气态）废物；按其污染特性可分为有害废物和一般废物等。在《中华人民共和国固体废物污染环境防治法》中将固体废物分为城市固体废物、工业固体废物和有害废物。

固体废物通常按照来源分为：城镇生活固体废物、工业固体废物和农业固体废物。

（一）城镇生活固体废物

城镇生活固体废物主要是指在城镇日常生活中或者为城镇日常生活提供服务的活动中产生的固体废弃物，即城镇生活垃圾，主要包括居民生活垃圾、医院垃圾、商业垃圾、建筑垃圾（又称渣土）。一般来说，城镇每人每天的垃圾量为1~2kg，其多寡及成分与居民物质生活水平、习惯、废旧物资回收利用程度、市政建筑情况等有关。一般来说，城镇生活水平越高，垃圾产生量越大。

（二）工业固体废物

工业固体废物是指在工业、交通等生产活动中产生的采矿废石、选矿尾矿、燃料废渣、化工生产及冶炼废渣等固体废物，又称工业废渣或工业垃圾。主要包括冶金工业固体废物、能源工业固体废物、石油化学工业体废物、轻工业固体废物及其他工业固体废物。而依废渣的毒性又可分为有毒与无毒废渣两类，凡含有氟、汞、砷、铬、铅、氰等及其化合物和酚、放射性物质的均为有毒废渣。

（三）农业固体废物

农业固体废物是指农业生产、畜禽饲养、农副产品加工所产生的废物，如农作物秸秆、农用薄膜及畜禽排泄物等。

二、固体废物的污染

未经处理的工厂废物和生活垃圾简单露天堆放，不仅占用土地、破坏景观，而且废物中的有害成分通过风进行空气传播，经过下雨进入土壤、河流或地下水源，这个过程就是固体废弃物污染。主要表现在以下几方面。

(1) 污染水体

固体废物未经无害化处理随意堆放，将随天然降水或地表径流流入河流、湖泊，造成长期淤积，使水面缩小，其有害成分的危害将是更大的。固体废物的有害成分，如汞（来自红塑料、霓虹灯管、电池、朱红印泥等）、镉（来自印刷、墨水、纤维、搪瓷、玻璃、镉颜料、涂料、着色陶瓷等）、铅（来自黄色聚乙烯、铅制自来水管、防锈涂料等）等微量有害元素，如处理不当，能随溶沥水进入土壤，从而污染地下水，同时也可能随雨水渗入水网，流入水井、河流以至附近海域，被植物摄入，再通过食物链进入人体，影响人体健康。我国个别城市的垃圾填埋场周围发现地下水的浓度、色度、总细菌数、重金属含量等污染指标均严重超标。

(2) 污染大气

固体废物中的干物质或轻物质随风飘扬，会对大气造成污染。焚烧法是处理固体废物目前较为流行的方式，但是焚烧将产生大量的有害气体和粉尘。一些有机固体废物长期堆放，在适宜的温度和湿度下会被微生物分解，同时释放出有害气体，造成大气污染。

(3) 污染土壤

土壤是许多细菌、真菌等微生物聚居的场所，这些微生物在土壤功能的体现中起着重要的作用，它们与土壤本身构成了一个平衡的生态系统，而未经处理的有害固体废物，经过风化、雨淋、地表径流等作用，其有毒液体将渗入土壤，进而杀死土壤中的微生物，破坏了土壤中的生态平衡，污染严重的地方甚至寸草不生。

(4) 侵占土地

随着社会的进步、城镇化进程的加快及城镇人口的不断增长，固体废物的产出量也大幅增加，固体废物堆场的面积也在逐渐扩大，垃圾与人争地的现象已到了相当严重的地步。

三、固体废物的处理技术

固体废物的处理通常是指用物理、化学、生物、物化及生化方法，将固体废物转化为适于运输、储存、利用或处置的过程。固体废物处理的目标是无害化、减量化、资源化。有人认为固体废物是“三废”中最难处置的一种，因为它的成分相当复杂，其物理性状（体积、流动性、均匀性、粉碎程度、水分、热值等）也千变万化，要达到上述“无害化、减量化、资源化”目标会遇到相当大的麻烦。一般防治固体废物污染方法首先是要控制其产生量，例如，逐步改革城市燃料结构（包括民用工业）控制工厂原料的消耗，定额提高产品的使用寿命，提高废品的回收率等；其次是开展综合利用，把固体废物作为资源和能源对待，实在不能利用的则经压缩和无毒化处理后，成为终态固体废物，然后再填埋和沉海。目前主要采用的处理方法包括压实、破碎、分选、固化、焚烧、热解和生物处理等。

（1）压实技术

为了减少固体废物的运输量和处置体积，用物理的手段提高固体废物的聚集程度，减少其容积，以便于运输和后续处理。在城市生活垃圾的收集运输过程中，许多纸张、塑料和包装物，具有很小的密度，占有很大的体积，必须经过压实才能有效地增大运输量，减少运输费用。压实是一种普遍采用的固体废物的预处理方法。

（2）破碎技术

为了使进入焚烧炉、填埋场、堆肥系统等废弃物的外形减小，必须预先对固体废物进行破碎处理。经过破碎处理的废物，由于消除了大的空隙，不仅尺寸大小均匀，而且质地也均匀，在填埋过程中容易压实。固体废物的破碎方法很多，主要有冲击破碎、剪切破碎、挤压破碎、摩擦破碎等。

（3）分选技术

固体废物分选是实现固体废物资源化、减量化的重要手段。通过分选可将有用的充分选出来加以利用，将有害的充分分离出来。分选的基本原理，一般是利用物料的某些物性方面的差异将其分离开。例如，利用废弃物中的磁性和非磁性差别进行分离；利用粒径尺寸差别进行分离；利用密度差别进行分离等。根据不同性质，可设计制造各种机械对固体废物进行分选，包括手工拣选、筛选、重力分选、磁力分选、涡电流分选、光学分选等。

(4) 固化处理技术

固化技术是指向废弃物中添加固化基材，使有害固体废物固定或包容在惰性固化基材中的一种无害化处理过程。经过处理的固化产物应具有良好的抗渗透性、良好的机械性以及抗浸出性、抗干湿、抗冻融特性。固化处理根据固化基材的不同可分为沉固化、沥青固化、玻璃固化及胶质固化等。

(5) 焚烧和热解技术

焚烧法是一种高温热处理技术，即以一定的过剩空气量与被处理的有机废物在焚烧炉内进行氧化分解反应，废物中的有毒有害物质在高温中氧化、热解而被破坏。焚烧处置的特点是可以实现无害化、减量化、资源化。焚烧的主要目的是尽可能焚毁废物，使焚烧的物质变成无害和最大限度地减容，并尽量减少新的污染物质产生，避免造成二次污染。焚烧不但可以处置城镇垃圾和一般工业废物，而且可以用于处置危险废物。焚烧法的缺点是投资较大、焚烧过程排烟造成二次污染、设备锈蚀现象严重等。

热解是将有机物在无氧或缺氧条件下高温（500～1000℃）加热，使之分解为气、液、固三类产物。与焚烧法相比，热解法则是更有前途的处理方法，它最显著的优点是基建投资少。

(6) 生物处理技术

生物处理技术是利用微生物对有机固体废物的分解作用使其无害化，可以使有机固体废物转化为能源、食品、饲料和肥料，还可以用来从废品和废渣中提取金属，是固化废物资源化的有效的技术方法。目前应用比较广泛的有堆肥化、沼气化、废纤维素糖化、废纤维饲料化、生物浸出等。

总之，在人多地少、资源短缺及固体废物污染日益严重的今天，只有搞好固体废物的开发和利用，加强固体化、资源化措施，才能从根本上促进城市生态经济系统物质性循环，实现经济效益、社会效益和环境效益的协调统一。

（魏俊峰）

参考文献

高廷耀，顾国维．2007. 水污染控制工程．第三版（下）．北京：高等教育出版社

何文杰．2005. 安全饮用水保障技术．天津建设科技，(4)：27，28

蒋展鹏．2005. 环境工程学．第二版．北京：高等教育出版社

梁好，盛选军，刘传胜．2007. 饮用水安全保障技术．北京：化学工业出版社

聂永丰．2000. 三废处理工程技术手册（固体废物卷）．北京：化学工业出版社

中华人民共和国卫生部，国家标准化管理委员会．1985. 生活饮用水卫生标准（GB5749—85）

中华人民共和国卫生部，国家标准化管理委员会 . 2006. 生活饮用水卫生标准（GB5749—2006）

王琴，刘茵，巨雪霞，等 . 2009. 饮用水处理工艺技术的研究进展. 甘肃石油和化工，(4)：5 ~ 11

许丽丽 . 2007. 饮用水水质安全保障技术浅议. 西南给排水，29（3）：20 ~ 23

杨国清，刘康怀 . 2007. 固体废物处理工程. 第二版. 北京：科学出版社

赵庆良，任南琪 . 2005. 水污染控制工程. 北京：化学工业出版社

第四章　水的物理处理

近年来随着中国农村经济的持续发展，环境问题也日益严重，很多地表水和地下水都不同程度地受到污染，加大水污染控制力度势在必行。污水处理的方法很多，归纳起来可以分为物理法、化学法和生物法。其中，物理法是通过重力或机械力作用使污水水质发生变化的处理过程，处理对象主要是呈悬浮状态的污染物质，在处理过程中污染物的化学性质不发生改变。水的物理处理可以单独使用，也可与生物处理或化学处理联合使用。这种由若干个处理方法合理组配而成的废水处理系统通常被称为废水处理流程，其按照不同处理程度，可分为一级处理、二级处理、三级处理等。一级处理只去除废水中较大的悬浮物质，物理法中的大部分方法是用于一级处理的。物理处理采用的方法主要包括：筛滤截留法（格栅、微滤机、过滤等）、重力分离法（沉砂池、沉淀池、隔油池）、气浮法、离心分离法等。

第一节　格栅和筛网

格栅（grizzly screen）和筛网是污水处理厂的第一个处理单元，通常设置在处理厂各处理构筑物（泵站集水池、沉砂池、沉淀池、取水口进口端部）之前。它们的作用是去除水中可能堵塞水泵机组及管道阀门的较粗大物质（直径 >0.1 ~ 1.0mm），此类污染物质在农村环境中极为常见，如砂砾、小卵石、砾石、树枝、菜叶、碎布、垃圾等。

一、格栅的作用

格栅由一组（或多组）相平行的金属栅条与框架组成，倾斜安装在进水的渠道或进水泵站集水井的进口处，以拦截污水中粗大的悬浮物及杂质。格栅设计的主要参数是确定栅条间隙宽度、栅条宽度与处理规模、污水性质及后续处理设备，一般以不堵塞水泵和污水处理厂（站）的处理设备，保证整个污水处理系统正常运行为原则。多数情况下污水处理厂设置有两道格栅，第一道间隙较粗一些，通常设置在提升泵前面，栅条间隙根据水泵要求确定，一般采用

16～40mm，特殊情况下，最大间隙可为100mm。第二道格栅间隙较细，一般设置在污水处理构筑物前，栅条间隙一般采用1.5～10mm。有时甚至采用粗、中、细三道格栅。

被格栅所截留的污染物质称为栅渣，栅渣的数量与服务地区的情况、污水沟道系统的类型、污水流量以及栅条的间距等因素有关。对于乡镇污水处理厂，一般可以参考下列数据：

1）当栅条间距为16～25mm时，栅渣截留量为0.10～0.05m^3·（$10^3 m^3$污水）$^{-1}$；

2）当栅条间距为40mm左右时，栅渣截留量为0.03～0.01m^3·（$10^3 m^3$污水）$^{-1}$；栅渣的含水率约为80%，密度约为960kg·m^{-3}。

二、格栅的种类

按栅条的净间隙，可分为粗格栅（50～100mm）、中格栅（10～40mm）、细格栅（1.5～10mm）三种，平面和曲面格栅都可做成粗、中、细三种。

按格栅形状，可分为平面格栅和曲面格栅。

平面格栅由栅条与框架组成，基本形式有*A*型和*B*型，*A*型栅条布置在框架外侧，*B*型栅条布置在框架内侧。长度>1m时需增设横向肋条。基本参数包括宽度（*B*）、长度（*L*）、栅条间距（*e*）、栅条至外框距离（*b*），平面格栅可根据污水渠道、泵房集水井进口尺寸、水泵型号等参数选用不同的数值（表4-1）。

表4-1　平面格栅的基本参数及尺寸（mm）

名称	数　值
格栅宽度*B*	600，800，1000，1200，1400，1600，1800，2000，2200，2400，2600，2800，3000，3200，3400，3600，3800，4000，用移动除渣机时，*B*>4000
格栅长度*L*	600，800，1000，1200，…，以200为一级增长，上限值决定于水深
栅条间距*e*	10，15，20，25，30，35，40，50，60，80，100
栅条至外框距离*b*	*b*值按下式计算：$b=\frac{B-10n-(n-1)e}{2}$；$b \geqslant d$　式中，*B*为格栅宽度；*n*为格栅条数；*e*为栅条间距；*d*为格栅周边宽度

曲面格栅又可分为固定曲面格栅和旋转鼓筒式格栅两种，曲面格栅可采用水力浆板清渣、电动旋转齿耙清渣，或旋转鼓筒用穿孔冲洗水管冲渣，见图4-1。

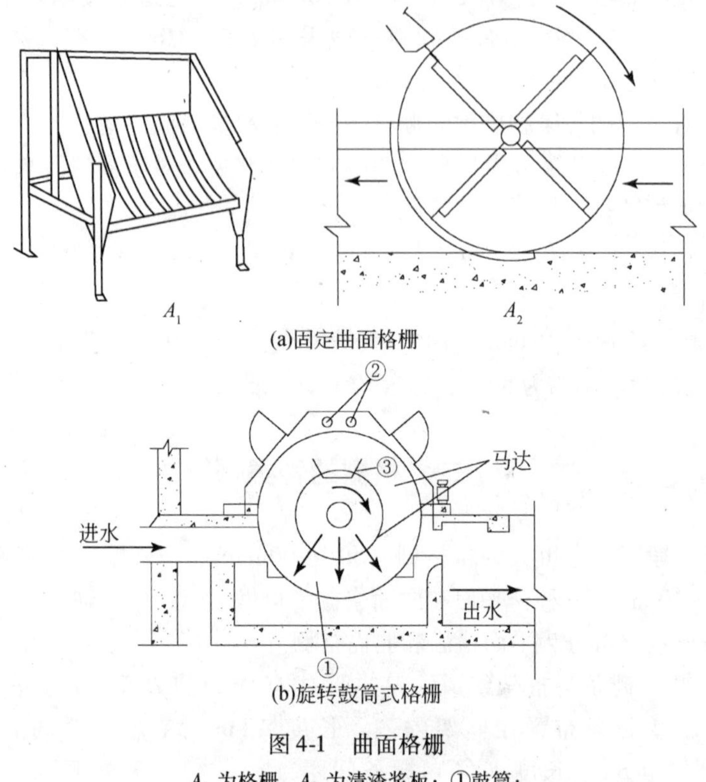

图 4-1　曲面格栅

A_1 为格栅，A_2 为清渣浆板；①鼓筒；

②冲洗水管；③渣槽

三、格栅的设计与计算

格栅的设计和计算主要包括格栅形式选择、尺寸计算、水力计算、栅渣量计算等，尽管格栅的布置方式多样，都可通过简图 4-2 进行格栅计算。

1. 格栅的间隙数量 *n*

$$n = \frac{q_{max} \cdot \sqrt{\sin\alpha}}{d \cdot h \cdot v}$$

式中：q_{max}为最大设计流量（$m^3 \cdot s^{-1}$）；d 为栅条间距（m）；h 为栅前水深（m）；v 为污水流经格栅的速度（$m \cdot s^{-1}$）；α 为格栅放置的倾角。

2. 格栅的建筑宽度 *b*

$$b = s(n-1) + d \cdot n$$

式中：b 为格栅的建筑宽度（m）；s 为栅条宽度（m）；n 为格栅的间隙数量。

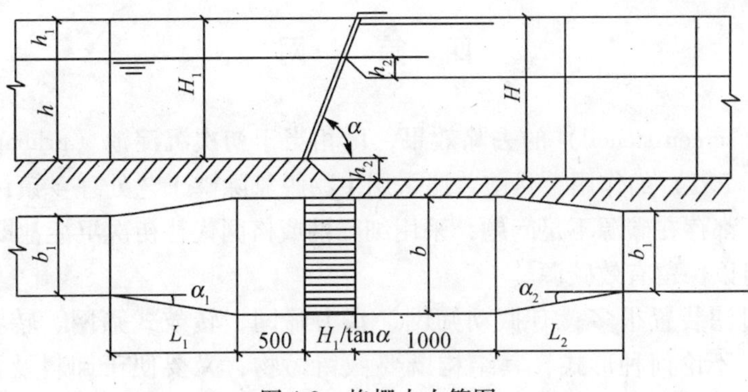

图 4-2 格栅水力简图

3. 通过格栅的水头损失 h_2 的计算

$$h_2 = h_0 \cdot k \qquad h_0 = \xi \frac{v^2}{2g} \cdot k \cdot \sin\alpha$$

式中：h_0 为计算水头损失（m）；v 为污水流经格栅的速度（$m \cdot s^{-1}$）；ξ 为阻力系数，其值与栅条断面的几何形状有关；α 为格栅的放置倾角；g 为重力加速度（m/s^2）；k 为考虑到格栅受污染物堵塞后阻力增大的系数，可用式：$k = 3.36v - 1.32$ 求定，一般取 $k = 3$。城市污水一般取 0.1～0.4m。

4. 栅后槽的总高度 $h_总$

$$h_总 = h + h_1 + h_2$$

式中：h 为栅前水深（m）；h_2 为格栅的水头损失（m）；h_1 为格栅前渠道超高，一般 $h_1 = 0.3$m。

5. 格栅的总建筑长度 L

$$L = L_1 + L_2 + 1.0 + 0.5 + H_1/\tan\alpha$$

式中：L_1 为进水渠道渐宽部位的长度（m）；L_2 为格栅槽与出水渠道连接处的渐窄部位的长度，一般 $L_2 = 0.5L_1$；H_1 为格栅前的渠道深度（m）。

$$L_1 = \frac{b - b_1}{2\tan\alpha_1}$$

式中：b 为格栅的建筑宽度（cm）；b_1 为进水渠道宽度（m）；α_1 为进水渠道渐宽部位的展开角度，一般 $\alpha_1 = 20°$。

6. 每日栅渣量 W

$$W = \frac{q_{max} \cdot W_1 \times 86\,400}{K_Z \times 1000}$$

式中：W_1 为栅渣量，m^3·（10^3m^3 污水）$^{-1}$；K_Z 为生活污水流量总变化系数。

四、筛　网

筛网（screen stencil）的去除效果，可相当于初次沉淀池（primary sedimentation tank，PST）的作用，目前普遍采用生物脱氮除磷工艺处理乡镇污水，很多污水处理厂都存在碳源不足问题，采用细筛网或格网代替初次沉淀池既可以节省占地，又可以保留有效碳源。

筛网过滤装置很多，有振动筛网、水力筛网、转鼓式筛网、转盘式筛网、微滤机等。不论何种形式，其结构既要截留污物，又要便于卸料及清理筛面。其中，水力回转筛呈截顶圆锥形，中心轴呈水平状态，锥体则呈倾斜方向。废水从圆锥体的小端进入，水流在从小端到大端的流动过程中，纤维状污染物被筛网截留，水则从筛网的细小孔中流入集水装置。由于整个筛网呈圆锥体，被截留的污染物沿筛网的倾斜面卸到固定筛上，以进一步滤去水滴。这种筛网的旋转动力依靠进水的水流作为动力，因此在水力筛网的进水端一般不用筛网，而用不透水的材料制成壁面，必要时还可在壁面上设置固定的导水叶片。但需注意不可因此而过多地增加运动筛的重量。另外原水进水管的设置位置与出口的管径亦要适宜，以保证进水有一定的流速射向导水叶片，利用水的冲击力和重力作用产生运动筛网的旋转运动。设计采用水力筛网时，一般应在废水进水管处保持一定的压力，压力的大小与筛网的大小和废水性质有关。

第二节　沉淀的基础理论

一、概　述

沉淀法是水处理中最基本的物理方法之一。它是利用水中悬浮颗粒的可沉降性能，在重力作用下产生下沉作用，以达到固液分离的一种过程。

按照废水的性质与所要求的处理程度的不同，沉淀处理工艺可以是整个水处理过程中的一个工序，亦可以作为唯一的处理方法。在典型的污水处理厂中，有下列四种用法。

1）用于废水的预处理：沉砂池是典型的例子。沉砂池常作为一种预处理手段，用以去除污水中的易沉降的无机性颗粒物（如砂粒）。

2）用于污水进入生物处理构筑物前的初步处理（初次沉淀池）：用初次沉淀池可较经济地去除污水中的悬浮固体，同时去除一部分呈悬浮状态的有机物，以减轻后续生物处理构筑物的有机负荷。有时初沉池也单独使用，对污水进行一级处理后排放。

3）用于生物处理后的固液分离，即二次沉淀池（secondary sedimentation tank，SST）：二次沉淀池主要用来分离生物处理工艺中产生的生物膜、活性污泥等，使处理后的水得以澄清。

4）用于污泥处理阶段的污泥浓缩：污泥浓缩池是将来自初沉池及二沉池的污泥进一步浓缩以减小体积，减小后续构筑物的尺寸及降低处理费用等。

二、沉淀的类型

根据水中悬浮颗粒的性质、凝聚性能和浓度，沉淀通常可以分成四种不同的类型。

1）自由沉淀：自由沉淀是发生在水中悬浮固体浓度不高时的一种沉淀类型。在沉淀过程中悬浮固体之间互不干扰，颗粒各自单独进行沉淀，颗粒的沉淀轨迹呈直线。整个沉淀过程中，颗粒的物理性质，如形状、大小及密度等不发生变化。砂粒在沉砂池中的沉淀就属于自由沉淀。

2）絮凝沉淀：在絮凝沉淀中，悬浮颗粒浓度不高，但沉淀过程中悬浮颗粒之间有互相絮凝作用，颗粒因互相聚集增大而加快沉降，沉淀的轨迹呈曲线。沉淀过程中，颗粒的质量、形状和沉速是变化的，实际沉速很难用理论公式计算，需通过试验测定。化学混凝沉淀及在二沉池中间段的沉淀属絮凝沉淀。

3）区域沉淀（或成层沉淀）：区域沉淀的悬浮颗泣浓度较高（$5000mg \cdot L^{-1}$以上），颗粒的沉降受到周围其他颗粒影响，颗粒间相对位置保持不变，形成一个整体共同下沉，与澄清水之间有清晰的泥水界面，沉淀显示为界面下沉。二次沉淀池下部与污泥浓缩池开始阶段均有区域沉淀发生。

4）压缩沉淀：压缩沉淀发生在高浓度悬浮颗粒的沉降过程中，由于悬浮颗粒浓度很高，颗粒相互之间已聚集成团块结构，互相接触、互相支撑，下层颗粒间的水在上层颗粒的重力作用下被挤出，使污泥得到浓缩。二沉池污泥斗中的浓缩过程以及在浓缩池中污泥的浓缩过程存在压缩沉淀。

三、自由沉淀及其理论基础

水中的悬浮颗粒，都因两种力的作用而发生运动：一为悬浮颗粒受到的重力，二为水对悬浮颗粒的浮力。重力大于浮力时，下沉；两力相等时，相对静止；重力小于浮力时，上浮。为分析简便起见，假定：①颗粒为球形；②沉淀过程中颗粒的大小、形状、重量等不变；③颗粒只在重力作用下沉淀，不受器壁和其他颗粒影响。静水中悬浮颗粒开始沉淀时，因受重力作用产生加速运动，经过很短的时间后，颗粒的重力与水对其产生的阻力平衡时（即颗粒在静水中所受到的重力 F_g 与水对颗粒产生的阻力 F_D 相平衡），颗粒即呈匀速下沉。当颗粒粒径较小、沉速小、颗粒沉降过程中其周围的绕流速度也小时，颗粒主要受水的黏滞阻力作用，惯性力可以忽略不计，颗粒运动是处于层流状态。在实际应用中，由于悬浮颗粒在形状、大小以及密度等有很大差异，因此不能直接用公式进行工艺设计，但公式有助于理解沉淀规律。

悬浮颗粒在水中的受力分析如下所述。

1. 悬浮颗粒在水中受到的力 F_g

F_g 是促使沉淀的作用力，是颗粒的重力与水的浮力之差：

$$F_g = V \cdot \rho_S \cdot g - V \cdot \rho_L \cdot g = V \cdot g(\rho_S - \rho_L)$$

式中：F_g 为水中颗粒受到的作用力；V 为颗粒的体积；ρ_S 为颗粒的密度；ρ_L 为水的密度；g 为重力加速度。

2. 水对自由颗粒的阻力 F_D

$$F_D = \lambda' \cdot A \cdot (\rho_L \cdot u_S^2/2)$$

式中：F_D 为水对颗粒的阻力；λ'为阻力系数；A 为自由颗粒的投影面积；u_S 为颗粒在水中的运动速度，即颗粒沉速。

球状颗粒自由沉淀的沉速公式：

当颗粒所受外力平衡时，$F_g = F_D$

即

$$V \cdot g(\rho_S - \rho_L) = \lambda' \cdot A \cdot (\rho_L \cdot u_S^2/2)$$

因

$$V = \frac{1}{6}\pi d^3, A = \frac{1}{4}\pi d^2$$

得球状颗粒自由沉淀的沉速公式：

$$u_S = \left[\frac{4g(\rho_S - \rho_L) \cdot d}{3\lambda' \cdot \rho_L}\right]^{1/2}$$

在层流状态下，$\lambda' = 24/Re$ 代入式中，整理得自由颗粒在静水中的运动公式（亦称斯托克斯定律）：

$$u_S = \frac{1}{18} \cdot \frac{\rho_S - \rho_L}{\mu} \cdot g \cdot d^2$$

式中：μ 为水的动力黏度；d 为颗粒直径；Re 为雷诺数。

由上式可知，颗粒沉降速度 u_S 与下述因素有关：

1）当 $\rho_S > \rho_L$ 时，$\rho_S - \rho_L > 0$ 颗粒以 u_S 下沉；

2）当 $\rho_S = \rho_L$，$u_S = 0$，颗粒在水中呈悬浮状态，这种颗粒不能用沉淀去除；

3）$\rho_S < \rho_L$ 时，$\rho_S - \rho_L$ 为负值，颗粒以 u_S 上浮，可用浮上法去除。

4）u_S 与颗粒直径 d 的平方成正比，因此增加颗粒直径有助于加快沉淀速度（或上浮速度），提高去除效果。

5）u_S 与 μ 成反比，μ 随水温上升而下降，即沉速受水温影响，水温上升，沉速增大。

四、沉淀池的工作原理

为便于说明沉淀池（sedimentation tank）的工作原理以及分析水中悬浮颗粒在沉淀池（图 4-3）内的运动规律，Haen 和 Camp 提出了理想沉淀池这一概念，将理想沉淀池划分为四个区域，即进口区域、沉淀区域、出口区域及污泥区域，并作下述假定：

1）沉淀区过水断面上各点的水流速度均相同，水平流速为 v；

2）悬浮颗粒在沉淀区等速下沉，下沉速度为 u；

3）在沉淀池的进口区域，水流中的悬浮颗粒均匀分布在整个过水断面上；

4）颗粒一经沉到池底，即认为已被去除。

根据上述的假定，悬浮颗粒自由沉降的迹线可用图 4-3 表示。

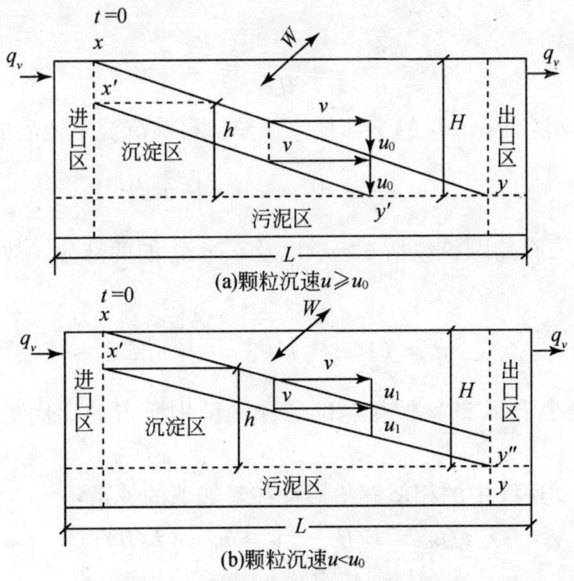

图 4-3 平流理想沉淀池示意图

当某一颗粒进入沉淀池后，一方面随着水流在水平方向流动，其水平流速 v 等于水流速度：

$$v = \frac{q_v}{A'} = \frac{q_v}{H \times b}$$

式中：v 为颗粒的水平分速（$m \cdot s^{-1}$）；q_v 为进水流量（$m^3 \cdot s^{-1}$）；A'为沉淀区过水断面面积，$A' = H \times b$；H 为沉淀区的水深（m）；b 为沉淀区宽度（m）。

另一方面，颗粒在重力作用下沿垂直方向下沉，其沉速即是颗粒的自由沉降速度 u_0 颗粒运动的轨迹为其水平分速 v 和沉速 u 的矢量和，在沉淀过程中是一组倾斜的直线，其坡度 $i = u/v$。

从沉淀区顶部 x 点进入的颗粒中，必存在着某一粒径的颗粒，设其最小沉降速度为 u_0。当颗粒沉速 $u \geqslant u_0$ 时，无论这种颗粒处于进口端的什么位置，它都可以沉到池底被去除，即图 4-3（a）中的迹线 xy 与 $x'y'$。当颗粒沉速 $u < u_0$ 时，位于水面的颗粒不能沉到池底，会随水流出，如图 4-3（b）中轨迹 xy''所示；而当其位于水面下的某一位置时，它可以沉到池底而被去除，如图中轨迹 $x'y$ 所示，说明对于沉速 u 小于指定颗粒沉速 u_0 的颗粒，有一部分会沉到池底被去除。

设沉速为 u_1 的颗粒占全部颗粒的比例为 $dP(\%)$，其中 $\frac{h}{H} \cdot dP(\%)$ 的颗粒将会从水中沉到池底而去除。

在同一沉淀时间 t，下式成立：$h = u_1 \cdot t$；$H = u_0 \cdot t$

故

$$\frac{h}{H} = \frac{u_1}{u_0} \qquad \frac{h}{H} \cdot dP = \frac{u_1}{u_0} dP$$

对于沉速为 $u_1(u_1 < u_0)$ 的全部悬浮颗粒，可被沉淀于池底的总量为

$$\int_0^{u_0} u_1/u_0 \cdot dP = \frac{1}{u_0} \cdot \int_0^{u_0} u_1 dP$$

而沉淀池能去除的颗粒包括 $u \geqslant u_0$ 以及 $u_1 < u_0$ 的两部分，故沉淀池对悬浮物的去除率为

$$\eta = (1 - P_0) + \frac{1}{u_0} \cdot \int_0^{u_0} u dP$$

式中：P_0 为沉速小于 u_0 的颗粒在全部悬浮颗粒中所占的比例；$1 - P_0$ 为沉速≥ u_0 的颗粒去除率。

图 4-3 的运动迹线中的相似三角形存在着如下的关系：

$$v/u_0 = L/H \qquad v = u_0 \cdot (L/H)$$

将上式带入式　$v = q_v/A' = q_v/H \times b$ 中并简化后得出：

$$q_v = u_0 \cdot (L/H) \cdot H \cdot b = u_0 \cdot A \qquad u_0 = q_v/A$$

式中：q_v/A 为沉淀池效力的参数，一般称为沉淀池的表面负荷率，或称沉淀池的过流率，用符号 q 表示：$q = q_v/A$

第三节　沉　砂　池

污水中的无机颗粒不仅会磨损设备和管道，降低活性污泥活性，而且会板积在反应池底部，减小反应器有效容积，甚至在脱水时扎破滤带损坏脱水设备。沉砂池的设置目的就是去除污水中泥沙、煤渣等相对密度较大的无机颗粒，以免这些杂质影响后续处理构筑物的正常运行。沉砂池的工作原理是以重力分离为基础，即将进入沉砂池的污水流速控制在只能使相对密度大的无机颗粒下沉，而有机悬浮颗粒则随水流带走。在工程设计中，可参考下列设计原则与主要参数：

1）乡镇污水厂一般均应设置沉砂池，工业污水是否要设置沉砂池，应根据水质情况而定。乡镇污水厂的沉砂池只数或分格数应不少于 2 个，并按并联运行原则考虑。

2）设计流量应按分期建设考虑：①当污水自流进入时，应按每期的最大设计流量计算；②当污水为提升进入时，应按每期工作水泵的最大组合流量计算；③在合流制处理系统中，应按降雨时的设计流量计算。

3）沉砂池去除的砂粒浓度为 $2.65\text{kg}\cdot\text{m}^{-3}$、粒径为 0.2mm 以上。表 4-2 所列为水温在 15℃时，砂粒在静水中的沉速与砂粒平均粒径的关系。

表 4-2　砂砾平均粒径 d 与沉速 u_0（水温 15℃）

砂砾平均粒径 d/mm	沉速 u_0/(mm·s^{-1})
0.20	18.7
0.25	24.2
0.30	29.7
0.35	35.1
0.40	40.7
0.50	51.6

4）城镇污水的沉砂量可按每 10^6m^3 污水沉砂 30m^3 计算，其含水率约为 60%，容重约为 $1500\text{kg}\cdot\text{m}^{-3}$。

5）贮砂斗的容积应按 2 日沉砂量计算，贮砂斗壁的倾角不应小于 55°，沉砂池排砂宜采用机械方式，并经过砂水分离后贮存或外运。人工排砂时，排砂管直径不应小于 200mm，同时应考虑防堵措施。

6）沉砂池的超高不宜小于0.3m。

常用的沉砂池形式有平流式沉砂池、曝气沉砂池、竖流式沉砂池等。

一、平流式沉砂池

平流式沉砂池是早期污水处理系统常用的一种形式，它具有截留无机颗粒效果较好、构造较简单等优点，但也存在流速不易控制、沉砂中有机性颗粒含量较高、排砂常需要洗砂处理等缺点。图4-4所示为平流式沉砂池的基本形式。沉砂池的主体部分实际是一个加宽、加深了的明渠，由入流渠、沉砂区、出流渠、沉砂斗等部分组成，两端设有闸门（图上只表示出池壁上的闸槽）以控制水流。在池的底部设置1或2个贮砂斗，下接排砂管。池底一般应有0.01～0.02的坡度，通常最大流速为0.3m·s^{-1}。为了控制池内流速可直接在出口端设置一定比例溢流堰。

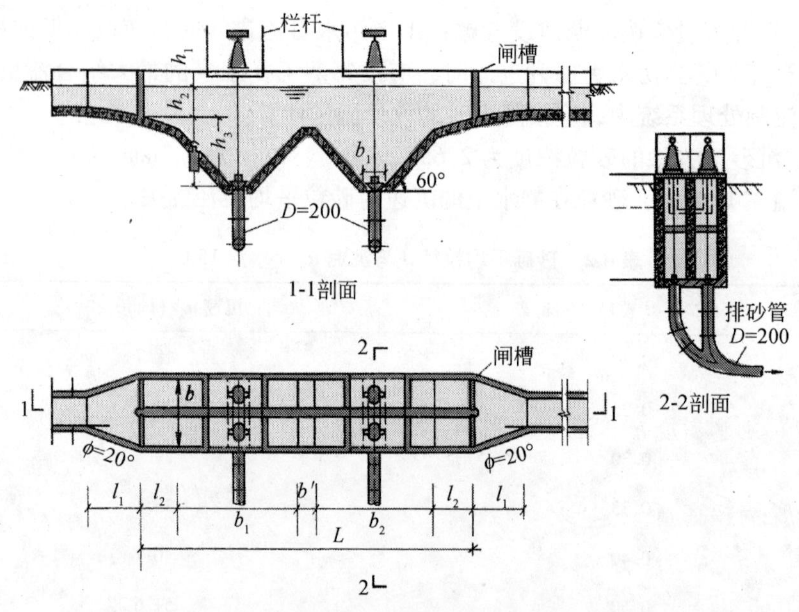

图4-4　平流式沉砂池工艺图

平流式沉砂池主要计算公式有

（1）沉砂部分的长度 L

$$L = vt$$

式中：v 为最大设计流量时的速度（m·s^{-1}）；t 为最大设计流量时的停留时间

(s)。

(2) 水流断面面积 A

$$A = q_{max}/v$$

式中：q_{max}为最大设计流量（$m^3 \cdot s^{-1}$）。

(3) 池总宽度 b

$$b = A/h_2$$

式中：h_2 为设计有效水深。

(4) 贮砂斗所需容积 V

$$V = \frac{q_{max} \cdot X \cdot T \cdot 86\,400}{k_z \cdot 10^6}$$

式中：X 为乡镇污水的沉砂量，一般采用 $30m^3 \cdot (10^6 m^3$ 污水$)^{-1}$；T 为排砂时间的间隔（d）；k_z 为生活污水流量的总变化系数。

(5) 贮砂斗各部分尺寸计算

设贮砂斗底宽 $b_1 = 0.5m$；斗壁与水平面的倾角为 60°；则贮砂斗的上口宽 b_2 为

$$b_2 = \frac{2h'_3}{\tan 60°} + b_1$$

贮砂斗的容积 V_1：

$$V_1 = \frac{1}{3}h'_3(S_1 + S_2 + \sqrt{S_1 \cdot S_2})$$

式中：h'_3 为贮砂斗高度（m）；S_1、S_2 为贮砂斗上口和下口的面积。

(6) 贮砂室的高度 h_3

设采用重力排砂，池底坡度 $i = 6\%$，坡向砂斗，则

$$h_3 = h'_3 + 0.06 \cdot l_2 = h'_3 + 0.06(L - 2b_2 - b')/2$$

(7) 池总高度 h

$$h = h_1 + h_2 + h_3$$

式中：h_1 为超高（m）；h_2 为有效水深（m）；h_3 为贮砂斗高度（m）。

(8) 核算最小流速 v_{min}

$$v_{min} = q_{min}/n_1 \cdot A_{min}$$

式中：q_{min}为设计最小流量（$m^3 \cdot s^{-1}$）；n_1 为最小流量时工作的沉砂池数目；A_{min} 为最小流量时沉砂池中的水流断面面积（m^2）。

二、曝气沉砂池

曝气沉砂池从 20 世纪 50 年代开始使用，它具有以下特点：①沉砂中含有

机物的量低于5%；②由于池中设有曝气设备，它还具有预曝气、脱臭、防止污水厌氧分解、除泡作用以及加速污水中油类的分离等作用。这些特点对后续的沉淀池、曝气池、污泥消化池的正常运行以及对沉砂的干燥脱水等提供了有利条件。

1. 曝气沉砂池的工作原理

曝气沉砂池是一个长型渠道，沿渠道壁一侧的整个长度上，距池底60～90mm处设置曝气装置，在池底设置沉砂斗，池底有0.1～0.5的坡度，以保证砂粒滑入砂槽。为了使曝气能起到池内回流作用，在必要时可在设置曝气装置的一侧装设挡板。

污水在池中存在着两种运动形式，其一为水平流动（流速一般为$0.1m \cdot s^{-1}$，不得超过$0.3m \cdot s^{-1}$），同时，由于在池的一侧有曝气作用，因而在池的横断面上产生旋转运动，整个池内水流产生螺旋状前进的流动形式，这是第二种运动形式。旋转速度在过水断面的中心处最小，而在池的周边则为最大。空气的供给量应保证在池中污水的旋流速度达到$0.25 \sim 0.4m \cdot s^{-1}$，一般为$0.4m \cdot s^{-1}$。

由于曝气以及水流的螺旋旋转作用，污水中悬浮颗粒相互碰撞、摩擦，并受到气泡上升时的冲刷作用，使黏附在砂粒上的有机污染物得以去除，沉于池底的砂粒较为纯净。有机物含量只有5%左右的砂粒，长期搁置也不至于腐化。

2. 曝气沉砂池的设计参数

1）水平流速一般取$0.08 \sim 0.12m \cdot s^{-1}$。

2）污水在池内的停留时间为4～6min；雨天最大流量时为1～3min；如作为预曝气，停留时间为10～30min。

3）池的有效水深为2～3m，池宽与池深比为1～1.5，池的长宽比可达5，当池长宽比大于5时，应考虑设置横向挡板。

4）曝气沉砂池多采用穿孔管曝气，孔径为2.5～6.0mm，距池底为0.6～0.9m，并应有调节阀门。

5）曝气沉砂池的形状应尽可能不产生偏流和死角，在砂槽上方宜安装纵向挡板，进出口布置，防止产生短流。

6）供气量可参照表4-3。

表 4-3　单位池长所需空气量

曝气管水下浸没深度/m	最低空气用量/($m^3 \cdot m^{-1} \cdot h^{-1}$)	最大空气用量/($m^3 \cdot m^{-1} \cdot h^{-1}$)
1.5	12.5～15	30
2.0	11.0～14.5	29
2.5	10.5～14.0	28
3.0	10.5～14.0	28
4.0	10.0～13.5	25

第四节　沉　淀　池

一、沉淀池概况

沉淀池是分离悬浮物的一种常用处理构筑物。沉淀池按工艺布置不同，可分为初沉池和二沉池。用于生物处理法中作预处理的称为初次沉淀池。对于一般的乡镇污水，初次沉淀池可以去除20%～30%的BOD_5与40%～55%的悬浮物。设置在生物处理构筑物后的称为二次沉淀池，是生物处理工艺中的一个组成部分。沉淀池常按池内水流方向来区分为平流式、竖流式及辐流式等三种。

1. 平流式沉淀池

池形呈长方形，废水从池的一端流入，水平方向流过池子，从池的另一端流出。在池的进口处底部设贮泥斗，其他部位池底有坡度，倾向贮泥斗，也有整个池底都设置多斗排泥的形式。

2. 竖流式沉淀池

池形多为圆形，亦有呈方形或多角形的，废水从设在池中央的中心管进入，从中心管的下端经过反射板后均匀缓慢地分布在池的横断面上，由于出水口设置在池面或池墙四周，故水的流向基本由下向上。污泥贮积在底部的污泥斗中。

3. 辐流式沉淀池

辐流式沉淀池亦称辐射式沉淀池。池型多呈圆形，小型池子有时亦采用正方形或多角形。池的进、出口布置基本上与竖流池相同，进口在中央，出口在周围。但池径与池深之比，辐流池比竖流池大许多倍。水流在池中呈水平方向向四周辐（射）流，由于过水断面面积不断变大，故池中的水流速度从池中心向池四周逐渐减慢。泥斗设在池中央，池底向中心倾斜，污泥通常用刮泥（或吸泥）机械排除。

沉淀池由五个部分组成：进水区、出水区、沉淀区、贮泥区及缓冲区。进水区和出水区的功能是使水流的进入与流出保持均匀平稳，以提高沉淀效率；沉淀区是池子的主要部位；贮泥区是存放污泥的地方，它起到储存、浓缩与排放的作用；缓冲区介于沉淀区和贮泥区之间，缓冲区的作用是避免水流带走沉在池底的污泥。

沉淀池的运行方式，有间歇式与连续式两种。在间歇运行的沉淀池中，其工作过程大致分为三步：进水、静置及排水。污水中可沉淀的悬浮物在静置时完成沉淀过程，然后由设置在沉淀池壁不同高度的排水管排出。在连续运行的沉淀池中，污水是连续不断地流入与排出。污水中可沉颗粒的沉淀是在流过水池时完成，这时可沉颗粒受到由重力所造成的沉速与水流流动的速度两方面的作用，水流流动的速度对颗粒的沉淀有重要的影响。

各种形式沉淀池的特点及适用条件见表 4-4。

表 4-4　沉淀池特点与适用条件

池型	优点	缺点	适用条件
平流式	①对冲击负荷和温度变化的适应能力较强 ② 施工简单，造价低	①采用多斗排泥，每个泥斗需单独设排泥管各自排泥 ②操作工作量大 ③采用机械排泥，机件设备和驱动件均浸于水中，易锈蚀	①适用地下水位较高及地质较差的地区 ②适用于大、中、小型污水处理厂
竖流式	①排泥方便，管理简单 ②占地面积较小	①池深度大，施工困难 ②对冲击负荷和温度变化的适应能力较差 ③造价较高 ④池径不宜太大	适用于处理水量不大的小型污水处理厂
辐流式	①采用机械排泥，运行较好，管理较简单 ②排泥设备已有定型产品	①池水水流速度不稳定 ②机械排泥设备复杂，对施工质量要求较高	①适用于地下水位较高的地区 ②适用于大、中型污水处理厂

二、沉淀池的一般设计原则及设计参数

1. 设计流量

沉淀池的设计流量与沉砂池的设计流量相同。在合流制的污水处理系统中，当废水是自流进入沉淀池时，应按最大流量作为设计流量；当用水泵提升时，应按水泵的最大组合流量作为设计流量；在合流制系统中应按降雨时的设计流量校核，但沉淀时间应不小于30min。

2. 沉淀池数量

对乡镇污水厂，沉淀池的个数应不少于2座，并考虑1座发生故障时，其余工作的沉淀池能够负担全部流量。

3. 沉淀池的经验设计参数

对于乡镇污水处理厂，如无污水沉淀性能的实测资料时，可参照表4-5经验参数选用。

表4-5　沉淀池经验设计参数

类别	沉淀池位置	沉淀时间/h	表面负荷/($m^3 \cdot m^{-2} \cdot h^{-1}$)	污泥量（干物质）/($g \cdot pc^{-1} \cdot d^{-1}$)	污泥含水率/%
初沉池	仅一级处理	1.5~2.0	1.5~2.5	15~27	96~97
	二级处理	1.0~2.0	1.5~3.0	14~25	95~97
二沉池	活性污泥法	1.5~2.5	1.0~1.5	10~21	99.2~99.5
	生物膜法	1.5~2.5	1.0~2.0	7~19	96~98

4. 沉淀池的构造尺寸

沉淀池超高不少于0.3m；有效水深宜采用2.0~4.0m；缓冲层高采用0.3~0.5m；贮泥斗斜壁的倾角，方斗不宜小于60°，圆斗不宜小于55°；排泥管直径不小于200mm。

5. 沉淀池出水部分

一般采用堰流，在堰口保持水平。初沉池的出水堰的负荷不宜大于2.9L·$(s \cdot m)^{-1}$；二次沉淀池的出水堰的负荷一般取1.5~2.9L·$(s \cdot m)^{-1}$。有时亦可采用多槽出水布置，以提高出水水质。

6. 贮泥斗的容积

初沉池一般按不大于 2 天的污泥量计算；二次沉淀池按贮泥时间不超过 2h 计算。

7. 排泥部分

沉淀池一般采用静水压力排泥，静水压力数值如下：初次沉淀池应不小于 14.71kPa（1.5mH_2O）；活性污泥法的二沉池应不小于 8.83kPa（0.9mH_2O）；生物膜法的二沉池应不小于 11.77kPa（1.2mH_2O）。

三、平流式沉淀池

1. 平流式沉淀池的构造及工作特点

设有链带式刮泥装置的平流式沉淀池示意图如图 4-5 所示。水通过进水槽和孔口流入池内，在池子澄清区的半高处均匀地分布在整个宽度上。水在澄清区内缓缓流动，水中悬浮物逐渐沉向池底。沉淀池末端设有溢流堰和出水槽，澄清水溢过堰口，通过出水槽排出池外。如水中有浮渣，堰口前需设挡板及浮渣收集设备。在沉淀池前端设有污泥斗，池底污泥在刮泥机的缓慢推动下刮入污泥斗内。污泥斗内设有排泥管，开启排泥阀时，泥渣便由排泥管排出池外。为使入流污水均匀与稳定的进入沉淀池，进水区应有消能和整流措施，入流处的挡板，一般高出池水水面 0.1～0.15m，挡板的浸没深度应不少于 0.25m，一般用 0.5～1.0m，挡板距进水口 0.5～1.0m。

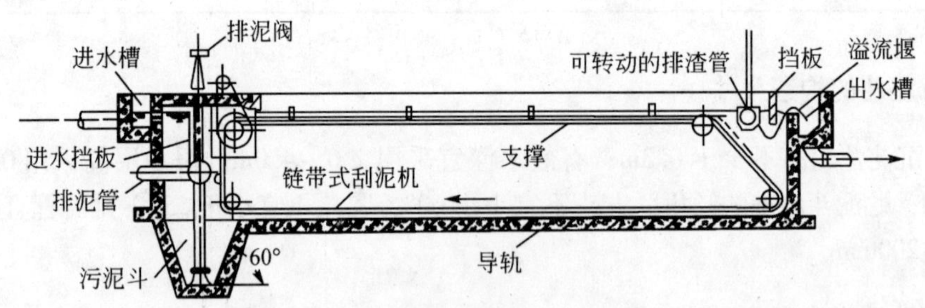

图 4-5　平流式沉淀池示意图

平流式沉淀池的出流装置如图 4-6 和图 4-7。出水堰不仅可控制沉淀池内的水面高度，而且对沉淀池内水流的均匀分布有直接影响。沉淀池应沿整个出流堰的单位长度溢流量相等，对于初沉池一般为 250$m^3 \cdot m^{-1} \cdot d^{-1}$，二沉池为

$130 \sim 250m^3 \cdot m^{-1} \cdot d^{-1}$。锯齿形三角堰应用最普遍，水面宜位于齿高的1/2处。为适应水流的变化或构筑物的不均匀沉降，在堰口处需要设置能使堰板上下移动的调节装置，使出口堰口尽可能水平。堰前应设置挡板，以阻拦漂浮物，或设置浮渣收集和排除装置。挡板应当高出水面0.1～0.15m，浸没在水面下0.3～0.4m，距出水口处0.25～0.5m。

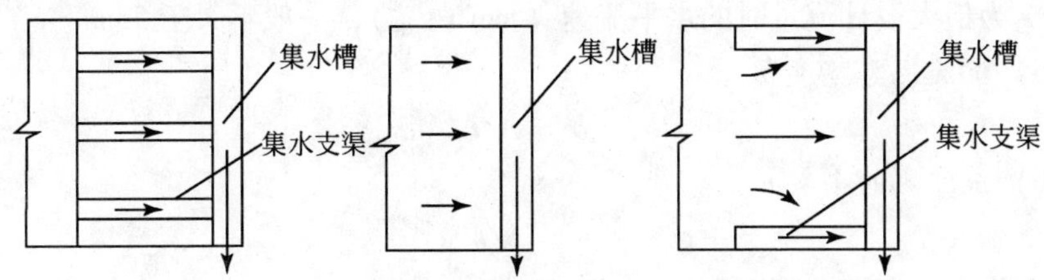

图4-6　平流式沉淀池出水口积水槽的形式

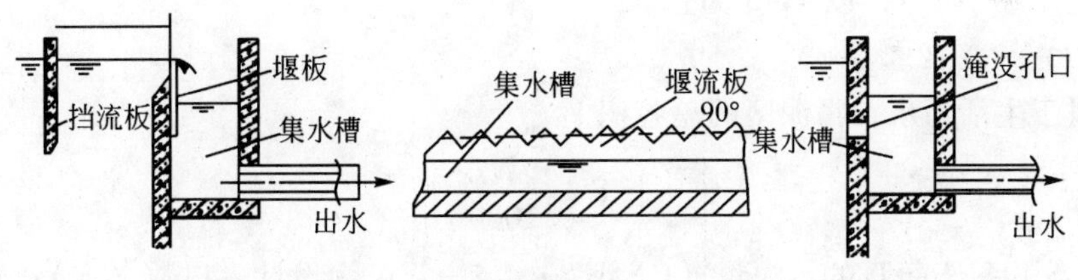

图4-7　堰口和潜水出水孔示意图

2. 平流式沉淀池的设计

平流沉淀池设计的内容包括沉淀池的数量、入流、出流装置设计，沉淀区的尺寸和污泥区尺寸计算，排泥和排渣设备的选择等。

目前常按照表面水力负荷、沉淀时间和水平流速进行设计计算。

（1）沉淀池的表面积 A

$$A = \frac{q_{max} \times 3600}{q}$$

式中：q_{max}为最大设计流量（$m^3 \cdot s^{-1}$）；q为表面水力负荷 $m^3 \cdot m^{-2} \cdot h^{-1}$，初沉池一般取 $1.5 \sim 3m^3 \cdot m^{-2} \cdot h^{-1}$，二沉池一般取 $1 \sim 2m^3 \cdot m^{-2} \cdot h^{-1}$。

（2）沉淀区有效水深 h_2

$$h_2 = q \cdot t$$

式中：t为沉淀时间（h），初沉池一般取1～2h，二沉池一般取1.5～2.5h；沉淀区有效水深 h_2 通常取2～3m。

(3) 沉淀区有效容积 V_1

$$V_1 = A \cdot h_2$$

$$或\quad V_1 = q_{max} \times t \times 3600$$

(4) 沉淀池长度 L

$$L = v \cdot t \times 3.6$$

式中：v 为最大设计流量时的水平流速（$mm \cdot s^{-1}$），一般不大于 $5mm \cdot s^{-1}$。

(5) 沉淀池总宽度 b

$$b = A/L$$

(6) 沉淀池的个数 n

$$n = b/b'$$

式中：b'为每个沉淀池宽度。

平流式沉淀池的长度一般为 30 ~ 50m，为了保证污水在池内分布均匀，池长与池宽比不小于 4，以 4 ~ 5 为宜。

(7) 污泥区容积

对于生活污水，污泥区的总容积 V

$$V = \frac{SNT}{1000}$$

式中：S 为每人每日的污泥量（$L \cdot d^{-1} \cdot 人^{-1}$）；$N$ 为设计人口数（人）；T 为污泥储存时间（d）。

(8) 沉淀池的总高度 h

$$\begin{aligned} h &= h_1 + h_2 + h_3 + h_4 \\ &= h_1 + h_2 + h_3 + h'_4 + h''_4 \end{aligned}$$

式中：h_1 为沉淀池超高（m）；一般取 0.3m；h_2 为沉淀区的有效深度（m）；h_3 为缓冲层高度（m）；无机械刮泥设备时，取 0.5m；有机械刮泥设备时，其上缘应高出刮板 0.3m；h_4 为污泥区高度（m）；h'_4为泥斗高度（m）；h''_4为梯形的高度（m）。

(9) 污泥斗的容积 V_1

$$V_1 = \frac{1}{3}h'_4(S_1 + S_2 + \sqrt{S_1 S_2})$$

式中：S_1 为污泥斗的上口面积（m^2）；S_2 为污泥斗的下口面积（m^2）。

(10) 污泥斗以上梯形部分污泥容积 V_2

$$V_2 = (\frac{L_1 + L_2}{2})h''_4 b$$

式中：L_1 为梯形上底边长（m）；L_2 为梯形上底边长（m）。

四、竖流式沉淀池

1. 竖流式沉淀池的工作原理

在竖流式沉淀池中，污水是从下向上以流速 v 做竖向流动，废水中的悬浮颗粒有以下三种运动状态：①当 $u>v$ 时，颗粒将以 $u-v$ 的速度向下沉淀，颗粒得以去除；②当 $u=v$ 时，则颗粒处于随遇状态，不下沉也不上升；③当 $u<v$ 时，颗粒将不能沉淀下来，会被上升水流带走。由此可知，当可沉颗粒属于自由沉淀类型时，其沉淀效果（在相同的表面水力负荷条件下）竖流式沉淀池的去除效率要比平流式沉淀池差。但当可沉颗粒属于絮凝沉淀类型时，则发生的情况就比较复杂。由于在池中的流动存在着各自相反的状态，就会出现上升着的颗粒与下降着的颗粒，同时还存在着上升颗粒与上升颗粒之间、下降颗粒与下降颗粒之间的相互接触、碰撞，致使颗粒的直径逐渐增大，有利于颗粒的沉淀。

2. 竖流式沉淀池的构造

竖流式沉淀池的平面可为圆形、正方形或多角形，图 4-8 为竖流式沉淀池的构造示意图。池的直径或池的边长一般不大于 8m，通常为 4～7m，也有超过 10m 的。为了降低池的总高度，污泥区可采用多只污泥斗的方式。竖流式沉淀池的有效水深和宽（径）比一般不大于 3，通常取 2。竖流式沉淀池的中心管如

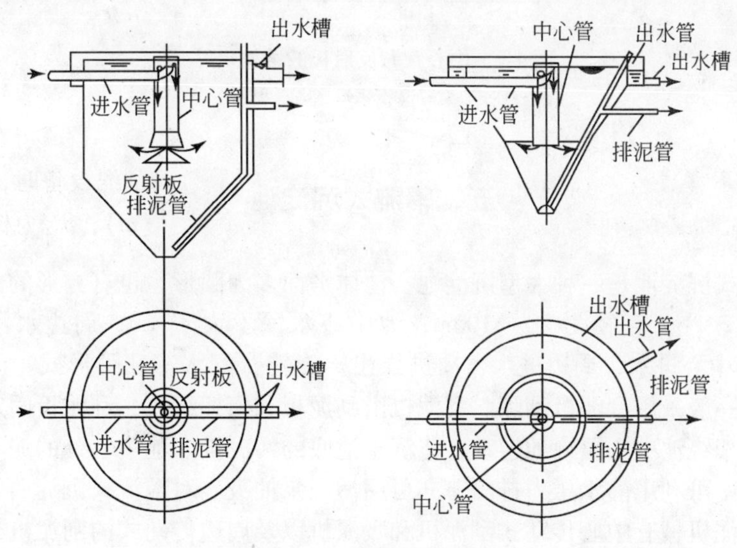

图 4-8　为竖流式沉淀池

图 4-9 所示。中心管直径为 d，喇叭口直径为 d_1。污水在中心管内的流速 v_0 对悬浮颗粒的去除有一定的影响。当中心管底部不设反射板时，其流速不应大于 $30mm \cdot s^{-1}$，如设置反射板，流速可取 $100mm \cdot s^{-1}$。在反射板的阻挡下，水流由垂直向下变成向反射板四周分布。水从中心管喇叭口与反射板间流出的速度一般不大于 $20mm \cdot s^{-1}$，水流自反射板四周流出后均匀地分布于整个池中，并以上升流速 v_1 缓慢地由下而上流动，可沉颗粒下沉至污泥区，经过澄清后的上清液从设置在池壁顶端的堰口溢出，通过出水槽流出池外。其余各部分的设计与平流沉淀池相似。

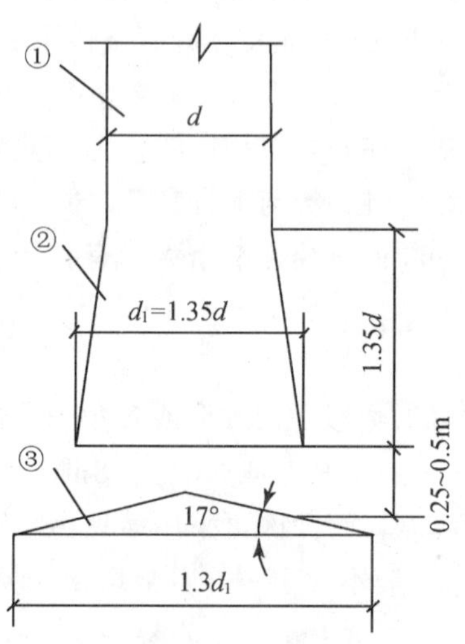

图 4-9　中心管和反射板的结构尺寸

①中心管；②喇叭口；③反射板

五、辐流式沉淀池

辐流式沉淀池是一种大型沉淀池，池体平面多为圆形，也有方形的。直径较大而深度较小，直径为 20 ~ 100m，池中心水深不大于 4m，周边水深不小于 1.5m，有中心进水、周边进水、周进周出、旋转臂配水等几种形式。沉淀于池底的污泥一般采用刮泥机刮除。刮泥机由刮泥板和桁架组成，刮泥板固定在桁架底部。桁架绕池中心缓慢地转动，将沉于池底的污泥推入池中心处的泥斗中，污泥在泥斗中可利用静水压力排出，亦可用污泥泵抽吸。对辐流式沉淀而言，目前常用的刮泥机械有中心传动式刮泥机和吸泥机以及周边传动式的刮泥机与吸泥机等。为了刮泥机的排泥要求，辐流式沉淀池的池底坡度平缓，常取 $i = 0.05$。当池径较小时，亦采用多斗排泥。这一形式的污泥斗与竖流式沉淀池相似。

六、斜流式沉淀池

1. 斜流式沉淀池的构造

斜流式沉淀池是根据浅池理论，在沉淀池的沉淀区加斜板或斜管而构成。它由斜板（管）沉淀区、进水配水区、清水出水区、缓冲区和污泥区组成。按斜板或斜管间水流与污泥的相对运动方向来区分，斜流式沉淀池有同向流和异向流两种。在污水处理中常采用升流式异向流斜流沉淀池。异向流斜流式沉淀池中，斜板（管）与水平面呈60°角，长度通常为1.0m左右，斜板净距（或斜管孔径）一般为80～100mm。斜板（管）区上部清水区水深为0.7～1.0m，底部配水区和缓冲层高度宜大于1.0m。尺寸可根据具体情况调整。

2. 斜流式沉淀池在废水处理中的应用

斜流式沉淀池具有沉淀效率高、停留时间短、占地少等优点，在给水处理中得到比较广泛的应用；在废水处理中应用不普遍；在选矿水尾矿浆的浓缩、炼油厂含油废水的隔油等方面已有较成功的经验，在印染废水处理和城镇污水处理中也有应用。

七、提高沉淀池沉淀效果的有效途径

沉淀池是污水处理工艺中使用最广泛的一种处理构筑物，但实际运行资料表明，无论是平流式、竖流式还是辐流式沉淀池，都存在着去除率不高的问题，通常在1.5～2h的沉淀时间里，悬浮颗粒的去除率一般只有50%～60%，另外，这些沉淀池的占地面积较大，体积亦比较庞大。除可以用斜流沉淀池提高沉淀池的分离效果和处理能力，其他方法还有对污水进行曝气搅动以及回流部分活性污泥等。曝气搅动是利用气泡的搅动促使废水中的悬浮颗粒相互作用，产生自然絮凝。采用这种预曝气方法，可使沉淀效率提高5%～8%，$1m^3$ 废水的曝气量约为 $0.5m^3$。预曝气方法一般应在专设的构筑物——预曝气池或生物絮凝池内进行。将剩余活性污泥投加到入流污水中去，利用污泥的活性，产生吸附与絮凝作用，这一过程称为生物絮凝。这一方法已在国内外得到广泛应用。采用这种方法，可以使沉淀效率比原来的沉淀池提高10%～15%，BOD_5 的去除率也能增加15%以上，活性污泥的投加量一般为 $100 \sim 400mg \cdot L^{-1}$。在工业污水处理中，由于水质水量的不均匀性，一般均设置污水调节池，在调节中布置一些曝气设备，可以有效地提高污水处理效率，而且还可免除在调节池中沉积污泥的清理工作。

第五节 隔油和破乳

一、含油废水的来源和危害

含油废水的来源非常广泛，除了石油开采及加工业排出大量含油废水外，固体燃料热加工、纺织工业中的洗毛废水、轻工业中的制革废水、铁路及交通运输业、屠宰及食品加工业以及机械工业中车削工艺中的乳化液等均排放含油废水。

含油废水中的油类污染物，其相对密度一般都小于1，但焦化厂或煤气发生站排出的重质焦油的相对密度可高达1.1。废水中的油通常有三种存在状态：

1）呈悬浮状态的可浮油，将此种含油废水放在桶中静沉，有些油滴就会慢慢浮升到水面上，这些油滴的粒径较大，可依靠油水比重差而从水中分离出来，对于石油炼厂废水而言，这种状态的油一般占废水中含油量的60%～80%。

2）呈乳化状态的乳化油，这些非常细小的油滴，即使静沉几小时，甚至更长时间，仍然悬浮在水中。这种状态的油滴不能用静沉法从废水中分离出来，这是由于乳化油油滴表面上有一层由乳化剂形成的稳定薄膜阻碍油滴合并。如果能消除乳化剂的作用，乳化油即可转化为可浮油，这叫破乳。乳化油经过破乳之后，就能用沉淀法来分离。

3）呈溶解状态的溶解油，油品在水中的溶解度非常低，通常每升中只有几个毫克。

油污染的危害主要表现在对生态系统、植物、土壤、水体的严重影响。含油废水浸入土壤孔隙间形成油膜，产生堵塞作用，致使空气、水分及肥料均不能渗入土中，破坏土层结构，不利于农作物的生长，甚至使农作物枯死。为此，我国在1985年颁布的《农田灌溉水质标准》（GB5084—1985）规定，在一、二类灌区对水质的要求，石油类含量均不得大于$10mg \cdot L^{-1}$。含油废水（特别是可浮油）排入水体后将在水面上产生油膜，阻碍大气中的氧向水体转移，使水生生物处于严重缺氧状态而死亡。在滩涂还会影响养殖和利用。有资料表明，向水面排放1t油品，即可形成$5 \times 10^6 m^2$的油膜。含油废水排入城镇沟道，对沟道、附属设备及城镇污水处理厂都会造成不良影响，采用生物处理法时，一般规定石油和焦油的含量不超过$50mg \cdot L^{-1}$，否则将影响水处理微生物的正常代谢。

二、隔 油 池

常用的隔油池有平流式与斜流式两种型式。图4-10为典型的平流式隔油池。

从图中可以看出，它与平流式沉淀池在构造上基本相同。

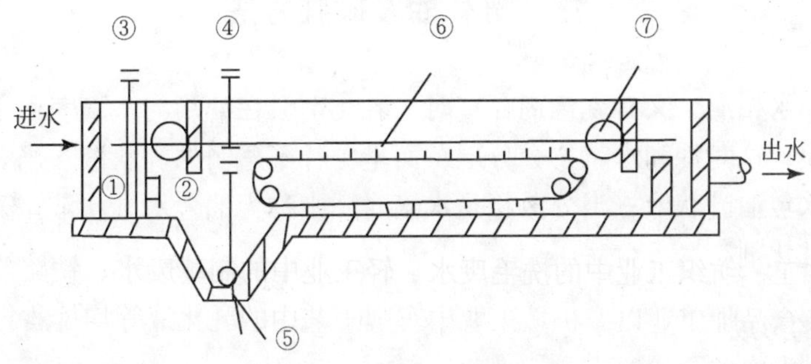

图4-10　平流隔油池

①配水槽；②进水孔；③进水间；④排渣间；⑤排渣管；⑥刮油刮泥机；⑦集油管

废水从隔油池的一端流入池子，以较低的水平流速（2~5mm·s^{-1}）流经池子，流动过程中，密度小于水的油粒上升到水面，密度大于水的颗粒杂质沉于池底，水从池子的另一端流出。在隔油池的出水端设置集油管。集油管一般用直径200~300mm的钢管制成，沿长度在管壁的一侧开弧宽为60°或90°的槽口。集油管可以绕轴线转动。排油时将集油管的开槽方向转向水平面以下以收集浮油，并将浮油导出池外。为了能及时排油及排除底泥，在大型隔油池还应设置刮油刮泥机。刮油刮泥机的刮板移动速度一般应与池水流速相近，以减少对水流的影响。收集在排泥斗中的污泥由设在池底的排泥管借助静水压力排走。隔油池的池底构造与沉淀池相同。

平流式隔油池表面一般设置盖板，除便于冬季保持浮渣的温度，从而保持它的流动性外，同时还可以防火与防雨。在寒冷地区还应在池内设置加温管，以便必要时加温。平流式隔油池的特点是构造简单、便于运行管理、油水分离效果稳定。有资料表明，平流式隔油池可以去除的最小油滴直径为100~150μm，相应的上升速度不高于0.9mm·s^{-1}。

隔油池的浮渣，以油为主，也含有水分和一些固体杂质。对石油工业废水，含水率有时可高达50%，其他杂质一般为1%~20%。仅仅依靠油滴与水的密度差产生上浮而进行油、水分离，油的去除效率一般为70%~80%，隔油池的出水仍含有一定数量的乳化油和附着在悬浮固体上的油分，一般较难降到排放标准以下。气浮法分离油、水的效果较好，出水中含油量一般可小于20mg·L^{-1}。对于铁路运输、化工等行业使用的小型隔油池，其撇油装置是依靠水与油的密度差形成液位差而达到自动撇油的目的。平流式隔油池的设计与平流式沉淀池基本相似，按表面负荷设计时，一般采用1.2m^3·m^{-2}·h^{-1}；按停留时间设计时，一般采用1.5~2h。

三、乳化油及破乳方法

当油和水相混，又有乳化剂存在时，乳化剂会在油滴与水滴表面上形成一层稳定的薄膜，这时油和水就不会分层，而呈一种不透明的乳状液。当分散相是油滴时，称水包油乳状液；当分散相是水滴时，则称为油包水乳状液。乳状液的类型取决于乳化剂。

1. 乳化油的形成

乳化油的主要来源：①由生产工艺的需要而制成的。如机械加工中车床切削用的冷却液，是人为制成的乳化液；②以洗涤剂清洗受油污染的机械零件、油槽车等而产生乳化油废水；③含油（可浮油）废水在沟道与含乳化剂的废水相混合，受水流搅动而形成。

在含油废水产生的地点立即用隔油池进行油水分离，可以避免油分乳化，而且还可以就地回收油品，降低含油废水的处理费用。例如，石油炼制厂减压塔塔顶冷凝器流出的含油废水，立即进行隔油回收，得到的浮油实际上就是塔顶馏分，经过简单的脱水，就是一种中间产品。如果隔油后，废水中仍含有乳化油，可就地破乳。此时，废水的成分比较单纯，比较容易收到较好的效果。

2. 破乳方法简介

破乳的方法有多种，但基本原理一样，即破坏液滴界面上的稳定薄膜，使油、水得以分离。破乳途径有下述几种。

1）投加换型乳化剂：例如，氯化钙可以使钠皂从乳化剂的水包油乳状液转换为以钙皂为乳化剂的油包水乳状液。在转型过程中存在着一个由钠皂占优势转化为钙皂占优势的转化点，此时的乳状液非常不稳定，油、水可能形成分层。因此控制好“换型剂”的用量，即可达到破乳的目的。这一转化点的用量应由实验确定。

2）投加盐类、酸类：可使乳化剂失去乳化作用。

3）投加某种本身不能成为乳化剂的表面活性剂：如异戊醇，从两相界面上挤掉乳化剂使其失去乳化作用。

4）搅拌、震荡、转动：通过剧烈的搅拌、震荡或转动，使乳化的液滴猛烈碰撞而合并。

5）过滤：如以粉末为乳化剂的乳状液，可以用过滤法拦截被固体粉末包围的油滴。

6）改变温度：改变乳化液的温度（加热或冷冻）来破坏乳状液的稳定。

破乳方法的选择是以试验为依据。某些石油工业的含油废水，当废水温度升到65～75℃时，可达到破乳的效果。相当多的乳状液，必须投加化学破乳剂。目前所用的化学破乳剂通常是钙、镁、铁、铝的盐类或无机酸。有的含油废水亦可用碱（NaOH）进行破乳。

水处理中常用的混凝剂也是较好的破乳剂。它不仅有破坏乳化剂的作用，而且还对废水中的其他杂质起到混凝的作用。

第六节　浮　上　法

浮上法是一种有效的固－液和液－液分离方法，常用于对那些颗粒密度接近或小于水的细小颗粒的分离。水和废水的浮上法处理技术是将空气以微小气泡形式通入水中，使微小气泡与在水中悬浮的颗粒黏附，形成水－气－颗粒三相混合体系，颗粒黏附上气泡后，密度小于水即上浮水面，从水中分离出去，形成浮渣层。由此可知，浮上法处理工艺必须满足下述基本条件：①必须向水中提供足够量的细微气泡；②必须使污水中的污染物质形成悬浮状态；③必须使气泡与悬浮的物质产生黏附作用。有了上述这三个基本条件，才能完成浮上处理过程，达到污染物质从水中去除的目的。在污水处理技术中，浮上法固－液或液－液分离技术已广泛地应用在下述几个方面：

1）石油、化工及机械制造业中的含油（包括乳化油）污水的油水分离。

2）污水中有用物质的回收，如造纸厂废水中的纸浆纤维及填料的回收。

3）取代二次沉淀池，特别适用于易于产生活性污泥膨胀的情况。

一、浮上法的类型

按生产细微气泡的方法分：分散空气浮上法、电解浮上法、溶解空气浮上法等。

1. 电解浮上法

电解浮上法装置的示意图见图4-11。电解浮上法是将正负相间的多组电极浸泡在废水中，当通以直流电时，废水电解，正负两极间产生的氢和氧的细小气泡黏附于悬浮物上，将其带至水面而达到分离的目的。电解浮上法产生的气泡小于其他方法产生的气泡，故特别适用于脆弱絮状悬浮物。电解浮上法的表面负荷通常低于$4m^3 \cdot m^{-2} \cdot h^{-1}$。

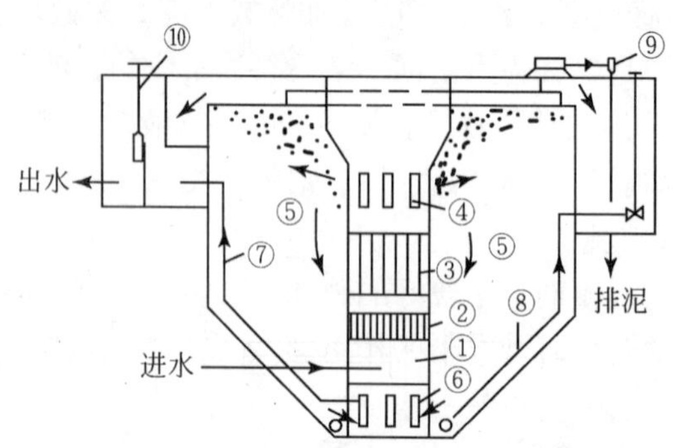

图 4-11 电解浮上法装置的示意图

①入流室；②整流栅；③电极组；④出流孔；⑤分离室；⑥集水孔；
⑦出水管；⑧沉淀排泥管；⑨刮渣机；⑩ 水位调节器

电解浮上法，主要用于工业废水处理方面，处理水量为 10～20$m^3 \cdot h^{-1}$。由于电耗高、操作运行管理复杂及电极结垢等问题，较难适用于大型生产。

2. 分散空气浮上法

目前应用的有微气泡曝气浮上法和剪切气泡浮上法两种形式。微气泡曝气浮上法是将压缩空气引入到靠近池底处的微孔板，并被微孔板的微孔分散成细小气泡。微气泡曝气浮上法的优点是简单易行，但也存在空气扩散装置的微孔易于堵塞、气泡较大、气浮效果不高等缺点。

剪切气泡浮上法是将空气引入到一个高速旋转混合器或叶轮机的附近，通过高速旋转混合器的高速剪切，将引入的空气切割成细小气泡。剪切气泡浮上法适用于处理水量不大、而污染物质浓度较高的废水，用于除油时，除油效果可以达到 80%。分散空气浮上法用于矿物浮选，也用于含油脂、羊毛等污水的初级处理及含有大量表面活性剂的污水。

3. 溶解空气浮上法

溶解空气浮上法有真空浮上法和加压溶气浮上法两种形式。

(1) 真空浮上法

真空浮上法（图 4-12）的污水经流量调节器后先进入曝气室，由机械曝气设备预曝气，使污水中的溶气量接近于常压下的饱和值。未溶空气在脱气井脱除，然后污水被提升到分离区。由于浮上分离池压力低于常压，因此预先溶入水中的空气就以非常细小的气泡溢出来，污水中的悬浮颗粒与从水中溢出的细小气泡相黏附，并上浮至浮渣层。旋转的刮渣板把浮渣刮至集渣槽，然后进入出渣室。在浮上分离池的底部装有刮泥板，用以排除沉到池底的污泥。处理后的出水经环形出水槽收集后排出。

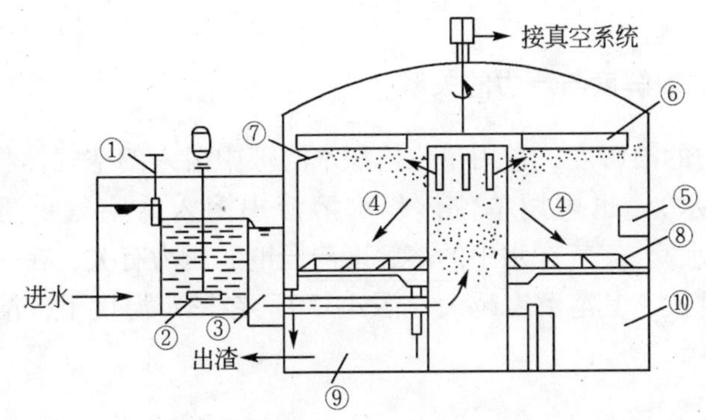

图 4-12　真空浮上法设备的示意图

①流量调节器；②曝气器；③脱气井；④分离区；⑤环形出水槽；⑥刮渣板；⑦集渣槽；⑧底部刮泥板；⑨出渣室；⑩ 设备及操作间

真空浮上法的缺点是其空气的溶解在常压下进行，溶解度很低，气泡释放量很有限。此外，为形成真空，处理设备需密闭，其运行和维修较困难。

（2）加压溶气浮上法

加压溶气浮上法是目前常用的浮上法。加压溶气浮上法，是使空气在加压的条件下溶解于水，然后通过将压力降至常压而使过饱和的空气以细微气泡形式释放出来。加压溶气浮上法的主要设备由水泵、溶气罐、浮上池、刮渣机等设备组成。溶气罐中的空气注入可用空气压缩机或射流器。

加压溶气浮上法根据加压溶气水的来源不同可分为三种基本流程：全溶气流程、部分溶气流程和回流溶气流程。全溶气流程是将全部入流废水进行加压溶气，再经过减压释放装置进入气浮池进行固液分离的一种流程。部分溶气流程是将部分入流废水进行加压溶气，其余部分直接进入气浮池。该法比全溶气式流程节省电能，同时因加压水泵所需加压的溶气水量与溶气罐的容积比全溶气方式小，故可节省一些设备。但是由于部分溶气系统提供的空气量亦较少，因此，如欲提供同样的空气量，部分溶气流程就必须在较高的压力下运行。在回流溶气流程中是将部分澄清液进行回流加压，入流废水则直接进入气浮池。与前两种流程相比，该流程加压溶气水为经过气浮处理的澄清水，对溶气及减压释放过程比较有利，故部分回流加压溶气流程是目前最常用的气浮处理流程。

二、加压溶气浮上法的基本原理

由于悬浮颗粒对水的润湿性质不同，其对气泡的黏附情况也有很大的差别。因此，要研究颗粒的浮上现象，就需要研究气、液、颗粒这三相间的相互关系。

1. 空气在水中的溶解度与压力的关系

空气在水中的溶解度，常用单位体积水溶液中溶入的空气体积来表示，即 L（气）$\cdot m^{-3}$（水），也可用单位体积水溶液中溶入的空气重量来表示，即 g（气）$\cdot m^{-3}$（水）。空气在水中的溶解度与温度、压力有关，在一定范围内，温度越低、压力越大，其溶解度越大（图 4-13）。在一定温度下，溶解度与压力成正比。

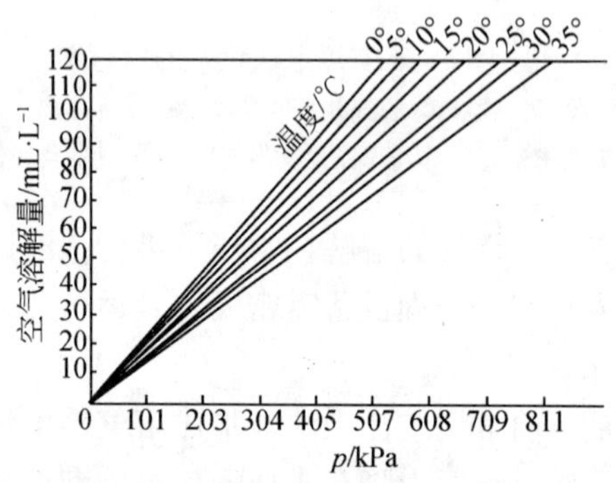

图 4-13　空气在纯水中的饱和溶解度

空气从水中析出的过程分两个步骤，即气泡核的形成过程与气泡的增长过程。气泡核的形成过程起着决定性作用，有了相当数量的气泡核，就可以控制气泡数量的多少与气泡直径的大小。从溶气浮上的要求来看，应当在这个过程中形成数目众多的气泡核，因为同样的溶解空气，如形成的气泡核的数量越多，则形成的气泡的直径也就越小，就越有利于浮上工艺的要求。

2. 水中的悬浮颗粒与微小气泡相黏附的原理

（1）气泡与悬浮颗粒黏附的条件

从图 4-14 可以看到，液体表面分子所受的分子引力与液体内部分子所受的分子引力不同，表面分子所受的作用力是不平衡的，这不平衡的力把表面分子拉向液体内部、缩小液体表面积的趋势，这种力称为流体的表面张力。要使表面分子不被拉向液体内部，就需要克服液体内部分子的吸引力而做功，可见液体表层分子具有更多的能量，这种能量称表面能。

在气浮过程中存在着液、气、颗粒三相介质，在各个不同介质的表面也都因受力不平衡而产生表面张力（界面张力），即具有表面能（界面能）。

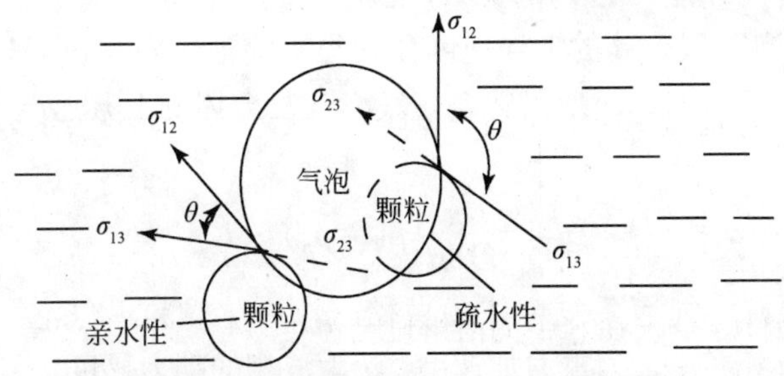

图 4-14 不同悬浮颗粒与水接触湿润情况

σ_{12} 为液、气两相界面张力系数，可记为 $\sigma_{水-气}$；σ_{13} 为液、颗粒两相界面张力系数，可记为 $\sigma_{水-粒}$；σ_{23} 为气、颗粒两相界面张力系数，可记为 $\sigma_{气-粒}$。

界面能 E 与界面张力的关系如下：

$$E = \sigma \times S$$

式中：σ 为界面张力系数；S 为界面面积。

气泡未与悬浮颗粒黏附前，颗粒与气泡的单位面积上的界面能分别为 $\sigma_{水-粒}$ 和 $\sigma_{水-气}$，这时单位面积上的界面能之和 E_1 为

$$E_1 = \sigma_{水-粒} + \sigma_{水-气}$$

当气泡与悬浮颗粒黏附后，界面能缩小，黏附面的单位面积上的界面能 E_2 及其缩小值 ΔE 分别为

$$E_2 = \sigma_{气-粒}, \Delta E = E_1 - E_2 = \sigma_{水-粒} + \sigma_{水-气} - \sigma_{气-粒}$$

这部分能量差即为挤开气泡和颗粒之间的水膜所做的功，此值越大，气泡与颗粒黏附得越牢固。

水中的悬浮颗粒是否能与气泡黏附与水、气、颗粒间的界面能有关。当三者相对稳定时，三相界面张力的关系式为

$$\sigma_{水-粒} = \sigma_{水-气}\cos(180° - \theta) + \sigma_{气-粒}$$

式中：θ 为接触角（湿润角）。

带入上式得

$$\Delta E = \sigma_{水-气}(1 - \cos\theta)$$

$$\Delta E = \sigma_{水-粒} + \sigma_{水-气} - (\sigma_{水-粒} + \sigma_{水-气}\cos\theta)$$

上式表明，并不是水中所有的污染物质都能与气泡黏附，是否能黏附，与该类物质的接触角有关：当 $\theta \to 0$ 时，$\cos\theta \to 1$，$\Delta E \to 0$，这类物质亲水性强（称亲水性物质），无力排开水膜，不易与气泡黏附，不能用气浮法去除。当 $\theta \to 180°$ 时，$\cos\theta \to -1$，$\Delta E \to 2\sigma_{水-气}$，这类物质憎水性强（称憎水性物质），易与气泡黏附，宜用气浮法去除。微细气泡与悬浮颗粒的黏附形式有气颗粒吸附、气泡顶托以及气泡裹夹三种形式。

（2）“颗粒－气泡”复合体的上浮速度

“颗粒－气泡”复合体的上浮速度公式与沉淀池中颗粒沉降速度一样。当流态为层流时，即 $Re<1$ 时，则“颗粒－气泡”复合体的上升速度可按斯托克斯公式计算：

$$v_{上} = \frac{g}{18\mu}(\rho_L - \rho_S) \cdot d^2$$

式中：d 为“颗粒－气泡”复合体的直径；ρ_S 为“颗粒－气泡”复合体的表观密度；ρ_L 为液体密度；g 为重力加速度；μ 为液相的动力黏度。

上述公式表明，v 上取决于水与复合体的密度差与复合体的有效直径。“颗粒－气泡”复合体上黏附的气泡越多，则 ρ_S 越小，d 越大，因而上浮速度亦越快。

由于水中的“颗粒－气泡”复合体的大小不等，形状各异，颗粒表面性质亦不一样，它们在上浮过程中会进一步发生碰撞，相互聚合而改变上浮速度。另外在浮上池中因水力条件及池型、水温等因素，也会改变上浮速度，因此，“颗粒－气泡”复合体的上浮速度，在实际使用中应以试验确定为好。

3. 化学药剂的投加对气浮效果的影响

疏水性很强的物质（如植物纤维、油珠及炭粉末等），不投加化学药剂即可获得满意的固（液）－液分离效果。一般的疏水性或亲水性的物质，均需投加化学药剂以改变颗粒的表面性质，增加气泡与颗粒的吸附。这些化学药剂分为下述几类：

1）混凝剂：各种无机或有机高分子混凝剂，它不仅可以改变污水中悬浮颗粒的亲水性能，而且还能使污水中的细小颗粒絮凝成较大的絮状体以吸附、截留气泡，加速颗粒上浮。

2）浮选剂：浮选剂大多数由极性－非极性分子所组成。极性－非极性分子的结构一般用符号“O—”表示，圆头表示极性基，易溶于水（因为水是强极性分子），尾端表示非极性基，难溶于水，为疏水性。投加浮选剂之后能否使亲水性物质转化为疏水性物质，主要取决于浮选剂的极性基能否附着在亲水性悬浮颗粒的表面，而与气泡相黏附的强弱则取决于非极性基中碳链的长短。当浮选剂的极性基被吸附在亲水性悬浮颗粒的表面后，非极性基则朝向水中，这样就可以使亲水性物质转化为疏水性物质，从而使其与微细气泡相黏附。

浮选剂的种类很多，如松香油、石油、表面活性剂、硬脂酸盐等。

3）助凝剂：作用是提高悬浮颗粒表面的水密性，以提高颗粒的可浮性，如聚丙烯酰胺。

4）抑制剂：作用是暂时或永久性地抑止某些物质的浮上性能，而又不妨碍需要去除的悬浮颗粒的上浮，如石灰、硫化钠等。

5）调节剂：调节剂主要是调节污水的 pH，改进和提高气泡在水中的分散度以及提高悬浮颗粒与气泡的黏附能力，如各种酸、碱等。

三、压力溶气浮上法系统的组成及设计

压力溶气浮上法系统主要由三个部分组成：压力溶气系统、空气释放系统和气浮分离设备（气浮池）。

1. 压力溶气系统

压力溶气系统包括加压水泵、压力溶气罐、空气供给设备（空压机或射流器）及其他附属设备。加压水泵的作用是提升污水，将水、气以一定压力送至压力溶气罐，其压力的选择应考虑溶气罐压力和管路系统的水力损失两部分。压力溶气罐的作用是使水与空气充分接触，促进空气的溶解。溶气罐的形式有多种，如图 4-15 所示，其中以罐内填充填料的溶气罐效率最高。

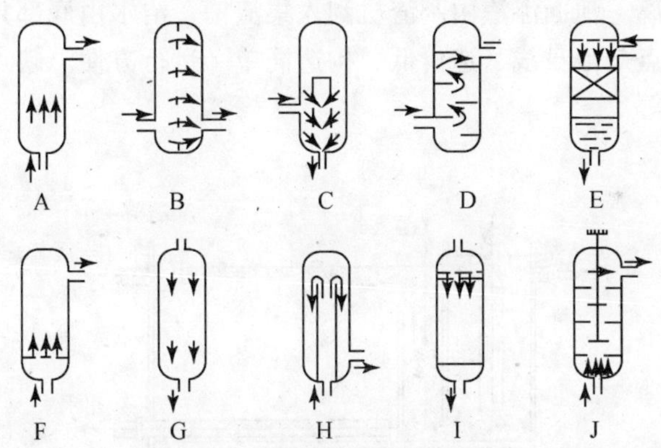

图 4-15　溶气罐的几种溶气方式

影响填料溶气罐效率的主要因素为：填料特性、填料层高度、罐内液位高、布水方式和温度等。填料溶气罐的主要工艺参数为：

过流密度，$2500 \sim 5000 m^3 \cdot m^{-2} \cdot d^{-1}$；

填料层高度，0.8 ~ 1.3m；

液位的控制高，0.6 ~ 1.0m（从罐底计）；

溶气罐承压能力，大于 0.6MPa。

溶气方式有三种：水泵吸气式、水泵压力管装射流器挟气式和空压机供气式。水泵吸气式在经济和安全方面都不理想，已很少使用。压力管装射流器进行

溶气的优点是不需另设空压机，没有空压机带来的油污染和噪声。空压机供气是较早使用的一种供气方式，使用较广泛，其优点是能耗相对较低。

2. 空气释放系统

空气释放系统是由溶气释放装置和溶气水管路组成。溶气释放装置的功能是将压力溶气水减压，使溶气水中的气体以微气泡的形式释放出来，并能迅速、均匀地与水中的颗粒物质黏附。常用的溶气释放装置有减压阀、溶气释放喷嘴、释放器等。

3. 气浮池

气浮池的功能是提供一定的容积和池表面积，使微气泡与水中悬浮颗粒充分混合、接触、黏附，并使带气颗粒与水分离。

常用的气浮池有平流式和竖流式两种。平流式气浮池（图 4-16）是目前最常用的一种型式，其反应池与气浮池合建。废水进入反应池完全混合后，经挡板底部进入气浮接触室以延长絮体与气泡的接触时间，然后由接触室上部进入分离室进行固 - 液分离。池面浮渣由刮渣机刮入集渣槽，清水由底部集水槽排出。平流式气浮池的优点是池身浅、造价低、构造简单、运行方便。缺点是分离部分的容积利用率不高等。

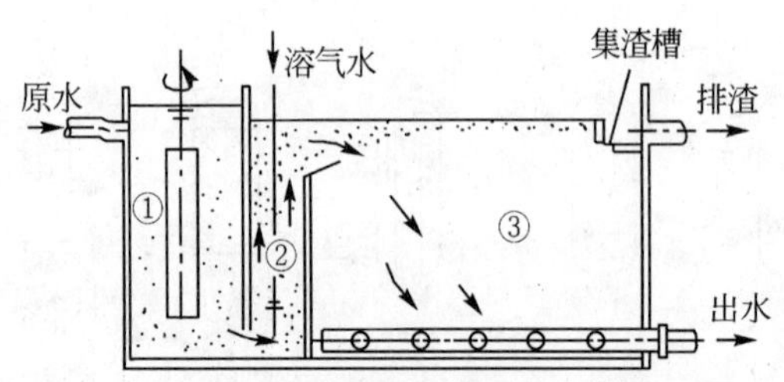

图 4-16 平流式气浮池

①反应池；②接触室；③分离室

气浮池的有效水深通常为 2. 0 ~ 2. 5m，一般以单格宽度不超过 10m、长度不超过 15m 为宜。废水在反应池中的停留时间与混凝剂种类、投加量、反应形式等因素有关，一般为 5 ~ 15min。为避免打碎絮体，废水经挡板底部进入气浮接触室时的流速应小于 0. 11m · s^{-1}。废水在接触室中的上升流速一般为 10 ~ 20mm · s^{-1}，停留时间应大于 60s。废水在气浮分离室的停留时间一般为 10 ~ 20min，其表面负荷率为 6 ~ 8m^3 · m^{-2} · h^{-1}，最大不超过 10m^3 · m^{-2} · h^{-1}。

竖流式气浮池的基本工艺参数与平流式气浮池相同。其优点是接触室在池中央，水流向四周扩散，水力条件较好。缺点是与反应池较难衔接，容积利用率较低。有经验表明，当处理水量大于150～200$m^3 \cdot h^{-1}$，废水中的可沉物质较多时，宜采用竖流式气浮池。

四、压力溶气浮上法的设计计算

压力溶气气浮池的主要设计计算内容包括所需空气量、加压溶气水量、溶气罐尺寸和气浮池主要尺寸等。

1. 气浮所需空气量

（1）有试验资料时

$$q_{vg} = q_v R' a_c \phi$$

式中：q_{vg}为气浮所需空气量（$m^3 \cdot h^{-1}$）；q_v为气浮池设计水量（$m^3 \cdot h^{-1}$）；R'为试验条件下的回流比（%）；a_c为试验条件下的释气量（$L \cdot m^{-3}$）；ϕ为水温校正系数，取1.1～1.3（主要考虑水的黏滞度影响，试验时水温与冬季水温相差大者取高值）。

（2）无试验资料时，可根据气固比（A/S）进行估算

$$\frac{A}{S} = \frac{1.3c_a(fp_0 + 14.7f - 14.7)q_{vR}}{14.7q_v\rho_{Si}}$$

式中：A/S为气固比，一般为0.005～0.006，当悬浮固体浓度较高时取上限，如剩余污泥气浮浓缩时，气固比采用0.03～0.04；1.3为1mL空气的质量（mg）；c_a为某一温度下的空气溶解度；f为压力为p时，水中的空气溶解系数，一般为0.5～0.8（通常0.5）；p_0为表压（kPa）；q_{vR}为加压水回流量（$m^3 \cdot h^{-1}$）；q_v为设计水量（$m^3 \cdot h^{-1}$）；ρ_{si}为入流废水的悬浮固体浓度（$mg \cdot L^{-1}$）。

2. 溶气罐

溶气罐直径D_d选定过流密度I后，溶气罐直径按下式计算：

$$D_d = \sqrt{\frac{4 \times q_{VR}}{\pi I}}$$

一般对于空罐，I选用1000～2000$m^3 \cdot (m^2 \cdot d)^{-1}$，对填料罐，$I$选用2500～5000$m^3 \cdot (m^2 \cdot d)^{-1}$。

溶气罐高h：

$$h = 2h_1 + h_2 + h_3 + h_4$$

式中：h_1 为罐顶、底封头高度（根据罐直径而定）（m）；h_2 为布水区高度，一般取0.2～0.3m；h_3 为贮水区高度，一般取1.0m；h_4 为填料层高度，当采用阶梯环时，可取1.0～1.3m。

3. 气浮池

接触池的表面积 A_c：选定接触室中水流的上升流速 v_c 后，按下式计算：

$$A_c = \frac{q_V + q_{VR}}{v_c}$$

接触室的容积一般应按停留时间大于60s进行复核。分离室的表面积 A_s，选定分离速度（分离室的向下平均水流速度）v_s 后按下式计算：

$$A_s = \frac{q_V + q_{VR}}{v_s}$$

对矩形池子，分离室的长宽比一般取1∶1～2∶1。

气浮池的净容积 V：选定池的平均水深 H（指分离室深），按下式计算：

$$V = (A_c + A_s)H$$

以池内停留时间（t）进行校核，一般要求 t 为10～20min。

（郑国侠）

参考文献

高廷耀. 1989. 水污染控制工程. 北京：高等教育出版社：15～30

许保玖. 2000. 当代给水与废水处理原理. 第二版. 北京：高等教育出版社：5～15

张自杰. 1996. 环境工程手册（水污染防治卷）. 北京：高等教育出版社：15～27

Tchobanoglous G, Burton F L, Stensel H D. 2002. Wastewater Engineering, Treatment Disposal and Reuse. 4th ed. New York：Metcalf-Eddy, Inc：16～22

第五章　水的化学处理

第一节　混　　凝

废水都是以水为分散介质的，根据分散相粒度的不同，废水可分为三类：分散相粒度为0.1～1nm的，称为真溶液；分散相粒度为1～100nm的，称为胶体溶液；分散相粒度大于100nm的，称为悬浮液。分散相粒度100μm以上的悬浮液可以用过滤或者沉淀的方法处理；而更细小的颗粒，即使采用较长的沉淀时间，也不易沉淀下来，特别是带有同性电荷的极细颗粒，彼此互相排斥，在水中呈胶体状态，这就需要采用混凝法进行沉淀。所谓混凝，就是通过向水中投加一些药剂（常称混凝剂）使水中难以沉淀的细小颗粒及胶体颗粒脱稳并互相聚集成粗大的颗粒而沉淀，从而实现与水分离，达到水质净化的目的。

一、胶体的结构

胶体结构很复杂，由胶核、吸附层及扩散层三部分组成，如图5-1所示。胶核是胶体粒子的核心，它由数百乃至数千个分散固体物质分子组成。在胶核表面有一层离子，称电位形成离子或电位离子。胶核因电位离子而带有电荷，为维持胶体离子的电中性，胶核表面的电位离子层通过静电作用，从溶液中吸引了电量与电位离子层相等而电性相反的离子，这些离子称为反离子，并形成反离子层。这样，胶核固相的电位离子层与液相中的反离子层就构成了胶体粒子的双电层结构。其中电位离子层构成了双电层的内层，其所带电荷称为胶体粒子的表面电荷，其电性和电荷量决定了双电层总电位的符号和大小。反离子层构成了双电层的外层，按其与胶核的紧密程度，反离子层又分为吸附层和扩散层，前者指紧靠电位离子，并随胶核一起运动，它和电位离子层一起构成了胶体粒子的固定层。而反离子扩散层是指固定层以外的那部分反离子，它由于受电位离子的引力较小，因而不随胶核一起运动，并趋于向溶液主体扩散，直至与溶液中的平均浓度相等。吸附层与扩散层的交界面在胶体化学上称为滑动面。通常将胶核与吸附层合在一起称为胶粒，胶粒再与扩散层组成电中性胶团（即胶体粒子）。由于胶粒内反离子电荷数少于表面电荷数，故胶粒总是带电的，其电量等于表面电荷数与吸附层反离子电荷数之差，其电性与电位离子电性相同。胶核与溶液主体间由于表面电荷的存在所产生的电位称为 ψ 电位，而胶粒与溶液主体间由于胶粒剩余电荷的存在所产生的电位称为 ζ 电位。图 5-1 描述了两种电位随距离的变化情况。ψ 电位对于某类胶体而言，是固定不变的，它无法测出，也不具备实用意义，而 ζ 电位可通过电泳或电渗计算得出，它随着温度、pH 及溶液中反粒子浓度等外部条件变化，在水处理中具有重要的意义。

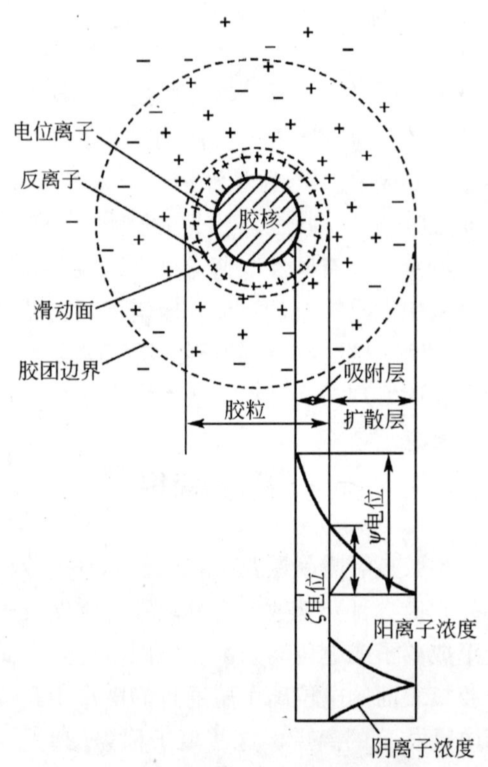

图 5-1　胶体粒子结构及其电位分布

二、胶体的脱稳与凝聚

胶体颗粒在水中能长期保持分散状态而不下沉的特性称为胶体颗粒的稳定性。胶体颗粒在污水中之所以具有稳定性，其原因有三：其一，污水中的细小悬浮颗粒和胶体颗粒质量很轻，在污水中受水分子热运动的碰撞而作无规则的布朗运动；其二，胶体颗粒本身带电，同类胶体颗粒带有同性电荷，彼此之间存在静电排斥力，从而不能相互靠近以结成较大颗粒而下沉；其三，许多水分子被吸引在胶体颗粒周围形成水化膜，阻止胶体颗粒与带相反电荷的离子中和，妨碍颗粒之间接触并凝聚下沉。因此，污水中的细小悬浮颗粒和胶体颗粒不易沉降，总保持着分散和稳定状态。

胶体因 ζ 电位降低或消除，从而失去稳定性的过程称为脱稳。脱稳的胶粒相互聚集为较大颗粒的过程称为凝聚。未经脱稳的胶粒形成大的颗粒，这种现象称为絮凝。向污水中投加药剂，进行水和药剂的混合，从而使水中的胶体物质产生凝聚和絮凝，这一综合过程称为混凝过程。

不同的化学药剂能使胶体按不同的方式进行脱稳、凝聚或絮凝。按机理，混凝可以分为下面四种。

1. 压缩双电层机制

当向溶液中投加电解质后，溶液中与胶体反离子带相同电荷的离子浓度增高，这些离子与扩散层原有反离子之间的静电斥力把原有部分反离子挤压到吸附层中，从而使扩散层厚度减小，胶粒所带电荷数减少，ζ 电位相应降低，因此，胶粒间的相互排斥力也减少。当排斥力降至一定值，分子间以吸引力为主时，胶粒就相互聚合与凝聚，这就是压缩双电层机制。港湾处泥沙沉积现象可以用该机制较好地解释。因淡水进入海水时，海水中盐类浓度较大，使淡水中胶粒的稳定性降低，易于凝聚，所以在港湾处泥沙易沉积。

2. 吸附电中和机制

当向溶液中投加电解质作混凝剂，混凝剂水解后在水中形成胶体颗粒，其所带电荷与水中原有胶粒所带电荷相反，异性电荷之间有强烈的吸附作用，由于这种吸附作用中和了电位离子所带电荷，减少了静电斥力，降低了 ζ 电位，使胶体脱稳并发生凝聚。但若混凝剂投加过多，混凝效果反而下降，因为胶粒吸附了过多的反离子，使原来的电荷变性，排斥力变大，从而发生了再稳现象。

3. 吸附架桥机制

吸附架桥作用主要是指高分子聚合物与胶粒和细微悬浮物等发生吸附、桥联的过程。高分子絮凝剂具有线性结构，含有某些化学活性基团，能与胶粒表面通过范德华力、静电引力、氢键力等，与胶粒和细微悬浮物等发生吸附桥联的过程产生特殊反应而互相吸附，在相距较远的两胶粒间进行架桥，使胶粒逐渐变大，从而形成粗大的絮凝体。本机理能解释当废水浊度很低时有些混凝剂效果不好的现象。因为废水中胶粒少，当聚合物伸展部分一端吸附一个胶粒后，另一端因粘连不着第二个胶粒，只能与原来的胶粒粘连，就不能起架桥作用，从而达不到混凝的效果。

在废水处理中，对高分子絮凝剂投加量及搅拌时间和强度都应严格控制，如投加量过大时，一开始微粒就被若干高分子链包围，而无空白部位去吸附其他的高分子链，结果造成胶粒表面饱和，产生再稳现象。已经架桥絮凝的胶粒，如受到剧烈的长时间的搅拌，架桥聚合物可能从另一胶粒表面脱开，又重卷回原所在胶粒表面，造成再稳定状态。

4. 沉淀物网捕机制

若采用硫酸铝、石灰或氯化铁等高价金属盐类作混凝剂，当投加量大得足以迅速沉淀金属氢氧化物（如 $Al(OH)_3$、$Fe(OH)_3$）或金属碳酸盐（如 $CaCO_3$）时，水中的胶粒和细微悬浮物可被这些沉淀物在形成时作为晶核或吸附质所网捕。水中胶粒本身可作为这些沉淀所形成的核心时，凝聚剂最佳投加量与被除去物质的浓度成反比，即胶粒越多，金属凝聚剂投加量越少。

混凝的四种机制，在污水处理中往往是同时或交叉发挥作用的，只是在一定情况下以某种机制为主而已。

三、混凝剂与助凝剂

污水中投入某些化学药剂后，此化学药剂水解后能够生成带有与水中原有胶体物质相反电荷的胶体，与污水中的悬浮微粒通过碰撞结合成大颗粒而沉淀，这种现象称为凝聚。实际上经电荷中和后长大的颗粒有一定的黏结、架桥、聚合的作用，这就是絮凝。混凝则包括凝聚和絮凝两种过程。凝聚是瞬时的，只需将化学药剂扩散到全部水中的时间即可；絮凝则与凝聚作用不同，它需要一定的时间让絮体长大，但在一般情况下两者难以截然分开。本书把能起凝聚与絮凝作用的药剂统称为混凝剂。

1. 铝盐的混凝过程

铝盐和铁盐是最常用的混凝剂，下面以铝盐为例来说明混凝过程。在一般水处理中铝盐水解的基本反应方程式为

$$Al^{3+} + H_2O \longrightarrow Al(OH)^{2+} + H^+$$

$$Al(OH)^{2+} + H_2O \longrightarrow Al(OH)_2^{\ +} + H^+$$

$$Al(OH)_2^{\ +} + H_2O \longrightarrow Al(OH)_3 + H^+$$

由此可知，在不同的 pH 下，将有不同形态的三价铝的水解产物存在。实际上，在同一 pH 下，三种水解形态的化合物是同时存在的，只是以某种形态的存

在为主体，另两种形态存在较少，它们存在的比例遵从平衡分布关系。这些形态在水中发挥混凝作用的机制为：① 对水中胶体杂质起压缩双电层和电中和作用，使杂质发生凝聚反应；② 在胶体杂质微粒之间起黏结架桥作用，即絮凝作用；③ 自身形成的氢氧化物絮状体在沉淀中对水中胶体杂质起吸附卷扫作用。多数情况下，上述三种作用同时存在，只是条件不同时，某种作用可能起混凝过程的主导作用。

2. 助凝剂

助凝剂是指与混凝剂一起使用，以促进水的混凝过程的辅助药剂。助凝剂本身可以起到混凝作用，也可不起混凝作用。按其功能，助凝剂可分为下列三种：

1）pH 调整剂：在废水 pH 不符合工艺要求，或在投加混凝剂后 pH 有较大变化时，需投加 pH 调整剂。常用的 pH 调整剂主要有石灰、硫酸、氢氧化钠、碳酸钙、碳酸钠等。

2）絮体结构改良剂：当生成絮体小、松散且易碎时，可投加絮体结构改良剂以改善絮体的结构，增加其粒径、密度和强度，如活性硅酸、黏土、高岭土、烟灰等。

3）氧化剂：当废水中有机物含量高时，易起泡沫，使絮凝体不易沉降。此时可投加氯气、次氯酸钠、臭氧等氧化剂来破坏有机物，以提高混凝效果。并将 Fe^{2+} 氧化为 Fe^{3+}（在亚铁盐作混凝剂时最好用氧化剂）。

四、影响混凝的因素

1. 废水性质的影响

废水中胶体杂质浓度、pH、水温及共存杂质等都会不同程度地影响混凝效果。

1）胶体杂质浓度：胶体杂质浓度过高或过低都不利于混凝。用无机金属盐作混凝剂时，胶体浓度不同，所需脱稳的 Al^{3+} 和 Fe^{3+} 的用量亦不同。

2）pH：pH 也是影响混凝的重要因素。采用某种混凝剂对任一废水的混凝都有一个相对最佳的 pH 存在，使混凝反应速度最快，絮体溶解度最小，混凝作用最大。一般通过试验得到最佳的 pH。以铁盐和铝盐混凝剂为例，pH 不同，生成水解产物不同，混凝效果亦不同。在处理工业废水时，以控制 pH 为最重要，采用铝盐作为混凝剂，pH 应控制在 6.0～8.5 的范围内；采用铁盐做混凝剂时，pH 要大于 8.0，实验表明最佳的 pH 在 8.1～9.6 时效果最佳，往往需加酸或碱来调整。

3）水温：水温的高低对混凝也有一定的影响。水温高时，黏度降低，布朗运动加快，碰撞的机会增多，从而提高混凝效果，缩短混凝沉淀时间。但温度过高，超过90℃时，易使高分子絮凝剂老化生成不溶性物质，反而降低絮凝效果。水温低时，水解反应慢。另外水温低，水的黏度增大，布朗运动减弱，混凝效果下降。这也是冬天混凝剂用量比夏天多的缘故。

4）共存杂质的种类和浓度：①有利于混凝的物质，除磷、硫化合物以外的其他各种无机金属盐，它们均能压缩胶体粒子的扩散层厚度，促进胶体粒子凝聚。离子浓度越高，促进能力越强，并可使混凝范围扩大。二价金属离子 Ca^{2+}、Mg^{2+} 等对阴离子型高分子絮凝剂凝聚带负电的胶体粒子有很大促进作用，表现在能压缩胶体粒子的扩散层，降低微粒间的排斥力，并能降低絮凝剂和微粒间的斥力，使它们表面彼此接触；②不利于混凝的物质，磷酸根离子、亚硫酸根离子、高级有机酸离子等可阻碍高分子絮凝作用。另外，氯、螯合物、水溶性高分子物质和表面活性物质都不利于混凝。

2. 混凝剂的影响

混凝剂的种类、投加量和投加顺序都对混凝效果产生影响。

（1）混凝剂的种类

1）无机金属盐混凝剂：无机金属盐水解产物的分子形态、电荷性质和电荷量等对混凝效果均有影响。

2）高分子絮凝剂：其分子结构形式和分子量均直接影响混凝效果。一般线状结构较支链结构的絮凝剂好，分子量较大的单个链状分子的吸附架桥作用比小分子的好，但水溶性较差，不易稀释搅拌；分子量较小时，链状分子短，吸附架桥作用差，但水溶性好，易于稀释搅拌。因此，分子量应适当，不能过高或过低，一般以 $3\times10^6\sim5\times10^6$ 为宜。此外还要求沿链状分子分布有足够的发挥吸附架桥作用的官能团。高分子絮凝剂链状分子上所带电荷量越大，电荷密度越大，链状分子越能充分伸展，吸附架桥的空间作用范围也就越大，絮凝作用就越好。

（2）混凝剂的投加量

投加量除与水中微粒种类、性质、浓度有关外，还与混凝剂品种、投加方式及介质条件有关。对任何废水的混凝处理，都存在最佳混凝剂和最佳投药量的问题，应通过试验确定。①当用铝铁盐处理含低浓度胶体废水时，凝聚方式以网捕作用最为有效，此时混凝剂的投加量必须超过它们的氢氧化物在水中的极限溶解度，且最佳用量 G_1 随胶体浓度的增大而降低；②胶体浓度较高时，宜用电性中和和压缩双电层来脱稳，此时凝聚剂的最佳用量 G_2 低于网捕絮凝用量，且与胶体浓度之间存在线性的化学计量关系；③胶体浓度很高时，混凝剂用量低于①而高于②，此时，采用高分子絮凝剂比用无机金属盐更经济有效，其最佳用量与胶体浓度之间亦存在线性的化学计量关系；④不论使用何种混凝剂，投加量都必须适当，量不足，达不到应有的混凝效果，量过大则会造成胶体复稳。

(3) 混凝剂投加顺序

根据水质情况选用两种或两种以上的药剂，净化的效果更为理想。例如，采用投加铁盐和聚丙烯酰胺的复合配方处理皮毛工业废水，要比单用一种药剂效果好得多。当使用多种混凝剂时，其最佳投加顺序可以通过试验来确定。一般而言，当无机混凝剂与有机混凝剂并用时，先投加无机混凝剂，再投加有机混凝剂。但当处理的胶粒在50μm以上时，常先投加有机混凝剂吸附架桥，再加无机混凝剂压缩扩散层而使胶体脱稳。

3. 水力条件的影响

水力条件对混凝效果有重要影响。两个主要的控制指标是搅拌强度和搅拌时间。搅拌强度常用速度梯度表示。在混合阶段，要求混凝剂与废水迅速均匀的混合，为此要求 G 在 $500\sim1000s^{-1}$，搅拌时间 t 应为30s；而到了反应阶段，既要创造足够的碰撞机会和良好的吸附条件，让絮体有足够的成长机会，又要防止生成的小絮体被打碎，因此搅拌强度要逐渐减小，而反应时间要延长，相应 G 和 t 值分别应在 $20\sim70s^{-1}$ 和 $15\sim30min$。

工业废水水质是各式各样的，在采用混凝剂时，一般先进行混凝的模拟试验，实验方法分为单因素试验和多因素试验。一般应在单因素试验的基础上采用正交设计等数理统计法进行多因素重复试验。

第二节　深层过滤

利用过滤介质截除废水中的悬浮物的处理技术，称为过滤法。这是一种去除悬浮物质，特别是去除浓度比较低的悬浊液中微小颗粒的有效方法。过滤时，含悬浮物的水流经过具有一定孔隙率的过滤介质，水中的悬浮物质被截留在介质表面或内部而除去。

一、过滤的分类

根据所采用的过滤介质不同，可将过滤分为下列几类。

1. 筛滤

1）格栅过滤：由一组平行的钢质栅条制成的框架，倾斜架设在废水处理构筑物前或泵站集水池进口处的渠道中，主要用于拦截废水中大块的悬浮物。

2）筛网过滤：用金属丝或纤维丝编织而成，与格栅相比，主要用来截留尺寸较小的悬浮固体，尤其适于分离和回收废水中细碎的纤维类悬浮物（如羊毛、棉布毛、纸浆纤维和化学纤维），也用作城市污水和工业废水预处理以降低悬浮物含量。

3）微孔过滤：采用成型滤材，如滤布、烧结滤管、蜂房滤芯等，也可在过滤介质上预先涂上一层助滤剂（如硅藻土）形成孔隙细小的滤饼，用以去除粒径细微的悬浮固体。该方法适用于截留没有絮凝性的不溶性无机杂质颗粒。

2. 膜过滤

采用特别的半透膜作为过滤介质，在一定的推动力（如压力、电场力等）下进行过滤，由于滤膜孔隙极小且具选择性，这种方法可以除去水中细菌、病毒、有机物和溶解性物质。主要种类有微滤、超滤、纳滤、反渗透和电渗析等。

3. 深层过滤

采用颗粒状滤料，如石英砂、无烟煤等。由于滤料颗粒之间存在孔隙，原水经过一定深度的滤层，水中的悬浮物即被截留。为区别于上述浅层过滤过程，将这类过滤称之为深层过滤，简称过滤。在给水出水中，常用过滤处理沉淀或澄清池出水，使滤后出水浑浊度满足用水要求。在废水处理中，过滤常作为吸附、离子交换、膜分离等的预处理手段，也作为生化处理后的深度处理，使滤后水达到回用的要求。

二、普通快滤池的构造

1. 深层过滤设备的分类

目前采用的粒状过滤设备类型很多，就过滤速度分类，有慢滤池（滤速为 $0.04\sim0.4m\cdot h^{-1}$）、快滤池（滤速为 $4\sim10m\cdot h^{-1}$）和高速滤池（滤速为 $10\sim60m\cdot h^{-1}$）三种；按作用水头分重力式滤池和压力式滤池两类；按水的流动方向分，有下向流、上向流、双向流和径向流滤池四种；按滤层结构可分为单层滤池、双层滤池和多层滤池三种。过滤工艺操作则包括过滤和反冲洗两个基本阶段，前者即截留污染物，后者则把污染物从滤料层中洗去，恢复过滤能力。

滤池的种类虽然很多，但其基本构造是相似的，普通快滤池是常见的过滤设备，也是研究其他滤池的基础，因此本章主要讨论快滤池。

2. 快滤池的构造

在污水深度处理中使用的各种滤池都是在普通快滤池的基础上加以改进而来的，如图5-2所示为普通快滤池的构造。快滤池一般用钢筋混凝土建造，池内有排水槽、滤料层、垫料层和配水系统；池外有集中管廊，配有进水管、出水管、冲洗水管、冲洗水排出管等管道及配件。

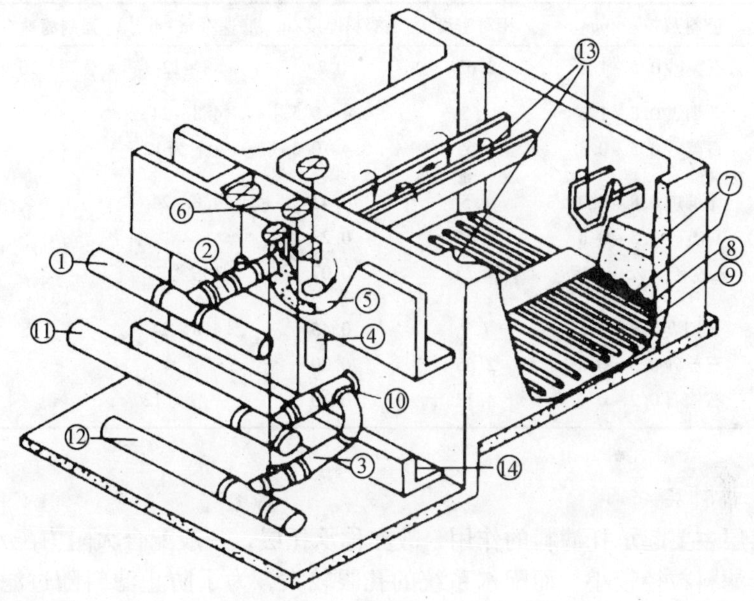

图5-2　快滤池构造图

①进水干管；②进水支管；③清水支管；④排水管；⑤排水阀；⑥集水渠；⑦滤料层；⑧承托层；⑨配水支管；⑩配水干管；⑪冲洗水管；⑫清水总管；⑬排水槽；⑭废水渠

(1) 滤料

滤料是滤池的核心部分，它提供悬浮物接触凝聚的表面和纳污的空间。在水处理中最常用的滤料有石英砂、无烟煤粒、磁铁矿粒、白云石粒、花岗岩粒以及聚苯乙烯发泡塑料球等，其中以石英砂使用最为广泛。石英砂的机械强度大，在pH为2.1～6.5的酸性水环境中化学稳定性好，但水呈碱性时，有溶出现象。无烟煤的化学稳定性较石英砂好，在酸性、中性及碱性环境中都不溶出，但机械强度稍差。滤池滤料的粒径和级配应适应悬浮颗粒的大小和去除效率要求。粒径表示滤料颗粒的大小，通常指能把滤料颗粒包围在内的一个假想的球体的直径；级配表示不同粒径的颗粒在滤料中的比例。滤层的含污能力和过滤效果除取决于滤料粒径外，还与滤层厚度（L）有关，即取决于滤层厚度和滤料粒径的比值 L/d_e。L/d_e 值越大，去除率越高。对于经凝聚处理的天然水或沉淀池出水，在滤速 $4\sim12.5\text{m}\cdot\text{h}^{-1}$ 内，为确保 60% ~90% 的油度去除率，滤层 L/d_e 值应大于 800。当进水含悬浮物量较大时，宜用粒径大、厚度大的滤料层，以增大滤层的含污能力，如含悬浮物量较小，宜用粒径小，厚度大的滤料层。表 5-1 列出了普通快滤池的滤料组成和滤速范围。

表 5-1　普通快滤池的滤料组成及滤速范围

滤池类型	滤料及粒径/mm	相对密度	滤料厚度/m	滤速/$(\text{m}\cdot\text{h}^{-1})$	强制滤速/$(\text{m}\cdot\text{h}^{-1})$
单层滤池	石英砂 0.5 ~ 1.2	2.65	0.7	8 ~ 12	10 ~ 14
双层滤料	无烟煤 0.8 ~ 1.8	1.5	0.4 ~ 0.5	4.8 ~ 24	
	石英砂 0.5 ~ 0.8	2.65	0.4 ~ 0.5	一般为 12	14 ~ 18
三层滤料	无烟煤 0.8 ~ 2.0	1.5	0.42	4.8 ~ 24	
	石英砂 0.5 ~ 0.8	2.65	0.23		
	磁铁矿 0.25 ~ 0.5	4.75	0.07	一般为 12	
三层滤料	无烟煤 0.8 ~ 1.8	1.7	0.45	4.8 ~ 24	
	石英砂 0.5 ~ 0.8	2.65	0.20		
	石榴石 0.2 ~ 0.4	4.13	0.10	一般为 12	

（2）垫料层

垫料层主要起承托滤料的作用，故亦称承托层，一般配合大阻力配水系统使用。由于滤料粒径较小，而配水系统的孔眼较大，为了防止滤料随过滤水流失，同时也帮助均匀配水，在滤料与配水系统之间增设一垫料层。如果配水系统的孔眼很小，布水也很均匀，垫料层可以减薄或者省去。通常垫料层采用天然卵石或者碎石，最小粒径一般不小于 2mm，最大粒径一般为 32mm。

（3）配水系统

配水系统的作用是均匀收集滤后水，更重要的是均匀分配反冲洗水，所以它又称为排水系统。如果反洗水在池内分配不均匀，局部地方反冲洗水量过大，将会使这个部分的滤料移到反洗水量小的地方。滤层的水平移动使滤料分层混乱，局部地方滤料厚度减薄，出水水质恶化，反洗阻力减小，在下一次反洗时，单位面积的反洗水量进一步增大，进一步促使滤料平移，如此恶性循环，直至滤池无法工作为止。由于反冲洗水的流量比正常过滤水的流量大得多，因此配水系统应主要考虑反冲洗水均匀分布的要求。滤池反洗水是从反冲洗水管输入的，要使全池反洗水量分布均匀，则要求反洗水在流向全池各部的水头损失尽可能相等。

(4) 排水槽及集水渠

排水槽用以均匀收集和输送反冲洗污水，因此，排水槽的分布应使排水槽溢水周边的服务面积相等，并且在滤池内分布均匀。此外，排水槽应及时将反洗污水输送到集水渠，不致产生壅水现象。如果排水槽壅水，槽内水面将与反洗时的滤池水面连成一片，反洗污水就不能以溢流形式排除，从而影响反冲洗水的分布。在排水槽的末端，反洗污水应以自由跌落的形式流入集水渠，集水渠的水面不干扰排水槽的出流。集水渠一方面收集各排水槽送来的反洗污水，通过反洗排水管进入下水管道，同时，它们也起着连接进水管的作用，因此称为进水渠。反洗排污时，集水渠的水面应该低于排水槽出口的底部标高，以保证洗水槽的水流通畅。

除了普通快滤池外，在中小型水处理厂还可以使用虹吸滤池；当废水处理量小时，还可以选用压力滤池（罐）；对于中小型给水工程，且进水悬浮物浓度为 $100mg \cdot L^{-1}$ 以下时，可设计选用无阀滤池进行过滤。

三、过滤机制及过滤效率的影响因素

（一）过滤机制

快滤池分离悬浮颗粒涉及多种因素和过程，一般分为三类：迁移机制、附着机制和脱落机制。

1. 迁移机制

悬浮颗粒脱离流线而与滤料接触的过程，就是迁移过程。引起颗粒迁移的原因主要有如下几种。

1）筛滤：比滤层孔隙大的颗粒被机械筛分，截留于过滤表面上。在普通快滤池中，悬浮颗粒粒径一般都比滤层孔隙小，因而筛滤对总去除率贡献不大。但是，当悬浮颗粒浓度过高时，很多颗粒可能同时到达一个孔隙，互相拱接而被机械截留。

2）拦截：随流线流动的小颗粒，在流线汇聚处与滤料表面接触。其去除概率与颗粒直径的平方成正比，与滤料粒径的立方成反比，也是雷诺准数的函数。

3）惯性：当流线绕过滤料表面时，具有较大动量和密度的颗粒因惯性冲击而脱离流线碰撞到滤料表面上。

4）沉淀：如果悬浮物的粒径和密度较大，将存在一个沿重力方向的相对沉淀速度。在净重力作用下，颗粒偏离流线沉淀到滤料表面上。沉淀效率取决于颗粒沉速和过滤水速的相对大小和方向。此时，滤层中的每个小孔隙起着一个浅层沉淀池的作用。

5）布朗运动：对于微小悬浮颗粒（如 d <1μm），由于布朗运动而扩散到滤料表面。

6）水力作用：由于滤层中的孔隙和悬浮颗粒的形状是极不规则的，在不均匀的剪切流场中，颗粒会受到不平衡力的作用不断地转动而偏离流线。

在实际过程中，悬浮颗粒的迁移将受到上述各种机理的作用，它们的相对重要性取决于水流状况、滤层孔隙形状及颗粒本身的性质（粒度、形状、密度等）。

2. 附着机制

由于上述迁移而与滤料接触的悬浮颗粒，附着在滤料表面上不再脱离，就是附着过程。引起附着的因素主要有如下几种：

1）接触凝聚：在原水中投加凝聚剂，压缩悬浮颗粒和滤料颗粒表面的双电层后，水中脱稳的胶体很容易与滤料表面发生接触凝聚作用。快滤池操作通常投加凝聚剂，因此接触凝聚是主要附着机制。

2）静电引力：由于颗粒表面上的电荷和由此形成的双电层产生静电引力和斥力，当悬浮颗粒和滤料颗粒带异号电荷则相吸，反之则相斥。

3）吸附：悬浮颗粒细小，具有很强的吸附趋势，吸附作用也可能通过絮凝剂的架桥作用实现。絮凝物的一端附着在滤料表面，而另一端附着在悬浮颗粒上。某些聚合电解质能降低双电层的排斥力或者在两表面活性点间起键的作用而改善附着性能。

4）分子引力：分子、原子间的引力在颗粒附着时起重要作用。万有引力与两分子的间距的六次方成反比。

3. 脱落机制

普通快滤池通常用水进行反冲洗，有时先用或同时用压缩空气进行辅助表面冲洗。在反冲洗时，滤层膨胀一定高度，滤料处于流化状态。截留和附着于滤料上的悬浮物受到高速反洗水的冲刷而脱落，滤料颗粒在水流中旋转、碰撞和摩擦也使悬浮物脱落。反冲洗效果主要取决于冲洗强度和时间。当采用同向流冲洗时，还与冲洗流速的变动有关。

（二）过滤效率的影响因素

过滤是悬浮颗粒与滤料的相互作用，悬浮物的分离效率受到这两方面因素的影响。

1. 滤料的影响

滤料是滤池的核心部分，其粒径、形状、孔隙率、厚度、表面性质等对过滤效率均有影响。

1）粒径：过滤效率与粒径 d^n（$l<n<3$）成反比，即粒径越小，过滤效率越高，但水头损失也增加越快。

2）形状：角形滤料的表面积比同体积的球形滤料的表面积大。因此，当孔隙率相同时，角形滤料过滤效率高。

3）孔隙率：较小的孔隙率会产生较高的水头损失和过滤效率，而较大的孔隙率提供较大的纳污空间和较长的过滤时间，但悬浮物容易穿透。

4）厚度：滤床越厚，滤液越清，操作周期越长。

5）表面性质：滤料表面的不带电荷或者带有与悬浮颗粒表面电荷相反的电荷有利于悬浮颗粒在其表面上吸附和接触凝聚，过滤效率高。通过投加电解质或调节 pH 可改变滤料表面的电动电位。

2. 悬浮物的影响

悬浮物的粒径、形状、浓度和表面性质等，对过滤效率均产生影响。

1）粒径：几乎所有过滤机制都受悬浮物粒径的影响。粒径越大，通过筛滤去除越易。

2）形状：角形颗粒因比表面积大，其去除效率比球形颗粒高。

3）密度：颗粒密度主要通过沉淀，惯性及布朗运动机制影响过滤效率，因这些机制对过滤贡献不大，故影响程度较小。

4）浓度：浓度越高，穿透越易，水头损失增加越快，过滤效率越低。

5）温度：温度影响密度及黏度，进而通过沉淀和附着机理影响过滤效率。温度高，有利于破坏胶体、降低黏度，提高过滤效率。

6）表面性质：悬浮物的絮凝特性、电动电位等主要取决于表面性质，因此，颗粒表面性质是影响过滤效率的重要因素，常通过添加适当的凝聚剂来改善表面性质。凝聚过滤法就是在原水加药脱稳后，尚未形成微絮体时，进行过滤。这种方法，投药量少，过滤效果好。

第三节　吸　附　法

吸附是一种物质在另一种物质表面上进行自动累积或浓集的现象。它可发生在气－液、气－固、固－液两相之间。吸附法就是利用多孔性的固体物质，使水中一种或多种物质被吸附在固体表面而去除的方法。具有吸附能力的多孔性固体物质称为吸附剂，如活性炭、活化煤、焦炭、煤渣、吸附树脂、木屑等，其中以活性炭的使用最为普遍，而废水中被吸附的物质则称为吸附质。

在水处理领域，吸附法可有效完成对水的多种净化功能，如脱色、脱臭、脱除重金属离子、放射性元素，脱除多种难以用一般方法处理的剧毒或难生物降解的有机物等。它可作为离子交换、膜分离技术处理系统的预处理单元，用以分离去除对后续处理单元有毒害作用的有机物、胶体和离子型物质，还可以作为二级处理后出水的深度处理单元，以获取高质量的处理出水，进而实现废水的资源化应用。

一、吸附原理及类型

溶质从水中移向固体颗粒表面发生吸附，主要是水、溶质和固体颗粒三者相互作用的结果。引起吸附的原因主要是溶质对水的疏水特性和溶质对固体颗粒的高度亲和力。溶质的溶解程度是确定其疏水特性的重要因素，溶质的溶解度越大，其向吸附界面运动的可能性就越小。溶质对固体颗粒的高度亲和力，表现为吸附剂表面的吸附力，由分子间引力（范德华力）、化学键力和静电引力引起，因此吸附可分为三种类型：物理吸附、化学吸附和交换吸附。

1. 物理吸附

物理吸附是溶质与吸附剂之间的分子间引力产生的吸附过程，它是一种常见的吸附现象。物理吸附的特点是：过程为放热反应，但释放热量较小，近于液化热；没有特定的选择性，由于物质间普遍存在着分子引力，同一种吸附剂可以吸附多种吸附质，可以是单分子层吸附，但多数是多分子层吸附，吸附的牢固程度不如化学吸附；吸附的动力来自分子间引力，吸附力较小，因而在较低温度下就可以进行；被吸附的物质由于分子的热运动会脱离吸附剂表面发生自由转移，出现解吸现象，所以吸附质在吸附剂表面较易解吸。

2. 化学吸附

化学吸附是吸附质与吸附剂之间通过化学键力作用使化学性质改变引起的吸附过程。化学吸附的特征为：吸附热大，近于反应热；有选择性，一种吸附剂只能对一种或几种吸附质发生吸附作用，且只能形成单分子层吸附；化学吸附比较稳定，当吸附的化学键力较大时，吸附反应为不可逆；吸附剂表面的化学性能、吸附质的化学性质以及温度条件等对化学吸附有较大的影响。

3. 交换吸附

交换吸附是指溶质的离子由于静电引力聚集到吸附剂表面的带电点上，同时吸附剂表面原先固定在这些带电点上的其他离子被置换出来的吸附过程。离子所带电荷越多，吸附越强。电荷相同的离子，其水化半径越小，越易被吸附。

大多数的吸附现象往往是上述三种吸附作用的综合结果，只是由于溶质、吸附剂以及吸附温度等具体吸附条件的不同，使得某种吸附占主要地位而已。在具体吸附处理中，由于各种因素的影响，可能其中某种作用是主要的。

二、吸附平衡与吸附等温线

1. 吸附平衡

对于一个可逆的吸附过程，当废水与吸附剂充分接触后，在溶液中的吸附质被吸附剂吸附。同时，由于热运动的结果使一部分已被吸附的吸附质脱离吸附剂的表面，又回到液相中去。这种吸附质被吸附剂吸附的过程称为吸附过程；已被吸附的吸附质脱离吸附剂的表面又回到液相中去的过程称为解吸过程。当吸附速度和解吸速度相等时，即单位时间内吸附的数量等于解吸的数量时，吸附质在溶液中的浓度和吸附剂表面上的浓度都不再改变而达到平衡，即达到动态的吸附平衡。此时吸附质在溶液中的浓度称为平衡浓度。

吸附剂吸附能力的大小以吸附容量 Q（$g \cdot g^{-1}$）表示。所谓吸附容量是指单位重量（g）的吸附剂所吸附的吸附质的重量（g）。吸附容量可用下式计算：

$$Q = \frac{V(c_0 - c_e)}{W} \tag{5-1}$$

式中：Q 为吸附剂的平衡吸附容量（$g \cdot g^{-1}$）；V 为溶液体积（L）；c_0 为溶液的初始吸附质浓度（$g \cdot L^{-1}$）；c_e 为吸附平衡时的吸附质浓度（$g \cdot L^{-1}$）；W 为吸附剂投加量（g）。

2. 吸附等温式

在温度一定的条件下，吸附容量随吸附质平衡浓度的提高而增加，吸附容量随平衡浓度而变化的曲线，则称为吸附等温线。吸附等温式是在温度固定的条件下，描述吸附量同溶液浓度之间关系的数学表达式。目前已提出不同类型的数学式，各有其适用范围，常用的有以下三种：弗恩德利希（Freundlich）等温式、朗格缪尔（Langmuir）等温式和 B. E. T. 等温式。

(1) 弗恩德利希等温式

在中等浓度时，其经验公式可表述为

$$Q = K \cdot c_e^{1/n} \tag{5-2}$$

式中：K 为弗恩德利希系数，是表示吸附强度的常数；n 为另一常数，其值通常大于1。将式（5-2）两边取对数，得

$$\lg Q = \lg K + 1/n\ lg c_e \tag{5-3}$$

由实验数据按式（5-3）作图得一直线，其斜率等于 $1/n$，截距等于 $\lg K$。一般认为 $1/n$ 值介于0.1～0.5，则易于吸附；$1/n$ 值大于2时难以吸附。利用 K 和 $1/n$ 两个常数，可以比较不同吸附剂的特性。

(2) 朗格缪尔吸附等温式

朗格缪尔假设吸附剂表面均一，各处的吸附能相同；吸附是单分子层的，当吸附剂表面为吸附质饱和时，其吸附量达到最大值；在吸附剂表面的各个吸附点间没有吸附质转移运动；达动态平衡状态时，其吸附量达到最大值；在吸附剂表面的各个吸附点间没有吸附质转移运动；达动态平衡状态时，吸附和脱附速度相等。

由动力学方法推导出平衡吸附量 Q 与液相平衡浓度 c_e 的关系为

$$Q = Q^0 c_e/(A + c_e) \tag{5-4}$$

式中：Q^0 为单位表面上达到饱和时最大极限吸附量；c_e 为被吸附物的平衡浓度；A 为半饱和吸附量时吸附物的平衡浓度（图5-3）。

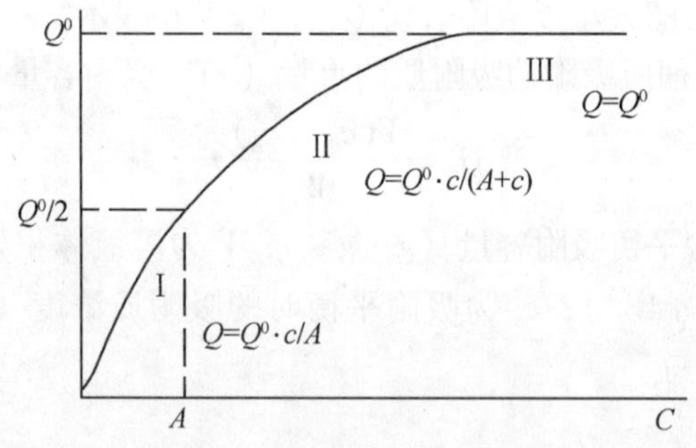

图5-3 朗格缪尔吸附等温线

显然，A 值越小，达到半饱和吸附量时残留在液相中的被吸附物浓度越小，即吸附剂的吸附强度越大；相反，A 值越大，吸附强度越小。从朗格缪尔等温式看，在 c_e 较低时，式中 c_e 与 A 相比可忽略不计，于是得 $Q = Q^0 c_e/A$，此时 Q 与 c_e 成正比，即图5-3中等温吸附线的第Ⅰ段；在 c_e 很大时，$c_e \gg A$，结果是 $Q = Q^0$，即吸附量恒定而与平衡浓度无关（线段Ⅲ）。在 c_e 适中时，$Q = Q^0 c_e/$（A +

c_e），吸附量 Q 随平衡浓度 c_e 提高而逐渐增加（线段Ⅱ）。对于在一定条件下的特定体系，Q^0 与 A 均为常数，可以通过实验测出。为了方便求出常数 Q^0 和 A，可将朗格缪尔等温式改写为：

$$1/Q = 1/Q^0 + A/(Q^0 c_e) \tag{5-5}$$

然后将 $1/Q$/对 $1/c_e$ 作图，得到直线型等温线，从截距和斜率求出 Q^0 和 A 值。

应当指出，推导该模型的基本假定并不是严格正确的，它只能解释单分子层吸附的情况。尽管如此，它依然不失为一个非常重要的吸附等温式，它的推导第一次对吸附机制作了形象的描述，为以后的吸附模型的建立起了奠定作用。

(3) B. E. T. 等温式

与朗格缪尔的单分子层吸附模型不同，B. E. T 模型假定在原先被吸附的分子上面，仍可吸附另外的分子，即发生多分子层吸附；不一定等第一层吸满后再吸附第二层；对每一单层可用朗格缪尔式描述；第一层吸附是靠吸附剂与吸附质间的分子引力，而第二层以后是靠吸附质分子间的引力，这两类引力不同，因此它们的吸附热也不同；总吸附量等于各层吸附量之和。由此导出的二常数 B. E. T 等温式为

$$Q = \frac{Q^0 B c_e}{(c_s - c_e)[1 + (b - 1)c_e/c_s]} \tag{5-6}$$

式中：Q^0 为单分子吸附层的饱和吸附量（$g \cdot g^{-1}$）；c_s 为吸附质的饱和浓度，（$g \cdot L^{-1}$）；B 为常数；c_e 为平衡浓度，（$g \cdot L^{-1}$）。

式（5-6）可以改写成如下线性形式：

$$\frac{c_e}{(c_s - c)Q} = \frac{1}{BQ^0} + \frac{B-1}{BQ^0} \cdot \frac{c_e}{c_s} \tag{5-7}$$

由吸附实验数据，按式（5-7）作图，可求出常数 Q^0 和 B。作图时需要知道饱和浓度 c_s，如果有足够的数据按图 5-3 作图得到准确的 c_s 值时，可以通过一次作图即得出直线来；当 c_s 值未知时，则需通过假设不同的 c_s 值作图数次才能得到直线；当 c_s 值的估值偏低，则画成一条向上凹的曲线；当 c_s 值的估值偏高时，则画成一条向下凹的曲线。只有估值正确，才能画出一条直线来。

B. E. T 模型适用于图 5-3 中各种类型的吸附等温线。

吸附剂对吸附质的吸附效果，一般用吸附容量和吸附速度来衡量。吸附速度是指单位重量的吸附剂在单位时间内所吸附的物质量。吸附速度属于吸附动力学范畴，对于吸附处理工艺具有实际意义。吸附速度决定了水和吸附剂的接触时间。吸附速度决定于吸附剂对吸附质的吸附过程。水中多孔的吸附剂对吸附质的吸附过程可分为三个阶段：① 颗粒外部扩散（又称膜扩散）阶段。吸附质首先

通过吸附剂颗粒周围存在的液膜，到达吸附剂的外表面。② 颗粒内部扩散阶段。吸附质由吸附剂外表面向细孔深处扩散。③ 吸附反应阶段。吸附质被吸附在细孔内表面上。在一般情况下，由于第三阶段进行的吸附反应速度很快，因此，吸附速度主要由液膜扩散速度和颗粒内部扩散速度来控制。

三、吸附过程的影响因素

在吸附的实际应用中，若要达到预期的吸附净化效果，除了需要针对所处理的废水性质选择合适的吸附剂外，还必须将处理系统控制在最佳的工艺操作条件下。影响吸附的因素主要有吸附剂的性质、吸附质的性质和吸附过程的操作条件等。

1. 吸附剂的性质

吸附剂的性质主要有比表面积、种类、极性、颗粒大小、细孔的构造和分布情况及表面化学性质等。吸附是一种表面现象，比表面积越大、颗粒越小，吸附容量就越大，吸附能力就越强。吸附剂表面化学结构和表面荷电性质，对吸附过程也有较大影响。一般极性分子（或离子）型的吸附剂易吸附极性分子（或离子）型的吸附质。例如，用于水处理的活性炭应满足三项要求：吸附容量大、吸附速度快、机械强度好。活性炭的吸附容量除其他外界条件外，主要与活性炭比表面积有关，比表面积大，微孔数量多，可吸附在细孔壁上的吸附质就多。吸附速度主要与粒径及细孔分布有关，水处理用的活性炭，要求过渡孔（半径 20 ~ 1000Å）较为发达，有利于吸附质向微细孔中扩散。活性炭的粒径越小吸附速度越快，一般在 8 ~ 30 目范围较宜，活性炭的机械耐磨强度直接影响活性炭的使用寿命。

2. 吸附质的性质

吸附质的性质主要有溶解度、表面自由能、极性、吸附质分子大小和不饱和度、吸附质的浓度等。吸附质的溶解性能对吸附平衡有重大影响。溶解度越小的吸附质越容易被吸附，也就越不容易被解吸。对于有机物在活性炭上的吸附，随同系物含碳原子数的增加，有机物疏水性增强，溶解度减小，因而活性炭对其吸附容量越大。吸附质分子的大小和化学结构对吸附也有较大的影响。吸附质分子体积越大，其扩散系数越大，吸附效率就越大。吸附过程由颗粒内部扩散控制时，受吸附质分子大小的影响较为明显。对于活性炭吸附剂来说，在同系物中，分子大的吸附质较分子小的易被吸附；不饱和键的有机物较饱和的易被吸附；芳香族的有机物较脂肪族的易被吸附。一定浓度范围内的吸附质浓度增加，吸附量也随之增大。

3. 吸附过程的操作条件

吸附过程的操作条件主要包括水的温度、pH、共存物质、接触时间等。

1）温度：吸附过程是放热过程，所以低温有利于吸附，特别是以物理吸附为主的场合。吸附过程的热效应较低，在通常情况下温度变化并不明显，因而温度对吸附过程的影响不大。而在活性炭再生时，需要通过大幅度加温以促使吸附质解吸。

2）pH：pH 会影响吸附质在水中的离解度、溶解度及其存在状态，同样会影响吸附剂表面的荷电性和其他化学特性，进而影响吸附的效果。不同的污染物吸附的最佳 pH 应通过试验确定。

3）共存物质：物理吸附过程中，吸附剂可对多种吸附质产生吸附作用，所以多种吸附质共存时，吸附剂对其中任一种吸附质的吸附能力，都要低于组分浓度相同但只含有该吸附质时的吸附能力，即每种溶质都会以某种方式与其他溶质竞争吸附活性中心点。另外，废水中有油类或悬浮物质存在时，油类物质会在吸附剂表面形成油膜，对膜扩散产生影响；悬浮物质会堵塞吸附剂孔隙，对孔隙扩散产生干扰和阻碍作用，故应采取预处理措施。

4）接触时间：吸附剂和吸附质只有接触足够的时间，才能达到吸附平衡，吸附剂的吸附能力才能得到充分利用。达到吸附平衡所需要的时间长短取决于吸附操作的快慢，吸附速度快，达到平衡所需要的接触时间就越短。

四、吸附剂及其再生

1. 吸附剂的表面特性

吸附由于可看成是一种表面现象，所以与吸附剂的表面特性有密切的关系。采用吸附的方法进行水处理，实质上是利用吸附剂的吸附特性实现对污染物的分离。吸附剂性能的好坏，选用的吸附剂是否适用于处理对象，对吸附效率影响较大。吸附剂的表面特性有以下几个方面：

1）比表面积：单位重量的吸附剂所具有的表面积称为比表面积($m^2 \cdot g^{-1}$)，随着物质孔隙的多少而变化。比表面积越大，吸附能力越强，一般比表面积随物质多孔性的增加而增大。优质活性炭的比表面积可达 $1000m^2 \cdot g^{-1}$以上，在水处理中是一种良好的吸附剂。

2）表面能：液体或固体物质内部的分子受周围分子的引力在各个方向上都

是均衡的，一般内层分子之间引力大于外层分子引力，故一种物质的表面分子比内部分子具有多余的能量，称为表面能。固体表面具有表面能，因此可以引起表面吸附作用。

3）表面化学性质：在固体表面上的吸附除与其比表面积有关外，还与固体所具有的晶体结构中的化学键有关。固体对溶液中电解质离子的选择性吸附就与这种特性有关。固体比表面积的大小只提供了被吸附物与吸附剂之间的接触机会，表面能从能量的角度研究吸附表面过程自动发生的原因，而吸附剂表面的化学状态在各种特性吸附中起着重要的作用。

2. 吸附剂的选择要求及吸附剂的种类

吸附剂的选择除了满足它的表面特性外，还需要满足以下技术经济性能的要求：吸附选择性好、吸附容量大、吸附平衡浓度低、机械强度高、化学性质稳定、容易再生和再利用、制作原料来源广泛和价格低廉。

可用于水处理的吸附剂种类很多，包括活性炭、磺化煤、焦炭、煤灰、炉渣、硅藻土、白土、沸石、麦饭石、木屑、腐殖酸、氧化硅、活性氧化铝、树脂吸附剂等。其中应用较为广泛的是活性炭、吸附树脂和腐殖酸类吸附剂。

活性炭是目前应用最为广泛的吸附剂。活性炭是用含炭为主的物质，以煤、木屑、果壳以及含碳的有机废渣等作原料，经高温炭化和活化制得的疏水性吸附剂。外观为暗黑色，具有良好的吸附性能，化学稳定性好，可耐强酸及强碱，能经受水浸、高温，密度比水小，活性炭根据形状，可以分为粉性炭、粒状炭（包括无定形炭、柱状炭、球形炭等）；根据制造方法可以分为药剂活性炭（大部分为 $ZnCl_2$ 活化的粉状炭）、气体活性炭（水蒸气活化的粉状炭和粒状炭）；根据用途分为液相吸附炭和气相吸附炭。

3. 吸附剂的再生

吸附剂的再生，就是在吸附剂本身结构不发生或极少发生变化的情况下，用某种方法将被吸附的物质从吸附剂的细孔中除去，以达到能够重复使用的目的。活性炭的再生方法有加热法、药剂法、蒸汽法、臭氧氧化法、生物法等。

（1）加热再生法

这是粒状活性炭最常用、最有效的再生方法。加热再生法分低温和高温两种方法。低温法适于吸附浓度较高的简单低分子量的碳氢化合物和芳香族有机物的活性炭的再生。由于沸点较低，一般加热到 200℃ 即可脱附。一般采用水蒸气再生，可直接在塔内进行再生。被吸附有机物脱附后可再利用。高温法适于水处理粒状炭的再生，高温加热再生过程一般分 5 步进行：首先进行脱水，使活性炭和输送液体分离；其次进行干燥处理，加温到100～150℃，将吸附在活性炭细孔中的水分蒸发出来，同时部分低沸点的有机物也能够挥发出来；第三步进行炭化，继续加热到300～700℃，高沸点的有机物由于热分解，一部分成为低沸点的有机物进行挥发，另一部分被炭化，留在活性炭的细孔中；第四步进行活化处理，将炭化留在活性炭细孔中的残留炭，用活化气体（如水蒸气、二氧化碳及氧）进行气化，达到重新造孔的目的，活化温度一般为700～1000℃；最后一步进行冷却处理，活化后的活性炭用水急剧冷却，防止氧化。

(2) 药剂再生法

药剂再生法分无机药剂再生法和有机溶剂再生法两类：①无机药剂再生法采用碱（NaOH）或无机酸（H_2SO_4、HCl）等无机药剂，使吸附在活性炭上的污染物脱附。如吸附高浓度酚的饱和炭，可以采用NaOH再生，脱附下来的酚为酚钠盐。②有机溶剂再生法用苯、丙酮及甲醇等有机溶剂萃取吸附在活性炭上的有机物。例如，吸附含二硝基氯苯的染料废水饱和活性炭，用有机溶剂氯苯脱附后，再用热蒸汽吹扫氯苯。

药剂再生设备操作管理简单，可在吸附塔内进行。但药剂一般随再生次数的增加，吸附性能明显降低，需要补充新炭，废弃一部分饱和炭。

(3) 氧化再生法

氧化再生法包括：① 湿式氧化法是将吸附饱和的粉状炭采用湿式氧化法进行再生。②电解氧化法是将炭作阳极，进行水的电解，在活性炭表面产生的氧气把吸附质氧化分解。③臭氧氧化法是利用强氧化剂臭氧，将被活性炭吸附的有机物加以氧化分解。④生物氧化法是利用微生物的作用，将吸附在活性炭上的有机物氧化分解。

五、吸附操作的方式及设计

1. 吸附操作方式

在水处理中，根据水的状态，可以将吸附操作分为静态吸附和动态吸附两种。

1）静态吸附：静态吸附是指在水不流动的条件下进行的吸附操作，其操作的工艺过程是把一定数量的吸附剂投加入待处理的水中，不断进行搅拌，经过一定时间达到吸附平衡时，以静置沉淀或过滤方法实现固液分离。若一次吸附的出水不符合要求时，可增加吸附剂用量，延长吸附时间或进行二次吸附，直到符合要求。

2）动态吸附：动态吸附是在水流动条件下进行的吸附操作。其操作的工艺过程是污水不断地流过装填有吸附剂的吸附床（柱、罐、塔），污水中的污染物和吸附床接触并被吸附，在流出吸附床之前，污染物浓度降至处理要求值以下，直接获得净化出水。实际中的吸附处理系统一般都采用动态连续式吸附工艺。

2. 吸附设备

水处理常用的动态吸附设备有固定床、移动床和流化床。

（1）固定床

固定床是指在操作过程中吸附剂固定填放在吸附设备中，是水处理吸附工艺中最常用的一种方式。固定床吸附工艺过程是当污水连续流经吸附床（吸附塔或吸附池）时，待去除的污染物（吸附质）不断地被吸附剂吸附。吸附剂的数量足够多时，出水中的污染物浓度可降低到零。在实际运行过程中，随吸附过程的进行，吸附床上部饱和层厚度不断增加，下部新鲜吸附层则厚度不断减少，出水中污染物浓度会逐渐增加，其浓度达到出水要求的限定值时，必须停止进水，转入吸附剂的再生程序。吸附和再生可在同一设备内交替进行，也可将失效的吸附剂卸出，送到再生设备进行再生。

（2）移动床

移动床是指在操作过程中定期将接近饱和的吸附剂从吸附设备中排出，并同时加入等量的吸附剂。移动床的工艺过程是当原水从吸附塔底部流入时与吸附剂进行逆流接触，处理后的水从塔顶流出。再生后的吸附剂从塔顶加入，接近吸附饱和的吸附剂从塔底间歇地排出。这种方式较固定床能充分利用吸附剂的吸附容量，并且水头损失小。由于采用升流式，废水从塔底流入，从塔顶流出，被截留的悬浮物随饱和的吸附剂间歇地从塔底排出，故不需要反冲洗设备。但这种操作方式要求塔内吸附剂上下层不能互相混合，操作管理要求高。

（3）流化床

流化床是指在操作过程中吸附剂悬浮于由下至上的水流中，处于膨胀状态或流化状态。被处理的废水与活性炭基本上也是逆流接触。流化床一般连续卸炭和投炭，空塔速度要求上下不混层，保持炭层成层状向下移动，所以运行操作要求严格。由于活性炭在水中处于膨胀状态，与水的接触面积大，因此用少量的炭就可以处理较多的废水，基建费用低，这种操作适于处理含悬浮物较多的废水，不需要进行反冲。由于移动床、流化床操作较麻烦，在水处理中应用较少。

第四节　离 子 交 换

离子交换法是一种借助于离子交换剂上的离子和水中的离子进行交换反应而

除去水中有害离子的方法。离子交换技术是目前最重要和应用最广泛的化学分离方法之一，在化工、冶金、环保、生物、医药、食品等多领域的污染治理方面显示了较大的优越性，特别是用于工业废水处理中分离、回收或除去金、银、铂、汞、镉、锌、铜以及放射性元素等。

一、离子交换剂

1. 离子交换剂的分类、组成及结构

按母体材质不同，离子交换剂分为无机离子交换剂和有机离子交换剂两大类。

无机离子交换剂包括天然沸石和合成沸石，是一类硅质的阳离子交换剂，成本低，但是不能在酸性条件下使用；有机离子交换剂包括磺化煤和各种离子交换树脂。磺化煤是烟煤或褐煤经发烟硫酸磺化处理后制成的阳离子交换剂，成本适中，但是交换容量低，机械强度和化学稳定性差，已逐渐被离子交换树脂代替。离子交换树脂是人工合成的高分子聚合物，其化学结构可分为不溶性树脂母体和活性基团两部分。离子交换树脂的树脂母体为有机化合物和交联剂组成的高分子共聚物。生产离子交换树脂母体最常见的是苯乙烯的聚合物，是线性结构的高分子有机化合物。在原料中，常加上一定数量的二乙烯苯做交联剂，交联剂的作用是使线状聚合物之间相互交联，成立体网状结构。离子交换树脂外形呈球形颗粒，水流阻力小，交换速度快，机械强度和化学稳定性都好，但是成本较高。

树脂本身不是离子化合物，并无离子交换能力，需经适当处理加上活性基团后才具有离子交换能力。活性基团由起交换作用的活动离子和与树脂母体联结的固定离子组成，活动离子（或称交换离子）依靠静电引力与固定离子结合在一起，两者电性相反，电荷相等。离子交换树脂按活性基团不同，可以分为含酸性活性基团的阳离子交换树脂、含有碱性活性基团的阴离子交换树脂、含有胺羧基团的螯合树脂、含有氧化还原基团的氧化还原树脂以及两性树脂等。根据其酸碱性的强弱，可将树脂分为强酸（RSO_3H）、弱酸（RCOOH）、强碱（R_4NOH）、弱碱（R_nNH_3OH，$n=1\sim3$）四类。活性基团中的 H^+ 和 OH^- 可分别用 Na^+ 和 Cl^- 替换，因此，阳离子交换树脂又有氢型和钠型之分；阴离子交换树脂又有氢氧型和氯型之分。有时也把钠型和氯型称为盐型。

离子交换树脂具有立体网状结构，按其孔隙特征，可分凝胶型和大孔型，两者的区别在于结构中孔隙的大小。凝胶型树脂不具有物理孔隙，只有在浸入水中时才显示其分子链间的网状孔隙；而大孔树脂无论在干态或湿态，用电子显微镜都能看到孔隙，其孔径为（2～100）$\times10^{-12}$m，而凝胶型孔径仅为（0.2～0.4）

$\times 10^{-12}$m。因此，大孔树脂吸附能力大，交换速度快，溶胀性小。

2. 离子交换树脂的命名和型号

国际上离子交换树脂的品种很多，型号不一。为此，国家颁发了《离子交换树脂分类、命名及型号》(GB1631—79)，对命名原则规定如下：

离子交换树脂的全名称由分类名称、骨架（或基因）名称、基本名称组成。孔隙结构分凝胶型和大孔型两种，凡具有物理孔结构的称大孔型树脂，在全名称前加“大孔”。分类属酸性的应在名称前加“阳”；分类属碱性的，在名称前加“阴”，如大孔强酸性苯乙烯系阳离子交换树脂。

离子交换产品的型号以三位阿拉伯数字组成，第一位数字代表产品的分类；第二位数字代表骨架的差异；第三位数字为顺序号用以区别基因、交联剂等的差异。第一、第二位数字的意义见表5-2。

表5-2　树脂型号中的一、二位数字的意义

代号	0	1	2	3	4	5	6
分类名称	强酸性	弱酸性	强碱性	弱碱性	螯合性	两性	氧化还原性
骨架名称	苯乙烯	丙烯酸系	醋酸系	环氧系	乙烯吡啶系	脲醛系	氯乙烯系

大孔树脂在型号前加“D”，凝胶型树脂的交联度值可在型号后用“×”号连接阿拉伯数字表示。例如，011×7，表示强酸性苯乙烯系阳离子交换树脂，其交联度为7。

3. 离子交换树脂的性能

离子交换树脂应该具有良好的物理性能及化学性能。其物理性能包括：

1）外观：常用凝胶型离子交换树脂为透明或半透明的珠体；大孔树脂为乳白色或不透明的珠体。优良的树脂圆球率高、无裂纹、颜色均匀、无杂质。

2）粒径：树脂粒径对交换速度有很大影响。粒径大，交换速度慢，交换容量低；粒径小，水流阻力大。因此粒径大小要适当，分布要合理。一般树脂粒径为0.3～1.2mm，有效粒径（d_{10}）为0.36～0.61mm。

3）密度：树脂密度是设计交换柱、确定反冲洗强度的重要指标，也是影响树脂分层的主要因素。一般阳树脂的密度大于阴树脂。树脂在使用过程中，因基团脱落，骨架中链的断裂，其密度略有减小。

4）含水量：是指在水中充分溶胀的湿树脂所含溶胀水重占湿树脂重的百分数。含水量主要取决于树脂的交联度、活性基团的类型和数量等，一般在50%左右。

5）溶胀性：指干树脂浸入水中，由于活性基团的水合作用使交联网孔增大，体积膨胀的现象。水中电解质浓度越高，溶胀率越小。

6）机械强度：反映树脂保持颗粒完整性的能力。树脂在使用中由于受到冲击、碰撞、摩擦以及胀缩作用会发生破碎，因此树脂应具有一定的机械强度，以保证每年树脂的损耗量不超过3%～7%。

7）耐热性：各种树脂均有一定的工作温度范围。操作温度过高，易使活性基团分解，从而影响交换容量和使用寿命。通常控制树脂的储藏和使用温度5～40℃为宜。

离子交换树脂的化学性能包括：

1）离子交换反应具有可逆性，交换的逆反应即为再生。

2）常温、低浓度时，离子价数越高，同价离子原子序数越高，其交换能力就越大。如阳离子组：$Fe^{3+} > Cr^{3+} > Al^{3+} > Ca^{2+} > Ni^{2+} > Cd^{2+} > Co^{2+} > Zn^{2+} > Mg^{2+} > Ba^{2+} > K^{+} > NH_4^{+} > Na^{+} > Li^{+}$；阴离子组：$Cr_2O_7^{2-} > SO_4^{2-} > C_2O_4^{2-} > AsO_4^{3-} > PO_4^{3-} > ClO_4^{-} > I^{-} > NO_3^{-} > Br^{-} > CN^{-} > Cl^{-} > CH_3COO^{-} > F^{-} > HCO_3^{-}$。

3）H^+和OH^-的选择性取决于树脂活性基团酸碱性的强弱。对强酸性阳树脂，H^+的选择性介于Na^+与Li^+之间，但对弱酸性阳树脂，H^+的选择性最强。同样，对强碱性阴树脂，OH^-的选择性介于CH_3COO^-与F^-之间，但对弱碱性阴树脂，OH^-的选择性最强。离子的选择性，除与上述它本身及树脂的性质有关外，还与温度、浓度、pH等因素有关。

4）交换容量：定量表示树脂的交换能力。通常用E_V（$mmol \cdot ml^{-1}$湿树脂）表示，也可用E_W（$mmol \cdot g^{-1}$干树脂）表示。这两种表示方法之间的数量关系如下：

$$E_V = E_W \times (1-\text{含水量}) \times \text{湿视密度} \tag{5-8}$$

市售商品树脂所标的交换容量是总交换容量，即活性基团的总数。树脂在给定的工作条件下实际所发挥的交换能力称为工作交换容量。因受再生程度、进水中离子的种类和浓度、树脂层高度、水流速度、交换终点的控制指标等许多因素影响，一般工作交换容量只有总交换容量的60%～70%。

4. 离子交换树脂的选择、保存、使用

离子交换法主要用于去除水中可溶性盐类，选择树脂时应综合考虑原水水质、处理要求、交换工艺和运行费用等因素。当分离无机阳离子或有机碱性物质时，宜选用阳树脂；分离无机阴离子或有机酸时，宜采用阴树脂。对氨基酸等两性物质的分离，既可用阳树脂，也可用阴树脂。对某些贵金属和有毒金属离子

（如 Hg^{2+}）可选择螯合树脂交换回收。对有机物（如酚）宜用低交联度的大孔树脂处理。绝大多数脱盐系统都采用强型树脂。废水处理时，对交换势大的离子，宜采用弱性树脂。此时弱性树脂的交换能力强、再生容易、运行费用较低。当废水中含有多种离子时，可利用交换选择性进行多级回收，如不需回收时，可用阳阴树脂混合床处理。

树脂宜在 0～40℃下存放。当环境温度低于 0℃，或发现树脂脱水后，应向包装袋内加入饱和食盐水浸泡，对长期闲置在交换器中的树脂应定期换水。通常强性树脂以盐型保存，弱酸树脂以氢型保存，弱碱树脂以游离胺型保存性能最稳定。

树脂在使用前应进行适当的预处理以除去杂质。最好分别用水、5% 的 HCl、2%～4% 的 NaOH 反复浸泡清洗两次，每次 4～8h。树脂在使用过程中，其性能会逐步降低，尤其在处理工业废水时。主要有三类原因：① 物理破损和流失；② 活性基团的化学分解；③ 无机和有机物覆盖树脂表面。针对不同的原因采取相应的对策，如定期补充新树脂，强化预处理，去除原水中的游离氯和悬浮物，用酸、碱和有机溶剂等洗脱树脂表面的垢和污染物。

二、离子交换的基本理论

离子交换的实质是不溶性的离子化合物上的可交换离子与溶液中的其他同性离子的交换反应，是一种特殊的吸附过程，通常是可逆性化学吸附，其反应表达式为

$$RH + M^{+} \xrightleftharpoons{K} RM + H^{+}$$

在平衡状态下，K 大于1，表示反应能顺利地向右方进行。K 值越大，越有利于交换反应，而越不利于逆反应。K 值的大小能定量地反映离子交换剂对其他某个固定离子交换选择性的大小。

离子交换过程可以分为四个连续的步骤：①离子从溶液主体向颗粒表面扩散，穿过颗粒表面液膜（液膜扩散）；②穿过液膜的离子继续在颗粒内交联网孔中扩散，直至达到某一活性基团位置；③目的离子和活性基团中的可交换离子发生交换反应；④被交换下来的离子沿着与目的离子运动相反的方向扩散，最后被主体水流带走。

上述几步中，交换反应速率与扩散相比要快得多。因此总交换速度由扩散过程控制。根据 Fick 定律，扩散速度可写为

$$dq/dt = D^{0}(c_1 - c_2)/\delta \tag{5-9}$$

式中：c_1、c_2 分别为扩散界面层两侧的离子浓度，$c_1 > c_2$；δ 为一界面层厚度，相

当于总扩散阻力的厚度；D^0 为一总扩散系数。

单位时间单位体积树脂内，扩散的离子量是上述扩散速度与单位体积树脂表面积 S 的乘积，即

$$dq/dt = D^0(c_1 - c_2)S/\delta \tag{5-10}$$

式中：S 与树脂颗粒有效直径 φ、孔隙率 ε 有关，

$$S = B\frac{1-\varepsilon}{\varphi} \tag{5-11}$$

式中：B 为与粒度均匀程度有关的系数。由式（5-10）、式（5-11）得

$$dq/dt = D^0B(c_1 - c_2)(1-\varepsilon)/(\varphi \cdot \delta) \tag{5-12}$$

据此，可以分析影响离子交换扩散速度的因素：①树脂的交联度越大、网孔越小、孔隙度越小，则内扩散速度越慢。大孔树脂的内孔扩散速度比凝胶树脂快得多。②树脂颗粒越小，由于内扩散距离缩短和液膜扩散的表面积增大，使得扩散速度越快。研究指出，液膜扩散速度与粒径成反比，内孔扩散速度与粒径的高次方成反比，但颗粒不宜太小，否则会增加水流阻力，且在反洗时易流失。③溶液离子浓度是影响扩散速度的重要因素，浓度越大，扩散速度越快。一般来说，在树脂再生时，溶液离子浓度 $c_0 > 0.1mol \cdot L^{-1}$，整个交换速度偏向受内孔扩散控制；在交换制水时，$c_0 < 0.003mol \cdot L^{-1}$，过程偏向受膜扩散控制。④提高水温能使离子的动能增加，水的黏度减小，液膜变薄，这些都有利于离子扩散。⑤交换过程中的搅拌或流速提高，使液膜变薄，能加快液膜扩散，但不影响内孔扩散。⑥被交换离子的电荷数和水合离子的半径越大，内孔扩散速度越慢。试验证明：阳离子每增加一个电荷，其扩散速度就减慢到约为原来的1/10。

三、离子交换系统

在水的软化和除盐中，需根据原水水质、出水要求、生产能力等来确定合适的离子交换工艺。如果原水碱度不高，软化的目的只是为了降低 Ca^{2+}、Mg^{2+} 含量，则可以采用单级或二级 Na 离子交换系统。一级钠离子交换可将硬度降至 $0.5mmol \cdot L^{-1}$ 以下，二级则可降至 $0.005mmol \cdot L^{-1}$ 以下。当原水碱度比较高，必须在降低 Ca^{2+}、Mg^{2+} 含量的同时降低碱度。此时，多采用 H-Na 离子器联合处理工艺，利用 H 离子交换器产生的 H_2SO_4 和 HCl 来中和原水或 Na 离子交换器出水中的 HCO_3^-。反应产生的 CO_2 再由除 CO_2 器除去。

当需要对原水进行除盐处理时，则流程中既要有阳离子交换器，又要有阴离子交换器，以去除所有阳离子和阴离子。原水依次经过一次阳离子交换器和一次阴离子交换器处理、称为一级复床除盐。通过一级复床除盐处理，出水电导率可

达 10μΩ·cm^{-1}以下，SiO_2 <0.1mg·L^{-1}。当处理水质要求更高时，则需要二级复床处理。除盐系统都采用强型树脂，弱碱性树脂只能交换强酸阴离子，而不能交换弱酸阴离子（如 SiO_4^{4-}），也不能分解中性盐。但它对 OH^- 的吸附能力很强，所以极易用碱再生，不论用强碱还是弱碱作再生剂，都能获得满意的再生效果，而且它抗有机污染的能力也较强碱性树脂强。因此对含强酸阴离子较多的原水，采用弱碱性树脂去除强酸阴离子，再用强碱性树脂去除其他阴离子，不仅可以减轻强碱性树脂的负荷，而且可以利用再生强碱性树脂的废碱液来再生弱碱性树脂，既节省用碱量，又减少了废碱的排放量。

为了克服多级复床除盐系统复杂的困难，开发了混合床除盐系统，即将阴、阳树脂按一定比例混合装在同一个交换器里，水通过混合床，就完成了阴、阳离子交换过程。出水水质良好且稳定。由于阴树脂的工作交换容量只有阳树脂的一半左右，所以混合床中阴树脂的装填体积一般为阳树脂的 2 倍。阳树脂密度略大于阴树脂，固定式混合床反洗后会分层，在分层处可设再生排水系统，以便于两种树脂分开再生时排水。

四、离子交换设备及运行操作过程

离子交换设备，按照进行方式的不同，可以分为固定床和连续床两大类，如图 5-4 所示：

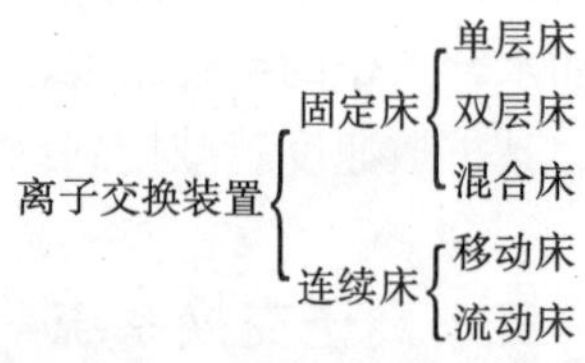

图 5-4 离子交换装置的分类

在废水处理中，单层固定床离子交换装置是一种最常用、最基本的形式。在固定床离子交换装置中，离子交换树脂填在离子交换器内，形成一定高度后，在整个操作过程中，树脂本身都固定在容器内而不往外输送。

离子交换的运行操作包括四个步骤：交换、反洗、再生和清洗。

1. 交换

交换过程是树脂上可交换离子与溶液中的其他同性离子的反应过程，与树脂层高度、水流速度、原水浓度、树脂性能以及再生程度等因素有关。当出水中的离子浓度达到限值时应进行再生。

2. 反洗

目的在于松动树脂层，以便下一步再生时，注入的再生液能分布均匀，同时也及时地清除积存在树脂层内的杂质、碎粒和气泡。反洗用原水，反洗使树脂层膨胀40%～60%。

3. 再生

再生过程是交换反应的逆过程，借助具有较高浓度的再生液流过树脂层，将先前吸附的离子置换出来，使其交换能力得到修复，同时，通过再生过程，可回收有用物质。

（1）再生剂的种类

对于不同性质的原水和不同类型的树脂，应采用不同的再生剂。选择的再生剂既要有利于再生液的回收利用，又要求再生效率高，洗脱速度快，价廉易得。如用 Na 型阳树脂交换纺丝酸性废水中的 Zn^{2+}，用芒硝（$Na_2SO_4 \cdot 10H_2O$）作再生剂，再生液的主要成分是浓缩的 $ZnSO_4$，可直接回用于纺丝的酸浴工段。再如用烟道气（CO_2）作为弱酸性阳树脂的再生剂也可以得到很好的再生效果。

一般对强酸性阳树脂用 HCl 或 H_2SO_4 等强酸及 NaCl、Na_2SO_4 再生；对弱酸性阳树脂用 HCl、H_2SO_4 再生；对强碱性阴树脂用 NaOH 等强碱及 NaCl 再生；对弱碱性阴树脂用 NaOH、Na_2CO_3、$NaHCO_3$ 等再生。

（2）再生剂用量

树脂的交换和再生均按等物质的量进行，但实际上再生剂的用量要比理论值大得多，通常为2～5倍。实验证明，再生剂用量越多，再生效率越高。但当再生剂用量增加到一定值后，再生效率随再生剂用量增长不大。因此再生剂用量过高既不经济也无必要。图5-5为用2% NaOH 对交换了 Cr^{6+} 的强碱性树脂的再生情况。由图可知，以控制95%的再生效率较为合适。

当再生剂用量一定时，适当增加再生剂浓度，可以提高再生效率。但再生剂浓度太高，会缩短再生液与树脂的接触时间，反而降低再生效率，因此存在最佳浓度值。如用 NaCl 再生 Na 型树脂，最佳盐浓度范围在10%左右。一般顺流再生时，酸液浓度以3%～4%，碱液浓度以2%～3%为宜。

（3）再生方式

固定床的再生主要有顺流和逆流两种方式。再生剂流向与交换时水流方向相同者称为顺流再生，反之称为逆流再生。顺流再生的优点是设备简单、操作方便、工作可靠。缺点是再生剂用量多、再生效率低、交换时出水水质较差。逆流再生时，再生剂耗量少（比顺流法少40%左右）、再生效率高，而且能保证出水

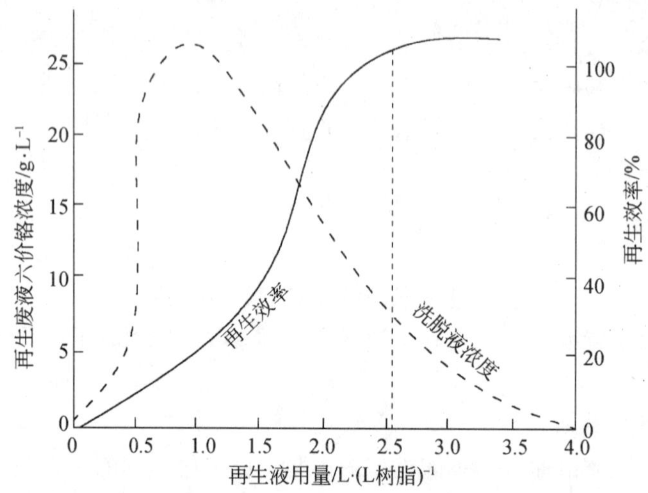

图 5-5　再生液用量与再生效率、含铬浓度之间的关系

质量，但设备较复杂、操作控制较严格。采用逆流再生，切忌搅乱树脂层，应避免进行大反洗，再生流速通常小于 $2m \cdot h^{-1}$。也可采用气顶压、水顶压或中间排液法操作。

(4) 清洗

清洗是将树脂层内残留的再生废液清洗掉，直到出水水质符合要求为止。清洗水最好用交换处理后的净水。清洗用水量一般为树脂体积的 4～13 倍。

第五节　萃　　取

萃取法应用于水处理过程，主要以含高浓度重金属离子的废水与某些高浓度有机工业废水（如含酚或染料废水等）为对象，提取回收其中的有用资源，从而达到废水综合治理的目的。

一、萃取的基本概念和原理

萃取过程是指将与水不互溶且密度小于水的特定有机溶剂和被处理水接触，在物理（溶解）或化学（包括络合、螯合式离子缔合）的作用下，使原溶解于水中的某种组分由水相转移至有机相的过程。所用的溶剂为萃取剂，萃取后的溶剂为萃取液，废水称为萃余液。利用萃取过程进行废水处理的方法即可以从废水中分离除去或回收某些污染物质。

萃取分离法包括液-液、固-液和气-液分离等，其中应用最广的液-液萃取分离也称溶剂萃取分离。萃取分离的原理涉及分配定律、萃取效率等。

1. 萃取过程的基本原理

物质对水的亲疏性是有一定规律的。首先，凡离子都具有亲水性，这是因为水是一种极性很强的溶剂，带电荷的离子很容易与水分子结合成水合离子而分散在水中。其次，根据“相似相溶”规则，极性化合物易溶于水中，具有亲水性；而非极性化合物则易溶于非极性的有机溶剂中，具有疏水性。此外，物质含亲水基团越多，其亲水性越强；物质含疏水基团越多，疏水基团越大，其疏水性越强。一般认为，羟基、羧基、氨基和磺酸基等为亲水基团，而芳香基、烷基和卤代烷基等为疏水基团。要将亲水的无机离子萃取到有机相中，必须设法将其亲水性转变为疏水性，如中和其所带电荷，并使之与含有较多疏水基团的有机化合物结合等。可见萃取的本质，是将物质由亲水性转化为疏水性的过程。

2. 分配系数

设水相中有某物质 A，加入有机溶剂并使两相充分接触后，A 在两相中进行分配，并在一段时间后达到动态平衡：

$$A_{水} \rightleftharpoons A_{有}$$

当温度和离子强度一定时，A 在两相中的平衡浓度之比为常数，定义为分配系数 K_D：

$$K_D = [A]_{有} / [A]_{水} \tag{5-13}$$

这就是 Nernst 在 1891 年提出了有名的分配定律。实际上，只有当 A 在溶液中浓度极低，并在两相中分子的存在状态相同，即该化合物与此两种溶剂不发生分解、电解、缔合和溶剂化等反应时，在温度不变的条件下，K_D 才能为常数。Nernst 分配定律是溶剂萃取化学中最基本的规律，它给出了同一种分子在两相中分配的一般原理。

3. 分配比

在许多情况下，A 在两相中并不仅以某一型体存在，它还可能发生解离或聚合等副反应，为此定义下式为分配比：

$$D = C_A(有) / C_A(水) \tag{5-14}$$

式中：C_A（有）和 C_A（水）分别为 A 在有机相、水相中的总浓度。

可见，分配比能够更准确地反映在萃取过程中某物质在两相中分配的实际情况。应注意的是，分配比是一个条件常数，只有在实验条件一定时才是定值。

4. 萃取率

萃取率是衡量萃取效果的一个重要指标。当萃取 A 物质的反应达到平衡后，其萃取率 E：

$$E = \frac{A\text{在有机相中的总量}}{A\text{在两相中的总量}} \times 100\% \tag{5-15}$$

萃取率实际上就是萃取分离的回收率。若 A 在两相中的总浓度分别为 $C_{有}$ 和 $C_{水}$，两相的体积分别为 $V_{有}$和 $V_{水}$，则有

$$E = \frac{C_{有}V_{有}}{C_{有}V_{有} + C_{水}V_{水}} \times 100\% \tag{5-16}$$

分子分母同除以 $C_{水}$、$V_{有}$：

$$E = \frac{C_{有}/C_{水}}{C_{有}/C_{水} + V_{水}/V_{有}} \times 100\% = \frac{D}{D + V_{水}/V_{有}} \times 100\% \tag{5-17}$$

可见，萃取率 E 的大小与分配比 D 以及两相体积比 $V_{水}/V_{有}$ 有关。由于在一定条件下某物质的分配比是常数，因此在实际工作中，通常采用连续萃取即增加萃取次数的方法来提高萃取率，特别对于分配比不够大的体系更需如此。

5. 分离系数

分离系数用来表示 A、B 两组分在萃取中被分离的情况。它定义为上述两种物质的分配比的比值：

$$\beta = D_A / D_B \tag{5-18}$$

分离系数也是衡量萃取效果的重要指标。当 D_A 和 D_B 比较接近时，分离系数 β 接近于1，表明 A、B 两组分难以通过萃取分离；反之，D_A和 D_B相差越大，两者被分离的程度越好。

二、萃取剂的选择

1. 选择萃取剂应考虑的因素

当被萃取物含量很低，且在两相中存在形式相同时，萃取剂的性质则直接影响萃取效果，也影响萃取费用。在选择萃取剂时，一般应考虑以下几个方面的因素：

1）萃取剂应有良好的溶解性能，这包含两个含义，即对萃取物溶解度要高，而在水中的溶解度要低。

2）萃取剂与水之间的相对密度差要大。

3）萃取剂要容易再生和回收溶质。将萃取相分离，可同时回收溶剂和溶质具有重大的经济意义。萃取剂的用量往往很大，有时达到和废水量相等，如不能将其再生回用，有可能完全丧失其处理废水的经济合理性。另外，萃取相中的溶质量也很大，如不回收，则造成极大浪费和二次污染。萃取剂再生的方法有两类：蒸馏法和结晶法，蒸馏法属于物理法，而结晶则属于化学法。

A. 蒸馏法：当萃取相中各组分沸点相差较大时，最宜采用蒸馏法分离。例如，用乙酸丁酯萃取废水中的单酚时，溶剂沸点为116℃，而单酚沸点为181～202.5℃，相差较大，可用蒸馏法分离。根据分离目的，可采用简单蒸馏或精馏，设备以浮阀塔效果较好。

B. 结晶法：投加某种化学药剂使其与溶质形成不溶于溶剂的盐类。例如，用碱液反萃取萃取相中的酚，形成酚钠盐结晶析出，从而达到两者分离的目的。化学再生法使用的设备有离心萃取机和板式塔等。

4）价格要低廉，产品来源广。

5）其他方面：如萃取剂应无毒、腐蚀性小、稳定性好、不易燃易爆等。

2. 常用的萃取体系

（1）螯合物萃取体系

螯合物萃取是指螯合剂与金属离子形成疏水性中性螯合物后，被有机溶剂萃取。例如，用8-羟基喹啉-三氯甲烷可以将Al^{3+}萃取到有机相。

（2）离子缔合物萃取体系

大体积的阳离子与阴离子通过静电引力相结合而形成电中性的化合物而被有机溶剂萃取称为离子缔合萃取。例如，亚铜离子与双喹啉形成络阳离子后，可与阴离子Cl^-、ClO_4^-形成缔合物，被异戊醇萃取。

$$Cu^+ + 2\,\text{(Bq)} = Cu(Bq)_2^+$$

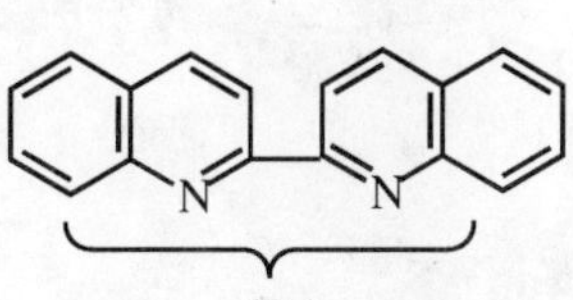

(Bq)

$$Cu(Bq)_2^+ + Cl^- = [Cu(Bq)_2^+ \cdot Cl^-]$$

（3）溶剂化合物萃取体系

某些溶剂分子通过其配位原子与无机化合物中的金属离子相键合，形成溶剂化合物，从而可溶于该有机溶剂中。这种萃取体系称为溶剂配合萃取体系。例如，磷酸三丁酯（TBP）对硝酸盐的萃取，对$FeCl_3$或$HFeCl_4$的萃取等。杂多酸的萃取体系一般也属于溶剂化合物萃取体系。

(4) 简单分子萃取体系

被萃物在水相和有机相中都以中性分子形式存在，溶剂与被萃物之间无化学结合，不需外加萃取剂。例如，TBP 在水相与煤油间的分配。I_2、Cl_2、Br_2、AsI_3、SnI_4、$GeCl_4$ 和 OsO_4 等稳定的共价化合物，它们在水溶液中以分子形式存在，不带电荷，利用 CCl_4、$CHCl_3$ 和苯等惰性溶剂，可将它们萃取出来。

三、萃取设备

萃取设备的型式很多，可以分三大类：罐式（萃取器）、塔式（萃取塔）和离心机式（离心萃取机），其中塔式设备是最常用的。不论哪种萃取设备，必须完成萃取两相的混合（萃取）与分离，混合要充分，分离更要充分。下面着重介绍一下萃取塔的工作原理：

常用的萃取塔有筛板萃取塔、转盘萃取塔、填料萃取塔等，见图 5-6。在萃取塔内，重液（废水）从顶部流入，从底部流出；而轻液（萃取剂）则从底部流入，从顶部流出。在塔身中轻重两液相充分混合、充分接触，完成萃取。在塔顶有充分的空间和断面，让轻液流中的重液相分离出来，从顶部流出的轻液就比较纯净。同样，在塔底也有充分的空间和断面，让重液流中轻液相分离出来，从底部流出的重液就比较纯净。

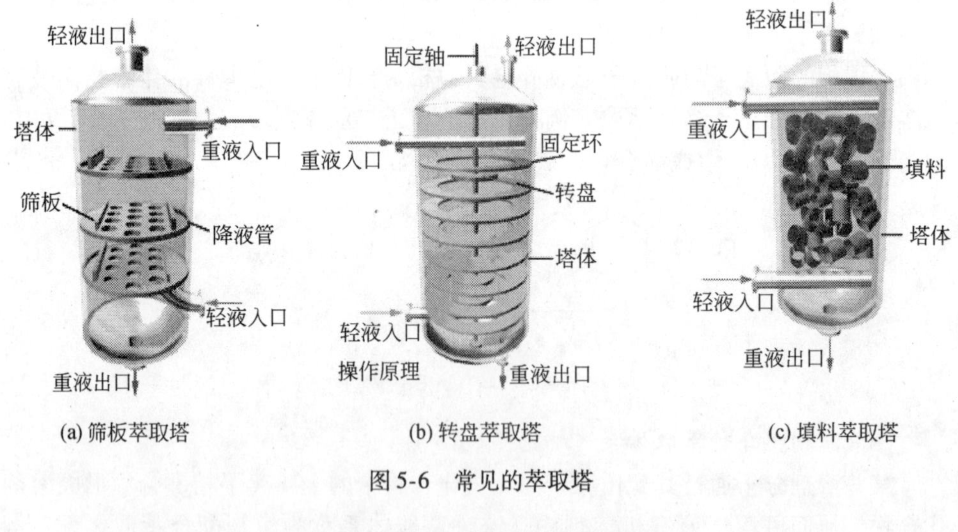

图 5-6　常见的萃取塔

第六节　消　　毒

在给水处理和污水处理中，消毒都是必需的操作单元，其目的是去除水体病菌、微生物，降低水传播疾病的风险。污水消毒技术随着人们对水质要求的提高而不断发展。目前，污水消毒方法主要有以下几类：化学药剂消毒法、物理方法、光化学方法和电化学方法。采用何种消毒方法，要考虑到具体的水质情况、水的用途、水处理工艺、环境效应以及经济因素。

一、化学药剂消毒方法

污水处理中应用的化学消毒剂主要有卤素消毒剂（包括氯气、次氯酸盐、氯胺、二氧化氯）、臭氧和过氧乙酸。除了本身的化学性质外，化学消毒剂的杀菌能力还与水质情况有关。

1. 氯消毒

加氯消毒是目前城市污水最为经济有效和应用最广泛的消毒工艺。氯消毒常用的是液氯法和次氯酸法，其中液氯法应用最为普遍，1 kg 液氯可生成 315 L 氯气。加氯杀菌机理非常简单，往水中投加氯或次氯酸盐（如 NaClO），一般会生成次氯酸（HClO）和盐酸（HCl）。

$$Ca(ClO)Cl = Ca^{2+} + Cl^- + ClO^-$$

$$NaClO = Na^+ + ClO^-$$

$$Cl_2 + H_2O = H^+ + Cl^- + HClO$$

$$HClO = H^+ + ClO^-$$

由此可见，HClO 和 ClO^- 离子都具有强的氧化能力，是杀菌消毒的有效成分，但 HClO 的氧化能力比 ClO^- 要强，消毒效果最好。HClO 是很小的中性分子，它能扩散到带负电的细胞表面，并穿透至细菌内部，氧化和破坏微生物外膜或酶的蛋白质的结构功能，从而使微生物死亡；而氯对病毒的作用，主要是对核酸破坏的致死性作用。

自 20 世纪 40 年代起，氯法消毒就是使用最为广泛的污水消毒方法，在预防水传播疾病方面起着主要的作用。它处理费用低、有一定的余氯存在、具有持续的消毒能力、技术方法成熟。通常，对生活污水来说，典型的加氯量为 5～20 $mg \cdot L^{-1}$，接触时间为 30～60min。氯化消毒会产生有毒的消毒副产物。为了消除出水余氯的毒性影响，北美地区要求氯消毒出水必须进行脱氯处理，美国许多污水处理厂安装了脱氯设施。典型的脱氯工艺是在出水中添加过量的含硫还原性药剂（亚硫酸钠、亚硫酸氢钠、硫代硫酸钠、焦亚硫酸钠）。目前，脱氯剂主要是亚硫酸氢钠。脱氯处理降低了氯化出水的毒性，但某些残留氯化物仍然超过了 EPA 的规定，同时还增加了水体的盐度，消耗了溶解氧，增加了 20%～30% 的消毒费用。氯法消毒由于其技术上的成熟性，至今仍是使用最为广泛的消毒方法。

2. ClO_2 消毒

ClO_2 是国际上公认的广谱高效的氧化性杀菌剂，最早用于造纸与纺织等工业中的漂白脱色处理。到1850年，ClO_2 在欧洲用于消除水的臭味。直到20世纪40年代，对二氧化氯的消毒作用才开始有了较为全面的研究。目前已经在城镇饮用水、工业循环水和污水处理中日益得到广泛应用。实验表明 ClO_2 在城市污水处理中具有以下特点：①强氧化性和广谱杀菌消毒效果。不生成三氯甲烷类（THM_S）等有毒副产物，具有后续氧化和杀灭作用，有效 pH 范围 3～9。②脱色和除臭作用。③微絮凝作用，且对水中 Fe^{2+}、Mn^{2+} 有很好的去除效果。可见 ClO_2 是现代城市污水处理厂较为理想的消毒剂。

用于水处理领域的小型化学法二氧化氯发生器主要有两种：以氯酸钠、盐酸为原料的复合型二氧化氯发生器和以亚氯酸钠、盐酸为原料的纯二氧化氯发生器，其中前者应用最为广泛。

（1）ClO_2 发生装置的工作原理

ClO_2 有爆炸性，必须现场制备立即使用。市场技术成熟、工艺简单、成本较适合城市污水处理厂投入使用的 ClO_2 发生器主要有用 $NaClO_2+HCl$ 和 $NaClO_3+HCl$ 为原料的两种化学法。它们的工作原理为：

1）$5NaClO_2+4HCl \longrightarrow 4ClO_2+5N_aCl+2H_2O$

2）正反应：$NaClO_3+2HCl \longrightarrow ClO_2+1/2Cl_2+NaCl+H_2O$

副反应：$NaClO_3+6HCl \longrightarrow 3Cl_2+2NaCl+3H_2O$

采用 $NaClO_2$ 为原料的称为高纯 ClO_2 发生器，$NaClO_3$ 法称为复合型 ClO_2 发生器。对于复合型发生器来讲，根据 ClO_2 发生器反应室压力不同，可分为正压式和负压式两种。正压式不设反应物加热系统，可直接对带压（≤0.7MP）水体进行投加。负压式设反应物加热系统，并利用动力水产生负压投加。前者认为通过增加反应物的接触时间，可以提高原料转化率和 ClO_2 得率，并通过气体防聚集技术，避免 ClO_2 和 Cl_2（氯气）因浓度过高而爆炸。后者认为适当的温度有利于增加反应物的转化率，并利用动力水形成的负压防止 ClO_2 和 Cl_2 的聚集和加快反应速度。

（2）ClO_2 发生器的主要技术指标

1）$NaClO_2$ 或 $NaClO_3$ 的转化率与 ClO_2 得率。对于采用 $NaClO_2$ 做原料的高纯 ClO_2 发生器，其原料转化率与 ClO_2 的得率相对稳定，均可达到95%以上。但对于复合型 ClO_2 发生器而言，由于副反应存在，除了考虑 $NaClO_3$ 的转化率高低之外，还必须考虑 ClO_2 的得率。我们希望实际完成的反应是 $NaClO_3$ 有最大转化率

（≥85%）和 ClO_2 有最高的得率（≥70%）。如果转化的 $NaClO_3$ 都生成了 Cl_2，对一台 ClO_2 发生器将没有实际意义。

2）ClO_2 的消毒能力与有效氯。ClO_2 有强烈的氧化作用，在水中几乎 100% 以分子状态存在，所以易穿透细胞膜。同时，ClO_2 的消毒能力相当于有效氯含量的 263%，它的氧化能力是液氯的 2.5 倍。ClO_2 在释放杀菌分子时，不会分裂成氯和氧，甚至不同温度、不同水质环境中都会保持不变，而继续通过氧化而不是氯化来瓦解细菌和其他微生物。但由于国家标准是以水中有效氯作为衡量消毒的能力，因此有效氯在设计书或产品说明书上也作为描述 ClO_2 发生器的技术指标。

ClO_2 是有效的杀菌剂，具有快速灭活细菌的能力。ClO_2 与氯消毒的特性不同，ClO_2 对细胞壁有较强吸附力和穿透能力，可有效地氧化细胞内含的酶，损伤细胞或通过抑制蛋白质的合成来破坏微生物。ClO_2 是氯系列消毒最理想的更新替代产品，其杀菌能力是 Cl_2 的 5 倍，是次氯酸钠的 50 倍。通常 ClO_2 的浓度为 2 ~ 5mg · L^{-1}，接触时间在 5 ~ 15min 就可以达到良好的消毒效果。另外 ClO_2 氧化能力较强，能够氧化破坏染料的发色基团和助色基团达到脱色效果，也能有效地氧化硫醇、硫醚和其他无机硫化物以及仲胺和叔胺类霉臭物质，迅速消除水体及空气中的臭味。ClO_2 消毒主要问题是成本较高，对于即时生产的 ClO_2 来说，普遍存在成分不纯和成本过高的特点。目前在国内，用于医院污水处理和小型城市污水处理较多。

（3）O_3 消毒

O_3 是 O_2 的同素异构体，在常温常压下是一种有特殊气味的淡紫色气体。它的密度是 O_2 的 1.5 倍，在水中的溶解度比 O_2 大十几倍。O_3 在常温下不稳定，易于自行分解成为 O_2 并放出热量，O_3 在水溶液中的分解速度比在气相中的分解速度快得多，而且强烈地受 OH^- 的催化，pH 越高，分解速度越快。O_3 的氧化性很强，其氧化还原电位与 pH 有关，在酸性溶液中，$E^{\oplus} = 2.07V$，氧化性仅次于氟；在碱性溶液中，$E^{\oplus} = 1.24V$，氧化性略低于氯。在理想条件下，O_3 可把水溶液中大多数单质和化合物氧化到它们的最高氧化态；对水中有机物有强烈的氧化降解作用，还有强烈的消毒杀菌作用。在我国，O_3 水处理技术首先应用于胶片、石油化工、印染等废水处理及传染病院的污水杀菌。O_3 杀菌机理是通过其氧化作用首先作用于细胞膜，使膜成分受损伤而导致新陈代谢障碍，而后继续渗透，穿透细胞膜，破坏膜内脂蛋白和脂多糖，改变细胞的通透性，导致细胞溶解、死亡；而 O_3 灭活病毒则通过氧化作用直接破坏其核糖核酸 RNA 或脱氧核糖核酸 DNA 而完成的。

O_3 消毒，不仅能有效杀灭细菌、病毒，而且对抗药性很强的鞭毛虫、似隐孢菌等原生寄生虫也有很好的效果；反应速度快，O_3 与水 30s 的接触时间即可产生很好的消毒效果；O_3 消毒能增加水中的溶解氧，具有一定除色、臭、味的作用；O_3 消毒受 pH、水温及水中氨量的影响较小，是一种效果稳定的消毒方法。但 O_3 消毒主要问题是 O_3 发生器成本太高，由于城市污水水量大，有一定有机物含量，O_3 消毒的应用研究重点是解决 O_3 发生器成本高和制造 O_3 耗电量过大的问题。

二、物理消毒方法

物理消毒方法主要是通过过滤（砂滤或者膜过滤）对微生物截留而达到消毒的目的，通常和其他消毒方法配合使用以提高去除效率。法国、美国对微滤、超滤技术在污水消毒和去除胶体、大分子有机物的作用作了较多的研究。由于处理后水质很好，膜过滤在澳大利亚、日本和美国被用于地表水回灌、生活污水回用以及工业污水回用等方面。污水经膜过滤后细菌不会再生，也没有产生有毒消毒副产物的问题。超滤消毒技术也成功地和生物膜反应器混合使用，这项技术的好处在于可以在紧凑的单元里完成污水回用处理。

膜过滤是一种高效的污水消毒方法，处理水质好，可以满足非常严格的污水回用要求。主要的缺点是费用相对较高、浓水仍需处理、设备难以大型化，所以目前主要用于工业废水处理和污水回用。

三、辐射消毒灭菌

辐射消毒灭菌是通过由光辐射和电离辐射导致的光化学反应来进行，目前常用的是紫外线（ultraviolet radiation，UV）消毒。采用紫外线消毒具有不需投加任何化学药剂、不改变水的成分和结构、消毒速度快、效率高、设备操作简单、无有毒有害副产物、效果好的优点。国际上一些对细菌排放有严格要求的地区，大多采用了紫外线消毒。紫外线是非可见光，通常将波长在 200nm 以上的光都称为紫外线，根据不同的波长范围还可细分为 UV-A（315 ~ 400nm），UV-B（280 ~ 315nm），UV-C（200 ~ 280nm）。其中 UV-C 最易被核糖核酸吸收，因此紫外线消毒使用的就是 UV-C，尤以波长 265 ~ 266 nm 处杀菌能力最强。

在紫外线的辐射下，微生物细胞内的核糖核酸（RNA）和脱氧核糖核酸（DNA）吸收高能量的短波紫外辐射发生核酸突变，阻止其复制、转录，破坏了微生物蛋白质的合成，实现杀菌消毒。影响紫外线消毒的因素，主要可归结为两个方面：一是紫外线剂量（紫外光强度与接触时间的乘积），这是影响消毒效果的直接因素，紫外剂量越大，消毒越好。当然，考虑到工程应用，紫外剂量有一定的限值，否则不能经济有效杀灭微生物。二是处理水的水质、水量参数。影响紫外线消毒的水质参数主要有紫外线穿透率（UVT）、总悬浮物（TSS）、颗粒物的尺寸分布（PSD）以及水力负荷。一般来说，UVT越低，消毒效果越差；TSS越高，颗粒吸收而分散掉的紫外能量越多，消毒效果越差；PSD影响紫外线的消毒效率，当颗粒物粒径超过某一临界值时，紫外剂量随着污水中颗粒物粒径的增大而增加；水力负荷如果突然增大，紫外线与水接触时间变短，出水水质较平时差，杀菌率无法保证。

紫外线消毒使用较多的是敞开渠式紫外消毒方法，使用圆柱形低压或者中压汞灯。很多二级和三级城市污水处理消毒数据表明紫外辐射剂量在30～45mw·s^{-1}·cm^{-2}，对粪便大肠杆菌和粪便链球菌就有很好的杀灭效果。但一级处理（包括化学强化一级处理）出水需要更高的紫外线剂量。用紫外线消毒的投资成本比Cl_2消毒要低得多，这主要是因为土建投资低。紫外线对细菌有较高杀菌效果，只需极短接触时间（秒的数量级范围内）；紫外线消毒基本上不改变水的物化性质；紫外线消毒操作简单、使用方便，只需定期清洗石英套管和更换灯管即可；紫外线消毒装置体积小、耗电省、运行成本低、作用寿命长，便于自动化控制。

四、电化学消毒

20世纪50年代，国外研究人员首次提出了利用电化学法进行消毒，迄今电化学消毒法已经发展了50多年。该法具有高效率、低成本、对环境友好等特点，因此越来越受到人们的关注和青睐。研究表明，电化学消毒是一种较新的消毒方法，具有广泛的杀菌能力，对水藻、细菌等有着很好的去除效果，也越来越受到人们的重视。

尽管电化学消毒的效果得到了一致的肯定，然而关于其杀菌作用机理仍然颇有争议。目前，关于电化学杀菌作用机理的说法主要有以下几种。

1. 电场本身的破坏作用

电场的直接作用能导致细菌细胞膜的分解或者发生电穿孔现象。Zimmermann提出，细胞膜电位的增加会使细胞膜的厚度减少，进而引起细胞膜的分解。在电场作用下，电能产生的机械压缩作用能够使细胞膜发生不可逆形变，使细胞膜分解，细胞质部分或全部流出，造成细菌最终死亡。电穿孔作用则是由于电场的作用，使得细菌细胞膜的磷脂双分子层及蛋白质失稳，因此小分子的物质能够自由透过细胞膜进入细胞内，从而引起细胞膜的膨胀破裂。Ohshima等利用脉冲电场（PEF）对酵母菌以及大肠埃希菌等进行处理，在实验过程中检测到了细菌胞内蛋白质的流出，从而证实了电场作用对细胞膜的不可逆破坏是杀菌的主要原因。

另外，电吸附作用、细胞的电灼烧现象以及影响细菌代谢功能的电渗和电泳现象均能对杀菌作用产生贡献。这些作用是通过细菌细胞和电极之间的电子传递，直接氧化细菌细胞内的辅酶（CoA）造成细菌细胞呼吸系统失调，导致细菌死亡。

2. 电解氯化作用

在电场的作用下，水中的氯离子会被氧化成 Cl_2、次氯酸、次氯酸根等自由氯组分。一般认为电解氯化作用主要通过 HOCl 起作用。HOCl 为很小的中性分子，只有它才能扩散到带负电的细菌表面，并通过细菌的细胞壁穿透到细菌内部。当 HOCl 到达细菌内部时，能起氧化作用破坏细菌的酶系统而使细菌死亡。OCl^- 虽然也具有杀菌能力，但是带有负电，难以接近带负电的细菌表面，杀菌能力比 HOCl 差很多。Stoner 等利用石墨电极在低压电场下处理含有不同浓度 NaCl 的大肠埃希菌溶液。结果表明：杀菌效率和氯离子浓度成正比，而和溶液的 pH 成反比。根据理论分析：pH 高时，OCl^- 较多，当 $pH>9$ 时，OCl^- 接近 100%；而 pH 低时，HOCl 较多，当 $pH<6$ 时，HOCl 接近 100%，因此，反应中产生的 HOCl 被认为是主要的杀菌物质。

3. 活性基团的作用

在电催化反应中，通过电解水以及溶解在水中的氧气在电极表面生成一些短寿命的中间产物，即羟基自由基、氧负离子、臭氧和过氧化氢等。这些强氧化性的物质能使微生物细胞中的多种成分发生氧化，从而使微生物产生不可逆的变化而死亡。Kerwick 等对浓度为零的以硫酸钠为支持电解质的菌液进行电化学消毒。结果表明：杀菌效用仅在通电过程中能得到体现，当没有电场作用时，并无任何残余的杀菌作用。因此反应过程中产生的强氧化性物质可能是使细菌致死的主要原因。通过对采用氯化消毒、臭氧消毒、Fenton 试剂消毒以及电化学消毒等不同方法作用后的细菌形态进行扫描电镜（SEM）检测，发现臭氧消毒、Fenton 试剂消毒以及电化学消毒处理后的细菌具有相似的形变及表面破坏形式，而用氯化消毒处理的细菌却无法观察到类似的变化。臭氧和 Fenton 产生的羟基自由基是细菌致死的主要原因，因此可以推测电化学消毒也是类似的作用机制。

总之，同生物、化学和物理等废水消毒处理法相比，电化学消毒方法具有能耗低、费用少、杀菌率高、不需投加药剂、处理装置紧凑、反应池占地面积少、操作维护简单等优点。但由于其作用机理和适用范围仍不甚清楚、反应设备效果不稳定等原因，目前尚未推广应用。

（吕福荣）

参考文献

陈喆，王红武，马鲁铭．2008．电化学杀菌水处理技术研究进展．工业用水与废水，39（6）：1～5

罗刚，刘军，胡和平，等．2008．城市污水消毒技术研究进展．广东化工，35（11）：78～81

唐受印，戴友芝，汪大翚．2003．废水处理工程．北京：化学工业出版社：34～154

魏炎光．2005．城市污水处理厂二氧化氯消毒技术与设备配置．福建建设科技，（5）：57，58

杨岳平，徐新华，刘传富．2003．废水处理工程及实例分析．北京：化学工业出版社：58，59

陈国华．2003．环境污染治理方法原理与工艺．北京：化学工业出版社：59～70

杨智宽，韦进宝．2002．污染控制化学．武汉：武汉大学出版社：86～216

第六章　废水生物处理的基本原理

微生物对自然界中物质循环与净化环境起到非常重要的作用，地球表面的动植物残体等有机物大部分是由微生物分解为无机化合物而回归大地，所以说自然界的净化应主要归于微生物。在废水处理中，生物处理具有不可代替的重要作用。环境微生物的研究，实际上也是从废水生物处理的研究和应用开始的。至今，由水体自净过程发展而来的废水生物处理技术已在环境工程上广泛应用。

废水生物处理主要是利用微生物的生命活动过程，对废水中的污染物质进行转移和转化，从而使废水得到净化的处理方法。由于整个过程基本上是在微生物所产生的酶的参与下发生的生物化学反应，因此通常将废水生物处理称为废水生化处理。它是目前最重要的，也是最常用的废水处理方法。

废水生物处理的方法很多，根据不同的原则，可做不同的划分。根据起主要作用的微生物呼吸类型，可分为好氧处理、厌氧处理和兼性厌氧处理；根据微生物的存在状态，可分为悬浮生长系统和固定膜系统。好氧处理又分为活性污泥法（包括标准法、高速法、延时曝气法、纯氧法、氧化沟法等）、生物膜法（包括生物滤池、生物转盘、生物接触氧化法、生物流化床等）、好氧塘法；厌氧处理同样可分为厌氧消化法（包括中温消化法、高温消化法、上流式厌氧污泥床）、厌氧生物膜法（包括厌氧生物滤池、厌氧流化床、厌氧附着膜床、厌氧生物转盘等）、厌氧塘法；兼性厌氧处理或联合处理包括水解处理法、兼性氧化塘、序批式活性污泥法。另外还有利用特定微生物生理类群的处理，如光合细菌、酵母、脱氮菌等；利用自然生态系统的处理，如土地处理系统净化法；利用固定化微生物或其酶的处理；利用人工构建的工程菌的处理，如原生质体融合、基因工程菌等。各种微生物的处理方法都有其自身的特点和局限性。因此，在废水处理设计过程中，既要根据废水的特性和环境条件选择技术可行的处理工艺，同时也要根据社会和经济状况进行技术经济分析，选择经济上可行的工艺，最终权衡得到最佳的处理工艺。

第一节　废水生物处理的微生物学基础

一、微生物类群与形态结构

微生物是对所有个体微小（<0.1mm）、结构简单的低等生物的总称。我们观察微生物，需借助显微镜使之放大几百倍、几千倍才能视见其形体。微生物大多是单细胞的，有些是简单的多细胞型，有的甚至没有细胞结构。按微生物的个体结构，可归类为原核细胞型微生物，如真细菌和古细菌等；真核细胞型微生物，如真菌（酵母、霉菌、蕈菌）、单细胞藻类、原生动物等；非细胞型微生物，如真病毒、亚病毒（类病毒、拟病毒、朊粒）等三大类。至今已记载的生物种数约为150万种，其中微生物为15万~20万种。对微生物来说，这一数字还在急剧地扩大。

（一）原核型微生物

原核型微生物（Prokaryomicrobe）是一大类细胞核无核膜包裹，只有称做核区（nuclear region）的裸露DNA原始核单细胞生物，包括真细菌和古细菌两大群。真细菌包括细菌、放线菌、蓝细菌、支原体、衣原体、立克次氏体、螺旋体等。

1. 细菌（bacteria）

（1）细菌形态与大小

细菌个体形态有球状、杆状、螺旋状和丝状四种。分别称球菌(coccus)、杆菌(bacillus)、螺菌(spirillum)和丝状菌(filamentous bacteria)(图6-1)。细菌大小的变化范围很大，最小的纳米细菌(nanobacteria)，直径仅为50nm，甚至比大的病毒还小。最大的细菌，一种硫细菌（sulfur bacterium），其大小一般为0.1~0.3mm。

1）球菌：细胞个体形状为球形，其直径为0.5~2.0μm。各类球菌又可以根据其排列方式的不同进一步分为：①单球菌（如脲微球菌）；②双球菌（如肺炎双球菌，即肺炎链球菌）；③链球菌（如乳链球菌）；④四联球菌（如四联微球菌）；⑤八叠球菌（如甲烷八叠球菌）；⑥葡萄球菌（如金黄色葡萄球菌）。

2）杆菌：细胞个体形状为杆状，其大小为（0.5~1）μm×（1~5）μm，杆菌有长、短之分，形状也有变化，可分为：①长杆菌，如超巨单胞菌；②短杆菌，如解硫胺素硫胺素芽孢杆菌和多酸光冈菌（*Mitsuokella multiacidus*）等；③芽孢杆菌，如枯草芽孢杆菌；④梭状芽孢杆菌，如溶纤维梭菌；⑤月亮状杆

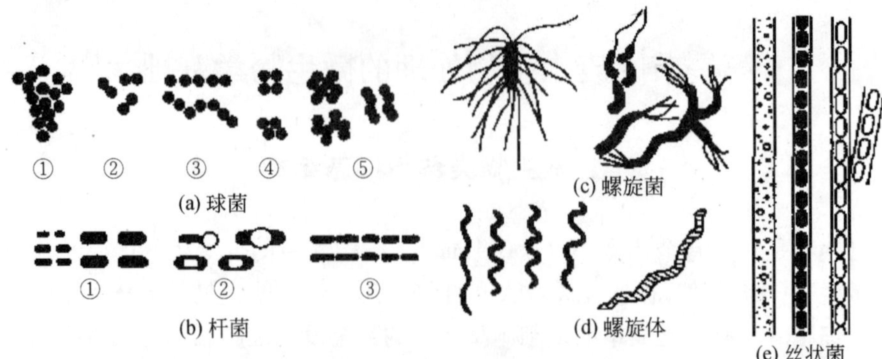

图 6-1　细菌的形态

A. 球菌①葡萄球菌；②双球菌；③链球菌；④四联球菌；⑤八叠球菌
B. 杆菌①短杆菌与长杆菌；②芽孢杆菌与梭状芽孢杆菌；③链杆菌；
C. 螺旋菌；D. 螺旋体；E. 丝状菌

菌，如柄细菌、黄色醋微菌和生痰月单胞菌等；⑥分枝杆菌，如霍氏厌氧分支杆菌和两岐双歧杆菌等。

3）螺旋菌：细胞个体形状呈螺旋卷曲状，其大小为（0.25～1.7）μm×（2～60）μm。根据螺旋的数目和螺距的不同可分为弧菌、螺菌和螺旋体等。①菌体螺纹不满一圈的称为弧菌，形如逗号称弧菌；②菌体螺纹在一圈以上的称为螺菌，如紫硫螺旋菌和红螺菌等；③菌体螺纹在6圈以上的称为螺旋体，如奋森螺旋体。

4）丝状菌：在环境工程中我们经常在水体、潮湿土壤及活性污泥中遇到一种被称为丝状菌的形态，如球衣菌、发硫菌等。所谓丝状菌，其实是由柱状或椭圆状的细菌细胞一个一个连接而成的，外面有透明的硬质化的黏性物质包裹（称为鞘）。

（2）细菌的结构

细菌结构主要包括三大部分，有细菌的基本结构（细胞壁、细胞质膜、细胞质、细胞核等）、特殊构造（如菌毛、鞭毛、荚膜和芽孢等）和细菌细胞内的储藏物质（如糖类、PHB）等。

1）细胞壁（cell wall）：是包围在细菌体表最外层的、具有坚韧而带有弹性的薄膜。它约占菌体的10%～25%，主要由肽聚糖构成。通过染色、质壁分离或制成原生质体后再在光学显微镜下观察，可证实细胞壁的存在。

2）细胞质膜：由上、下两层致密的着色层，中间夹一个不着色层（区域）组成。不着色层是由具有正、负电荷，有极性的磷脂双分子层组成，是两性分子。

3）细胞质：是在细胞质膜以内，除核物质以外的无色透明、黏稠的复杂胶体、颗粒状物质的总称，亦称原生质。其主要成分为核糖体、储藏物质、各种酶类、中间代谢物、无机盐、载色体和质粒等。

4）核质体（nuclear body）或拟核（nucleoid）：细菌细胞核因没有核膜和核仁，故称为原始核（primitive form nucleus）或拟核（nucleoid），亦称细菌染色体。它由一条环状双链的DNA分子高度折叠缠绕形成的。拟核携带着细菌全部遗传信息，它的功能是决定遗传性状和传递遗传信息，是重要的遗传物质。

5）细菌细胞的特殊结构：特殊结构不是所有细菌都具有的构造，而是某些细菌特有的结构，如荚膜（capsule）、芽孢（spore）、鞭毛（flagellum）和菌毛（pilus or fimbrium）等。

荚膜是一些细菌在其细胞表面分泌的一种黏液性物质，把细胞壁完全包围封住，这层黏性物质就叫荚膜。荚膜附着在细胞壁表面，使细菌与外界环境有明显的边缘。细菌荚膜的厚度不同，根据其厚度不同将荚膜分为荚膜、微荚膜（microcapsule）或黏液层（slime layer）。荚膜的主要功能是具有保护功能、储存营养物质和堆积某些代谢废物，当缺乏营养时，荚膜可被用作碳源和能源，有的荚膜还可作氮源。废水生物处理中的细菌荚膜有生物吸附作用，将废水中的有机物、无机物及胶体吸附在细菌体表面上。

黏液层是细菌细胞表面分泌黏性多糖，疏松地附着在细菌细胞壁表面，与外界没有明显边缘，称黏液层。在废水生物处理过程中有生物吸附作用，在曝气池中因曝气搅动和水的冲击力容易把细菌黏液冲刷入水中，以致增加水中有机物，它可被其他微生物利用。

菌胶团是有些细菌由于其遗传特性决定会产生一定形状的大型黏胶物，使细菌之间按一定的排列方式互相黏集在一起，被一个公共荚膜包围形成一定形状的细菌集团，称为菌胶团（*Zoogloea*）。菌胶团有球形、蘑菇形、椭圆形、分支状、垂丝状及不规则形等多种形状。上述各种菌胶团在活性污泥中均有，典型的有动胶菌属。

芽孢是有些细菌在它的生活史中的某个阶段（生长发育后期）或某些细菌在它遇到外界不良环境时，在其细胞内形成一个圆形或椭圆形的抗逆性休眠体内生孢子叫芽孢或内生芽孢（spore or endospore）。芽孢是抵抗外界不良环境的休眠体。

鞭毛是由细胞质膜上的鞭毛基粒长出穿过细胞壁伸向体外的一条纤细的波浪状的丝状物叫鞭毛（flagellum）。其数目为1至数十根，具有运动的功能。

6）储藏物（reserve materials）：细菌细胞内的储藏物质种类很多，主要分有机（C、N）和无机物（P、S）等。

①聚-β-羟基丁酸（poly-β-hydroxybutyrate）：PHB是一种聚酯类，被一单层蛋白质膜包围。为脂溶性物质，不溶于水，易被脂溶性染料苏丹黑（Sudan black）着染，在光学显微镜下清晰可见。具有储藏能量、碳源和降低细胞内渗

透压的作用。当 *Bacillus megaterium*（巨大芽孢杆菌）在含乙酸或丁酸的培养基中生长时，细胞内的 PHB 可达干重的 60%。据报道，PHB 可制作易降解且无毒的医用塑料器皿和外科用的手术针及缝线。

②异染粒（metachromatic granule）又称迂回体或捩转菌素，这是因异染粒最早在迂回螺菌（*Spirillum volutans*）中被发现之故。异染粒大小为 0.5 ~ 1.0μm，异染粒由多聚偏磷酸、核糖核酸、蛋白质、脂类及 Mg^{2+} 组成，可用甲苯胺或甲烯蓝染成紫红色。在生长的细胞中异染粒含量较多，在老龄细胞中异染粒常被用作碳源和磷源而减少。

③藻青素（cyanophycin）和藻青蛋白（phycocyanin）属于内源性的氮素储藏物，同时还具有储藏能源的作用。

④羧化体（carboxysome）是在若干化能自养细菌中含有的多角形细胞内含物，称为羧化体。它的大小与噬菌体相仿（约 10nm），内含 1，5-二磷酸核酮糖羧化酶，在自养细菌的 CO_2 固定中起着关键的作用。

2. 古菌（archaea）

在过去很长的时间里，由于研究微生物的技术和研究手段较落后的原因，对古菌的了解甚少，一直将古菌隶属于细菌范畴。1977 年起，人们改进了研究方法，对细菌作了深入研究。根据微生物的细胞结构、化学组成及它们的特殊生活环境作了细致比较，发现细菌中有一类很特殊的微生物。为区分开这类特殊菌，将细菌划分为古细菌（archaeobacteria）和真细菌（eubacteria）界，都属于原核生物。后来，分析它们的 DNA 的 G + C%，用 DNA 杂交等技术，尤其是用 16SrRNA 碱基顺序比较后，明显看到这些特殊菌既不同于细菌又不同于真核生物。故现在将这特殊菌与细菌彻底分开，和细菌、真核生物并列，称古菌。

（1）古菌的特点

古菌的细胞很薄，扁平。有精确的方角和垂直的边构成直角几何形态的细胞。大多数古菌的细胞壁不含二氨基庚二酸和胞壁酸，它的组分大多是脂蛋白。蛋白质是酸性的，脂类是非皂化性甘油二醚的磷脂和糖脂的衍生物。古菌在代谢过程中有许多特殊的辅酶，如绝对厌氧的产甲烷菌有辅酶 M、F420、F430 等。古菌有五个类群，其代谢呈多样性，它们多数为严格厌氧、兼性厌氧，还有专性好氧。古菌的繁殖速度较慢，进化速度也比细菌慢。大多数古菌生活在极端环境，如盐分高的湖泊水中，极热、极酸和绝对厌氧的环境。它有特殊的代谢途径，有的古菌还有热稳定性酶和其他特殊酶。

按照古菌的生活习性和生理特性可分为三大类型：产甲烷菌（methanogenus）、嗜热嗜酸菌（*thermoacidophiles*）、极端嗜盐菌（*halophiles*）。

1）产甲烷菌：人们对产甲烷菌的认识约有150年的历史。产甲烷菌对天然气的形成，在自然界与水解菌和产酸菌等协同作用，使有机物甲烷化，产生有经济价值的生物能物质——甲烷。产甲烷菌是专性厌氧菌，截至1992年已发展为3目、7科、19属、70种。产甲烷菌有 G^+ 和 G^- 菌，形态包括球形、杆状、链杆菌、丝状（图6-2）。

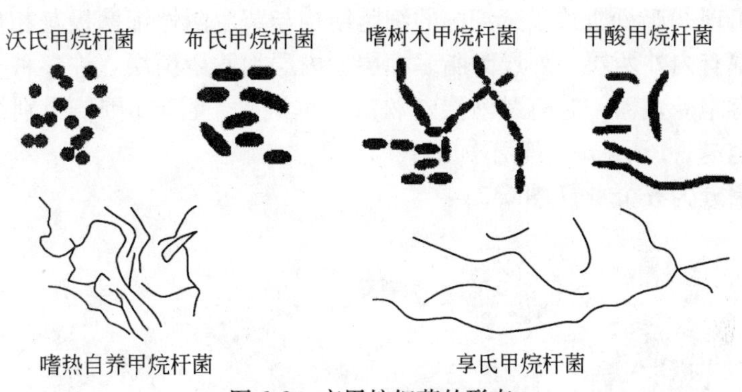

图6-2　产甲烷细菌的形态

2）嗜热嗜酸菌：嗜热嗜酸菌包括古生硫酸还原菌和极端嗜热古菌，多数是硫代谢菌。这类菌的特点是专性嗜热、好氧、兼性厌氧、严格厌氧，呈革兰阴性，杆状、丝状或球状。最适生长温度在70～105℃，嗜酸性和嗜中性，自养或异养生长。

（2）极端嗜盐古菌（extremely halophilic archaea）

极端嗜盐古菌和细菌不同，它们对NaCl有特殊的适应性和需要性，能栖息在高盐环境的晒盐场、天然盐湖，或高盐腌渍食物，如鱼和肉类。通常极端嗜盐菌的需盐下限为1.5mol·L^{-1}［约9%的NaCl，大多数种所需要NaCl为2～4mol·L^{-1}（12%～23%）］，最高5.5mol·L^{-1}（32%，饱和状态）生长。细胞呈链状、杆状或球状，G^- 或 G^+，好氧或兼性厌氧，化能有机营养型。有些菌株在低氧条件下，在细胞膜上形成由视黄醛构成的一种特殊紫色素蛋白——菌紫质。菌紫质可作光感受器，可利用光合成ATP。菌紫质参与形成能量转换系统——紫膜。紫膜为细胞膜的一部分，可成为生物芯片，用于制作生物计算机。

3. 放线菌（actinomycetes）

放线菌是一类呈菌丝状生长、主要以孢子繁殖和陆生性强的原核生物。与细菌十分接近，至今发现的放线菌都呈革兰染色阳性，故认为放线菌就是一类呈丝状生长、以孢子繁殖的 G^+ 细菌。由于放线菌有很强的分解纤维素、石蜡、琼脂、角蛋白和橡胶等复杂有机物的能力，故它们在自然界物质循环和提高土壤肥力等方面有着重要的作用。

4. 蓝细菌（Cyanobacteria）

蓝细菌是古老的生物，是一类含有叶绿素、具有放氧性光合作用的原核生物。在50亿年前，地球上是无氧的环境。使地球由无氧环境转为有氧环境是由于蓝细菌出现并产氧所致。蓝细菌的细胞结构与革兰阴性细菌极其相似。细胞外层的细胞壁有内外两层，外层为脂多糖层，内层为肽聚糖层。许多种类在细胞壁外还分泌有胞外多糖，它有黏液层（松散，可溶）、荚膜（围绕个别细胞）或鞘衣围绕细胞链（trichome）等不同形式。

蓝细菌分为五个群（图6-3）：

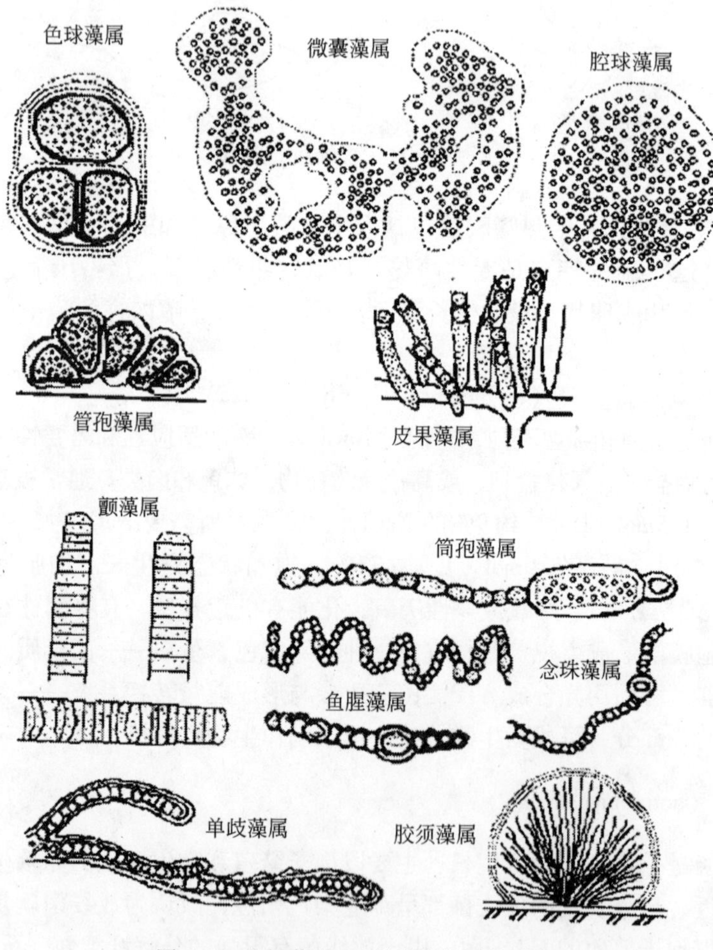

图6-3　蓝细菌Ⅰ-Ⅳ群的部分属的形态

1）色球蓝细菌群：细胞呈球状或杆状，可单生或长成团状聚合体，如管孢蓝细菌属、色球蓝细菌属和微囊蓝细菌属等。

2）厚球蓝细菌群：包括一些仅通过复分割来进行繁殖的单细胞蓝细菌，如宽球蓝细菌属、皮果蓝细菌属和拟色球蓝细菌属等。

3）无异形胞丝状蓝细菌群：细胞链由单纯营养细胞组成，如鞘丝蓝细菌属、颤藻蓝细菌属和假鱼腥蓝细菌属等。

4）有异形胞丝状蓝细菌群：丝状，不分枝，有异型胞，如鱼腥蓝细菌属、筒孢藻蓝细菌属、念珠蓝细菌属和单歧蓝细菌属等。

5）细胞能多平面分裂的有异形胞丝状蓝细菌群：丝状体有分枝，或由多一排细胞组成，如飞氏蓝细菌属、真枝蓝细菌属等。

蓝细菌在污水处理，水体自净中起积极作用。在氮、磷丰富的水体中生长旺盛，可作水体富营养化的指示生物。有某些属种在富营养化的海湾和湖泊中引起海湾的赤潮和湖泊的水华。严重者引起水生动物大量死亡。

5. 螺旋体

螺旋体是一类形态和运动机理独特的细菌。菌体宽度 0.1 ~ 0.5μm，有的达 30μm；长度 3 ~ 20μm，有的长达 500 μm。细胞结构与其他细菌稍有不同，不具鞭毛，在细胞两端各生着一根富有弹性的轴丝，两根轴丝均向细胞中部延伸并相重叠，螺旋体靠轴丝的收缩而运动。它的繁殖方式为纵裂。腐生或寄生，腐生者多在河流、池塘、湖泊、海洋或淤泥中生存，寄生者可引起人和动物疾病。已知的螺旋体有 5 属：螺旋体属（*Spirochaeta*）和脊螺旋体属（*Critispira*）密螺旋体属（*Treponema*）、疏螺旋体属（*Borrelia*）及钩端螺旋体属（*Leptospira*）分别引起梅毒、回归热及钩端螺旋体病。

（二）真核型微生物

真核型微生物（eucaryotic microbe）包括（真核）原生生物界（Protista）的原生动物（Protozoa）、藻类（algae）、真菌（fungus）的霉菌（mold）、酵母菌（yeasta）及伞菌（Agarcus）。还包括动物界的微型后生动物（metozoa），如轮虫（Rotifer）、线虫（Nematode）、甲壳纲（Crustacea）、寡毛纲（Oligochaeta）等的微小动物。

1. 原生动物

（1）原生动物的一般特征

原生动物是动物中最原始、最低等、结构最简单的单细胞动物。在动物学中被列为原生动物门（Protozoa）。因其形体微小（10～300μm），仅在光学显微镜下才可见。原生动物为单细胞，没有细胞壁，有细胞质膜、细胞质，有分化的细胞器，其细胞核具有核膜（较高级类型有两个核），故属真核微生物。有独立生活的生命特征和生理功能，如摄食、营养、呼吸、排泄、生长、繁殖、运动及对刺激的反应等。

（2）原生动物的营养类型

1）全动性营养（holozoic）：全动性营养的原生动物吞食其他生物（如细菌、放线菌、酵母菌、霉菌、藻类、比自身小的原生动物和有机颗粒等）为食。绝大多数原生动物为全动性营养。

2）植物性营养（holophytic）：有色素的原生动物如绿眼虫、衣滴虫和植物一样，在阳光下能吸收 CO_2 和无机盐进行光合作用，合成有机物供自身营养。

3）腐生性营养（saprophytic）：某些无色鞭毛虫和寄生的原生动物，借助体表的原生质膜吸收环境和寄主中的可溶性的有机物为营养。

（3）原生动物的分类

早期根据原生动物的细胞器和其他特点，将原生动物分为四个纲：鞭毛纲、肉足纲、纤毛纲和孢子纲。鞭毛纲、肉足纲、纤毛纲三纲存在水体中，在废水生物处理中起重要作用。孢子纲中的孢子虫营寄生生活，寄生在人体和动物体内，可随粪便排到污水中，故需要消灭之。

1）鞭毛纲（Mastigophora）：鞭毛纲中的原生动物称为鞭毛虫。具有一根或多根鞭毛，如眼虫（图6-4）、屋滴虫、杆囊虫等具一根鞭毛，多数鞭毛虫是个体自由生活，也有群体的。鞭毛纲的营养类型兼有全动性营养、植物性营养和腐生性营养三种类型。在自然水体中，鞭毛虫喜在多污带和α-中污带生活。在污水生物处理系统中，活性污泥培养（activated sludge culture，ASC）初期或在处理效果差时鞭毛虫（图6-5）大量出现，可作污水处理的指示生物。

2）肉足纲（Sarcodina）：肉足纲的原生动物称肉足虫。机体表面仅有细胞质形成的一层薄膜，没有胞口和胞咽等结构。它们形体小、无色透明，大多数没有固定形态，由体内细胞质不定方向的流动而呈千姿百态，并形成伪足作为运动和摄食的细胞器，为全动性营养。少数种类呈球形，也有伪足。变形虫喜在“α-中污带或β-中污带的自然水体中生活。在污水生物处理系统中，则在活性污泥培养中期出现（图6-5）。

3）纤毛纲（Ciliata）：纤毛纲的原生动物叫纤毛虫。有游泳型和固着型两种类型。它们以纤毛作为运动和摄食的细胞器。纤毛虫是原生动物中最高级的一类，它们有固定的、结构细致的摄食细胞器。① 游泳型纤毛虫属全毛目（Holotricha）、有喇叭虫属（Stebtor）、四膜虫属（Tetrahymena）、斜管虫属（Chil-

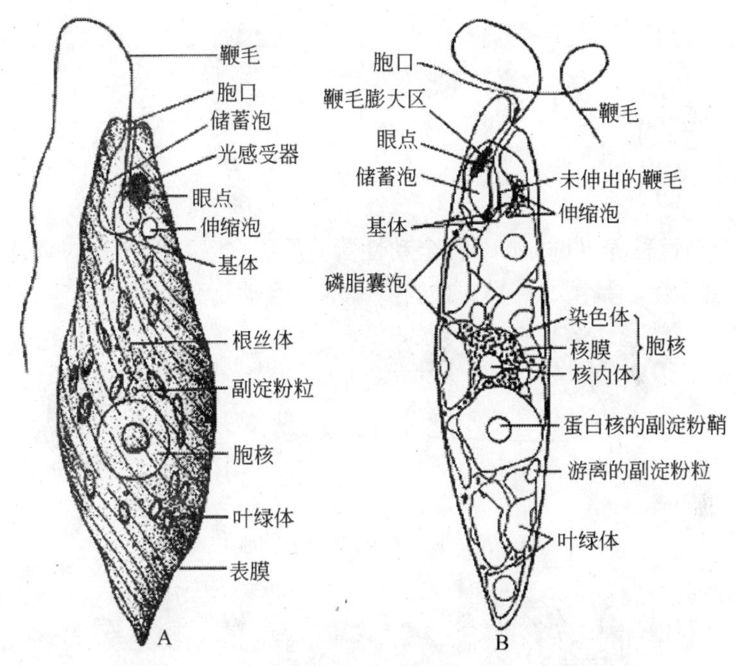

图6-4　眼虫的结构示意图

A. 眼虫示一般结构；B. 纤细眼虫示叶绿体的形状及其内的蛋白核在蛋白核外面具有同化产物副淀粉组成的鞘，有些种类色素体内无蛋白核或有蛋白核而无副淀粉鞘

odonella）、豆形虫属（Colipidium）、肾形虫属（Colpida）、草履虫属（Paramecium candatum）、漫游虫属（Lionotus）、裂口虫属（Amphileptus）、膜袋虫属（Cyclidium）、楯纤虫属（Aspidisca）、棘尾虫属（Stylonychia）等。纤毛纲中的游泳型纤毛虫多数是在α-中污带和β-中污带，少数在寡污带中生活。在污水生物处理中，在活性污泥培养中期或在处理效果较差时出现。扭头虫、草履虫等在缺氧或厌氧环境中生活，它们耐污力极强，而漫游虫则喜在较清洁水中生活。②固着型纤毛虫属缘毛目（Peritricha）。其虫体的前端口缘有纤毛带（由两圈能波动的纤毛组成），虫体呈典型的钟罩形，故称钟虫类。它们多数有柄，营固着生活。固着型纤毛虫有多种，其中以单个个体固着生活。吸管虫幼体有纤毛，成虫纤毛消失，长出长短不一的吸管，有的吸管膨大，有的修尖，靠一根柄固着生活。虫体呈球形、倒圆锥形或三角形等，没有胞口，以吸管为捕食细胞器，营全动性营养。以原生动物和轮虫为食料。固着型的纤毛虫，尤其是钟虫，喜在寡污带中生活。钟虫类在β-中污带中也能生活，如累枝虫耐污力较强。它们是水体自净程度高，污水生物处理好的指示生物。吸管虫多数在β-中污带，有的也能耐α-中

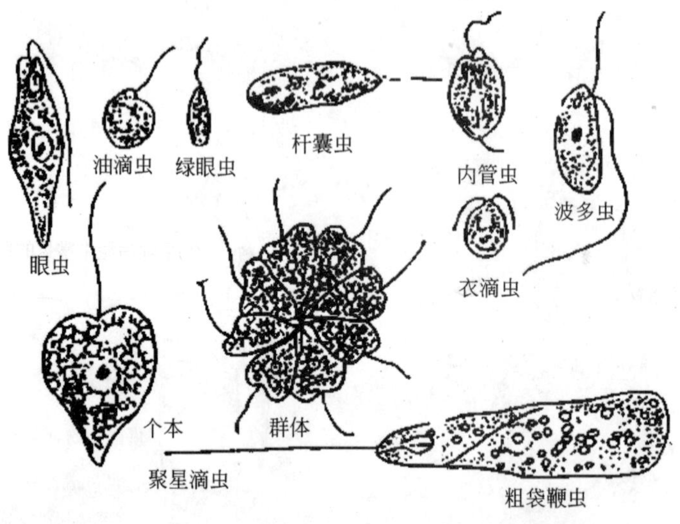

(a) 活性污泥中可见的鞭毛虫类原生动物

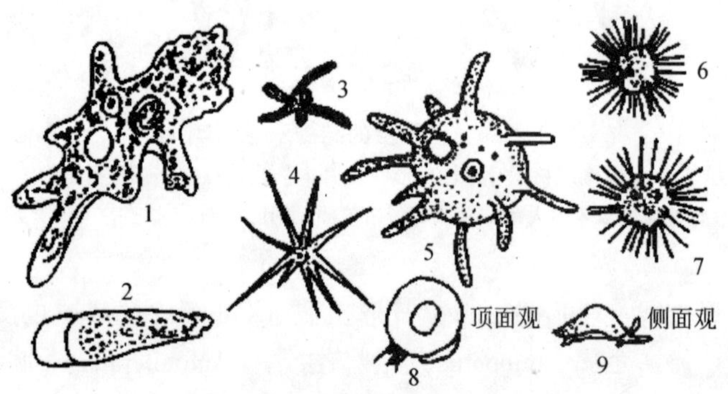

(b) 活性污泥中可见的肉足虫类原生动物

图 6-5　鞭毛纲和肉足纲在活性污泥中常见种类

1. 变形虫;2. 蜗足变形虫;3,4. 辐射变形虫;5. 珊瑚变形虫;6. 单核太阳虫;7. 多核太阳虫;8,9. 表壳虫

污带和多污带。在污水生物处理一般时出现。纤毛纲的原生动物在活性污泥中常见种类见图 6-6。

2. 微型后生动物

原生动物以外的多细胞动物叫后生动物。因有些后生动物形体微小，要借助光学显微镜方可看得清楚，故叫微型后生动物，如轮虫、线虫、寡毛虫（飘体虫、颤吲、水丝吲等）、浮游甲壳动物、苔藓动物。上述微型动物在天然水体、潮湿土壤、水体底泥和污水生物处理构筑物中均有存在。

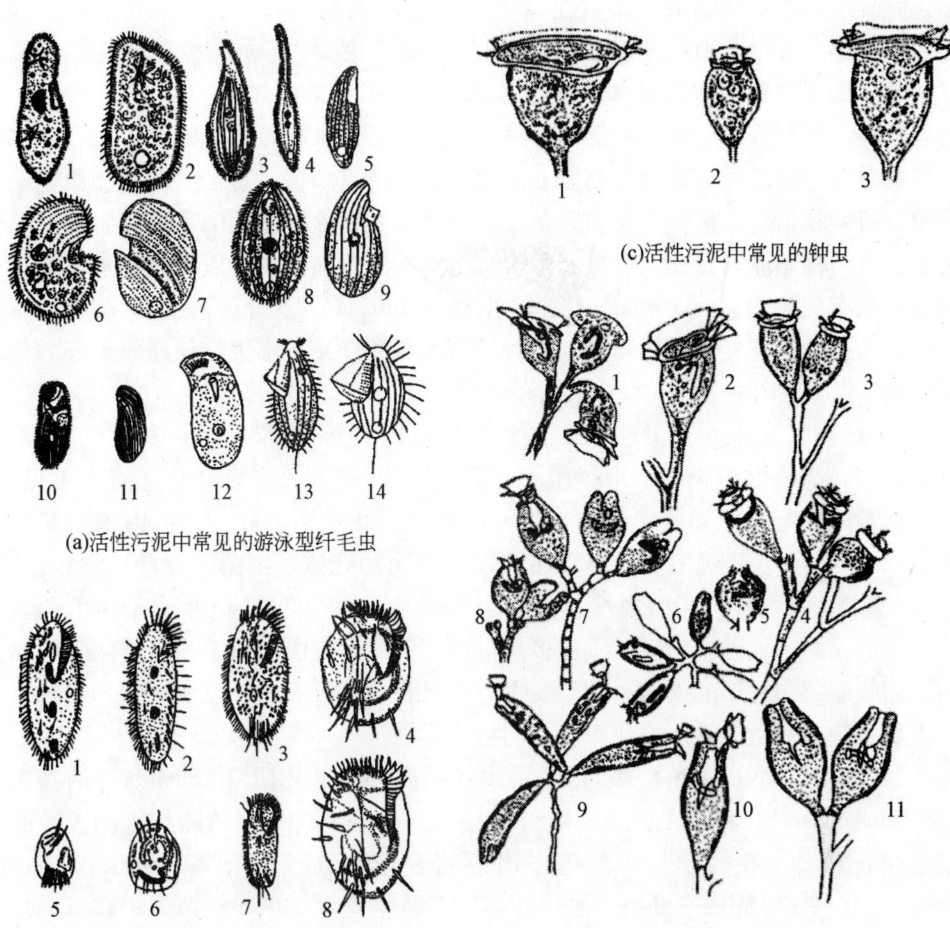

图 6-6　纤毛纲的原生动物在活性污泥中常见种类

(a) 1. 尾草履虫；2. 绿草履虫；3. 敏捷半眉虫；4. 漫游虫；5. 裂口虫；6，7. 僧帽肾形虫；8，9. 梨形四膜虫；10. 豆形虫；11. 弯豆形虫；12. 斜管虫；13. 长圆膜袋虫；14. 银灰膜袋虫

(b) 1. 两面尖毛虫；2. 鬣尖毛虫；3. 鬣棘尾虫；4. 盘状游仆虫；5. 橇纤虫；6. 鬣状插纤虫；7. 腐生棘毛虫；8. 阔口游仆虫

(c) 1. 大口铃虫；2. 小口铃虫；3. 沟钟虫

(d) 1. 螅状独缩虫；2. 树状聚缩虫；3～5. 湖累（等）枝虫；6. 圆筒盖纤虫；7. 节盖纤虫；8. 小盖纤虫；9. 长盖纤虫；10，11. 彩盖纤虫

1）轮虫（Rotifer）：轮虫是担轮动物门（Trocheminthes）轮虫纲（Rotifera）的微小动物。因它有初生体腔，新的分类把轮虫归入原腔动物门（Protocoelomata）。轮虫种类很多，已观察到的有 252 种，分属于 15 科、79 属。轮虫形体微

小，其长度为4～4000μm，多数在500μm左右。身体为长形，分头部、躯干和尾部。头部有一个由1～2圈纤毛组成的能转动的轮盘，形如车轮故叫轮虫。轮盘为轮虫的运动和摄食的器官，其咽内有一个几丁质的咀嚼器。躯干呈圆筒形，背腹扁宽，具刺或棘，外面有透明的角质甲膜，尾部末端有分叉的趾，内有腺体分泌的黏液，借以固着在其他物体上。大多数轮虫以细菌、霉菌、藻类、原生动物及有机颗粒为食。猪吻轮虫为肉食性，在污水生物处理过程中若猪吻轮虫大量出现会将活性污泥蚕食光。轮虫又可作水生动物的食料。在一般的淡水水体中出现的轮虫有旋轮虫属（*Philodina*）、轮虫属（*Rotaria*）和间盘轮虫属（*Dissotrocha*），轮虫要求较高的溶解氧量。轮虫是水体寡污带和污水生物处理效果好的指示生物。

2）线虫（Nemato）：线虫属于线形动物门（Nemathelminthes）的线形纲（Nematoda）。线虫为长形，形体微小，多在1mm以下，在显微镜下清晰可见，线虫前端口上有感觉器官，体内有神经系统，消化道为直管，食道由辅射肌组成。线虫的营养类型有三种：腐食性（以动植物的残体及细菌等为食）、植食性（以绿藻和蓝藻为食）和肉食性（以轮虫和其他线虫为食）。线虫有寄生的和自由生活的。污水处理中出现的线虫多是自由生活的。自由生活的线虫体两侧的纵肌交错收缩，作蛇形的拱曲运动。线虫有好氧和兼性厌氧的，兼性厌氧的在缺氧时大量繁殖。线虫是污水净化程度差的指示生物。

3）寡毛类动物：飘体虫、颤吲及水丝吲属环节动物门（Annelida）的寡毛纲（Oligochaeta），比轮虫和线虫高级。身体细长分节，每节两侧长有刚毛，靠刚毛爬行运动。在污水生物处理中出现的多为红斑颗体虫（Aeolosma hemprichii）。它的前叶腹面有纤毛，是捕食器官，营杂食性，主要食污泥中有机碎片和细菌。它分布很广，夏、秋两季在水体中生长适宜，生长温度为20℃，6℃以下活动力降低，并形成胞囊。颤吲和水丝吲则为河流、湖泊底泥污染的指示生物，它们中有厌氧生活的，以土壤为食。活性污泥中常见微型动物见图6-7。

4）浮游甲壳动物：浮游甲壳动物在浮游动物中占重要地位，数量大、种类多、是鱼类的基本食料。甲壳动物的数量对鱼类影响大。它们广泛分布于河流、湖泊和水塘等淡水水体及海洋中，以淡水种为最多。它们是水体污染和水体自净的指示生物。常见的有剑水蚤（*Cyclops*）和水蚤（*Daphnia pulex*），属节肢动物门（Arthropoda）的甲壳纲（Crustacea）（图6-8）。都是水生，营浮游生活，摄食方式有滤食性和肉食性两种。水蚤的血液含血红素，血红素溶于血浆，肌肉、卵巢和肠壁等细胞中也含血红素。血红素的含量常随环境中溶解氧量的高低而变化。水体中含氧量低，水蚤的血红素含量高；水体中含氧量高，水蚤的血红素含量低。由于在污染水体中溶解氧含量低，清水中氧的含量高，所以，在污染水体

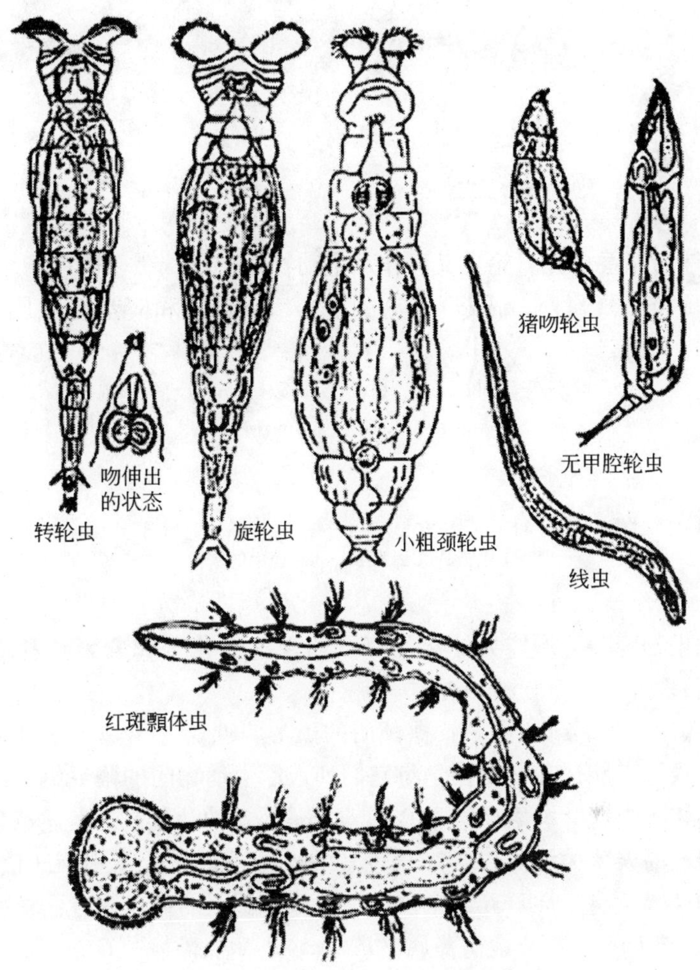

图 6-7　活性污泥中常见微型动物

中的水蚤颜色比在清水中的红些。这就是水蚤常呈不同颜色的原因，是适应环境的表现。我们可以利用水蚤的这个特点，判断水体的清洁程度。

3. 藻类

藻类在植物学中被列为藻类植物，现已发展成独立的藻类学。它们在大小和结构上差异很大，小的藻类只能在光学显微镜下才能看见。有单细胞的个体和群体，群体是若干个个体以胶质相连，其大小以 μm 计。蓝藻因形体小，细胞结构简单，没有核膜，没有特异化的细胞器，也没有有丝分裂，属原核微生物，故微生物学把它列入微生物的范畴。除蓝藻以外的藻类都是真核生物，其中形体小的

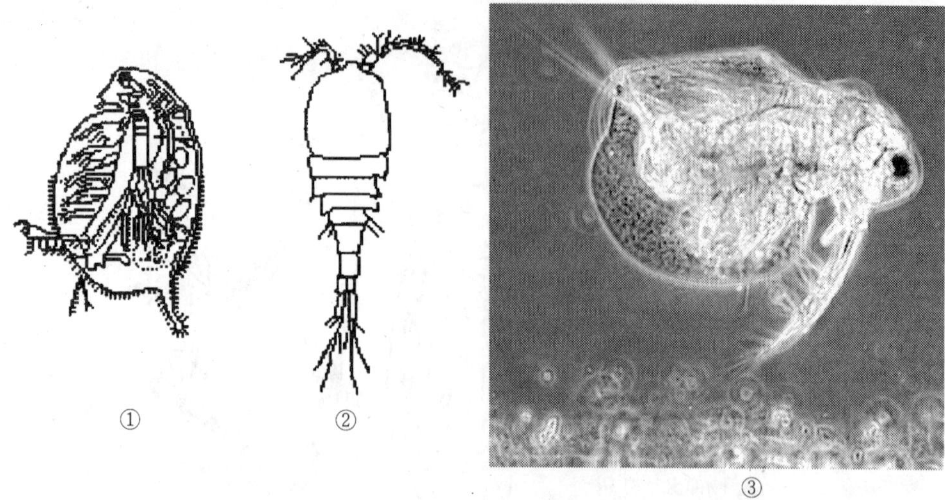

图 6-8 浮游甲壳动物
①水蚤；②剑水蚤；③污泥中的水蚤

也被列入微生物范畴，形体大的藻类有红藻（如石花菜和紫菜）和褐藻（如海带和裙带菜）。

1）裸藻门（Euglenophyta）：裸藻门的藻类叫裸藻。裸藻因不具细胞壁而得名。它们有鞭毛，能运功，动物学将它们列入原生动物门的鞭毛纲。绝大多数裸藻具有叶绿体，内含叶绿素 a、b，β-胡萝卜素、3 种叶黄素。上述色素使叶绿体呈现鲜绿色，易误认为绿藻。含光合色素的裸藻进行光合作用，即植物性营养。不含色素的裸藻营腐生性营养或全动物性营养。裸藻的代表属有：囊裸藻属（即颈胞藻属 T*rachelomonas*）、扁裸藻属（*Phacus*）、柄裸藻属（*Colacium*）及裸藻属（即眼虫藻属 *Eugleme*）。裸藻主要生长在有机物丰富的静止水体或缓慢的流水中，对温度的适应范围广，在 25℃ 繁殖最快。大量繁殖时形成绿色、红色或褐色的水华（水花），故裸藻是水体富营养化的指示生物。

2）绿藻门（Chlorophyta）：绿藻门的藻类叫绿藻。它们形体多样，有单细胞的个体、群体和丝状体。个体的形态也多样（图 6-9）。单细胞个体的绿藻具有 2～4 根顶生的、等长的尾鞭型鞭毛。它们含有较多叶绿素 a、b，叶黄素，泥黄素，β-胡萝卜素也较多。其储存物为淀粉和油类，叶绿体内有一至几个有鞘的造粉核。绿藻的代表属有：衣藻属（*Chlamydomonas*）、小球藻属（*Chlorella*）、盘藻属（*Gonium*）、实球藻属（*Pandorina*）、空球藻属（*Eudorina*）、团藻属（*Volvox*）、栅藻属（*Scenedesmus*）、盘星藻属（*Pediastrum*）、新月藻属（*Closterium*）、鼓藻属（*Cosmarium*）、转板藻属（*Mougeotia*）、丝藻属（*Ulothrix*）、双星藻属

(*Zygnema*)、水绵藻属(*Sprirogyra*)、绿球藻属(*Chlorococcus*)及绿校藻属(*Chlorogonium*)等。绿藻是藻类生理生化研究的材料及宇宙航行的供氧体，有的可制藻胶。绿藻在水体自净中起净化和指示生物的作用。

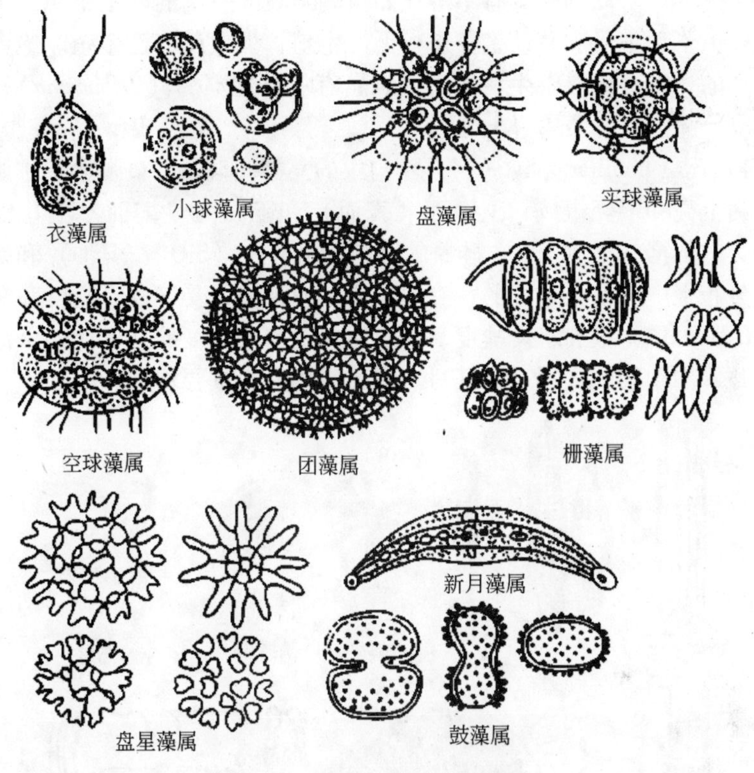

图 6-9 绿藻门的几个代表属

3）轮藻门（Charophyta）：轮藻门的藻类叫轮藻。它们的细胞结构，光合色素和储存物与绿藻大致相同。不同的是有大型顶细胞，具有一定的分裂步骤，有节和节间，节上有轮生的分支，为卵配生殖，在淡水和半咸水中生长。轮藻门的轮藻属可熏烟驱蚊，有轮藻生长的水中没有孑孓生长，轮藻受精卵化石可作地层鉴定和陆地勘探的依据。

4）金藻门（Chrysophyta）：金藻门的藻类叫金藻。金藻形体多样，有个体和群体。具有一或两根鞭毛，少数有三根鞭毛。体内叶黄素和 β-胡萝卜素占优势，藻体呈现黄绿色和金棕色。其储存物有金藻糖和油。有的金藻细胞无细胞壁，有的金藻具果胶质衣鞘，还有的含硅质鳞片。球形和丝状体有细胞壁，多数金藻产生内生孢子。金藻多数为淡水产的，在寒冷季节大量繁殖，是重要的浮游藻类。金藻的代表属有：鱼鳞藻属（*Mallomonas*）、合尾藻属（*Synun*）和钟罩藻属

(*Dinobryon*)。

5）黄藻门（Xanthophyta）：黄藻门中的藻类叫黄藻。黄藻的细胞壁大多数由两个半片套合组成，含多量的果胶质，体内含叶绿素 a、c，β-胡萝卜素和叶黄素，储存物为油。游动细胞具有不等长的略偏于腹部一例的两根鞭毛，少数只有一根鞭毛。借不动孢子和游动孢子进行无性生殖，少数属有性生殖。绝大多数黄藻为淡水产的，附着或浮游生活。其代表属有：黄丝藻属（*Tribonema*）、黄群藻属（*Synura*）和拟黄群藻属（*Synuropsis*）。

6）硅藻门（Bacillariophyta）：硅藻门中的藻类叫硅藻。硅藻为单细胞，形体像小盒，由上壳和下壳组成。上壳面（壳面）和下壳面（瓣面）上花纹的排列方式是分类的依据（图 6-10）。硅藻的细胞壁由硅质（$SiO_2 \cdot xH_2O$）和果胶质组成。硅藻分布很广，是全球性的，有明显的区域种类，受气候、盐度和酸碱度的制约。有的种可作土壤和水体盐度、腐殖质含量和酸碱度的指示生物。浮游和附着的种都是水中动物的食料，硅藻对水体的生产力起重要作用。

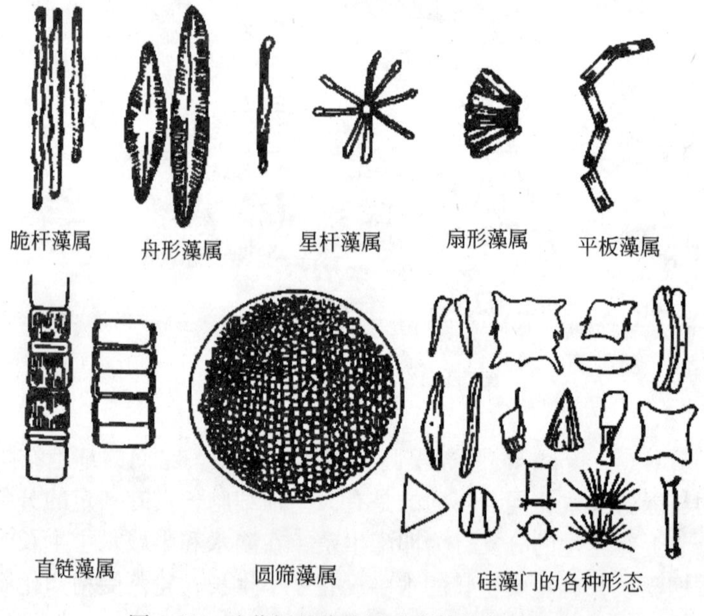

图 6-10 硅藻门的代表属及藻体的各种形态

7）甲藻门（Pyrrophyta）：甲藻门的藻类叫甲藻。甲藻多为单细胞的个体，呈三角形、球形、针形，前后或左右略扁，前、后端常有突出的角。多数有细胞壁，少数种为裸型的。细胞核大，有核仁和核内体。细胞质中有大液泡，有的有眼点。色素体有一个或多个，含叶绿素 a、c，β-胡萝卜素，硅甲黄素，甲藻黄素，新甲藻黄素及环甲藻黄素，藻体呈棕黄色或黄绿色，偶尔红色。储存物为淀粉、淀粉状物质和脂肪。甲藻的代表属有多甲藻属（*Peridinium*）、角甲藻属（*Ceratium*）和裸甲藻属（*Gymnodinium*）。

8）褐藻门（Phaeophyta）：褐藻门中的藻类叫褐藻。褐藻比较高级，色素体含有叶绿素 a、c，β-胡萝卜素，叶黄素。β-胡萝卜素和叶黄素的含量高于叶绿素 a、c。藻体呈橄榄色和深褐色，其储存物为水溶性的褐藻淀粉、甘露糖、油类及还原糖。有含碘量高的，如海带属（*Laminaria*）、裙带菜（*Undaria suringar*），可供食用。

9）红藻门（Rodophyta）：红藻门的藻类叫红藻。红藻的色素为红藻藻红素和红藻藻蓝素。贮存物为红藻淀粉和红藻糖。绝大多数红藻为海产，少数为淡水产。红藻的代表属有：紫菜属（*Porphyra*）、江篱属（*Gracilaria*）、石花菜属（*Gelidium*）及麒麟属（*Eucheuma*）。后三属的红藻均可提取琼脂，供食用、医药用及制生化试剂。

4. 真菌（fungus）

真菌属真核微生物，种类繁多，形态、大小各异，有单细胞和多细胞的。包括酵母菌、霉菌及各种伞菌。酵母菌、霉菌和食用菌在有机废水生物处理和有机固体废弃物生物处理中都起积极作用。

（1）酵母菌（yeast）

酵母菌是单细胞真菌。在真菌分类系统中分别属于担子菌纲、子囊菌纲和半知菌纲。酵母菌有发酵型和氧化型两种。发酵型酵母菌是发酵糖为乙醇（或甘油、甘露醇、有机酸、维生素及核苷酸）和二氧化碳的一类酵母菌，用于发面做面包、馒头和酿酒。氧化型的酵母菌则是无发酵能力或发酵能力弱而氧化能力强的酵母菌。炼油厂的含油、含酚废水生物处理过程中，假丝酵母和粘红酵母菌起积极作用。淀粉废水、柠檬酸残糖废水和油脂废水以及味精废水均可利用酵母菌处理，既处理了废水又可得到酵母菌体蛋白用作饲料。酵母菌还可用作监测重金属。酵母菌的形态有卵圆形、圆形、圆柱形或假丝状。其直径为 1 ~ 5μm，长为 5 ~ 30 μm 或更长，假丝酵母呈假丝状。根据罗德（Lodder）的分类系统，把酵母菌分为 39 属，372 种。生产上应用较多的有酵母菌属（*Saccharomyces*）、裂殖酵母属（*Schizosaccharomyces*）、接合酵母属（*Zygosaccharomyces*）、内孢霉属（*Endomyces*）、德巴利酵母属（*Debaryomyces*）、毕赤酵母属（*Pichia hansenula*）、假丝酵母属（*Candida*）、红酵母属（*Rhodo torula*）及隐球酵母属（*Cryptococcus*）等。

（2）霉菌（mold）

霉菌为多细胞真菌，广泛分布于自然界，与人类生活和生产关系密切。早在古代人们就利用霉菌制酱、制曲。近代发酵工业用霉菌生产酒精、有机酸（如柠檬酸、葡萄糖酸、延胡索酸等）、抗生素（如青霉素、灰黄霉素）、酶制剂（如淀粉酶、蛋白酶、纤维素酶等）、维生素及甾体激素等。霉菌可发酵饲料，生产农药，镰刀霉分解无机氰化物（CN^-）的能力强，对废水中氰化物的去除率达90%以上。有的霉菌还可处理含硝基（$-NO_2$）化合物废水。霉菌有腐生和寄生，腐生菌中的根霉、木霉、青霉、镰刀霉、曲霉、交链孢霉等分解有机物能力强，木霉对难降解的纤维素和木质素分解能力强。寄生霉菌常是人、动物和植物的致病菌，其中的赤霉菌能引起水稻生“恶苗病”，但它的分泌物“赤霉素”可作农作物的生长刺激素，也可用作医药。霉菌是由分支的和不分支的菌丝交织形成的菌丝体。整个菌丝体分为两部分，即营养菌丝和气生菌丝。营养菌丝伸入培养基内或匍匐蔓生在培养基的表面，摄取营养和排除废物；气生菌丝生长在培养基上方的空气中，长出分生孢子梗和分生孢子（图6-11）。霉曲的菌丝直径为3～10μm，在显微镜下放大100倍清晰可见，放大400倍则细胞内部结构也能看见。

霉菌大多数是多细胞的，霉菌的多细胞菌丝体和单细胞菌丝体在显微镜下很容易区别，若菌丝内有横隔膜将一根长菌丝分隔成若干段，每一段含有细胞质和一个或多个核的即为多细胞的菌丝体。它们有青霉、曲霉、镰刀霉、木霉、交链孢霉和白地霉等。若菌丝内没有横隔膜，整个分支的菌丝体即为一个多核的单细胞的菌丝体。它们有根霉、毛霉和绵霉等。霉菌借助有性孢子和无性孢子繁殖，也可借助菌丝的片段繁殖，由它的顶端延伸分支而生成新的菌丝体。

霉菌的菌落呈圆形、绒毛状、絮状或蜘蛛网状。比其他微生物的菌落都大，长得很快可蔓延至整个平板。不同霉菌的孢子有不同形状、结构和颜色，可使各种霉菌菌落呈现不同结构和色泽。霉菌可产生水溶性色素和非水溶性（脂溶性）色素。水溶性色素可溶于培养基中使菌落背面呈现颜色。霉菌菌落疏松，与培养基结合不紧，用接种环很易挑起。

1）单细胞霉菌有三属。①毛霉属（*Mucor*）：毛霉属隶属于藻菌纲毛霉目，其菌丝白色，腐生，极少寄生。毛霉的生活史有无性和有性两个阶段，霉菌分解蛋白质能力强，常用于制作腐乳和豆豉，有的种用于生产柠檬酸和转化甾体物质。②根霉属（*Rhizopus*）：根霉属也隶属于毛霉目。根霉属的霉菌叫根霉。根霉的大部分菌丝匍匐于培养基的表面形成气生菌丝（也叫蔓丝）、生长迅速，向四周蔓延于整个平板。蔓丝生节，在节上向下分支形成假根状的基内菌丝摄取营养，向上长出直立的孢子囊梗，在梗的顶端形成孢子囊。成熟的孢子囊呈黑色，充满孢囊孢子，囊壁破裂后释放出孢子，孢子随风飘扬，当遇到合适的条件即萌发成菌丝体，这是无性孢子繁殖，根霉也进行有性繁殖。根霉分布很广，能产淀粉酶、脂肪酶和果胶酶。常生长在淀粉食品上分解淀粉能力强，可将淀粉转化为

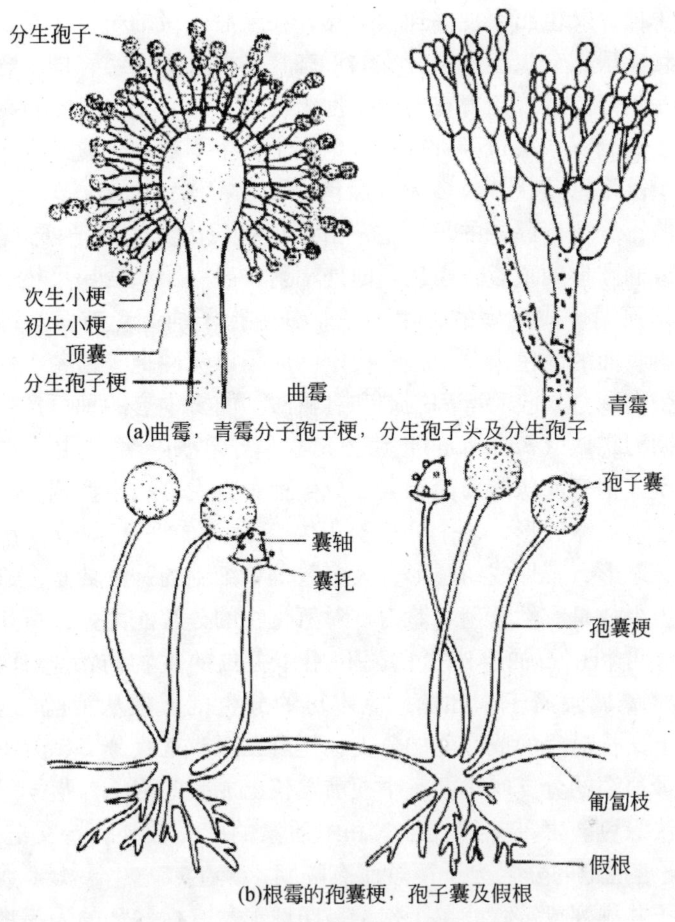

(a)曲霉，青霉分子孢子梗，分生孢子头及分生孢子

(b)根霉的孢囊梗，孢子囊及假根

图 6-11　常见霉菌的分生孢子梗及孢子

糖，是有名的糖化菌。民间制甜酒常用根霉和酵母菌混合作为甜酒曲。工业用它作糖化菌，还用于生产乳酸、延胡索酸、丁烯二酸和转化甾体物质。③绵霉属(*Achlya*)：卵菌的代表。菌丝无隔膜，多核。卵菌大多数水生。它们无性繁殖时所产生的孢囊孢子为游动孢子，孢子一端或腰部形成一或两根鞭毛。有性孢子为卵孢子，卵孢子由两个大小不同的配子囊结合后发育而成。小型配子囊称为雄器，大型配子囊称为雌器。绵霉是在水塘和稻田中常出现的附着在各种动植物残体上的腐生性真菌。绵霉分支菌丝无隔膜，只有在形成繁殖器官时才形成隔膜。菌丝很宽，一般为 15 ~ 30μm，最宽达 270μm，也是真菌中最宽的。无性游动孢子生于棒状孢子囊。

2）多细胞霉菌有六属。①青霉属（*Penicillum*）：青霉隶属于未知菌纲。青霉的分生孢子梗分叉生出小梗并连续分支，在最后一级的小梗上长出一串分生孢子，呈扫帚状。根据分生孢子梗分支的形态青霉可分为四组：即一轮青霉的分生孢子梗只生一轮分支；二轮青霉的分生孢子梗生二轮分支；三轮青霉的分生孢子梗生三轮以上的分支；不对称青霉的分生孢子梗生不对称分支。青霉进行无性繁殖。青霉的菌落呈密毡状，大多为灰绿色。②曲霉属（*Aspergillus*）：曲霉隶属于半知菌纲。曲霉分化出厚壁的足细胞，由足细胞长出分生孢子梗（柄），其顶端膨大成圆形或椭圆形的顶囊，由顶囊向外辐射长出一层或两层小梗，最上层小梗呈瓶状，在其顶端生成成串的分生孢子。分生孢子的颜色有黄、绿、黑和褐色等。曲霉菌落表面的颜色由分生孢子决定。曲霉以无性孢子繁殖，曲霉可用于生产淀粉酶、蛋白酶、果胶酶等酶制剂和有机酸。曲霉中有的种可产生致癌因子黄曲霉素。③镰刀霉属（*Fusarium*）：镰刀霉隶属于半知菌纲，由于它产生的分生孢子呈长柱状或稍弯曲像镰刀而得名。分生孢子有大型和小型两种，大型的是多细胞的，长柱形或镰刀形，每个分生孢子内有 3 ~ 9 个平行隔膜。小型的分生孢子呈卵圆形、球形、梨形或纺锤形，大多数是单细胞的，少数是多细胞的。多数是无性繁殖，少数是有性繁殖。镰刀霉对氰化物的分解能力强，可用于处理含氰废水。少数种可利用石油生产蛋白酶和用作害虫的生物防治。④木霉属（*Trichoderma*）：木霉属隶属于未知菌纲。木霉的分生孢子梗从菌丝的短侧枝长出，分生孢子梗上又长对生的或互生的分支，还可二级或三级分支，分支角为锐角或近于直角。最顶端的分支叫小梗。小梗前端长出成簇的孢子，孢子呈圆形或椭圆形，无色或淡绿色。木霉分解纤维素和木质素的能力较强。⑤交链孢霉属（*Alternaria*）：交链孢霉的分生孢子梗短而有隔膜，单生或丛生，大多数不分支。顶端长分生孢子并排列成链状，单个孢子呈纺锤形，有横和竖的隔膜将孢子分隔呈砖壁状；分生孢子暗至黑色，故其菌落呈类似颜色。交链孢霉进行无性繁殖。⑥白地霉（*Geotrichum candidum*）：白地霉隶属于丛梗孢子科的地霉属。其繁殖方式为裂殖。在营养菌丝的顶端长节孢子，节孢子呈单个或连接成链，孢子形状为长筒形、方形、椭圆形或圆形。白地霉的菌体蛋白营养价值高，可食用或作饲料，可提取核酸，还可用于合成脂肪、制糖、酿酒、淀粉、食品、饮料、豆制品及制药等行业。白地霉也可用于处理废水。

(3) 伞菌

伞菌是属于伞菌目（Agaicales）的一类真菌。其中有食用菌、药用菌和毒菌。食用菌和药用菌肉质鲜美、营养价值高，有的伞菌含抗癌物质。伞菌多数为有性生殖，通过菌丝结合方式产生囊状担子和最终外生四个担孢子，担孢子有色或无色。伞菌由担孢子繁殖，萌发形成初生菌丝体，随后，很快形成双核的次生菌丝。它可为多年生，能年复一年的形成子实体。少数种进行无性繁殖，由它产生的粉孢子和厚恒孢子萌发形成菌丝体。无毒的有机废水（如淀粉废水）可用于培养食用菌的菌丝体，经通入空气培养一定时间后长成子实体，将子实体移栽到固体废物制成的固体培养基上长成蘑菇。既处理废水和固体废物，还获得食用菌。

二、微生物的营养及生长

（一）微生物的营养要素及营养类型

微生物与所有生物一样，从周围环境中摄取营养物质进行生长繁殖。复杂的营养物质分解为简单物质，由简单的小分子前体物质合成机体自身细胞物质。伴随着营养物质氧化分解过程释放的能量，供合成过程所需。光能营养型微生物通过光能转换获取其所需的能量，同时将代谢活动产生的废物排出体外。在适宜的环境条件下，通过生长发育，获得与亲代具有相同性状的后代。

1. 微生物的营养要素

（1）水

水是微生物的重要组分，是细胞结构、大分子、代谢等必不可少的。各类微生物细胞内均含有大量的水分，如细菌为75%～85%、酵母菌为70%～85%、霉菌为85%～90%，芽孢的水分最少，仅为40%，这与它的生理功能（抵抗不良环境）有关。微生物生长环境中，水的有效性常以水的活度值（water activity，a_w）表示。微生物一般在 a_w 为0.6～0.99的条件下生长，a_w 过低时，微生物生长的延缓期延长，生长速率和总生长量减少。微生物不同，其生长最适 a_w 不同（表6-1）。一般而言，细菌生长最适 a_w 较酵母和霉菌高，而嗜盐微生物生长最适 a_w 则较低。

表6-1　几类微生物生长最适 a_w

微生物	a_w
一般细菌	0.91
酵母	0.88
霉菌	0.80
嗜盐细菌	0.76
嗜盐真菌	0.65
嗜高渗酵母	0.60

(2) 碳源

碳源（source of carbon）的主要作用是构成微生物细胞的含碳物质（碳架）和供给微生物生长、繁殖及运动所需要的能量。充当碳源的物质，往往同时又是能量的提供者（自然界中含碳的有机物，一般都含有较高的能量，在被分解时能释放出来，为微生物所利用）。微生物细胞中的碳素含量相当高，占干物质质量的50%左右。碳源物质通常也是能源物质，但是有些以 CO_2 作为唯一或主要碳源的微生物生长所需的能源则并非来自碳源物质。微生物利用碳源物质有选择性，糖类是一般微生物较容易利用的良好碳源和能源物质，但微生物对不同碳类物质的利用也有差别。不同种类的微生物利用碳源的能力有差别，有的微生物能广泛利用各种类型的碳源物质，而有些微生物可利用的碳源物质则较少，如假单胞菌属（*Pseudomonas*）中的某些种可以利用多达90种以上的碳源物质，而一些甲基营养型（*Methylotrophs*）微生物只能利用甲醇或甲烷等碳合化合物作为碳源物质。微生物利用的碳源物质主要有糖类、有机酸、醇、脂类、烃、CO_2 及碳酸盐等（表6-2）。

表6-2　微生物利用的碳源物质

种　类	碳源物质	备　注
糖	葡萄糖、果糖、麦芽糖、蔗糖、淀粉、半乳糖、乳糖、甘露堂、纤维二糖、纤维素、半纤维素、甲壳素、木质素	单糖优于双糖，己糖优于戊糖，淀粉优于纤维素，纯多糖优于杂多糖
有机酸	糖酸、乳酸、柠檬酸、延胡羧酸、低级脂肪酸、高级脂肪酸、氨基酸	与糖类比较，效果较差，有机酸难进入细胞，进入细胞后导致pH下降。当环境中碳源缺乏时，氨基酸可被利用
醇	乙醇	在低浓度下被某些酵母和醋酸菌利用
脂	脂肪、磷脂	主要利用脂肪，在特定条件下将磷脂分解为甘油和脂肪酸而加以利用
烃	天然气、石油、石油馏分、石蜡油等	利用烃的微生物细胞表面有一种由糖脂组成的特殊吸收系统，可将难容的烃充分乳化后吸收利用
CO_2	CO_2	为自养微生物所利用
碳酸盐	$NaHCO_3$、$CaCO_3$、白垩等	为自养微生物所利用
其他	芳香族化合物、氰化物、蛋白质、肽、核酸	利用这些物质的微生物在环保方面有重要作用，当环境中缺乏碳源时，可被微生物作为碳源而降解利用

(3) 氮源

凡是能够供给微生物氮素营养的物质称为氮源。氮源有 N_2、NH_3、尿素、硫酸铵、硝酸铵、硝酸钾、硝酸钠、氨基酸和蛋白质等（表 6-3）。氮源的作用是提供微生物合成蛋白质的原料（一般不充当能源）。只有少数自养微生物能利用铵盐、硝酸盐同时作为氮源。在碳源物质缺乏的情况下，某些厌氧微生物在厌氧条件下可以利用某些氨基酸作为能源物质。能够被微生物利用的氮源物质包括蛋白质及其不同程度的降解产物（胨、肽、氨基酸等）、铵盐、硝酸盐、分子氮、嘌呤、嘧啶、脲、胺、酰胺、氰化物等。

表 6-3　微生物利用的氮源物质

种　类	氮源物质	备　注
蛋白质类	蛋白质及其不同程度降解产物（胨、肽、氨基酸等）	大分子蛋白质难进入细胞，一些真菌和少数细菌能分泌胞外蛋白酶，将大分子蛋白质降解利用，而多数细菌只能利用相对分子质量较小的降解产物
氨及铵盐	NH_3、$(NH_4)_2SO_4$	容易被微生物吸收利用
硝酸盐	KNO_3 等	容易被微生物吸收利用
分子氮	N_2	固氮微生物可以利用，但当环境中有化合态氮源时，固氮微生物就失去固氮能力
其他	嘌呤、嘧啶、脲、胺、酰胺、氰化物等	大肠埃希菌不能以嘧啶作为唯一氮源，在氮源限量的葡萄糖培养基上生长时，可通过诱导作用光合成分解嘧啶的酶，然后再分解利用嘧啶可不同程度地被微生物作为氮源加以利用

微生物利用铵盐和硝酸盐的能力较强，NH_4^+ 被细胞吸收后可直接被利用，因而 $(NH_4)_2SO_4$ 等铵盐一般被称为速效氮源。以 $(NH_4)_2SO_4$ 等铵盐为氮源培养微生物时，由于 NH_4^+ 被吸收，会导致培养基 pH 下降，因而将其称为生理酸性盐；以 KNO_3 等硝酸盐为氮源时，由于 NO_3^- 被吸收，会导致培养基 pH 升高，因而将其称为生理碱性盐。

(4) 无机盐

无机盐是微生物生长必不可少的一类营养物质，它们在机体中的生理功能主要是作为酶活性中心的组成部分，维持生物大分子和细胞结构的稳定性，调节并维持细胞的渗透压平衡，控制细胞的氧化还原电位和作为某些微生物生长的能源物质等。微生物需要的无机盐有磷酸盐、硫酸盐、氯化物、碳酸盐、碳酸氢盐。

无机盐中含有钾、钠、钙、镁、铁等元素，其中微生物对磷和硫的需求量最大。无机盐及其生理功能汇总列表 6-4 中。此外，微生物还需要锌、锰、钴、铂、铜、硼、钒、镍等微量元素（trace element），通常需要量在 $10^{-8} \sim 10^{-6} mol \cdot L^{-1}$（培养基中含量）。如果微量元素缺乏，会导致细胞生理活性降低甚至停止生长。由于不同微生物对营养物质的需求不尽相同，微量元素这个概念也是相同的。一般如没有特殊要求（尤其对天然或半天然培养基）无须另加微量元素。

表 6-4　无机盐及其生理功能

元素	化合物形式（常用）	生理功能
磷	KH_2PO_4、K_2HPO_4	核酸、核蛋白、磷脂、辅酶及 ATP 等高能分子的成分，作为缓冲系统调节培养基 pH
硫	$(NH_4)_2SO_4$、$MgSO_4$	含硫氨基酸（Met、Cys）、维生素的成分，谷胱甘肽可调节胞内氧化还原电位
镁	$MgSO_4$	己糖磷酸化酶、异柠檬酸脱氢酶、核酸聚合酶等活性中心组分，叶绿素和细菌叶绿素成分
钙	$CaCl_2$、$Ca(NO_3)_2$	某些酶的辅因子，维持酶（如蛋白酶）的稳定性，芽孢和某些孢子形成所需，建立细菌感受态所需
钠	NaCl	细胞运输系统组分，维持细胞渗透压，维持某些酶的稳定性
钾	KH_2PO_4、K_2HPO	某些酶的辅因子，维持细胞渗透压，某些嗜菌核糖体的稳定因子
铁	$FeSO_4$	细胞色素及某些酶的组分，某些铁细菌的能源物质，合成叶绿素、白喉毒素所需

(5) 生长因子

生长因子（growth factor）通常指那些微生物生长所必须而且量很小，但微生物自身不能合成或合成量不足以满足机体生长需要的有机化合物。各种微生物对生长因素的要求不同。根据生长因子的化学结构和它们在机体中的生理功能不同，可将生长因子分为维生素，氨基酸与嘌呤及嘧啶三大类。很多异养微生物及自养微生物具有合成生长因子的能力。所以，它们可以不必从外界环境中获取现成的生长因子，因为它们可以自己合成本身所需要的生长因子。但对有些微生物，自己不能合成时，则必需供给生长因子，方能生长繁殖。

2. 微生物的营养类型

由于微生物种类繁多，其营养类型比较复杂，人们常在不同层次和侧重点上对微生物营养类型进行划分。根据碳源、能源及电子供体性质不同，可将绝大多数微生物分为四种类型（表6-5）：①光能无机自养型（photolithoautotrophy）；②光能有机异养型（photoorganoheterotrophy）；③化能无机自养型（chemolithoautotrophy）；④化能有机异养型（chemoorganoheterotrophy）。光能无机自养型和光能有机异样型可利用光能生长，在地球早期生态环境的演化过程中起重要作用；化能无机自养型微生物广泛分布于土壤及水环境中，参与地球物质循环；对化能有机异养型而言，有机物通常是碳源也是能源，大多数细菌、真菌、原生动物属于此类型。

表6-5 微生物的营养类型

营养类型	电子供体	碳源	能源	举　例
光能无机自养型	H_2、H_2S、S或H_2O	CO_2	光能	着色细菌、蓝细菌、藻类
光能有机异养型	有机物	有机物	光能	红螺细菌
化能无机自养型	H_2、H_2S、Fe^{2+} NH_3、或NO_2^-	CO_2	化学能（无机物氧化）	氢细菌、硫杆菌、亚硝化单胞属、甲烷杆菌属、醋酸杆菌属
化能有机异养型	有机物	有机物	化学能（无机物氧化）	多数细菌、放线菌、全部真菌、原生动物

3. 碳氮磷比

水、碳源、氮源、无机盐及生长因子为微生物共同需要的物质。不同微生物细胞的元素组成比例不同，对各营养元素的比例要求也不同。在实际中，主要是指碳氮比（或碳氮磷比）。例如，根瘤菌要求碳氮比为11.5∶1，霉菌为9∶1。在废水处理中，活性污泥中好氧微生物要求碳氮磷比为BOD_5∶N∶P＝100∶5∶1。

为了保证生物处理效果，要按碳氮磷比配给营养。有时某种营养缺乏，应供给或补足。但也不可盲目添加，否则会导致反驯化。城市生活污水能满足活性污泥的营养要求，不存在营养不足的问题。但有些工业废水缺乏某种营养，可适当补给。

（二）微生物的生长

1. 微生物生长繁殖的概念

微生物在适宜的环境条件下不断吸收营养物质，按照自己的代谢方式进行新陈代谢活动。正常情况下，同化作用大于异化作用，微生物的细胞不断迅速增长，这叫做生长。当单细胞个体生长到一定程度时，由一个亲代细胞分裂为两个大小、形状与亲代细胞相似的子代细胞，使得个体数目增加，这是单细胞微生物的繁殖，此种繁殖方式称为裂殖。微生物的生长与繁殖是交替进行的。从生长到繁殖这个由量变到质变的过程叫发育。细菌两次细胞分裂之间的时间，称为世代时间（generation time or doubling time）。在一定的培养条件（如营养组成、pH、温度和通气等）下，它的世代时间是一定的，当环境条件发生改变，其世代时间也会改变。一种微生物在实验室培养条件下与在自然条件中或在污水、有机固体废物生物处理构筑物中的世代时间不同。即使在相同培养条件下，如果营养成分不同，世代时间也会不同。例如，大肠杆菌在37℃的肉汤培养基中培养时，世代时间为15min，在相同温度的牛乳培养基中培养时，世代时间为12.5min。

多细胞微生物的生长只是细胞数目增加，不伴随个体数目增加。如果不仅细胞数目增加，个体数目也增加，则称为多细胞微生物的繁殖。不同种的微生物，其生长繁殖速度不同。原核微生物的繁殖速度一般比真核微生物快。例如，大肠杆菌的世代时间为17min左右，天蓝喇叭虫的世代时间为32h。专性厌氧菌的世代时间多数比好氧菌的长，例如，嗜树木甲烷短杆菌（*Methanobrevi bacter aroriphilus*）的世代时间为6～7*h*，二氧化碳还原菌的世代时间为2天，索氏甲烷杆菌（*Methanobacterium soebngenii*）在33℃培养时平均世代时间为3.4天。

2. 研究微生物生长的方法

微生物的生长可分为个体微生物生长和群体微生物生长。由于微生物个体很小，研究它们的生长有困难，所以多数是通过培养来研究其群体生长。培养方法有分批培养和连续培养两种，这两种方法既可用于纯种培养也可用于混合菌种的培养。在污水生物处理中这两种方法均有应用。

（1）分批培养

分批培养是将一定量的微生物接种在一个封闭的、盛有一定量液体培养基的容器内，保持一定的温度、pH和溶解氧量，微生物在其中生长繁殖，结果出现微生物数量由少变多，达到高峰后又由多变少，甚至死亡的变化规律，这就是微生物菌的生长曲线。污（废）水生物处理中混合生长的活性污泥微生物也有类似的生长曲线。细菌的生长繁殖期可细分为四个时期：停滞期（适应期）、对数期、静止期及衰亡期。

1）停滞期（lag phase，迟滞期或适应期）：将少量细菌接种到某一种培养基中，细菌不立即生长繁殖，而是经一段适应期才能在新的培养基中生长繁殖。在这个时期的初始阶段（图6-12），不同种细菌的停滞期长短不同。因受某些因素的影响，细菌在停滞期经历的时间会改变，影响因素如下：①接种量。接种量大，停滞期短。②接种群体菌龄。将处于对数期的细菌接种到新鲜的、成分相同的培养基中，则不出现停滞期，而以相同速率继续其指数生长。如果将处于对数期的细菌接种到另一种培养基中，则其停滞期可大大缩短；将处于静止期或衰亡期的细菌接种到另一种不同成分的培养基中，其停滞期则相应延长。即使将它们接种到与原来成分相同的培养基中，其停滞期也比接种处于对数期细菌的长。③营养。细菌在丰富的培养基中可直接利用其中各种成分；而在贫乏培养基中，细菌需产生新的酶类以便合成所缺少的营养成分。

处于停滞期的细菌细胞特征如下：在停滞期初期，一部分细菌适应环境，而另一部分死亡，细菌总数下降；到停滞期末期，存活细菌的细胞物质增加，菌体体积增大，其长轴的增长速度特别快（例如，处于停滞期末期的巨大芽孢杆菌细胞的平均长度为刚接种时的6倍），处于这一时期的细胞代谢活力强。细胞中RNA含量高、嗜碱性强，对不良环境条件较敏感，其呼吸速度、核酸及蛋白质的合成速度接近对数期细胞，并开始细胞分裂。

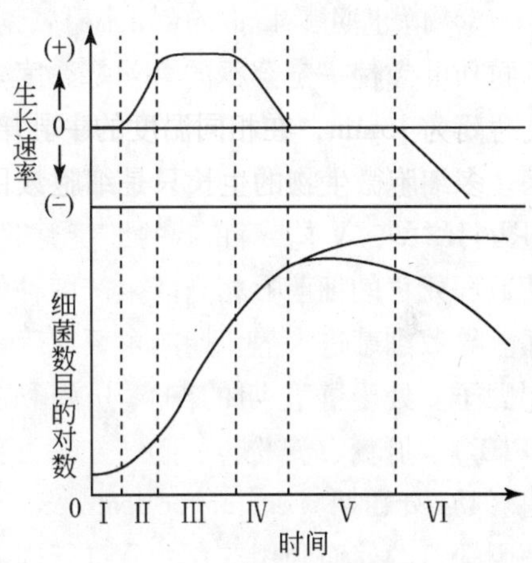

图6-12 细菌生长曲线

2）对数期（log phase or exponential phase，又叫指数期）：继停滞期的末期，细菌的生长速度增至最大，细菌数量以几何级数增加。当细菌总数与时间的关系在坐标系中成直线关系时，细菌即进入对数期（图6-12，Ⅲ）。对数期的细胞个数按几何级数增加：1→2→4→8→16→32…，即 $2^0 \to 2^1 \to 2^2 \to 2^3 \to 2^4 \cdots 2^n \cdots$。指数 n 为细菌分裂的次数或增殖的代数，一个细菌繁殖 n 代后产生 2^n 个细菌。如果知道 t_1 时细菌数为 X_1，经过一段时间到 t_2 时，繁殖 n 代后的细菌数 $X_2 = 2^n X_1$ 可通过下式求出细菌的世代时间（G）：

$$G = (t_2 - t_1)/n$$

$$n = 3.3(\lg X_2 - \lg X_1)$$

式中：n 为繁殖世代数；X_1 为对数期 t_1 时的菌数；X_2 为对数期 t_2 时的菌数。

处于对数期的细菌得到丰富的营养，细胞代谢活力最强，合成新细胞物质的速度最快，细菌生长旺盛。这时的细胞数量不但以几何级数增加，而且细胞每分裂一次的时间间隔缩短。在一定时间内菌体细胞分裂次数越多，世代时间 G 越短，分裂速度就越快。由于营养物质足以供给合成细胞物质用，而有毒的代谢产物积累不多，对生长繁殖影响极小，所以细菌很少死亡或不死亡。此时，细菌细胞物质的合成速度与活菌数的增长速度一致，细菌总数的增加率和活菌数的增加率一致，细菌对不良环境因素的抵抗力强。如果将处于对数期的细菌接种到新配的、成分相同的培养基中，则细菌不经过停滞期就可进入对数期，并大量繁殖。对数期的细菌不但代谢活力强，生长速率快，而且群体中细胞的化学组分及形态、生理特性都比较一致。所以，进行细菌学检验和发酵工业都用对数期的细菌做实验材料。

3）静止期（stationary phase）：对数期的细菌生长繁殖迅速，消耗了大量营养物质，致使一定容积的培养基浓度降低。同时，代谢产物大量积累对菌体本身产生毒害，pH、氧化还原电位等均有所改变，溶解氧供应不足。这些因素对细菌生长不利，使细菌的生长速率逐渐下降甚至到零，死亡速率渐增，进入静止期（图 6-12Ⅳ、Ⅴ）。静止期的细菌总数达到最大值，并恒定一段时间，新生的细菌数和死亡的细菌数相当。生产菌种的发酵厂一般在静止期初期就要及时收获菌体。导致细菌进入静止期的主要原因是营养物质浓度降低，营养物质成了生长限制因子。处于静止期的细菌开始积累储存物质，如异染粒、聚 β- 羟基丁酸（PHB）、肝糖、淀粉粒、脂肪粒等，芽孢杆菌形成芽孢。

4）衰亡期（decline or death phase）：继静止期之后，由于营养物被耗尽，细菌因缺乏营养而利用储存物质进行内源呼吸，即自身溶解。细菌在代谢过程中产生的有毒代谢产物，会抑制细菌生长繁殖，死亡率增加，活菌数减少，甚至死菌数大于新生菌数。此时，细菌群体进入衰亡期（图 6-12Ⅵ）。衰亡期的细菌少繁殖或不繁殖或自溶。活菌数在一个阶段以几何级数下降，此时称为对数衰亡期。衰亡期的细菌常出现多形态、畸形或衰退型，有的细菌产生芽孢。活性污泥中的微生物的生长规律和纯菌种的一致，它们的生长曲线相似。一般将其划分为三个阶段：生长上升阶段、生长下降阶段和内源呼吸阶段。活性污泥法中的序批式间歇曝气器（SBR）是将分批培养的原理应用于废水的生物处理。SBR 中活性污泥的生长规律与纯菌种的类似。

（2）连续培养：连续培养有恒浊连续培养和恒化连续培养两种

1）恒浊连续培养：是一种使培养液中细菌的浓度恒定，以浊度为控制指标的培养方式。按实验目的，首先确定培养液的浊度保持在某一恒定值上。调节进水（含一定浓度的培养基）流速，使浊度达到恒定（用自动控制的浊度计测定）。当浊度较大时，加大进水流速，以降低浊度；浊度较小时，降低流速，提高浊度。发酵工业采用此法可获得大量的菌体和有经济价值的代谢产物。

2）恒化连续培养：是维持进水中的营养成分恒定（其中对细菌生长有限制作用的成分要保持低浓度水平），以恒定流速进水，以相同流速流出代谢产物，使细菌处于最高生长速率状态的培养方式。

3. 细菌生长曲线在污（废）水微生物处理中的应用

不同的废水生物活性污泥处理法中，其活性污泥中微生物的生长状态不同，或处于静止期，或处于对数生长期，或处于衰亡期，等等（图6-13）。在废水生物处理设计时，按废水的水质情况（主要是有机物浓度），可利用不同生长阶段的微生物处理废水，如常规活性污泥法利用生长下降阶段（静止期）的微生物；生物吸附法也利用静止期的微生物；高负荷活性污泥法（high-rate activated sludge）利用生长上升阶段（对数期）的微生物；而对于有机物含量低，BOD_5与COD的比值小于0.3，可生化性差的废水，可用延时曝气法处理，即利用内源呼吸阶段（衰亡期）的微生物处理。

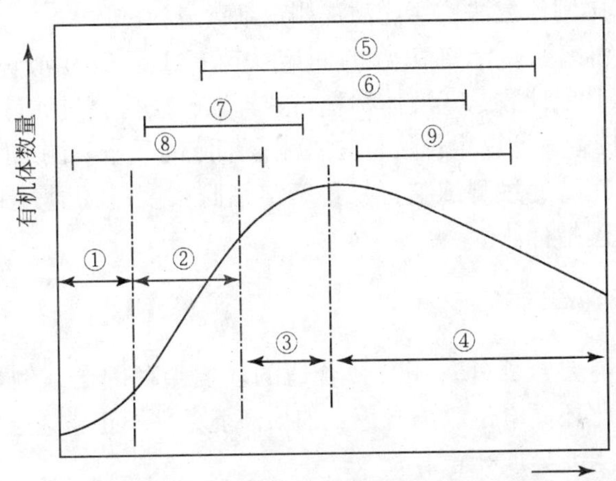

图6-13　活性污泥的生长曲线和应用

①～④活性污泥生长曲线的四个阶段；⑤常规活性污泥法；⑥生物吸附法；⑦高负荷活性污泥法；⑧分散曝气法；⑨延时曝气法

为什么常规活性污泥法不利用对数生长期的微生物而利用静止期的微生物？对数生长期的微生物生长繁殖快，代谢活力强，能大量去除废水中有机物。尽管微生物对有机物的去除能力很高，但相应要求进水有机物浓度高，出水有机物的绝对值也相应提高，不易达到排放标准。又因为对数期的微生物生长繁殖旺盛，细胞表面的黏液层和荚膜尚未形成，运动很活跃，不易自行凝聚成菌胶团，沉淀性能差，致使出水水质差。而处于静止期的微生物代谢活力虽然比对数生长期的差，但仍有相当的代谢活力，去除有机物的效果仍然较好。其最大特点是体内积累了大量储存物，如异染粒、聚-β-羟基丁酸、黏液层和荚膜等，强化了微生物的生物吸附能力，自我絮凝、聚合能力强，在二沉池中泥水分离效果好，出水水质好。

用延时曝气法处理低浓度有机废水时，不用静止期的微生物，而利用衰亡期的微生物的原因是：低浓度有机物满足不了静止期微生物的营养要求，处理效果不会好。若采用延时曝气法，通常延长曝气时间在8h以上，甚至24h，延长水力停留时间以增大进水量，提高有机负荷，满足微生物的营养要求。从而取得较好的处理效果。

4. 微生物生长量的测定方法

微生物的生长量可以根据菌体细胞量、菌体体积或质量直接测定，也可以根据某种细胞物质的含量或某个代谢活动强度间接测定。测定方法大致有如下几种：

1）测定微生物总数。微生物总数的测定方法有：①计数器直接计数；②染色涂片计数；③比例计数法；④比浊法测定细菌悬液浓度。

2）测定活细菌数。活细菌数的测定法有：①载玻片薄琼脂层培养计数；②平板菌落（CFU）计数；③液体稀释培养计数；④薄膜过滤计数等。

3）计算生长量，计算生长量首先要测得细胞的质量。测细胞质量的方法有：①测细胞干重法；②通过测细胞含氮量确定细胞浓度；③通过 DNA 的测定算出细菌浓度；④生理指标法。

5. 微生物生长的环境因子

微生物除了需要营养外，还需要合适的环境生存因子，例如温度、pH、氧气、渗透压、氧化还原电位、阳光等。如果环境条件不正常，会影响微生物的生命活动，甚至发生变异或死亡。

（1）温度

在适宜的温度范围内微生物能大量生长繁殖。根据一般微生物对温度的最适生长需求，可将微生物分为四大类。以细菌为例，分为4类：嗜冷菌、嗜中温菌、嗜热菌及嗜超热菌（表6-6）。大多数细菌是嗜中温菌，嗜冷菌和嗜热菌占少数。

表 6-6　低温、中温和高温细菌的生长温度范围　（单位：℃）

细菌	最低温度	最适温度	最高温度
嗜冷菌	-5~0	5~10	20~30
嗜中温	5~10	25~40	45~50
嗜热菌	30	50~60	70~80
嗜超热菌	55~70	70~105	110~113

（2）pH

微生物的生命活动、物质代谢与 pH 密切关系。不同的微生物要求不同的

pH。大多数细菌、藻类和原生动物的最适 pH 为 6.5 ~ 7.5，它们的 pH 适应范围为 4 ~ 10。细菌一般要求中性和偏碱性。某些细菌，如氧化硫硫杆菌和极端嗜酸菌，需在酸性环境中生活，其最适 pH 为 3，在 pH 为 1.5 时仍可生活。放线菌在中性和偏碱性环境中生长，pH 以 7.5 ~ 8.0 最适宜。酵母菌和霉菌要求在酸性或偏酸性的环境中生活，最适 pH 范围为 3 ~ 6，有的为 5 ~ 6，其生长极限为 1.5 ~ 10。凡对 pH 变化适应性强的微生物，对 pH 要求不甚严格；而对 pH 变化适应性不强的微生物，则对 pH 要求产格。

污（废）水生物处理的 pH 宜维持在 6.5 ~ 8.5，是因为 pH 在 6.5 以下的酸性环境不利于细菌和原生动物生长，尤其对菌胶团细菌不利。相反，对霉菌及酵母菌有利。如果活性污泥中有大量霉菌繁殖，由于多数霉菌不像细菌那样分泌黏性物质于细胞外，就会降低活性污泥的吸附能力，其絮凝性能较差，结构松散不易沉降，处理效果下降，甚至导致活性污泥丝状膨胀。

(3) 氧化还原电位 (E_h)

各种微生物要求的氧化还原电位不同。①一般好氧微生物要求的 E_h 为 +300 ~ +400mv；E_h 在 +100 mv 以上，好氧微生物生长。②兼性厌氧微生物在 E_h 为 +100mv 以上时进行好氧呼吸，在 E_h 为 +100mv 以下时进行无氧呼吸。③专性厌氧细菌要求 E_h 为 -200 ~ -250 mv，专性厌氧的产甲烷菌要求的 E_h 更低，为 -300 ~ -400mv，最适 E_h 为 -330 mv 。好氧活性污泥法系统中 E_h 在 +200 ~ +600 mv 是正常的。某一高负荷生物滤池出水的 E_h 随着滤池处理效果的降低而下降，自 +311mv 降至 -39mv。二次沉淀池出水的 E_h 更低，达 -89mv，原因是二次沉淀池出水中含有大量 H_2S。

(4) 溶解氧

根据微生物与分子氧的关系，将微生物分为好氧微生物（包括专性好氧微生物和微量好氧微生物）、兼性厌氧（或叫兼性好氧）微生物及厌氧微生物。①专性好氧微生物是指在氧分压为 0.2 × 101kPa 的条件下生长繁殖良好的微生物。②微量好氧微生物是指在氧分压为（0.003 ~ 0.2）× 101kPa 的条件下生长繁殖良好的微生物。③厌氧微生物包括专性厌氧微生物和耐氧厌氧微生物。专性厌氧微生物是指只能在氧分压小于 0.005 × 101kPa 的琼脂表面生长的微生物。而兼性厌氧微生物是指既可在有氧条件下，又可在无氧条件下生长的微生物。这三种类型微生物对氧的反应不同。

1）好氧微生物：空气中氧气的体积分数为 21%，在 101 kPa（1atm）的空气压力下，氧分压为 0.2 × 101kPa。大于 0.2 × 101kPa 的氧分压对微生物有毒，大于 0.2 × 101kPa 的氧分压在自然界中不会遇到，可在实验室加压得到。低于 0.2 × 101kPa 的氧分压在部分通气系统中出现。微量好氧微生物在低于 0.2 ×

101kPa 的氧分压中生长良好。因此，在废水生物处理过程中，溶解氧的供给量要根据好氧微生物的数量、生理特性、基质性质及浓度等综合考虑。例如，污水好氧生物处理进水的 BOD_5 为 200 ~ 300mg · L^{-1}，曝气池混合液悬浮固体（MLSS）的质量浓度为 2 ~ 3g · L^{-1}时，溶解氧的质量浓度要维持在 2mg · L^{-1}以上。经伍赫尔曼（Wuhrman）研究，曝气池中溶解氧的质量浓度在 2mg · L^{-1}时，直径为 500μm 的絮凝体中心点处溶解氧的质量浓度只有 0.1mg · L^{-1}，仅有絮凝体表面的微生物得到较多的溶解氧，絮凝体内多数微生物处于缺氧状态。因此，溶解氧的质量浓度维持在 3 ~ 4mg · L^{-1}为宜。若供氧不足，活性污泥性能差，导致废水处理效果下降。

2）兼性厌氧微生物：兼性厌氧微生物既具有脱氢酶也具有氧化酶，所以，既能在无氧条件下又可在有氧条件下生存。然而，微生物在这两种不同条件下所表现出的生理状态是不同的。在好氧条件下氧化酶活性强，细胞色素及电子传递体系的其他组分正常存在；在无氧条件下细胞色素和电子传递体系的其他组分减少或全部丧失，氧化酶无活性；一旦通入氧气，这些组分的合成很快恢复。兼性厌氧微生物除酵母菌外，还有肠道细菌、硝酸盐还原菌、人和动物的致病菌、某些原生动物、微型后生动物及个别真菌等。在污（废）水好氧生物处理中，在正常供氧条件下，好氧微生物和兼性厌氧微生物两者共同起积极作用；在供氧不足时，好氧微生物不起作用，而兼性厌氧微生物仍起积极作用，只是分解有机物不如在有氧条件下彻底。兼性厌氧微生物在污水、污泥厌氧消化中也起积极作用，它们多数是起水解、发酵作用的细菌、能将大分子的蛋白质、脂肪、碳水化合物等水解为小分子的有机酸和醇等。

反硝化细菌，如某些假单胞菌、伊氏螺菌、脱氮小球菌及脱氮硫杆菌等，在通气的土壤和有溶解氧的水中进行好氧呼吸，在缺氧环境中又有 NO_3^- 存在时，进行无氧呼吸，利用 NO_3^- 作最终电子受体进行反硝化作用，使 NO_3^- 还原为 NO_2^-，进而产生 N_2，使土壤中氮素损失，降低土壤肥力，对农业不利。在污（废）水生物处理过程中会产生 NO_3^- 和 NO_2^-，如果将这种出水排放到缺氧的水体中，则 NO_3^- 在缺氧水体中会被反硝化转为 NO_2^- 并积累，NO_2^- 遇氨转化为致癌物亚硝酸胺，从而会危害水生生物和污染饮用水水源，危害人体健康。因此，污（废）水不但要去除有机物，还需要脱氮。利用反硝化作用将硝酸盐和亚硝酸盐转化为 N_2 释放到大气中。处理水的含氮量只有处在低水平，才可避免上述危害，保证饮用水水源的安全。

3）厌氧微生物：在无氧条件下才能生存的微生物叫厌氧微生物。它们进行发酵或无氧呼吸。厌氧微生物又分为两种：一种是要在绝对无氧条件下才能生存，一遇氧就死亡的厌氧微生物，叫专性厌氧微生物，如梭菌属（*Clostridium*）、拟杆菌属（*Bacteriodes*）、梭杆菌属（*Fusobacterium*）、脱硫弧菌属（*Desulflovibrio*）、所有产甲烷菌，如甲烷杆菌科（Methanobacteraceae）、甲烷球菌属（*Methanococces*）、甲烷单胞菌科（Methanomonadaceae）及甲烷八叠球菌属（*Methanosarcina*）等。产甲烷菌必须在氧浓度低于1.48×10^{-5} mol · L^{-1}时才能生存。另一种是氧的存在与否对它们均无影响，存在氧时它们进行产能代谢，不利用氧，也不中毒。例如，大多数的乳酸菌，不论在有氧或无氧条件下均进行典型的乳酸发酵。专性厌氧微生物生境中绝对不能有氧，因为有氧存在时，代谢产生的$NADH_2$和O_2反应生成H_2O_2和NAD，而专性厌氧微生物不具有过氧化氢酶，它将被生成的H_2O_2杀死。O_2还可产生游离O_2^- ·，由于专性厌氧微生物不具破坏O_2^- ·的超氧化物歧化酶（SOD）而被O_2^- ·杀死。耐氧的厌氧微生物虽具有超氧化物歧化酶，能耐O_2^- ·，然而它们缺乏过氧化氢酶，仍会被H_2O_2杀死。

第二节　废水生物处理的微生物学原理

废水好氧生物处理从微生物角度看，实际上是给起主体作用的微生物群落提供一个适合生长、繁殖的生态条件。通过微生物的生长及代谢过程，达到去除水中污染物的目的。天然水体中的自净作用是废水生物处理技术与方法的基础。

一、水体自净作用

天然淡水水体是人类生活和工业生产用水的水源，也是水生动、植物生长繁殖的场所。在正常情况下，各种水体有各自的生态系统，以河流为例，土壤中动、植物残体及生活污水、工业废水等排放入河流后，水中细菌由于有丰富的有机营养而大量生长繁殖。随着有机物含量降低，藻类的量逐渐增多，原生动物以细菌和藻类为食料而大量繁殖，成为轮虫和甲壳动物的食料，轮虫和甲壳动物大量繁殖为鱼类提供食料。鱼被人食用，人的排泄物及废物被异样细菌分解为简单有机物和无机物，同时构成自身机体。随后各种生物又按前述次序循环。这种河流中的生物循环构成食物链（图6-14）。食物链中各种生物与它们的生存环境之间通过能量转移和物质循环，保持着相互依存的关系，这种关系在一定的空间范围和一定时间内呈现稳定状态，即保持生态平衡。

水体自净（self-purification）：河流在接纳了一定量的有机污染物后，在物理的、化学的和水生物（微生物、动物和植物）等因素的综合作用后得到净化，水质恢复到污染前的水平和状态，叫做水体自净。任何水体都有其自净容量。自净容量是指在水体正常生物循环中能够净化有机物的最大量。

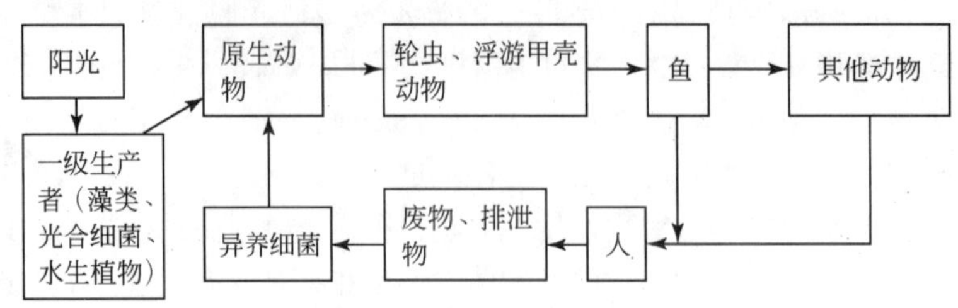

图 6-14　水体自净过程中的食物链

水体自净分为四个阶段：

1）有机污染物排入水体后被水体稀释，有机和无机固体物沉降至河底。

2）水体中好氧细菌利用溶解氧把有机物分解为简单有机物和无机物，并用以组成自身有机体，水中溶解氧急速下降至零。此时鱼类绝迹，原生动物、轮虫、浮游甲壳动物死亡，厌氧细菌大量繁殖，对有机物进行厌氧分解。有机物经细菌完全无机化后，产物为 CO_2、H_2O、PO_4^{3-}、NH_3 和 H_2S。NH_3 和 H_2S 继续在硝化细菌和硫化细菌作用下生成 NO_3^- 和 SO_4^{2-}。

3）水体中溶解氧在异养菌分解有机物时被消耗，大气中的氧刚溶于水就迅速被消耗掉，尽管水中藻类在白天进行光合作用放出氧气，但复氧速度仍小于耗氧速度，氧垂曲线下降；在最缺氧点，有机物的耗氧速度等于河流的复氧速度；再往下流的有机物渐少，复氧速度大于耗氧速度，氧垂曲线上升。如果河流不再被有机物污染，河水中溶解氧恢复到原有浓度，甚至达到饱和。

4）随着水体的自净，有机物缺乏和其他原因（如阳光照射、温度、pH 变化、毒物及生物的拮抗作用等）使细菌死亡。

二、微生物及对物质降解与转化的特点

（一）微生物的特点

微生物对环境中的物质具有强大的降解与转化能力，主要因为微生物有以下特点。

1. 微生物个体微小，比表面积大，代谢速率快

微生物个体微小，以细菌为例，3000 个杆状细菌头尾衔接的全长仅为一粒籼米的长度，物体的体积越小，其比表面积（单位体积的表面积）就越大。显然，微生物的比表面积比其他任何生物都大。将大肠杆菌与人体相比，前者的比

表面积约为后者的 30×10^4 倍。如此巨大的比表面积与环境接触，成为巨大的营养物质吸收面、代谢废物排泄面和环境信息接受面，故使微生物具有惊人的代谢活性。有人估计，一些好氧细菌的呼吸强度按重量比例计算要比人类高几百倍。

2. 微生物种类繁多，分布广泛，代谢类型多样

微生物的营养类型、理化性状和生态习性多种多样。凡有生物的各种环境，乃至其他生物无法生存的极端环境中，都有微生物存在，它们的代谢活动，对环境中形形色色的物质的降解转化，起着至关重要的作用。

3. 微生物具有多种降解酶

微生物能合成各种降解酶，酶具有专一性，又有诱导性。微生物可灵活地改变其代谢与调控途径，同时产生不同类型的酶以适应不同的环境，将环境中的污染物降解转化。

4. 微生物繁殖快，易变异，适应性强

巨大的比表面积，使微生物对生存条件的变化具有极强的敏感性。又由于微生物繁殖快，数量多，可在短时间内产生大量变异的后代。对进入环境的“新”污染物，微生物可通过基因突变，改变原来的代谢类型而适应、降解它。

5. 微生物具有巨大的降解能力

微生物体内还有另一种调控系统——质粒（plasmid）。质粒是菌体内一种环状的 DNA 分子，是染色体以外的遗传物质。降解性质粒编码生物降解过程中的一些关键酶类，如抗性质粒能使宿主细胞抗多种抗生素和有毒化学品，如农药和重金属等。现代微生物学研究发现，许多有毒化合物，尤其是复杂芳烃类化合物的生物降解，往往有降解性质粒参与。将各种供体细胞的不同降解性质粒转移到同一个受体细胞中，可构建多质粒菌株，同时处理含多种成分的废水，这在复杂废水的降解过程中尤其重要。

6. 共代谢（co-metabolism）作用

微生物在可用作碳源和能源的基质上生长时，会伴随着一种非生长基质的不完全转化。微生物共代谢的定义是，只有在初级能源物质存在时才能进行的有机化合物的生物降解过程。共代谢微生物不能从非生长基质的转化作用获得能量、碳源或其他任何营养。微生物在利用生长基质 A 时，同时非生长基质 B 也伴随着发生氧化或其他反应。这是由于 B 与 A 具有类似的化学结构，而微生物降解生长基质 A 的初始酶 E_1 的专一性不高，在将 A 降解为 C 的同时，将 B 转化为 D。但接着攻击降解产物的酶 E_2 则具有较高专一性，不会把 D 当做 C 继续转化。所以，在纯培养情况下，共代谢只是一种截止式转化（dead- end transformation），局部转化的产物会聚集起来。在混合培养和自然环境条件下，这种转化可以为其他微生物所进行的共代谢或其他生物对某种物质的降解铺平道路，其代谢产物可以继续降解。许多微生物都有共代谢能力。因此，如若微生物不能依靠某种有机污染物生长，并不一定意味着这种污染物就是难以生物降解与转化的。因为在有合适的底物和环境条件时，该污染物就可通过共代谢作用而降解。一种酶或微生物的共代谢产物也可以成为另一种酶或微生物的共代谢底物。

（二）微生物对污染物降解与转化的途径

生物降解（biodegradation）是指由于生物的作用，把污染物大分子转化为小分子，实现污染物的分解或降解。而生物中由微生物所起的降解作用最大，所以又可称为微生物降解。微生物能分解各种有机物，特别是微生物能通过它的代谢活动，发生氧化还原、脱羧基、脱氨基、加水分解、脱水、酯化等种种反应。微生物通过它的代谢活动表现出在环境中的化学作用主要有以下几方面。

1. 氧化作用

微生物氧化作用按化学类型主要有下列几方面。

1）醇的氧化：如乙醇→乙酸，可由醋化醋杆菌（*Acetobacter aceti*）进行此反应；丙二醇→乳酸，可由氧化节杆菌（*Arthrobacter oxydans*）进行这一氧化反应；

2）醛的氧化：如乙醛→乙酸，可由铜绿假单胞菌（*Pseudomonas aeruginosa*）进行；

3）甲基的氧化：如甲苯→安息香酸，由铜绿假单胞菌（*Reudomonas aeruginosa*）完成；

4）氨的氧化：$NH_3 \rightarrow NO_2^-$，可由亚硝化单胞菌属（*Nitrosomonas*）进行此反应；

5）亚硝酸的氧化：$NO_2^- \rightarrow NO_3^-$，由硝化杆菌属（*Nitrobacter*）进行；

6）硫的氧化 $S \rightarrow SO_4^{2-}$，见于氧化硫硫杆菌（*Thiobacillus thiooxidans*）；

7）铁的氧化：$Fe^{2+} \rightarrow Fe^{3+}$，氧化亚铁硫杆菌（*Thiobacillus ferrooxidans*）。

2. 还原作用（reduction）

微生物还原作用，从底物来分主要为以下几类。

1）乙烯基的还原：如延胡索酸还原为琥珀酸，可由大肠杆菌（*Escherichiacoli*）进行；

2）醇的还原：如乳酸还原为丙酸，由丙酸羧菌（*Clostridium propionicum*）进行；

3）硝酸的还原：硝酸根还原为氨，许多土壤微生物均可进行；

4）硫酸的还原：硫酸还原为硫化氢，可由脱硫弧菌（*Desulfovibrio desulfuricans*）进行。

3. 脱羧作用

琥珀酸→丙酸，由戊糖丙酸杆菌（*Propionibacterium pentosaceun*）进行。

4. 脱氨基作用

丙氨酸→丙酸，在腐败芽胞杆菌（*Bacillus putrificus*）作用下，脱下氨基成丙酸。

5. 水解作用

酯类的水解可在许多微生物作用下进行。

6. 酯化作用

如 *Hansenula anomola* 可将乳酸转化为乳酸酯。

7. 脱水作用

甘油→丙烯醛。甘油在芽孢杆菌属（*Bacillus*）的作用下转化为丙烯醛。

8. 缩合作用

乙醛可在酵母的作用下缩合为3-羟基丁酮。

9. 氨化反应

丙酮酸可在一些酵母菌的作用下，发生氨化反应，生成丙氨酸。

10. 乙酰化作用

如克氏梭菌（*Clostridium kluyveri*）等可发生乙酰化反应。

以上各种微生物的化学作用，都是在微生物生长代谢过程中表现出来的，它们的实质都是酶反应。

（三）废水生物处理的目标

废水生物处理的目标归纳起来为以下四个方面。

1）要求去除废水中的有机物和悬浮物，得到透明的处理水；

2）尽量去除 N、P 等营养盐类；

3）尽可能减少产生的污泥量；

4）尽可能将有用的物质作为资源加以回收。

为达到上述目标，废水处理装置必须尽可能符合以下条件：省钱、节能、操作容易、能获得稳定的处理水质、卫生上安全可靠、占地少等。然而，要同时满足这些条件往往是不可能的。例如，要缩短微生物与水中污染物质的生化反应时间，就要充分满足微生物生长的条件，包括营养物质、氧气等，而曝气所需要的动力费用就较高，对管理上的要求也比较高。再如，生物处理中合适的反应速度和反应时间，对于取得良好的出水水质是十分重要的，而这往往与占地小的要求有矛盾。近来，随着研究的深入，已有多种新工艺、新技术问世，可在去除有机污染物的同时，或达到脱氮除磷等目的，或取得资源回收利用的效果等等。但在实践中，生物法并不是单独地被使用。而是根据废水性状和处理目标，把沉淀、过滤、凝聚等物理、化学处理与生物处理组合成一个系统，生物处理则作为其中的主体发挥着作用。

（四）影响微生物对物质降解转化作用的因素

1. 微生物的代谢活性

微生物在生长速度最快的对数期，代谢最旺盛，活性最强，在此时期添加有毒金属，微生物受抑制的时间比在迟缓期添加要短得多。以污染物为唯一碳源或主要碳源作降解试验，以时间为横坐标，微生物量和污染物量为纵坐标作图，可得两条基本对应的双曲线（图 6-15），显示微生物经迟缓期进入对数生长期，污染物相应由迟缓期进入迅速降解期。同样的道理，在微生物稀少的自然环境中可存留几天或几周的有机物，在活性污泥中几个小时就被降解。微生物的种类组成可以决定化合物降解的方向和程度。另外，微生物的种类组成又与环境中化学物质有关。在一特殊环境中某种微生物占优势，主要是因为环境中存在能被这种微生物代谢的化学物质。例如，在含有烃类的水、土中，利用烃类的微生物占优势，这是自然富集的结果。微生物的种类组成除与底物有关外，也随温度、湿度、酸碱度、氧气和营养供应以及种间竞争等的改变而改变。

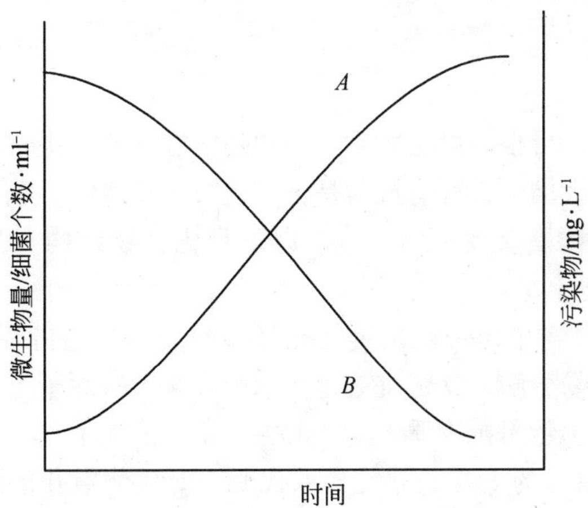

图 6-15　微生物活性与有机物降解速率的关系

2. 微生物的适应性

微生物具有较强的适应和被驯化的能力，通过适应过程，为野生微生物难以降解的新合成化合物能诱导必需的降解酶的合成；或由于微生物的自发突变而建立新的酶系；或虽不改变基因型，但显著改变其表现型，进行自我代谢调节，来降解转化污染物。因此，对污染物的降解转化，微生物的适应是另一个重要因子。在以上过程中，微生物群落结构向着适应于新的环境条件方向变化。驯化（domestication）是一种定向选育微生物的方法与过程，它通过人工措施使微生物逐步适应某特定条件，最后获得具有较高耐受力和代谢活性的菌株。在环境生物学中有较高降解效能的菌株，用于废水、废物的净化。

驯化方法有多种，最常用的途径是以目标化合物为唯一的或主要的碳源培养微生物，在逐步提高该化合物浓度的条件下，经多代传种而获得高效降解菌。如果仍不成功，可在驯化初期配加若干营养基质作为易降解类似目标物，而后逐步剔除，直到仅剩目标化合物。另外，可在添加有毒化合物的模型土柱中，用添加目标化合物回流法富集培养微生物，筛选出能以目标化合物为唯一或主要碳源的微生物。与许多合成化合物的降解一样，金属的微生物转化是由质粒控制的，质粒可以转移，因此经过驯化，敏感菌株可变为抗性菌株。例如，某些对汞敏感的微生物菌株经驯化，可耐受相当高浓度的汞，以后在无汞培养基上生长，此菌株仍能保持这种耐受性。经特定有机化合物驯化的活性污泥（一种由多种微生物生长繁殖所形成的表面积很大的菌胶团），可共代谢多种结构近似的化合物。例如，用苯胺驯化的活性污泥，除可降解各种取代基的苯胺外，还可降解苯、酚及 10

多种含氮有机物。

3. 化合物结构

所有化合物质，可根据微生物对它们的降解性分成可生物降解、难生物降解和不可生物降解三大类。某种有机物是否能被微生物降解，取决于许多因素，其中该物质的化学结构是重要因素之一。以下是化合物结构与其生物可降解性的关系：

1）在烃类化合物中，一般是链烃比环烃易分解，直链烃比支链烃易分解，不饱和烃比饱和烃易分解。支链烷基越多越难降解。碳原子上的氢都被烷基或芳基取代时，会形成生物阻抗物质。

2）主要分子链上的C被其他元素取代时，对生物氧化的阻抗就会增强。也就是说，主链上的其他原子常比碳原子的生物利用度低，其中氧的影响最显著，(如醚类化合物较难生物降解)，其次是S和N。

3）每个C原子上至少保持一个氢碳键的有机化合物，对生物氧化的阻抗较小；而当C原子上的H都被烷基或芳基所取代时，就会形成生物氧化的阻抗物质。

4）官能团的性质及数量，对有机物的可生化性影响很大。例如，苯环上的氢被羟基或氨基取代，形成苯酚或苯胺时，与原来的苯相比较，将更易被生物降解。相反，卤代作用却使生物降解性降低，卤素取代基越多，抗性越强。例如，自一氯苯到六氯苯，随着氯离子增多，降解难度相应加大。卤代化合物的降解，重要条件是在代谢过程中，卤素作为卤化物离子而被除去。官能团的位置也影响化合物的降解性，如有两个取代基的苯化物，间位异构体往往最能抵抗微生物的攻击，降解最慢。尤其是间位取代的苯环，抗生物降解更明显。一级醇、二级醇易被生物降解，三级醇却能抵抗生物降解。土壤微生物对若干单个取代基苯化合物的分解能力见表6-7。

表6-7　土壤微生物对单个取代基苯化合物的分解

化合物	取代基	降解时间/天
苯酸盐	$-COOH$	1
酚	$-OH$	1
硝基苯	$-NO_2$	64
苯胺	$-NH_2$	4
苯甲醚	$-OCH_3$	8
本磺酸盐	$-SO_3H$	16

5）化合物的分子量大小对生物降解性的影响很大。高分子化合物，由于微生物及其酶不能扩散到化合物内部，袭击其中最敏感的反应键，因此，其生物可降解性降低。

根据以上分析，很明显，结构简单的比复杂的易降解，分子量小的比分子量大的易降解，聚合物和复合物更能抗生物的降解。了解有机物的化学结构与微生物降解能力之间的关系，可为合成新一代化合物提供参考，防止由于合成的化合物难于被微生物降解而造成潜在的环境问题，提倡生产易被生物所降解的“环境友好材料”。

4. 环境因素

与微生物生长有关的环境因素如温度、pH、营养元素、O_2 等都直接或间接影响微生物对污染物的降解。另外，由于生物化学的反应速度与底物浓度密切相关。因此，有机底物或金属本身的浓度对其降解速度会有明显的影响。某些化合物在高浓度时，由于微生物量迅速增加而导致快速降解。另外，某些化合物在低浓度时易被生物降解的，高浓度时却会抑制微生物的活性。应特别注意那些能沿着食物链生物放大的任何有毒有机物在环境中的存留。

微生物降解有机污染物的动力学研究表明，底物初始浓度在一定范围内，随着浓度增大，反应速度加快，微生物降解为一级反应。浓度很大时，则为零级反应，反应速度与底物初始浓度无关。

（五）微生物降解动力学

生物处理化学反应动力学研究可以确定并提供各种因素对反应速度影响的最佳值，便于有机物去除效率达到最佳效果。因此定量研究微生物在一定条件下对有机污染物的降解效率，即微生物降解动力学一直是研究的热门课题。人们在致力探索各种情况下有机化合物微生物降解速度模型，确定污染物降解速率与污染物浓度、生物量等因素之间的定量关系，确定微生物增长速率与污染物浓度、生物量之间的定量关系，以便为某种废水的处理工艺设计达到最佳效果，提供重要参考依据。这里仅介绍两种最基本的降解速度模型。

1. 指数速度模型

$$v_{指数} = \frac{-\mathrm{d}c}{\mathrm{d}t} = KC^n \tag{6-1}$$

在式（6-1）中，降解速度与化合物浓度成正比；C 为浓度；K 为速度常数，它是单位浓度的反应速度，又称反应比率；n 为反应级数。

“指数速度式”适用于均匀溶液的化学反应。由于该方程提供了大于1的反应级数，故它对于发展经验方程，使经验方程最大地吻合所获降解资料十分有用，实为一个简单通用的模拟反应速度的方程。

当$n=1$时，“指数速度式”就简化成式（6-2）：

$$v_{指数} = \frac{-\mathrm{d}c}{\mathrm{d}t} = Kc \tag{6-2}$$

此即一级反应速度方程。它表示，反应速度与反应物浓度成正比。

2. 双曲线速度模型

$$v_{双曲线} = \frac{-\mathrm{d}c}{\mathrm{d}t} = \frac{K_1 c}{K_2 + c} \tag{6-3}$$

在式（6-3）中，降解速度直接取决于浓度，同时取决于浓度与它项之和。在条件最单一情况下，所谓的“它项”为单一常数。式（6-3）中K_1为随浓度增加而渐近的速度最大值；K_2为假平衡常数，之所以称“假”是由于反应中，由K_2所表示的平衡实际上被不断打破。

“双曲线速度模型”适用于通过表面吸附或表面与催化分子复合而进行的催化反应。如果介质为土壤，由于有机分子的降解是通过胞外酶、胞内酶或其他类型催化表面来催化的，故“双曲线速度式”比理论性的“指数速度式”更适用于土壤中农药的微生物降解。实际上，“双曲线速度式”是表示酶动力学的米氏（Michaeles-Menten）方程的一般形式。米氏方程如下：

$$\frac{-\mathrm{d}c}{\mathrm{d}t} = \frac{V_m c_E c}{K_m^{+c}} \tag{6-4}$$

式中：c_E为酶浓度，$V_m c_E$相当于式（6-3）中K_1，K_m相当于式（6-3）中K_2。

当米氏方程用来描述微生物生长情况时，被称为莫诺特（Monod）方程。

当c比K_2小得多时，c可忽略不计，式（6-3）也可简化为前面的式（6-2），成为一级反应速度式。

但当c比K_2大得多时，K_2可忽略不计，则式（6-2）可简化为式（6-5）：

$$\frac{-\mathrm{d}c}{\mathrm{d}t} = V_m c_E = K \tag{6-5}$$

此即零级反应动力学方程。式中K为恒定的酶浓度。之所以称零级反应，是因为式中实为$c^0=1$。该式表示降解速度与反应物浓度无关。

3. 有机化合物降解过程与降解反应速度方程的拟合性

（1）微生物经适应过程而致化合物降解的反应速度

微生物要经历一个对基质化合物的适应过程，这期间化合物浓度基本保持不变，微生物处于迟缓期。而后，参与降解的微生物增殖，降解速度渐增，这与微生物数量成正比，也与微生物适应化合物之后引起的降解率增加成正比（图6-16）。当微生物进入对数生长期，化合物浓度迅速下降。随后，微生物增殖减慢，此时若不再补充化合物，微生物就会停止增殖直至化合物被耗尽。至于降解速度，先是不再增加，而后随剩余化合物浓度降低近似恒定地降低，此即进入一级反应阶段。若反应速度发生改变，反应级数将介于零级至一级之间，其值依化合物浓度而定。如果在经历第一次适应降解过程后，接着第二次投加同一化合物，化合物浓度就会迅速下降而无迟缓期。

（2）微生物通过共代谢而致化合物降解的反应速度

对于未被微生物优先选作能源的化合物，通常靠共代谢反应降解。如图6-16所示，这个反应过程没有迟缓期，降解速度从高浓度下的零级反应速度转为低浓度下一级反应。

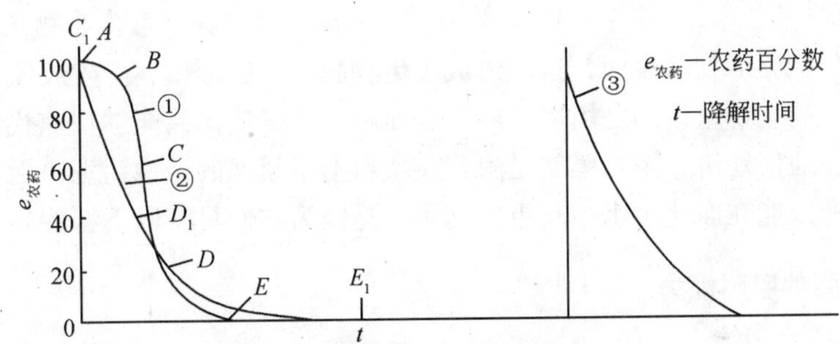

图6-16　微生物对有机物的降解曲线

①微生物经适应过程降解化合物，$A \to B$：延缓期；$B \to C$：富集期；$C \to D$：转为一级降解速度；$D \to E$：从一级降解速度到化合物完全降解。② 通过共代谢降解，$C_1 \to D_1$：转为一级降解速度；$D_1 \to E_1$：从一级降解速度到化合物完全降解。③第二次投加同一化合物后的快速降解

至今还没有一个或一类反应速度方程完全拟合于任何一种有机化合物全部降解过程的曲线，但仍然有一些可近似地描述有机分子降解的速度方程。例如，广泛采用一级速度方程来描述许多农药在土壤中的降解。又如，对于毒莠定一类农药，采用“双曲线速度模型”［式（6-3）］比一级反应速度模型［式（6-1）］适用，采用半级反应速度模型又比“双曲线速度模型”更贴切，而更精细的做法是用“指数速度模型”确定小数级的反应级数，最适宜毒莠定降解的反应级数是0.8。

鉴于有机分子降解曲线常偏离一级反应速度式，通常提倡采用“指数速度模型”，以计算降解过程中某一浓度、时间条件下的降解瞬时速度、任一浓度下降解至一定百分率所需时间。

三、废水生物处理的作用机制

与天然水体自净过程类似，在废水生物处理系统中，同样主要是通过微生物代谢作用，尤其是酶的催化作用来降解、转化有机物，将有机物最终转化为无害的二氧化碳和水，从而使废水得到净化。目前最常用的生物处理方法是活性污泥法和生物膜法。因此，以这两种处理方法中微生物的作用为例，来说明废水生物处理的作用机制。

活性污泥（activated sludge）生物处理中的活性污泥，就是由细菌、原生动物等微生物与悬浮物质、胶体物质混杂在一起形成的具有吸附分解有机物能力的絮状体。也可以说，活性污泥就是具有很强的吸附分解有机物能力的、充满微生物的污泥。活性污泥的絮体颗粒大小为0.02～0.2mm，表面积为20～100$cm^2 \cdot mL^{-1}$，相对密度为1.002～1.006。生物膜（biofilms）：大多数微生物在自然界会结合或吸附在固形物的表面，这就形成了生物膜。在固形填料上生长发育的生物膜赋予填料高生物量，加之填料的巨大表面积，使得该体系能够快速代谢废水中的有机物。通俗地讲，生物膜就是附着在填料上呈膜状的活性污泥。活性污泥与生物膜之所以能在净化污水中起重要作用，是因为它们具有以下特性。

1. 具有很强的吸附能力

当废水与活性污泥一接触，首先发生的就是活性污泥对废水中污染物质的吸附作用。据研究，生活污水在10～30min内，85%～90%的BOD_5可由活性污泥的吸附作用而去除。而废水中的铁、铜、铅、镍、锌等金属离子，30%～90%能被活性污泥通过吸附去除。

2. 具有很强的分解、氧化有机物的能力

“活性”就是体现在污泥中丰富的微生物和它们旺盛的代谢活力。被吸附的大分子有机物质在微生物酶的作用下水解变小，再进一步被细菌利用，直至矿化。好氧微生物对有机物氧化分解的过程，可概括为图6-17。

当活性污泥对有机物的吸附达到饱和后，通过微生物对有机物的氧化分解，除去了活性污泥所吸附和吸收的大量有机物，使污泥又重新呈现活性，恢复了它的吸附能力。

3. 具有较长的食物链

有机化合物→异养细菌→原生动物→微型后生动物

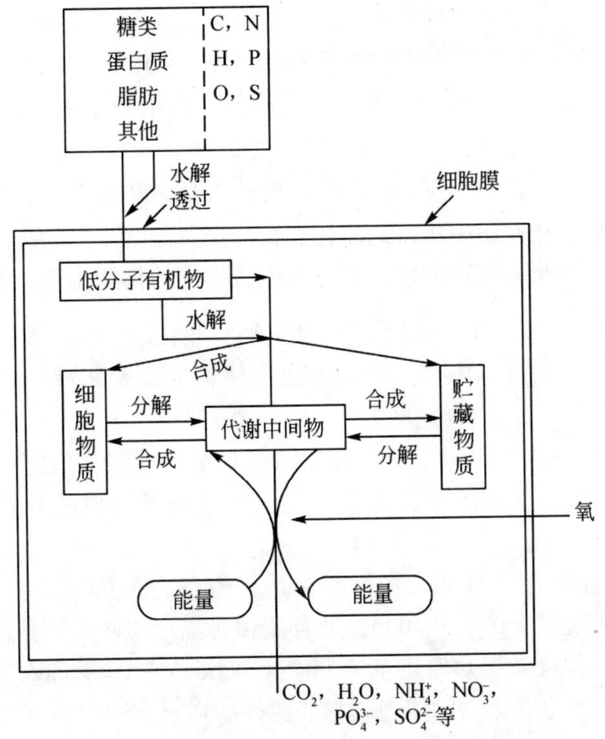

图 6-17　好氧微生物对有机物氧化分解的过程模式

食物链越长，作为能量消耗的比例就越大，在这样的系统中存在的生物量相应地就比较少。据测定推算，由细菌得到的原生动物收率约为 0.5，由细菌得到的微型后生动物的收率约为 0.3%。如果微型后生动物捕食原生动物，则产生的生物量更小。所剩余的污泥或脱落污泥的发生量就小，可以减轻生物处理后污泥处理的负担。

在食物传递中的能量流失：

$$\text{阳光} \xrightarrow{<0.1\%} \text{初级生产者}\,(100\%) \longrightarrow \text{食草动物}\,(15\%) \longrightarrow \text{食肉动物}\,(2\%) \longrightarrow \text{食腐动物}\,(0.3\%)$$

4. 具有良好的沉降性能

活性污泥因具有絮状结构而有良好的沉降性能，使处理水比较容易地与污泥分离，最终达到废水净化的目的。

第三节　废水的好氧生物处理

城市污水和工业废水好氧生物处理（biological aerobic treatment of wastewater,

BATOW）的技术工艺很多，根据微生物在构筑物中处于悬浮状或固着状态，可分为活性污泥法和生物膜法。活性污泥和生物膜是净化污（废）水的工作主体。以好氧活性污泥法为例，介绍废水的好氧微生物处理机理。

一、好氧活性污泥中的微生物群落

1. 好氧活性污泥的组成和性质

好氧活性污泥是由多种多样的好氧微生物和兼性厌氧微生物（兼有少量的厌氧微生物）与污（废）水中有机的和无机固体物混凝交织在一起，形成的絮状体或称绒粒（floc）。

1）好氧活性污泥的组成：好氧活性污泥是由多种多样的好氧微生物和兼性厌氧微生物（兼有少量的厌氧微生物）与其上吸附的有机的和无机的固体杂质组成。

2）好氧活性污泥的性质：各种活性污泥有各自的颜色，含水率在99%左右，它的相对密度为1.002～1.006，混合液和回流污泥略有差异，前者相对密度为1.002～1.003，后者相对密度为1.004～1.006，它具有沉降性能。它有生物活性，有吸附、氧化有机物的能力。它的胞外酶在水溶液中，将废水中的大分子物质水解为小分子，进而吸收到体内被氧化分解。有自我繁殖的能力。绒粒大小为0.02～0.2mm，比表面积为20～100$cm^2 \cdot ml^{-1}$。呈弱酸性（pH约为6.7），当进水改变时，对进水pH的变化有一定的承受能力。

2. 好氧活性污泥的存在状态

好氧活性污泥在完全混合式的曝气池内，因曝气搅动始终与污（废）水完全混合，总以悬浮状态存在，均匀分布在曝气池内并处于激烈运动之中。从曝气池的任何一点取出的活性污泥，其微生物群落基本相同。在推流式的曝气池内各区段之间的微生物种群和数量有差异，随推流方向微生物种类依次增多。而在每一区段中的任何一点，其活性污泥微生物群落基本相同。

3. 好氧活性污泥中的微生物群落

好氧活性污泥（绒粒）的结构和功能的中心是能起絮凝作用的细菌形成的细菌团块称菌胶团。在其上生长着其他微生物，如酵母菌、霉菌、放线菌、藻类、原生动物和某些微型后生动物（轮虫及线虫等）。因此，曝气池内的活性污泥在不同的营养、供氧、温度及pH等条件下，形成由最适宜增殖的絮凝细菌为中心，与多种多样的其他微生物集居所组成的一个生态系（图6-18）。

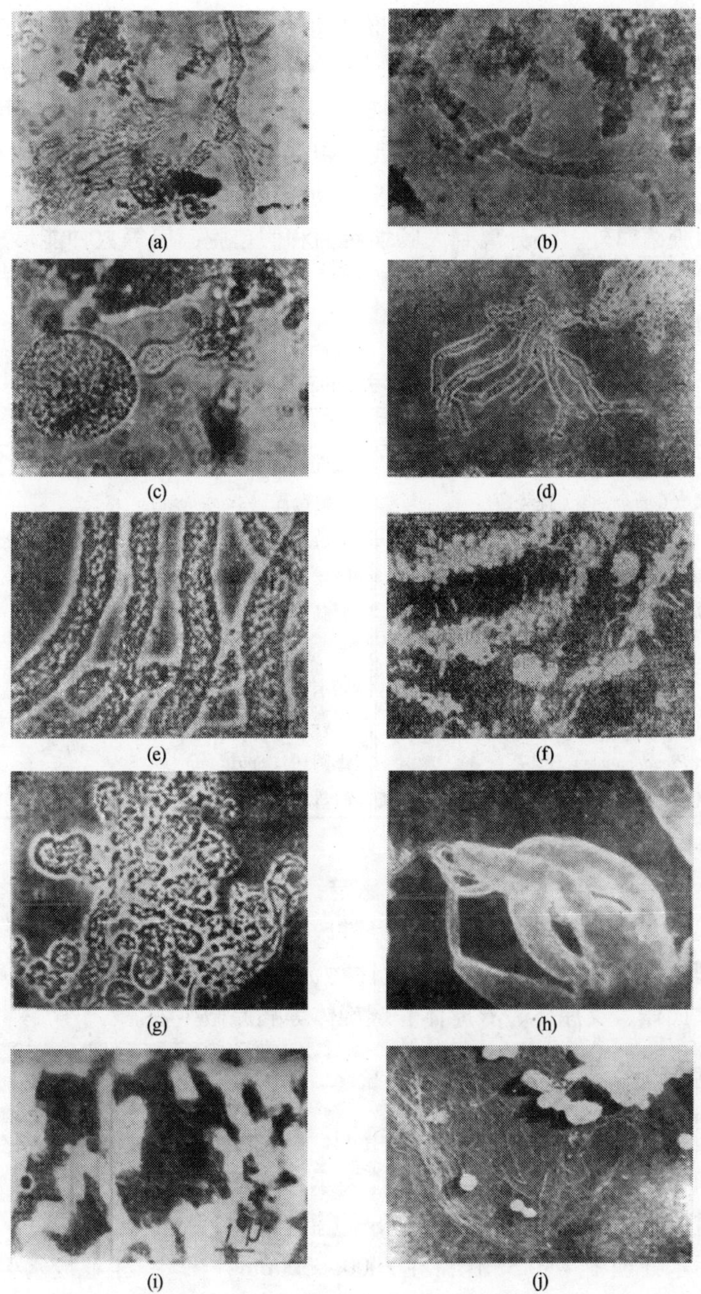

图 6-18　活性污泥中的菌胶团及细菌

(a)指状分枝菌胶团;(b)垂丝状菌胶团;(c)球形菌胶团;(d)菌胶团中一种 *Zoogloea sp.*;(e)同(d),局部放大;(f)菌胶团一种,电镜扫描照片;(g)菌胶团一种;(h)菌胶团一种(*Alcaligenes sp.*);(i) *Alcaligenes sp.* 所形成的菌胶团,示纤维素纤维交织其间;(j)假单胞菌(*Pseudomonas sp.*)形成的菌胶团,示纤维素纤维活件污泥（绒粒）的主体细菌（优势菌）来源于土壤、水和空气。它们多数是革兰阴性菌，如动胶菌属（*Zoogloea*）和丛毛单胞菌属（*Comamonas*），它们可占70%，还有其他的革兰阴性菌和革兰阳性菌。好氧活性污泥的细菌能迅速稳定废水中有机污染物，有良好的自我凝聚能力和沉降性能。巴特非尔德（Butterfield）从活性污泥中分离出形成绒粒的动胶菌属的细菌。麦金尼（McKinney）除分离到动胶菌属外，还分离到大肠埃希菌和假单胞菌属等数种能形成绒粒的细菌，并发现许多细菌都具有凝聚、绒粒化的性能。迪亚斯（Dias）等确证活性污泥的微生物种群如表6-8所示。

表6-8　构成正常活性污泥的主要细菌和其他微生物

细菌名称	细菌名称
动胶菌属（*Zoogloea*）优势菌	短杆菌属（*Brevibacterium*）
丛毛单胞菌属（*Comomonas*）优势菌	固氮菌属（*Azotobacter*）
产碱杆菌属（*Alcaligenes*）较多	浮游球衣菌属（*Sphaerotilus nantus*）少量
微球菌属（*Micrococcus*）较多	微丝菌属（*Microthrix*）少量
棒杆菌属（*Corynebactrium*）	大肠埃希菌（*Escherichi coli*）
黄杆菌属（*Flavobacterium*）	产气杆菌属（*Aerobacter*）
无色杆菌属（*Achromobacter*）	诺卡菌属（*Nocardia*）
芽孢杆菌属（*Bacillus*）	节杆菌属（*Arthrobacter*）
假单胞菌属（*Pseudomonas*）较多	螺菌属（*Spirillum*）
亚硝化单胞菌属（*Nitrosomonas*）	酵母菌（*Yeast*）

构成活性污泥的微生物种群相对稳定，但当营养条件（废水种类、化学组成、浓度）、温度、供氧、pH等环境条件改变，会导致主要细菌种群（优势菌）改变。处理生活污水和医院污水的活性污泥中还会有致病细菌、致病真菌、病毒、立克次氏体、支原体、衣原体、螺旋体等病原微生物。

4. 好氧活性污泥中微生物的浓度和数量

好氧活性污泥中微生物的浓度常用1L活性污泥混合液中含有多少毫克恒重的干固体即MLSS（混合液悬浮固体）表示，或用1L活性污泥混合液中含有多少毫克恒重、干的挥发性固体即MLVSS（混合液挥发性悬浮固体）表示。在一般的城市污水处理中，MLSS保持在2000～3000mg·L^{-1}；工业废水生物处理中，MLSS保持在3000mg·L^{-1}左右；高浓度的工业废水生物处理的MLSS保持在3000～5000mg·L^{-1}。1mL好氧活性污泥中的细菌有10^7～10^8个。

二、好氧活性污泥净化废水的作用机理

好氧活性污泥的净化作用类似于水处理工程中混凝剂的作用，同时又能吸收和分解水中溶解性污染物。因为它是由有生命的微生物组成，能自我繁殖，有生物“活性”，可以连续反复使用，而化学混凝剂只能一次使用，故活性污泥比化学混凝剂优越。好氧活性污泥的净化作用机理见图6-19。

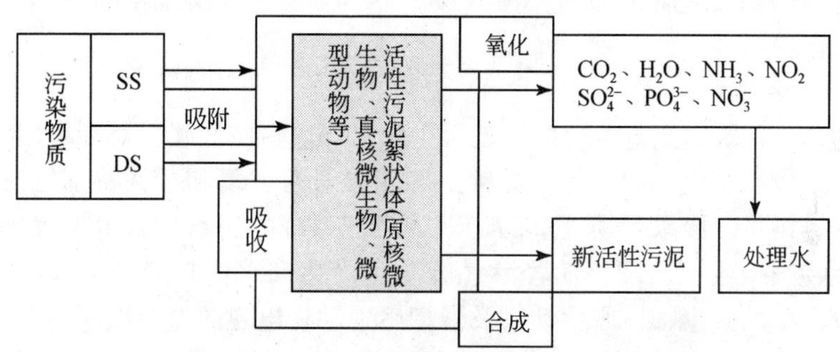

图6-19　好氧活性污泥的净化作用机理示意图

由图6-19可知，活性污泥绒粒中微生物之间的关系是食物链的关系。好氧活性污泥绒粒吸附和生物降解有机物的过程像接力赛，其过程分三步：第一步在有氧的条件下，活性污泥绒粒中的絮凝性微生物吸附废水中的有机物。第二步是活性污泥绒粒中的水解性细菌水解大分子有机物为小分子有机物，同时，微生物合成自身细胞。废水中的溶解性有机物直接被细菌吸收，在细菌体内被氧化分解，其中间代谢产物被另一群细菌吸收，进而无机化。第三步是其他的微生物吸收或吞食未分解彻底的有机物。

1. 菌胶团的作用

在微生物学领域里，习惯将动胶菌属形成的细菌团块称为菌胶团。在水处理工程领域内，则将所有具有荚膜或黏液或明胶质的絮凝性细菌互相聚凝聚集成的菌胶团块也称为菌胶团，这是广义的菌胶团。如上所述，菌胶团是活性污泥（绒粒）的结构和功能的中心，表现在数量上占绝对优势（丝状膨胀的活性污泥除外），是活性污泥的基本组分。它的作用表现在：①有很强的生物吸附能力和氧化分解有机物的能力。一旦菌胶团受到各种因素的影响和破坏，则对有机物去除率明显下降，甚至无去除能力。②菌胶团对有机物的吸附和分解，为原生动物和微型后生动物提供了良好的生存环境，如去除毒物、提供食料、溶解氧升高。

③为原生动物、微型后生动物提供附着场所。④具有指示作用，通过菌胶团的颜色、透明度、数量、颗粒大小及结构的松紧程度可衡量好氧活性污泥的性能。例如新生菌胶团颜色浅、无色透明、结构紧密，则说明菌胶团生命力旺盛，吸附和氧化能力强，即再生能力强。老化的菌胶团，颜色深、结构松散、活性不强、吸附和氧化能力差。

2. 原生动物及微型后生动物的作用

原生动物和微型后生动物在污（废）水生物处理和水体污染及自净中起到两个方面作用。

（1）指示作用

生物是由低等向高等演化的，低等生物对环境适应性强，对环境因素的改变不甚敏感；较高等生物则相反，如钟虫和轮虫对溶解氧和毒物特别敏感。所以，水体中的排污口、废水生物处理的初期或推流系统的进水处，生长大量的细菌，其他微生物很少或不出现。随着污（废）水净化和水体自净程度增高，相应出现许多较高级的微生物。原生动物及微型后生动物出现的先后次序是：细菌→植物性鞭毛虫→肉足类（变形虫）→动物性鞭毛虫→游泳型纤毛虫、吸管虫→固着型纤毛虫→轮虫。

原生动物及微型后生动物的指示作用表现为以下三方面：

1）可根据上述原生动物和微型后生动物的演替，根据它们的活动规律判断水质和污（废）水处理程度。还可判断活性污泥培养成熟程度。原生动物、微型后生动物与活性污泥培养成熟程度的关系见表 6-9。

表 6-9　原生动物、微型后生动物与活性污泥培养过程中的指示作用

活性污泥培养初期	活性污泥培养中期	活性污泥培养成熟期
鞭毛虫、变形虫	游泳型纤毛虫、鞭毛虫	钟虫等固着型纤毛虫、楯纤虫、轮虫

2）根据原生动物种类判断活性污泥和处理水质的好与坏：①如固着型纤毛虫的钟虫属、累枝虫属、盖纤虫属、聚缩虫属、独缩虫属、据纤虫属、吸管虫属、漫游虫属、内管虫属、轮虫等出现，说明活性污泥正常，出水水质好；②当豆形虫属、单履虫属、四膜虫属、屋滴虫属、眼虫属等出现，说明活性污泥结构松散，出水水质差；③线虫出现说明缺氧。

3）还可根据原生动物遇恶劣环境，改变个体形态及其变化过程判断进水水质变化和运行中出现的问题。以钟虫为例，当溶解氧不足或其他环境条件恶劣时，钟虫则由正常虫体向胞囊演变的一系列变态。

（2）净化作用

1ml 正常好氧活性污泥的混合液中有 5000 ~ 20 000 个原生动物，70% ~ 80%

是纤毛虫，尤其是小口钟虫、沟钟虫、有肋楯纤虫、漫游虫出现频率高，起重要作用。轮虫则有100～200个，有的废水中轮虫优势生长繁殖，1ml混合液中达到500～1000个。大多数原生动物是动物性营养，它们吞食有机颗粒和游离细菌及其他微小的生物，对净化水质起积极作用。有试验证明原生动物有摄取溶解性有机物的作用，起了净化作用。原生动物和微型后生动物的数量和代谢途径次于菌胶团，净化作用不及菌胶团大。然而，吞噬菌胶团，延长了食物链，有利于提高净化作用。

（3）促进絮凝和沉淀作用

污、废水生物处理中主要靠细菌起净化作用和絮凝作用。然而有的细菌需要一定浓度的原生动物存在，由原生动物分泌一定的黏液物协同和促使细菌发生絮凝作用。固着型纤毛虫本身有沉降性能，加上和细菌形成絮体，更完善了二沉池的泥水分离作用。

三、好氧活性污泥的培养

生产装置中活性污泥的培养有间歇式曝气培养和连续曝气培养。

1. 间歇式曝气培养

1）菌种来源：取自污水处理厂的活性污泥；取自不同水质废水处理厂的活性污泥；取自相同水质废水处理厂的活性污泥；取本厂集水池或沉淀池的下脚污泥或本厂污水长期流经的河流淤泥经扩大培养后备用。

2）驯化：凡是采用其他不同水质废水处理厂的活性污泥作菌种都要先经驯化后才能使用。用间歇式吸气培养法驯化：先进低浓度废水培养，曝气23h，沉淀1h，倾去上清液，再进同浓度的新鲜废水，继续曝气培养。每一浓度运行3～7天。通过镜检观察到活性污泥生长量增加，可调高一个浓度，如同前一个浓度的操作方法运行。以后逐级提高废水浓度，一直提高到原废水浓度为止。驯化初期，活性污泥结构松散，游离细菌较多，出现鞭毛虫和游动性纤毛虫，此时的活性污泥有一定的沉降效果。在驯化过程中，通过镜检可看到原生动物由低级向高级演替。驯化后期以游动性纤毛虫为主，出现少量的、有一定耐污能力的固着型纤毛虫如累枝虫。活性污泥沉降性能较好，上清液与沉降污泥可看出界限且较清，驯化结束。但进水流量仍未达到设计值。

3）培养：将驯化好的活性污泥改用连续曝气培养法继续培养。此时通过镜检和化学测定分析指标，衡量培养的进度。当菌胶团结构紧密，原生动物以钟虫等固着型纤毛虫为主，有轮虫出现，直到活性污泥全面形成大颗粒絮团，而且结构紧密，沉降性能极好，混合液的 30min 体积沉降比（SV_{30}）达 50% 以上；SVI 在 $100mL \cdot g^{-1}$左右，钟虫等固着型纤毛虫大量出现，相继出现楯纤虫、漫游虫、轮虫时即进入成熟期，完成活性污泥培养阶段。（SVI：污泥容积系数，又称污泥指数，混合液沉降 30min 后，混合液体积与污泥干重之比 $mL \cdot g^{-1}$，SVI 一般控制在 50～150 为好，>200 说明已膨胀）。

曝气池内活性污泥的 MLSS 达到 $2000mg \cdot L^{-1}$左右，进水达到了设计流量时，培养结束，进入正式运行阶段。在此阶段，若是处理工业废水，其进水 BOD_5 为 200～300 $mg \cdot L^{-1}$，MLSS 维持在 $3000mg \cdot L^{-1}$左右，溶解氧维持在 2～3$mg \cdot L^{-1}$为好。

2. 连续曝气培养

在处理生活污水和工业废水时，凡取现成的与本厂相同水质处理厂的活性污泥作菌种时，都可直接用连续曝气培养法培养活性污泥。活性污泥的接种量按曝气池有效体积的 5%～10% 投入，启动的头几天可先闷曝。判断活性污泥是否培养成熟，还得靠镜检和化学测定分析指标。镜检判断方法就是看培养初期活性污泥的生长状况，在向成熟阶段过渡的进程，菌胶团的结构是否由松散向紧密演变，原生动物是否由低级向高级演替。当进水流量达到设计值时，菌胶团结构是否紧密，是否形成大的累状颗粒。当原生动物以钟虫等固着型纤毛虫大量出现，相继出现楯纤虫、漫游虫、轮虫等时即进入成熟期。

四、好氧生物膜中的微生物群落

1. 好氧生物膜

好氧生物膜是由多种好氧微生物和兼性厌氧微生物黏附在生物滤池滤料上，或黏附在生物转盘盘片上的一层带黏性、薄膜状的微生物混合群体。是生物膜法净化污（废）水的工作主体。普通滤膜厚度为 2～3mm，在 BOD_5 负荷大，水力负荷小时生物膜增厚，此时生物膜的里层供氧不足，呈厌氧状态。

2. 好氧生物膜中的微生物群落及其功能

普通滤池内生物膜的微生物群落有生物膜生物、生物膜面生物及滤池扫除生物。①生物膜生物是以菌胶团为主要组分，辅以浮游球衣菌、藻类等，它们起净化和稳定污、废水水质的功能；②生物膜面生物固着型纤毛虫等；③滤池扫除生物为轮虫、线虫等，去除池内污泥，防止污泥积聚和培养基等功能。

好氧生物膜在滤池内的分布不同于活性污泥，生物膜附着在滤料上不动，废水自上而下淋洒在生物膜上。以一滴水为例，水滴从上到下与生物膜接触，几分钟内废水中的有机和无机杂质逐级被生物膜吸附。滤池内不同高度（不同层次）的生物膜所得到的营养（有机物的组分和浓度）不同，致使不同高度的微生物种群和数量不同。

生物膜在滤池中是分层的，上层生物膜中的生物膜生物（絮凝性细菌及其他微生物）和生物膜面生物（固着性纤毛虫、游动性纤毛虫及微型后生动物）吸附废水小的大分子有机物，将其水解为小分子有机物。同时吸收溶解性有机物和经水解的水分子有机物进入体内，并氧化分解之，微生物利用吸收的营养构建自身细胞。上一层生物膜的代谢产物流向下层，被下一层生物膜生物吸收，进一步被氧化分解为 CO_2 和 H_2O。老化的生物膜和游离细菌被滤池扫除生物（轮虫、线虫、瓢体虫等）吞食，通过以上微生物化学和吞食作用，废水得到净化。

3. 好氧生物膜的培养

好氧生物膜的培养有自然挂膜法、活性污泥挂膜法和优势菌挂膜法。

1）自然挂膜法：用泵慢流速将带有自然菌种的工业废水通入空的塔式生物滤池（或其他生物滤池）内，不断循环 3～7 天，之后改为慢速连续进水。这过程中，废水中的自然菌种和空气微生物附着在滤料上，以废水中的有机物为营养，生长繁殖。滤料上的微生物量由少变多，逐渐形成一层黏性的微生物薄膜，即生物膜。

2）活性污泥挂膜法：取处理生活污水或处理工业废水的活性污泥作菌种。用本厂的污（废）水和活性污泥混合，用泵慢速将混合液打入滤池内，循环 3～7 天，之后改为慢速连续进水。这过程中活性污泥微生物附着在滤料上、以废水中的有机物为营养，生长繁殖。滤料上的微生物量由少变多，逐渐形成一层带黏性的微生物薄膜，即生物膜。

3）优势菌种挂膜法：优势菌种是从自然环境或废水处理中筛选、分离获得的对某种工业废水有强降解能力的菌株。优势菌种也可通过遗传育种获得优良菌种，甚至通过基因工程构建超级菌作菌种。挂膜操作同上。

五、活性污泥丝状膨胀和丝状膨胀控制对策

用活性污泥法处理废水的过程中，有时二次沉淀池中会发生泥水分离困难，池面飘泥严重，出水水质极差的现象。

1. 活性污泥丝状膨胀的成因

（1）*活性污泥丝状膨胀的致因微生物*

由于丝状细菌极度生长引起的活性污泥膨胀，称活性污泥丝状膨胀。活性污

泥丝状膨胀的致因微生物种类很多，如浮游球衣菌、发硫菌属、贝日阿托氏菌属、微丝菌属等。

（2）活性污泥丝状膨胀的成因

活性污泥丝状膨胀的成因有环境因素和微生物因素。主导因素是丝状微生物过度生长，环境因素促进丝状微生物过度生长。

1）温度：构成活性污泥的各种细菌最适生长温度在30℃左右。菌胶团细菌如动胶菌属的最适生长温度为28～30℃，10℃生长缓慢，45℃不长。浮游球衣菌最适生长温度为25～30℃，生长温度为15～37℃。

2）溶解氧：菌胶团细菌和浮游球衣菌等丝状菌对溶解氧的需要量差别较大。菌胶团细菌是严格好氧，浮游球衣菌是好氧菌，但它的适应性强，在微量好氧条件下，仍正常生长。温度在25～30℃的条件下，在有机废水中溶解氧匮乏，丝状细菌优势生长，故很容易引起活性污泥丝状膨胀。

3）可溶性有机物及其种类：几乎所有的丝状细菌都能吸收可溶性有机物，尤其是低分子量的糖类和有机酸。有机物因缺氧不能降解彻底，积累了大量有机酸，为丝状细菌创造营养条件，使丝状细菌优势生长，甚至自养的发硫菌也能利用低浓度的乙酸盐。

4）有机物浓度（或有机负荷）：浮游球衣菌在含葡萄糖和蛋白胨各0.5%的培养基中不长衣鞘，不形成丝状体而呈大的单个细胞存在，菌落接近圆形，边缘光滑。动胶菌属在试验培养基中，当碳氮比大于10时，呈絮状生长。若碳氮比小于10乃至5时则分散生长。有时生活污水和废水的碳氮比很低，活性污泥呈絮状的动胶菌属不多见，而是分散性的动胶菌属和其他菌胶团细菌一起形成大颗粒的絮凝体。

2. 活性污泥丝状膨胀的机制

活性污泥丝状膨胀的机制用表面积与容积比假说解释能被较多人接受。

1）对溶解氧的竞争：充氧效率与好氧微生物的生长量成正相关性。如果曝气池溶解氧长期维持在较低的水平，则明显有利于丝状细菌优势生长。

2）对可溶性有机物的竞争：运行经验和实验室试验证明，低分子糖类和有机酸有利于丝状细菌生长，易发生活性污泥丝状膨胀。BOD_5∶N∶P＝100∶5∶1，如N∶P比小于这个关系式中数值时。

3）对氮、磷的竞争：在低氮和低磷的情况下，丝状细菌大的比表面积又有利于它与菌胶团细菌争夺氮和磷而优势生长。

4）有机物冲击负荷影响：是指流入生产装置的废水中有机物浓度、组成及流量发生急剧变化。以有机物浓度为例，曝气池中有机物浓度突然增加，供氧量不变，由于微生物的呼吸迅速消耗溶解氧，溶解氧量降低，丝状细菌和絮凝性菌胶团细菌争夺溶解氧，丝状细菌优势生长而引起活性污泥丝状膨胀。

3. 控制活性污泥丝状膨胀的对策

1）控制溶解氧。曝气池内的溶解氧浓度由供氧和耗氧之间的平衡决定的，决定于氧的总转移系数 K_{la}。据前所述，溶解氧浓度必须控制在 $2mg \cdot L^{-1}$ 以上。

2）控制有机负荷：活性污泥要保持正常状态，BOD 污泥负荷在 0.2～0.3 $kg \cdot kgMLSS^{-1} \cdot d^{-1}$ 为宜。有资料报道，BOD 污泥负荷高，在 $0.38kg \cdot kgMLSS^{-1} \cdot d^{-1}$ 以上时，就容易发生活性污泥丝状膨胀。

3）改革工艺：将活性污泥法改为生物膜法，如在曝气池中加填料改为生物接触氧化法。还可将二次沉淀池的沉淀法改为气浮法。

第四节　废水的厌氧生物处理

厌氧生物处理是在厌氧条件下，形成了厌氧微生物所需要的营养条件和环境条件，利用这类微生物分解废水中的有机物并产生甲烷和二氧化碳的过程，又称厌氧发酵。与好氧生物处理过程的根本区别在于不以分子态氧为受氢体，而以化合态盐、碳、硫、氮为受氢体。

一、厌氧生物处理的特点

厌氧生物处理是一个复杂的微生物代谢过程。厌氧微生物包括厌氧有机物分解菌（或称不产生甲烷的厌氧微生物）和甲烷菌。在一个厌氧发酵设备内，多种微生物形成一个与环境条件、营养条件相适应的群体，通过群体微生物的生命活动完成对有机物的厌氧代谢，达到生产甲烷，净化废水的目的。

1. 厌氧处理的特点与效果

厌氧生物处理可以：①去除 COD/kg 能产生 $0.35m^3$ 的甲烷，可以利用；②不受氧传递的限制；③反应器中固体停留时间（SRT）比水力停留时间（HRT）高出 10～100 倍；④单位容积负荷远高于好氧系统，产生污泥少，运行费用低；⑤由于不需要充氧设备，工艺所需的能量消耗相当低。另外，所需要的氮磷养分较少。该法的不足点是污泥量增长慢，工艺过程启动所需的时间较长，对废水的负荷变化和毒物较敏感等。所以，厌氧处理一般只用于预处理，要使废水达标排放，还需要进一步的处理。

2. 厌氧生物反应器

厌氧生物反应器有以下几种类型：

1）普通厌氧反应器（AP）：SRT 为 30 ~ 60 天，有机负荷 1. 6kg vs · m^{-3} · d^{-1}，有辅助搅拌时，HRT 为 6 ~ 30 天。

2）厌氧接触反应器（ACP）：用于处理 BOD_5 > 2000mg · L^{-1}的废水，出水 BOD_5 为 200 ~ 1000mg · L^{-1}，有机负荷为 2. 1 ~ 5. 9（BOD）· m^{-3} · d^{-1}或 12. 5 ~ 30. 0kg COD · m^{-3} · d^{-1}。

3）厌氧污泥床反应器（ASB）：无载体，絮状污泥 Φ 为 1 ~ 5mm 颗粒，有机负荷 15 kg COD · m^{-3} · d^{-1}以上。

4）厌氧固定膜反应器（SFF）：装固定填料的反应器。

5）厌氧流化床反应器（AFB）。

二、厌氧环境中活性污泥和生物膜的微生物群落

厌氧微生物在自然界广泛分布，种类很多，如产甲烷菌、梭状芽胞杆菌、丙酮丁醇产生菌、脱硫弧菌、拟杆菌、荧光假单胞菌等。对厌氧微生物的认识也有相当长的历史过程。早在 1630 年 Vam Helmeut 第一次发现由生物厌氧消化产生可燃的甲烷气体。1868 年，Becbamp 首次指出甲烷形成过程是一种微生物学过程。1902 年 Maze 获得了一种产甲烷的微球菌，后命名为马氏甲烷球菌。1916 年，V. L. Omeliansky 分离到 1 株不产芽孢、发酵乙醇产甲烷菌，后被命名为奥氏甲烷杆菌，现证实其并非一个纯菌种。1936 年，Barker 采用化学合成培养基培养阴沟污泥，获得了能很好的发酵乙醇、丙醇和丁醇的有机体，Heuke Veleian 和 Heinemann 提出了一个计算甲烷菌近似数目的技术。1950 年，R. E. Hungate 发明了厌氧培养技术，为厌氧微生物的分离培养转化提供了一种有效的方法，为以后对甲烷菌的研究创造了条件。1967 年，M. P. Bryant 采用改良的 Hungate 技术将共生的 Omeliansky 甲烷杆菌分纯，证明了它是甲烷杆菌 MOH 菌株和“S”有机体的共生体，使长达 51 年来一直认为是纯种的经典甲烷菌得以弄清楚其本来的面目；使产甲烷菌和产氢菌之间的相互关系得到了证实；揭示了种间分子氢转移的理论，为正确认识厌氧消化过程中氢的产生、消耗和调节规律奠定了基础。20 世纪 70 ~ 80 年代中期，Widdel 等分离得到了多种性能各异的硫酸盐还原菌，命名了多个新属，开阔了人们对硫酸盐还原菌的认识。至 1989 年，已分离获得的产甲烷菌有 3 目、16 科、13 属、43 种。1992 年已收集了产甲烷菌 70 种，并阐明了产甲烷菌的基质、辅酶、培养条件、能量代谢以及与不产甲烷厌氧菌之间的

关系。

三、甲烷发酵

粪便污水用厌氧消化法处理，既净化污水，又能取得能源，还能杀死致病菌和致病虫卵。甲烷发酵，也有活性污泥法和生物膜法。但微生物群落与有氧环境中不同，它们是由分解蛋白质、脂肪、淀粉、纤维素等的专性厌氧菌和兼性厌氧菌及专性厌氧的产甲烷菌等组成，在出流处附近，有少数厌氧或兼性厌氧的游泳型纤毛虫，如扭头虫、草履虫等。

（一）甲烷发酵的四阶段的发酵理论

第一阶段是水解和发酵性细菌群将复杂的有机物如纤维素、淀粉等水解为单糖后，再酵解为丙酮酸；将蛋白质水解为氨基酸，脱氨基成为有机酸和氨；脂类水解为各种低级脂肪酸和醇，如乙酸、丙酸、丁酸、长链脂肪酸、乙醇、二氧化碳、氢、氨、和硫化氢等。此阶段的微生物群落是水解、发酵性细菌群，有专性厌氧的梭菌属（*Clostridium*）、拟杆菌属（*Bacteriodes*）、丁酸弧菌属（*Butyrivibrio*）、真细菌属（*Eubacterium*）、双歧杆菌属（*Bifidobacterium*）、革兰阴性杆菌，兼性厌氧的有链球菌和肠道菌。

第二阶段是产氢和产乙酸菌群把第一阶段的产物进一步分解为乙酸和氢气。此阶段的微生物群落为产氢、产乙酸细菌，这群细菌只有少数被分离出来，1967年布莱恩特从奥氏甲烷杆菌（*Methanomelianskii*）分离出S菌株和M. O. H菌株（Methanogenic organism utilizes H_2）。将M. O. H菌株命名为布氏甲烷杆菌（*Methanobacterium bryantii*）。S菌株是厌氧的革兰阴性杆菌，可发酵乙醇产生乙酸和氢，为产甲烷的布氏甲烷杆菌（*Methanobacterium bryantii*）提供乙酸和氢气，促进甲烷菌生长。布氏甲烷杆菌将乙酸裂解为甲烷和二氧化碳；将氢和二氧化碳合成甲烷。可见奥氏甲烷杆菌实际是S菌株和布氏甲烷杆菌的共同体。

此外，还将第一阶段发酵的三碳以上的有机酸、长链脂肪酸、芳香族酸及醇等分解为乙酸和氢气的细菌和硫酸还原菌。硫酸还原菌如脱硫脱硫弧菌（*Desulfovibrio desufuricans*）在缺乏硫酸盐，有产甲烷菌存在时，能将乙醇和乳酸转化为乙酸、氢气和二氧化碳、脱硫脱硫弧菌与产甲烷菌之间存在协同联合作用。

第三阶段的微生物是两组生理不同的专性厌氧的产甲烷菌群。一组是将氢气和二氧化碳合成甲烷或一氧化碳和氢气合成甲烷；另一组是将乙酸脱羧生成甲烷和二氧化碳，或利用甲酸、甲醇及甲基胺裂解为甲烷。从图6-20看出有28%的甲烷来自氢的氧化和二氧化碳的还原，72%的甲烷来自乙酸盐的裂解。由于大部分甲烷和二氧化碳逸出，氨（NH_3）以亚硝酸铵（NH_4NO_2）、碳酸氢铵（NH_4HCO_3）的形式留在污泥中，它们可中和第一阶段产生的酸，为产甲烷菌创造了生存所需弱碱性环境，氨可被产甲烷菌用作氮源。

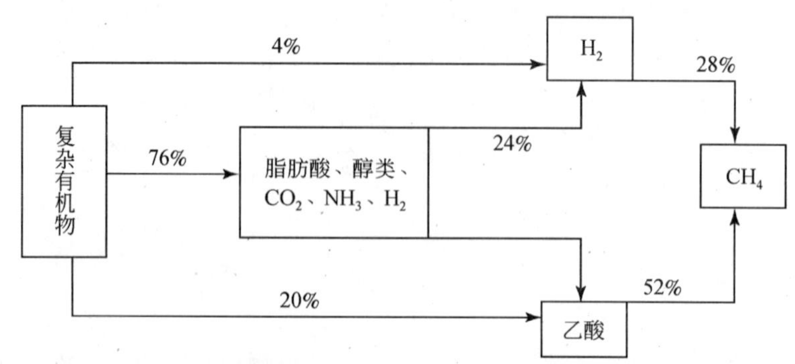

图6-20 甲烷发酵的三个阶段及用COD表示的各阶段转换成甲烷的有机物比例

第四阶段为同型产乙酸阶段，是同型产乙酸细菌将H_2和CO_2转化为乙酸的过程。第四阶段在厌氧消化中的作用目前仍在研究中。产甲烷菌只能利用氢气、二氧化碳、一氧化碳、甲酸、乙酸、甲醇及甲基胺等简单物质产生甲烷和组成自身细胞物质。

（二）产甲烷菌产生甲烷的机制

1）由酸和醇的甲基形成甲烷：

$$^{14}CH_3COOH \longrightarrow {}^{14}CH_4 + CO_2$$

$$4\,{}^{14}CH_3OH \longrightarrow 3\,{}^{14}CH_4 + {}^{14}CO_2 + 2H_2O$$

2）由醇的氧化使二氧化碳还原形成甲烷及有机酸：

$$2CH_3CH_2OH + {}^{14}CO_2 \longrightarrow {}^{14}CH_4 + 2CH_3COOH$$

$$2C_3H_7CH_2OH + {}^{14}CO_2 \longrightarrow {}^{14}CH_4 + 2C_3H_7COOH$$

3）脂肪酸有时用水做还原剂或供氢体产生甲烷：

$$2C_3H_7COOH + CO_2 + 2H_2O \longrightarrow CH_4 + 4CH_3COOH$$

4）利用氢使二氧化碳还原形成甲烷：

$$4H_2 + CO_2 \longrightarrow CH_4 + 2H_2O$$

5）在氢和水存在时，巴氏甲烷八叠球菌（*Methanosarcina barkeri*）与甲酸甲烷杆菌（*Methanobacterium formicicum*）能将一氧化碳还原形成甲烷。

$$3H_2 + CO \longrightarrow CH_4 + H_2O$$
$$2H_2O + 4CO \longrightarrow CH_4 + 3CO_2$$

从碳水化合物、脂肪、蛋白质的产沼气量及气体中甲烷的含量看，脂肪的产沼气量最大，甲烷含量也较高；蛋白质的产沼气量低于碳水化合物，但甲烷含量最高；碳水化合物的产沼气量虽居第二，但甲烷含量最低（表6-10）。从分解率和分解速度看，碳水化合物的分解率和分解速度最高，脂肪次之，蛋白质最低。

表6-10　几种物质沼气发酵的产气量

物质	乙醇	纤维素	脂肪	蛋白质
沼气/mL	974	830	1250	704
CH_4/%	75	50	68	71
CO_2/%	25	50	32	29

（三）厌氧活性污泥的培养

因专性厌氧的产甲烷菌，生长速度慢，世代时间长。所以，厌氧活性污泥的驯化、培养时间较长。

1. 厌氧活性污泥的菌种来源

菌种可来源于：①牛、羊、猪、鸡等禽畜粪便含有丰富的水解性细菌和产甲烷菌；②城市生活污水处理厂的浓缩污泥；③同类水质处理厂的厌氧活性污泥。

2. 厌氧活性污泥的驯化与培养

来自不同水质的厌氧活性污泥要先经驯化，然后进行培养，尤其是处理工业废水更是如此。进水量由小到大，每提高一个浓度梯度，要稳定一段时间后才换下一个浓度。当处理效果接近期望效果，并形成颗粒化的活性污泥时即为成熟厌氧活性污泥。此时可按设计流量进水进入正式运行阶段。

3. 厌氧活性污泥的组成和性质

厌氧活性污泥是由兼性厌氧菌和专性厌氧菌与废水中的有机杂质交织在一起形成的颗粒污泥。废水厌氧消化处理的效果好与坏，取决于厌氧活性污泥中微生物的种类、组成、结构及污泥的颗粒大小。厌氧活性污泥中的微生物组成有五种：①将大分子水解为小分子的水解细菌；②将小分子的单糖、氨基酸等发酵为氢和乙酸的发酵细菌；③氢营养型和乙酸营养型的古菌；④利用 H_2 和 CO_2 合成 CH_4 的古菌；⑤厌氧原生动物。废水厌氧消化处理最根本、最重要的是微生物的种类、组成，还要有能保证微生物生长条件的、结构好的厌氧消化池。厌氧活性污泥呈灰色至黑色，有生物吸附作用、生物降解作用和絮凝作用，有一定的沉降性能。

4. 团粒化的颗粒厌氧活性污泥与其形成机制探讨

1）单相厌氧消化法的厌氧活性污泥：良好的颗粒厌氧活性污泥是以丝状的产甲烷丝菌为骨架，与其他微生物一起团粒化而形成圆形或椭圆形的颗粒污泥。颗粒结构与微生物分布与处理废水水质、消化罐的构型、进水方式、罐内的水力条件与状况有关。

2）两相厌氧消化法的厌氧活性污泥：情况与上不同，在第一相中的厌氧活性污泥可处在缺氧或厌氧条件下，其组成基本是兼性厌氧和专性厌氧的水解发酵性细菌和少量的专性厌氧的产甲烷菌；在第二项中则是在绝对厌氧条件下，有少量产氢产乙酸的细菌，绝大多数是专性厌氧的产甲烷菌。

（杨玉锁）

参 考 文 献

孔繁翔 . 2000. 环境生物学 . 北京：高等教育出版社：197 ~ 266

马文漪，杨柳燕 . 1998. 环境微生物工程 . 南京：南京大学出版社，124 ~ 148

沈萍 . 2000. 微生物学 . 北京：高等教育出版社：38 ~ 70，75 ~ 81，128 ~ 135

杨柳燕，肖琳 . 2003. 环境微生物技术 . 北京：科学出版社：213 ~ 239

郑平 . 2002. 环境微生物学 . 杭州：浙江大学出版社：155 ~ 166

周群英，王士芬 . 2008. 环境工程微生物学 . 第三版 . 北京：高教教育出版社：30 ~ 99，297 ~ 322

周少奇 . 2003. 环境生物技术 . 北京：科学出版社：111 ~ 151，154 ~ 166

Tortora G J，Funke B R，Case C L. 2002. Microbiology. 7th ed. San Francisco：Benjamin Cummings：77 ~ 102，156 ~ 161，303 ~ 354

第七章　废水好氧生物处理（1）——活性污泥

第一节　基 本 概 念

活性污泥法这一名词来源于将空气连续注入废水时形成的具有活性的微生物絮凝体，即活性污泥。活性污泥法是处理废水最广泛使用的方法，它主要是利用活性污泥的吸附和生物氧化作用，以分解去除废水中溶解的和胶体的有机物质，无机盐类（磷和氮的化合物）也能部分地被去除，使废水得以净化。关于活性污泥法的原理用形象的话说，是微生物“吃掉”了污水中的有机物，使污水变成了干净的水。它本质上与自然界水体自净过程相似，只是经过人工强化使污水净化的效果更好。

活性污泥法的特点是：① 处理效率高、出水水质好。这是因为微生物、溶解氧和有机物能够充分混合接触，传质效果好，能够被生化降解的有机物几乎全部被去除。② 去除的对象广，不但能去除溶解性的有机污染物，还可以去除较多的悬浮性的有机污染物以及部分无机物质。③ 处理的水量范围广，不管水量小还是水量大都可适应。④ 运行工艺灵活，在运行中可有多种工艺供选择。⑤ 反应速度快。⑥ 氧化彻底，最终产物为 CO_2 和 H_2O。⑦ 可脱氮除磷，使出水水质进一步提高。但活性污泥法也有如下不足之处：① 运行费用高；② 对水质水量的变化适应性较差；③ 不适合处理高浓度有机废水；④ 污泥较容易发生膨胀，影响处理效果；⑤ 泥龄较短，产泥量大；⑥ 污泥尚需进一步稳定处理。

活性污泥法本质上与天然水体（江、湖）的自净过程相似，两者都为好氧生物过程，只是前者净化强度更大，因而活性污泥法是天然水体自净作用的人工化和增强化。活性污泥法经过近百年的发展，在理论和实践上都取得了很大的进步，本节将讨论活性污泥法的基本概念和实际应用问题。

一、活性污泥法的基本工艺流程

活性污泥法的基本工艺流程是由初次沉淀池、曝气池、二次沉淀池、空气扩散系统、污泥回流系统和剩余污泥排除系统六部分组成（图 7-1）。

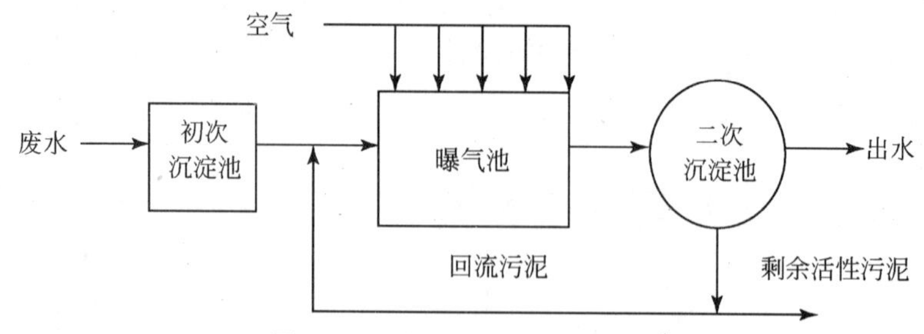

图 7-1　活性污泥法的基本流程

废水首先进入初次沉淀池，进行大颗粒污染物质的去除，然后废水和回流的活性污泥一起进入曝气池形成混合液。曝气池是一个核心生物反应器，通过空气扩散系统充入空气，空气中的氧溶入污水使活性污泥混合液产生好氧代谢反应。曝气设备不仅传递氧气进入混合液，且使混合液得到足够的搅拌呈悬浮状态。这样，污水中的有机物、氧气同微生物能充分接触和反应。随后混合液流入二次沉淀池，混合液中的悬浮固体在沉淀池中沉淀下来与水分离，沉淀池出水就是净化水。沉淀池中的污泥大部分回流，称为回流污泥。回流污泥的目的是使曝气池内保持一定的悬浮固体浓度，也就是保持一定的微生物浓度。曝气池中的生化反应引起了微生物的增殖，增殖的微生物通常从沉淀池中排除，以维持活性污泥系统的稳定运行，这部分污泥叫剩余污泥。剩余污泥中含有大量的微生物，排放到环境前应进行处理，防止污染环境。

从上述流程可以看出，要使活性污泥法形成一个实用的处理方法，活性污泥除了有氧化和分解有机物的能力外，还要有良好的凝聚和沉淀性能，以使活性污泥能从混合液中分离出来，得到澄清的出水。

二、活性污泥的形态和组成

（一）活性污泥的形态

活性污泥是该处理系统中最重要的作用物质，在活性污泥中栖息着具有强大生命力的微生物群体。

1. 外观形态

根据废水水质的不同，活性污泥的颜色也不同，有褐色、黄色、灰色和铁红色。它和矾花一样，轻轻搅动，易呈悬浮状；静止一段时间，也易沉下。在显微镜下呈不规则椭圆状，在水中呈“絮状”。正常呈黄褐色，但会随进水颜色、曝气程度而变（如发黑为曝气不足，发黄或发白为曝气过度）。

2. 特点

良好的活性污泥具有土壤的霉臭味，或几乎无臭味。活性污泥絮凝体比水略重，密度介于（1.002～1.006）$\times 10^3 kg \cdot m^{-3}$，可以泥水分离。正常的活性污泥粒径在0.02～0.2 mm范围内，其比表面积为20～100$cm^2 \cdot mL^{-1}$，活性污泥的含水率在99.2%～99.8%。

（二）活性污泥的组成

1. 固体物质的组成

活性污泥固体由四个部分组成：栖息在活性污泥上有活性的微生物群体（M_a）、微生物内源代谢的残留物（M_e）、吸附的原废水中难于生物降解的有机物（M_i）、无机物质（M_{ii}）。

2. 微生物组成

活性污泥微生物是活性污泥系统的核心。在曝气池内，混合液保持一定数量的活性污泥微生物是保证活性污泥处理系统正常运行的必要条件。活性污泥中主要含有的微生物有细菌、原生动物和后生动物。

1）细菌：细菌是活性污泥净化功能最活跃的成分，以异养型原核生物（细菌）为主，每毫升数量为10^7～10^8个，是降解污染物质的主体，具有分解有机物的能力。主要菌种有：动胶杆菌属、假单胞菌属、微球菌属、黄杆菌属、芽孢杆菌属、产碱杆菌属、无色杆菌属等。它们绝大多数都是好氧或兼性厌氧化能异养型原核微生物；在好氧条件下，具有很强的分解有机物的功能；具有较高的增殖速率，世代时间仅为20～30min；其中的动胶杆菌具有将大量细菌结合成为“菌胶团”的功能。

2）原生动物：在废水处理中原生动物主要有鞭毛虫、肉足虫和纤毛虫。它们的作用是捕食游离细菌，使水进一步净化。其出现的顺序反映了处理水质的好坏（这里的好坏是指有机物的去除），最初是肉足虫，继之鞭毛虫和游泳型纤毛虫。在活性污泥培养初期，水质较差，游离细菌较多，鞭毛虫和肉足虫出现，其中肉足虫占优势，接着游泳型纤毛虫。到活性污泥成熟，当处理水质良好时出现固着型纤毛虫，如钟虫、累枝虫、独缩虫、聚缩虫、盖纤虫等。原生动物作为活性污泥处理系统的指示性生物。

3）后生动物：后生动物在废水处理活性污泥处理系统中很少出现。它们的作用是吞食原生动物，使水进一步净化。后生动物是水质非常稳定的标志。后生动物（主要指轮虫）也可作为活性污泥处理系统的指示性生物。

三、活性污泥法的净化过程

在活性污泥处理系统中，有机污染物从废水中被去除的实质，就是有机底物作为营养物质被活性污泥微生物摄取、代谢与利用的过程。这一过程的结果是污水得到了净化，微生物获得了能量而合成新的细胞，活性污泥得到了增长。一般将这整个净化反应过程分为初期吸附去除、微生物代谢和沉淀分离三个方面。

1. 初期吸附去除

污水与活性污泥接触3～5min后，污水中大部分有机物（70%以上的BOD，75%以上COD）迅速被去除。此时的去除并非降解，而是被污泥吸附，黏着在生物絮体的表面，这种由物理吸附和生物吸附交织在一起的初期高速去除现象叫初期吸附。活性污泥的比表面积非常大，其表面又具有多糖类黏质层，因此，污水中的悬浮及胶体有机物很容易被絮凝吸附，储存在微生物细胞表面，经过几个小时曝气后才会相继摄入代谢。如污水中的溶解性有机物含量高，则活性污泥的初期吸附去除率也会降低；同样，回流的污泥未经充分曝气，其活性没有得到恢复时，活性污泥的初期吸附去除率也会降低；另外，如果回流污泥经过长时间的曝气，则会使污泥长期处于内源呼吸阶段，由于过分的自身氧化而失去活性，同样也会降低初期吸附去除率。

2. 微生物的代射

活性污泥微生物以污水中的各种有机物为营养，在供氧条件下，将其中一部分有机物氧化分解，最终生成CO_2和H_2O等稳定物质；另一部分有机物合成为新的细胞物质。有机物分解代谢与合成代谢及其产物模式见图7-2。

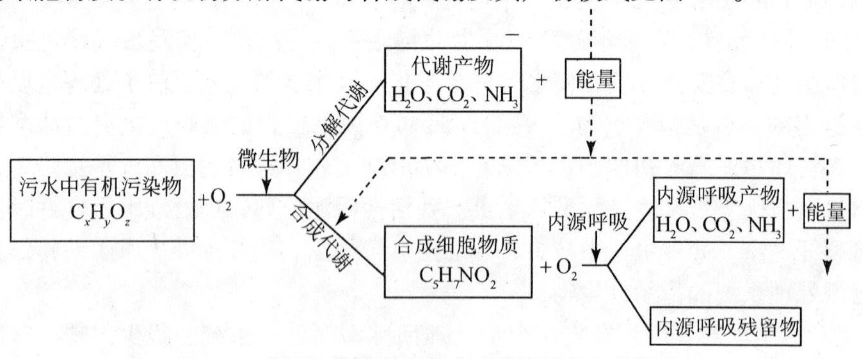

图7-2　有机物分解代谢与合成代谢及其产物模式

3. 沉淀分离

污水在曝气池中通过生物降解，一部分有机物氧化分解为 CO_2 和 H_2O，另一部分合成细胞成为菌体。二次沉淀池的作用是将菌体与水沉淀分离开来，经沉淀分离后的水得到净化。活性污泥可以部分回流到曝气池复用，剩余的污泥处理后排放或利用。

四、活性污泥法的性能指标

性能良好的活性污泥应具有良好的吸附氧化性能和絮凝沉淀性能。吸附氧化性能良好的污泥比较松散，表面积较大，活性和絮凝性能较好，但不一定具有良好的沉淀性能。例如，处于膨胀状态的污泥结构松散，絮凝性能较好，但难以沉淀，随水流失，使出水水质变差。沉淀性能好的污泥絮凝性能一般较好，也比较密实，但不一定有较强的活性。例如，处于老化状态的污泥，絮凝沉淀性能较好，但活性较差。为获得良好的净化效果，应使活性污泥具有很强的活性，又有很好的沉淀性能。评价活性污泥性能的指标主要有污泥浓度、污泥沉降比、污泥指数和泥龄等。

1. 混合液悬浮固体浓度

混合液悬浮固体浓度（mixed liquor suspended solids ，MLSS）也称污泥浓度，是指单位体积混合液含有的悬浮固体量，单位为 $mg \cdot L^{-1}$。根据长期的运行经验，采用鼓风曝气的传统活性污泥曝气池中，一般控制 MLSS = 2000 ~ 3000$mg \cdot L^{-1}$为宜。

MLSS 为混合液中无机物、非活性有机物和活性微生物的总浓度；MLVSS 为混合液中挥发性有机物浓度，可以近似代表有机物和微生物的量。虽然污泥浓度（MLSS 和 MLVSS）不等于活性微生物浓度，但在它们之间有着稳定的相关性，所以可用 MLSS（或 MLVSS）间接代表活性微生物含量。在其他条件不变的情况下，污泥浓度越高，活性微生物浓度也越高，净化效果越好。工程上一般采用 MLSS 作为间接计量活性污泥微生物量的指标，用 MLVSS 表示更切合实际。对一定的废水来说，MLVSS 与 MLSS 有一定的比值，如生活污水的比值为 0.7 左右。其他废水可通过试验确定。

2. 污泥沉降比

污泥沉降比（SV）指活性污泥混合液静置沉淀 30min，所得污泥层体积与原

混合液体积之比（%），即

$$\text{污泥沉降比} = \frac{\text{混合液静置 30min 所得污泥层体积}}{\text{原混合液体积}} \times 100\% \tag{7-1}$$

混合液沉淀 30min 所得污泥层的密度一般接近最大密度，所以 30min 的沉降比近似等于完全沉降时的沉降比。沉降比的大小同污泥的沉淀性能和污泥浓度有关，但相关性比较复杂。污泥浓度（MLSS）相同的混合液，污泥沉降比越大，说明絮体越松散，污泥的沉降性能就越差，说明不容易沉淀；污泥沉淀性能相同的混合液，污泥沉降比越大，污泥浓度就越大。所以，对于特定的污泥处理系统，可以用污泥沉降比表示混合液的污泥浓度，并以此控制污泥回流量和剩余污泥排放量。通常，污泥沉降比的正常范围为 15% ~30%。污泥沉降比可以全面地反映污泥的沉降性能。

3. 污泥体积指数

污泥体积指数（sludge volume index ，SVI）简称污泥指数（SI），是指曝气池混合液静置沉淀 30min 所得污泥层中，单位质量的干污泥所具有的体积，单位为 $ml \cdot g^{-1}$。如果知道 SV 和 MLSS，便可求出 SVI。

$$SVI = \frac{SV}{MLSS} \tag{7-2}$$

式中：SVI 为污泥指数（$ml \cdot g^{-1}$）；SV 为污泥沉降比（%）；MLSS 为污泥浓度（$mg \cdot L^{-1}$）。

污泥指数反映了活性污泥的密实性和沉降性能。如果 SVI 较高，说明污泥松散，沉淀性能较差；如果 SVI 过高，说明污泥已经膨胀，不易沉淀；如果 SVI 较低，说明污泥比较密实，沉淀性能较好；如果 SVI 过低，说明污泥细小密实，含无机物较多，已经老化，此时虽然有较好的沉淀性能，但活性和吸附性能都较差。

处理城市污水时，一般控制 SVI = 50 ~ 150 为宜。不同性质污水的正常 SVI 范围差异较大。如果污水中溶解性有机物含量高，正常的 SVI 可能较高；如果污水中无机悬浮物含量高，正常的 SVI 值可能较低。特定污水的适宜 SVI 值应由实验和运行情况确定。污泥指数能较全面地反映污泥地浓缩性能和沉淀性能。

4. 泥龄

微生物在曝气池中的平均停留时间，又称为泥龄，用 θ_C 表示，单位为天。泥龄工程上是指工作着的活性污泥总量与每日排放的剩余污泥量的比值。例如，活性污泥总量为 500kg，每日排放的剩余污泥量为 100kg，则泥龄为 5d，这说明工作着的活性污泥每日更新 1/5。泥龄越短，曝气池中的活性污泥更新越快，微生物越年轻。

污泥浓度与泥龄有关，而泥龄与剩余污泥排量有关，工程实践中常通过调节剩余污泥排量来控制污泥浓度。剩余污泥排量越大，泥龄 θ_C 越短，污泥浓度 c_x 就越低，反之亦然。

出水水质与泥龄有关。泥龄长，出水水质好。随着泥龄的延长，污染物去除率很快达到最大值，所以不需要太长的泥龄（0.5～1.0d）就可取得较高的去除率。但是，泥龄短时微生物浓度低，营养相对丰富，细菌生长很快，絮凝沉淀性能差，易流失，出水水质较差。所以，常取 θ_C 为3～5d。

第二节　活性污泥法的运行方式

传统的活性污泥法自1914年英国曼彻斯特市开创以来，经历了90多年的发展与革新，现已拥有多种运行方式，下面分别加以介绍。

一、传统活性污泥法

传统活性污泥法（conventional activated sludge，CAS）又称普通推流式活性污泥法，曝气池呈矩形。污水由曝气池首端进入，推流式流过整个池子，从另一端流出。污水净化过程的吸附和稳定阶段在同一池中完成。进口有机物浓度高，沿池长逐渐降低，需氧量也沿池长逐渐降低，如图7-3所示。推流式活性污泥法的最大优点是处理效率高，出水水质好，适用于处理要求高的情况。

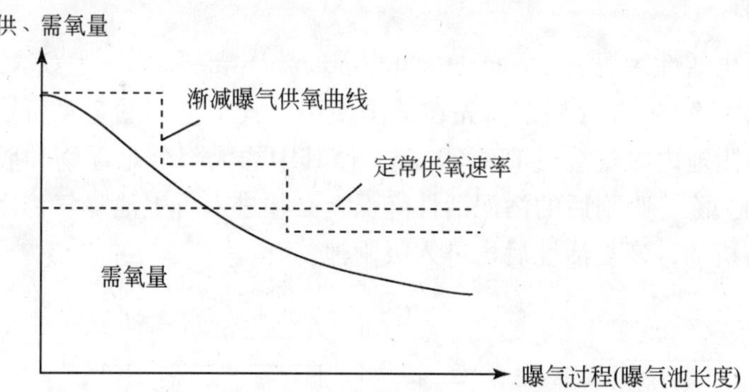

图7-3　传统活性污泥法系统曝气池内需氧率的变化

但也存在如下缺点：① 耐冲击负荷能力差，因为是推流式，进入的污水和回流污泥不与池中原有液体混合，所以曝气池的稀释缓冲作用不明显，进水水质的波动对污泥的影响大，曝气池的耐冲击负荷能力差；② 能耗大，曝气池的需氧量沿池长逐渐减少，但空气的供应量沿池长是均匀分布的，这就造成前段氧气供应不足，后段氧气过剩的状况，导致供氧的浪费，使能耗增大。

二、完全混合式活性污泥法

完全混合式活性污泥法（completely mixed activated sludge，CMAS）曝气池呈圆形、正方形或矩形。圆形和正方形池从中间进水，周边出水。矩形池从一个长边进水，另一个长边出水。污水进入曝气池后在曝气设备的搅拌下，立即与原混合液充分混合，继而完成吸附和稳定的净化过程。污水进入曝气池后立即被原混合液稀释，使进水水质的波动得到均化，从而将进水水质的变化对污泥的影响降低到最小程度。所以，完全混合法的耐冲击负荷能力较强。

完全混合式曝气法具有很强的稀释作用，可以直接进入高浓度有机污水。完全混合式曝气池内各部分易控制在同一良好的运行状态，所以微生物的活性强、污泥负荷率高、池容小、基建投资省。完全混合法混合液各部分需氧均匀，与氧的供应相一致，所以不会造成氧的浪费，供氧动力消耗相应降低。

完全混合法各质点性质相同，生化反应传质推动力小，易发生短流，所以出水水质比推流式差，易发生污泥膨胀。完全混合活性污泥法的曝气池和二次沉淀池可以分建或合建，分别称为分建式曝气池和合建式曝气池。合建式曝气池又叫曝气沉淀池或加速曝气池。

三、吸附再生活性污泥法

吸附再生活性污泥法（contact stabilization activated sludge，CSAS）又称接触稳定法。20 世纪 40 年代后期首先在美国使用，其工艺如图 7-4 所示，污水与活性污泥在吸附池内曝气接触 15～60min，使其中的大部分悬浮物和胶体物质被活性污泥吸附去除。吸附后的污泥活性降低，必须进入再生池曝气稳定，氧化分解掉吸附的有机物，恢复活性后再进入吸附池。

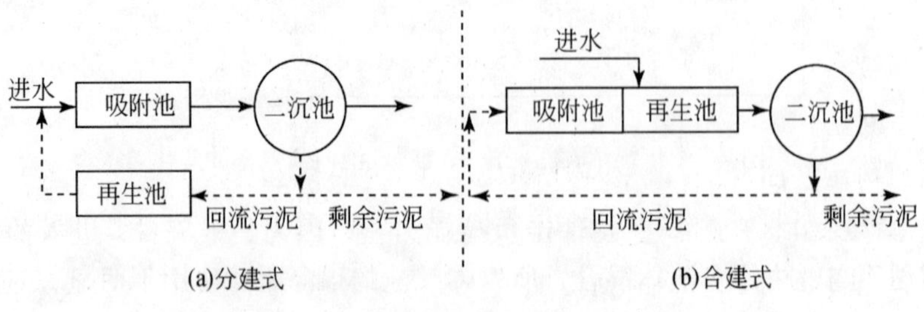

图 7-4 吸附再生活性污泥法工艺流程

吸附再生法具有如下特点：① 适于处理固体和胶体物质，吸附再生法主要利用活性污泥的吸附作用去除污染物，对固体和胶体物质的去除效果好，对溶解性有机物的去除效果差，所以吸附再生法适于处理固体和胶体物质含量高的污水。② 池容小，吸附时间短（15～60min），MLSS 2000mg·L^{-1}左右，吸附池容积很小。再生池中的混合液（MLSS 8000mg·L^{-1}）是浓缩后回流污泥，浓度很高，在相同污泥负荷下容积负荷成倍增加，再则排出剩余污泥使需稳定的无机物减少，所以再生池容积大大降低。吸附池和再生池的总容积减少，基建投资大幅降低。③ 能耗低。剩余污泥的排放，带走一部分有机物，使需要稳定的有机物减少，动力能耗降低。④ 耐冲击负荷。吸附再生法回流污泥量大，再生池的污泥多，当吸附池内污泥遭到破坏时，可用再生池中污泥迅速代替，因此耐冲击负荷能力增强。⑤ 不易发生污泥膨胀。污泥曝气再生可抑制丝状菌的生长，防止污泥膨胀。⑥ 出水水质较差。污水曝气时间很短，又不能有效地去除溶解性有机物，所以处理效果不如传统法，出水水质较差。尤其是含溶解性有机物较多的污水，处理效果更差。

四、延时曝气活性污泥法

延时曝气活性污泥法（extended aeration activated sludge，EAAS）又称完全氧化活性污泥法，20 世纪 50 年代在美国开始使用，特点是曝气时间长（1～2d），污泥负荷低，为 0.05～0.2kgBOD_5·kgMLSS^{-1}·d^{-1}，所以曝气池容积较大，空气用量多，投资和运行费用较大，仅适用于小流量污水处理。

延时曝气法大都采用完全混合式曝气池。曝气池中污泥浓度较高（3～6g·L^{-1}），剩余污泥少、稳定性好，污泥细小疏松、不易沉淀、沉降时间长，二次沉淀池容积也大。对于间歇来水的场合不设二次沉淀池，而采用间歇运行方式，即曝气、沉淀、排水交替运行，延时曝气法对 N、P 的要求不高，耐冲击负荷能力很强，出水水质好。

五、高负荷活性污泥法

高负荷活性污泥法（high-rate activated sludge）又称短时曝气活性污泥法或者不完全处理活性污泥法。其主要特点是曝气时间短、负荷高、处理效果比较差，一般 BOD_5 的去除率不超过 70%～75%，因此，称之为不完全处理活性污泥法。高负荷活性污泥法在系统和曝气池构造上与传统活性污泥法相同，即传统法可以按高负荷活性污泥法系统运行，适用于处理对处理水质要求不高的废水。

六、氧　化　沟

氧化沟（又叫氧化渠或循环曝气池）是延时曝气法的一种特殊形式，如图 7-5所示。曝气池呈封闭的沟渠形，在沟渠中设有表面曝气装置。曝气装置通常为转刷、表曝机、射流曝气器或提升管式曝气装置等。曝气装置起到充氧和使混合液快速混合的作用。沟内液体的快速流动（0.3 ~0.6m · s^{-1}）使污泥呈悬浮状态。典型的氧化沟包括卡罗塞式、奥贝尔式、交替工作式和曝气 - 沉淀池合建式等，图 7-6 所示为卡罗塞式氧化沟，图 7-7 所示为 BMTS 型合建式氧化沟。

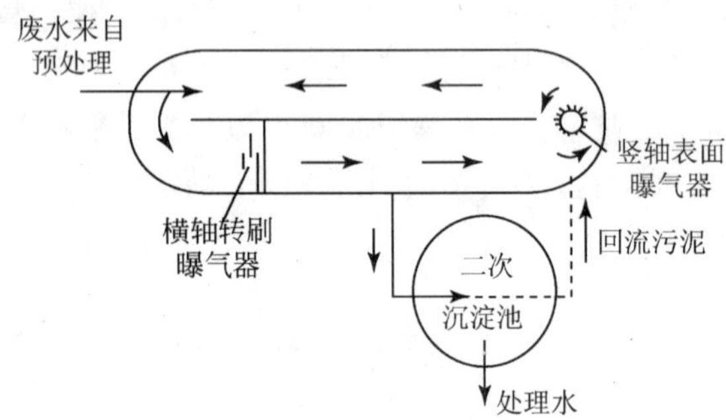

图 7-5　氧化沟系统

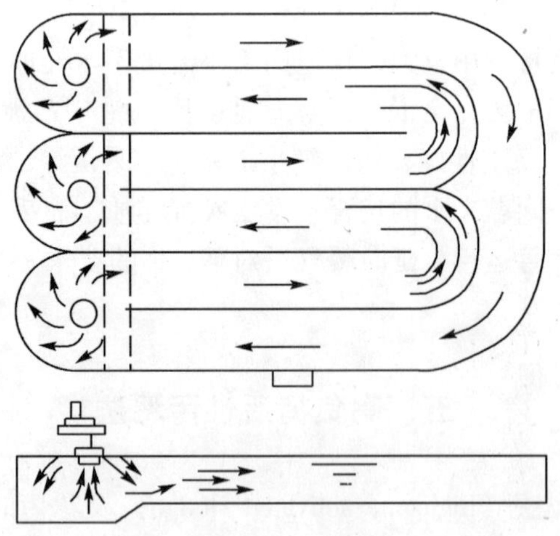

图 7-6　卡罗塞式氧化沟

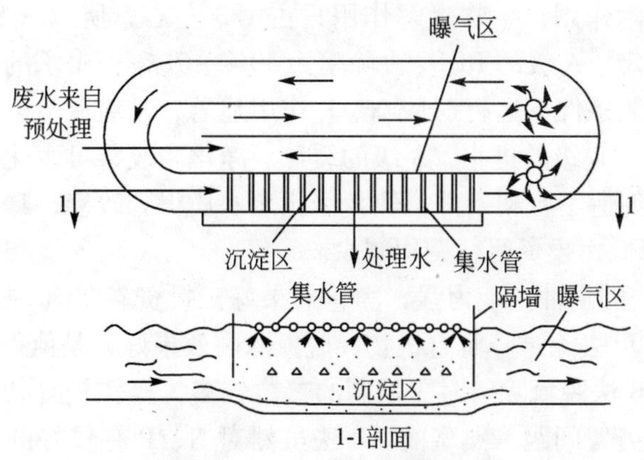

图 7-7　BMTS 型合建式氧化沟

氧化沟可作为完全混合曝气池。氧化沟污泥负荷低 0.05 ~ 0.2kgBOD_5 · kgMLSS^{-1} · d^{-1}，污泥浓度为 2 ~ 6g · L^{-1}，污泥处于内源呼吸生长状态。与传统活性污泥法相比，氧化沟的基建投资省、运行费用低（中小型污水厂）、耐冲击负荷、污泥产率低、出水水质好。在氧化沟内存在缺氧和好氧交替的区域，能发生硝化与反硝化反应，具有较好的脱 N、P 作用。

七、吸附生物降解活性污泥法

吸附生物降解活性污泥法简称 AB 法，它是 19 世纪 70 年代发展起来的活性污泥新工艺，其流程如图 7-8 所示。

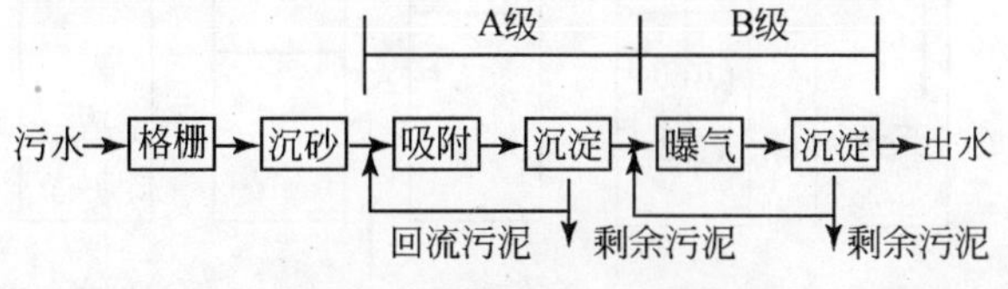

图 7-8　AB 法工艺流程

A 级为吸附级，B 级为氧化级。A 级以高负荷运行，污泥负荷为 2 ~ 6kg BOD_5 · kgMLSS^{-1} · d^{-1}，为常规法的 10 ~ 20 倍，水力停留时间为 30 ~ 60min，溶解氧为 0.2 ~ 1.5mg · L^{-1}。B 级以上以低负荷运行，污泥负荷为 0.1 ~ 0.3kgBOD_5 · kgMLSS^{-1} · d^{-1}，停留时间为 2 ~ 4h，溶解氧为 1 ~ 2mg · L^{-1}。

AB 法不设初沉池，A 级是一个开放式生物系统。AB 两级负荷相差很大，有各自独立的污泥回流系统，所以 AB 两级繁殖出不同的生物相。不同相的微生物可去除不同种类的污染物，所以 AB 法的净化效果显著提高。A 级微生物对环境变化（pH、负荷、毒物、温度等）的适应性强。再则，A 级去除有机物主要靠微生物絮体的吸附作用，生物降解作用只占 1/3 左右，所以 A 级耐冲击能力很强，出水水质稳定，A 级的 BOD_5 去除率为 40% ~70%，出水的可生化性能得到提高。A 级在缺氧条件下运行时脱 N、P 作用显著，A 级是 AB 工艺的关键和主体。A 级的出水是 B 级的进水，A 级的缓冲、净化和改善可生化性能等作用，为 B 级的生物净化创造了有利条件，使 B 级出水水质得到改善，曝气池的总容积降低 40%，能耗降低，投资运行费用减少。

因此，AB 法的耐冲击能力强，净化效果好，投资省 20% ~25%，运行费用低 10% ~20%，可去除难降解有机物，脱氮除磷效果好，是值得推广的活性污泥新工艺。但用 AB 法脱氮除磷时需控制的参数较多，操作较复杂。另外，污泥产量大，带来污泥处置问题。典型的 AB 法虽然对 N、P 有较好的去除效果，但不能满足深度处理的要求，为满足 N、P 深度处理的需要，AB 法正不断得到改进和优化，如 AB（BAF）、AB（A/O）、AB（氧化沟）、AB（SBR）等。

八、序批式活性污泥法

序批式活性污泥法（sequencing batch reactor，SBR）又称间歇式活性污泥法，简称 SBR 法。运行时，污水分批进入池中，依次经过进水、反应、沉淀、排水和闲置完成一个操作周期，每个周期的五个过程都在同一反应器内进行，实现自动化控制，如图 7-9 所示。SBR 在流态上属于完全混合式，是典型的非稳态系统，微生物浓度和有机物浓度随时间逐渐变化。

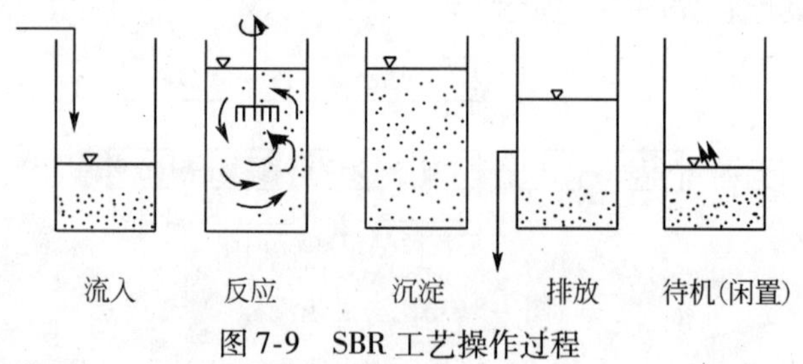

图 7-9　SBR 工艺操作过程

1. SBR 的优点

SBR 工艺与连续流活性污泥工艺相比具有如下优点：

1）系统简单：无二次沉淀池和污泥回流系统，构成简单、投资运行费用低。

2）耐冲击负荷：和其他完全混合反应器一样，耐冲击负荷能力强，一般不需初沉池和调节池。

3）净化效果好：SBR 运行过程中，有机物浓度始终总大于出水浓度，推动力大，反应速度快，净化效果好，出水水质优于连续流系统。

4）操作灵活，智能化水平高：各操作单元的状态和运行参数，可根据需要灵活调整，并能自动化操控与管理，使其处于最佳运行状态。

5）脱氮除磷效果好：SBR 的运行方式可灵活变动，使其交替处于厌氧、缺氧、好氧状态，有利于 N、P 的脱除。

6）抑制污泥膨胀：SBR 反应的基质浓度高，浓度梯度大，交替出现缺氧、好氧状态，泥龄短，有利于高基质细菌的生长，不利于耐低基质专性好氧丝状菌的生长繁殖，能有效抑制污泥膨胀。

由于 SBR 具有以上优点，所以近年来在我国得到了广泛应用。

2. SBR 的缺点

1）单一的 SBR 反应器需要较大的调节池。

2）处理水量大时，来水与间歇进水不匹配的问题难以解决。此时需多套 SBR 反应器并联运行，阀门切换频繁，操作程序复杂。

3）大水量时，优势不明显。水量小时，SBR 的运行费用比传统活性污泥法省 20% 左右，但水量大时，SBR 运行费用与传统法相近。可见 SBR 法对大水量失去了优势。

4）设备闲置率高。

5）污水提升阻力损失较大。

为克服 SBR 法的缺点，人们对 SBR 工艺不断改进。如今出现了多种改进型 SBR 工艺，主要有连续进水周期循环延时曝气活性污泥法（ICEAS）、连续进水分离式周期循环活性污泥法（IDEA）和不完全连续进水周期循环活性污泥法（CASS、CAST 或 CASP）、UNITANK 等。

九、连续进水周期循环延时曝气活性污泥法

周期循环延时曝气活性污泥法，简称 ICEAS，如图 7-10 所示。

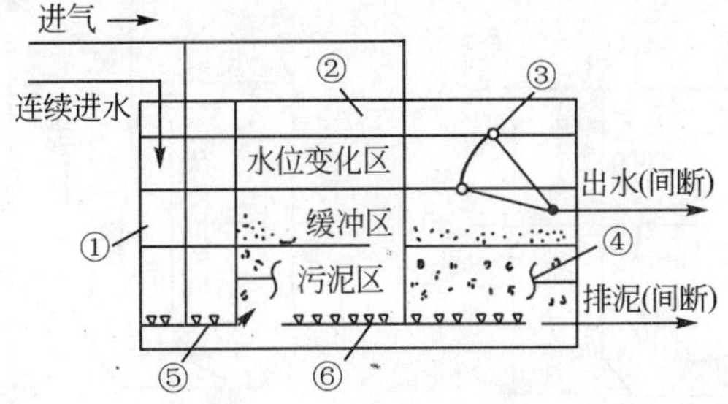

图 7-10　ICEAS 反应池构造

①预反应区；②主反应区；③滗水器；④水下搅拌器；⑤大气泡扩散器；⑥微孔曝气器

ICEAS 反应器前部设有预反应区（占池容的 10%），整个 ICEAS 反应池由预反应区和主反应区组成，并实现连续进水，间歇排水。预反应区一般处于厌氧或缺氧状态，主反应区是反应器的主体。污水依次进入预反应区和主反应区，有机物在预反应区内被活性污泥吸附，在主反应区内被活性污泥氧化分解。预反应区除起到生物吸附作用外，还起到生物选择作用，抑制丝状菌生长，防止污泥膨胀。ICEAS 的运行方式为连续进水，曝气 – 沉淀 – 排水间歇进行，周期循环。ICEAS 与典型的 SBR 相比具有以下特点。

1）连续进水：ICEAS 采用连续进水，不需进水阀的反复切换，操作简单。而且解决了来水与间歇进水不匹配的矛盾，可以应用于大水量处理。

2）沉淀效果：沉淀阶段连续进水，造成水力扰动，使沉淀效果下降，出水水质变差。

3）净化效果变差：由于连续进水，ICEAS 部分丧失了 SBR 在时间上理想推流和大基质浓度梯度的特点。同时有机物去除率和难降解有机物的去除效果随之下降，出水水质变差。

4）易发生污泥膨胀：由于反应区的基质浓度低，即使预反应区有一定的生物选择作用，主反应区仍易发生污泥膨胀。

5）污泥负荷低：主反应区污泥负荷很低（0.04 ~ 0.05kgBOD_5 · kg^{-1}MLSS · d^{-1}），反应时间较长，设备容积增大，使 SBR 投资低的优点不能充分体现。

十、深水曝气活性污泥法

深水曝气活性污泥法由于水压加大，提高了饱和溶解氧浓度以及降低了气泡直径，提高了气泡的表面积，进而提高了氧的传递速率，从而利于微生物的增殖与有机污染物的降解。一般向深部发展，能够节省占地。按机械（曝气）设备的利用情况，分中层曝气和底层曝气，前者可以利用常用风机（5m 风机），对 10m 深井曝气，后者需用高压风机（10m 风机）。深水曝气池见图 7-11 和图 7-12。

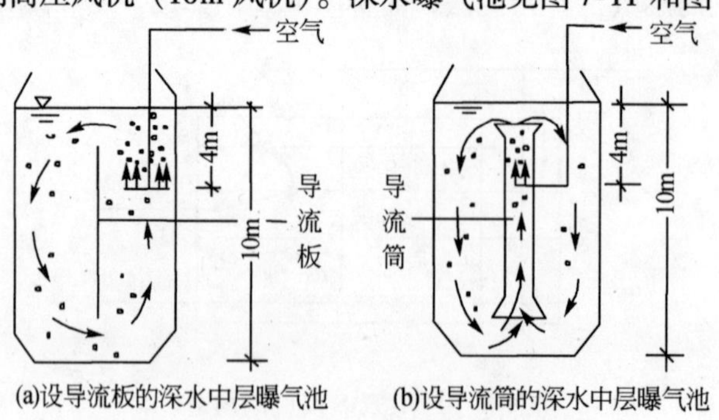

图 7-11 设导流板或导流筒的深水中层曝气池

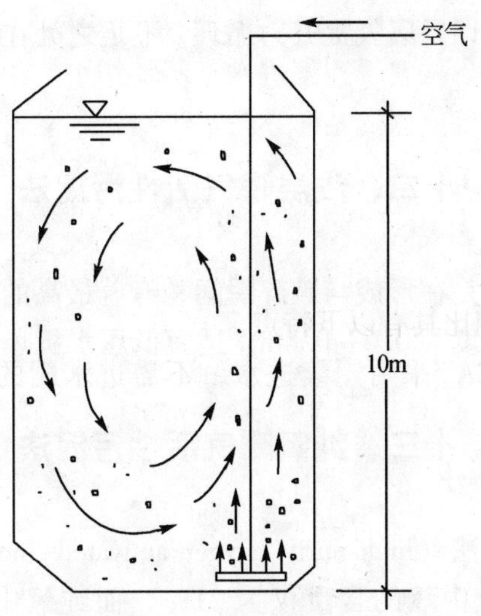

图 7-12　深水底层曝气池

十一、深井曝气活性污泥法

深井曝气活性污泥法见图 7-13，由于水压很大（井深 50 ~ 100m），明显提高了饱和溶解氧浓度以及降低气泡直径，增大气泡的表面积，进而显著提高氧的传递速率，从而利于微生物的增殖与有机污染物的降解。向深部发展，节省占

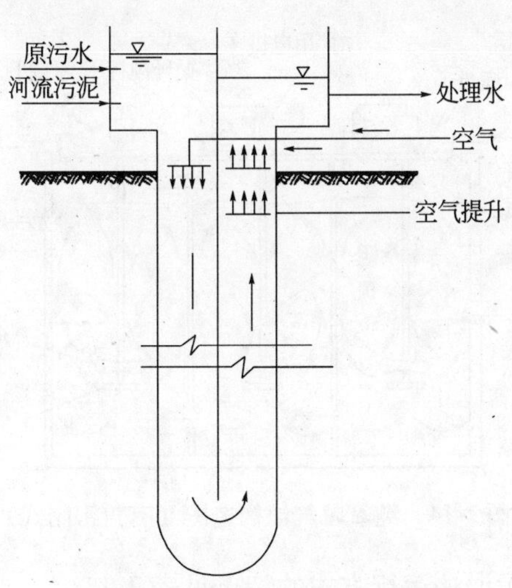

图 7-13　深井曝气活性污泥法系统

地，并利用进出水位差以及曝气提升力循环。不足之处在于施工难度大，对地质条件和防渗要求高。

十二、浅层曝气活性污泥法

理论基础为气泡只是在形成与破碎瞬间，有着最高的氧转移率，而与水深无关。曝气器一般安装深度为0.6～0.8m，适宜低压水机曝气。

十三、纯氧曝气活性污泥法

纯氧曝气活性污泥法（high-purity oxygen activated sludge，HPOAS）又称富氧曝气活性污泥法，空气中氧的含量仅为21%，而纯氧中的氧的含量为90%～95%，纯氧的氧分压比空气高4.4～4.6倍。用纯氧进行曝气，能强化氧的传质能力，增加MLSS浓度和容积负荷，提高生化反应速率。曝气池混合液的SVI值较低，一般都低于100，污泥膨胀现象很少发生，产生的剩余污泥量少。

一般纯氧曝气系统中的曝气池为有盖密闭式，以防氧气外溢和可燃性气体进入。池内分成若干个小室，各室串联运行，每室流态均为完全混合。池内气压应略高于池外以防外空气渗入，同时，池内产生的废气如CO_2等应予以排除。图7-14所示为有盖密闭式纯氧曝气池。但纯氧曝气活性污泥法不足之处在于要密闭运行，工艺运行管理复杂。

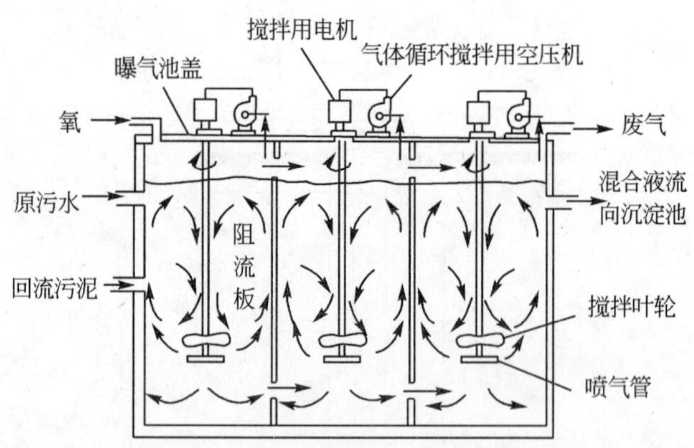

图7-14　纯氧曝气池构造图（有盖密闭式）

几种常见的活性污泥法运行方式的特点见表7-1。

表 7-1　几种常见的活性污泥法运行方式的特点

运行方式	流态	曝气方式	BOD 去除率/%	附注
传统法	推流	鼓风曝气或机械曝气	85～95	适用于中等浓度的生活污水和工业废水，对冲击负荷敏感
渐减曝气	推流	鼓风曝气	85～95	空气供应逐渐减少以配合有机负荷的需要
完全混合	完全混合	鼓风曝气或机械曝气	85～95	一般都能使用，能抗冲击负荷
阶段曝气	推流	鼓风曝气	85～95	处理污水的适应性较广
接触稳定	推流	鼓风曝气或机械曝气	80～90	适用高悬浮固体污水
延时曝气	完全混合或推流	鼓风曝气或机械曝气	75～95	使用于大城镇的企业污水
Kraus 过程	推流	鼓风曝气	85～95	适用于低氮的高含碳污水
SBR 法	完全混合	鼓风曝气	90～99	适用于中、小型污水处理
AB 法	完全混合或推流	鼓风曝气或机械曝气	85～95	可分期建设达到不同的水质要求
ICEAS 法	完全混合	鼓风曝气		一般应用大、中型污水处理

第三节　气体传递原理和曝气系统

曝气是采取一定的技术措施，通过曝气装置所产生的作用，使空气中的氧转移到混合液中去，并使混合液处于悬浮的状态。曝气装置是活性污泥系统很重要的设备之一，当前广泛用于活性污泥系统的曝气装置分为鼓风曝气和机械曝气两大类。曝气系统的主要作用在两个方面：一是充氧，向活性污泥微生物提供足够的溶解氧，以满足其在代谢过程中所需的氧量；二是搅动、混合，使活性污泥在曝气池内处于搅动的悬浮状态，能够与污水充分接触。

一、一般物质的传递规律——菲克（Fick）定律

通过曝气，空气中的氧从气相传递到混合液的液相，这既是一个传质的过程，也是一个物质扩散的过程。扩散过程的推动力是物质在界面两侧的浓度差，物质分子从浓度高的一侧向着较低一侧扩散、转移。

扩散过程的基本规律可用菲克定律加以概括，即

$$V_d = -D_L \frac{dC}{dX} \tag{7-3}$$

式中：V_d为物质的扩散速率，单位时间、单位断面上通过的物质数量；D_L为扩散系数；C 为物质浓度；X 为扩散过程的长度；$\frac{dC}{dX}$为浓度梯度，即单位长度内的浓度变化值。

式（7-3）表明，物质的扩散速率与浓度梯度成正比关系。

二、双膜理论

曝气过程中，氧分子通过气、液界面由气相转移到液相，在界面的两侧存在着气膜和液膜。在污水生物处理中，有关气体分子通过气膜和液膜的传递理论，一般都以刘易斯（Lewis）和怀特曼（Whitman）于 1923 年建立的“双膜理论”为基础。如图 7-15 所示，双膜理论的主要论点是：

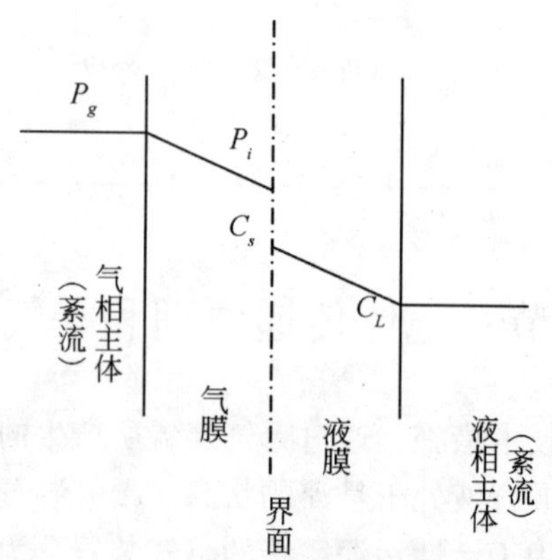

图 7-15　双膜理论模型

1）在气、液两相接触的界面两侧存在着处于层流状态的气膜和液膜，在其两侧分别为气相主体和液相主体，两个主体均处于紊流状态，气体分子以分子扩散方式从气相主体通过气膜与液膜进入液相主体。

2）由于气、液两相的主体均处于紊流状态，其中物质浓度基本上是均匀的，不存在浓度差，也不存在传质阻力，气体分子从气相主体传递到液相主体，阻力仅存在于气、液两层层流膜中。

3）在气膜中存在着氧的分压梯度，在液膜中存在着氧的浓度梯度，它们是氧转移的推动力。

4）氧难溶于水，因此，氧转移决定性的阻力又集中在液膜上。由此可见，氧分子通过液膜是氧转移过程的控制步骤，通过液膜的转移速率是氧转移过程的控制速率。

三、氧总转移系数（K_{La}）

以 M 表示 t 时间内通过界面扩散的物质数量，以 A 表示界面面积，液膜厚度为 X_f，则以下公式成立。

1. K_{La}的推导

$$液膜扩散速率\ V_d : V_d = \frac{\frac{dM}{dt}}{A} = -D_L \frac{dC}{dX} \tag{7-4}$$

$$\therefore \frac{dM}{dt} = -D_L A \frac{dC}{dX} \tag{7-5}$$

$$\frac{dM}{dt} = D_L A \left(\frac{C_s - C_L}{X_f} \right) \tag{7-6}$$

式中：$\frac{dM}{dt}$ 为氧传递速率（$kgO_2 \cdot h^{-1}$）；D_L 为氧分子在液膜中的扩散系数（$m^2 \cdot h^{-1}$）；A 为气、液两相接触界面面积（m^2）；$\frac{C_s - C_L}{X_f}$ 为在液膜内溶解氧的浓度梯度（$kgO_2 \cdot m^{-3} \cdot m^{-1}$）。

设液相主体的容积为 $V(m^3)$，并用其除以式7-6，则得

$$\frac{dM}{dt}/V = \frac{D_L A}{X_f V} \cdot (C_s - C_L) \tag{7-7}$$

$$\frac{dC}{dt} = K_L \frac{A}{V}(C_s - C_L) \tag{7-8}$$

式中：$\frac{dC}{dt}$ 为液相主体溶解氧浓度变化速率（或氧转移速率），$kgO_2 \cdot m^{-3} \cdot h^{-1}$；$K_L$ 为液膜中氧分子传质系数，$m \cdot h^{-1}$，$K_L = D_L / y_L$。

由于气液界面面积难于计量，一般以氧总转移系数（K_{La}）代替 $K_L \frac{A}{V}$，则式（7-8）改写为

$$\frac{dC}{dt} = K_{La} \cdot (C_s - C_L) \tag{7-9}$$

式中：K_{La} 为氧总转移系数，h^{-1}。

$$K_{La} = K_L \frac{A}{V} = \frac{D_L \cdot A}{y_L \cdot V} \tag{7-10}$$

式中：y_L为液膜厚度（m）。

此值表示在曝气过程中氧的总传递性，当传递过程中阻力大，则K_{La}值低，反之则K_{La}值高。K_{La}的倒数$1/K_{La}$的单位为（h），它所表示的是曝气池中溶解氧浓度从C_L提高到C_s所需要的时间。

为了提高dC/dt值，可以从两方面考虑式（7-8）：

1）提高K_{La}值——加强液相主体的紊流程度，降低液膜厚度，加快气、液界面的更新，增大气、液接触面积等。

2）提高C_s值——提高气相中的氧分压，如采用纯氧曝气、深井曝气等。

2. 氧总转移系数的求定

氧总转移系数是计算氧转移速率的基本参数，一般是通过试验求得。

将式（7-9）整理，得

$$\frac{dC}{C_s - C} = K_{La} \cdot dt \tag{7-11}$$

积分后得

$$\ln\left(\frac{C_s - C_0}{C_s - C_t}\right) = K_{La} \cdot t \tag{7-12}$$

换成以10为底，则

$$\lg\left(\frac{C_s - C_0}{C_s - C_t}\right) = \frac{K_{La}}{2.3} \cdot t \tag{7-13}$$

式中：C_0为当$t=0$时，液体主体中的溶解氧浓度（$mg \cdot L^{-1}$）；C_t为当$t=t$时，液体主体中的溶解浓度（$mg \cdot L^{-1}$）；C_s为是在实际水温、当地气压下溶解氧在液相主体中饱和浓度（$mg \cdot L^{-1}$）。

由式（7-13）可见$\lg\left(\frac{C_s - C_0}{C_s - C_t}\right)$与$t$之间存在着直线关系，直线的斜率即$K_{La}/2.3$。

测定K_{La}值的方法与步骤如下：

1）向受试清水中投加Na_2SO_3和$CoCl_2$，以脱除水中的氧。每脱除$1mg \cdot L^{-1}$的氧，在理论上需$7.9mg \cdot L^{-1}$ Na_2SO_3，但实际投药量要高出理论值10%～20%；$CoCl_2$的投量则以保持Co^{2+}离子浓度不低于$1.5mg \cdot L^{-1}$为准，Co^{2+}是催化剂。

2）当水中溶解氧完全脱除后，开始曝气充氧，一般每隔10min取样一次，（开始时可以更密集一些），取6～10次，测定水样的溶解氧。

3）计算$\frac{C_s - C_0}{C_s - C_t}$值，绘制$\lg\left(\frac{C_s - C_0}{C_s - C_t}\right)$与$t$之间的关系曲线，直线的斜率即

$K_{La}/2.3$。

四、氧转移速率的影响因素

标准氧转移速率——指脱氧清水在20℃和标准大气压条件下测得的氧转移速率，一般以 R_0 表示（$kgO_2 \cdot h^{-1}$）；

实际氧转移速率——以城市废水或工业废水为对象，按当地实际情况（指水温、气压等）进行测定，所得到的为实际氧转移速率，以 R 表示，单位为 $kgO_2 \cdot h^{-1}$。

影响氧转移速率的主要因素：废水水质、水温、气压等。

1. 水质对氧总转移系数（K_{La}）值的影响

废水中的污染物质将增加氧分子转移的阻力，使 K_{La} 值降低，为此引入系数 α，对 K_{La} 值进行修正：

$$K_{Law} = \alpha \cdot K_{La} \tag{7-14}$$

式中：K_{Law} 为废水中的氧总转移系数；α 值可以通过试验确定，一般 α 取 0.8～0.85。

2. 水质对饱和溶解氧浓度（C_s）的影响

废水中含有的盐分将使其饱和溶解氧浓度降低。对此，以系数 β 加以修正：

$$C_{sw} = \beta \cdot C_s \tag{7-15}$$

式中：C_{sw} 为废水的饱和溶解氧浓度（$mg \cdot L^{-1}$）；β 值一般介于0.9～0.97。

3. 水温对 K_{La} 的影响

水温升高，液体的黏滞度会降低，有利于氧分子的转移，因此 K_{La} 值将提高；水温降低，则相反。温度对 K_{La} 值的影响以下式表示：

$$K_{La(T)} = K_{La(20)} \times 1.024^{(T-20)} \tag{7-16}$$

式中：$K_{La(T)}$ 和 $K_{La(20)}$ 分别为水温 T 和20℃时的氧总转移系数；T 为设计水温，℃。

4. 水温对饱和溶解氧浓度（C_s）的影响

水温升高，C_s 值就会下降，在不同温度下，蒸馏水中的饱和溶解氧浓度可以从表7-2中查出。

表 7-2　蒸馏水饱和溶解氧随水温变化表

水温/℃	0	1	2	3	4	5	6	7
饱和溶解氧/（$mg\cdot L^{-1}$）	14.62	14.23	13.84	13.48	13.13	12.80	12.48	12.17
水温/℃	8	9	10	11	12	13	14	15
饱和溶解氧/（$mg\cdot L^{-1}$）	11.87	11.59	11.33	11.08	10.83	10.60	10.37	10.15
水温/℃	16	17	18	19	20	21	22	23
饱和溶解氧/（$mg\cdot L^{-1}$）	9.95	9.74	9.54	9.35	9.17	8.99	8.83	8.63
水温/℃	24	25	26	27	28	29	30	
饱和溶解氧/（$mg\cdot L^{-1}$）	8.53	8.38	8.22	8.07	7.92	7.77	7.63	

5. 压力对饱和溶解氧浓度（C_s）值的影响

压力增高，C_s 值提高，C_s 值与压力（P）之间存在着如下关系：

$$C_{s(P)} = C_{s(760)} \frac{P - P'}{1.013 \times 10^5 - P'} \tag{7-17}$$

式中：P 为所在地区的大气压力（Pa）；$C_{s(P)}$ 和 $C_{s(760)}$ 分别为压力 P 和标准大气压力条件下的 C_s 值（$mg\cdot L^{-1}$）；P'为水的饱和蒸气压力（Pa）。

由于P'很小（在几千帕范围内），一般可忽略不计，则得

$$C_{s(P)} = C_{s(760)} \cdot \frac{P}{1.013 \times 10^5} = \rho \cdot C_{s(760)} \tag{7-18}$$

式中：$\rho = \dfrac{P}{1.013 \times 10^5}$。　(7-19)

对于鼓风曝气系统，曝气装置是被安装在水面以下，其 C_s 值以扩散装置出口和混合液表面两处饱和溶解氧浓度的平均值 C_{sm} 计算，如下所示：

$$C_{sm} = \frac{1}{2}(C_{s1} + C_{s2}) = \frac{1}{2}C_s \cdot \left[\frac{O_t}{21} + \frac{P_b}{1.013 \times 10^5}\right] \tag{7-20}$$

式中：C_{s1}为混合液表面饱和溶解氧浓度（$mg\cdot c^{-1}$）；C_{s2}为扩散装置出口处饱和溶解氧浓度（$mg\cdot c^{-1}$）；O_t 为从曝气池逸出气体中含氧量的百分率,%。

$$O_t = \frac{21(1 - E_A)}{79 + 21(1 - E_A)} \tag{7-21}$$

式中：E_A 为氧利用率,%，一般为 6%～12%；P_b 为安装曝气装置处的绝对压

力。可以按下式计算：

$$P_b = P + 9.8 \times 10^3 \times H \tag{7-22}$$

式中：P 为曝气池水面的大气压力，$P = 1.013 \times 10^5$ Pa；H 为曝气装置距水面的距离（m）。

五、氧转移速率与供气量的计算

1. 氧转移速率的计算

标准氧转移速度（R_0）为

$$R_0 = \frac{dC}{dt} \cdot V = K_{La(20)} \cdot (C_{sm(20)} - C_L) \cdot V = K_{La(20)} \cdot C_{sm(20)} \cdot V \tag{7-23}$$

式中：C_L 为水中的溶解氧浓度，对于脱氧清水 $C_L = 0$；V 为曝气池的体积（m^3）；

为求得水温为 T，压力为 P 条件下的废水中的实际氧转移速率（R），则需对式 7-23 加以修正，需引入各项修正系数，即

$$R = \alpha \cdot K_{La(20)} \cdot 1.024^{(T-20)} \cdot (\beta \cdot \rho \cdot C_{sm(T)} - C_L) \cdot V \tag{7-24}$$

式中：α、β 为常数；ρ 为水的密度。

因此

$$\frac{R_0}{R} = \frac{C_{sm(20)}}{\alpha \cdot 1.024^{(T-20)} \cdot (\beta\rho C_{sm(T)} - C_L)} \tag{7-25}$$

一般来说：$R_0/R = 1.33 \sim 1.61$。

将式（7-25）重写：

$$R_0 = \frac{R \cdot C_{sm(20)}}{\alpha \cdot 1.024^{(T-20)} \cdot (\beta\rho C_{sm(T)} - C_L)} \tag{7-26}$$

式中：C_L 为曝气池混合液中的溶解氧浓度，一般按 $2mg \cdot L^{-1}$ 来考虑。

2. 氧转移效率与供气量的计算

1）氧转移效率：$E_A = \dfrac{R_0}{O_C}$　(7-27)

式中：E_A 为氧转移效率，一般以百分比表示；O_C 为供氧量，$kgO_2 \cdot h^{-1}$；$O_C = G_s \times 21\% \times 1.331 = 0.28G_s$；21%为氧在空气中所占的百分比；1.331 为20℃时氧的容重（$kg \cdot m^{-3}$）；G_s 为供气量（$m^3 \cdot h^{-1}$）。

2）供气量 G_s：

$$G_s = \frac{R_0}{0.28 \times E_A} \tag{7-28}$$

对于鼓风曝气系统，各种曝气装置的 E_A 值是制造厂家通过清水试验测出的，

随产品向用户提供；对于机械曝气系统，按式（7-25）求出的 R_0 值，又称为充氧能力，厂家也会向用户提供其设备的 R_0 值。

3）需氧量：活性污泥系统中的供氧速率与耗氧速率应保持平衡，因此，曝气池混合液的需氧量应等于供氧量。

第四节　活性污泥系统的工艺设计

一、设计基础资料

进行活性污泥系统的工艺计算和设计时，首先应比较充分地掌握与废水、污泥有关的原始资料并确定设计的基础数据，主要有：①废水的水量、水质及其变化规律；②对处理后出水的水质要求；③对处理中产生的污泥的处理要求；④污泥负荷率与 BOD_5 的去除率；⑤混合液浓度与污泥回流比。①②③属于设计所需要的原始资料，④和⑤属于设计所需的基础数据。对生活污水和城市污水以及与其类似的工业废水，已有一套成熟和完整的设计数据和规范，一般可以直接应用；对于一些性质与生活污水相差较大的工业废水或城市废水，一般需要通过试验来确定有关的设计参数。

二、工艺计算与设计的主要内容

活性污泥系统由曝气池、二次沉淀池及污泥回流设备等组成。其工艺计算与设计主要包括：工艺流程的选择；曝气池的计算与设计；曝气系统的计算与设计；二次沉淀池的计算与设计；污泥回流系统的计算与设计等。

1. 工艺流程的选择

主要依据：①废水的水量、水质及变化规律；②对处理后出水的水质要求；③对处理中所产生的污泥的处理要求；④当地的地理位置、地质条件、气候条件等；⑤当地的施工水平以及处理厂建成后运行管理人员的技术水平等；⑥工期要求以及限期达标的要求；⑦综合分析工艺在技术上的可行性和先进性以及经济上的可能性和合理性等；⑧对于工程量大、建设费用高的工程，则应进行多种工艺流程的比较后才能确定。

2. 曝气池的计算与设计

主要内容有曝气池容积的计算，需氧量和供气量的计算，池体设计。

（1）曝气池容积的计算

A. 计算方法与计算公式

常用的是有机负荷法，有关公式有

$$E = \frac{S_i - S_e}{S_i} \times 100\% = \frac{S_r}{S_i} \times 100\% \tag{7-29}$$

$$V = \frac{Q \cdot S_r}{X_v \cdot L_{srBOD_5}} = \frac{Q \cdot S_r}{L_{vrBOD_5}} \tag{7-30}$$

$$t = \frac{V}{Q} \times 24 \tag{7-31}$$

式中：E 为废水中 BOD_5 去除率；S_i 为进水的 BOD_5 浓度；S_e 为出水的 BOD_5 浓度；S_r 为回流污泥的 BOD_5 浓度；V 为曝气池的体积；Q 为废水的流量；L_{srBOD_5} 为废水的污泥负荷；X_v 为曝气池的污泥浓度；L_{vrBOD_5} 为废水的容积负荷。

B. 设计参数的选择

在进行曝气池容积计算时，应在一定范围内合理地确定 L_{srBOD_5} 或 L_{vrBOD_5} 和 X_v 或 X 值，以及处理效率、SVI、θ_c 等参数。

（2）需氧量与供气量的计算

参考本章第三节内容。

（3）曝气池体尺寸设计

单元数：不小于 2 组；

廊道数：不少于 3 个；

廊道长、宽、高：长为 5 ~ 10m，宽、深度一般为 4 ~ 5m，超高 0.5m。

3. 二次沉淀池的设计

二次沉淀池的作用是分离泥水、澄清混合液、浓缩和回流活性污泥。其工作性能的好坏，对活性污泥处理系统的出水水质和回流污泥的浓度有直接影响。与初次沉淀池相比，二次沉淀池的特点是：①活性污泥混合液的浓度较高，有絮凝性能，其沉降属于成层沉淀；②活性污泥的质量较轻，易产生异重流，因此，其最大允许的水平流速（对平流式、辐流式而言）或上升流速（竖流式）都应低于初次沉淀池；③由于二次沉淀沉池还起着污泥浓缩的作用，所以需要适当增大污泥区的容积。

4. 常见活性污泥法的工艺参数

常见的活性污泥法运行方式的工艺参数见表 7-3。

表 7-3　活性污泥法运行方式的各常用工艺参数

设计参数	传统活性污泥法	完全混合活性污泥法	阶段曝气活性污泥法	吸附再生活性污泥法	延时曝气活性污泥法	高负荷活性污泥法	纯氧曝气活性污泥法	深井曝气活性污泥法
BOD_5—SS 负荷/($kgBOD_5 \cdot kgMLSS^{-1} \cdot d^{-1}$)	0.2～0.4	0.2～0.6	0.2～0.4	0.2～0.6	0.05～0.15	1.5～5.0	0.4～1.0	1.0～1.2
容积负荷/($kgBOD_5 \cdot m^{-3} \cdot d^{-1}$)	0.3～0.6	0.8～2.0	0.6～1.0	1.0～1.2	0.1～0.4	1.2～2.4	2.0～3.2	3.0～3.6
污泥龄/天	5～15	5～15	5～15	5～15	20～30	0.25～2.5	5～15	5
MLSS/($mg \cdot L^{-1}$)	1 500～3 000	3 000～6 000	2 000～3 500	吸附池 1 000～3 000 再生池 4 000～10 000	3 000～6 000	200～500	6 000～10 000	3 000～5 000
MLVSS/($mg \cdot L^{-1}$)	1 200～2 400	2 400～4 800	1 600～2 800	吸附池 800～2 400 再生池 3 200～8 000	2 400～4 800	160～400	4 000～6 500	2 400～4 000
回流比/%	25～50	25～100	25～75	25～100	75～100	5～15	25～50	40～80
曝气时间 HRT/h	4～8	3～5	3～8	吸附池 0.5～1.0 再生池 3～6	18～48	1.5～3.0	1.5～3.0	1.0～2.0
溶解氧浓度 DO/($mg \cdot L^{-1}$)							6～10	
SVI/($ml \cdot g^{-1}$)							30～50	
BOD_5 去除率/%	85～95	85～90	85～90	80～90	95	60～75	75～95	85～90

第五节　活性污泥法的运行管理

一、活性污泥的驯化与培养

在活性污泥处理系统投产运行时，运行管理人员不仅要熟悉处理设备的构造和功能，还要深入掌握相关内容和设计意图。对于城市污水和性质与其相似的工业废水，投产前的主要工作是培养活性污泥，对于其他工业废水，除培养活性污泥外，还需要使活性污泥适应所处理废水的特点，对其进行驯化。活性污泥的培养和驯化可归纳为异步培训法、同步培训法和接种培训法。

异步培训法即先培养后驯化，工业废水或以工业废水为主的城市污水常用该法。由于该类废水缺乏专性菌种和足够的营养，因此在投产时可先用含有多菌种及充足营养物质的粪便水或生活污水培养出足量的活性污泥，然后对所培养的活性污泥进行驯化。

同步培训法是指为了缩短培养和驯化的时间，把培养和驯化这两个阶段合并进行，即在培养开始就加入少量的工业废水，并在培养过程中逐渐增加比重，使活性污泥在增长的过程中，逐渐适应工业废水并具有处理它的能力。生活污水一般都采用同步培训法，这种做法的缺点是在缺乏经验的情况下不够稳妥可靠，出现问题时不易确定是培养上的问题还是驯化上的问题。

接种培训法是指在有条件的地方，可直接从附近污水处理厂引入剩余污泥，作为种泥进行曝气培养。这种方法能提高驯化效果、缩短时间。

培养活性污泥需要有菌种和菌种所需要的营养物质。为补充营养和排除对微生物增长有害的代谢产物，要及时换水。换水方式分为连续换水和间歇换水两种。如果缺乏氮、磷等营养物质，还要及时的将这些物质投加入曝气池。

二、活性污泥法的运行

1. 试运行

活性污泥培驯成熟后，就开始试运行。试运行的目的是确定最佳的运行条件。在活性污泥系统的运行中，作为变量考虑的因素有混合液污泥浓度（MLSS）、空气量、污水注入的方式等；如工业废水氧量不足，还应确定氮、磷的投加量等。将这些变量组合成几种运行条件分阶段进行试验，观察各种条件的处理效果，并确定最佳的运行条件。活性污泥系统有多种运行方式，在设计中应予以充分考虑。各种运行方式的处理效果，应通过试运行阶段加以比较观察，并从中确定出最佳的运行方式及其各项参数。

2. 正常运行

试运行确定最佳条件后，可转入正常运行。在正常运行过程中需要对活性污泥系统采取控制措施，使系统内的活性污泥保持较高的活性及稳定合理的数量，从而达到处理水所需的水质。常用的工艺控制措施主要有曝气系统的控制、污泥回流系统的控制、剩余污泥排放系统的控制。

3. 活性污泥法处理系统运行效果的检测

为了保持良好的处理效果、积累经验，需要对曝气池和二次沉淀池处理情况定期进行检测。

三、活性污泥系统的常见异常现象与对策

在活性污泥法处理系统中，有时候会出现各种异常现象，导致处理系统效果降低，污泥流失。下面将在运行中可能出现的几种主要的异常现象及对策加以简要阐述。

1. 污泥腐化

污泥腐化是二次沉淀池污泥长期滞留而厌氧发酵产生气体，活性污泥呈灰黑色，并伴有恶臭，污泥中出现硫细菌，出水水质恶化。污泥腐化的主要原因是二次沉淀池构造不合理、污泥难以下滑或刮泥设备有故障，使污泥长期滞留在死角容易发生污泥腐化。可以通过加大二次沉淀池池底坡度或改进池底刮泥设备，不使污泥滞留于池底，清除死角，加强排泥等。

2. 污泥上浮

污泥上浮的现象是污泥沉淀 30 ~ 60min 后呈层状上浮，多发生在夏季。产生的主要原因为活性污泥处理系统中硝化作用导致在二次沉淀池中被还原成 N_2，引起污泥上浮。可以通过减少污泥在二次沉淀池的水力停留时间和减少曝气量进行控制。

3. 污泥解体

污泥解体现象是在沉淀后的上清液中含有大量的悬浮微小絮体，出水透明度

下降，产生的主要原因是曝气过度，使活性污泥自身氧化过度。可以通过减少曝气或增大负荷量控制。

4. 泥水界面不清

二次沉淀池中泥水界面不清的主要原因为高浓度有机废水的流入，使微生物处于对数增长期，污泥形成的絮体性能较差，一般可采取降低负荷，增大回流量以提高曝气池中的 MLSS，降低 F/M 值。

5. 污泥膨胀

污泥膨胀是活性污泥处理工艺运行中的主要问题。它是指活性污泥质量变轻、膨大、沉降性能恶化，在二次沉淀池中不能正常沉淀下来，SVI 异常增高，可达 400 以上。污泥膨胀总体上分为丝状菌性膨胀和非丝状菌性膨胀。在实际运行中，污水处理厂的污泥膨胀绝大部分是丝状菌性膨胀。工业废水比城镇污水厂更容易发生膨胀，完全混合活性污泥法比推流式活性污泥法易发生污泥膨胀。

（1）因丝状菌异常增殖而导致的丝状菌性膨胀

主要是由于丝状菌异常增殖而引起的，主要的丝状菌有球衣菌属、贝氏硫细菌，以及正常活性污泥中的某些丝状菌如芽孢杆菌属、某些霉菌等。污泥膨胀的控制可分为临时控制措施、工艺运行调节措施和永久性控制措施等。

A. 临时控制措施

1）污泥助沉法：指向发生膨胀的污泥中投加改善、提高活性污泥的絮凝性的混凝剂或絮凝剂，使其在二次沉淀池内易于分离。常用的药剂有聚合氯化铁、硫酸铁、硫酸铝和聚丙烯酰胺等有机高分子絮凝剂。还可投加助凝剂，改善、提高活性污泥的沉降性、密实性，如投加黏土、消石灰等。但不可投加太多，否则破坏细菌的生物活性，降低处理效果。

2）灭菌法：指向发生膨胀的污泥投加化学药剂，杀灭丝状菌，如投加氯、臭氧、过氧化氢等药剂，投加硫酸铜，可控制有球衣菌引起的膨胀。由于大多数污水处理厂都设有出水加氯消毒系统，因而加氯控制丝状菌污泥膨胀成为一种最普遍的方法。但是，氯等灭菌剂对微生物是无选择性的杀生剂，既能杀灭丝状菌，也能杀伤菌胶团细菌。因此，应该严格控制投加氯的浓度。这一类控制方法由于没有深入了解引起污泥膨胀的真正原因而无法彻底解决污泥膨胀问题，控制不好，还会带来出水水质恶化的不良后果。另外，灭菌法只适用于控制丝状菌的污泥膨胀，控制非丝状菌的膨胀一般采用助沉法。

B. 工艺运行调节措施

主要用于运行控制不当产生的污泥膨胀。例如，DO 低导致的污泥膨胀可采用加强曝气，使污泥常处于好氧状态，并防止污泥腐化，由于氮磷等营养物质的缺乏导致的污泥膨胀可以投加营养物质，污泥负荷产生的污泥膨胀可以调整污泥负荷，当废水的污泥负荷超过 0.35kgBOD · $kgMLSS^{-1}$ · d^{-1}时易发生丝状菌膨胀。另外，水温的变化也是产生污泥膨胀的原因之一，如有可能，可考虑调节水温，丝状菌膨胀多发生在20℃以上。

C. 永久性控制措施

对现有处理设施进行改造，或新厂设计时就加以考虑，从工艺运行上确保污泥膨胀不会发生。在工艺中增加一个生物选择器，该法主要针对低基质浓度下引起的营养缺乏型污泥膨胀，其出发点就是造成曝气池中的生态环境有利于选择性地发展菌胶团细菌，应用生物竞争的机制抑制丝状菌的过度增殖，从而控制污泥膨胀。比如增设一个好氧选择器，在曝气池之前增加一个具有推流特点的预曝气池，其停留时间（HRT 为 5 ~ 30min，多采用 20min）的选择非常重要，还可增设厌氧选择器等。

(2) 因黏性物质大量积累而导致的非丝状菌性膨胀

非丝状菌性膨胀主要是大量的黏性物质积累导致的，可分为高黏性污泥膨胀和低黏性污泥膨胀。

1）高黏性污泥膨胀：污泥膨胀的现象是废水净化效果良好，但污泥难于沉淀，污泥颗粒大量随出水流失，原因可能是：①进水中溶解性有机物浓度高，F/M 值太高；②氮、磷缺乏，或溶解氧不足；③细菌将大量有机物吸入体内，不能及时降解，分泌过量的凝胶状的多糖类物质；④这些物质中含有很多氢氧基而具有很高的亲水性，导致污泥中含有很高的结合水，使泥水分离困难。

一般采取的措施为降低负荷，调整工况，加强曝气等。

2）低黏性污泥膨胀：产生的原因是进水中含有毒性物质，使污泥中毒，使细菌不能分泌出足够的黏性物质，从而不能有效形成絮凝体，导致泥水分离困难。因此要控制进水水质，加强上游工业废水的预处理。

6. 泡沫

泡沫是活性污泥法处理厂运行常见的现象。主要有两种，即化学泡沫和生物泡沫。泡沫可以在曝气池中堆积很高，并进入二次沉淀池随水流失，产生一系列卫生问题。化学泡沫主要是由洗涤剂或工业用表面活性物质引起，呈乳白色。可以喷水消泡或者投加消泡剂等。此外，用风机机械消泡也是有效措施。

另外，生物泡沫在冬天能结冰，清理起来非常困难。夏天生物泡沫会随风飘荡，产生不良气味。生物泡沫主要是由诺卡菌属引起，预防医学还认为产生生物泡沫的诺卡菌属极有可能成为人类的病原菌。生物泡沫呈褐色，用水冲或消泡剂无效，一般加氯、排泥，缩短SRT等，但均不能从根本上解决问题，因此，对生物泡沫应以预防为主。

7. 异常生物相

工艺控制不当或者进水的水质水量突变，会造成生物相异常。在正常运行的传统活性污泥法中，存在的微型动物绝大部分是钟虫。当DO过高或过低时，钟虫头部端会突出一个空泡，俗称“头顶气泡”此时应立即检测DO并予以调整。当DO太低时，钟虫将大量死亡，数量锐减。

当进水含有大量难降解物质或者有毒物质时，钟虫体内将积累一些未消化的颗粒，俗称“生物泡”，此时应立即测量SOUR值，检查微生物活性是否正常，同时检测进水是否存在有毒物质，并采取必要措施。

当进水的酸碱度发生变化，超过正常范围，可观察到钟虫呈不活跃状态，纤毛停止摆动，应立即检测酸碱度，采取必要措施。在正常运行的活性污泥中，还存在一些轮虫，也有一定的指示作用，如轮虫缩入甲贝内时，指示进水的酸碱度突变；当轮虫数量剧增时，则指示污泥老化，结构松散并解体。

（张　晶）

参考文献

北京市市政工程设计研究总院．2004．给水排水设计手册．第5册，城镇排水．第二版．北京：中国建筑工业出版社

高廷耀．2004．水污染控制工程．北京：高等教育出版社

吕炳南，陈志强．2005．污水生物处理新技术．哈尔滨：哈尔滨工业大学出版社

梅特卡夫和埃迪公司．2004．废水工程处理及回用．秦裕珩译．北京：化学工业出版社

沈耀良．2006．废水生物处理新技术理论与应用．第二版．北京：中国环境科学出版社

张忠祥，钱易．2004．废水生物处理新技术．北京：清华大学出版社

张自杰．2000．排水工程（下册）．第四版．北京：中国建筑工业出版社

周群英．2000．环境工程微生物学．第二版．北京：高等教育出版社

Grady C P L，Daigger G T，Lim H C，et al. 2003. Biological wastewater treatment. 2nd. New York：Marcel Dekker，Inc. 废水生物处理．第二版．张锡辉，刘勇弟译．北京：化学工业出版社

第八章　废水好氧生物处理工艺（2）——生物膜法

生物膜法是一大类生物处理的统称，可分为好氧和厌氧两种，这里主要介绍好氧。它们的共同特点是微生物附着在介质“滤料”表面上，形成生物膜，污水同生物膜接触后，溶解性有机污染物被微生物吸附转化为 H_2O、CO_2、NH_3 和微生物细胞物质，污水得到净化，所需氧气一般直接来自大气。污水如含有较多的悬浮固体，应先用沉淀池去除大部分悬浮固体后再进入生物膜法处理构筑物，以免引起堵塞，并减轻其负荷。老化的生物膜不断脱落下来，随水流入二次沉淀池被沉淀去除。

生物膜（biomembrane）法和活性污泥法一样，主要用于从污水中去除溶解性有机污染物，是一种被广泛应用的生物处理方法。但活性污泥法中的微生物在曝气池内以活性污泥的形式呈悬浮状态，属于悬浮生长系统；因此生物膜法中的微生物附着生长在填料或载体上，属于附着生长或固定膜工艺。生物膜法的主要优点是对水质、水量变化的适应性较强。生物膜法本质上与土地处理的过程相似，是污水灌溉和土地处理的人工化和强化。生物膜法的主要设备是生物滤池、生物转盘、生物接触氧化池和生物流化床等。

第一节　生物膜法的基本原理

当污水同生物膜接触后，进行固、液两相的交换，利用膜内微生物对有机物进行降解，使污水得到净化。同时，生物膜内的微生物不断生长和繁殖。溶解性有机物和少量悬浮物被生物膜吸附降解为稳定的无机物（CO_2、H_2O 等），这就是生物膜法去除有机物的基本原理。因此，生物膜处理污水的技术在于形成性能良好的生物膜，因此生物膜的形成和生长是关键。

一、生物膜的形成和结构

使含有营养的污水与载体（固体惰性物质）接触，并提供充足的氧气（空气），并使污水中的微生物和悬浮物吸附在载体表面，微生物就会利用营养物生长繁殖，进而在载体表面形成黏液状微生物群落。这层微生物群落进一步吸附分解水中溶解态的营养物和少量悬浮物及胶体物质，不断增殖而形成一定厚度的生物膜。

构成生物膜的物质是无生命的固体杂质和有生命的微生物。状态良好的生物膜是由细菌、真菌、藻类、原生动物和后生动物及固体杂质等构成的生态系统。在这个生态系统中细菌占主导地位，正是由于细菌等微生物的代谢作用使水质得以净化。在生物滤池中，污水从上而下流动，水质沿高度逐渐变化，形成不同的生物相。越往下水质越好，原生动物越多。此外，滤池内还生长灰蝇，它以生物膜为食，起疏松生物膜的作用。

二、生物膜法基本流程

生物膜法的基本流程如图 8-1 所示。污水经沉淀池去除悬浮物后进入生物膜反应池去除有机物。生物膜反应池出水进入二次沉淀池去除脱落的生物体，澄清液排放。污泥浓缩后运走或进一步处理。

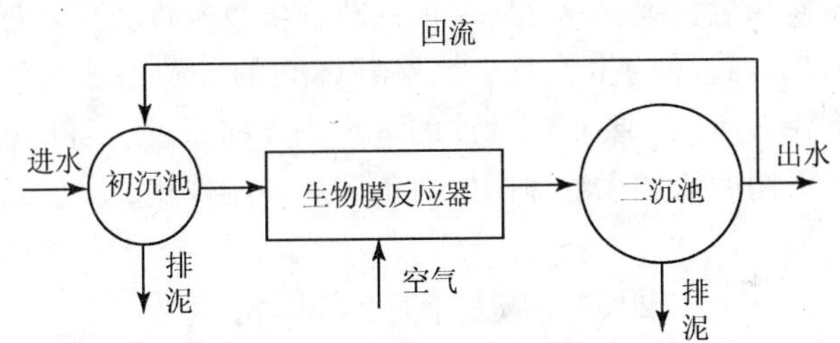

图 8-1　生物膜法基本流程

三、生物膜的净化过程

生物膜达到一定的厚度，在膜深处供氧不足，出现厌氧层。所以，一般情况下生物膜由厌氧层和好氧层组成，如图 8-2 所示。

在好氧层表面是很薄的附着水层。污水流过生物膜时，有机物等经附着水层向膜内扩散。膜内的微生物将有机物转化为细胞物质和代谢产物。代谢产物（CO_2、H_2O、NO_3^-、SO_4^{2-}、有机酸等）从膜内向外扩散进入水相和大气。随着有机物的降解，细胞不断合成，生物膜不断增厚，达到一定厚度时，营养物和氧气向深处扩散受阻，在深处的好氧微生物死亡，生物膜出现厌氧层而老化，老化的生物膜附着力减小，在水力冲刷下脱落，完成一个生长周期。“吸附—生长—脱落”的生长周期不断交替循环，系统内活性生物膜量保持稳定。

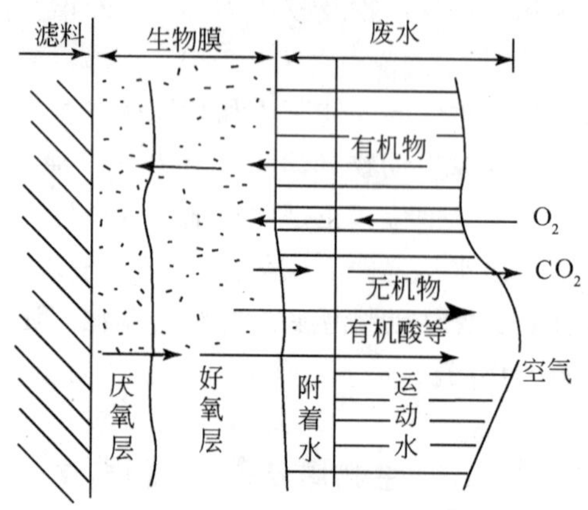

图 8-2 生物膜的净化过程

生物膜厚度一般为 2～3mm，其中好氧层为 0.5～2.0mm，去除有机物主要靠好氧层的作用。污水浓度高，好氧层厚度减小，生物膜总厚度增大；污水流量增大，好氧层厚度和生物膜总厚度皆增大；改善供氧条件，好氧层厚度和生物膜总厚度也都会增大。过厚的生物膜会堵塞载体间的空隙造成短流，影响正常通风，处理效率下降。所以，要控制滤池的进水浓度和流量，防止载体堵塞。污水浓度较高时，可采用回流加大滤池的水力负荷和冲刷作用，防止滤料堵塞。

四、生物膜的分类和特点

1. 分类

按生物膜与水接触的方式不同，生物膜可分为充填式和浸没式两类。充填式生物膜法的填料（载体）不被污水淹没，自然通风或强制通风供氧，污水流过填料表面或盘片旋转浸过污水，如生物滤池和生物转盘等。浸没式生物膜法的填料完全浸没于水中，一般采用鼓风曝气供氧，如接触氧化和生物流化床等。

2. 特点

与活性污泥相比生物膜法有以下特点：

1）微生物相复杂，能去除难降解有机物。固着生长的生物膜受水力冲刷影响较小，所以生物膜中存在各种微生物，包括细菌、原生动物等，形成复杂的生物相。这种复杂的生物相，能去除各种污染物，尤其是难降解的有机物。世代时间长的硝化细菌在生物膜上生长良好，所以生物膜法的硝化效果较好。

2）微生物量大，净化效果好。生物膜含水率低，微生物浓度是活性污泥法的 5 ~20 倍。所以生物膜反应器的净化效果好、有机负荷高、容积小。

3）剩余污泥少。生物膜上微生物的营养级高、食物链长、有机物氧化率高、剩余污泥量少。

4）污泥密实，沉降性能好。填料表面脱落的污泥比较密实、沉淀性能好、容易分离。

5）耐冲击负荷。固着生长的微生物耐冲击负荷，适应性强。当受到冲击负荷时恢复得快。有机物浓度低时活性污泥生长受到影响，所以活性污泥法对低浓度污水处理效果差；而生物膜法能处理低浓度污水，对低浓度污水的净化效果很好。

6）操作简单，运行费用低。生物膜反应器生物量大，无需污泥回流，有的为自然通风，所以操作简单，运行费用低。

7）不易发生污泥膨胀。微生物固着生长时，即使丝状菌占优势也不易脱落流失而引起污泥膨胀。

8）投资费用较大。生物膜法需要填料和支撑结构，投资费用较大。

第二节　生 物 滤 池

一、生物滤池的分类

根据有机负荷率，可将生物滤池分为普通生物滤池（低负荷生物滤池）、高负荷生物滤池（回流式生物滤池）和塔式生物滤池三种。

1. 普通生物滤池

在较低负荷率下运行的生物滤池叫做低负荷生物滤池或普通生物滤池。普通生物滤池处理城镇污水的有机负荷率为 0. 15 ~0. 30 $kgBOD_5 \cdot m^3 \cdot d^{-1}$。普通生物滤池的水力停留时间长，净化效果好（城镇污水 BOD_5 去除率为85% ~95%），出水稳定，污泥沉淀性能好，剩余污泥少。但滤速低、占地面积大、水力冲刷作用小、易堵塞和短流、生长灰蝇、散发臭气、卫生条件差，目前已趋于淘汰。

2. 高负荷生物滤池

在高负荷率下运行的生物滤池叫做高负荷生物滤池或回流式生物滤池。高负荷生物滤池处理城镇污水的有机负荷率为 1. 1 $kgBOD_5 \cdot m^3 \cdot d^{-1}$左右。在高负荷生物滤池中，微生物营养充足，生物膜增长快。为防止滤料堵塞。高负荷生物滤池的去除率较低，处理城镇污水时 BOD_5 去除率为 75% ~90%。与普通生物滤池相比，高负荷生物滤池剩余量多，稳定度小。高负荷生物滤池占地面积小，投资费用低，卫生条件好，适于处理浓度较高、水质水量波动较大的污水。

3. 塔式生物滤池

塔式生物滤池的负荷也很高，由于塔式生物滤池生物膜生长快，没有回流，为防止滤料堵塞，采用的滤池面积较小，以获得较高的滤速。滤料体积是一定的，相对于普通生物滤池，面积缩小使高度增大而形成塔状结构，故称为塔式生物滤池。与普通生物滤池和高负荷生物滤池相比，塔式生物滤池对城镇污水的 BOD_5 去除率为 65% ~85%。塔式生物滤池占地面积小，投资运行费用低，耐冲击负荷能力强，适于处理浓度较高的污水。

二、生物滤池的构造

1. 滤床和滤料

滤床由滤料组成。滤料是微生物生长栖息的场所，理想的滤料应具备下述特性：①能为微生物提供大量的表面面积；②使污水以液膜状态流过生物膜；③有足够的孔隙率，保证通风（即保证氧的供给），使脱落的生物膜能随水流出滤池；④不被微生物分解，也不抑制微生物生长；⑤有较好的化学稳定性；⑥有一定机械强度。早期主要以拳状碎石为滤料，此外，碎钢渣、焦炭等也可作为滤料，其粒径为 3 ~8cm，孔隙率为 45% ~50%，比表面积很大。理论上滤料粒径越小，其比表面积越大，生物膜的面积越大，滤床的工作能力也越大。但粒径越小，孔隙也就越小，滤床的通风也越差，且滤床越易被生物膜堵塞，因此要求单位体积滤料的表面积和孔隙率大。

20 世纪 60 年代中期塑料工业发展起来以后，塑料滤料开始被采用。国内目前采用的玻璃钢蜂窝状块状滤料，孔隙率在 95% 左右，比表面积高达 $200m^2 \cdot kg^{-1}$ 左右，且质轻、高强度、耐腐蚀，这就使滤床的通风情况大大改善，处理能力（负荷率）亦大为提高。缺点是成本较高。滤床高度同滤料的单位重量有密切关系。对塑料滤料来说重量较轻，孔隙率高达 93% ~95%，则较石质拳状滤料滤床高度不但可以提高，而且可以采用双层或多层构造。国内常采用多层的“塔式”构造，高度常在 10m 以上。

2. 池壁

生物滤池的池壁起围护滤料、减少污水飞溅的作用，应能承受水压和滤料压力。一般用砖、石或混凝土块砌筑。池壁应高出滤料 0.5m，以防风吹而影响污水在滤池表面的均匀分布。

3. 布水设备

设置布水设备的目的是为了使污水能够均匀地分布在整个滤床上。因为只有在滤床表面均匀地布水，才能充分发挥每一部分滤床的作用，提高滤池的工作效率。另外，布水器还应不受风力的影响，不易堵塞和易于清洗。常用的旋转布水器有旋转式布水器主要由进水竖管和可转动的布水横管组成，见图8-3，生物滤池中的布水器构造。废水在池底以一定压力流入位于池中央的固定竖管，再通过枝管喷洒在滤料表面。

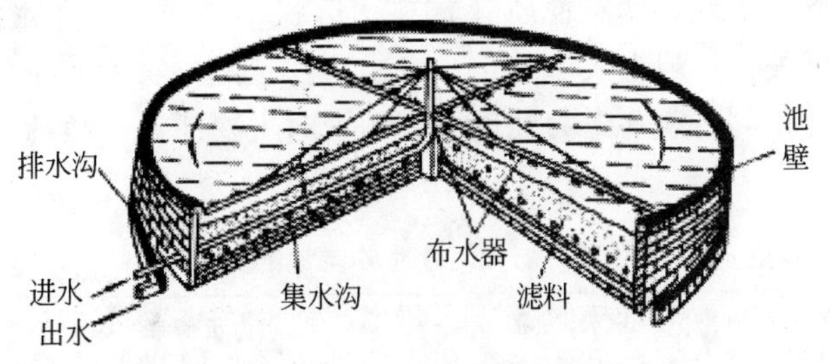

图8-3　生物滤池的一般构造

三、影响生物滤池性能的因素

滤床高度、负荷率、回流比和供氧情况对滤池的工作性能有显著的影响。

（一）滤床高度

在生物滤池内，填料层不同高度的微生物量和种类各不相同。滤层上部污水中有机物浓度高，微生物单一，主要是繁殖速度快的细菌，生物膜厚、生物量大，有机物去除速度快。从上往下，随着滤床深度的增加，生物量逐渐减少，微生物的种类逐渐增多，生物相趋于复杂。由于微生物量和有机物浓度随深度的增加逐渐降低，所以污染物的去除速度逐渐降低。处理城市污水时，普通生物滤池的经济高度为2.0～3.0m，塔滤池的经济高度为7～10m。

（二）负荷率

生物滤池的负荷率有两种表示方式，即有机负荷率和水力负荷率。

1. 有机负荷率

生物滤池的有机负荷率又分容积有机负荷率和面积有机负荷率两种，即在保证预期净化效果的前提下，单位体积滤料或单位面积滤床在单位时间内承受的有机物量，单位分别为 $kgBOD_5 \cdot m^{-3} \cdot d^{-1}$ 和 $kgBOD_5 \cdot m^{-2} \cdot d^{-1}$。在其他条件不变的情况下，有机负荷率高、降解速度快、去除率低、出水水质会变差，生物膜增殖快、易堵塞、但滤池容积减少，投资运行费用要低一些；而有机负荷率低，生物膜增殖慢、降解速度也慢，随着滤池容积增大，投资费用变大。但污染物去除率高，出水水质变好，不易堵塞。

有机负荷率与水质、滤料性质（材料、形状、尺寸、表面粗糙度等）、预期处理率等因素有关，一般由实验确定，或由经验选定。实验所用的滤料和滤床高度应与工程设计相同。表 8-1 为处理城镇污水时生物滤池的负荷率，可供设计时选用。

表 8-1　城镇污水生物滤池的负荷率

生物滤池类型	BOD_5 负荷率 /（$kg \cdot m^{-3} \cdot d^{-1}$）	水力负荷率 /（$m^3 \cdot m^{-2} \cdot d^{-1}$）	处理效率/%
低负荷率生物滤池	0. 15 ~ 0. 30	1 ~ 3	85 ~ 95
回流式生物滤池	< 1. 2	< 10 ~ 30	75 ~ 90
塔滤生物滤池	1. 0 ~ 3. 0	80 ~ 200	65 ~ 85

2. 水力负荷率

生物滤池的水力负荷率分面积水力负荷率和容积水力负荷率两种，分别为在预期的净化效果的前提下，单位时间、单位面积滤床，或单位时间、单位体积滤床所能接纳的污水量，单位分别为 $m^3 \cdot m^{-2} \cdot d^{-1}$ 和 $m^3 \cdot m^{-3} \cdot d^{-1}$。面积水力负荷率又称过滤速度或空池流速，简称滤率。水力负荷的变化将直接影响有机负荷率、滤率和水力冲刷作用。水力负荷在低值范围内增大时，有机负荷也随之增大，生物膜增厚。由于水力负荷在低值范围内增大，所以去除率虽然下降，但仍能保持在较高的水平。冲刷作用虽然增大，但生物膜增厚依然成为矛盾的主要方面，滤床易发生堵塞。水力负荷提高到一定程度后，水力冲刷作用大大加强，增值的生物膜被及时冲刷脱落，即使进水浓度较高也不易发生堵塞。但此时由于接触时间缩短，处理效率会显著下降，出水水质变差。

总之，应将生物滤池的进水浓度和水力负荷率控制在适宜的范围内。处理城镇污水时，普通生物滤池的适宜表面水力负荷为 $1 \sim 4m^3 \cdot m^{-2} \cdot d^{-1}$，高负荷生物滤池为 10～30$m^3 \cdot m^{-2} \cdot d^{-1}$。为了使生物滤池在高负荷下运行时不发生堵塞，应采用回流工艺，这样既增大了水力冲刷作用，又不额外增加有机负荷，保证良好的出水水质。

（三）回　流

回流对生物率池的影响如下：

1）促使生物膜脱落：回流使水力负荷加大，冲刷作用增强，生物膜被冲刷脱落，即使有机负荷率较高也不会发生堵塞。

2）改善卫生状况：提高水力负荷率，可防止灰蝇生长和恶臭。

3）改善进水水质：回流水中含溶解氧和营养元素，能提高进水的溶解氧浓度，补充营养，稀释有毒物质，改善进水水质。

4）稳定进水：回流可缓冲原污水中水质水量的变化，稳定进水。

5）增加滤床生物量：回流水含微生物，使滤池不断接种，生物量增加，去除效率得到提高。

6）回流的缺点：回流使进水有机物浓度降低，传质速度和生物降解速度减小，缩短污水和滤料的接触时间，难降解物质积累，冬天使水温下降。

7）回流条件：在下列三种情况下应考虑回流：进水有机物浓度高时（BOD_5 >200$mg \cdot L^{-1}$）；水量小，无法维持最低水力负荷时；污水中存在高浓度有毒物质时。回流比与原污水浓度有关，不同浓度的回流比见表 8-2。

表 8-2　回流滤池的回流比与污水浓度之间的关系

进水 BOD_5/（$mg \cdot L^{-1}$）	<150	150～300	300～450	450～600	600～750	750～900
一级	0.75	1.50	2.25	3.00	3.75	4.50
二级（各级）	0.5	1.0	1.5	2.0	2.5	3.0

（四）供　氧

生物滤池一般靠自然通风供氧。影响自然通风效果的主要因素是滤池内外的气温差和滤层高度。温差越大，滤床的气流阻力越小（孔隙率大），通风量也就越大，滤床越高（塔滤）抽风效果就越好。滤床内气温与水温接近，因进水温度比较稳定，所以滤床内气温变化不大。滤池外气温随季节和一日变化较大。因此，滤池内外温差、通风方向和通风量随时都在变化。污水温度低于大气温度时

(夏季)，滤床内气温就低于大气温度，池内气流向下流动；反之（冬季）池内气流向上流动。一般情况下，自然通风即能满足生化反应的需要。

自然通风能否满足生化反应的需要，还与进水有机物浓度有关。有机物浓度低时，需氧量小，自然通风能满足需要；有机物浓度高时，需氧量大，易出现供氧不足。为此，常控制 $BOD_5 \leq 200mg \cdot L^{-1}$，若 $BOD_5 > 200mg \cdot L^{-1}$，则用回流水稀释冲刷生物膜，补充溶解氧或采用强制通风。

第三节　生 物 转 盘

生物转盘又名转盘式生物滤池，属于充填式生物膜法处理设备。生物转盘去除污染物的原理与生物滤池相同，但构造形式与生物滤池不同。其工艺流程如图 8-4。

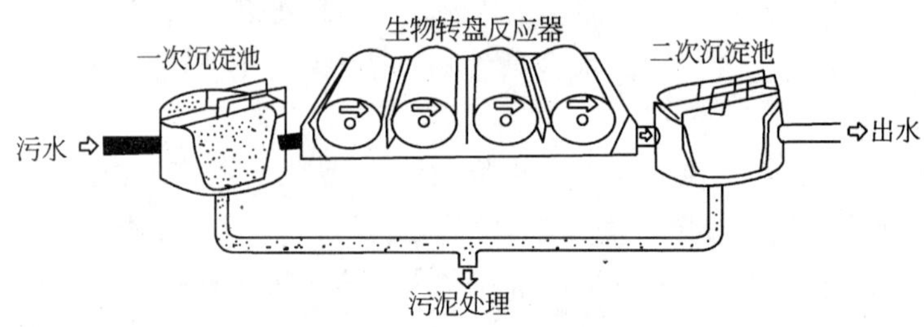

图 8-4　生物转盘工艺流程

一、生物转盘的工作原理

如图 8-4 所示，生物转盘反应器由垂直固定在水平轴的一组盘片（圆形或多边形）及与之配套的氧化水槽组成。氧化水槽的断面为半圆形、矩形或梯形。盘片一般用塑料、玻璃钢等材料制成，要求轻质、耐腐蚀和不变形。盘片为平板、波纹板或是平板和波纹板的组合。盘片直径一般为 2～3m，最大 5m。片间净距离为 10～35mm。固定盘片的轴长一般不超过 7.0m。许多盘片固定在一根轴上，形成一个大的生物转盘。转盘的轴与氧化水槽平行，轴的两端固定在轴承上，靠机械转动。转盘转速为 $0.8 \sim 3.0 r \cdot min^{-1}$，边缘线速度以 $10 \sim 20 m \cdot min^{-1}$ 为宜。

生物转盘上生长着生物膜，靠生物膜的吸附稳定作用去除有机物。生物转盘常多级串联以提高处理效率。级数一般不超过四级，级数过多，处理效率不大。多级转盘的布置方式有单轴多级和多轴多级两种。氧化水槽底部装有排泥管和放空管，以控制槽内的悬浮物浓度。

污水流动方向与轴垂直，与盘面平行。氧化水槽内保持一定的液位，盘片近一半浸没在水中，另一半暴露在空气中。转盘在电机带动下，缓慢转动，使盘片的生物膜交替进行“吸附稳定－充氧”过程。生物膜浸没在水中时吸附有机物，暴露在空气中时吸收氧气使有机物氧化分解。转盘旋转时给氧化槽带入空气，并引起液滴飞溅和液面波动，使氧化水槽中的悬浮物曝气充氧。含有溶解氧和微生物的悬浮液对有机物有一定的净化作用，同时也向生物膜提供氧源。生物转盘和悬浮液的共同作用使污染物得以去除。生物转盘转动形成的冲刷作用使生物膜不断更新。脱落的生物膜随水流入二次沉淀池，在二次沉淀池中沉淀分离。生物膜的脱落程度可通过调节转盘的转速加以控制。

二、生物转盘的运行特点

在国内，生物转盘主要用于处理工业废水，部分运行资料见表8-3。

表8-3　国内生物转盘处理工业废水的部分运行资料

废水类型	进水BOD/($mg \cdot L^{-1}$)	出水BOD/($mg \cdot L^{-1}$)	水力负荷/($m \cdot d^{-1}$)	BOD负荷/($g \cdot m^{-2} \cdot d^{-1}$)	COD负荷/($g \cdot m^{-2} \cdot d^{-1}$)	停留时间/h	水温/℃
含酚	酚50～250 (152)		0.05～0.113 (0.070)		15.5～35.5 (22.5)	1.5～2.7 (2.6)	>15 (10.5)
印染	100～280 (180)	12.8～96 (47)	0.04～0.24 (0.12)	12～23.2 (16.2)	10.3～43.9 (28.1)	0.6～1.3	>10
煤气洗涤	130～765 (365)	15～79	0.019～0.1 (0.055)	7.8～16.6 (12.2)	26.4	1.3～4.0 (2.95)	>20
酚醛	442～700 (600)	100	0.031	7.15～22.8 (15.7)	11.7～24.5 (17.8)	3.0	24
酚氰	422	100	0.1	7.15	11.7	2.0	
苯胺	苯胺53	苯胺15	0.03				
苎麻煮炼黑液	367	81	0.066			2.3	21～28
丙烯腈	84	15	0.05～0.1 (0.075)			1.8	

续表

废水类型	进水 BOD /(mg·L⁻¹)	出水 BOD /(mg·L⁻¹)	水力负荷 /(m·d⁻¹)	BOD 负荷 /(g·m⁻²·d⁻¹)	COD 负荷 /(g·m⁻²·d⁻¹)	停留时间/h	水温/℃
腈纶	300 ~ 315	60 ~ 91	0.1 ~ 0.2 (0.15)			1.9	30
氯丁废水	230	25	0.16	32.6	38.1	2	15 ~ 20
制革	250 ~ 800	60	0.06 ~ 0.15 (0.10)			1 ~ 2	22
造纸中段	100 ~ 480	113.6	0.05 ~ 0.08			3.0	20 ~ 30
铁路罐车	28.8	2.1	0.15			1.13	25

注：括号内数值为平均值。

（一）生物转盘法与活性污泥法比较

生物转盘法与活性污泥相比有以下特点：

1）不需污泥回流，不发生污泥膨胀。

2）剩余污泥量小，密实而稳定，易于分离和脱水。

3）构造简单，无需曝气和回流设备，动力消耗少，运行费用低。

4）采用多层布置时，可节省用地，采用单层布置时占地面积大。

5）耐冲击负荷，处理效率高，BOD_5 去除率在 90% 以上，对难降解有机物的净化效果好。

6）散发臭气和其他挥发性物质。

7）处理效果受气温影响大，寒冷地区需保温。

（二）生物转盘法与生物滤池的比较

生物转盘法与生物滤池相比有以下特点：

1）自然通风效果好，充氧能力强。

2）能处理高浓度污水。

3）无堵塞现象。

4）生物膜与污水接触均匀，盘面利用率高，无死角。

5）污水与生物膜接触时间长，处理效率高，可通过调节转速来控制传质条件、充氧量和生物膜更新程度。

6）单层布置的占地面积比普通生物滤池小，比高负荷滤池大，多层布置的占地面积与塔式生物滤池相当。

7）水头损失小，能耗低。

8）盘片材料贵，投资大。

9）需设雨棚，防止雨水淋掉生物膜。

第四节　生物接触氧化法

一、生物接触氧化法的原理

生物接触氧化法（biological contact oxidizing pond）简称接触氧化池，又名浸没式生物滤池，属于浸没式生物滤池法。

生物接触氧化池内设置填料，填料淹没在废水中，填料上长满生物膜。废水与生物膜接触过程中，水中的有机物被微生物吸附、氧化分解和转化为新的生物膜。在接触氧化池中，微生物所需要的氧气来自于废水中，而废水则自鼓入的空气不断补充失去的溶解氧。空气是通过设在池底的曝气装置进入水流，当气泡上升时向废水供应氧气。当生物膜达到一定厚度时，由于上升的水流和上升的气泡使水流产生较强的紊流和水力冲刷作用，使生物膜不断脱落，然后再长出新的生物膜。从填料上脱落的生物膜，随水流到二次沉淀池后被去除，使废水得到净化。氧化池的废水中还存在着悬浮生长的微生物。接触氧化主要靠生物膜净化污染物，但悬浮态微生物也对污染物的净化有一定的作用。

二、生物接触氧化池的构造

目前，国内常用的生物接触氧化池的基本构造如图 8-5 所示。主要由填料、填料支架和曝气装置组成。空气直接从填料底部进入，充氧和生物接触氧化在填料层内同时进行，气泡在填料层内上升，引起较强的紊流和水力冲刷作用。所以充氧效率高，生物膜的更新快，动力消耗低，填料不易堵塞。

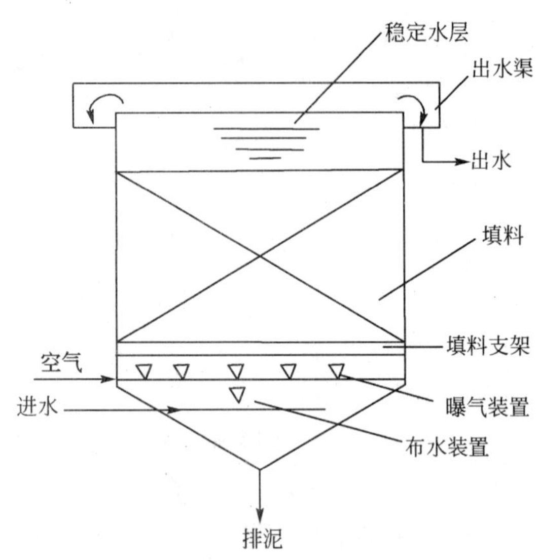

图 8-5　生物接触氧化池基本构造示意图

三、生物接触氧化法的特点

生物接触氧化法既有生物膜工作稳定、耐冲击负荷和操作简单的特点，又有活性污泥法混合接触效果好的特点。

1. 净化效果好

接触氧化法填料的比表面积大，充氧效果好，氧利用效率高。所以，单位容积的微生物量比活性污泥法和生物滤池大，容积负荷高，耐冲击负荷，净化效果好。接触氧化法可设计成推流式，使之具有推流式活性污泥法和生物滤池法的特点。有较大的传质推动力，能生长不同的生物相，可去除各种有机物和有毒物质，出水水质好，又能防止污泥膨胀，操作稳定。

2. 污泥产量低

由于单位体积的微生物量大，容积负荷大时，污泥负荷仍较小，所以污泥产量低。

3. 动力消耗比自然通风生物膜法大

由于采用强制通风供氧，所以动力消耗比一般的生物膜法大。

4. 污泥沉降性能差

与活性污泥法和生物滤池法相比，接触氧化出水中生物膜的老化程度高，受水力冲击变得很细碎，沉降性能差。在二次沉淀池设计时要采用较小的上升流速，取 $1.0\text{m}\cdot\text{h}^{-1}$ 比较适宜。

5. 污泥膨胀的可能性比生物滤池大

接触氧化法一般不发生污泥膨胀，但当污水的供氧、营养、水质（毒物、pH）和温度等条件不利时，生物膜的性能（生物相、附着能力、沉淀性能等）变差，在剧烈的水力冲刷作用下脱落，随水流失，发生污泥膨胀的可能性比生物滤池大。

6. 占地面积小，管理方便

生物接触氧化法容积负荷高，氧化池容积小，又可以取较大的水深，所以占地面积比活性污泥法、生物滤池和生物转盘都小。由于没有污泥回流、出水回流、污泥膨胀、防雨保温和机械故障等问题，运行管理方便。

第五节　生物流化床

一、生物流化床的结构

生物流化床（biological fluidized bed）的微生物量大，传质效果好，是生物膜法新技术之一。如果使附着生物膜的固体颗粒悬浮于水中作自由运动而不随出水流失，悬浮层上部保持明显的界面，这种悬浮态生物膜反应器叫生物流化床。生物流化床的基本结构如图 8-6 所示。由于载体颗粒一般很小，比表面积非常大（$2000\sim3000\text{m}^2\cdot\text{m}^{-3}$载体），所以单位容积反应器的微生物量很大。由于载体呈流化状态，与水充分接触，紊流剧烈，所以传质效果很好。因此，生物流化床的处理效率高。

生物膜载体的运动状态与水流上升速度——空塔流速有关。空塔流速低时，载体颗粒呈静止状态，床层高度不变，谓之固定床，见图 8-6（a）。固定床中载体呈静止状态，堆积密实，可利用的表面积和孔隙率很小，极易堵塞。空塔流速增大到一定程度，载体颗粒便被托起呈流化状态，但不随水流失，谓之流化床，见图 8-6（b）。流化床上部有明显的界面，床层高度 h 随空塔流速的增大而增大。空塔流速过大，床层不能保持流化状态，上部的界面消失，载体（和生物膜）随出水流失，谓之流体输送或移动床，见图 8-6（c）。所以，硫化床的空塔

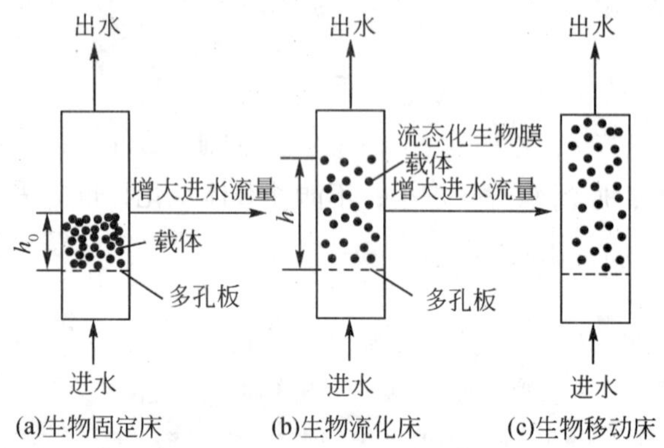

图 8-6 生物流化床的基本构造

流速不能太高或太低。流化床的适宜空塔流速取决于载体和污水的性质（颗粒形状、大小、污水的黏度、颗粒和污水的密度及水温等）由实验确定。

二、生物流化床的类型

生物流化床有两相生物流化床和三相生物流化床两种。

（一）两相生物流化床

两相生物流化床靠上升水流使载体流化，床层内只存在液、固两相，其工艺流程如图 8-7 所示。

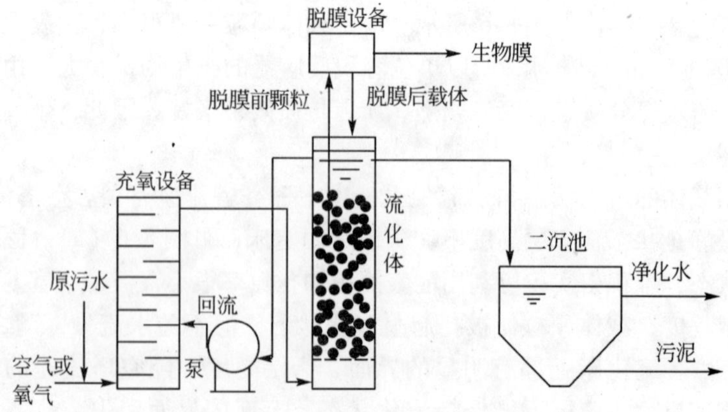

图 8-7 两相生物流化床工艺流程

两相生物流化床设有专门的充氧设备和脱膜装置。污水经充氧设备充氧后从底部进入流化床。载体上的生物膜吸附降解污水中的污染物，使水得到净化。净化水从流化床上部流出，经二次沉淀后排放。流化床的生物量大，需氧量也大。原污水流量一般较小，溶解的氧量不能满足生物膜的需要，应采用回流的办法加大充氧水量。此外，原污水流量较小，不能使载体流化，也应采用回流的办法加大进水流量。因此，两相生物流化床需要回流。有机物的降解使生物膜增厚、悬浮颗粒（附着生物膜的载体）密度变小而随出水流失。需用脱膜装置脱掉生物膜，使载体恢复原有特性，重新附着生物膜。

（二）三相生物流化床

三相生物流化床靠上升气泡的提升力使载体流化，床层内存在着气、液、固三相。内循环式三相生物流化床工艺流程如图 8-8 所示。三相生物流化床不设置专门的充氧和脱膜设备。空气通过射流曝气器或扩散装置直接进入流化床充氧。载体表面的生物膜依靠气体和液体的搅动、冲刷和相互摩擦而脱落。随出水流出的少量载体进入二次沉淀池后再回流到流化床。

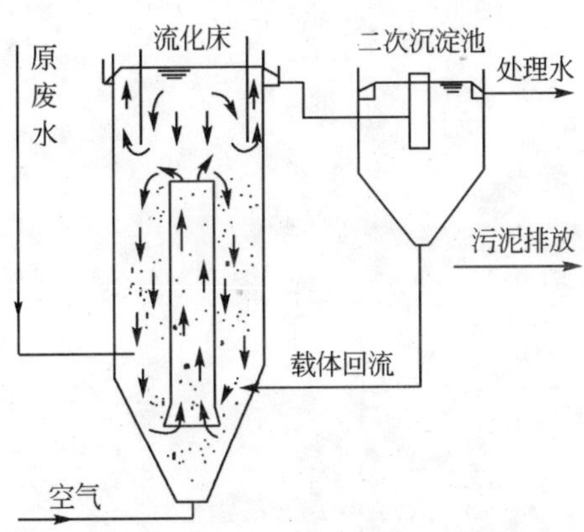

图 8-8 三相生物流化床工艺流程

三相生物流化床操作简单，能耗、投资和运行费用比两相生物流化床低，但充氧能力比两相生物流化床差。

（张 晶）

参考文献

北京市市政工程设计研究总院 . 2004. 给水排水设计手册 . 第 5 册，城镇排水 . 第二版 . 北京：中国建筑工业出版社
高廷耀 . 2004. 水污染控制工程 . 北京：高等教育出版社
顾夏声 . 2002. 水处理工程 . 北京：清华大学出版社
蒋展鹏 . 2005. 环境工程学 . 第二版 . 北京：高等教育出版社
李圭白，张杰，彭永臻 . 2005. 水质工程学 . 北京：中国建筑工业出版社
吕炳南，陈志强 . 2005. 污水生物处理新技术 . 哈尔滨：哈尔滨工业大学出版社
沈萍 . 2000. 微生物学 . 北京：高等教育出版社
沈耀良 . 2006. 废水生物处理新技术理论与应用 . 第二版 . 北京：中国环境科学出版社
张忠祥，钱易 . 2004. 废水生物处理新技术 . 北京：清华大学出版社
周群英，王仕芬 . 2008. 环境工程微生物学 . 第三版 . 北京：高等教育出版社

第九章　厌氧生物处理工艺

厌氧生物处理法是利用兼性厌氧菌和专性厌氧菌来降解污水或污泥中的有机污染物，分解的最终产物是以甲烷为主的消化气（即沼气），沼气是可以作为能源利用的。厌氧生物处理法最早用于处理城市污水处理厂的沉淀污泥，称为污泥消化，因此消化也常作为厌氧处理的简称。普通厌氧生物处理法，在构筑物形式上主要采用普通消化池，主要缺点是水力停留时间长，沉淀污泥中温消化时，一般需20~30天。且由于水力停留时间长，因此消化池的容积大，基本建设费用和运行管理费用都较高，限制了厌氧生物处理法的应用。

20世纪60年代以后，世界能源短缺日益突出，厌氧发酵技术日益受到人们的重视。对这一技术在废水处理领域的应用开展了广泛、深入的科学研究工作，开发了一系列新型厌氧生物处理工艺和设备，如厌氧接触法、厌氧生物滤池、升流式厌氧污泥床、厌氧膨胀床和厌氧流化床、厌氧生物转盘和厌氧挡板式反应器等。大幅度增加了厌氧处理的生物量，使处理时间大大缩短，效率大大提高。现在，厌氧生物处理技术不仅用于处理有机污泥、高浓度有机污水，而且还能够有效地处理诸如城市污水等低浓度污水。与好氧生物处理技术相比较，厌氧生物处理技术具有诸多的优点，具有十分广阔的发展空间和应用前景。

厌氧生物处理法与好氧生物处理法相比较具有以下优点：① 应用范围广，好氧法适于处理低浓度有机废水，对高浓度有机废水需用大量水稀释后才能进行处理；而厌氧法可用来处理高浓度有机废水，也可处理低浓度废水。有些有机物好氧微生物对其是难降解的，而厌氧微生物对其却是可降解的。② 能耗低，好氧处理的供氧过程要消耗大量的动力，而厌氧处理无需供氧，而且产生的沼气可以作为能源。③ 容积负荷高，反应器容积小，占地少。④ 剩余污泥量少，且污泥浓缩、脱水性能良好。处理相同数量的废水，其厌氧产物剩余污泥量只有好氧法的5%~20%。此外，消化污泥已高度无机化，因此处理和处置简单，运行费用低，甚至可作为肥料使用。⑤ N、P营养需要量较少，好氧法一般要求BOD_5:N:P为100:5:1，而厌氧法要求的BOD:N:P为100:2.5:0.5，因此厌氧法对N、P缺乏的工业废水所需投加的营养盐量较少，可以节省调节补充营养费用。⑥ 厌氧处理过程有一定的杀菌作用，可以杀死污水和污泥中的寄生虫卵、病毒等。⑦ 厌氧活性污泥可以长期储存，厌氧反应器可以季节性或间歇性运转。

在停止运行一段时间后，能较迅速启动，容易适应某些行业季节性生产的要求。

厌氧处理法的缺点如下：① 厌氧处理设备启动时间长，因为厌氧微生物增殖缓慢，启动时经接种、培养、驯化达到设计污泥浓度的时间比好氧生物处理长，一般需 8 ~ 12 周；② 处理后出水水质差，往往需进一步处理才能达到排放标准，一般在厌氧处理后串联好氧生物处理；③ 厌氧生物处理系统的操作控制较复杂。

第一节　厌氧生物处理法的基本原理

一、厌氧生物处理法的三阶段

有机物在厌氧条件下的消化降解过程可分为三个阶段，即水解酸化阶段（酸性发酵）、产氢气产乙酸阶段和产甲烷阶段（碱性发酵），如图 9-1 所示。

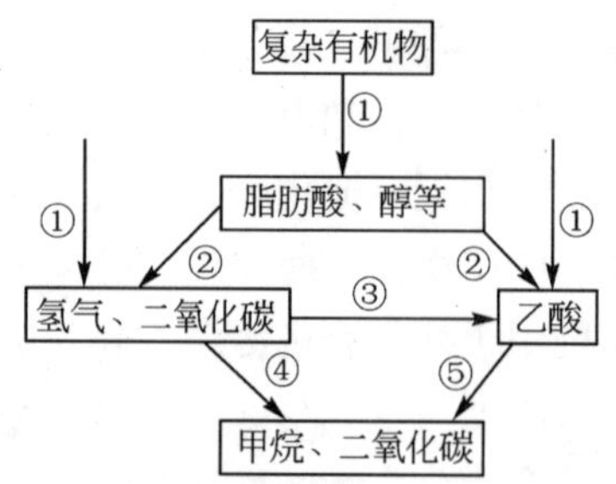

图 9-1　有机物厌氧分解产甲烷过程

①产酸细菌；②产氢产乙酸细菌；③同型产乙酸细菌；④利用 CO_2 和 H_2 产甲烷菌；⑤分解乙酸产生甲烷菌

第一阶段为水解酸化阶段：该阶段复杂的大分子、不溶性有机物先在细胞外酶作用下水解为小分子、溶解性有机物，然后渗入细胞体内分解产生挥发性有机酸、醇、醛类等，同时产生氢气和二氧化碳。

第二阶段为产氢气产乙酸阶段：该阶段在产氢气产乙酸细菌的作用下，第一阶段产生的各种有机酸被分解转化成乙酸和氢气，在降解有机酸时还形成二氧化碳。

第三阶段为产甲烷阶段：该阶段产甲烷细菌将乙酸、乙酸盐、二氧化碳和氢气等转化为甲烷。此过程中，产甲烷细菌可以分别通过下列两种途径之一生成甲烷。

1）在二氧化碳存在时，利用氢气生成甲烷。

$$4H_2 + CO_2 \rightarrow CH_4 + 2H_2O$$

2）利用乙酸产生甲烷。

$$CH_3COOH \rightarrow CH_4 + CO_2$$

在一般的厌氧发酵过程中，甲烷的产量约70%由乙酸分解而来，30%由氢气和二氧化碳而得到。由于含氮有机物（如蛋白质）的厌氧分解，最后的沼气中会有少量的硫化氢和氨气存在。产酸菌有兼性的，也有厌氧的，而产甲烷菌则是严格的厌氧菌。产甲烷菌的世代周期长，生长缓慢，对环境的变化如pH、温度、重金属离子等较其他两种菌敏感得多。所以在厌氧发酵过程中，以上三个阶段要同时进行，并保持某种程度的动态平衡。由于甲烷的形成速度较慢，对环境的要求高，所以甲烷发酵控制了整个系统的反应速度，因此整个发酵过程必须维持有效的甲烷发酵条件。

二、影响厌氧生物处理的因素

因甲烷发酵阶段，控制整个厌氧消化过程，所以，厌氧发酵工艺的各项影响因素也以对甲烷菌的影响因素为准。

（一）温　　度

细菌的生长与温度有关，根据甲烷菌的生长对温度的要求可以将甲烷菌分为三类，即低温甲烷菌（5～20℃）、中温甲烷菌（20～42℃）、高温甲烷菌（42～75℃）。利用低温甲烷菌进行厌氧消化处理的系统称为低温消化，与之对应的有中温消化和高温消化。在这几类消化系统中，起作用的甲烷菌类型是不同的，如高温消化系统运行的是高温甲烷菌。

在每一个温度区间，随温度的上升，细菌生长速率随之上升并达到最大值，相应的温度称为最适生长温度（如中温消化的最适温度为34℃；高温消化的最适温度为54℃），超过此温度后，细菌的生长速度逐渐下降，微生物的温度－生长速率关系如图9-2所示。

在5～75℃的整个范围内，一般来讲，较高温度下的厌氧菌代谢速度较快（各温度范围上限例外），所以高温消化工艺较中温消化工艺、中温消化工艺较低温消化工艺反应速度要快很多，其相应的污泥活性和污泥负荷率及产气率也高得多。一般设计厌氧消化器时，都采取一定的控温措施，尽可能使消化器在恒温下运行，温度变化幅度不超过2～3℃（如中温消化为34℃±1℃）。但如果温度下降幅度过大，则由于污泥活力的降低，反应器的负荷也应当降低以防止由于过负荷引起反应器酸积累等问题。

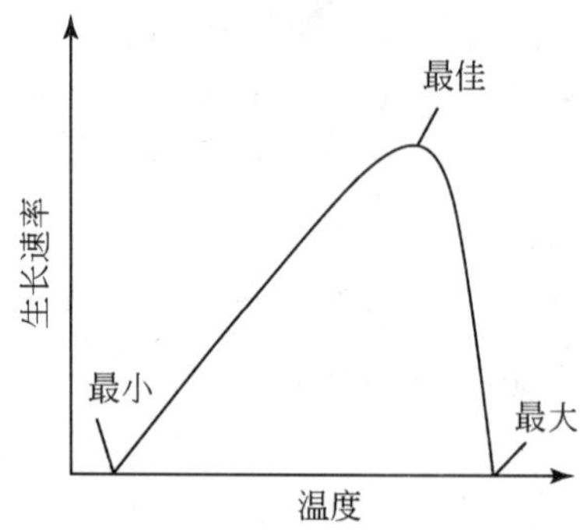

图 9-2　微生物的温度—生长速率曲线

由于高温消化加热费用大，操作管理复杂，而低温消化效率太低，因此一般都选用中温消化处理。只有在卫生要求较高时，或处理某些高温废水，或有废弃余热的企业才考虑采用高温消化。

（二）pH 和酸碱度

水解产酸菌及产氢产乙酸菌对 pH 的适应范围为 5 ~ 8.5，而甲烷菌对 pH 的适应范围为 6.6 ~ 7.5，即只允许在中性附近波动。而且水解产酸菌及产氢产乙酸菌对环境的要求较甲烷菌低，世代时间也较短。因此在厌氧消化系统中，很有可能水解发酵阶段与产酸阶段的反应速率超过产甲烷阶段，使 pH 降低，影响甲烷菌的生长。但是，在消化系统中，由于微生物的代谢产物如挥发性脂肪酸（Volatile fatty acids，VFA）、二氧化碳和重碳酸盐（碳酸氢铵）等建立起的自然平衡关系具有缓冲作用，在一定范围内可以避免发生这种情况。

在实际运行中，如果系统中挥发酸的浓度居高不下，积累一段时间必然导致 pH 下降。此时，酸和碱之间平衡已被破坏，碱度的缓冲能力已经丧失，所以不能光靠 pH 的检测去指导生产，而是以挥发酸浓度及碱度作为重要管理指标。一般消化池中挥发酸（以乙酸计）浓度控制在 200 ~ 800mg · L^{-1}，如果超出 2000mg · L^{-1}，产气率将迅速下降，甚至停止产气。挥发酸本身并不毒害甲烷菌，而 pH 的下降会抑制甲烷菌的生长。如 pH 低，可投加石灰或碳酸钠，调节 pH。一般加石灰，但不应加得太多，以免产生 $CaCO_3$ 沉淀。碱度控制在 2000 ~ 3000mg · L^{-1}。

（三）营　养　比

厌氧微生物的生长繁殖需按一定的比例摄取碳、氮、磷以及其他微量元素。

工程上主要控制污泥或污水的碳、氮、磷比例，因为其他营养元素不足的情况较少见。不同的微生物在不同的环境条件下所需的碳、氮、磷比例不完全一致。一般认为，厌氧生物法中的碳、氮、磷比控制为（200～300）∶5∶1 为宜。在碳、氮、磷比例中，碳氮比对厌氧消化的影响更为重要。

在厌氧处理时提供氮源，除满足微生物生长所需之外，还有利于提高反应器的缓冲能力。若氮源不足，即碳氮比太高，则厌氧菌不仅增殖缓慢，而且会使消化液的缓冲能力降低，pH 容易下降；相反，若氮源过剩，即碳氮比太低，氮不能被充分利用，将导致系统中氨的过分积累，pH 上升至 8.0 以上，抑制产甲烷菌的生长繁殖，使消化效率降低。

城镇污水厂的初次沉淀池污泥的碳氮比约为 10∶1，活性污泥的碳氮比约为 5∶1，因此，活性污泥单独消化的效果较差。一般都是把活性污泥与初次沉淀池污泥混合在一起进行消化。粪便单独厌氧消化，含氮量过高，碳氮比太低，厌氧发酵效果受到一定影响，如能投加一些含碳多的有机物，不仅可提高消化效果，还能提高沼气产量。

（四）搅　　拌

在污泥厌氧消化或高浓度有机污水的厌氧消化过程中，搅拌有利于新投入的新鲜污泥（或污水）与熟污泥（或称消化污泥）的充分接触，使反应器内的温度、有机酸、厌氧菌分布均匀，并能防止消化池表面结成污泥壳，以利沼气的释放。搅拌可提高沼气产量和缩短消化时间。20 世纪 60 年代没有搅拌设备的消化池，消化时间长，需 30～60 天，而有搅拌设备的消化池，消化时间为 10～15 天。产气量也增加 30% 左右。

（五）有 机 负 荷

在厌氧生物处理法中，有机负荷通常指容积有机负荷，简称容积负荷，即厌氧反应器单位有效容积每天接受的有机物量（$kgCOD \cdot m^{-3} \cdot d^{-1}$）。对悬浮生长工艺，也有用污泥负荷表达的，即 kgCOD ·（kg 污泥 · d^{-1}）。在污泥消化中，有机负荷习惯上用污泥投配率，即每天所投加的生污泥体积占污泥消化器有效容积的百分数。污泥投配率也是消化时间的倒数。例如，当投配率为 5% 时，新鲜污泥在消化池中的平均停留时间为 20 天。由于各种湿污泥的含水率、挥发性组分不尽一致，投配率不能反映实际的有机负荷。为此，又引入反应器单位有效容积每天接受的挥发性固体质量这一参数，即 $kgMLVSS \cdot m^{-3} \cdot d^{-1}$。有机负荷是影响厌氧消化效率的一个重要因素，直接影响产气量和处理效率。在一定范围内，随着有机负荷的提高，产气率即单位质量有机物的产气量趋于下降，而消化器的容积产气量则增多，反之亦然。

厌氧处理系统正常运转取决于产酸与产甲烷反应速率的相对平衡。若有机负荷过高，则产酸速率将大于用酸（产甲烷）速率，挥发酸将累积而使 pH 下降，破坏产甲烷阶段的正常进行，导致产气量减少甚至停止产气，系统遭到破坏，并难以调整复苏。此外，有机负荷过高，往往是水力负荷也较高，过高的水力负荷还会使消化系统中污泥的流失速率大于增长速率从而降低消化效率。这种影响在常规厌氧消化工艺中更加突出。相反，若有机负荷过低，有机物产气率或有机物去除率虽可提高，但容积产气率降低，反应器容积将增大，使消化设备的利用效率降低，投资和运行费用提高。因此，控制合适的有机负荷对厌氧生物反应器的设计和运行是十分重要的。

有机负荷值因工艺类型、运行条件以及污泥或污水中有机污染物的种类及其浓度而异。在通常的情况下，常规厌氧消化工艺中温处理高浓度有机工业废水的有机负荷为 2 ~ 3kgCOD · m^{-3} · d^{-1}，在高温下为 4 ~ 6kgCOD · m^{-3} · d^{-1}。上流式厌氧污泥床反应器、厌氧滤池、厌氧流化床等新型厌氧工艺的有机负荷在中温下为 5 ~ 15kgCOD · m^{-3} · d^{-1}，甚至可高达 30kgCOD · m^{-3} · d^{-1}。在处理具体污水时，最好通过试验来确定其最适宜的有机负荷。

（六）厌氧活性污泥

厌氧活性污泥主要由厌氧微生物及其代谢的产物和吸附的有机物、无机物组成。厌氧活性污泥的浓度和性能与厌氧消化的效率有密切的关系。性状良好的污泥是厌氧消化效率高的基础保证。厌氧活性污泥的性质主要表现为它的作用效能与沉淀性能，前者主要取决于污泥中活微生物的比例及其对底物的适应性。活性污泥的沉淀性能是指污泥混合液在静止状态下的沉降速度，它与污泥的凝聚性有关。与好氧处理一样，厌氧活性污泥的沉淀性也以污泥体积指数（SVI）衡量。在上流式厌氧污泥床反应器中，当活性污泥的 SVI 为 15 ~ 20mL · g^{-1}时，污泥具有良好的沉淀性能。

厌氧处理时，污水中的有机物主要靠活性污泥中的微生物分解去除，故在一定的范围内，活性污泥浓度越高，厌氧消化的效率也越高。但至一定程度后，效率的提高不再明显。这主要因为：① 厌氧污泥的生长率低、增长速度慢，积累时间过长后，污泥中无机成分比例增高，活性降低；② 污泥浓度过高有时易于引起堵塞而影响正常运行。

（七）有毒物质

有许多物质会毒害或抑制厌氧菌的生长和繁殖，破坏消化过程。所谓“有毒”是相对的，事实上任何一种物质对甲烷消化都有两方面的作用，即有促进甲烷细菌生长的作用与抑制甲烷细菌生长的作用，至于到底是哪方面的作用取决于它的浓度。

第二节　厌氧生物处理法的工艺

一、厌氧接触法

（一）厌氧接触法工艺流程

为了克服普通消化池不能保留或补充厌氧活性污泥的缺点，在消化池后设沉淀池，将沉淀污泥回流至消化池，形成厌氧接触法。其工艺流程如图 9-3 所示。该工艺类似于完全混合式好氧活性污泥法，该系统使污泥不流失，出水水质稳定，又可提高消化池内污泥浓度，从而提高设备的有机负荷和处理效率。

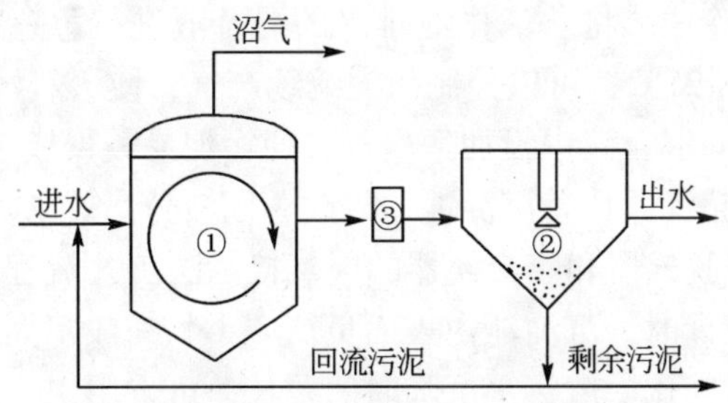

图 9-3　厌氧接触法工艺流程

①消化池；②沉淀池；③真空脱气器

（二）厌氧接触法的特点

厌氧接触池有以下几方面的特点：

1）通过污泥回流（回流量一般约为污水量的 2 ~ 3 倍）可以使消化池内保持较高的污泥浓度，一般可达 10 ~ 15g · L^{-1}，因此该工艺耐冲击能力较强。

2）消化池的容积负荷较普通消化池高，中温消化时，一般为2～10kgCOD·m^{-3}·d^{-1}，但在高的污泥负荷下，厌氧接触工艺也会产生类似好氧活性污泥法的污泥膨胀问题，一般认为接触反应器中的SVl应为70～150 mL·g^{-1}。

3）水力停留时间比普通消化池大大缩短，如常温下，普通消化池为15～30天，而接触法小于10天。

4）该工艺不仅可以处理溶解性有机污水，而且可以用于处理悬浮物较高的高浓度有机污水，但不宜过高，否则将使污泥的分离发生困难。

5）混合液经沉淀后，出水水质好，但需增加沉淀池、污泥回流和脱气等设备，厌氧接触法还存在混合液难于在沉淀池中进行固液分离的缺点。

（三）厌氧接触工艺存在的问题及对策

从消化池排出的混合液在沉淀池中进行固液分离有一定的困难，造成污泥流失。其原因一方面是由于混合液中污泥上附着大量的微小沼气泡，易于引起污泥上浮；另一方面，是由于混合液中的污泥仍具有产甲烷活性，在沉淀过程中仍能继续产气，从而妨碍污泥颗粒的沉降和压缩。为了提高沉淀池中混合液的固液分离效果，目前采用以下几种方法脱气。

1）真空脱气：由消化池排出的混合液经真空脱气器（真空度为0.005MPa）将污泥絮体上的气泡除去，改善污泥的沉淀性能。

2）热交换器急冷法：将从消化池排出的混合液进行急速冷却，如中温消化液由35℃冷却到15～25℃，可以控制污泥继续产气，使厌氧污泥有效地沉淀。

3）絮凝沉淀：向混合液中投加絮凝剂，使污泥易凝聚成大颗粒，加速沉降。

4）膜技术：用超滤器代替沉淀池，以改善固液分离效果。

图9-4是设真空脱气器和热交换器的厌氧接触法工艺流程。此外，为保证沉淀池分离效果，在设计时，沉淀池内表面负荷应小，一般不大于1m·h^{-1}，混合液在沉淀池内停留时间比一般污水沉降时间要长，可采用4h。

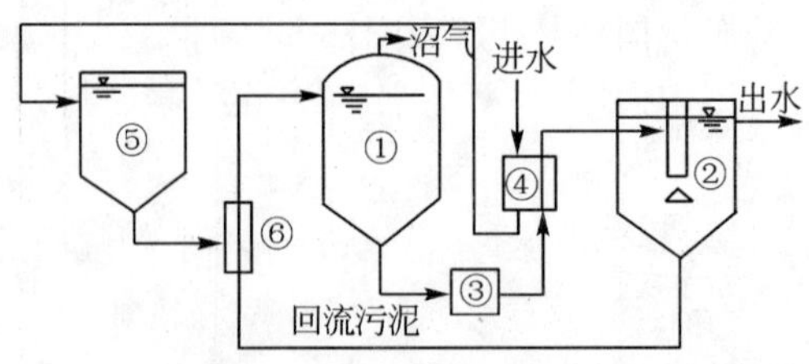

图9-4 设真空脱气器和热交换器的厌氧接触法工艺流程

①消化池；②沉淀池；③真空脱气器；④热交换器；⑤调节池；⑥水射器

二、厌氧滤池

（一）厌氧生物滤池的构造

厌氧滤池（anaerobic filter，AF）又称厌氧固定膜反应器，是20世纪60年代末开发的新型高效厌氧处理装置。滤池呈圆柱形，池内装有填料，且整个填料浸没于水中，池顶密封。厌氧微生物附着于填料的表面生长，当污水通过填料层时，在填料表面的厌氧生物膜作用下，污水中的有机物被降解，并产生沼气，沼气从池顶部排出。滤池中的生物膜不断地进行新陈代谢，脱落的生物膜随出水流出池外，为分离被出水夹带的生物膜，一般在滤池后需设沉淀池。

填料是厌氧生物滤池的主体，其主要作用是提供微生物附着生长的表面及悬浮生长的空间。对填料的要求为：比表面积大，孔隙率高，表面粗糙生物膜易附着，对微生物细胞无抑制和毒害作用，有一定强度，且质轻、价廉、来源广。常用的滤料有各种形式的塑料滤料。塑料填料的比表面积和孔隙率都比较大，如波纹板滤料的比表面积达100～200$m^2 \cdot m^{-3}$，孔隙率达80%～90%。因此，有机负荷大为提高，在中温条件下，可达5～15$kgCOD \cdot m^{-3} \cdot d^{-1}$，滤池在运行时不易堵塞。填料层高度以1～6m为宜。

厌氧生物滤池中除填料外，还有布水系统和沼气收集系统。

进水系统需考虑易于维修而又使布水均匀，且有一定的水力冲刷强度。对直径较小的厌氧滤池常用短管布水，对直径较大的厌氧滤池多用可拆卸的多孔管布水，见图9-5。沼气收集系统包括水封、气体流量计等。

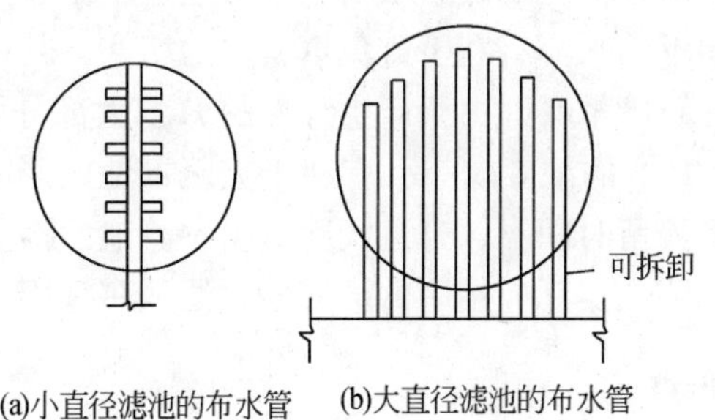

图9-5　厌氧滤池的进水系统示意图

（二）厌氧生物滤池的类型和特点

1. 厌氧生物滤池的类型

厌氧生物滤池按其水流方向，可分为降流式和升流式两种形式（图 9-6）。

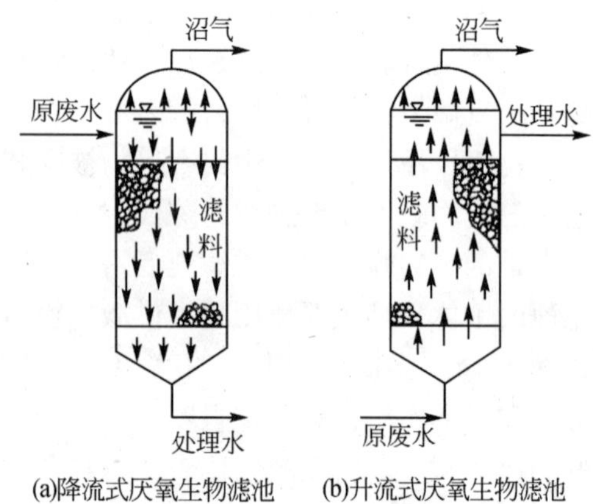

图 9-6 厌氧生物滤池

污水从池上部进入，以降流的形式流过填料层，从池底部排出，称降流式厌氧滤池；污水从池底进入，从池上部排出，称升流式厌氧滤池。

在厌氧滤池中，厌氧微生物大部分存在于生物膜中，少部分以厌氧活性污泥的形式存在于滤料的孔隙中，厌氧生物滤池内厌氧微生物的浓度随填料高度的不同有很大的差别。升流式厌氧生物滤池底部的微生物浓度有时是其顶部微生物浓度的几十倍，因此底部容易出现部分填料间水流通道堵塞、水流短路现象。而降流式厌氧生物滤池向下的水流有利于避免填料层的堵塞，其中微生物浓度的分布比较均匀。在处理含硫废水时，由于产生毒性的 H_2S 大部分可以从上层逸出，因此在整个反应器内，H_2S 的浓度较小，有利于克服毒性的影响。经验表明，在相同的水质条件和水力停留时间下，升流式厌氧生物滤池的污染物去除率要比降流式厌氧生物滤池高，因此实际应用中的厌氧生物滤池多采用升流式。

2. 厌氧生物滤池的特点

厌氧生物滤池主要有下列特点：

1）由于填料为微生物附着生长提供了较大的表面积，滤池中的微生物量较高。又由于生物膜停留时间长，平均停留时间长达 100 天左右，因而可承受的有机容积负荷高，COD 容积负荷为 2 ~ 16kgCOD · m^{-3} · d^{-1}。

2）耐水量和水质的冲击负荷能力强。

3）微生物以固着生长为主，不易流失，因此不需污泥回流和搅拌设备。

4）启动或停止运行后再启动比前述厌氧接触工艺时间短。

5）适用于处理溶解性有机废水。

3. 厌氧生物滤池运行中存在的问题及对策

该工艺存在的问题是处理含悬浮物浓度高的有机污水，常发生堵塞和由此而引起的水流短路现象，影响处理效率，此类问题在升流式厌氧生物滤池中更突出。解决的办法如下：

1）采用出水回流的措施，降低原污水悬浮固体与有机物质浓度，提高水力负荷，提高池内水流的上升速度，减少滤料孔隙间的悬浮物，减小堵塞的可能性，可使滤料层中的生物膜量趋于均匀分布，充分发挥滤池作用，提高净化功能。

2）采用适当的预处理措施，降低进水悬浮物的浓度，防止填料的堵塞。

3）还可以将厌氧生物滤池的进水方式由升流式改为平流式，即滤池前段下部进水，后段上部溢流出水，顶部设气室，同时使用软性填料。

三、升流式厌氧污泥床反应器

（一）工作原理

升流式厌氧污泥床反应器（upflow anaerobic sludge blanket，UASB）简称UASB反应器，是在20世纪70年代开发研制的。反应器内没有载体，是一种悬浮生长型的消化器。UASB主体部分由反应区、沉降区和气室三部分组成，见图9-7。

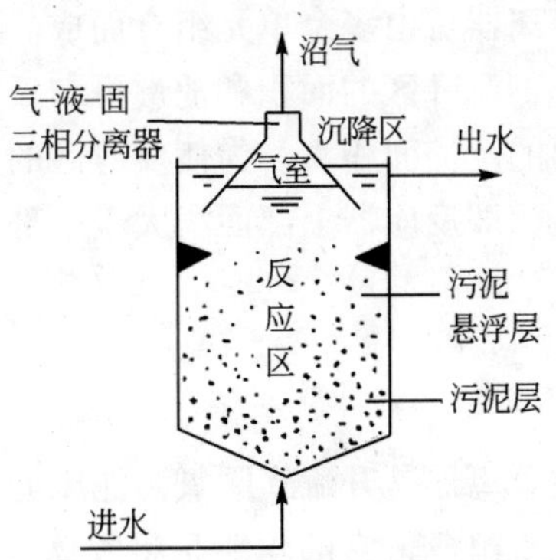

图9-7 UASB反应器示意图

在反应器的底部是浓度较高的污泥层，称污泥床，在污泥床上部是浓度较低的悬浮污泥层。通常把污泥层和悬浮层统称为反应区，在反应区上部设有气、液、固三相分离器。污水从污泥床底部进入，与污泥床中的污泥进行混合接触，微生物分解污水中的有机物产生沼气，微小沼气泡在上升过程中，不断合并逐渐形成较大的气泡。由于气泡上升产生较强烈的搅动，在污泥床上部形成悬浮污泥层。气、水、泥的混合液上升至三相分离器内，沼气气泡碰到分离器下部的反射板时，折向气室而被有效地分离排出。污泥和水则经孔道进入三相分离器的沉降区，在重力作用下，水和泥分离，上清液从沉降区上部排出，沉降区下部的污泥沿着斜壁返回到反应区内。在一定的水力负荷下，绝大部分污泥颗粒能保留在反应区内，使反应区具有足够的污泥量。

反应区中污泥层高度约为反应区总高度的1/3，但其污泥量约占全部污泥量的2/3以上。由于污泥层中的污泥量比悬浮层大，底物浓度高，酶的活性也高，有机物的代谢速度较快，因此，大部分有机物在污泥层被去除。UASB反应器内污泥的平均浓度可达$50g \cdot L^{-1}$以上，在池底污泥浓度可达$100g \cdot L^{-1}$。研究结果表明，污水通过污泥层已有80%以上的有机物被转化，余下的再通过污泥悬浮层处理，有机物总去除率达90%以上。虽然悬浮层去除的有机物量不大，但是其高度对混合程度、产气量和系统稳定性至关重要。因此，应保证适当悬浮层乃至反应区高度。

（二）厌氧污泥床反应器的构造

升流式厌氧污泥床的池形有圆形、方形、矩形。小型装置常为圆柱形，底部呈锥形或圆弧形。大型装置为便于设置气、液、固三相分离器，则一般为矩形，高度一般为3～8m，其中污泥床为1～2m，污泥悬浮层为2～4m，多用钢结构或钢筋混凝土结构。三相分离器可由多个单元组合而成。当污水流量较小，浓度较高时，需要的沉淀面积小，沉降区的面积和池形可与反应区相同；当污水的流量较大，浓度较低时，需要的沉淀面积大。为使反应区的过流面积不致太大，可采用沉降区面积大于反应区，即反应器上部面积大于下部面积的池型。反应器主要由以下两部分组成。

1. 三相分离器

设置气、液、固三相分离器是升流式厌氧污泥床的重要结构特征，三相分离器由沉降区、回流缝和气室组成，它的功能是将气体（沼气）、固体（污泥）和液体（废水）三相进行分离。三相分离器应满足以下条件：① 沉降区斜壁角度约50°，使沉淀在斜底上的污泥不积聚，尽快滑回反应区内；② 沉降区的表面负荷应在 $0.7m^3 \cdot m^{-2} \cdot d^{-1}$ 以下，混合液进入沉降区前，通过入流孔道（缝隙）的流速不大于 $2m \cdot h^{-1}$；③ 应防止气泡进入沉降区影响沉淀；④ 应防止气室产生大量泡沫，并控制好气室的高度，防止浮渣堵塞出气管，保证气室出气管畅通无阻。从实践来看，气室水面上总是有一层浮渣，其厚度与水质有关。因此，在设计气室高度时，应考虑浮渣层的高度。此外，还需考虑浮渣的排放。

2. 进水配水系统

升流式厌氧污泥床的混合是靠上升的水流和消化过程中产生的沼气泡来完成的。进水配水系统的主要功能有两个：① 将进入反应器的原废水均匀地分配到反应器整个横断面，并均匀上升；② 起到水力搅拌的作用。一般采用多点进水，使进水较均匀地分布在污泥床断面上。

（三）升流式厌氧污泥床反应器的特点

1. 结构

UASB 反应器结构紧凑，集生物反应与沉淀于一体，无需设置搅拌与回流设备，不装填料，因此占地少、造价低、运行管理方便。

2. 颗粒污泥

UASB 反应器最大的特点是能在反应器内形成颗粒污泥，使反应器内的平均污泥浓度达到 $30 \sim 40g \cdot L^{-1}$，底部污泥浓度可高达 $60 \sim 80g \cdot L^{-1}$，颗粒污泥的粒径一般为 $1 \sim 2mm$，相对密度为 $1.04 \sim 1.08$，比水略重，具有较好的沉降性和产甲烷活性。

3. 容积负荷

一旦形成颗粒污泥，UASB 反应器即能够承受很高的容积负荷，一般为 10 ~ $20kgCOD \cdot m^{-3} \cdot d^{-1}$，最高可达 $30kgCOD \cdot m^{-3} \cdot d^{-1}$。但如果不能形成颗粒污泥，而主要以絮状污泥为主，那么，UASB 反应器的容积负荷一般不超过 $5kgCOD \cdot m^{-3} \cdot d^{-1}$。如果容积负荷过高，厌氧絮状污泥就会大量流失，而厌氧污泥增殖很慢，这样可能导致 UASB 反应器失效。

4. 处理废水种类

处理高浓度有机废水或含硫酸盐较高的有机废水时，因沼气产量较大，一般采用封闭的 UASB 反应器，并考虑利用沼气的措施。处理中、低浓度有机污水时，可以采用敞开式 UASB 反应器，其构造更简单，更易于施工、安装和维修。但 UASB 反应器也存在由于穿孔管被堵塞造成的短流现象，影响处理能力和启动时间较长的缺点。

升流式厌氧污泥床反应器不仅适于处理高、中浓度的有机污水，也适用于处理城镇污水，是目前应用最多和最有发展前景的厌氧生物处理装置。同时，以 UASB 为基础的其他高效能反应器也在发展中，如厌氧复合床、厌氧膨胀床和流化床等。

四、厌氧复合床反应器

厌氧复合床反应器实际是将厌氧生物滤池与升流式厌氧污泥床反应器组合在一起，其示意图见图 9-8。

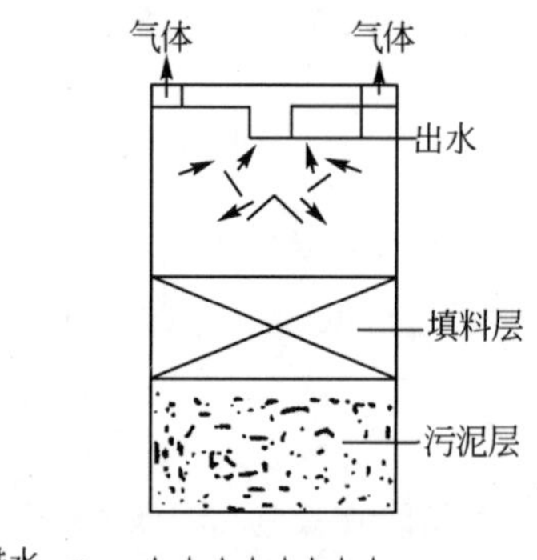

图 9-8 厌氧复合床反应器示意图

厌氧复合床反应器下部为污泥悬浮层，而上部则装有填料。可以看作是将升流式厌氧生物滤池的填料层厚度适当减小，在池底布水系统与填料层之间留出一定的空间，以便于悬浮状态的颗粒污泥和絮状污泥能在其中生长积累，因此又构成一个 UASB 处理工艺。当污水依次通过悬浮泥层及填料层，有机物将与污泥层颗粒污泥及填料生物膜上的微生物接触并得到稳定。与厌氧生物滤池相比，减少了填料层的高度，也就减少了滤池被堵塞的可能性；与升流式厌氧污泥床相比，可不设三相分离器，使反应器构造与管理简单化。填料层既是厌氧微生物的载体，又可截留水流中的悬浮厌氧活性污泥碎片，从而能使厌氧反应器保持较高的微生物量，并使出水水质得到保证。厌氧复合床反应器中填料层高度一般为反应区总高度的 2/3，而污泥层的高度为反应区总高度的 1/3。

厌氧复合床反应器综合了厌氧生物滤池与升流式厌氧污泥反应器的优点，克服了它们的缺点。实际应用中可以结合具体情况，将原厌氧生物滤池与升流式厌氧污泥反应器进行适当改造，即便不能提高处理效率，也可以起到便于操作管理的作用。例如，在升流式厌氧污泥反应器的上部加设填料，可以不设三相分离器，使反应器构造简单化；将厌氧微生物滤池下部的填料去掉一些可减少滤池被堵塞的可能性。

五、厌氧膨胀床和厌氧流化床

为了进一步提高污水厌氧处理能力，有一种更新的厌氧处理工艺，称为厌氧膨胀床和厌氧流化床。其流程如图 9-9 所示。

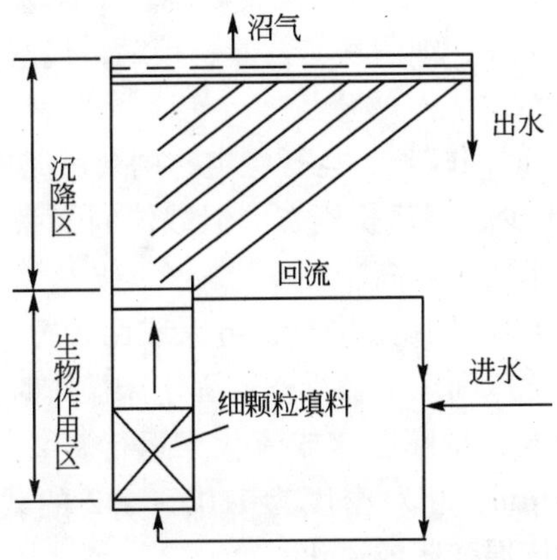

图 9-9 厌氧膨胀床（流化床）示意图

（一）厌氧膨胀床和厌氧流化床的工艺流程

厌氧膨胀床和流化床基本上是相同的。只是在运行过程中床内载体膨胀率不同。一般认为，当床内载体的膨胀率达到40%～50%时，载体处于流化状态，称为厌氧流化床，膨胀床的膨胀率一般在10%～30%。

厌氧膨胀床或流化床内装有一定量的细颗粒载体。污水以一定流速从池底部流入，使填料层处于流化状态，每个颗粒可在床层中自由运动，而床层上部保持清晰的泥水界面。为使填料层膨胀或流化，一般需用循环泵将部分出水回流，以提高床内水流的上升速度。为降低回流循环的动力能耗，宜取质轻、粒细的载体。常用的填充载体有石英砂、无烟煤、活性炭、聚氯乙烯颗粒、陶粒和沸石等，粒径一般为200～1000μm，大多为300～500μm。

（二）厌氧流化床的特点

厌氧流化床主要有下列特点：

1）载体颗粒细，比表面积大，且生物膜附着于载体表面，不会流失，使床内具有很高的微生物浓度。一般为30gVSS·L^{-1}左右，因此有机物容积负荷大，一般为10～40kgCOD·m^{-3}·d^{-1}。水力停留时间短，具有较强的耐冲击负荷能力，运行稳定。

2）载体处于膨胀或流化状态，无床层堵塞现象，对高、中、低浓度污水均有很好的处理效果。

3）载体膨胀或流化时，污水与微生物之间接触面大，同时两者相对运动速度快，具有很好的传质条件，细菌易与营养物接触，代谢物也较易排泄出去，从而使细菌保持较高的活性。

4）床内生物膜停留时间较长，运行稳定，剩余污泥量少。

5）结构紧凑，占地少，基建投资省。但载体的膨胀和流化过程动力消耗较大，且对系统的管理技术要求较高。

为了降低动力消耗和防止床层堵塞，可采取两种方法：① 间歇式运行，即以固定床与膨胀床或流化床间歇交替操作。固定床操作时，不需回流，在一定时间间歇后，再启动回流泵，呈膨胀床或流化床运行。② 尽可能取质轻、粒细的载体，如粒径为20～30μm，相对密度为1.05～1.2的载体，保持低的回流量，甚至不用回流就可实现床层膨胀或流化。

六、厌氧生物转盘

（一）厌氧生物转盘的构造

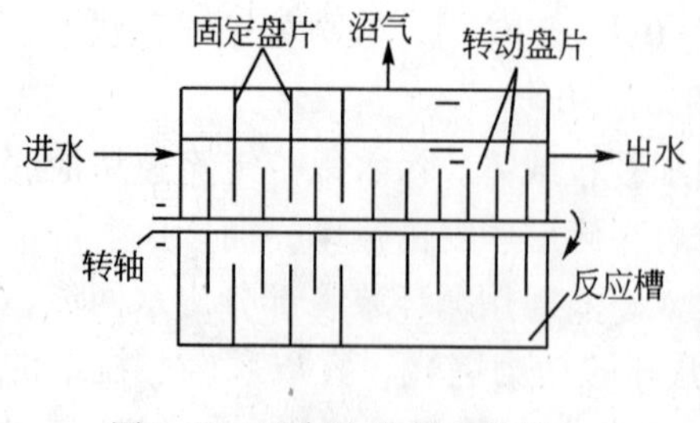

图9-10 厌氧生物转盘构造

厌氧生物转盘的构造与好氧生物转盘相似，不同之处在于上部加盖密封，为收集沼气和防止液面上的空间有氧存在。厌氧生物转盘由盘片、密封的反应槽、转轴及驱动装置等组成。盘片分为固定盘片（挡板）和转动盘片，相间排列以防盘片间生物膜粘连堵塞，固定盘片一般设在起端。转动盘片串联，中心穿以转轴，轴安装在反应器两端的支架上，其构造如图9-10所示。废水处理靠盘片表面生物膜和悬浮在反应槽中的厌氧活性污泥共同完成。盘片转动时，作用在生物膜上的剪切力将老化的生物膜剥下，在水中呈悬浮状态，随水流出槽外，沼气则从槽顶排出。

（二）厌氧生物转盘的特点

厌氧生物转盘主要有下列特点：

1）微生物浓度高，可承受高的有机物负荷。一般在中温发酵条件下，有机物面积负荷可达0.04kgCOD·m^{-3}（盘片）·d^{-1}左右，相应的COD去除率可达90%左右。

2）废水在反应器内按水平方向流动，无需提升废水，从这个意义上来说是节能的。

3）无需处理水回流，与厌氧膨胀床和流化床相比较既节能又便于操作。

4）可处理含悬浮固体较高的废水，不存在堵塞问题。

5）由于转盘转动，不断使老化生物膜脱落，使生物膜经常保持较高的活性。

6）具有承受冲击负荷的能力，处理过程稳定性较强。

7）可采用多种串联，各级微生物处于最佳的条件下。

8）便于运行管理。

厌氧生物转盘的主要缺点是盘片成本较高，使整个装置造价很高。

七、两段厌氧消化工艺

（一）两段厌氧消化工艺的流程

厌氧消化过程包括水解酸化、产氢产乙酸和产甲烷三个连续阶段，分别由三大类微生物群体参与反应。由于这几类微生物群体对环境条件要求不同，底物的代谢速率也不相同，整个反应过程由甲烷消化速率所控制。因此，一个消化池内的三大类微生物群体，环境条件很难使它们都处于生长繁殖的最佳状态，还受到某种程度的抑制，不能充分发挥各自的作用，因而维护管理必须十分认真。根据消化机理提出的两段厌氧消化工艺则克服了这一缺点。两段厌氧消化是使消化阶段的前两个阶段在一个消化池内完成，后一个产甲烷阶段在另一个池内完成。也就是使水解酸化细菌、产氢产乙酸菌和产甲烷细菌分别处于适合各自生长的最佳环境条件中。

在工程上，按照所处理的污水的水质情况，两段可以采用同类型或不同类型的厌氧生物反应器。例如，对悬浮固体含量高的高浓度有机污水，一段反应器可选不易堵塞、效率稍低的厌氧反应装置，经水解产酸阶段后的上清液中悬浮固体浓度降低，第二段反应器可采用新型高效厌氧反应器。图 9-11 是接触消化池与上流式厌氧污泥床的两段消化工艺流程示意图。根据水解产酸菌和产甲烷菌对底物和对环境条件的要求不同，第一段反应器可采用简易非密闭装置，在常温及范围较宽的 pH 条件下运行；第二步反应则要求严格密闭，在恒温和 6.8 ~ 7.2 的 pH 条件下运行。

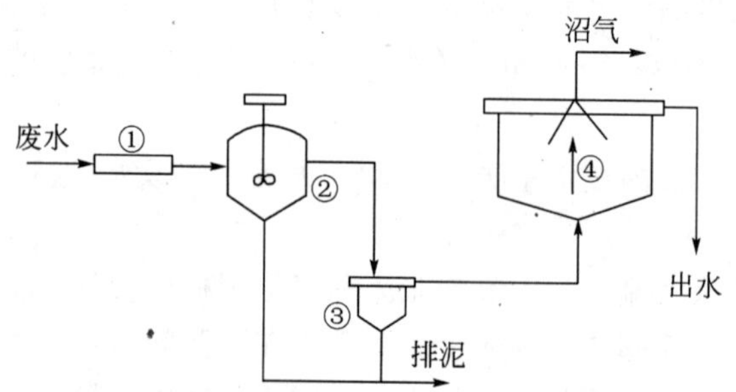

图 9-11　接触消化池与上流式厌氧污泥床两段消化工艺流程

①热交换器；②水解产酸；③沉淀分离；④产甲烷

（二）两段厌氧法的特点

两段厌氧法耐冲击负荷能力强、运行稳定，避免了一段法不耐高有机酸浓度的缺陷；

消化效率高，适于处理含悬浮物高、难消化降解的高浓度有机污水。

八、水解工艺

水解工艺同两段厌氧工艺一样，都是根据厌氧消化机制进行设计的。不同之处在于水解工艺仅利用厌氧反应中的水解酸化阶段（厌氧反应中的前两个阶段，酸化也可能不十分彻底），而放弃了停留时间长的甲烷发酵阶段。因此，水解工艺是一种预处理工艺，其后可以根据需要采用不同的生物处理工艺（包括厌氧的和好氧的）。水解工艺所采用的构筑物——水解池一般是改进的 UASB 反应器，但不设三相分离器。因此，水解池的全称为水解上流式污泥床（HUSB）反应器，简称水解池。

水解工艺的特点是：①不需要密闭的池子、搅拌器和三相分离器，降低了造价并便于维护。②水解、产酸阶段的产物主要为小分子的有机物，可生物降解性一般较好，故水解工艺可以改变原污水的可生化性，从而减少反应时间和处理的能耗。③ 由于第一、第二阶段反应迅速，故水解池体积小，与初次沉淀池相当，节省基建投资。由于水解池对固体有机物的降解，减少了污泥量，其功能与消化池一样。④ 该工艺仅产生很少剩余活性污泥，实现污水、污泥一次处理，不需要中温消化池。

（张　晶）

参考文献

高廷耀. 2004. 水污染控制工程. 北京：高等教育出版社

顾夏声. 2002. 水处理工程. 北京：清华大学出版社

贺延龄. 1996. 废水的厌氧生物处理技术. 北京：中国轻工业出版社

胡纪萃. 2003. 废水厌氧生物处理理论与技术. 北京：中国建筑工业出版社

蒋展鹏. 2005. 环境工程学. 第二版. 北京：高等教育出版社

李圭白，张杰，彭永臻. 2005. 水质工程学. 北京：中国建筑工业出版社

斯皮思 R E. 2001. 工业废水的厌氧处理技术. 李亚新译. 北京：中国建筑工业出版社

沈耀良. 2006. 废水生物处理新技术理论与应用. 第二版. 北京：中国环境科学出版社

孙慧修. 1999. 排水工程（上册）. 第四版. 北京：中国建筑工业出版社

张忠祥，钱易. 2004. 废水生物处理新技术. 北京：清华大学出版社

张自杰. 2000. 排水工程（下册）. 第四版. 北京：中国建筑工业出版社

Grady C P L，Daigger G T，Lim H C，et al. 2003. Biological Wastewater Treatment. 2nd. New York：Marcel Dekker，Inc

第十章　天然生物处理工艺

第一节　稳　定　塘

稳定塘的研究与应用始于20世纪初期，在50～60年代稳定塘技术的发展较迅速，目前已有50多个国家采用稳定塘技术处理城市污水或有机工业废水。稳定塘受到重视的主要原因是它具有运行管理费低廉、操作简易、节约能源等优点。作为替代传统人工二级处理的实用技术，美国利用稳定塘处理的废水量，占城市污水处理量的1/3左右，加拿大的稳定塘处理水量则占63.5%。此外，中国、澳大利亚、以色列、印度、泰国等50多个国家利用稳定塘处理城市废水也有很大发展。目前一般多用于处理小城市及城镇的废水。

一、稳定塘的基本原理

稳定塘（stabilization ponds）［旧称氧化塘（oxidation ponds）或生物塘］是一种利用天然净化能力处理废水的生物处理工艺，其对废水的净化过程与自然水体的自净过程类似。稳定塘的主要优点是处理成本低、操作管理容易。此外，稳定塘不仅能有效地去除COD、BOD，而且还可以有效地去除氮、磷等营养物质及病原菌，对还原重金属及有毒有机物也有一定的贡献。但是，稳定塘也存在一定的缺点，主要是占地面积大、处理效果受环境影响非常大、可能会产生臭味和蚊蝇等。

在稳定塘中，有机物是通过两类微生物的新陈代谢作用去除的。一类是异养微生物，将有机物氧化降解，同时产生能量和合成自己新的细胞；另一类则是藻类，通过光合作用固定二氧化碳，合成新的细胞并释放出氧。藻类释放出的氧供好氧和兼性厌氧菌氧化有机物生成二氧化碳和水。而产生的二氧化碳又可满足藻类光合作用的需要，以此循环相辅相成。一些藻类不仅能通过光合作用，也通过异养作用进行新陈代谢。稳定塘中的生态系统十分丰富，见图10-1。且净化效果良好，净化水质可达二级以上处理水平。

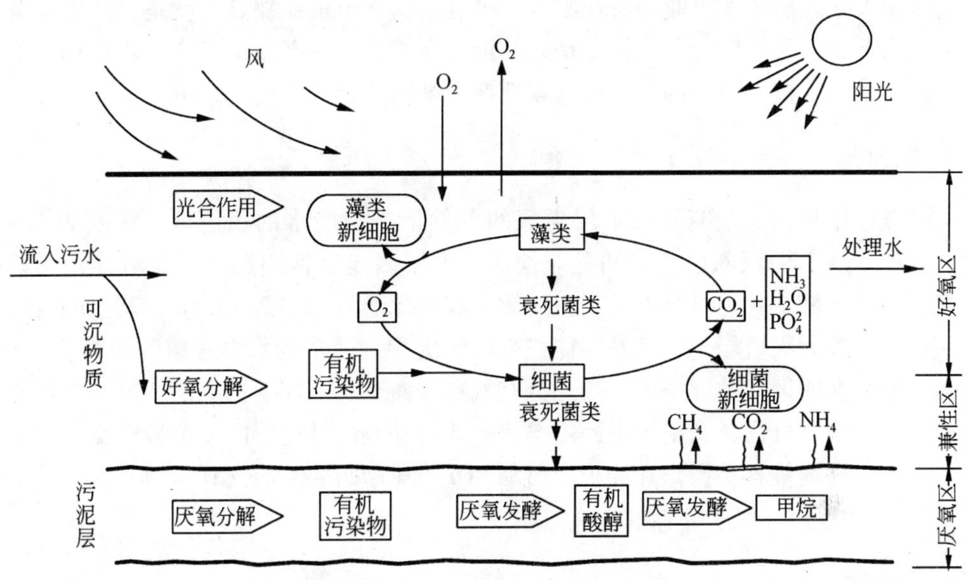

图 10-1　稳定塘内典型生态系统

二、稳定塘的分类

稳定塘的分类一般根据水中溶解氧的状态分为好氧塘、厌氧塘、兼性塘和曝气塘。

1. 好氧塘

好氧塘是指在有氧的状态下净化废水的稳定塘，深度一般为1m以下的浅层塘，因光合作用使整个塘都存在溶解氧。采用低 BOD_5 负荷，塘深度较浅，通常为30～45cm，以使阳光能够穿透全部深度。在其整个深度都保持有溶解氧，主要由藻类供氧，全部塘水呈好氧状态，由好氧微生物对污水中有机物起净化作用。好氧塘逗留时间较短，通常为3～5d。高效好氧塘的主要优点是能产生稳定的出水，而且节省土地和能耗，以及逗留时间短，而藻类固体含量高。逗留时间短，会导致很少的大肠埃希菌死亡。

2. 厌氧塘

厌氧塘是在无氧的状态下净化废水的稳定塘，能够承受高有机负荷。厌氧塘可接收很高的有机负荷，以致没有任何好氧区。塘的深度通常为2.5～5m，逗留时间为20～50d。塘中所发生的主要是厌氧生物反应，并产生甲烷气体。厌氧塘通常用来处理高浓度工业和农业废水。厌氧塘的一个重要缺点，就是会产生有臭味的化合物；厌氧塘的另一缺点是，其出水在排放之前必须予以进一步处理，如让厌氧塘出水进入较大的和较浅的兼性塘中继续处理。

3. 兼性塘

兼性塘是在上层有氧、下层无氧的条件下净化废水的稳定塘，深度为1～2.5m，其底部是厌氧区，中间是兼性区，上层因光合作用和表面复氧作用为好氧区。兼性塘是一种最为普通类型的塘，其水深通常为1.2～2.5m，其上部为好氧层，下部为厌氧层，而且底部往往有污泥沉积，通常的水力停留时间为5～30天。兼性塘的运转关键是藻类的光合充氧和表面充氧。在塘的上层，氧气被好氧菌用来分解有机物。塘出水中的藻类，被认为是兼性塘运行的一个最严重的问题之一。兼性塘最容易操作和维护。出水BOD_5值为20～60mg·L^{-1}，而SS值通常为30～150mg·L^{-1}。兼性塘占地面积较大。

4. 曝气塘

曝气塘是指设有曝气充氧设备的好氧塘或兼性塘。氧气主要是通过机械或鼓风曝气获得，而不单是靠光合作用和表面自然充氧来供给的。曝气塘通常深为2～6m，逗留时间为3～10d。曝气塘的主要优点是所需的占地面积较小。曝气塘可用于处理城市污水和工业废水。无论是处理城市污水还是工业废水，在曝气塘后可以接兼性塘。

此外，稳定塘根据用途还可分为深度处理塘、强化塘、储存塘和综合生物塘等。常用稳定塘的特性比较见表10-1。

表10-1 常用稳定塘的特性比较

项目	常用稳定塘类型		
	好氧塘	厌氧塘	兼性塘
优点	基建投资和运转维护费用低；管理方便；处理程度高	占地小（因为池深大）；耐冲击负荷强；所需动力少；储存污泥的容积较大；作为预处理设施时，可大大减少后续兼性塘和好氧塘的容积	基建投资和运转维护费最低；管理方便；处理程度高；耐冲击负荷较强
缺点	池容大，占地多；可能会有臭味；需要对出水中的藻类进行补充处理	对温度要求高（>15℃），臭味大	池容大，占地多；可能有臭味；夏季运转时经常出现漂浮污泥层；出水水质有波动

续表

项目	常用稳定塘类型		
	好氧塘	厌氧塘	兼性塘
适用条件	适用于去除营养物；处理溶解性有机物；处理二级处理后的水	适用于处理高温、高浓度废水；另外，厌氧塘也成功地用于处理城市废水	适用于处理城市污水与工业废水；是小城镇废水最常采用的处理系统

三、稳定塘系统的工艺设计

（一）稳定塘系统常用工艺流程

1. 处理城镇废水的工艺流程

主要以好氧塘和兼性塘为主，见图 10-2 和图 10-3。

图 10-2　以好氧塘为主的处理工艺

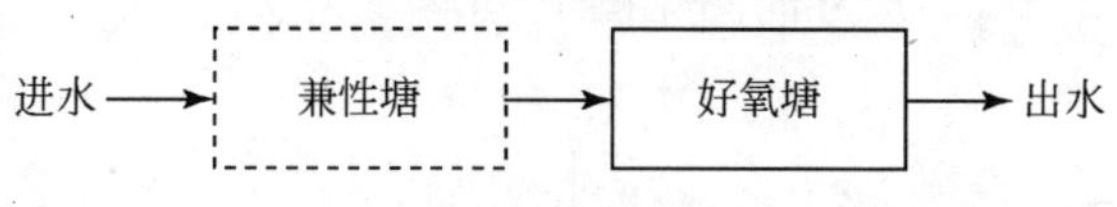

图 10-3　兼性塘与好氧塘串联的处理工艺

2. 有厌氧塘的工艺流程

如处理废水使用厌氧塘，一般顺序为图 10-4，这样能有效地去除氮和磷。

图 10-4　以厌氧塘为主的处理工艺

（二）稳定塘处理废水主要工艺尺寸和设计参数

1. 好氧塘

可分为普通好氧塘、高负荷好氧塘和深度处理好氧塘。①高负荷好氧塘：有机负荷较高，HRT 较短，出水中藻类含量高，运行技术较复杂，只适用于气候温暖且阳光充足的地区，处理废水的同时又产生藻类；②普通好氧塘：有机负荷低，HRT 长；③深度处理好氧塘：有机负荷短，HRT 也短，一般目的是串联在二级处理系统之后，进行深度处理。好氧塘的结构与特点是：

1）长宽比，多采用矩形塘，$L:W=3:1\sim4:1$。

2）塘深，有效水深：高负荷好氧塘：0.3～0.45m；普通好氧塘：0.5～1.5m；深度处理好氧塘：0.5～1.5m；超高：0.6～1.0m。

3）堤坡，塘内坡坡度 1:2～1:3；塘外坡坡度 1:2～1:5。

4）单塘面积，单塘面积介于（0.8～4.0）$\times10^4m^2$；好氧塘不得少于 3 座（至少 2 座）。

2. 厌氧塘

有机负荷高，整个塘无好氧区；常置于塘系统的首端，以承担较高的 BOD 负荷。应设置格栅（≤20mm）和沉砂池，如必要，还应设置除油池。进水水质与传统二级处理工艺的要求相同：进水硫酸盐浓度不宜大于 $500mg\cdot L^{-1}$；进水 $BOD_5:N:P=100:2.5:1$。尺寸简图见图 10-5。

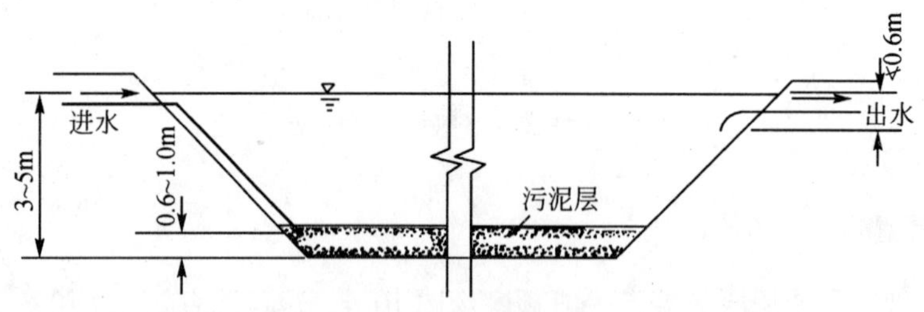

图 10-5　厌氧塘结构简图

1）长宽比：一般为矩形，长宽比为 2～2.5:1。

2）深度：有效水深 2.0～4.5m（2.5～5.0m）；储泥厚度≥0.5m；超高 0.6～1.0m。

3）堤坡：堤内坡度 1.5:1～1:3；堤外坡度：1:2～1:4。

4）进出水口：厌氧塘进口设在底部，高出塘底 0.6～1.0m；出水管应在水面下，淹没深度不小于0.6m；应在浮渣层或冰冻层以下；进口和出口均不得少于两个。

5）塘数及单塘面积：至少应有2座，可并联；单塘面积（0.8～4）$\times 10^4 m^2$。

6）设计方法：多采用有机负荷法，即BOD表面负荷，其单位为$BOD_5 \cdot 10^{-4} m^{-2} \cdot d^{-1}$。我国厌氧塘的最大容许负荷，北方300$kgBOD_5 \cdot 10^{-4} m^{-2} \cdot d^{-1}$；南方800$kgBOD_5 \cdot 10^{-4} m^{-2} \cdot d^{-1}$。

3. 兼性塘

兼性塘的上层由于藻类的光合作用和大气复氧作用而含有较多溶解氧，为好氧区；中层则溶解氧逐渐减少，为过渡区或兼性区；塘水的下层则为厌氧层；塘的最底层则为厌氧污泥层。如果兼性塘作为第一级，则要求一定的预处理措施（与厌氧塘相同），兼性塘要求BOD_5: N: P＝100: 5: 1。

1）长宽比，多采用矩形塘，长宽比为3: 1～4: 1。

2）塘深，有效水深：1.2～2.5m；储泥厚度：≥0.3m；超高：0.6～1.0m。

3）单塘面积，一般介于0.8～4.0$\times 10^4 m^3$；系统中兼性塘一般不少于3座，多串联。

4）设计方法：一般均采用BOD表面负荷法进行设计，设计参数的选取与冬季平均水温有关，见表10-2。

表10-2 兼性塘的典型设计参数

冬季平均气温/℃	BOD_5表面负荷/（$kgBOD_5 \cdot 10^{-4} m^{-2} \cdot d^{-1}$）	水力停留时间/h
＞15	70～100	≥7
10～15	50～70	20～7
0～10	30～50	40～20
－10～0	20～30	120～40
－20～－10	10～20	150～120
＜－20	＜10	180～150

4. 曝气塘

曝气塘的主要特点和参数如下：

1）完全混合曝气塘的出水经沉淀后污泥可回流。

2）沉淀是曝气塘的必要组成部分。

3）BOD_5表面负荷为1～30$kgBOD_5 \cdot m^{-3} \cdot d^{-1}$。

4）好氧曝气塘的 HRT 为 3～10 天；兼性曝气塘的 HRT 有可能超过 10 天。

5）有效水深为 2～6m。

6）一般不少于 3 座，通常按串联方式运行。

7）多采用表面曝气机曝气，北方则采用鼓风曝气。

第二节　污水土地处理系统

污水中通常含有农作物需要的各种营养成分。对我国一些城市污水的测定结果表明，污水中含 T-N 为 30～90mg · L^{-1}，NH_3-N 为 20～50mg · L^{-1}，P 为 3～4mg · L^{-1}，K 为 5～40mg · L^{-1}。上述养分经一级或二级处理后只有少量被除去，而大部分随出水排出。利用污水土地处理系统，不仅解决了农牧林业对水和肥两大要素的需求，而且提高土壤肥力和地温，获得十分显著的增产效果，并能除去人工生化处理难以除去的 N、P 营养物和难生化降解的有机物，进一步降低 COD、SS 和去除病原菌，使污水资源得到再生。

一、污水土地处理系统

（一）基本概念

在人工调控和系统自我调控的条件下，利用土壤－微生物－植物组成的生态系统对污水中的污染物进行一系列物理的、化学的和生物的净化过程，使污水水质得到净化和改善。并通过系统内营养物质和水分的循环利用，使绿色植物生长繁殖，从而实现污水的资源化、无害化和稳定化的生态系统工程，称为污水土地处理系统。1987 年美国有 4000 多座土地处理系统；苏联 3.6% 的城市废水处理系统是土地处理系统；澳大利亚 5% 的城市废水处理系统是土地处理系统等。

废水土地处理系统一般由以下几部分组成：①废水的预处理设施；②废水的调节与储存设施；③废水的输送，布水及控制系统；④土地净化田；⑤净化水的收集、利用系统。其中核心部分是土地净化田，处理的主要过程就发生在这里。

（二）废水灌溉与土地处理

废水土地处理技术是在废水灌溉基础上发展起来的，但两者既有密切的联系，又有显著的差别，见表10-3。

表10-3　废水灌溉农田与废水土地处理的比较

废水土地处理 (land treatment of wastewater)	废水灌溉农田 (wastewater irrigation)
1. 以控制水污染、净化污水为目标； 2. 以土地处理构筑物，利用土壤－植物系统净化废水，达到一定的水质目标，实质上是生态工程系统； 3. 对进水的水量、水质有较严格要求，需要一定的预处理； 4. 通过试验研究确定设计运行参数，采用适宜负荷与运行条件； 5. 对系统进行有效管理与维护保证处理效果； 6. 能终年稳定运行； 7. 有收集系统，对出水进行有控的排放与利用； 8. 对周围环境设有监测系统	1. 以作物对水肥资源的利用为目标； 2. 以灌水定额、灌溉制度及废水农田排放标准来控制灌溉水的水量与水质； 3. 无专门的设计运行参数，一般无完整科学的设计； 4. 不能终年运行； 5. 出水不加收集，不能进行有控排放与利用； 6. 无专门的环境监测系统

二、污水土地处理系统的基本类型

处理田表层土壤的颗粒构成是限制水迁移过程的主要因素。根据土壤渗透能力的大小，污水土地处理系统主要可分为慢速渗滤、快速渗滤、地表漫流、地下渗滤系统及湿地五种基本工艺类型。值得一提的是，近年来各类型的湿地系统获得迅速发展，使用日益广泛。

（一）慢速渗滤土地处理系统

慢速渗滤系统是将污水投配到种有作物的土壤表面，污水在流经土壤－植物系统时，一部分被植物吸收，一部分渗入地下，从而得到充分净化的一种土地处理工艺。设计时，一般要使流出处理场的水量为零。

慢速渗滤使用于渗水性较好的砂质土和蒸发量小、气候湿润的地区。由于投配污水的负荷低，污水通过土壤的渗滤速度慢，废水中的污染物和养料可被作物充分吸收利用，污染地下水的可能也很小，因而被认为是土地处理中最适宜的方法（图10-6）。

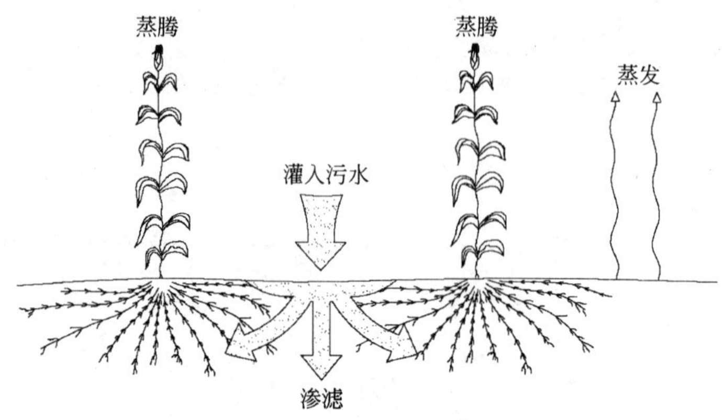

图 10-6 慢速渗滤系统

（二）快速渗滤土地处理系统

快速渗滤是为了适应城镇污水的处理出水回注地下水的需要而发展起来的。处理场土壤应为渗透性强的粗粒结构的砂壤或砂土。废水以间歇方式投配于地面，在沿坡面流动的过程中，大部分通过土壤渗入地下，并在渗滤过程中得到净化，其过程如图 10-7 所示。

在地下水位较低或是由于咸水入侵而使地下水质变坏的地方采用快速渗滤，能使水位提高或使水力梯度逆向，从而使地下水免受咸水入侵的危害。在需要利用或现有地下水质与回收水质不相容时，则可采用埋设地下集水管或用竖井将净化水提升回地面。快速渗滤的水力负荷可达 $30m \cdot d^{-1}$ 以上，加之大多数快速渗滤系统并不回收处理水，因而其占地面积和处理费用要比地表漫流和慢速渗滤小和低。快速渗滤一般需经前处理来减少废水中 SS 浓度，以防止过滤土壤被堵塞。操作方式为灌水和休灌反复循环，以保持较高渗滤速率，并防止污染物厌氧分解产生臭味。

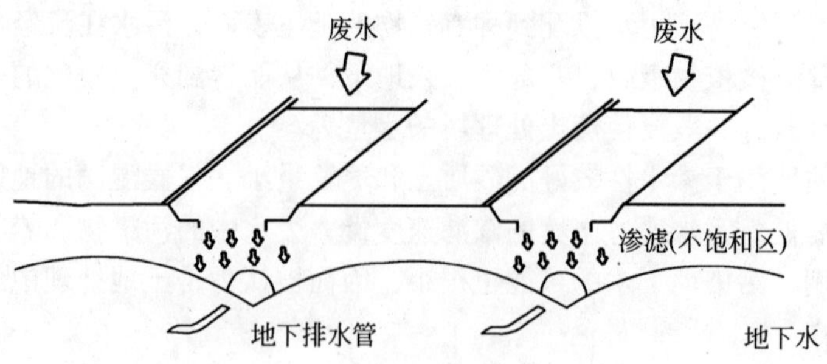

图 10-7 快速渗滤系统

（三）地表漫流土地处理系统

地表漫流土地处理系统，见图 10-8。是以喷洒或其他方式将废水排于土地上，大部分废水以薄层流的方式顺坡往下流动，坡面上有植被（一般为种草），废水流经草地时，悬浮物被过滤截留，而有机物被生存于草上和表土中的微生物氧化。少量水渗入土壤和被蒸发掉，其余的都流入集水沟中。地表漫流一般可以作为二级处理方法。

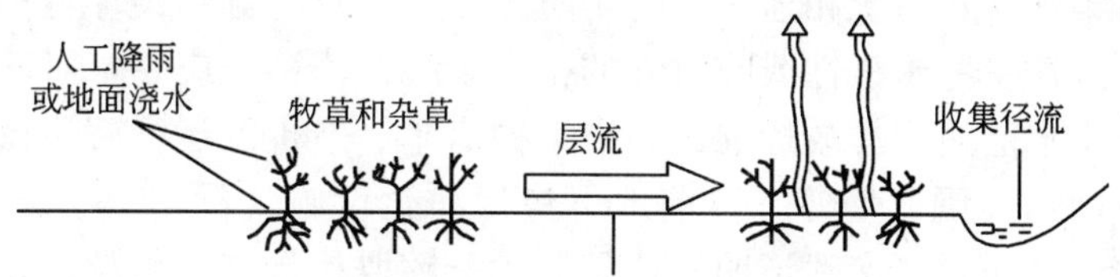

图 10-8　地表漫流土地处理系统

适宜于地表漫流的土壤是透水性差的黏土和亚黏土，处理场的土地应是有 2% ~8% 的中等坡度、地面无明显凹凸的平面。通常应在地面上种草本植物，以便为生物群落提供栖息场所和防止水土流失。在废水顺坡流动的过程中，一部分渗入土壤，并有少量蒸发，水中悬浮物被过滤截留，有机物则被生存于草根和表土中的微生物氧化分解。在不允许地表排放时，径流水可用于农田灌溉，或再经快速渗透回注于地下水中。废水在投配前需经必要的预处理，设施有格栅、初次沉淀池或停留时间为 1 天的曝气塘等。另外，地表漫流系统只能在植被生长期正常运行，这就需要筛选那些净化和抗污能力强、生长期长的植被草种，同时设有供停运期使用的废水储存塘。地表漫流的水力负荷率依前处理程度的不同而异，一般在 2 ~ 10cm · d^{-1}，流距在 30m 以上。地表漫流处理系统的设计运行参数见表 10-4。按表 10-4 中给出的参数为准则，处理出水水质为：$BOD_5 < 20mg \cdot L^{-1}$，$SS \leq 20mg \cdot L^{-1}$，$TN < 10mg \cdot L^{-1}$，$NH_3 - N < 8mg \cdot L^{-1}$，$TP < 6mg \cdot L^{-1}$。

表 10-4　漫流处理设计准则

预处理	水力负荷 / ($cm \cdot d^{-1}$)	投配率 / ($m^3 \cdot h^{-1} \cdot m^{-1}$)	投配时间/ ($h \cdot d^{-1}$)	投配频率/d	坡长/m	坡度/%
过筛	0.6 ~4	0.07 ~0.4	8 ~24	7	30 ~60	2 ~8
初沉	2 ~6	0.08 ~0.4	8 ~24	7	30 ~45	2 ~8
稳定塘	0.6 ~3	0.03 ~0.4	8 ~24	7	30 ~60	2 ~8
二级处理	2 ~7	8 ~24	8 ~24	7	30	2 ~8

地表漫流处理系统对水质预处理要求低，可以省去污泥处理工艺。由于土壤的渗透能力低，所以该种处理工艺对地下水的影响最小。作为处理系统的三重要组成部分的植物，也是利用污水得到的产品，种植的牧草可作为饲料。

三、地下渗滤土地系统

在城镇人口较少的一些地区、近郊、乡镇居民点，如旅游点、乡村居民点等，这些零星建筑或建筑群体，在解决其供水系统的时候，不可能将其下水道系统与城市集中排水系统相连接。为了防止污水任意外排污染环境，危害人体健康，必须兴建一些永久性或临时性的排水系统，该系统应要求对其的管理和运行简便、出水能达到排放标准、系统结构简单、造价及运行费用低廉、无臭气外逸、不影响周围环境等。目前地下渗滤净化设施（图 10-9）已经在此类废水中发挥重要作用。实践证明，这是一种能够取代传统污水净化技术的革新技术。

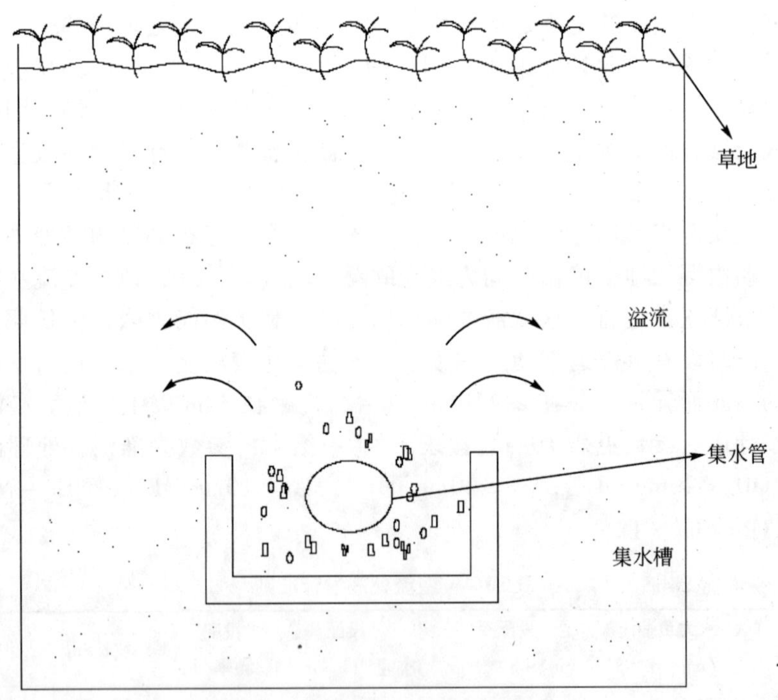

图 10-9　污水地下渗滤土地系统

地下渗滤沟，主要通过 50～100cm 厚的土壤表层来净化污水。它主要依靠土壤毛细管的虹吸作用，使污水向上分散到四周，并向下扩散。通过 100cm 厚土层的渗滤作用，能去除98%左右的细菌，对病毒的去除率达99.99%，从地表向地下水位渗透的目数长时，就不会污染地下水。

第三节　人工湿地

湿地分为天然湿地和人工湿地（constructed wetlands）。我国湿地类型多、面积大、分布广、区域差异显著、生物多样性丰富。按照湿地公约对湿地类型的划分，在我国均有31类天然湿地和9类人工湿地分布。

一、人工湿地概述

运用人工湿地处理污水可以追溯到1903年，建在英国约克郡Earby的被认为是世界第一处用于处理污水的人工湿地，并一直连续运行到1992年。1953年德国的Seidel和Kichuth在其研究工作中发现芦苇能去除大量有机和无机物。进一步试验发现，一些污水中细菌在通过种植的芦苇时消失（如大肠埃希菌、肠球菌、沙门菌等）。试验还表明芦苇及其他高大植物能从水中去除重金属和碳水化合物。20世纪六七十年代，这些实验室开始观察并推广许多大规模试验，用以处理工业废水、江河湖水、地面径流和生活污水。荷兰于1967年开发了一种现称为Lelystad工艺的大规模处理系统，该系统是一个占地1hm^{2}的星形自由水面流湿地，水深0.4m。1973年，北美第一个中试规模的人工湿地系统建在Brookhaven国家试验中心。这个中试系统由湿地、池塘和草地组成。1975年，Amoco石油公司将工业废水排放到该湿地系统中。我国在“七五”期间开始了人工湿地的研究。首例采用人工湿地处理污水的研究工作始于1989~1990年，在北京昌平进行的自由水面流人工湿地。处理量为500t·d^{-1}的生活污水和工业废水，占地2hm^2，水力负荷为4.7cm·d^{-1}，HRT 4.3天。1990年环境保护局华南环境科学研究所与深圳东深供水局在深圳白泥坑建立试验基地，占地8400m^2，处理3100t·d^{-1}的城镇综合污水。天津环境保护科学研究所建立了11个实验单元研究芦苇湿地对城市污水的处理能力。华中农大采用人工模拟芦苇床处理生活污水，并对机理进行研究。中国科学院南京植物所采用人工湿地处理系统处理酸性铁矿污水，面积为130 m^2，流量为0.5 m^3·h^{-1}。

二、湿地分类

污水与不同类型湿地组成不同模式的污水湿地处理系统。一般可分为三类，即天然湿地、自由水面人工湿地（地表流人工湿地）和地下水流人工湿地（潜流人工湿地）。具体分类见图 10-10。

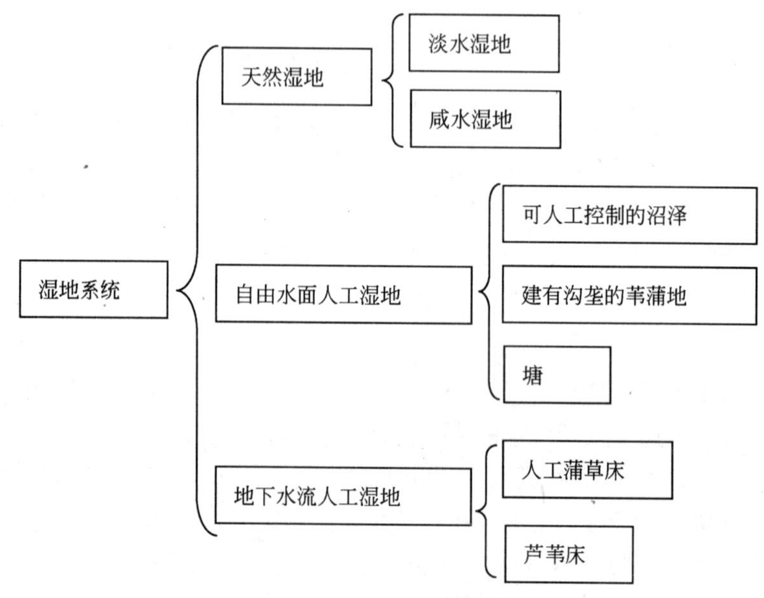

图 10-10　湿地处理系统分类

人工湿地是 20 世纪 70 年代发展起来的新型废水处理工艺。现今，天然湿地和人工湿地已经非常广泛的应用于生活污水和工业废水处理的实践中。天然湿地是由水、永久性或间歇性处于水饱和状态下的基质以及水生生物组成的，是一个具有较高生产力和较大活性，处于水陆交接相的复杂的生态系统。而人工湿地则是为处理废水人为设计建造的、工程化的湿地系统，通过一系列生物、物理、化学过程实现对污水的净化。水生生物为氧化有机物、去除 N、P 的微生物提供栖息场所，并改善氧化还原条件。大部分的湿地由五部分组成：①具有各种透水性的基质，如土壤、砂、砾石；②适于在饱和水和厌氧基质中生长的植物，如芦苇；③水体（在基质表面下或上流动的水）；④无脊椎或脊椎动物；⑤好氧或厌氧微生物种群。在处理废水中，人工湿地比天然湿地具有更大的优势。

三、人工湿地污水处理系统

人工湿地系统就是用人工设计、建造和控制的，与沼泽地相类似的由水、土壤、卵石、鱼类、植物和微生物等混合而成的半自然生态系统，通过其内部的物理、化学和生物三重协同作用来实现对污水的净化。

（一）人工湿地净化污水的原理

人工湿地能够利用基质－微生物－植物这个复合生态系统的物理、化学和生物的三重协调作用，通过过滤、吸附、沉淀、离子交换、植物吸收和微生物分解来实现对废水的高效净化。同时，通过营养物质和水分的生物地球化学循环，促进绿色植物生长并使其增产，实现废水的资源化与无害化。人工湿地系统处理污水的机制见表10-5。基质、湿地植物和微生物是构成人工湿地的三种元素，这三种元素共同创造了一种环境。任何单一的元素是无法完成降解污染物质的任务。

表10-5　人工湿地处理污水机制

反应类型		反应机制
物理	沉降	可沉降固体在湿地植物根脉及介质中沉降去除；可絮凝固体也能通过絮凝沉降去除；
	过滤	通过植物根脉的阻截作用和颗粒间相互引力作用使可沉降及可絮凝固体被阻截而去除；
化学	沉淀	磷在特定的根脉介质中，通过化学反应形成难溶解化合物沉淀去除；
	吸附	磷被吸附在植物根脉表面及介质中，某些难降解有机物也能通过吸附去除；
	分解	由于太阳光紫外线辐射，氧化还原等反应过程，使难降解有机物分解或变成稳定性较差的化合物；
生物	微生物代谢	利用寄生于根脉中的微生物的代谢作用将凝聚性固体、可溶性固体进行好氧、厌氧反应，污染物将分解成无机物；通过生物硝化－反硝化作用去除氮；
植物	植物代谢	利用寄生于根脉中的微生物的代谢作用将凝聚性固体、可溶性固体去除；
	植物吸收	相当数量的氮、磷及难降解有机物能被植物吸收而去除；
	自然死亡	细菌和病毒处于不适宜环境中会引起自然衰败及死亡

（二）人工湿地的特点

1. 经济

人工湿地的建造和运行费用便宜。根据欧洲和美国已投入运行的湿地系统分析，尽管各个具体的系统场地差异较大。但平均来看，湿地系统的投资和运行费用仅为传统二级污水处理厂的1/10～1/2。

2. 效果好

易于维护，技术含量低。在欧洲和美国，凡是投入运行并达到成熟阶段的人工湿地，基本上都能达到规定的尾水排放标准。

3. 适用面广

根据现有的资料，湿地处理系统不仅可以处理以耗氧有机物和氮、磷等营养物质为主的生活污水，还可以处理广泛的工业废水，尤其是对重金属和酸性的有机及无机矿物质污染有良好的去处效果。

4. 对负荷变化的适应能力强

据研究，人工湿地系统无论对有机污染物负荷还是水力符合在一定范围内的波动都有很好的适应性，而且，其本身具有很好的可扩充性，因此容易适应未来不确定的负荷增长。

人工湿地还有一些其他特点，包括操作和维护方便，无需清除污泥，可为各种野生动物提供栖息场所等。但是，人工湿地也有一些缺点和值得深入研究的地方，如占用土地较多、相对于二级污水处理厂缺乏最优设计规范和设计参数、管理人员仍不很熟悉、有潜在的疾病传输媒介栖息（如蚊虫等）。

（三）人工湿地的构成

1. 床体

人工湿地的基质又称填料，一般由土壤、细砂、粗砂、砾石、灰渣及石灰石、沸石等组成，不同的基质对人工湿地的处理效果影响较大，并且某些基质的组合要优于单一基质的处理能力。湿地床体的深度一般处理城镇生活污水时为0.6～0.7m，处理有机工业废水时为0.3～0.4m。

2. 植物

芦苇、灯心草、菖蒲、香蒲、草芦、石菖蒲、慈菇、席草、大米草、美人蕉等。一般来讲，许多植物都可以作为湿地处理系统的生长植物。目前对于植物在污水处理中的作用的研究都是基于特定的条件，哪种植物最优尚无定论。目前得到国内外广泛认同的是芦苇和香蒲，尤其是芦苇，可以根生，也可以种植，具有生长速度快、根系发展快、耐饱和水条件等优点，因此得到工程上的广泛应用。

3. 其他

（1）场地选择

选择具有1%～3%的洼地或经济价值不高的荒地。

（2）进出水系统布置

进水采用穿孔管和三角堰配水，进水管高出湿地床面0.5m；出水采用在末端砾石层底部设置穿孔集水管。

（3）防止对地下水污染

施工时用黏土、膨润土、沥青等铺设防渗层。

四、湿地在我国的应用前景

人工湿地在湖泊、河流水体循环净化及生态维护工程上的应用已比较成熟，普遍将人工湿地水质净化技术应用到湖泊、河流的污染治理，同时截去湖泊、河流周边的污水排入，达到改善水体水质的目的。在一般情况下，湖泊水和河流水水中的BOD_5、COD、SS、TN、TP和大肠菌群等各项指标的浓度相对较低，经人工湿地处理后其出水水质均可达到《再生水回用于景观水体的水质标准》(CJ/T95—2000)或地面水水质标准（GB3838—2002）II至V类标准。

近年来，房地产开发商为了提高楼盘的档次，千方百计营造青山绿水的主题。除在设计上依山就势充分利用自然地形与景观，在区内规划人工湖、小桥流水、假山瀑布等景观。为了使景观水体不至于恶化，开发商逐步引入人工湿地净化技术，循环处理人工湖水以稳定湖水水质。

人工湿地作为一种生态处理技术，以其自身的特点和优势在实现城镇和新农村污水资源化中具有重要的广阔的应用前景。人工湿地处理系统可以处理多种污染物质，特别是生活污水。由于其效果良好，抗冲击负荷能力强（包括污水负荷和有机负荷），COD、BOD_5、SS去除率高，运行稳定，管理简单，工程投资少等，已经逐步被我国环境工作者重视。

（张 晶）

参考文献

高廷耀．2004．水污染控制工程．北京：高等教育出版社

顾夏声．1995．水处理微生物学．北京：中国建筑工业出版社

顾夏声．2002．水处理工程．北京：清华大学出版社

蒋展鹏．2005．环境工程学．第二版．北京：高等教育出版社

李圭白，张杰，彭永臻．2005．水质工程学．北京：中国建筑工业出版社

吕炳南，陈志强．2005．污水生物处理新技术．哈尔滨：哈尔滨工业大学出版社

沈耀良．2006．废水厌氧生物处理新技术理论与应用．第二版．北京：中国环境科学出版社

孙慧修. 1999. 排水工程（上册）. 第四版. 北京：中国建筑工业出版社
尹军，崔玉波. 2006. 人工湿地污水处理技术. 北京：化学工业出版社
张忠祥，钱易. 2004. 废水生物处理新技术. 北京：清华大学出版社
张自杰. 2000. 排水工程（下册）. 第四版. 北京：中国建筑工业出版社

第十一章　生物脱氮除磷系统

氮、磷是藻类生长的限制因子，水体中氮、磷浓度增高会导致水体的富营养化。目前水体富营养化问题已成为世界性的环境问题，对湖泊和海洋渔业资源造成极大的破坏。氨态氮排入水体还会因硝化作用而耗去水体中大量的氧造成水体溶解氧下降。此外，饮用水中硝态氮超过 $10mg \cdot L^{-1}$会引起婴儿的高铁血红蛋白症。为此，对于水体中氮、磷的去除已越来越受到重视，许多国家对废水处理厂出水氮、磷都制订了严格的排放标准。常规的活性污泥法主要去除废水中含碳化合物，而对氮、磷的去除率很低。鉴于此情况，废水的脱氮除磷技术近年来得到迅速发展。微生物脱氮除磷技术由于具有处理效果好，处理过程稳定可靠、处理成本低、操作管理方便等优点而得到广泛运用，为水体中氮、磷的去除提供了有效手段。

微生物脱氮除磷技术的发展方向主要有以下几个方面：

1）开发、研制和采用成本低廉，效果稳定的新工艺。

2）微生物除磷工艺如果同时具有脱氮能力将比单纯的除磷工艺具有更大的市场。

3）利用微生物技术强化脱氮除磷过程，增强处理效果。

第一节　废水中氮的来源及危害

一、天然水体中氮的来源

1. 氮素循环

氮在自然界中的存在形式包括分子态氮、无机氮化物和有机态氮，其中分子态氮以游离的氮气形式存在于大气中，占大气含量的79%，但分子氮不能被绝大多数的生物直接利用，大气氮进入生物有机体主要有四条途径。

1）生物固氮：豆科植物能通过共生的根瘤菌固定大气中的氮，供植物吸收。某些固氮蓝细菌和固氮细菌也可以固定大气中的氮。

2）工业固氮：氮肥化工，如合成氨等。

3）岩浆固氮：火山爆发时，喷射出的岩浆可以固定一部分氮。

4）闪电固氮：雷雨时酌闪电现象，可通过电离作用使氮氧化成氮氧化物。

上述固定的氮可为植物所利用，植物可为动物所消费，以构成动、植物体内的蛋白质、核酸等组分。动、植物尸体中的蛋白质经细菌分解可生成氨。动物在新陈代谢过程中将一部分蛋白质分解生成氨、尿素、尿酸等。氨又可经硝化作用为亚硝酸菌、硝酸菌转化成亚硝酸盐，进一步又由硝酸菌把亚硝酸盐转化为硝酸盐。一部分硝酸盐为植物所利用，另一部分在反硝化菌作用下转化成游离氮进入大气。完成了氮循环（图 11-1）。

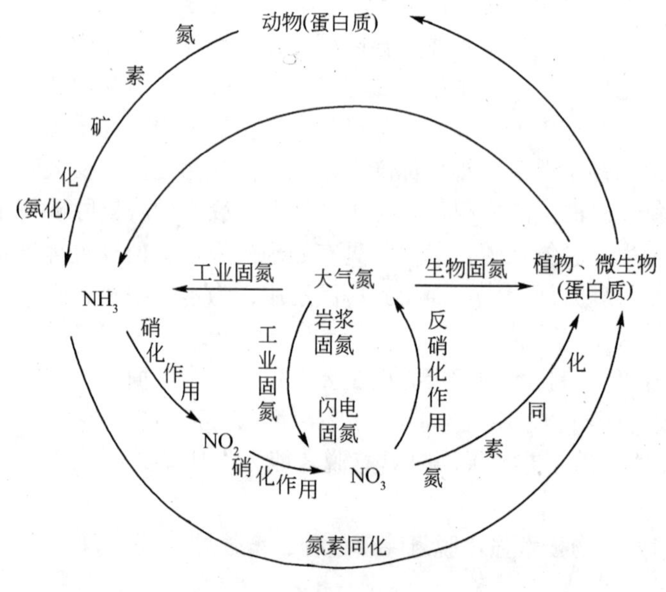

图 11-1　自然界的氮循环

2. 废水中氮来源

主要来自城市生活污水，来自农业施肥（氮）和喷洒农药（磷等），来自工业废水，如化肥、石油炼厂、焦化、制药、农药、印染、腈纶及洗涤剂等生产废水，食品加工、罐头食品加工及被服洗涤服务行业的洗涤剂废水，以及禽、畜粪便水。美国城市生活污水含氮量见表 11-1。

表 11-1　美国城市生活污水中氮含量　　（单位：$mg\cdot L^{-1}$）

氮形态	浓	中等	淡
有机氮	50	25	12
氨态氮	35	15	8
总　氮	85	40	20

二、水体中化合态氮的污染及危害性

在整个氮循环中，生物固氮每年达54×10^6t，闪电固氮每年为7.6×10^6t，岩浆源加入氮循环中的氮每年0.2×10^6t，工业固定的氮每年30×10^6t，合计为91.8×10^6t。被固定的化合态氮中经反硝化作用生成游离氮又返回大气中每年约有85×10^6t，每年固定的化合态氮比返回大气的少6.8×10^6t。随着工、农业生产的发展，工业固氮每年递增10%，结果，使全球范围内氮素循环的平衡遭到了破坏。

工业生产过程中排放的含氮废水及生活污水排入受纳水体，土壤中的氮肥随雨水冲淋入江河，给水体带来的危害性表现在以下几方面：

1）造成水体的富营养化现象，使某些藻类恶性繁殖，出现所谓的“水华”(bloom)。这些藻类往往带有一股腥味，使水质下降。其中一些藻类的蛋白类毒素可富集在水产生物体内，并通过食物链使人中毒。大量藻类同时死亡时会耗去水中的氧，从而引起鱼类大批死亡。

2）这类富营养化水体可使水流变缓。长期下去，大量藻类遗体可使湖、河变浅，最终成为沼泽地。

3）增加给水处理的成本。例如，在水厂加氯时，即使增加了少量的氨也会使加氯量成倍增加。为了脱色、除臭、除味而使化学药剂投加量增加，滤池的反冲洗次数亦增加。

4）还原态氮排入水体后，会因硝化作用而耗去水体中大量的氧，一个氨态氮氧化成硝态氮需耗去四个氧。

5）化合态氮对人及生物的毒害作用。水中亚硝酸氮超过$1mg\cdot L^{-1}$时，即会使水生生物的血液结合氧的能力降低；超过$3mg\cdot L^{-1}$时，可于24~96h内使金鱼、鳊鱼死亡。

亚硝酸氮与胺作用生成的亚硝胺有致癌、致畸作用：

$$NO_2^- + R\text{-}NH_2 \rightarrow \begin{matrix} R\text{-}CH_2 \diagdown \\ \qquad N\text{-}N{=}0 \\ R\text{-}CH_2 \diagup \end{matrix} \text{（亚硝胺）}$$

三、二级生化处理后的残留氮

普通的废水经二级生化处理后，有机物经微生物的氧化、分解，其中的一部分碳、氮、磷、硫等经同化作用合成为微生物的细胞组成成分，并以剩余污泥的形式排放。其余的大部分碳经微生物的异化作用氧化为 CO_2，该过程中释放的能量供微生物的代谢、生长所需。剩下的氮、磷、硫等以 NH_3（或 NO_3^-、NO_2^-）、PO_4^{3-}、SO_4^{2-} 的形式随出水排放。这一过程也称为有机物的矿化作用。

经二级生化处理后，碳、氮、磷三种元素总的去除比例为 C（以 BOD 表示）: N: P = 100: 5: 1 左右，故污水经二级生化处理后，BOD 的去除率虽可达到 95% 以上，氮的去除率仅为 20% ~30%。因此，脱氮问题在二级处理普及率较高的工业化国家中受到了高度的重视。即使在像我国这样的发展中国家这一矛盾也已明显地表现了出来。例如，上海的几个城市污水厂，经处理后的出水含氨态氮，有时高达 $50mg \cdot L^{-1}$ 左右，排入黄浦江后虽经河水的稀释，氨态氮仍高达 $5mg \cdot L^{-1}$ 左右，大大超过饮用水的标准（$0.1mg \cdot L^{-1}$），给水厂的处理带来了困难，也给人们的健康带来威胁。氮污染对水生态系统和人类健康的危害仅次于 BOD 污染而占第二位，即使大型城市污水厂（二级生化）陆续建成投产，使 BOD 污染的危害得以消除，氮的污染仍不容忽视。

第二节 微生物脱氮

一、微生物脱氮的原理及脱氮微生物

生物脱氮主要是通过硝化作用和反硝化作用来完成的。首先利用设施内好氧段，由亚硝化细菌和硝化细菌的硝化作用，将 NH_3 转化为 $NO_3^- - N$。再利用缺氧段经反硝化细菌将 $NO_3^- - N$ 反硝化还原为氮气（N_2），溢出水面释放到大气，N_2 参与自然界物质循环。水中含氮物质大量减少，降低出水潜在危险。

（一）微生物脱氮的原理

1. 氨化作用

含氮有机物经微生物降解释放出氨的过程，称为氨化作用或氮素矿化。

（1）蛋白质的分解

蛋白质的氨化过程首先是在微生物产生的蛋白酶作用下进行水解，生成多肽和二肽，后由肽酶进一步水解生成氨基酸：

$$\text{蛋白质} \xrightarrow{\text{蛋白酶}} \text{多肽和二肽} \xrightarrow{\text{肽酶}} \text{氨基酸}$$

氨基酸为微生物吸收，在体内以脱氨和脱羧两种基本方式继续被降解。

氨基酸脱氨基的方式很多，在脱氨基酶的作用下可通过氧化脱氨基或水解脱氨基或还原脱氨基作用，生成相应的有机酸，并释放出氨：

$$R-\underset{\displaystyle NH_2}{\underset{|}{CH}}COOH \begin{cases} \xrightarrow[\text{(氧化脱氨基)}]{\frac{1}{2}O_2} R-COCOOH+NH_3 \\ \xrightarrow[\text{(水解脱氨基)}]{+H_2O} R-CHOHCOOH+NH_3 \\ \xrightarrow[\text{(还原脱氨基)}]{+2H} R-CH_2COOH+NH_3 \end{cases}$$

氨基酸如通过脱羧基反应降解，则形成胺类物质：

$$R-\underset{\displaystyle NH_2}{\underset{|}{CH}}COOH \xrightarrow{\text{(脱羧基)}} R-CH_2NH_2+NH_3$$

环境中绝大多数异养微生物都具有分解蛋白质、释放出氨的能力。其中好氧或兼性的细菌以芽孢杆菌（*Bacillus*）和假单胞菌为主，梭状芽孢杆菌属（*Clostridium*）的细菌和芽孢杆菌中的厌氧菌具有较强的氨化能力。碱性土壤中节细菌（*Arthrobacter*）是氨化作用的主要菌群，酸性条件下真菌中的木霉、曲霉、毛霉的一些种有很强的氨化能力。氨氧化菌及亚硝酸氧化菌的特征详见表11-2、表11-3，反硝化细菌主要类群见表11-4。

表11-2　氨氧化菌（ammonium oxidizing bacteria，AOB）的特征

代表属	细胞结构	鞭毛	膜内褶结构	细胞大小/μm
Nitrosomonas	直杆状	极生至偏极生	成泡囊分布于四周	(0.7～1.5) × (1.0～2.4)
Nitrosospira	紧密螺旋状	周生	细胞膜内陷	(3.0～0.8) × (1.0～8.0)
Nitrosococcus	球状至椭圆状	丛生	成泡囊分布于四周或堆积中央	(1.5～1.8) × (1.7～2.5)
Nitrosolobus	多形态叶片状	周生	使细胞分隔	(1.0～1.5) × (1.0～2.5)
Nitrosovibrio	细长弯曲杆状	极生至偏极生	细胞膜内陷	(3.0～0.4) × (1.0～3.0)

表11-3　亚硝酸氧化菌（nitrite oxidizing bacteria，NOB）的特征

代表属	细胞形态	鞭毛	膜内褶结构	细胞大小/μm	利用有机质能力
Nitrobacter	梨状或多态杆状	极生至偏生	成扁平泡囊分布于一侧	(0.5～0.8) × (1.0～2.0)	可异养生长
Nitrospira	疏松螺旋状	未观察到	细胞膜内褶	(0.3～0.4) × (0.8～1.0)	无
Nitrococcus	球状	极生	成微管随机分布	1.5	无
Nitrospina	细长杆状	未观察到	无	(3～0.4) × (1.7～6.6)	无

表 11-4　反硝化细菌类群

属名	中译名
Pseudomonas	假单胞菌属
Alcaligenes	产碱杆菌属
Bacillus	芽孢杆菌属
Chromobacterium	色杆菌属
Corynebacterium	棒杆菌属
Halobacterium	盐杆菌属
Hyphomicrobium	生丝微菌属
Micrococcus	微球菌属
Moraxella	莫拉式菌属
Propionibacterium	丙酸杆菌属
Spirillum	螺菌属

(2) 核酸的分解

各种生物细胞中均含有大量核酸。微生物降解核酸的步骤如下：

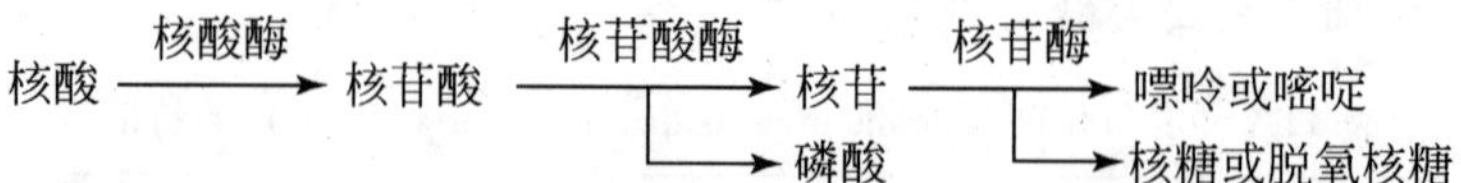

从某些土壤分离的微生物中，有 76% 的菌株能产生核糖核酸酶，有 86% 的菌株能产生脱氧核糖核酸酶。细菌中的芽孢杆菌、梭状芽孢杆菌、假单胞菌、节杆菌、分枝杆菌，真菌中的曲霉、青霉、镰刀霉等以及放线菌中的链霉菌，都能分解核酸。

(3) 其他含氮有机物的分解

除了蛋白质、核酸外，还有尿素、尿酸、几丁质、卵磷脂等含氮有机物，它们都能被相应的微生物分解、释放出氨。

总之，氨化作用无论在好氧还是厌氧条件下，中性、碱性还是酸性环境中都能进行，只是作用的微生物种类不同、作用的强弱不一。但当环境中存在一定浓度的酚，或木质素 - 蛋白质复合物（类似腐殖质的物质）时，会阻滞氨化作用的进行。

2. 硝化作用

硝化作用是指 NH_3 氧化成 NO_2^-，然后再氧化成 NO_3^- 的过程。硝化作用由两类细菌参与。一是亚硝化菌，其中常见的是亚硝化单胞菌（*Nitrosomonas*）将

NH_3 氧化成 NO_2^-；二是硝化杆菌（*Nitrobacter*），将 NO_2^- 氧化为 NO_3^-。它们都能利用氧化过程释放的能量，使 CO_2 合成为细胞有机物质。因而是一类化能自养细菌，在运行管理时应创造适合于自养性的硝化细菌生长繁殖的条件。硝化作用的程度往往是生物脱氮的关键。

$$NH_4^+ + 1\frac{1}{2} \xrightarrow{\text{亚硝化单胞菌}} NO_2^- + 2H^+ + H_2O + (242.7 \sim 351.5)\ kJ$$

$$NO_2^- + \frac{1}{2}O_2 \xrightarrow{\text{硝化杆菌}} NO_3^- + (64.4 \sim 86.2)\ kJ$$

$$NH_4^+ + 2O_2 \longrightarrow NO_2^- + 2H^+ + H_2O + (307.1 \sim 438.9)\ kJ$$

NH_4^+-N 完全氧化成 NO_3^- 需 $2O_2$，也即 $4.57mgO_2/mgNH_4^+-N$。此外，硝化反应的结果还生成强酸（HNO_3），会使环境的酸性增强。

在水处理工程上，为了要达到硝化的目的，一般可采用低负荷运行，延长曝气时间。

在废水硝化的运行营理方面，主要的关键是污泥的停留时间（sludge residence time，SRT），亦即污泥的泥龄。为了使硝化菌菌群能在连续流的系统中生存下来，系统的 SRT 必须大于自养性硝化菌的最小 SRT，否则硝化菌的流失大于其繁殖率，会使它从该系统中淘汰。在运行时一般选用的 SRT 应大于两倍的实际 SRT，即安全系效应大于 2（图 11-2）。

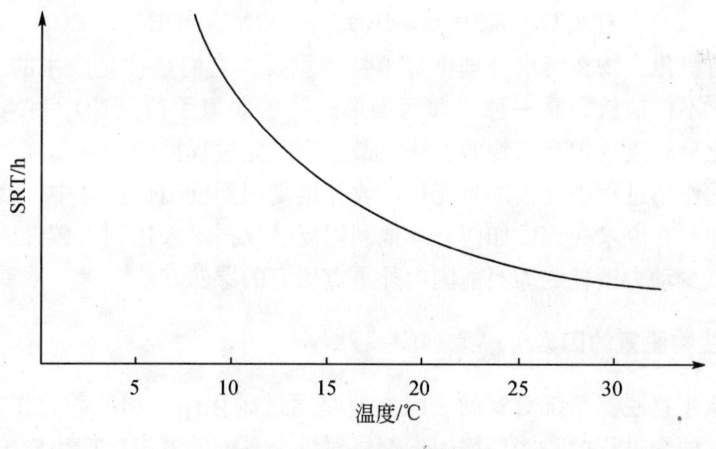

图 11-2　SRT 同温度关系

由于硝化菌是一类自养菌，有机基质的浓度并不是它的生长限制因素。相反，硝化段的含碳有机基质浓度不可过高，BOD_5 一般应低于 $20mg \cdot L^{-1}$，若过高，异养菌迅速繁衍，争夺溶解氧，从而使硝化菌得不到优势，降低硝化速率（图 11-3）。

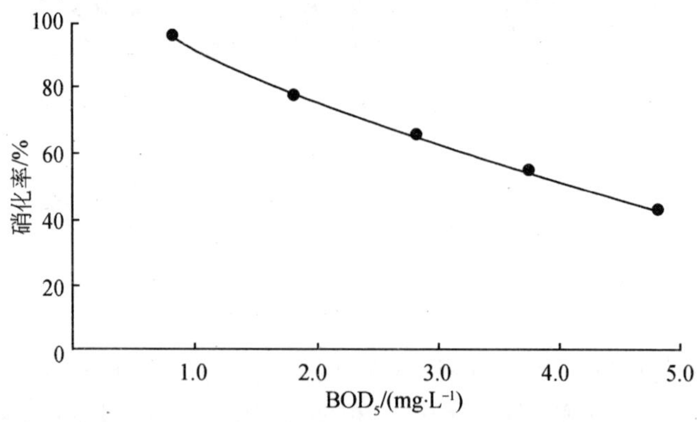

图 11-3 有机物与氮的比例对硝化速率的影响

3. 反硝化作用

反硝化作用是指硝酸盐和亚硝酸盐被还原为气态氮和氧化亚氮的过程。参与这一过程的细菌称为反硝化菌。大多数反硝化细菌是异养的兼性厌氧细菌，它能利用各种各样的有机基质作为反硝化过程中的电子供体（碳源），包括：碳水化合物、有机酸类、醇类以及甚至像烷烃类、苯酸盐类和其他的苯衍生物这些化合物。在反硝化过程中有机物的氧化可表示为

$$5C（有机C）+2H_2O+4NO_3^- \longrightarrow 2N_2+4OH^-+5CO_2$$

这些有机化合物在废水处理中显得特别重要，它们往往是废水的主要组分，因此反硝化不仅被认为是一种“非污染形式”的脱氮手段（$NO_3^- \rightarrow N_2$）而且也是一种氧化分解废水中有机物的方法，微生物脱氮过程见图 11-4。

在硝化作用过程中耗去的氧能被回收并重复用到反硝化过程中，使有机基质氧化。因此，在废水处理中如何合理地利用反硝化技术来达到去碳、脱氮，并最大可能地减少动力消耗成为当前国内外重点研究的课题。

4. 影响微生物脱氮的因素

由于微生物脱氮系统对氮的去除主要是通过硝化作用和反硝化作用实现的，因而影响这两个过程的一些环境因素都将对整个系统的氮去除产生影响。研究表明，影响微生物脱氮的主要因素有以下四个方面。

（1）pH

硝化反应要消耗碱，因此，如果污水中没有足够的碱度，则随着硝化的进行，pH 会急剧下降。而硝化细菌对 pH 十分敏感，亚硝化细菌和硝化细菌分别在 7.0～7.8 和 7.7～8.1 时活性最强，pH 在这个范围以外，其活性便急剧下降。

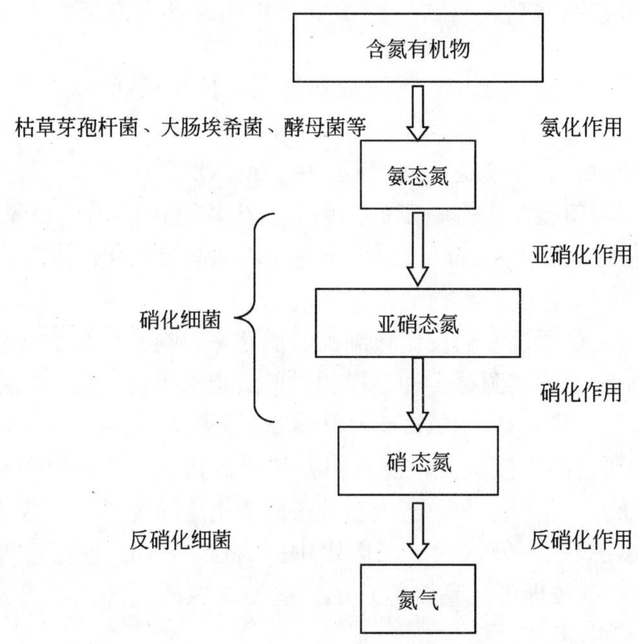

图 11-4　微生物脱氮过程示意图

pH 也影响反硝化的速度。不同的学者以不同的反硝化细菌或不同来源的污泥进行试验，所报道的最适 pH 范围略有不同，但大多数学者认为反硝化的最佳 pH 范围在中性和微碱性。由于反硝化作用是由各种非专性的反硝化细菌共同参与下进行的，所以废水中 pH 对其影响并不明显。

(2) 温度

硝化反应速度受温度影响很大，其原因在于温度对硝化细菌的增殖速度和活性影响很大。两类硝化细菌的最适温度为 30℃左右。研究表明温度对反硝化速度的影响大小与反硝化设备的类型（微生物是悬浮生长型或固着型）、硝酸盐负荷率等因素有关。例如，流化床反硝化过程对温度的敏感性比生物转盘和悬浮污泥的小得多，填料床反硝化的反应速度受温度的影响比悬浮污泥小。另外，负荷低，温度影响小，反之亦然。

(3) 溶解氧

溶解氧浓度影响硝化细菌的生长速度和硝化反应速度。硝化过程的溶解氧一般应维持在 1.0 ~2.0mg · L^{-1}。溶解氧对反硝化脱氮有抑制作用，其机制为阻抑硝酸还原酶的形成或者仅仅充当电子受体从而竞争性地阻碍了硝酸盐的还原。虽然氧对反硝化脱氮有抑制作用，但氧的存在对能进行反硝化作用的反硝化菌却是有利的，因为这类菌为兼性厌氧菌，菌体内的某些酶系统组分只有在有氧时才能合成，因而在工艺上最好使这些反硝化菌（污泥）交替处于好氧、缺氧的环境条件下。

在悬浮污泥反硝化系统中，缺氧段溶解氧应控制在 0.5mg · L^{-1}以下，由于污泥絮凝物内部仍呈厌氧状态，同样可进行反硝化作用，故脱氮反应并不要求溶解氧保持在零的状态。在膜法反硝化系统中，菌体周围微环境的氧分压与大环境的氧分压不同，即使滤池内有一定的溶解氧，生物膜内层仍呈缺氧状态。因此，当缺氧段溶解氧控制在 1～2mg · L^{-1}以下时也不影响反硝化的进行。

（4）*碳源*

碳源物质主要是通过影响反硝化细菌的活性来影响处理系统的脱氮效率。能为反硝化细菌所利用的碳源是多种多样的，但从废水生化处理生物脱氮的角度来看可分成三类。

1）废水中所含的有机碳源：废水中各种有机基质，如有机酸类、醇类、碳水化合物或烷烃类、苯酸盐类、酚类和其他的苯衍生物都可以作为反硝化过程中的电子供体（碳源）。一般认为，当废水中所含碳（BOD_5）与总氮的比值大于3∶1时，无需外加碳源即可达到脱氮目的。这类碳源最经济，因而为大多数微生物脱氮系统所采用。

2）外加碳源：当废水的 BOD_5 与总氮比值小于 3∶1 时需另外投加碳源。外加碳源大多采用甲醇，因为它的氧化分解产物为二氧化碳和水，不留任何难分解的中间产物，价格也较低廉。为降低残余的甲醇对人体的毒害作用并降低成本，也可利用淀粉厂等高浓度有机废水作为反硝化外加碳源。

3）内碳源：内碳源主要指活性污泥微生物死亡、自溶后释放出来的有机碳，也称为二次性基质。为了利用内碳源来进行反硝化脱氮，要求反应器的泥龄长、污泥负荷低，使微生物处于生长曲线稳定期的后部或衰亡期。这样，反应器的容积相应增大，负荷率低。经测定，内碳源的反硝化速度极低，约为上述两种方法的1/10。它的优点是在废水碳氮比较低时不必外加碳源也可达到脱氮目的，此外由于污泥产率低而减少了污泥处理的费用。

（二）硝化、脱氮微生物

1. 硝化作用段微生物

亚硝化细菌和硝化细菌的资源丰富，广泛分布在土壤、淡水、海水和污水处理系统。在自然界中，硝化细菌是好氧菌，然而，在极低压下的污水处理系统和海洋沉淀物中也能从 pH 为 4 的土壤、温度低于 －5℃ 的深海、温度 60℃ 或更高的温泉及沙漠分离到硝化细菌。

亚硝化细菌和硝化细菌是革兰阴性菌。它的生长速率均受基质浓度（NH_3 和 HNO_2）、温度、pH、氧浓度控制。全部是好氧菌，绝大多数营无机化能营养，有的可在含有酵母浸膏、蛋白胨、丙酮酸或乙酸的混合培养基中生长，不营异养生长。却有个别的可营化能有机营养。在污水处理系统和自然环境中，硝化细菌有附着在表面和在细胞束内生长的倾向，形成胞囊结构和菌胶团。

（1）氧化氨的细菌

为专性好氧菌，在低氧压下能生长。化能无机营养，氧化 NH_3 为 HNO_2，从中获得能量供合成细胞和固定 CO_2。温度范围为 5 ~ 30℃。最适温度为 25 ~ 30℃。pH 范围为 5.8 ~ 8.5，最适 pH 为 7.5 ~ 8.5。有的菌株能在混合培养基中生长，不营化能有机营养，其中的亚硝化单胞菌和亚硝化螺菌能利用尿素作基质。高的光强度和高氧浓度都会抑制其生长。在最适条件下，亚硝化球菌属的世代时间为 8 ~ 12h。亚硝化螺菌的世代时间为 24h，含淡黄至淡红的细胞色素。

（2）氧化亚硝酸细菌

大多数氧化亚硝酸细菌在 pH 为 7.5 ~ 8.0，温度为 25 ~ 30℃，亚硝酸浓度为 2 ~ 30mmol · L^{-1}时化能无机营养生长最好。其世代时间随环境可变，由 8h 到几天。硝化杆菌属（*Nitrobacter*）既进行化能无机营养又可进行化能有机营养，以酵母浸膏和蛋白胨为氮源，以丙酮酸或乙酸为碳源。硝化杆菌属在营化能无机营养生长中。氧化 NO_2^- 产生的能量仅有 2% ~ 11% 用于细胞生长，氧化 85 ~ 100mol NO_2^- 用于固定 1molCO_2。在分批培养中，最大产量是每毫升 4×10^7 个细胞。在进行化能无机营养时的生长比在进行化能有机营养时快。硝化螺旋菌属（*Nitrospira*）则相反，在营化能无机营养时的生长比混合营养中的生长慢，前者的世代时间为 90h，后者的世代时间为 23h。硝化杆菌属细胞内的储存物有羧酶体或叫羧化体（carboxysomes）、肝糖、聚-β-羟基丁酸盐（PHB）、多聚磷酸盐，含淡黄至淡红的细胞色素的菌株。其他硝化细菌也含有类似储存物。

（3）硝化作用段的运行操作

硝化细菌的世代时间普遍比异养菌的世代时间长，为了硝化作用彻底，保证有足够数量活性强的硝化细菌（每毫升 10^7 个以上），在运行操作上要掌握好几个关键：

1）泥龄（悬浮固体停留时间 $\varnothing_{SRT}$）是重要控制指标，可通过排泥控制泥龄，一般控制在 5d 以上，泥龄要大于硝化细菌的比生长速率。否则泥龄过短硝化细菌会流失，硝化速率低，用生物接触氧化法有利于硝化作用。

根据 $\varnothing_{SRT}=\dfrac{1}{\mu_N}+K_N d$，得到 SRT 的设计值。

式中：$\varnothing_{SRT}$为悬浮固体停留时间，即泥龄（d）；μ_N 为硝化细菌的比生长速率（d^{-1}）；$K_N d$ 为硝化细菌的衰减速率（g NVSS · g^{-1}NVSS · d^{-1}）；$SRT_{min} = 1/\mu_N max$；$\mu_N max$ 为硝化细菌最大比生长速率，15℃时硝化细菌的最大比生产速率为 $0.45d^{-1}$。

根据硝化细菌异化、同化合成细胞的反应式：

$$NH_4^+ + 1.86O_2 + 1.98HCO_3^- \longrightarrow 0.98NO_3^- + 0.021C_5H_7NO_2 + 1.88H_2CO_3 + 1.04H_2O$$

可计算出：每氧化 1g NH_3 要消耗 4.33g O_2、7.14g 碱度（以 $CaCO_3$ 计）和 0.08g 无机碳，合成 0.15g 新细胞。

2）要供给足够氧：处理生活污水时，溶解氧一般控制在 1.2 ~ 2.0 mg · L^{-1} 为宜。工业废水则要看废水的有机物浓度（COD 和 BOD）和 NH_3 含量的高低适当提高溶解氧。例如，味精废水 COD 和 NH_3 都高，溶解氧维持在 4.5mg · L^{-1} 为宜。才能满足去陈 COD 和氧化 NH_3。溶解氧小于 0.5mg · L^{-1}，硝化作用停止。氧需要量可按下式计算：$O_2 = 4.33$（$N_{被氧化}$），mg · L^{-1}。

3）控制适度的曝气时间（或说水力停留时间）：普通的活性污泥法的曝气时间为 4 ~ 6h，甚至 8h（如 SBR 法）。对于味精废水 8h 不够，因为味精废水经厌氧或缺氧处理后，COD 和 $NH_3 - N$ 仍很高，COD 为 2950mg · L^{-1} 左右，$NH_3 - N$ mg · L^{-1} 为 1500 mg · L^{-1} 左右。例如，进水 $NH_3 - N$ 为 1650mg · L^{-1}，出水达到 621mg · L^{-1} 时，$NH_3 - N$ 去除率达 624%，采用一次硝化需要 30h。

4）在硝化过程小，消耗了碱性物质 NH_3，生成 HNO_3，水中 pH 下降，对硝化细菌生长不利。如水中碱度不够，需适当投加 $NaHCO_3$ 维持碱度，中和 HNO_3，使 pH 维持在偏碱性（pH = 7.5 ~ 8.0），满足硝化细菌对 pH 的需求。氧化 1mg · L^{-1} NH_3 所产生的酸度需要 10mg · L^{-1} 碱度中和。投加 $NaHCO_3$ 还可供给硝化细菌碳源。

碱度需要量可按下式计算：

$$碱度 = 7.14（N_{被氧化}），mg \cdot L^{-1}。$$

5）温度：虽然大多数硝化细菌生长的最适温度为 25 ~ 30℃，实际上它们的生长湿度范围是较广的。况且硝化细菌种类多，适合各种温度中长的硝化细菌都有，低至 −5℃，高至 60℃。可以将它们应用于污水和废水生物处理中。

2. 反硝化作用段细菌

(1) *反硝化细菌*

反硝化细菌是所有能以 NO_3 为最终电子受体，将 HNO_3 还原为 N_2 的细菌总称，种类很多。见表 11-5，其中的假单胞菌属内能进行反硝化的种最多，如铜绿假单胞菌（*Pseudomonas aeruginosa*）、荧光假单胞菌（*Pseudomonas fluorescens*）、施氏假单胞菌（*Pseudomonas stutzeri*）、门多萨假单胞菌（*Pseudomonas mendocina*）、绿针假单胞菌（*Pseudomonas chlororaphis*）、致金色假单胞菌（*Pseudomonas aureofaciens*）：

表 11-5　反硝化细菌的种类和若干特性

反硝化细菌	温度/℃	pH	革兰染色性	与 O_2 关系	备注
假单胞菌属	30	7.0～8.5	—	好氧	
脱氮副球菌属	30		—	兼性	
胶德克斯菌	25～35	5.5～9.0	—	兼性	固氮
产碱菌属 12 种	30	7.0	—	兼性	兼性营养
色杆菌属	25	7～8	—	兼性	兼性营养
脱氮硫杆菌	28～30	7	—	兼性	

有很多细菌只将 HNO_3 还原到 HNO_2 而积累，不形成 N_2。这些细菌没有列入表中。在污水处理中不希望发生这种情况，因为含 HNO_2 的水排放到水体会对水生动物产生毒害。

（2）反硝化段运行操作

反硝化段运行操作关键指标有：碳源（即电子供体或叫供氢体）、pH（由碱度控制）、最终电子受体 NO_3^-、NO_2^-、温度和溶解氧等。

反硝化细菌的碳源来自有机物。葡萄糖、乳酸、丙酮酸、甲醇等均可作为反硝化细菌的碳源。H_2S 和 H_2 可作供氢体，碳源为 CO_2。能源从氧化有机物获得。它的最终电子受体是 NO_3^- 和 NO_2^-，最适 pH 为 7～8，温度为 10～35℃，水体淤泥反硝化速率随温度增高而提高，在 60～75℃的反硝化速率达到最大值。在海洋和淡水中溶解氧在 0.2mg · L^{-1} 以下有利于反硝化。可见，一个有极低溶解氧，有 NO_3^- 和有机物存在的环境，pH 和温度合适就能发生反硝化。公认的反硝化生物化学反应过程如下：

$$NO_3^- + 2e \xrightarrow[①]{} NO_2 + e \xrightarrow[②]{} NO + e \xrightarrow[③]{} N_2O + e \xrightarrow[④]{} N_2$$

式中：①硝酸还原酶，②亚硝酸还原酶，③氧化氮还原酶，④氧化亚氮还原酶。

二、微生物脱氮系统的基本工艺流程

可采用 A/O、A^2/O、A^2/O^2、SBR 等工艺，工艺均可取得较好脱氮效果。经厌氧－好氧或缺氧－好氧等的合理组合处理，既可去除 COD 和 BOD，又可去除氨态氮。脱氮工艺也可除磷。生物脱氮系统的典型工艺流程见表 11-6。

表 11-6　典型的生物脱氮工艺

脱氮途径	全程硝化反硝化（常规的硝化反硝化）	短程硝化反硝化（简捷硝化反硝化）
反应式	硝化阶段： $NH_4 + 1.5\ O_2 \rightarrow NO_2^- + H_2O + 2\ H^+$ $NO_2^- + 0.5\ O_2 \rightarrow NO_3^-$ 反硝化阶段： $6NO_3^- + 5\ CH_3OH \rightarrow 3N_2 + 6HCO_3^- + 7H_2O$	硝化阶段： $NH_4^+ + 2\ HCO_3^- + 1.5O_2 \rightarrow$ $NO_2^- + 2\ CO_2 + 3\ H_2O$ 反硝化阶段： $6NO_2^- + 3CH_3OH \rightarrow 3N_2 + 6HCO_3^- + 3H_2O$
特点	1. 溶氧的大量消耗 2. 有机碳源的加入 3. 硝化阶段酸的产生	1. 节省 25% 溶氧的消耗 2. 节省 40% 有机碳源的加入

同普通废水生化处理一样，我们可根据细菌在系统中存在的状态将生物脱氮系统分为悬浮污泥系统（suspended system）和膜法系统（attached system）两大类。每一大类又可再划分成去碳、硝化、反硝化结合的单级污泥系统以及去碳、硝化、反硝化相分隔的多级污泥系统。

1. 悬浮污泥系统

（1）悬浮多级污泥内碳源系统

该系统主要分成两大部分，第一部分污泥在好氧条件下去碳及硝化，其污泥经沉淀池分离后随即回流，与后半部分并不混合。硝化的废水进入后半部分，在缺氧条件下利用旁路进水中的有机碳作为碳源进行反硝化。剩下的小部分有机物经后曝气被氧化分解，后曝气还可吹脱污泥中氮气，并通过提高溶氧水平使反硝化作用停止，以使污泥在沉淀池中很好地分离（图 11-5）。

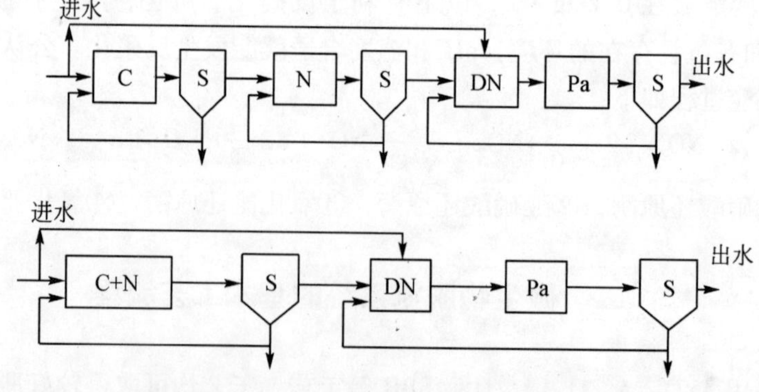

图 11-5　悬浮多级污泥内碳源系统流程
C. 去碳；N. 硝化；DN. 反硝化；Pa. 后曝气；S. 污泥沉淀池

该系统由于将污泥分成数级分隔开来，硝化作用及反硝化都比较稳定，管理时灵活性亦较大，原水中的碳氮比要求比较高，高于4～5mg BOD_5·mg^{-1}TN。

(2) 悬浮多级污泥外加碳源系统

流程基本与上法相同，只是反硝化这一步利用加甲醇或其他高碳工业废水作为碳源（图11-6）。

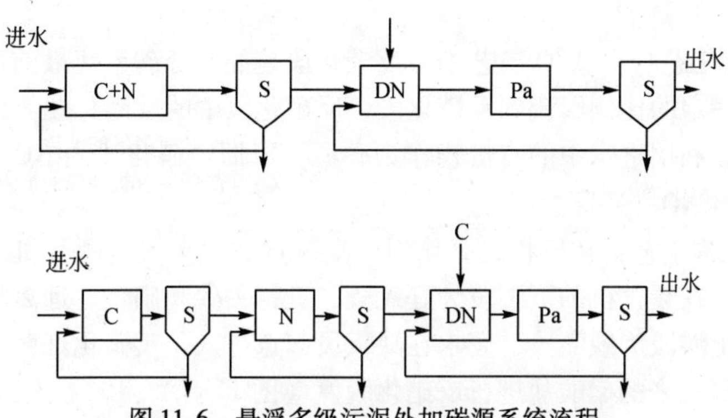

图11-6 悬浮多级污泥外加碳源系统流程

C. 去碳；N. 硝化；DN. 反硝化；Pa. 后曝气；S. 污泥沉淀池

分隔的多级污泥系统同其他反硝化系统相比较，由于可根据每一级微生物的不同要求进行操作管理，故运行较稳定，效率亦高，可使系统总的池积减小，但由于池子繁多，基建费用较高。

(3) 悬浮单级污泥内碳源系统

悬浮单级污泥内碳源系统具有三种流程，即前反硝化、同时反硝化及后反硝化，如图11-7所示。

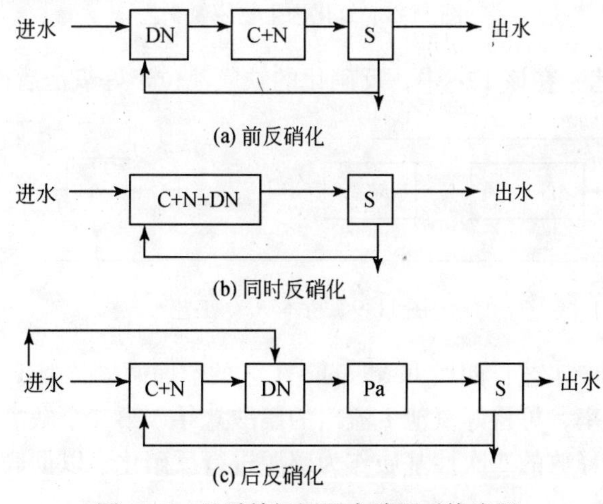

图11-7 悬浮单级污泥内碳源系统流程

C. 去碳；N. 硝化；DN. 反硝化；Pa. 后曝气；S. 污泥沉淀池

在前反硝化流程中，需使硝化段的出水回流至前端的反硝化段内，以提供反硝化的基质硝酸盐，与后反硝化一样，它们都能获得良好的脱氮效果。这一流程布局合理、简单，并适合于现有大型推流式污水处理厂改建，故被广泛地采用。

同时反硝化见之于普通的延迟曝气池及氧化沟中，在曝气池中离充氧器较远的那些部位呈缺氧状态，结果使局部区域发生反硝化。该流程脱氮效果较差，且较难控制。

1）A/O 工艺：在 A/O 工艺中，反硝化段是处在处理系统最前面，硝化段中的混合液以一定的比例回流到反硝化段，反硝化段中的反硝化脱氮菌在无氧或低氧的条件下，利用进水中的有机物作为碳源，以回流硝化池内 NO_3^- 中的氧作为电子受体，将 NO_3^- 还原为 N_2。

2）氧化沟工艺：在环状的氧化沟中某一点或多点设置曝气机，污泥沿氧化沟循环流动。在曝气机的下游段为好氧段，进行去碳和硝化。远离曝气机的区段直至曝气机上游段为缺氧段，废水在缺氧段起点进入。反硝化细菌可利用废水中的碳源和好氧段来的硝酸盐进行反硝化脱氮（图 11-8）。

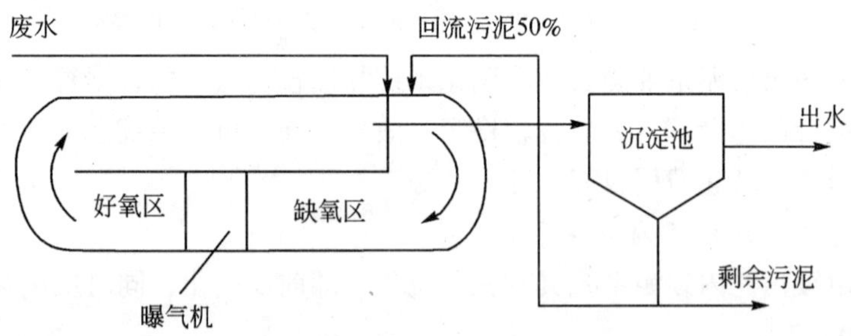

图 11-8　氧化沟生物脱氮工艺

3）桥本工艺：在该工艺中，反硝化的缺氧池位于好氧池后面（图 11-9）。

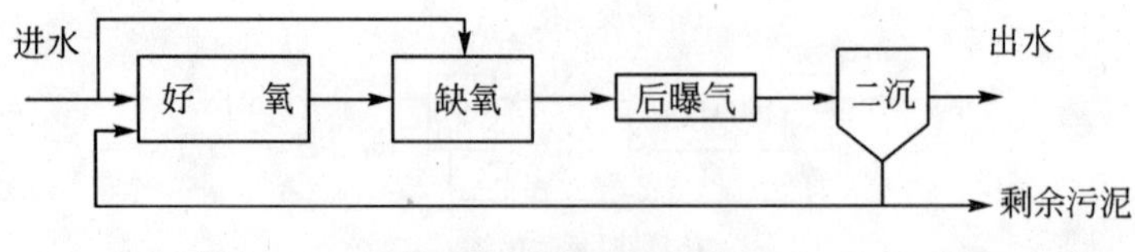

图 11-9　桥本 A/O 工艺

4）Bardenpho 工艺：四段 Bardenpho 工艺的前面两段类似于 A/O 工艺。为了进一步提高去氮率，可将好氧池 1 流出的硝酸盐导入第二个缺氧池，反硝化菌可利用细菌衰亡后释放的二次性基质作为碳源进行反硝化，以彻底去除系统中的硝酸盐（图 11-10）。

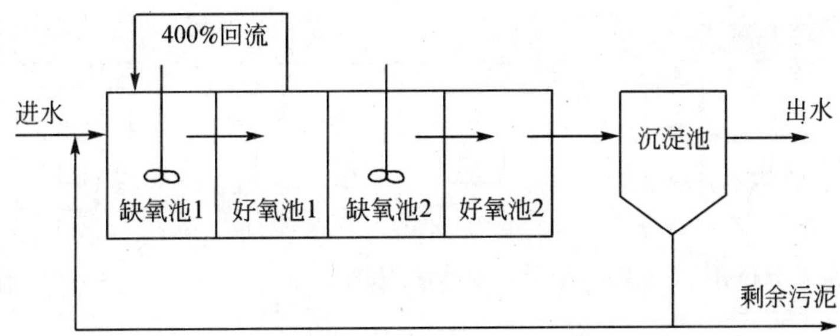

图 11-10　四段 Bardenpho 工艺

(4) *悬浮单级污泥外加碳源*

流程与悬浮单级污泥内碳源后反硝化系统相同，只是在反硝化段通入外加如甲醇的碳源（图 11-11）。

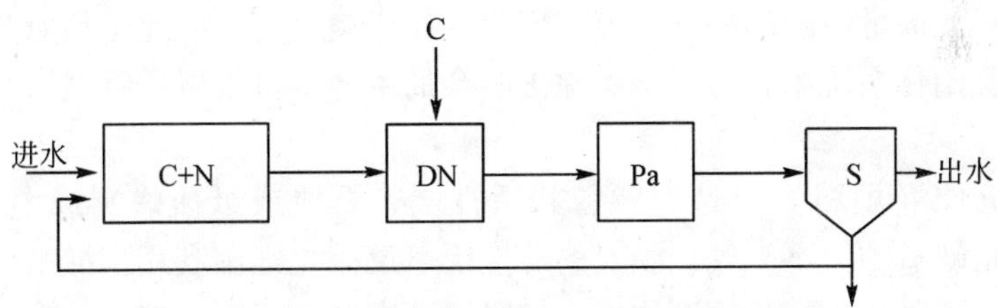

图 11-11　悬浮单级污泥外加碳源系统流程

C. 去碳；N. 硝化；DN. 反硝化；Pa. 后曝气；S. 污泥沉淀池

2. 生物膜系统

目前所研究的膜法反硝化几乎都是利用将硝化与反硝化分隔开来的系统，亦即反硝化段的滤池始终保持缺氧，以进行反硝化脱氮。使废水进行好氧去碳和硝化的那部分，可以是普通的好氧生物滤池，也可以是普通的活性污泥，当然活性污泥则需要另设污泥沉淀池，以使污泥单独回流。

根据缺氧反硝化滤池中介质是固定的还是活动的又可把它分成两类：一种是介质为静止不动的，仅使废水通过滤池，亦称缺氧滤池。另一种的介质可移动，如同生物转盘那样，但盘片全部浸没在废水中，亦称为缺氧转盘。

(1) *内碳源反硝化滤池*

内碳源反硝化滤池的反硝化部分系采用不充氧的缺氧滤池。同悬浮系统一样，承担反硝化的缺氧滤池可以在好氧滤池的前面，也可以在后面（图 11-12）。

这几种系统的反硝化效果为70%～80%，在前反硝化系统中，经好氧滤池后的出水需回流至缺氧滤池，当回流比为进水流量的四倍（或更高一些），脱氮率可达90%。在后反硝化系统中，原水部分旁路进入反硝化滤池，对运行管理要

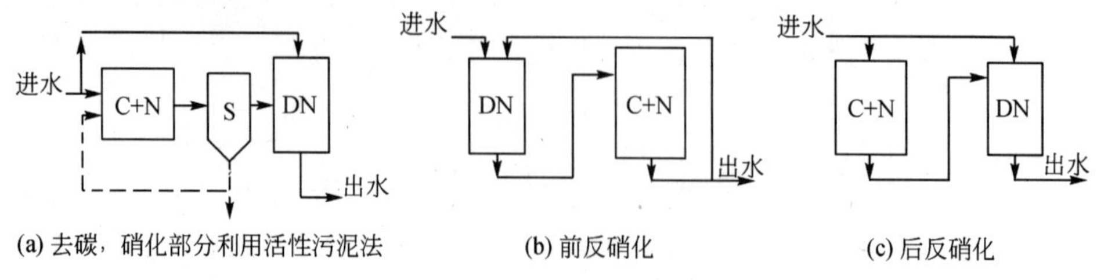

(a) 去碳，硝化部分利用活性污泥法 (b) 前反硝化 (c) 后反硝化

图 11-12 内碳源反硝化滤池

求较高，否则出水不是碳未去尽，就是脱氮效果低下。

（2）外加碳源反硝化滤池

流程与内碳源滤池相同，只是反硝化滤池通入外加碳源（如甲醇），而不是原生污水。它的脱氮效果较内碳源滤池高，停留时间亦可缩短。存在最大的问题是投加甲醇的剂量应随硝酸盐浓度的变化而相应地改变，因此运行管理上要求较高。在后反硝化系统中，为了确保除去剩余的甲醇，可设置后曝气塔。

（3）下向流滤池

滤池介质（填料）可选用颗粒状活性炭、石块或纸质蜂窝或塑料波纹板。由于滤池是缺氧的，不充气，膜上的兼性厌氧反硝化细菌利用硝酸盐作为电子受体进行无氧呼吸。生物量逐渐增多，使膜逐渐变厚，可因此造成堵塞，引起水头损失，或因局部堵塞造成不堵的部分水力负荷过高，形成短路，影响处理效果。反冲可采用压缩空气或用水力来冲击。

（4）上向流滤池

上向流滤池的介质可选用较细的颗粒活性炭或较轻的塑料介质。同下向流滤池相比较可减少反冲，同时由于介质颗粒较细小，可增大滤池内介质的总表面积，从而提高脱氮的容积负荷，减少停留时间。

第三节 微生物除磷

在普通废水生物处理过程中，微生物除碳的同时吸收磷元素用以合成细胞物质和 ATP 等，但只去除污水中 19% 左右的磷。残留在出水中的磷还相当高。故需用除磷工艺处理。

一、水体的磷污染与生物除磷

磷是生物圈中重要的元素之一，它不仅是生物细胞中的重要组成成分，而且在遗传物质的组成和能量的储存中都需要磷，生物的核酸、卵磷脂、ATP 和植酸中部含有磷。这些有机磷在微生物的作用下，可通过矿化作用转化成无机磷。无机磷以不溶性和可溶性磷酸盐两种形式存在，不溶性磷酸盐在某些产酸微生物的作用下转化成可溶性磷酸盐，可溶性磷酸盐同某些盐基化合物结合，转化成不溶性的钙盐、镁盐、铁盐等。上述种种途径就构成了磷在自然界中的循环。

虽然磷在农业上十分重要，但是它可引起水体污染，是造成富营养化的重要因子。受磷污染的水体，藻类大量繁殖，藻体死亡后分解会使水体产生霉味和臭味。许多种类还会产生毒素，并通过食物链影响人类的健康。随着工农业生产的增长，人口的增加，含磷洗涤剂和农药、农肥的大量使用，近年来水体磷污染日益加剧。另外，也导致了沿海海域多次发生赤潮事件。

生物除磷的优点：①除磷效果好；②可减少化学污泥量；③可减少污泥膨胀，改进沉淀效果，污泥易脱水，肥效高；④成本低廉，操作方便；⑤适合于现有污水处理工厂的改建。

二、微生物除磷原理

根据某些微生物在好氧时不仅能大量吸收磷酸盐（PO_4^{3-}）合成自身核酸和ATP，而且能逆浓度梯度过量吸磷合成储能的多聚磷酸盐颗粒（即异染颗粒）于体内，供其内源呼吸用。称这些细菌为聚磷菌，聚磷菌在厌氧时又能释放磷酸盐

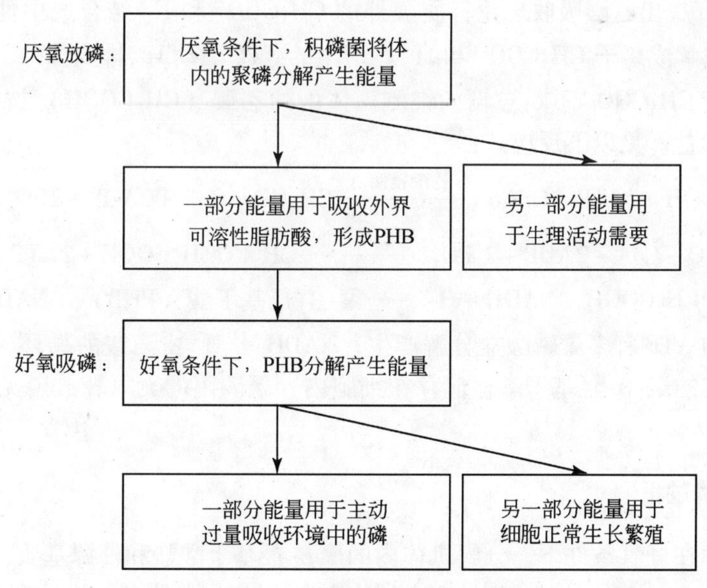

图 11-13　微生物除磷原理示意图

（PO_4^{3-}）于体外。故可创造厌氧、缺氧和好氧环境，让聚磷菌先在含磷污、废水中厌氧放磷，然后在好氧条件下充分地过量吸磷，尔后通过排泥从污水中除去部分磷，可以达到减少污、废水中磷含量的目的。微生物除磷原理见图 11-13。具有聚磷能力的微生物就目前所知绝大多数是细菌。聚磷的活性污泥是由许多好氧异养菌、厌氧异养菌和兼性厌氧菌组成。实质是产酸菌（统称）和聚磷菌的混合群体。据文献报道，从活性污泥中分离出来的聚磷细菌种类多，其中聚磷能力强、数量占优势的聚磷菌是不动杆菌——莫拉菌群、假单胞菌属、气单胞菌属和黄杆菌属等 60 多种。有聚磷能力的还有硝化细菌中的亚硝化杆菌属、亚硝化球菌属、亚硝化叶菌属和硝化杆菌属、硝化球菌属等。

三、除磷的生物化学机制

1. 厌氧释放磷的过程

产酸菌在厌氧或缺氧条件下分解蛋白质、脂肪、碳水化合物等大分子有机物为三类可快速降解的基质（S_{bs}）：①甲酸、乙酸、丙酸等低级脂肪酸；②葡萄糖、甲醇、乙醇等；③丁酸、乳酸、琥珀酸等。聚磷菌则在厌氧条件下，分解体内的多聚磷酸盐产生 ATP，利用 ATP 以主动运输方式吸收产酸菌提供的三类基质进入细胞内合成聚 β-羟基丁酸盐（PHB），与此同时释放出 PO_4^{3-} 到环境中。

Comeau 提出乙酸吸收理论；质膜外的 CH_3COO^- 和 H^+ 结合成中性分子，进入细胞再水解成离子 CH_3COO^- 和 H^+。产生的 ATP 驱动 H^+ 排到体外，重建质子驱动力，使 CH_3COO^- 不断被输入细胞。体内的乙酸（CH_3COOH）被合成为聚-β-羟基丁酸盐。见以下反应式：

$$CH_3COOH + 2ATP + HSCoA \xrightarrow{\text{乙酰辅酶 A}} CH_3CO - CoA + 2ADP + 2PO_4^{3-}$$

$$2CH_3CO - CoA + 2ADP + 2\ PO_4^{3-} \xrightarrow{\text{乙酰乙酸}} CH_3COCH_2COOH + 2ATP + 2HSCoA$$

$$CH_3COCH_2COOH + NADH + H^+ \longrightarrow \text{聚-β-羟基丁酸（PHB）} + NAD^+$$

式中的 ATP 有多聚磷酸盐分解产生，NADH 十 H^+ 由三羧酸循环（TCA）提供。所合成的聚-β-羟基丁酸盐储存在细胞内、聚磷菌的无氧释放磷见图 11-14、图 11-15 。

2. 好氧吸磷过程

聚磷菌在好氧条件下，分解机体内的聚 β-羟基丁酸盐和外源基质，产生质子驱动力（pmf），将体外的 PO_4^{3-} 输送到体内合成 ATP 和核酸，将过剩的 PO_4^{3-} 聚合成细胞贮存物多聚磷酸盐。其生物化学反应模式见图 11-16、图 11-17。

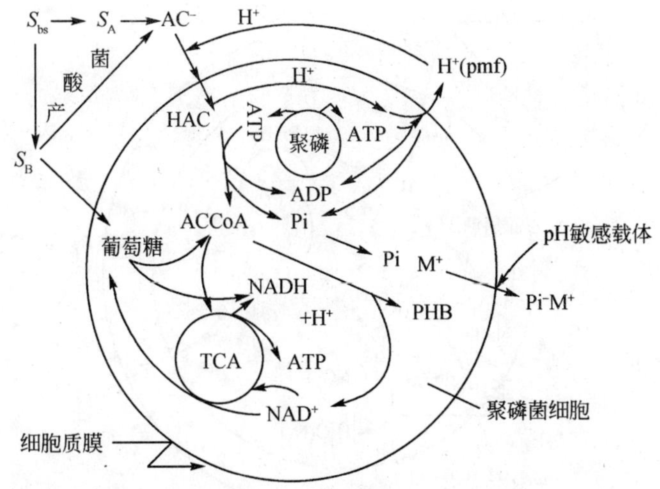

图 11-14　聚磷菌的厌氧放磷的生化反应模式

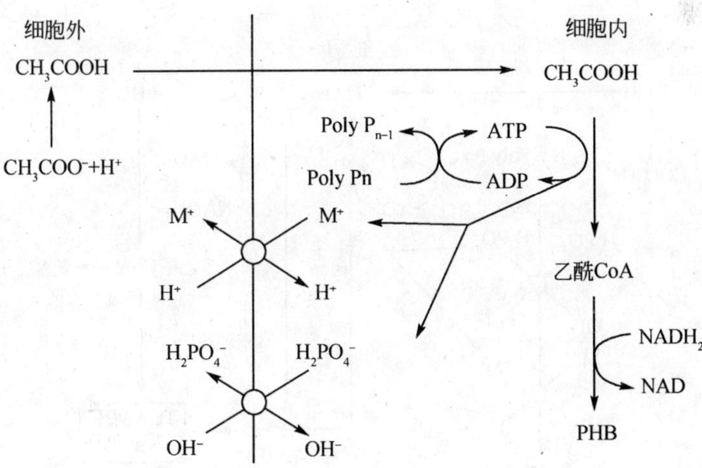

图 11-15　厌氧条件下聚磷菌的代谢

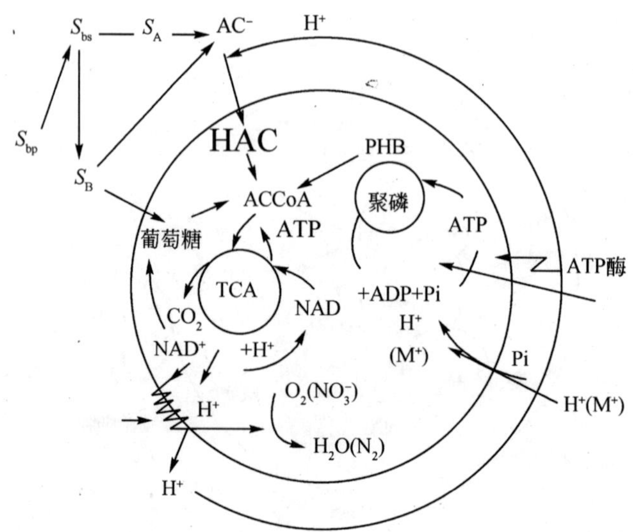

图 11-16　聚磷菌的好氧吸收磷生化反应模式

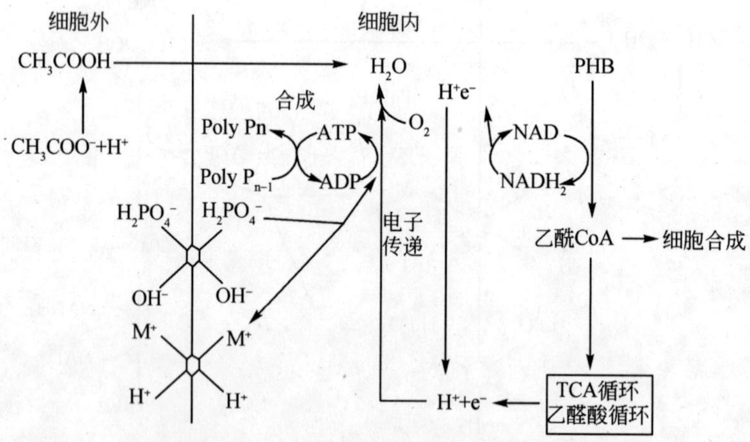

图 11-17　好氧条件下聚磷菌的代谢

四、除磷工艺流程

除磷工艺有如下几种：Bardenpho 生物除磷工艺、Phoredox 工艺、A/O 及 A^2/O、UCT〔（university of cape town process）开普敦大学〕工艺、VP 工艺、旁硫除磷——Phostrip 工艺、SBR 法等。这里介绍两种工艺，有些工艺在同步脱氮除磷一节中介绍。

1. A/O 工艺（图 11-18）

早在20 世纪70 年代初，美国专利“发展沉降性能好的污泥”中即采用A/O 工艺。

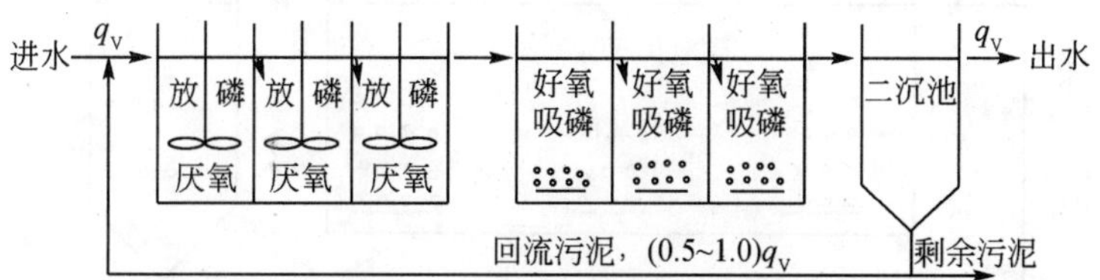

图 11-18　A/O 工艺流程示意图（除磷）

注：q_V 为流量（$m^3 \cdot d^{-1}$），下同

A/O 工艺是使污水和污泥顺次厌氧和好氧交替循环流动的方法。在进水端，进水与回流污泥混合进入一个推流式的厌氧接触区。为了防止氧气扩散到厌氧混合液中，可在厌氧区上方加盖。厌氧区内设有混合器，缓慢搅拌使污泥保持不沉。有时厌氧区还被分隔成 3 或 4 个室。厌氧区后面是曝气的好氧区，最后进入沉淀池使泥水分离。

根据美国空气产品公司报道的 A/O 工艺专利的特点是速率高，水力停留时间短，在典型设计的厌氧区停留时间为 0.5 ~ 1.0h，好氧区为 1 ~ 3h，系统的泥龄短，因此系统往往达不到硝化，回流污泥中也就不会携带 NO_3^- 至厌氧区。

2. Phostrip 工艺

Phostrip 工艺是在传统活性污泥法的污泥回流管线上增设一个除磷池及混合反应池构成的，如图 11-19 所示。Levin 1965 年最先提出该工艺，把生物除磷与化学除磷相结合，将富磷上清液引入化学沉淀池，投加石灰形成 $Ca_3(PO_4)_2$ 沉淀，通过排放磷污泥而除磷。Phostrip 工艺特点是：①由于化学沉淀除磷，使回流污泥中的磷含量降低，因而使系统对进水的 P/BOD 没有特殊限制，对进水水质波动适应性强；②用石灰对上清液除磷，产泥量少；③适合于活性污泥处理厂的改造。

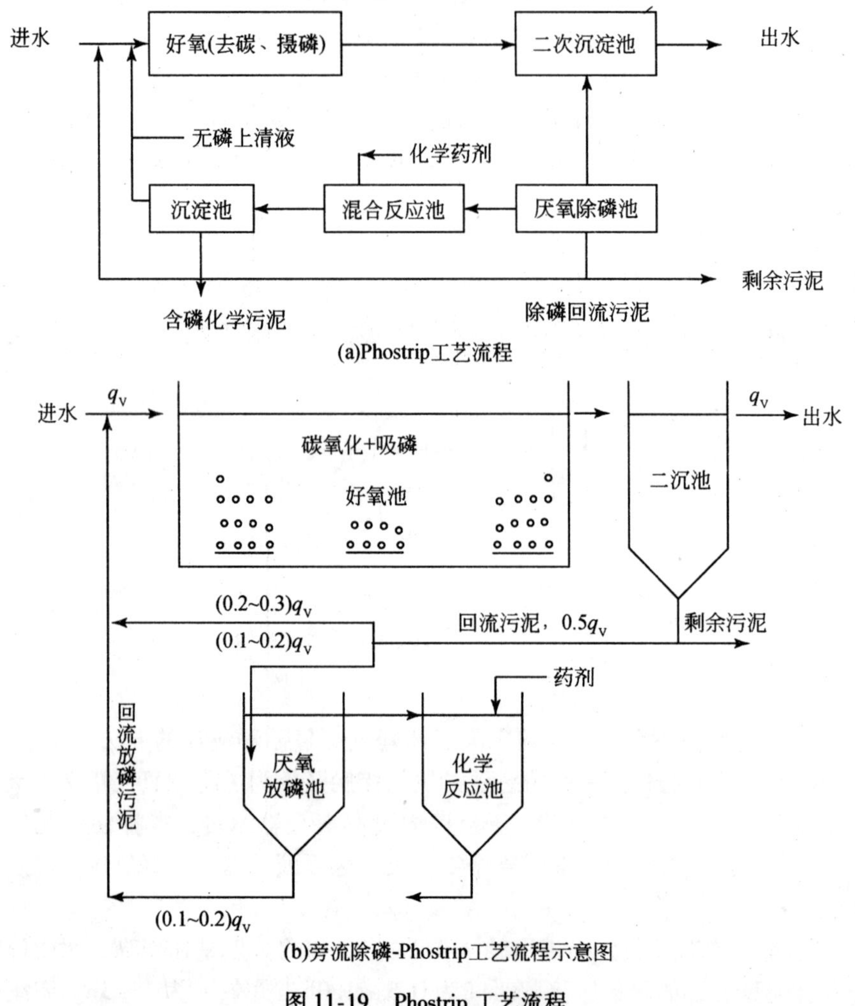

(a)Phostrip工艺流程

(b)旁流除磷-Phostrip工艺流程示意图

图 11-19　Phostrip 工艺流程

五、影响除磷因素

在生物除磷系统中，许多因素都对除磷效率有很大影响，这些因素有以下六个方面。

1. 碳源的浓度和种类

碳源的浓度是影响生物除磷效果的一个重要因素。有机物浓度越高，污泥放磷越早、越快。这是由于有机物浓度提高后诱发了反硝化作用，并迅速耗去了硝酸盐。其次可为发酵产酸菌提供足够的养料，从而为积磷菌提供放磷所需的溶解性基质。有研究者发现，要使出水磷浓度小于 $1mg \cdot L^{-1}$，进水总 BOD 与总磷之比至少要高于 15，才可使泥龄较短的除磷系统出水磷较低。诱导积磷菌放磷的有机基质可分为三类，它们都是可快速生物降解的有机基质。A 类，乙酸、甲酸和丙酸等低分子有机酸；B 类，乙醇、甲醇、柠檬酸和葡萄糖等；C 类，丁酸、乳酸和琥珀酸等。

其中 A 类基质存在时放磷速度较快，污泥初始线性放磷系由 A 类基质诱导所致。放磷速度与 A 类基质浓度无关，仅与活性污泥的浓度和微生物的组成有关。可以认为 A 类基质诱导的厌氧放磷呈零级动力学反应。

B 类基质必须在厌氧条件下转化成 A 类基质后才能被积磷菌利用，从而诱发磷的释放。因此诱导的放磷速度主要取决于 B 类基质转化成 A 类基质的速度。

C 类基质能否引发放磷则与污泥的微生物组成有关。在用该基质驯化后，其诱发的厌氧放磷速度与 A 类基质相近。

2. 溶解氧

研究表明，溶解氧是影响微生物除磷的重要因素之一。厌氧区溶解氧的存在对污泥的放磷不利，因为微生物的好氧呼吸消耗了一部分可生物降解的有机基质，使产酸菌可利用的有机基质减少，结果积磷菌所需的溶解性可快速生物降解的有机基质大大减少。经试验，厌氧放磷池的溶解氧应小于 $0.2mg \cdot L^{-1}$，好氧池中溶解氧应大于 $2mg \cdot L^{-1}$，以保证积磷菌利用好氧代谢中释放出来的大量能量充分地吸磷。

3. 硝酸盐和亚硝酸盐

与溶解氧相似，厌氧区中如存在硝酸盐和亚硝酸盐时，反硝化细菌以它们为最终电子受体而氧化有机基质，使厌氧区中厌氧发酵受到抑制而不产生挥发性脂肪酸。

4. 温度

温度对微生物除磷影响较小，虽然积磷菌在低温时生长速度会减慢，但在池温降至 8 ~9℃时，出水磷仍稳定地低于 $2mg \cdot L^{-1}$。温度对除磷的影响主要是发酵产酸速度的下降。此外，在同时要脱氮时须达到硝化，这要求降低负荷及延长泥龄，结果会减少产酸并影响去磷，解决的方法是投加挥发性脂肪酸。

5. pH

生物除磷系统合适的 pH 范围与常规生物处理相同，为中性和弱碱性，生活污水的 pH 通常在此范围内。对 pH 不合适的工业废水，处理前须先行调节，并设置监测和旁流装置，以避免污泥中毒。在 pH 较高的处理装置中，尤其是生物膜的填料上，常可看到沉积的磷酸钙，这样也可去除废水中的部分磷。

6. 工艺的运行参数和运行方式

除了上述水质和环境因子外，除磷工艺的运行参数和运行方式也会对除磷效果产生影响，其中主要有：

1）泥龄：除磷系统的泥龄会影响到污泥含磷量及剩余污泥排放量，从而影响到系统的除磷效果。Rensink 和 Ermel 比较了泥龄对去磷的影响，结果发现污泥泥龄越短，除磷效果越好。泥龄 30 天时，去磷效率为 40%，17 天时为 50%，5 天时为 87%。

2）厌氧区停留时间：放磷池中污泥停留时间一般为 6 ~ 18h。负荷高的 A/O 工艺厌氧区停留时间很短，通常 0.5 ~ 1.0h。需要同时脱氮的除磷系统负荷较低，回流液中的硝酸盐对厌氧环境产生干扰，故厌氧停留时间稍长一些。在 UCT 或 Phoredox 工艺中，厌氧区停留时间为 0.5 ~ 2.5h。在 A/A/O 工艺中，厌氧区常停留 2.0 ~ 4.0h。

另外，由于生物除磷系统污泥含磷量较高，所以污泥的沉降性能和剩余污泥的处置等都会对系统的除磷效率产生影响。

六、运 行 条 件

以上各种工艺流程各有优缺点，可根据水质选用。以上工艺既能除磷又能脱氮，都是用厌氧、缺氧和好氧的方法加以排列组合。但它们的工作主体硝化细菌和除磷细菌的生理稍有不同，两者力争夺碳源而有矛盾。因此，要分别创造一个适合它们各自生理需要的生态环境，故有以上多种工艺流程。即使同样是 A/O 及 A^2/O。其排列组合和运行条件也不同。为达到良好的除磷效果，要求 NO_3^-、NO_2^- 极低，溶解氧在 0.2mg · L^{-1} 以下，氧化还原电位低于 150mV，温度为 30℃ 左右，pH 为 7 ~ 8。

除磷菌每去除 1mgBOD_5，要消耗 0.4 ~ 0.8mg 磷，故废水的总凯氏氮（total Kjeldahl nitrogen，TKN）：COD_{Cr}控制在 0.08mg N/mg COD_{Cr}以下，BOD_5: TP 的比值大于 20，或溶解氧、BOD_5 和溶解磷三者之比应大于 12: 1 ~ 15: 1，除磷效果较好，可使出水总磷（TP）小于 1mg · L^{-1}。

在一种废水中同时除磷和脱氮，就要合理调整泥龄和水力停留时间，兼顾硝化细菌、反硝化细菌和除磷菌的生理要求，使它们和谐地生长繁殖。若只需除磷不需脱氮可用化学法加药剂除磷。

第四节　废水同步除磷脱氮工艺

生物脱氮除磷技术在实际应用中，通过工艺、参数等方面控制，往往可以实现废水的同步除磷脱氮。

1. A^2/O 工艺（图 11-20）

为了达到同时去磷除氮，可在 A/O 工艺的基础上增设一个缺氧区，并使好氧区中的混合液回流至缺氧区，使之反硝化脱氮，这样就构成了既除磷又去氮的厌氧/缺氧/好氧系统（anaerobic/anoxic/oxic system）工艺，简称 A^2/O 工艺。

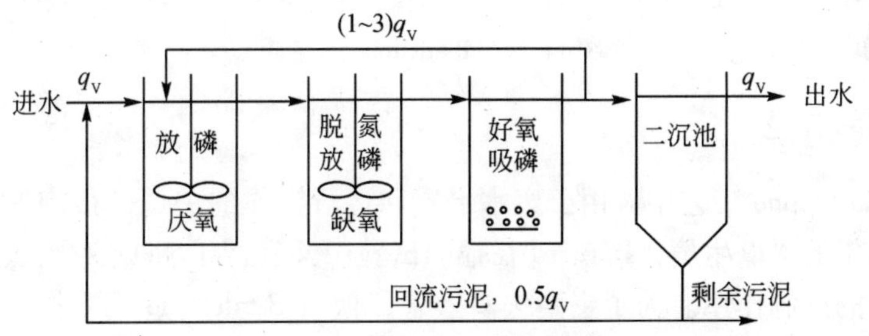

图 11-20　A^2/O 工艺流程示意图

从图 11-20 中可见，废水首先进入厌氧区，兼性厌氧的发酵细菌将废水中的可生物降解大分子有机物转化为挥发性脂肪酸这一类小分子发酵产物。积磷细菌可将菌体内积贮的聚磷盐分解所释放的能量可供专性好氧的积磷细菌在厌氧的“压抑”（stress）环境下维持生存，另一部分能量还可供积磷细菌主动吸收环境中的 VFA 一类小分子有机物，并以聚-β-羟基丁酸（PHB）形式在菌体内储存起来。

在实际运行中，A^2/O 工艺也与 A/O 工艺一样，要求在高速率下运行，即水力停留时间短，泥龄短，这样才能获得较高的除磷效果，缺氧区停留时间为 0. 5 ~ 1. 0h。

2. Bardenpho 工艺

1974 年，Barnard 报道在他所首创的硝化、反硝化脱氮 Bardenpho 工艺中，有时发现有很好的除磷效果。该工艺流程见图 11-21。在他以生活污水为进水的小试中，除了有很好的去除 BOD 及 90% ~ 95% 的去氮效果外，去磷率也高达 97%。Bardenpho 工艺以四个完全混合活性污泥反应池串联而成。其中第 1、3 池不曝气，设混合器缓慢搅拌以防污泥沉淀。第 2、4 池好氧曝气。第 2 池（好氧 1）停留时间长，已达完全硝化。好氧 1 的混合液并不回流至第 1 池（缺氧 1），而是进入第 3 池（缺氧 2），混合液中的 NO_3^- 被反硝化细菌通过内源反硝化还原成氮气。随后进入第 4 池（好氧 2）使溶解氧（dissolved oxygen，DO）足够高以驱走氮气泡，避免形成浮渣，同时避免污泥在沉淀池中厌氧放磷。

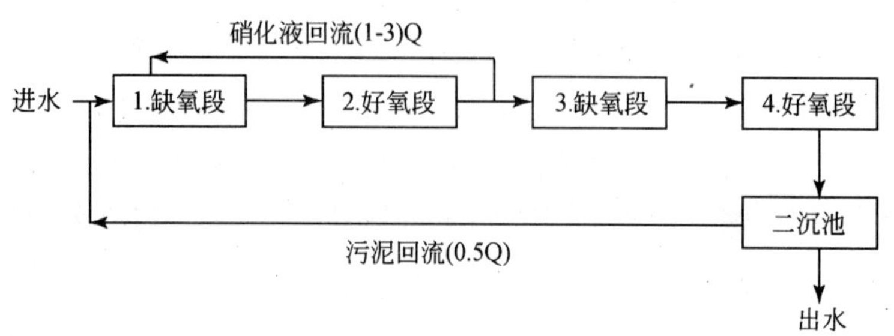

图 11-21　Bardenpho 工艺流程

3. Phoredox 工艺

在 Bardenpho 工艺中，由于废水水质和运行操作的关系，很难保证在缺氧区中出现期望的厌氧生境。Barnard 在他的试验中又发现了 NO_3^- 对厌氧放磷及整个系统去磷的抑制作用。为了提高去磷效果，他将 Bardenpho 工艺作了改进，在缺氧 1 前增设了一个厌氧发酵区。从二次沉淀池回流来的污泥在厌氧区中与进水相混。好氧池中污泥混合液回流仅进入缺氧区。只要后面 4 段硝化、反硝化控制得当，氮去除率高，同时控制二次沉淀池污泥至厌氧区的回流污泥比，那么通过回流污泥而带至厌氧区的硝酸盐将很少的。厌氧区中的厌氧生境比原 Bardenpho 工艺中缺氧区较易达到。在南非及欧洲将这种改进得 Bardenpho 工艺称为 Phoredox 工艺，在美国仍称之为改良型 Bardenpho 工艺或五阶段 Bardenpho 工艺。其工艺流程见图 11-22。

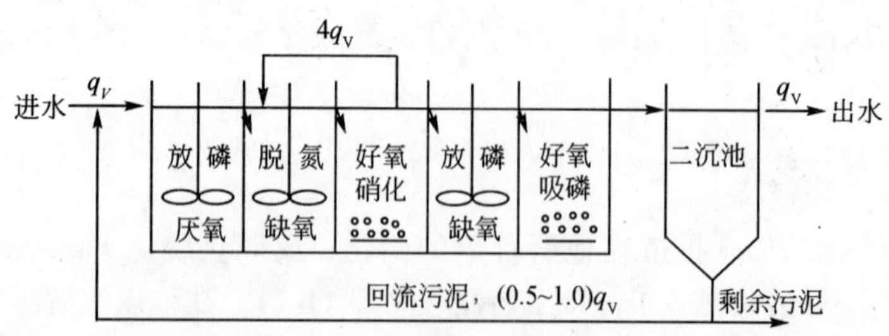

图 11-22　Phoredox 工艺流程示意图

4. UCT 工艺

从 Phoredox 工艺的流程中我们不难发现，二次沉淀池的回流污泥仍然是回至最前端的厌氧区，由于出水中或多或少带有 NO_3^-，因此对厌氧区总会带来不利的影响。如果出水 NO_3^- 浓度低，使回流污泥中 NO_3^- 浓度低或回流比低，那么可期望得到较好的除磷效果。但如果进水中 TKN/COD 值增加，要达到完全反硝化的碳源往往不足，通过改进操作来降低硝酸盐浓度方面的余地较小。同时减少回流污泥量对污泥的沉降性能有较高的要求，对二次沉淀池的操作也带来一定的困难。为此 Marais 等经过一系列的尝试后推出了 UCT 工艺。在 UCT 工艺中，从好氧区至缺氧区的回流中所携带的 NO_3^- 总是有一部分被缺氧区至厌氧区的回流液带入厌氧区。为了解决这一问题，有人对 UCT 工艺作了改进，称之为改良型 UCT 工艺，其工艺流程见图 11-23。

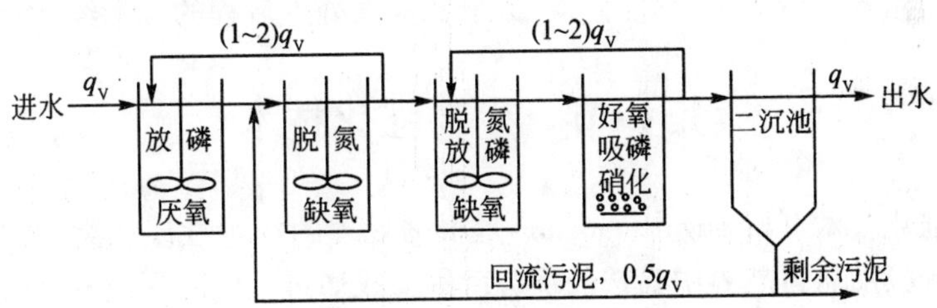

图 11-23 改良型 UTC 工艺

（杨玉锁）

参 考 文 献

孔繁翔. 2000. 环境生物学. 北京：高等教育出版社：276 ~ 288
马文漪，杨柳燕. 1998. 环境微生物工程. 南京：南京大学出版社：176 ~ 195
杨柳燕，肖琳. 2003. 环境微生物技术. 北京：科学出版社：288 ~ 306
郑平. 2002. 环境微生物学. 杭州：浙江大学出版社：167 ~ 171
周群英，王士芬. 2008. 环境工程微生物学. 第三版. 北京：高等教育出版社：223 ~ 336
周少奇. 2003. 环境生物技术. 北京：科学出版社：188 ~ 211

第十二章　水处理新技术的发展和前景

污水处理技术可分为物理法（滤过、沉淀等）、化学法（絮凝、氧化、消毒等）和生物法（生物膜吸附、微生物消化降解等），其新技术的发展趋势是多种方法协同，取综合作用加以强化；另外，在综合应用水处理技术中，污水生物处理技术已逐渐成为主要的支柱技术。继而，各种生物膜技术，生物反应器技术等不断更新。对于含有高浓度难降解有机物的污水，物理化学法处理技术常可以作为从污水中回收有用物质的手段或是用作生物法处理前的预处理，在采用生物处理新技术对污水进行无害化处理，可以显著提高处理流程的技术经济合理性。

第一节　生物强化技术

生物强化技术（bioaugmentation）是根据处理的污水性质、类型向污水处理系统中直接投加从自然界中筛选的优势菌种，或通过基因工程技术克隆产生的高效功能菌种，改善与提高原处理系统的能力，达到以改进某一种类型污水的不良性质，或去除污水中某一类有害物质为目的的生物技术。所谓生物强化技术是不同于一般意义的生物法污水处理技术，而是一种污水处理中的“挽救”措施。当一些污水处理厂发生突发事故，如受到有毒害和难降解的有机物攻击，导致污水处理系统中固有的微生物难以迅速适应污水中的这种变化，使其活性受到严重抑制和破坏，导致大量死亡，出现整个处理系统的运转被扰乱，治理后的水达不到排放标准。此时，具有针对性的直接向原有系统中投加高效菌种，迅速恢复水处理系统的正常运行，使出水质量达标。这种应急的措施就是生物强化技术，在水污染治理、污染土壤的生物修复和大气污染的治理中得到广泛的研究与应用。

高效菌种的投加能迅速高效地使原有处理系统恢复正常运转，不仅使处理后的水达到整体 BOD、COD 的排放标准，又能尽量降低那些含量虽低，但其危害甚强的有毒、有害的污染物。因此人们开始研究将生物强化技术用于工业废水、地表水和地下水中难降解的有毒有害物质的治理，或用于改善和提高污水处理的效果。由于生物强化技术具有针对性强、应用灵活及效率高等特点，在水污染治理中具有广阔的应用前景。

一、生物强化技术的作用机制

当污水处理系统出现突发事故，受到有毒有害难以降解的有机物的攻击，使生物处理系统的正常运转被扰乱。为提高污水处理系统的处理能力，使治理后的水能达标排放或循环回用，必须采用生物强化技术，向该系统中投加从自然界中筛选的优势菌种，或实验室中诱变、或基因重组的高效菌种，以去除某种类的有毒有害物质，提高对作用基质的生物消化及降解。简而言之，生物强化就是通过向自然菌群中投加具有特殊功能的微生物来增加生物量和生物活性，来强化对某一特定环境或特殊污染物的作用及无害化。投加的高效菌种对污水基质的作用主要是直接作用和共代谢作用两方面。

1. 高效菌种的直接作用

投加的高效菌种是针对污水中难降解基质设计，通过自然界中随机筛选、诱变驯化和基因重组等技术获得的，是以目标降解物质的主要碳源和提供能量的微生物，向处理系统中直接投加一定量的该菌种，就会迅速恢复微生物的生物量，并达到对目标基质降解和去除有毒有害物质的强化作用。

2. 微生物的共代谢作用

对突发事故中出现的一些有害物质，投加的高效菌种不一定都能以其作为碳源和能源进行生长增殖，但在其他基质存在下能改变这些有害物质的化学结构使其降解，如在甲烷、芳香烃、氨、异戊二烯和丙烯为制药基质生长的一些菌种可产生一种氧合酶，这种酶可以共代谢三氯乙烯（TCE）。

二、生物强化技术的实施方法

生物强化技术在对污染物进行生物处理时，投放微生物的功能效应是主体。因此，了解和掌握微生物的生物学特性，筛选、培育出优质高效菌种，才能获得较好的生物处理效果，即选育出针对目标降解物的高效微生物菌种，才是应用生物强化技术的前提。其实在水处理系统中，要提高去除难降解的有机污染物和其他有毒有害物质的能力，除进一步改进系统的工艺外，最重要的就是加强高效菌种的选育工作，分离、驯化出高效菌种以处理污水中的目标污染物。

（一）高效微生物菌种的选育意义

生物强化技术是在应急突发事件时使用的高效菌种，应具有针对性强，活力高效的优点。投加后能即时成立小处理系统的优势菌群，并能使处于被扰乱的处理系统立即恢复正常运转。能担负起水处理生物强化作用的菌种至少应满足以下要求：①在水处理系统中存在其他抑制性污染物的情况下，投放的菌种在生物处理复杂的微生物群落中能保持对目的污染物的代谢活性；②投放菌种在引入到生物处理系统后，必须具有竞争力，能在生物处理系统中长期存活并大量繁殖；③投放菌种应与生物处理系统中原有的微生物菌群兼容，即与原有的微生物菌群共生，对原有的微生物无不良影响；④投放菌种的遗传特性是相对稳定的，不论是从自然界中筛选的功能菌，或是在实验室中经诱变驯化的特殊功能菌，或经基因重组使菌种获得的特殊功能菌等，这些固有的或变异后获得的功能应相对稳定，不能因投放后受到新环境的理化影响或与生物处理系统原有菌群发生基因转移与重组，包括质粒（plasmid）传递等而丧失原来的优良功能，并有适用于生物强化系统的微生物的性能。

（二）高效菌种的选育方法

当前我国水环境污染形势非常严峻，因此迫切需要发展水污染治理技术。对于特定废水的生物处理工艺，微生物菌种选育得如何，严重影响着污水处理工艺能否实现高效低耗。针对处理系统中难降解的目标污染物，筛选、培育出高效功能菌种是生物强化技术的关键，也是污染治理工程前期工作中需要着重考虑的问题。选育污水生物处理中适宜的高效菌种，可以直接取自自然环境（如污水、活性污泥等），也可在实验室中进行诱变。

1. 自然筛选

利用待处理的污水对微生物种群进行自然筛选。一般情况下，当污水生物处理效果下降时，可从临近运行正常的生物处理池里取活性污泥投入即可。所以，如能从这种活性污泥中分离出优势菌群的细菌，在有条件时也可进行一些功能性选育、复壮与扩增，作为自然筛选的高效菌种投入污水生物处理系统中进行强化生物处理。

2. 实验室诱变

对存在于自然界中各种固有的化合物，一般都能找到相应的降解菌，即能降解固有生物源化合物的微生物，但对于人类在工业生产中合成的一些自然界中不曾存在的化合物，称非生物源性化合物（xenobiotics），也称外源性化合物。这些新化合物的结构不易被自然界中固有微生物的降解酶系识别，要降解这些非生物源性化合物就必须用目标降解物来驯化、诱导固有微生物的突变（mutation），促其产生相应降解酶系，获得降解这些非生物源性化合物。例如，在1959年人工合成的2-氯-4-乙胺基-6异丙胺基-1，3，5-三嗪（商品名Atrazine，译音阿特拉津）就是一种非生物源性化合物，Atrazine是在世界范围内广泛使用了50年的选择性除草剂，这种除草剂在土壤中持留期长（半衰期长达173天），具有土壤淋溶性，可通过地表径流和渗透作用污染地下水，造成生态环境破坏。这种人工合成的除草剂，在自然界固有微生物的种属中找不到相应的能降解Atrazine的微生物，生物强化技术要处理被除草剂污染的水，就必须靠微生物的自然突变或在实验室中进行定向诱导和驯化，最后筛选出能降解Atrazine的高效菌种。张阳等选用Atrazine唯一碳源培养基作为富集培养基，进行Atrazine降解菌的分离筛选，从长期施用Atrazine的土壤中筛选到一株能以Atrazine为唯一碳源生长的菌株SYSA，菌种鉴定为阴沟肠杆菌（*Enterobacter cloacae*）。该菌在50h内能将20mg·L^{-1}的Atrazine降解近50%，146h的降解率达87%。阴沟肠杆菌是自然界中固有菌，但迄今为止尚未见该属微生物降解Atrazine的报道，而SYSA菌获得了能降解Atrazine的酶系，能以Atrazine作为菌体生长的碳源和能源，说明SYSA菌是一种获得新性能的阴沟肠杆菌的突变株。这种用目标降解物来驯化、诱导产生的相应降解酶系，筛选得到高效菌种的方法在实验室的诱导突变一般需要数月，而在自然界发生的自然突变可能需要数年。

随着农村小工业的兴起，工业污水中难降解毒性有机物（如硫磷、甲基吡啶、异喹啉等）的不断增多，仅靠从自然界中获得的菌种，对这些人工合成的非生物源性污染物的降解已无能为力，必须经过诱变或杂交等方法，选育出新产生特定降解酶系的突变株或杂交株才能获得高效菌种。活性污泥法是比较成熟的污水生物处理技术，在活性污泥中通过诱变技术可选育出活性较强的菌种，对有机污染物的降解能力明显增强。李伟民等用紫外线诱变驯化污泥里的菌液来处理蔗糖污水，其COD降解性能明显增强，COD去除率比未经紫外线照射前的菌种提高20%~28%。王倩如等选育出腊样芽孢杆菌和嗜中温假单胞菌，两者混合菌液对农药甲胺磷的去除率高达99.7%。Reb等筛选到假单胞菌对氯代联苯的降解具有很高的选择性，对污水中的氯代联苯的降解率可达75%。

若维持生物强化系统的持续稳定运行，就要得到大量的高效菌种。高效菌种可从厂家直接购买，一般厂家生产的生物强化剂多由二十几种自养菌、异养菌组成，具有多种功能与嗜性。根据降解目标的不同，其生物强化剂中的菌种类别有所不同。如果污水处理系统具有一定的条件，获得高效菌种的另一途径是自己培育，Roger 等在生物强化系统处设置一个富集池（enriching-reactor），在富集池中投放要降解的有害物质，降解的中间产物、引发剂和营养物质，当接种高效菌剂后，使其在富集池中得到驯化、培养和繁殖。利用这种富集反应器可模拟实际污水，为微生物的生长繁殖提供最优化的条件，同时也缩短了微生物在反应器中的适应期。一个富集池中多以目标物为唯一基质来驯化，而后选育出高效菌种。但实验污水的水质性状比较复杂，含有多种成分，故将获得的高效菌种投加到污水处理系统中后，可能受到其他组分的抑制作用，达不到预期的治理目标。为此，Babcock 等开发了一种离线富集反应器（off-line enriching reactor），是由几个序批式活性污泥法反应器（Sequence batch reactor，SBR）组成，在每个 SBR 反应器中投放实际污水中含有的有毒、有害物质及其降解的中间产物，但添加的富集因子即诱导物和营养物质等可不同，人为地为菌种的高效繁殖创造有利条件。这样，几个 SBR 反应器就能为生物强化技术的实施提供大量的菌剂，也能模拟实际污水的组成和环境条件，使高效菌剂在其中逐步适应，使投加到处理系统的菌剂会快速适应新环境，迅速生长繁殖并有效地去除污水中的有毒有害物质。而富集高效菌种的培养基应是被微生物容易利用的碳源和能源，投加营养物质和结构与目标物类似的生长因子。

3. 基因克隆高效菌种

分子生物学的迅速发展为人类快速获取高效菌剂提供了可能。微生物对污染物的降解能力与其代谢类型和代谢途径相关，这些性能是受微生物的基因物质的调控，如质粒 DNA 与降解某物质有关，称降解性质粒。多数降解性质粒具有可传递性和相容性。如果能将具有降解不同有害底物功能的质粒组合到一个菌种中，使其获得具多种功能的降解性质粒，可在污水处理系统中能降解多种污染物，或完成降解过程中的多个重要环节，完成去除污水中多种有毒有害物质。

上述构建一种具有降解多种底物的基因工程微生物（gene engineering microorganism，GEM）是有可能的，但是要从自然界中筛选并获得具有不同功能的降解性质粒可不是一件易事，特别是获得具有降解非生物源性化合物的质粒更难。能解决这一难题，并迅速获得能针对难降解物或降解非生物源性化合物功能的质粒，采用基因工程技术对降解性质粒 DNA 进行体外重组，首先要具备一个性能稳定且有高转移活性的质粒作为工具，合成一段能表达作用目标底物降解酶的基因片段，再有能识别质粒 DNA 的内切酶和将降解酶基因片段插入到质粒 DNA 上的连接酶，即可将工具质粒修饰成带有目标底物降解酶基因片段的功能性质粒，然后将此质粒转入到某菌体内就可获得高效菌种。为达到扩大获得高效菌种的目的，可采用质粒分子育种，将不同功能的质粒和载体菌在选择压力的条件下，并在恒压器内混合培养，使微生物发生质粒的相互作用和传递，缩短自然选育进化所需要的时间，达到加速培养高效菌种的目的。将带有不同降解酶质粒的菌种混合培养，利用原生质体融合技术使细菌获得多个不同亲本的性状。

（三）生物强化技术的实施

1. 直接投加高效菌剂或辅助营养物

（1）直接投加高效菌剂

目前，污水处理的生物强化技术应用，最为普遍的方式是直接投加针对目标污染物的高效降解微生物。这种高效降解能力是通过筛选、诱导和驯化培养之后获得的，投加到污水处理系统中能以目标污染物作为唯一碳源和能源，这些高效菌剂在污水中可以是游离的状态，也可吸附在载体上形成高效的生物转盘、生物膜等，有些生物强化是借助于反应器（SBR）来完成的（表 12-1）。Selvaratnam 等筛选到一株恶臭假单胞菌（P. putida，ATCC11172），是针对苯酚的高效降解菌，投加到 SBR 反应器中能在 40 天内对废水中苯酚的降解率始终维持在 95% ~ 100%，而那些没有投加高效菌剂的反应器中，苯酚的去除率仅在 40% 左右。在生物强化系统内连续 40 天内均观察到 P. putida 的降解基因 dmp N 的表达。张阳等在长期施用除草剂阿特拉津（Atrazine）的土壤中筛选并驯化培养出一株阴沟肠杆菌（*Enterobacter cloacae*）能以阿特拉津为唯一碳源生长的高效菌种，该菌在 50h 内将 $20mg \cdot L^{-1}$的阿特拉津降解为 $10mg \cdot L^{-1}$（降解率 50%），146h 后阿特拉津浓度降至 $2.7mg \cdot L^{-1}$（降解率达 87%），菌体生长的 OD_{680}值达到 1.2，说明该菌能利用阿特拉津进行菌体生长繁殖。

表 12-1　高效菌种在生物强化系统中的应用

高效菌名称	菌种特点	降解基质
恶臭假单包菌种 *Pseudomonas putida*	美国菌种保藏中心保藏（ATCC 11172）降解基因 dmpN（染色体）	苯酚，提高酚的去除
P. putida BH *P. Cepacia* HCV *Pseudomonas cepalia* CG	质粒 pBH 500 Pseud. Cepacia HCV（有质粒）	苯酚、2，4-二硝基甲苯、2，6-二氯甲苯 3-氯/4-氯苯胺、三氯乙烯
P. putida EB62	pWWO—EB62 pWWO 突变株	苯乙酸、4-乙基苯甲酸

续表

高效菌名称	菌种特点	降解基质
P. putida UWC1	pD10. pJP4 的片段 SsH-C 克隆进 pPK231	3-氯苯甲酸脂（3-CB）
P. oleovorans Gpo12	pWD15	3-氯苯甲酸
分枝杆菌新组合 *Mycobacterium* *Chlorophenolicus Comb. nov* *Chlorophenolica* RA2	chlorophenolicaRA2/Pseud. sp. （共代谢）	五氯酚（PCP） 4－硝基苯酚
气单胞菌属 *Aeromobacter sp.* E1		苯酚
产碱杆菌属 *Alcaligenes sp.* E2		苯酚、二氯苯、4－氯-二硝基苯酚、2，4，6-三氯苯酚
黄孢原毛平革菌属 *Phanerochaete chrysosporium*		BTEX 化合物 （苯、甲苯、乙苯、二甲苯）
白腐、真菌 White-rot fungi 赭曲霉菌 *Aspergillus ochraceus* *Cunninghamella elegans* 分枝杆菌属 *Mycobacterium*		多环芳香族碳氢化合物（萘、蒽、芴、菲等）
假单胞菌属 *Pseudomonas* SP 红球菌属 *Rhodococcus erythropolis* SP *Rhodococcus sp.* QT-1 吲哚脱硫细菌属 *Desulfobacterium indolicum*		氯杂环化合物 （吡啶、吲哚、喹啉等） 2，4，6-三氯苯酚 2，4-二硝基苯酚
大肠埃希菌 *Escherichia coli* HB101 *E. coli* Kl2	pMW50	3-氯苯甲酸 四氯化碳
铜绿假单胞菌 *P. aeruginosa* PAO1161 *P. aeruginosa* KF257	pMFBI pMFB1	联苯、多氯苯

续表

高效菌名称	菌种特点	降解基质
黄细菌 *Flavobacterium sp.*	Flavobacterium sp. （有质粒）	4-硝基苯酚 多氯联苯
阴沟肠杆菌 *Enterobacter cloacae*		阿特拉津（Atrazine） 除草剂
蜡样芽孢杆菌(金水1号) *Bacillus cereus*		氯杂环化合物 （吡啶、吲哚、喹啉等）

随着人类生产与生活的进步，污染物中出现了一些人工合成的非生物源性化合物（如除草剂、洗涤剂、杀虫剂等），在自然界中找不到降解这些物质的相应微生物。必须要通过诱导突变，驯化培养，甚至应用基因工程技术去改造现有的细菌，近10多年来通过基因工程技术构建具有特殊降解功能的遗传修饰微生物（genetic modified microorganism，GMM）已有数十种，这些GMM菌株在纯培养时可有效的降解一些非生物源性化合物（GMM的应用见表12-1）。

假单胞菌属（pseudomonas SP13）只能降解3-氯苯甲酸（3-CB），不能降解与其结构相似的4-氯苯甲酸（4-CB），研究人员将编码苯甲酸脂1、2双氧合酶的基因插入到不同宿主的质粒中，然后将这种新构建的质粒转移到假单胞菌中，使Pseudomonas SP13既能降解3-CB，又能降解4-CB。法国Nuglein在活性污泥系统中加入两种GMM菌，一种是带有质粒PWWO-EB62的恶臭假单胞菌（P. putida EB62），具有降解4-乙基苯甲酸（4-EB）的能力；另一种是带有PFRC120的假单胞菌（Pseudomonas SP. FR120），可通过邻位途径同时降解3-CB和4-甲基苯甲酸（4-MB）。实验室发现在不投加FR120菌株时，活性污泥中1.0mmol·L^{-1}的3-CB和4-MB需经8天的驯化才开始降解，而且是当4-MB先降解到浓度低于1.0mmol·L^{-1}后才开始降解3-CB，到16天后其浓度仍有0.2mmol·L^{-1}；若活性污泥中加入FR120菌后，污泥中的3-CB和4-MB可同时降解，降解率也明显提高，仅5天后两者的浓度均少于0.2mmol·L^{-1}，随后4-MB浓度则低于检出限，而3-CB的浓度也少于0.1mmol·L^{-1}。另外，在该活性污泥系统中抗击3-CB和4-MB的负荷冲击能力也有明显提高。

在GMM菌株构建时，必须考虑受体菌的生态适应性，而且作为一株好的GMM菌，在污水处理系统中必须具有较快的生长速率和良好的沉降性。如有人用假单胞菌（pseudomonas PpG1064）作为供体菌，以接合传递方式将质粒pNAH转移给受体菌Pseudomonas lemoignei 551，获得了一株能降解水杨酸和萘的活性，并能保持絮体形成能力的菌株，因受体菌是从活性污泥中分离的，所以该菌在污泥中具有良好的生态适应性，很适于在活性污泥的污水处理系统中应用。

(2) 投加微生物共代谢基质及辅助营养物质

微生物共代谢是指投加的微生物对一些难降解的有机物不能以其为碳源，而能以环境中的甲烷、丙烷、甲苯、酚、氨和二氯苯氧基乙酸等为原始底物，微生物降解这些原始底物后产生的氧化酶改变了目标污染的结构，从而达到降解污水中难降解的目标污染物的效果，这种以降解原始底物过程产生的物质达到降解目标污染物的目的的过程就是共代谢作用。大部分难降解的有毒有机物的降解是通过共代谢途径完成的。

1）投加营养物。

在常规活性污泥系统中降解目标污染物的微生物，其活性与数量比较低，如能在其中添加某种营养物，包括碳源及能源物质，或提出降解污染物所必需的因子将有助于污泥中降解菌的生产，改善处理系统的运行性能。研究证实投加营养物质可刺激有毒难降解有机物的生物降解。

Schmidt 等用一种假单胞菌纯菌种降解 1-硝基苯酚，发现添加葡萄糖能提高 1-硝基苯酚的最大比基质去除速率（μmax），因葡萄糖是易于被微生物利用，使投加菌得以迅速繁殖，从而加快了对目标污染物的降解，当然此法并不适于所有假单胞菌菌种。在生物强化污水处理系统中投加的辅助营养物质，要考虑价格低廉且有多种用途。除提供碳源与能源之外，最好也能作为目标污染物的降解过程所需物质的诱导物，即作为一种能够产生广谱的亲和性酶，且能保持高效菌种的降解特性并促进其生长。如添加葡萄糖对氯代芳香烃化合物还原氯过程有刺激作用，葡萄糖降解过程所产生的辅酶 NADH 可促进偶氮染料的还原裂解脱色。另外，在 SBR 处理系统中投加葡萄糖对二硝基苯酚（DNP）的降解有刺激作用，其机制在于葡萄糖能改善 SBR 系统中的活性污泥的性状，增加 DNP 降解菌的数量，延长降解菌的滞留时间，同时能降低 DNP 的毒性。

2）投加微生物共代谢基质。

对于一些通过诱导酶降解目标物的微生物，可通过投加共代谢基质及其类似物，中间代谢产物等作为酶的诱导物，使高效菌种与共代谢基质的协同作用对污水处理起到生物强化的效果。有人从处理焦化废水的活性污泥中，富集并分离出萘降解菌和吡啶降解菌，在焦化废水处理的生物强化系统中投加一种高效菌种和不用的初级共代谢基质时，发现投加初级基质投加量对焦化废水难降解物 COD 去除率的影响较大，当反应 24h 时，COD 去除率在 8.0% ~22.0% 变化；投入不同的高效菌种时发现他们均能提高难降解物的去除率，在 24h 内可提高焦化废水 COD 去除率的 20% 以上；48h 内的焦化废水 COD 去除率可达 47% 左右；在此基础上如再投加 Fe^{3+} 时，大约 48h 可使 COD 去除率再提高 5%；如投加上述高效菌组合与初级基质协同时，其作用效果好，在反应 24h 内可比只加高效菌种提高

COD 去除率 10%，在 48h 时焦化废水 COD 去除率可达 60% 左右。可以在投加高效菌种时，添加共代谢初级基质，Fe^{3+} 等均能促进难降解有机物的降解，提高焦化废水 COD 的去除率，三者的协同作用最好。有人提出在投加诱导物强化活性污泥系统，去富集活性污泥中降解多环芳烃（PAH）的高效菌，在考虑选择诱导物时的注意事项，首先是诱导物应能产生亲和性广泛的酶，如二甲苯生物降解的前几个步骤，都是由一些广亲和性酶参与的，而这些酶则是由基质类似物诱导的；其次在活性污泥中的微生物，存在着一些化合物诱导产生降解目标污染物所需的酶，如一种降解萘的假单胞菌，其染色体上有编码降解酶的基因，也可由质粒 DNA 编码，而这些酶需要基质来诱导产生，当这些能表达降解酶的基因得不到基质的诱导（如长时间保存时）可导致这些假单胞菌群体降解萘活性的丧失；再次，所选择的基质诱导物应价格便宜和安全无毒的。虽然采用目标污染物如多环芳烃可以作为基质来富集与维持降解微生物的遗传信息，但从经济与安全的角度考虑，都不应选择 PAH 作为维持与繁殖高效菌种的基质。根据以上原则有人选择了水杨酸、2-氨基苯甲酸和琥珀酸作为富集降解萘微生物的诱导基质，一方面他们可以作为微生物的碳源和能源；另一方面可诱导微生物产生萘加氧酶和 1，2-二烃基萘加氧酶等相关的萘降解酶。应用效果发现水杨酸与 $0.3mg \cdot L^{-1}$ 萘富集维持的培养物，可在 4h 内将处理系统中的萘去除 99%，使富集反应器中的萘浓度从 $0.3mg \cdot L^{-1}$ 降至 $0.04mg \cdot L^{-1}$ 以下。在富集系统中用 2-氨基苯甲酸与琥珀酸一起在 $0.3mg \cdot L^{-1}$ 萘富集维持的培养物中，开始有一定的降解作用，这种去除作用逐渐降低，以至最终失去降解性能。产生这种效果的原因，推测与琥珀酸作为三羧酸（TCA）循环的中间产物可被处理系统中其他多种微生物所利用而大量增殖，使系统中萘降解菌的生物量降低。同样，如果用葡萄糖作为此处理系统中高效菌种的碳源和能源的基质，也不具有萘降解活性。

2. 投加固定化微生物

在生物强化技术应用过程中常因投加的高效菌在处理系统中因曝气等大量流失，或被活性污泥中的其他生物竞争，起不到生物强化作用。若采用微生物固化技术，将单一或一组优势菌固定封闭在特定的高分子网格结构的载体内，使菌群大量黏附在载体表面，增殖形成生物膜，在污水处理系统中不易脱落，增殖快，活性高，提高优势微生物的浓度，增加高效菌在生物处理器中的存在时间。但并非所有固化微生物都优越于游离态的微生物，因固化后的微生物受其自身传质性能和氧性能的限制，高效微生物和目标污染物的接触受到阻抑，从而影响了污染物的降解效率；而游离态的混合菌液在污水处理系统中能迅速与目标污染物混合接触，没有传质阻力。

(1) 固化载体的选择

选择固定微生物细胞的载体必须遵循如下要求：①载体的网格结构规整、固定化密度大；②载体的吸附性能好，微生物细胞漏出少，外面的细胞难以进入，但基质的通透性好；③载体在固定化过程中及固定化后对微生物无伤害，能维持固定化微生物的最大液化活性；④成本低廉，包括载体本身价格低，同时固定化过程易操作，成本低，固定化能在常值、常压下进行；⑤载体的物理强度及化学稳定性好，具有抗微生物分解的作用；⑥载体的降解分离性好。根据上述条件要求，人们选用的载体材料主要分为两类：一类是天然高分子聚胶，如聚酯、海藻钙等；另一类是有机合成的高分子聚胶，如聚乙烯醇（PVA）、聚丙烯酰胺（PAM）等。有人在试验中比较了明胶、海藻酸钙、聚乙烯醇、聚丙烯酰胺凝胶等作为微生物包埋剂的性能，结果显示明胶的内部结构过于密实，传质性能不良；聚丙烯酰胺凝胶对生物有毒性。唯有海藻酸钙和聚乙烯醇凝胶的机械性能和传质性能较好，对生物无毒，包埋的微生物降解活性高，且固定化操作简易，是性质较好的固定化细胞载体。在进一步的比较试验中，结果证实海藻酸盐（CA）固化微生物的传质性能优于聚乙烯醇凝胶，但吸附性能不及PVA；在微生物低负荷下，CA固定化微生物高于PVA固定化微生物对TOC的去除率；但在高负荷污染物下，PVA固化微生物高于CA固化微生物对TOC的去除率；PVA固化微生物的强度和稳定性高于CA。目前CA和PVA是常用的微生物包埋载体，但CA的缺点是强度和稳定性欠佳，需改善和加强，而PVA更加适于作为包埋微生物的载体，但传质性需要提高。

(2) 固定化技术在生物强化中的应用

1) 海藻酸盐固定化技术的应用。

用海藻酸盐固定化好氧脱氮菌在SBR反应器中进行强化实验。固定于海藻酸盐的好氧脱氮菌改善了氧化脱氮过程，脱氮效果良好，并延长了好氧脱氮菌种的存活时间。虽然海藻酸盐的物理强度不高，在固定化微生物颗粒破碎之后，含有脱氮菌的海藻酸盐碎化融入到絮凝体中，其破碎颗粒起到临时保护的作用，防止脱氮菌被其他生物吞噬，同时帮助外来细菌黏附在絮凝体中。因此，海藻酸盐颗粒成为比较合适的生物强化制剂，可以将脱氮菌结合到活性污泥的絮凝体中。有人用浓度较高的甲烃菌与海藻酸盐颗粒自然接触并包埋在载体颗粒中，然后投加到UASB反应器中，对酚、邻甲酚、对甲酚进行生物强化降解试验。当水力停留时间为3天时，生物强化反应系统表现出对酚类化合物的特殊降解活性，至少达到原来的2倍，这主要是由于固定在载体颗粒上的酚类降解菌的作用；在用海藻酸盐包埋的光合细菌处理豆制品废水的另一试验中，在处理系统中除有效的降低COD浓度，当豆制品废水COD浓度为7560～12 600mg·L^{-1}时，COD的去除率为62.3%～78.2%。

海藻酸盐载体的使用寿命受外界温度的影响较大，当温度升高时，载体颗粒的使用寿命明显缩短。例如，在20℃时利用海藻酸钠包埋高效菌种来处理污水，当菌液浓度为1～2g·L^{-1}时，其固定化微生物的载体颗粒性状最好，对TOC起始浓度在10mg·L^{-1}左右时的去除率可达20%～30%；如浓度再升高时，不仅颗粒的寿命缩短，而且再增加菌体浓度也不会增强对污水处理的力度。

2）聚乙烯醇（PVA）固定化技术的应用。

PVA作为载体的物理强度如化学性质较海藻酸盐为好，但传质性能略差，有人利用PVA-硼包埋法，制成在A-D生物脱氮系统中，经驯化过的硝化菌的固定化颗粒，在试验中证实其固定化硝化菌的降解性能提高了40倍，当PVA颗粒孔隙的填充率为4%时，总氮去除率可达99%以上。另有试验用PVA冷冻改良法固定化高效菌群去处理污水中的甲醛和苯酚，当甲醛浓度为475mg·L^{-1}，苯酚的浓度为565 mg·L^{-1}时，对两者的去除率分别为95%和94%以上。如果与游离的高效菌群相比较，固定化菌群对甲醛和苯酚的平均去除率提高了10%～50%。而且固定化菌体具有较好的pH环境适应性，增强菌体的竞争性和抗毒性能力，有力地避免原生动物对高效菌群的捕食。在选择载体物质时，除用CA和PVA作为固定化载体之外，人们还做过其他的尝试，如让高效菌种吸附在陶粒载体上，有人发现用凸凹棒黏土颗粒的载体来混合固定化高效脱色细菌，结果表明凸凹棒的比表面积大，具有良好的传质性，是微生物的固定化的良好载体。

三、生物强化系统中微生物活性的检测技术及效果评价

（一）生物强化系统中微生物活性的检测

在生物强化系统中投加微生物后，污水处理效果应进行准确的分析和评价。以往仅用污染物的降解效果和生物强化系统的动力学参数来评价生物强化作用，因为污水及混合污泥体系的性质过于复杂，很难将投加的高效菌剂本身的数量变化、生物活性的高低走势检测出来。传统的微生物检测方法缺乏足够的敏感性、特异性，缺乏足够的分辨能力。不能将微量的特定菌种从混合污泥体系中分离出来，费时、费力，不能实现在线监测。

1. 动力学参数评价

近年来国内外研究人员不仅从宏观上研究生物强化作用的评价，而且开始探讨生物强化反应动力学，构建数学模型，以便指导更好地设计污水处理系统和更

有利于生物强化作用的运作。

Quasim 等应用连续活性污泥反应床在实验室研究生物强化技术降解污水中的 BOD 的动力学参数，结果表明生物强化作用对污泥生长系数 Y 和衰减系数 K_d 有影响，而对于基质利用参数 K 和 K_s 无影响。在动力学参数中，污泥龄是污水生物治理设计中的一项重要指标，传统的污泥龄是由 Lawrence-Mc Carty 数学模式计算出来的。但该数学模式的计算前提是将处理系统中的菌浓度假设为稳态，实际上这种稳态的菌浓度是不易维持的，故实际的污泥龄（以净增长速率来衡量）要比通过传统方法 Lawrence-Mc Carty 数学模式计算出来的污泥龄要长。Rittmann 等对于不断投加菌剂的生物强化系统进行恒压器内基质、活性菌体和惰性菌体的数学模拟，也证明了实际污泥龄要长一些的事实，并利用该数学模式成功地设计了一个有污泥回流的活性污泥生物强化系统。

2. 生物发光微生物技术检测

生物强化系统中污水和污泥中的细菌数量与种类，是一个非常复杂的变数，要检测微生物的存活及活性是多年来困扰人们的一个问题。生物发光技术是用荧光素酶（luciferase）以 D-荧光素酶（D-luciferase）、ATP 和 O_2 为底物，在 Mg^{2+} 存在下将化学能转化为光能，用 ATP 生物发光计数检测仪进行检测。

微生物在代谢过程中产生能量 ATP，如果在反应系统中微生物的数量多、活性高、产生的能量就越高。ATP 在一定范围内其浓度与发光强度呈线性关系，因各生长时期的微生物均有较恒定水平的 ATP 含量。因此提取微生物细胞中的 ATP，利用生物发光计数检测仪测出荧光强度（OD 值）表示 ATP 的含量。此检测仪根据实验数据的概率初步推算出不同微生物（如细菌、真菌、立克次体等）的含菌数，设置了几个不同的选项。如检测污水中细菌的数量，可选择检测细菌数量的程序，整个操作过程仅用 10min 左右就可检出污水中细菌的数量。此法最好配合微生物自动检测鉴定仪器，或常规应用微生物的分离培养与鉴定，能鉴定出污水中微生物的种属，就能进一步评估污水处理系统中的生物强化作用效果。

3. 核酸技术检测

生物强化技术中投加高效菌剂和污水中原有微生物群的关系变化，生物强化作用的效果检测，应用传统的生物技术很难完成，或费时费力还不能得到一些科学的数据。核酸技术的发展如细菌细胞核酸的提取。核酸的扩增技术（PCR 或 RT-PCR 等），核酸顺序，核酸探针设备、核酸杂交技术等，为投加菌在系统中的活力表达、数量的检测、种属的鉴定等提供了有力的工具。Selvaratnam 应用 PCR 和 RT-PCR 技术对投加到污水处理系统中的恶臭假单胞菌（*Pseudomonas pu-*

tida，ATCC 11172）进行检测。对其降解苯酚功能的降解性基因 dmpN DNA 的表达状况和脱酚效果进行了监测。

（二）生物强化技术的效果评价

1. 提高目标污染物的去除

生物强化技术能提高处理系统对 BOD_5、COD、TOC 和某些难降解污染物的去除效果。Chamber 等利用生物强化技术处理牛奶废水，在延时曝气、曝气塘和氧化沟等三种污水处理系统中都提高了对 BOD_5、COD 的去除率；Hung 等用该方法处理马铃薯废水时，TOC 的去除率达到 98%。某化工厂在含有苯及苯的取代物（如硝基苯、氯代苯等）的废水中检测 BOD_5 等较高，废水经传统的活性污泥法处理后，出水中仍含有 BOD_5 为 $32mg \cdot L^{-1}$、SS 为 $68mg \cdot L^{-1}$、NH_3-N 为 120 $mg \cdot L^{-1}$。该厂采用生物强化技术处理废水，当每周投加苯及氯代苯的高效降解菌为 2kg 和 3kg 时，出水中的 BOD_5 和 NH_3-N 分别降至 $16mg \cdot L^{-1}$ 和 $80mg \cdot L^{-1}$，在此基础上每周又投加亚硝酸菌 6kg，进行二次强化，结果使出水中的 NH_3-N 降到 $2mg \cdot L^{-1}$。Chin 等在附着生长生物床中投加降解苯-甲苯-二甲苯（benzene，toluene，xylene，BTX）的混合优势菌，当水力停留时间（hydraulic retention time，HRT）达到 1.9h 时，生物强化系统对 BTX 的去除为 $10mg \cdot L^{-1}$，而传统的生物降解系统对 BTX 的去除仅为 $3.2mg \cdot L^{-1}$。

Selvaratnam 等在活性污泥中投加恶臭假单胞菌（pseudomonas putida，ATCC 11172）降解污染物中的苯酚，在 40 天内使生物强化系统中的苯酚的去除率保持在 95%～100%；而在设有采用生物强化技术的对照组中，苯酚的去除率仅为 40% 左右。Tanfiki Hajji 在向 UASB 反应器中投加降解苯酚、邻甲酚和对甲酚的高效菌种时，接种量为 10%，当直接投加菌剂 36 天后，苯酚去除率达 100%，投菌 48 天后对甲酚的去除率可达到 95%；而在不投加高效菌剂的对照组，对苯酚的去除率要达到 100% 需要长达 178 天，而对甲酚的去除率是在 60 天时仅可达 90% 的去除率；如果在投加高效菌剂的方式上采用海藻酸钙包埋的方法，当投加包埋的高效菌剂量达 10% 时，对各种不同的酚类物质的去除都能在较短的时间内达到较高的去除率。而且固定化投加系统可持续到 90 天后，仍能达较高的去除率。此外，在采用经过筛选和驯化培养的脱磷菌，向传统活性污泥中加入 10% 的降解磷的纯菌，可使整个生物强化系统在 14 天内就成为一个高效脱磷系统（脱磷率达 90% 以上），如果不投加高效菌剂的活性污泥需驯化 58 天后才能达到 90% 的脱磷率。

2. 改善活性污泥性能，减少污泥产量

生物强化技术不仅可促进对污染物的降解，而且可有效地降低污泥产量，消除污泥膨胀，这得益于某些特定菌种的彻底降解作用，能抑制丝状菌膨胀和增强污泥的沉降性能。据文献报道，生物强化技术可使污泥容积降低17% ~30%，这不仅能改善出水质量，而且可减少污泥排放和消化剩余污泥所需的能耗，在污水处理系统中产生大量污泥是一件令人头痛的事情，至今没有很好的方法来处理这些污泥，故在污水处理的各环节中都应考虑尽量减少污泥的产生。Chamber 应用生物强化技术在延时曝气和氧化沟系统中进行实验，结果在接种强化菌剂后21 ~28 天就可成功地消除了污泥膨胀现象。Hung 在实验室中应用生物强化技术对有机物的去除率比普通活性污泥法提高了 20%，污泥产量降低 34%；在实际规模的污水处理中，生物强化技术可使污泥床层由 2. 44 ~2. 78m 降至 0. 61 ~0. 91m，降低了 67%。

3. 加快处理系统启动，增强耐负荷冲击能力和系统的稳定性

投加一定量的高效菌种在污水处理系统中易流失或受损，利用生物强化技术可增加处理系统中有效菌种的比率，保持有效的菌量可加快系统的启动，快速达到较高的去除效果，并增强系统的耐负荷冲击能力，以及维持系统的稳定性。Watanabe 等将 3 种菌接种到 3 个活性污泥系统的单元体系中研究对酚的降解效果，发现普通活性污泥法需要 10 天才能将酚完全降解，而在投加 E1、E2 菌种的强化系统中，达到酚类完全降解只需 2 天和 3 天。Edgehill 等用降解五氯酚（pentachlorophenol，PCP）的高效菌种投加到活性污泥系统中，当投加量相当于污泥固有菌量的 10% 时，PCP 废水处理系统的启动时间被明显提前了；Chong 等投加耐碱性高效菌种以提高活性污泥系统的抗碱性冲击能力，虽然在开始阶段生物强化系统与对照系统对有机物的去除效果都有所下降，但生物强化系统经过一段时间后的降解效果能大幅回升。

污水处理厂的活性污泥通常是利用污泥中固有微生物驯化而成，其微生物适应性差，生物量少，降解能力差，尤其是当污水处理厂受到复杂的负荷冲击时，其耐受能力低，容易出现对污水中大分子、难降解和有毒有害污染物的降解不完全或不降解，产生大量污泥，影响污水处理厂的稳定运行和达标排放。采用生物强化技术直接投加高效微生物菌剂和催化酶后，5 ~10 天即可收到良好效果，可提高目标污染物的去除效果，改善污泥性能，避免污泥膨胀，缩短系统的启动时间，增强系统耐负荷冲击能力，保证运行的稳定性。该技术具有以下特点：①适应性强，可广泛用于各种工业废水和居民生活污水与粪便的处理，对 pH 和温度的适应范围宽，可在 pH 为 3～10 的污水中降解有机物，能提高冬季的生物活性等；②对活性污泥难以降解的大分子、有毒有害物质，有良好的降解效果，可降解恶臭的有机物、氨态氮及含硫化合物，控制不良气味和泡沫的产生，避免臭味对环境造成的二次污染；③耐系统负荷冲击能力强，当受到污水复杂负荷冲击或系统检修重新启动时，能快速启动和恢复系统运行，形成具有多功能和高生物量的优势菌群，而且高效菌群无毒无害，对人、动物和环境安全；④能分解固体废物，减少污泥量，防止污泥膨胀，保证沉降效果，减少药剂用量，降低运行成本。该法使用简单，见效快，可节约投资费用，获得最佳效果。

当然，生物强化技术在实际应用中也遇到过失败的例子，故对生物强化作用的效果仍是不明确的。Lange 等认为多数的生物强化剂必须通过一定时间驯化才能达到降解目的物的效果，而系统中原固有的菌群经过一定时间的驯化后也能达到同样的去除效果。曾有人用市场买到的生物强化剂来处理油脂废水的实例，发现一般的活性污泥系统在优化条件下可达到与生物强化系统相似的降解速率，而且动力学形式也相近，甚至有用生物强化法与普通活性污泥法进行比较的实验，得出两者效果相似，甚至生物强化技术不及对照组的结果。

四、生物强化技术的应用

（一）生物强化技术的应用模式

生物强化技术的成功应用，必需综合污水的水质、水量、投放菌量和营养物质、氧耗、生物反应器的构型、水力停留时间等诸多因素进行优化设计，其中最重要的是根据污水性质和环境的诸多因素，如 pH、温度等，选择相应的高效微生物菌剂，保证投加足够生物量的菌种，并保证投加微生物对环境的快速适应和增殖，能降解污水中难降解的物质和有毒有害物质。菌量、营养物和基质类似物的投加量是生物强化系统设计的重要参数。一般认为，随着投加菌量的增加，生物强化效果应随之升高，有人在试验中将高效菌剂的投放量分别为 1%、2%、5%、10% 及 50% 时，其降解速度分别提高了 33%、100%、100%、100% 和 300%。矛盾的是菌量投入过大会增加运行的成本，故投菌量要视水中目标物的含量而定，而且高效菌剂是活菌制剂，投加后可经一定适应期后转入增殖期，菌量会在运行中保持一定浓度，完成降解目标物的任务。一般投菌量在启动时需要较大，而当系统运行稳定后只需继续投入启动时的 8%～10% 即可。

在实际工程应用中，菌剂等投加方式也是设计时需要考虑的一个重要方面，投加方式分为菌剂直接投加、应用载体固定化投加及利用反应器强化三种，直接投加简单易行，可直接投加高效菌剂，或辅助营养物质及菌代谢基质等。可间歇式投加，也可连续投加，但投加的菌体和营养物质等易于流失或被其他生物吞噬。所以为保证生物强化作用需连续投加来保证一定的生物量，可减少这种流失和加强有效的生物降解。采用固定化技术，选用合适的载体吸附、固定、包埋高效菌种，此法增强了菌体的竞争性和抗毒性能力，也能躲避其他生物的捕食。另外，生物强化技术与各种反应器结合会得到最好的效果。高效菌剂的各种投加方法见表 12-2。

表 12-2 生物强化技术的应用模式

投加法	投加方式	技术要点	特点
直投法	间歇投加 连续投加	将高效菌剂直接投入活性污泥系统中，如悬浮污泥经曝气塘、氧化沟等，为保证一定生物量，可经富集驯化培养连续投加	方法简便易行，但处理系统中投加菌种量易流失，其数量和活性等易发生变化，菌种的浪费造成成本的升高
载体固定化	固定化细胞投加 活性污泥颗粒投加	选择合适载体通过载体结合法、交联法、包埋法和膜截留法，或采用黏合干燥工艺将高效活性污泥形成颗粒，使高效菌种固定在载体上投加，如生物流化床、填充床和升流式厌氧污泥床等	固定化高效菌剂具有菌种性能稳定，催化效率高，抗毒性物质能力强，传质性能和传氧性能高等优点，但制备固定化菌剂使成本上升
与反应器结合法	富集连续投加 生物自固定化投加	采用一个或多个 SBR 反应器富集足够数量的驯化培养物，连续投加至主体工艺中；也可将载体投加到不同的生物反应器中，利用微生物的自固定化作用，使高效菌种固定在载体上生长、富集	利用富集型生物反应器提高高效菌种的生物量，提高处理系统的处理能力和运行的稳定性

当然，生物强化技术在实际应用中还存在着诸多问题，如高效菌剂的获得与诱导驯化培养尚有一定难度，处理系统需投菌量较大，在运行中有流失，运行成本比较昂贵等。尽管上述介绍了一些投加方式、方法，但如何根据当地环境特点，因地适宜地选择最佳投加方式，如何根据不同处理目标物采用相应高效菌剂，如何将生物强化技术与特定的生物反应器相结合等，有待在实践中经过研究找出答案。

（二）生物强化技术的应用实例

1. 焦化废水生物处理

焦化废水中的污染物组成复杂，含有十几种无机物和有机物。有机物除酚类物质外，还有单环及多环的芳香族化合物及含氮、硫、氧的杂环化合物等，实属一类难降解的高浓度有机工业废水。目前国内外用于去除焦化废水中 COD 和氨态氮（NH_3-N）的技术主要是生物降解法，其中又以普通的活性污泥法为主。普通活性污泥中微生物量少，微生物适应性差，且培养周期长，必须要用生物强化技术来提高现有的处理效率。活性污泥可以去除焦化废水中的酚类物质，但对难以降解的 NH_3-N 的去除效果较差。

乡镇的冶金企业规模不大，生化出水中的含酚量少于 $1mg \cdot L^{-1}$ 与氰化物含量少于 $0.5mg \cdot L^{-1}$ 的企业占绝大多数，但生化出水的 COD 含量均很高，COD 去除率一般在 80% 以下，出水中的 NH_3-N 浓度更高，去除率一般只在 18.7% ~ 31.8%。国内外针对焦化废水这一废水处理领域的难题，通过投加高效微生物菌种和相应的营养物、催化酶等，提高微生物的降解活性和繁殖能力，从而提高活性污泥的生物量及处理效率。

（1）投加高效微生物菌种

在焦化废水处理装置中投加高效微生物菌种，可以降解废水中的某些污染物。直接投加高效微生物菌种可以降解废水中的某些污染物，直接投加高效菌剂的生物强化技术必须考虑投加方式。直接投加，简单易行，但菌剂易于流失或被其他生物吞噬，或受环境中有毒有害物质的损伤等，可能生物降解效果不好，如投加悬浮相的降解喹啉高效菌种去强化活性污泥处理焦化废水时，尤其遇到污泥龄降低时，反应器中的高效菌种会流失。所以最好使用高分子网格结构的载体状高效菌剂吸附固定化，如投加吸附有高效菌剂的陶粒，这些附着相菌剂的活性只受反应器内载体基质环境变化的影响，与污泥龄的长短无关，同时受到载体保护，对环境中有毒有害的物质也具有一定抗性，故能保持一定的高效降解活性。

（2）投加微生物辅助营养物质

焦化废水的处理是一个老、大、难的研究课题，设法减小污泥的负荷则是一个有效途径。其中若能提高曝气池内污泥的浓度，即投加微生物的一些辅助营养物质，如投加生物铁、生长素等就是通过提高污泥浓度来强化生物降解效果的。

1）投加生物铁法：在曝气池中投加铁盐，以提高曝气池中污泥的浓度，充分发挥生物氨化和生物絮凝作用，强化生物降解处理方法。铁离子不仅是微生物生长必需的微量元素，而且还能刺激微生物的细胞分泌作用。铁盐在水中生成氢氧化物，可与活性污泥形成絮凝物，从而有利于将有机物富集在菌胶团的周围，使吸附和絮凝作用更有效地进行，加速生物降解作用。由于生物铁可使污泥浓度从原来的2～4g·L^{-1}提高到9～10g·L^{-1}，从而使菌剂对酚和氰化物的降解能力大大加强，甚至在氰化物的浓度高达40mg·L^{-1}时仍可取得良好的降解效果。该法与传统法比较只是增加了一些生物铁的费用，价格低廉，而且对COD的降解效果也很好。

2）投加生长素法：在目前焦化废水曝气池容积普遍偏少，酚、氰化物及COD的清除率偏低的情况下，利用投加生长素来提高活性污泥浓度和高效菌剂的活性，对强化现有装置的处理能力是有帮助的。如在曝气池中投加葡萄糖、氧化铁粉末等生长素，对焦化废水进行生物处理。该法可提高活性污泥的浓度，降低污泥的负荷，可提高对酚、氰化物和COD的去除率。而且成本不高，对中小型企业可以接受，在焦化厂的废水处理中可推广使用。

焦化废水生物处理的关键是应用高效菌种。细菌内存在各种各样的酶，在细菌降解污染物的过程中，主要是借助降解酶的作用。若使用的菌剂中酶系统不健全，其生物降解就不能进行，而投加生长素的作用不仅是提供细菌的碳源和能源等，而且可以诱导和健全细菌的酶系统，从而使生物降解作用有效进行。如投加氧化铁粉可降低SVI值、提高MLSS浓度。

2. 制药废水的处理

制药废水是一类典型的含有毒有害难降解污染物的废水。由于应用传统的生物处理的菌种受到污染物的毒害，不能保护生物量和生物活性，投加的微生物菌种不能有效清除这些有毒害的污染物，所以必须采用生物强化技术，如利用流化床反应器，在厌氧条件下通过高效菌种来处理制药厂废水中的头孢呋辛和反渗透菌物。或通过定期加入高效菌剂（每隔2h加入30～70g菌体细胞）进行生物强化作用，因为菌剂的投加量与废水中COD的去除率呈正相关。在生物强化技术应用中，发现对有害有毒难降解的污染物的处理关键仍然是投加菌种的数量与活性。如用接触氧化法处理青霉素废水中分离纯化得到微生物菌种，经驯化、筛选出高效菌种制成菌剂，结果表明混合菌的降解能力最好，降解率为52.6%，其降解速度、降解率、存活时间、抗毒害性能等均比投加单一菌剂的效果好。这说明混合菌依靠协同作用，如厌氧菌与需氧菌彼此为对方提供生长所需的条件，或混合菌剂之间消除了对方代谢的障碍，从而增加了生物量和生物活性，顺利降解污染物。为追求更好的清除率，也可采用合适的载体将微生物固定化，如利用优势菌株生物膜技术处理卡那霉素废水，结果表明投加优势菌种后所形成的生物膜致密、稳定，缩短了驯化时间，降解活性强，对高浓度的制药废水和COD的去降率可达90%以上。

3. 微污染水源水的处理

在新农村建设中对饮用水的问题是令人关注和投入最大的项目之一。从用井水到用自来水，从用未经处理的天然水到用卫生处理的净化水，是新农村人的一大进步。尤其随着新农村建设事业的快速发展，乡镇工业、旅游农业、水产、禽畜的养殖业发展等常带来对周边环境的污染，尤其是对农村本来就很珍贵的水资源的污染。目前国内外对水源水关注较多的是对水源水的预处理，出水深度处理和强化混凝等，这些措施主要涉及要增加新设施或对原设施的更新改造上。在强化混凝理论指导下，提出对微污染水源进行净化的生物强化过滤工艺，即在普通滤池进行生物强化处理，其滤料是由生物膜滤料与石英砂滤料组成，以生物降解处理与过滤作用联合，对微污染水源水进行有效净化。这种生物强化过滤与普通滤池相比，对NH_3-N的去除率由普通滤池的35%提高到93%；对NO_2^--N的去除率由普通滤池的“0”去除提高到95%；对COD的去除率由普通滤池的20%提高到40%左右。

此外，生物强化过滤工艺对原水的浊度、色度、铁、锰等也有较好的去除效果。浊度的去除效率比普通滤池提高了40%左右；色度去除率比普通滤池提高了40%左右；对原水中溶解性铁和锰也有较好的生物氧化作用，对两者的去除率比普通滤池都提高了60%左右。而且生物强化过滤对原水中的细菌也有一定的截留作用，经强化过滤的出水中，细菌总数和大肠菌指数均有不同的降低，再经加氯消毒后，水的这两项卫生学指标均可满足饮用水的水质标准要求。

生物强化过滤工艺的另一特点是温度变化对处理效果影响不大，即使在水温较低（8～15℃）时，强化过滤对有机物的去除率仍可达到20%以上，8～32℃时，强化过滤的出水氨态氮可一直保持在0.5mg·L^{-1}以下，亚硝酸盐氮可维持在0.05mg·L^{-1}以下。COD的去除率一般在30%左右。这种不太受温度影响的优点，主要在于高效菌种的性质和生物菌种的处理工艺。如使用的硝化细菌是环境中的自养菌具有较旺盛的活性及抗低温性，加之这些菌种是在过滤材料上生长形成生物膜，可在较低温度条件下利用较少的能量进行生长繁殖，致使硝化细菌的积累增加，保持较强的硝化能力。固定在生物滤膜内的微生物对低温水质有较好的适应能力，这在北方的农村中，使生物强化过滤装置中的微生物冬季仍能保持一定程度的生物降解作用，而且在生物强化过滤的载体上形成生物膜，在反冲洗的情况下能依然保持良好的处理效果。

生物强化过滤工艺能在较高滤速下（$10m \cdot h^{-1}$）进行，有效去除微污染水源水中的氨态氮、亚硝酸盐氮、有机物、铁锰、浊度和色度等。生物强化滤池不需增加设备，只是对普通滤池的工艺上的强化，而且可模拟砂滤池进行反冲洗，对使用菌种的活性无大影响，故认为生物强化滤池技术是一种处理微污染水源水质的实用方法。

4. 垃圾渗滤液的处理

根据新型农村居住条件的改善和生活方式的改变，传统的在院落周围将废弃物堆积进行积肥式的垃圾处理方式，将会改变成建设远离居住点的垃圾处理方式，这就必然会出现垃圾渗滤液的污染问题。当然传统空地堆积式的垃圾也会有存在渗滤液的污染问题，只不过会更加分散无序、污染面更加扩散。垃圾渗滤液的成分复杂，影响因素多，COD 浓度高，处理难以达标。我们的经验是利用多种功能性细菌组成的高效菌剂，以生物强化技术与传统的活性污泥法或生物膜技术相结合，可以提高对垃圾渗滤液的处理效率和降低运行成本。

高效菌剂处理垃圾渗滤液的最佳投加量〔菌剂／水（V/V）〕为 1/2000 ~ 1/1000，pH 范围为 6 ~ 7，环境温度为 18 ~ 35℃，好氧处理优于厌氧处理。高效菌剂是由十几种甚至几十种微生物组成的，嗜热菌、嗜冷菌、需氧菌、厌氧菌和兼性厌氧菌各占据不同的空间位置，形成较丰富的生态系统，对垃圾渗滤液中有机物的降解发挥明显作用。还有去除气味的菌种、脱色菌种等，如投加到活性污泥系统中，运行 24h 后 COD 的去除率就可达到 81. 35%，BOD_5 的去除率可达 87. 88%，比不加高效菌剂的活性污泥组效率分别提高 20. 27% 和 17. 97%；如将高效菌剂投加到生物膜系统，运行 24h 后 COD 去除率可达 83. 31%，BOD_5 的去除率可达 89. 00%，效率比不加高效菌剂的生物膜组分别提高了 23. 17% 和 22. 56%。实际上，投加高效菌剂的活性污泥或生物膜系统，对垃圾渗滤液处理的启动时间均可大大的缩短，即使在生物膜脱落后，投加高效菌剂后重新挂膜的速度也会加快，增强了系统的稳定性。

生物强化技术在现代污水治理中的应用方兴未艾，尤其在难降解物质污染的治理中，如焦化废水、制药废水、印染废水、垃圾渗透液的治理中，该方法能有效提高对有毒有害物质的去除效果，改善污泥性能，加快启动系统运行的时间，增强系统运行的稳定性，提高耐负荷冲击能力等。基因工程技术和分子生物学技术的快速发展为生物强化技术的应用和发展提供了方法和支持，在利用原有污水处理设施基础上，生物强化技术能明显扩大和提高水处理的范围和能力，该技术与传统生物处理技术相结合，已成为生物处理污水的一种趋势。

第二节　膜-生物反应器处理工艺

膜-生物反应器是将膜技术与生物反应器相结合使用的废水处理新工艺。根据使用的膜种类和膜技术在系统中所起作用不同，将其分为固液分离膜-生物反应器、曝气膜生物反应器和萃取膜生物反应器三大类。

一、膜材料与膜组件

1. 膜材料

膜是一种薄层材料，膜可在某种推动力的作用下，选择性地透过混合物（液）中的某些组分，而阻留下其他组分。利用这种丰透膜作为选择障碍层进行组分分离的技术总称为膜分离技术。膜材料可根据其性质和分类标准不同分为五大类：①按膜分离孔径的大小分为微滤（microfiltration，MF）膜、超滤（ultrafiltration，UF）膜、纳滤（nanofiltration，NF）膜和反渗透（reverse osmosis，RO）膜。微滤膜用于分离0.2～1.0μm的大颗粒，如细菌、血清和大分子物质等，操作压力一般为0.01～0.2MPa；超滤膜用于分离0.005～0.2μm的颗粒，一般为相对分子质量大于5000的大分子和胶体，操作压力为0.1～0.5 MPa；纳滤膜用于分离小于1～80nm的、相对分子质量为数百至一千的分子，操作压力在0.5～5.0 MPa；反渗透膜用于分离相对分子质量在数百以下的分子和离子。②按膜的材质可分为有机膜和无机膜两大类。有机膜采用合成高分子材料，常用的有纤维素类、聚砜类、聚酰胺类、芳香杂环类、聚烯烃类和含氟高分子等。有机膜的制造成本相对便宜，应用较广泛，但在使用中易被污染，寿命较短；无机膜包括陶瓷膜、微孔玻璃、金属膜和碳分子筛膜。与有机膜材料相比，无机膜材料可以弥补有机膜的不足，尤其是陶瓷膜因其性质稳定，抗污染能力强，耐高温和酸、碱腐蚀，能在恶劣环境下使用，机械强度高，寿命长等，但制造成本较高，使其广泛应用受到一定的限制。③按膜的分离机制可分为多孔膜、致密膜和离子交换膜三种。④按膜的结构可分为对称膜和非对称膜两类。对称膜可为致密膜或微孔膜，但在其膜截面方向（渗透方向）的结构都是均匀的；非对称膜则相反，膜截面方向结构是非对称的，其表面为极薄的，具有分离作用的致密表皮层，或具有一定孔径的细孔表皮层，皮层下面是多孔的支撑层。⑤按膜的物态可分为固膜、液膜和气膜三类，目前大规模工业应用的多为固膜。液膜已有中试规模的工业应用，气膜应用尚在实验中（表12-3）。

表 12-3　滤膜按不同分类标准进行的分类

<table>
<tr><th>分类标准</th><th>孔径分类（孔径大小、操作压力）</th><th>材质</th><th>分离机制</th><th>膜结构</th><th>膜物态</th></tr>
<tr><td rowspan="4">滤膜种类</td><td>微滤膜（0.2 ~ 1.0μm、0.01 ~0.2 MPa）</td><td rowspan="2">有机膜（纤维素类、聚砜类、聚酰胺类、聚烯烃类等）</td><td>多孔膜</td><td rowspan="2">对称膜（致密膜、微孔膜）</td><td>固膜</td></tr>
<tr><td>超滤膜（5 ~ 200nm、0.1 ~0.5 MPa）</td><td>致密膜</td><td>液膜</td></tr>
<tr><td>纳滤膜（1 ~5 nm、0.5 ~5.0 MPa）</td><td rowspan="2">无机膜（陶瓷膜、微孔玻璃、金属膜、碳分子筛膜）</td><td rowspan="2">离子交换膜</td><td rowspan="2">非对称膜</td><td rowspan="2">气膜</td></tr>
<tr><td>反渗透膜（0.5 nm、3 ~ 20 MPa）</td></tr>
</table>

2. 膜组件

膜组件是将一定面积的膜以某种形式组装成的器件。目前已应用的膜组件主要有板框式（帘式）、卷式、管式和中空纤维式。各种膜组件的优缺点比较见表 12-4。

表 12- 4　四种膜组件的优缺点比较

项目	板框式	卷式	管式膜	中空纤维膜
组件结构	非常复杂	复杂	简单	简单
装填密度/（m^2 · m^{-3}）	400 ~600	800 ~1 000	20 ~30	5 000 ~40 000
成本	高	低	高	很低
水流紊动性	中	差	好	差
膜清洗难易度	易	难	易	较易
对预处理要求	较低	较高	低	低
能耗	中	低	高	低
适用膜类型	UF. RO	UF. RO	MF. UF. NF	MF. UF

3. 膜 - 生物反应器中适用的膜材料与膜组件

膜材料和膜组件在膜 - 生物反应器中的选择原则为：成本低，通量大，抗污染性强，强度高，便于清洗和更换。膜污染是影响系统长期运行的关键，不仅取决于滤过原液的性质，而且与膜的特性也有关，如膜材料，膜组件的结构和尺寸，膜通量以及膜表面的水流紊动性。根据废水处理的要求所采用的膜 - 生物反应器，决定了应采用什么样的膜材料与膜组件。如固液分离膜－生物反应器，如果是一体式的可采用中空纤维膜、管式膜和板框式膜；如果是分置式则多采用管式膜或板框式膜，膜种类基本上是微滤膜和超滤膜，使用的膜材质有聚砜、聚乙烯、聚丙烯腈等。曝气膜－生物反应器目前常用的膜有透气性致密硅树脂膜或疏水性微孔膜两种，膜组件采用中空纤维膜和板框式膜，膜种类采用微滤膜或致密膜。萃取膜－生物反应器主要采用致密的硅树脂膜和复合膜。膜组件多用管式膜，膜种类用超滤膜和致密膜。

二、膜－生物反应器

1. 固液分离膜－生物反应器（solid-liquid separation membrane bioreactor）

该反应器是目前研究和使用最为广泛的一种，在无特定说明的条件下，通常简称为膜－生物反应器（membrane bioreactor，MBR）。该工艺中的膜组件替代了传统活性污泥中的二次沉淀池，通过膜的分离过滤起到系统处理出水作用。根据膜组件的设置位置是在生物反应器的内部，还是与生物反应器各自分置，可将固液分离器分为一体式和分置式两大类膜－生物反应器（图 12-1）。与生物反应器所用微生物的性质又可分为有氧膜与厌氧膜生物反应器两大类。

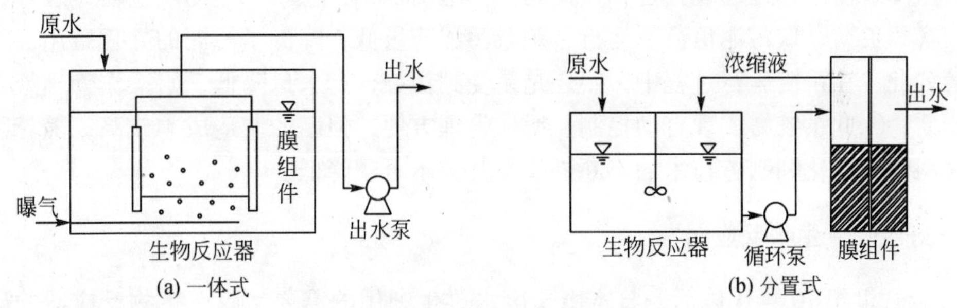

图 12-1　固液分离膜－生物反应器的分类

一体式膜－生物反应器的膜组件设置在生物反应器的内部，也称内置浸没式原水进入膜－生物反应器后，其中大部分污染物被混合液中的活性污泥分解，再在抽泵或水头差（提供很小的压差）作用下由膜滤过出水。膜组件下设置的曝气系统不仅给微生物分解有机物提供了所必需的氧，而且曝气池的冲击与洗刷作用和在膜表面形成的循环流速，对污染物的膜表面沉积起到一个有效的阻碍作用。由于一体式膜－生物反应器省去了混合液循环系统，并且靠抽取泵出水，能耗相对较低，整体结构也较分置式膜－ 生物反应器更加紧凑，占地少，在水处理领域应用较多。但一体式的膜通量相对较低，容易发生膜污染，也不易清洗和更换膜组件。分置式膜生物反应器是将膜组件和生物反应器分开设置，原水进入生物反应器中进行处理，生成的混合液经循环泵增压后打至膜组件的过滤端，在压力作用于混合液中的液体透过膜，成为系统处理的出水，而固形物、大分子物质等被阻留，随浓缩液回流到生物反应器内。分置式膜－生物反应器的运行稳定可靠，膜易于清洗、更换及增设，膜通量较大。但在一般条件下，为减少污染物在膜表面的沉积，延长膜的清洗周期，需要用循环泵提供较高的膜面错流，流速致使水流循环量增大，动力费用增高，而且泵的高速旋转产生的剪切力会使某些微生物菌体失活，需不定期添加微生物菌剂。

固液分离膜－生物反应器以膜组件代替了传统活性污泥工艺中的二次沉淀池，可进行高效的固液分离，有效克服了传统活性污泥工艺中出水水质不够稳定、污泥容易膨胀等缺点，从而具有以下优点：①能高效地进行固液分离，效果优于传统的沉淀池，出水水质良好且稳定，可以直接回用；②由于膜的高效截留作用，可使微生物完全截留在生物反应器内，实现反应器水力停留时间（HRT）和污泥龄（SRT）的完全分离，使运行控制更加灵活稳定；③生物反应器内能维持高浓度的微生物量，尤其有利于增殖缓慢的微生物（如硝化细菌）的截面和生长，系统的硝化效率得以提高，也可增加一些难降解有机物在系统中的 HRT，有效地将分解难降解有机物的微生物滞留在反应器内，有利于生物反应器内进行有效降解作用，处理装置容积负荷高，占地面积小；④膜－生物反应器一般都在高容积负荷、低污泥负荷下运行，剩余污泥产量低，降低了污泥的处理费用，尽管如此，在系统运行过程中，膜还是易受到污染，产水量降低，给操作管理带来不便；⑤此系统易实现自动控制，操作管理方便，但膜的制造成本较高，随着膜材料的国产化和制造技术的不断进步，其成本可望降低。

2. 好氧膜－生物反应器

20 世纪 70 年代以后，日本由于废水再生利用的需要，膜－生物反应器的研究工作有了较快的进展，自 1983 年以后陆续使用好氧膜－生物反应器处理废水后作为“中水”回用，主要使用的膜组件为平板膜和中空纤维膜等。

（1）*污染物的处理效果*

好氧膜－生物反应器处理废水能获得非常稳定和很高的污染物去除率，这已是不争的事实。早在 20 世纪 80 年代，日本就采用好氧膜－生物反应处理大楼的生活污水，在进水 BOD_5 为 $330 \sim 710mg \cdot L^{-1}$时，出水 BOD_5 仅为 $1 \sim 5mg \cdot L^{-1}$，BOD_5 去除率可达 99% 以上。膜出水可作为楼房内冲厕用水，草地喷水和洗车等使用，达到了废水再生利用的目的。国内有人采用陶瓷管式膜的分置式好氧膜－生物反应器对生活废水进行处理，表现出稳定的有机物去除率，即使 COD 在

100～800 mg·L^{-1}，NH_3-N 在 10～40 mg·L^{-1}大幅度变化的情况下，COD 和 NH_3-N 的去除率分别可达 96%和 95%以上，出水 COD 均小于 20mg·L^{-1}，NH_3-N 在 1 mg·L^{-1}以下，无任何悬浮物，浊度小于 2NTU，pH 为 8.2，未检出大肠埃希菌，也无不快之臭味，均达到建设部杂用水标准（CJ25，1-89）。一些有代表性的好氧膜－生物反应器处理城市废水的效果与运行条件见表 12-5。

表 12-5　各种好氧膜－生物反应器处理生活废水的效果与运行条件

MBR 类型	COD		NH_3-N		混合液悬浮固体浓度 MLSS/（g·L^{-1}）	容积负荷/（KgCOD·m^{-3}·d^{-1}）	污泥负荷/（KgCOD·Kg^{-1}MLSS·d^{-1}）	固体污泥保留时间/SRT/d	污泥产量（KgMLSS·Kg^{-1}COD）
	进水浓度/（mg·L^{-1}）	去除率/%	进水浓度/（mg·L^{-1}）	去除率/%					
板框膜（分置式）	550	>94.5	80	>99.3	12.8	0.45～1.5	0.06～0.1	100	0.56
板框膜（一体式）	469	87	41.5	88	10～39	2.5	0.03～0.15	45	0.26
中空纤维膜（一体式）	457	97.7	38	71	15	1.2	0.1	50	0.2
中空纤维膜（一体式）	356～482	95.5～97.9	28～39	80～99	5～15	4.27～5.78	0.28～0.39	50	0.25
陶瓷管式膜（分置式）	488	95.5	35	>97	2.5	0.49	0.2	25	0.26
陶瓷管式膜（分置式）	388	96.1	40	>98.7	2.6	0.62	0.16	20	0.1

膜－生物反应器对污染物的去除率很高的原因是：①膜的分离作用维持了高浓度的生物量，促进了生物降解作用，特别是增殖缓慢的硝化菌可大大增加其在生物反应器中的浓度，促进了硝化反应的进行。②膜分离本身对悬浮物 COD 和大分子溶解性有机物也有进一步的分离效果。膜截留作用对 COD 的去除的作用率在 10%～20%，但由于氨态氮的分子较小，故膜分离直接对氨态氮的去除效果不大。③膜表面形成凝胶层可加强膜的分离截留作用。在膜－生物反应器运行一小段时间后，一些大分子微生物及其代谢产物会附着于膜表面，形成凝胶状动态过滤膜，这层凝胶物质也能起到过滤膜的作用，且由于其截留作用大于膜本身，从而有助于提高出水水质。

其实，在膜－生物反应器中逐渐形成的凝胶层作用，即使是微滤膜（孔径为

0.2 ~ 1.0μm）也能对细菌和病毒起到良好的去除作用，如果用一体式中空纤维膜 - 生物反应器处理生活与粪便污水，其出水中大肠菌群数小于每毫升 1 个。通过凝胶对微生物的吸附作用去除细菌和病毒，似乎比滤孔大小对细菌与病毒的截留作用还大。关于调节操作条件对膜 - 生物反应器的处理效果产生影响作用，如改变 HRT（从 2h 增加至 24h）和 SRT（从 5 天到 1300 天，基本上不排泥），对污染物的去除没有明显影响，但在 SRT 减少至很短时，氨态氮的去除率会略有下降。原因可能是在 SRT 过短时，过度排泥造成反应器内增殖缓慢的硝化菌的数量降低。采用适当的操作方式如间隙曝气，膜 - 生物反应器可获得很好的 TN 去除率，在分置式膜 - 生物反应器中获得了 0.0074gN（gVSS · d）的反硝化效果，脱氮率可达 92.6%。膜 - 生物反应器对磷的去除范围可达 11.9% ~75%。

（2）污泥浓度与负荷

膜的高效分离作用，在 MBR 中能实现 SRT 和 HRT 分开控制，从而使 MBR 内维持很高的污泥浓度，达到很高的容积负荷和很低的污泥负荷。污泥浓度经常可以维持在 10 ~ 20g · L^{-1}，在接近不排泥的条件不运行，污泥浓度有时可达 50g · L^{-1}，生物反应器内高的污泥量为系统容积负荷的提高提供了条件，MBR 处理城市污水时的最高容积负荷达 5.78kgCOD · m^{-3} · d^{-1}。MBR 处理污水的污泥粒径、容积负荷和污泥负荷见表 12-6。

传统活性污泥法的容积负荷一般在 0.6 ~ 1.2 kgCOD · m^{-3} · d^{-1}，MBR 的容积负荷为 3.9 ~ 5.4 kgCOD · m^{-3} · d^{-1}，比活性污泥法提高 4 ~ 9 倍，这样就可使 MBR 的占地面积减少到原来的 1/9 ~ 1/4。一般情况下 MBR 的污泥负荷要低于传统活性污泥法，由于在长污泥龄和低污泥负荷下运行，MBR 一般会比常规生物处理工艺处理废水的产污泥量小，但产泥量与污泥负荷的控制有关，当污泥负荷在 0.01 kgCOD · kg^{-1}MLSS · d^{-1}时，产泥量很少或接近零。MBR 与活性污泥法的比较见表 12-6。

表 12-6　MBR 与普通活性污泥法的污水处理特点比较

项目	污泥粒径 /μm	硝化活性 /（gNH_3 · kg^{-1} MLSS · h^{-1}）	容积负荷 /（kgCOD · m^{-3} · d^{-1}）	污泥负荷 /（kgCOD · kg^{-1} MLSS · d^{-1}）	污泥比阻 /（m · kg^{-1}）
普通活性污泥法	60 ~ 400	0.96	（低）0.6 ~ 1.2	（高）0.4 ~ 0.8	$0.3 \sim 3 \times 10^{9}$
一体式 BMR	20 ~ 40	2.28	（高）	（低）	$0.3 \sim 3 \times 10^{12}$
分置式 BMR	2 ~ 20		3.9 ~ 5.4	0.03 ~ 0.55	

MBR 中活性污泥的产泥率和内源性呼吸系数与污泥龄的控制有关，若采用一体式膜－生物反应器处理生活污水时，当污泥龄从5天变化到80天时，理论产泥率可从0.37kgMLVSS·（去除 kgCOD）$^{-1}$，降低到0.28 kgMLVSS·（去除kgCOD）$^{-1}$，内源性呼吸系数从0.32d^{-1}按指数递减到0.05 d^{-1}。传统活性污泥法的污泥产率理论值一般在0.25～0.40 kgLVSS·（去除 kgCOD）$^{-1}$，内源呼吸系数在0.04～0.07 d^{-1}。与此相比，MBR 中活性污泥产率的理论值变化不大，但由于在膜－生物反应器的运行中为防止膜污染，一般将曝气量都控制得比较大，以促进生物反应器中污泥内源呼吸的进行，故 MBR 的内源呼吸系数偏大。

当 MBR 处理工业废水时的生物浓度在2000～40 000mg·L^{-1}，有相当部分的系统在污泥浓度大于20 000 mg·L^{-1}下运行，污泥产量在0.05～0.35kgMLSS·（去除 kgCOD）$^{-1}$，污泥产量与处理生活污水时的情况类同。与处理生活污水相比，MBR 处理工业废水时的有机容积负荷要大得多（0.25～16kgCOD·m^{-3}·d^{-1}），COD 去除率也可以达到90%～99.8%，容积负荷高的原因主要是工业废水的进水浓度就很高，如造纸废水的 COD 浓度可高达12 000mg·L^{-1}，食品废水的 COD 浓度甚至可达42 600mg·L^{-1}左右。工业废水与生活污水不同，往往含有一些特殊成分，如脂肪、油脂类等。MBR 对这些大分子物质的截留能力较强，故显示出大于95%的良好处理效果，但在进水中这些物质的含量过高时，系统的出水水质会变差。要维持处理工业废水的良好效果，其操作条件上要与处理生活污水有所不同，即 SRT 与处理生活污水比较相近（6～300天），但 HRT 却要高出许多（24～700h）。

（3）*污泥性质*

MBR 中的污泥颗粒粒径与普通活性污泥法相比，相对集中在小范围，大部分粒径小于100μm。分置式 MBR 中的污泥平均粒径为4～20μm，而一体式 MBR 中的污泥平均粒径略大于分置式。普通活性污泥法的污泥粒径一般在60～400μm，比 MBR 内的污泥粒径分布要广的多。MBR 中的污泥颗粒粒径偏小则有利于增强反应器内的传质效果，增加污泥活性，包括污泥的硝化活性的增加，如 MBR 中污泥的平均硝化活性达2.28g NH_3·kg^{-1}MLSS·d^{-1}，是传统活性污泥法硝化活性（0.96 g NH_3·kg^{-1}·MLSS·d^{-1}）的2倍以上。

通过对 MBR 法和传统活性污泥法的污泥成分分析表明，在灰分含量之间存在着差异。MBR 在长污泥龄条件下长期运行过程中，其灰分含量较活性污泥法有一定的增加。在微量元素的含量方面，MBR 中的镉（Cd）铬（Cr）和镍（Ni）的含量偏高，但 Cu、K、Mg、Ag 和 Hg 偏低。在污泥的脱水性方面，MBR 的污泥脱水性要比传统活性污泥法好，而且会随着污泥龄的增加而增加。因为 MBR 中污泥颗粒分布偏小，所以 MBR 的污泥比阻［（0.3～3）$\times 10^{12}$m·kg^{-1}］

要比平行运行的传统活性污泥法的污泥比阻大3个数量级。

(4) 膜通量

MBR中的膜通量一般在5~300L·m^{-2}·h^{-1}，比通量在20~200 L·m^{-2}·h^{-1}·bar^{-1}（压力单位1 bar = 10^5Pa）。在MBR运行的操作条件控制上，要根据操作压力，错流速度、膜孔径以及活性污泥的浓度和性质等，选择较为适宜的膜通量。对于一体式MBR，其膜通量一般为5~35L·m^{-2}·h^{-1}，使用中空纤维膜组件时的比通量值为50~65L·m^{-2}·h^{-1}·bar^{-1}，而平板式膜组件的比通量值为115 L·m^{-2}·h^{-1}·bar^{-1}。在一体式MBR中控制膜面污染，主要是靠膜组件下设置的曝气管产生的振动和气泡上升速流来防止污泥层的沉积，由于一般是在低压和低流量下工作，即使在不进行化学清洗的条件下，也可以稳定运行相当长的时间。对于分置式MBR来说，运行操作压力和膜通量都比一体式MBR要高，但膜通量却容易下降，如用UF膜在错流速度1.5m·s^{-1}和操作压力在1~2×10^5pa（1~2bar）的条件下运行80天后，比通量会从90L·m^{-2}·h^{-1}·bar^{-1}下降到15L·m^{-2}·h^{-1}·bar^{-1}。分置式MBR的膜面污染的控制，主要是靠提高膜面的错流速度，故错流速度都控制得较高，在1~3m·s^{-1}以上。

MBR用于处理工业废水时常采用分置式的管式膜组件，管式膜孔径在1~100nm，分置式MBR中大部分是在相对高的操作压力（1.5×10^5~3×10^5pa）和错流速度（1.6~4.5m·s^{-1}）条件下工作。因为膜通量较高，有时达150 L（m^2·h），但比通量却较低（<100 L·m^{-2}·h^{-1}. bar^{-1}）。近年来也有采用一体式MBR来处理工业废水，如食品工业废水，垃圾渗透液等。不论一体式或分置式MBR，也不论是处理生活污水还是工业废水，膜污染都是不可避免的问题，由于系统处理工业废水的污泥浓度较高，同时废水中污染物的成分复杂，这些都是引起膜污染和造成不利影响的原因。

(5) 能量消耗

一体式MBR的能量消耗包括进水泵、出水抽吸泵（有时可以不用）和曝气机的消耗，其中曝气消耗占80%以上。一体式MBR占地小，能耗低，一般能耗在1.0kW·h·m^{-3}以下，普遍较分置式MBR的能耗低。分置式MBR的能量消耗包括进水泵、混合液循环泵以及曝气的消耗，其中曝气所消耗的能量占20%~50%，而最大的能耗为混合液循环泵，可占到60%~80%。为了控制膜面污泥层的沉积，需要维持高的膜面错流速度和较大的混合液循环量，致使分置式MBR的能耗相对较高，在2~10kW·h·m^{-3}。

3. 厌氧膜－生物反应器处理废水

厌氧生物处理系统由于具有不消耗能量、能回收燃料气体及污泥产量小等优点，在废水处理中具有很大的应用潜力。但由于厌氧微生物一般生长缓慢，要防止微生物的流失，生物反应器内需要维持较长的HRT，致使系统的占地面积增大，克服这一缺点的方法之一是将膜分离与厌氧生物反应器组合使用。

(1) 处理效果

厌氧MBR占地面积大，容积负荷较高，生物反应器内的溶解性COD浓度一般也随之升高，但出水的COD浓度仍可保持稳定，即使在啤酒废水的处理中，COD的去除率达97%，最大容积负荷为28.5 $kgCOD \cdot m^{-3} \cdot d^{-1}$。积累在生物反应器的有机物相对分子质量一般在$10^6$数量级上，而系统出水中的有机物相对分子质量在1500左右。当采用厌氧MBR处理各种废水时，COD容积负荷高达15$kg \cdot m^{-3} \cdot d^{-1}$左右，甚至其范围的波动也很大，COD的去除率都能达到90%以上，即便当容积负荷从7.7$kg \cdot m^{-3} \cdot d^{-1}$增至24.2$kg \cdot m^{-3} \cdot d^{-1}$时，COD的去除率也只是降低了7%左右。有关有氧MBR和厌氧MBR处理废水的效果见表12-7。

表12-7 有氧MBR和厌氧MBR处理废水的效果比较

膜类型	MBR类型	废水类型	COD/（$mg \cdot L^{-1}$）		V/m^3	MLSS	容积负荷	污泥负荷
			进水	出水	HRT（h）	/（$g \cdot L^{-1}$）	/（$kgCOD \cdot m^{-3} \cdot d^{-1}$）	/（$kgCOD \cdot kg^{-1}$ $MLSS \cdot d^{-1}$）
好氧膜	分置式	食品废水	42 660	70.8	2.75/139.2	10.9	7.36	0.67
	分置式	含油废水	29 430	<2 943	1.9/144~240	1.8	2.45~4.91	1.36~2.72
	一体式	造纸废水	12 000	2 400	0.09~24	24.2	12	0.5
	一体式	生活废水	100~800	4~32	2~24	2.0~4.1	0.7~3.4	0.19~0.55
厌氧膜	分置式	啤酒废水	85 000	2 550	0.12/60~100	50	<28	
	分置式	含油废水	39 910	2 710	0.05/65	50.7	14.2	
	分置式	合成废水	9 700	300	0.075/135	8.1	2	
	分置式	生活废水	97.5~2 600		0.018/4~6		3.5~4.2	

采用双相厌氧MBR处理废水，产酸相和产甲烷相的最大容积负荷可分别高达54 $kgCOD \cdot m^{-3} \cdot d^{-1}$和12.2 $kgCOD \cdot m^{-3} \cdot d^{-1}$，大部分研究证明，如果有机酸不发生积累，系统的容积负荷还可以进一步增加。甲烷是厌氧处理工艺中的最终产物，甲烷产气率一般在0.17~0.29$m^3CH_4 \cdot kg^{-1}COD$，但实际产气率取决于废水水质和操作条件，如增加容积负荷和HRT、降低温度等会使产气率下降。由于废水污染物浓度较高，通常需要的水力停留时间也较大，根据原水浓度，HRT可增加至数十小时，甚至上百小时。

(2) MBR 的型式与膜污染

几乎所有的厌氧 MBR 的型式都是分置式，这主要是因为在厌氧 MBR 中不需要曝气，膜污染的防污一般只能通过采用泵及循环水流来进行控制。这一方面给原水与污泥的混合提供了有利的条件，另一方面由于泵的机械剪切力的作用，造成部分微生物细胞的破碎，活性降低。在 MBR 运行中，膜组件污染的发展速率与污泥浓度、膜面错流速率有关。一般而言，增加膜面错流速率可以减缓膜面污染，增加膜通量的稳定性。但当污泥浓度超过某临界值时，膜通量发生明显下降，而膜污染的细微胶体粒子对膜过滤提供了 80% 的阻力。

三、曝气膜－生物反应器

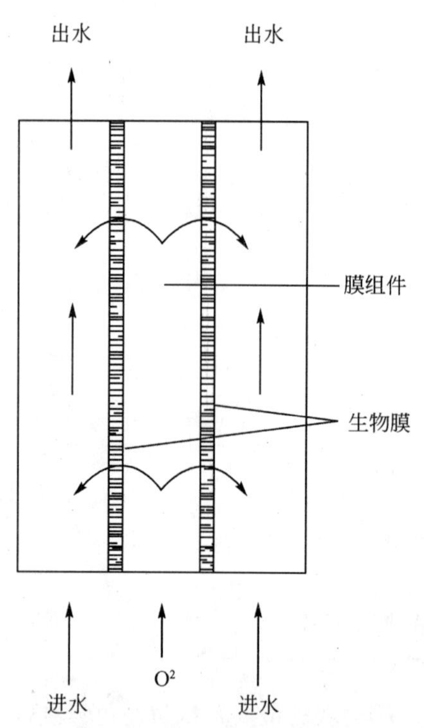

图 12-2　曝气膜生物反应器

曝气膜生物反应器（membrane aeration bioreactor，MABR）是采用透气性膜作为曝气扩散器，产生无泡曝气，用以提高供氧效率。透气性膜可同时作为生物反应器内微生物附着生长的载体，通过膜两侧氧的直接供给和营养物的扩散，达到有效降低有机物的目的（图 12-2）。在该系统中由于氧的无泡传递，供氧不能对混合液产生混合效果，混合液通常是靠循环泵和搅拌等来实现的。膜与生物反应器的组合方式也有两种，一是膜放置在生物反应器内，组成一个单元；另一种是膜组件放置在生物反应器外侧并设循环，但仅占小部分。曝气膜－生物反应器采用的膜组件型式有管式膜和中空纤维膜，气相在膜内腔，废水在膜外侧流动，由于中空纤维膜的比表面很大（$>5000m^2 \cdot m^{-3}$），因此能提供很大的表面积来供氧传递和生物膜载体供微生物附着，而且占有的体积少，只占生物反应器的2%～4%。除透气膜外，也可添加其他非透气性载体供生物附着生长。曝气膜－生物反应器可以连续运行，也可间歇运行。曝气膜材料又兼作生物膜生长载体的系统一般连续运行，有其他非透气性载体的系统一般可间歇运行。

MABR 的最大特点是传质阻力小，氧转移效率高。通常利用高纯氧在高分压下，采用无泡的方式直接供给生长在膜材料上的生物膜，因此氧利用率比传统纯氧工艺高。当进水负荷在0.06～33.8kg·m^{-3}·d^{-1}时，有机去除率可达63%～91%。MABR可用于处理不同类型的废水，但该系统主要适用于处理活性污泥浓度很高、需氧量很大的废水，挥发性有机物（VOC）的降解以及在单一生物反应器中脱氮与除碳。采用MABR加活性炭床间歇运行来处理废水中的VOC，2-氯酚的去除速率高达20kg·m^{-3}·d^{-1}。活性炭的使用保证VOC浓度可以迅速下降到微生物受抑制的毒性水平以下，随后附着在活性炭上的VOC再被生物降解。采用MABR处理高浓度氨态氮废水，可获得很好的处理效果，比硝化速率可达13kgNH_3-N（kgSS·d），大大高于传统硝化工艺。硝化细菌生长缓慢，不需为控制生物膜来清洗膜组件。由于供氧在MABR系统中是无泡传递的，因此供氧不能对混合液产生混合效果，近年来出现了新的MABR系统，可以不需要强烈的液体混合也可以获得较高的有机物去除率。采用中空纤维膜进行无泡供氧的MABR装置，处理含易降解的溶解性有机物的啤酒废水，完全混合时有机物的去除速率和去除率分别为28kgCOD·m^{-3}·d^{-1}和88%；而没有混合时，有机物的去除速率和去除率分别为27 kgCOD·m^{-3}·d^{-1}和81%。

综上，MABR的特点是：①氧利用效率高，传统活性污泥法的氧利用率一般只有10%～20%，而MABR的氧利用率可接近100%；②有机物去除负荷高；③占地少。适于活性污泥浓度大，对供氧要求高的废水的处理。虽然MABR有很多优点，但至今没能得到实际应用，其主要原因在于基建投资大，运行费用较高。此外，膜污染和膜表面生物的有效控制也是实用过程中的关键问题。由于氧化铁、油脂类物质在膜孔内的吸附，表面活性剂、悬浮物和纤维的缠绕造成的非生物污染，使得中空纤维膜性能下降。如何控制膜材料上附着的生物厚度是系统连续运行的关键，过厚的生物膜可能造成对氧、基质以及养分的传递阻碍，膜污染加重，生物活性降低，代谢产物在生物膜内积累，导致稳定状态难以维持。

四、萃取膜-生物反应器

萃取膜-生物反应器（extractive membrane bioreactor，EMBR）利用膜的特异亲和作用，将工业废水中的有毒污染物萃取后对其进行单独的生物处理。EMBR是利用对挥发性有机物具有选择萃取性的膜，将有毒工业废水中的优先污染物萃取后，再进行生物降解的工艺。在该系统中，废水与活性污泥被膜隔开，废水在膜腔内流动，与微生物不直接接触。通过硅树脂或其他疏水性膜的使用，选择性地将工业废水中的有毒污染物萃取，并传递到好氧生物相中，这些污染物在生物反应器内被微生物吸附降解（图12-3）。这样，反应器的混合液与工业废水之间就有了一个浓度梯度，污染物在这种浓度梯度作用下，不断从废水透过膜进入生物反应器内，为促进这些污染物在生物反应器内被有效降解，有时需向生物反应器内添加一些无机营养成分。

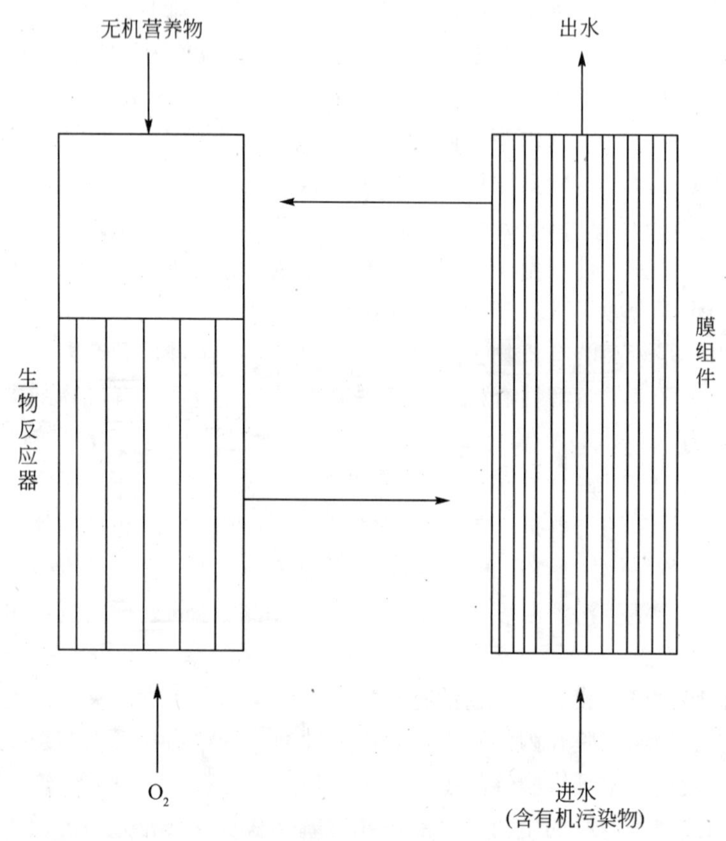

图 12-3　萃取膜－生物反应器

当废水酸碱度高、盐浓度高或含有毒生物难降解有机物时，因为它们对微生物有毒害作用，所以不宜让废水和微生物直接接触进行处理，需对废水进行预处理或稀释。特别是当废水中含有挥发性有毒物质时，如在传统的好氧膜生物处理过程中容易随曝气气流挥发，发生气提现象，则使处理效果极不稳定。污染物先在膜中溶解扩散，以气态形式离开膜表面后溶解在膜外的活性污泥混合液中，最终被细菌所降解。由于膜的疏水性，废水中的水及其他有机物均不能通过膜向活性污泥中扩散。污染物的传质过程是整个反应过程和速率的控制步骤。EMBR 的传质动力是浓度差，由于膜组件和生物反应器各自独立，相互影响不大，所以整个系统的操作管理灵活，处理效果稳定。如系统的水力停留时间是指废水在膜组件中的停留时间，与生物反应器容积无关，容易控制在不同范围。又如生物反应器中营养物质的组成不受废水水质的影响，可以对其优化，维持最大的污染物降解速率。

EMBR 适用于萃取和处理废水中的优先污染物，利用萃取膜－生物反应器在盐度很高的工业废水中成功地萃取许多挥发性有机物，如应用 2.5L 的 EMBR 能从工业废水中萃取并降解了苯胺（36mg · L^{-1}），4-氯苯胺（24mg · L^{-1}）、2,3-二氯苯胺（62mg · L^{-1}）、3,4-二氯苯胺（194mg · L^{-1}）和氯甲苯等。在水力停留时间为 2h 的情况下，其去除率达 99%，获得了理想的处理效果。EMBR 在某些嗜重金属的特殊细菌的作用下，还有去除废水中重金属的功能，如利用聚砜和 ZnO 的复合膜，将抗重金属能力强的细菌固定在膜壁上，强化了对 Cd 和 Zn 的生物吸附和浓缩。

EMBR 在运行一段时间后，会在膜的外表面出现一定厚度的生物膜。一方面，生物膜可起到固定微生物的作用，扩大了生物膜的作用面积，使处理效果更好、更稳定。因为氧从活性污泥侧向膜表面扩散，并与透过膜的污染物在生物膜内相遇，在附着于生物膜内的专性细菌的作用下，污染物得以降解处理，只要不是废水中的污染物浓度很高，污染物就不会穿透膜和生物膜进入活性污泥相中，也就不会与空气中的气泡接触而出现气提现象。另一方面，如果生物膜降低了污染物和氧气的传质速率，造成膜与生物膜界面处的污染物积累，就会削弱污染物从废水到膜表面的传质推动力。

五、膜污染及其影响因素

（一）膜污染及膜污染的阶段

膜－生物反应器常由于在运行过程中发生膜污染而使废水处理的能力下降，甚至处理能力丧失。膜污染是指废水中的颗粒、胶体、乳浊液、悬浊液、大分子和盐类等物质，在膜表面或膜孔内部的可逆或不可逆沉积。这种沉积包括吸附、堵塞、沉淀，并形成滤饼等。膜污染是 MBR 运行过程中不可避免的，在其运行过程中将发生不同程度的膜污染，膜污染的发生将导致膜过滤阻力随过滤时间的延长而逐渐增大的变化。在整个膜污染的过程可分为两个阶段（图 12-4），第Ⅰ阶段发生在膜开始过滤后的几秒或几分钟内，浓差极化、膜孔污染和凝胶层的形成，使膜阻力迅速升高接近峰值；第Ⅱ阶段连续第Ⅰ阶段的曲线升高逐渐达峰值，颗粒物逐步沉积在膜表面形成污泥层，膜过滤阻力平稳缓速增长，其平缓升高期可持续数小时乃至数天。

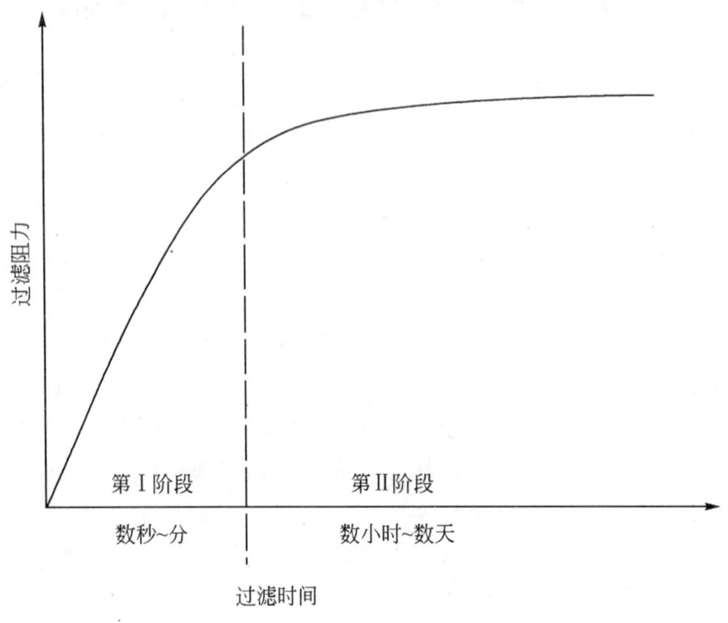

图 12-4 膜过滤阻力随时间的变化

（二）膜污染的影响因素及处理措施

影响 MBR 中膜污染的主要因素有三：一是膜的固有性质；二是生物反应器内混合液的性质；三是膜组件的操作条件。

1. 膜的固有性质

膜材料、表面特性和孔径等固有性质，对膜的污染有很大影响。亲水性膜受污染物吸附的影响较小，粗糙的膜表面虽然增大了膜的比表面积，增加膜表面对污染物吸附的可能性，但膜表面附近的水流扰动程度也相应增加，两者同时对膜过滤造成影响。对不同截留分子质量的膜对过滤水质的影响，发现当膜的截留相对分子质量低于 20 000 时，随着膜的截留分子质量的增加，出水 COD 增加，而当截留相对分子质量高于 20 000 时，出水的 COD 浓度不再随膜的截留分子质量变化。这说明膜表面形成的凝胶层所起的截留作用已大于膜本身，膜表面的凝胶层也起到了过滤膜的作用，而膜此时只起了一个支撑作用，滤膜的孔径大，通量高的，也容易形成孔隙的堵塞。

2. 混合液性质

生物反应器内混合液的性质，包括污泥的浓度和黏度、悬浮颗粒粒度分布、溶解性有机物浓度和胞外多聚物浓度及黏度等。

1）污泥浓度和黏度：污泥浓度和黏度对膜污染的巨大影响已达成共识，研究表明膜通量随着污泥浓度对数值的增加而呈线形减小，认为当活性污泥浓度过高时，混合液黏度上升很快，膜污染速度会急剧增加。

2）悬浮颗粒粒径分布：混合液中悬浮颗粒的不同粒径在膜表面的沉积情况。一体式 MBR 中最易在膜表面沉积的主要是粒径微小的粒子，其中以粒径为 10μm 的悬浮颗粒最易沉积。而沉积在膜表面的不同粒径的颗粒对膜过滤阻力的影响情况是，粒径为 0. 46μm 的颗粒在平板膜（孔径 0. 2μm）表面沉积时，膜过滤阻力会快速上升；粒径为 3. 2μm 的较大粒子需要在膜表面沉积至一定数量后，膜过滤阻力才会有明显上升；而对粒径为 11. 9μm 的更大些的粒子，即使在膜表面出现了大量的沉积，膜过滤阻力仍未出现升高现象。这说明较大粒子在膜表面上的颗粒沉积，不会影响膜过滤特性，只有粒径大小与滤膜孔径相差不多时，粒子沉积时才会引起较严重的膜污染。

3）溶解性有机物浓度和胞外多聚物的浓度与黏度：溶解性物质对膜污染的影响不容忽视，尤其在分置式 MBR 中，由于产生的剪切力对污泥絮体的破坏作用，溶解性物质引起的膜污染几乎形成了 50% 的膜过滤阻力。在用分置式 MBR 过滤城市废水处理厂的污泥时，由于循环泵对污泥絮体的剪切作用破坏了污泥絮体中微生物、无机颗粒和胞外多聚物（extracellular polymer，ECP）之间的相互联系，促使菌胶团解体，释放出 ECP 到上清液中，增加了溶解性物质的浓度，这些溶解性物质之间以及它们与膜材料之间随即发生相互作用引起膜污染。膜通量随着溶解性物质的浓度升高而下降，特别是污泥内源性呼吸和细胞解体过程中产生的微生物产物，其高分子物质的含量比较多，在反应器内容易产生蓄积，更有可能加剧膜污染。在一体式 MBR 中，由于膜面错流流速很小，形成的剪切作用对污泥絮体的破坏作用不大，但溶解性物质有可能受运行条件的影响，或因在生物反应器中出现积累而达到较高的浓度，从而对膜污染产生影响。

过滤试验的结果找出了膜过滤阻力与污泥浓度、污泥黏度和溶解性有机物浓度之间的关系，以膜过滤阻力公式表示：

$$R = 842.7\Delta P(\mathrm{SS})^{0.926}(\mathrm{COD})^{1.368}\mu^{0.326}$$

式中：R 为膜过滤阻力（1/m）；ΔP 为操作压差（Pa）；SS 为混合液悬浮固体浓度（$\mathrm{mg \cdot L^{-1}}$）；COD 为活性污泥混合液溶解性 COD 浓度（$\mathrm{mg \cdot L^{-1}}$）；μ 为活性污泥混合液黏度（Pa · S）。

3. 膜组件的运行条件与方式

运行条件和操作方式与膜污染速度密切相关。对膜污染直接产生影响的运行条件包括膜通量或操作压力，膜面错流流速和运行温度和操作方式等。

1）膜通量或操作压力：MBR 有两种操作模式，即恒定膜通量 - 变操作压力运行和恒定操作压力 - 变膜通量运行。膜通量的选择对于膜的长期稳定运行至关重要。当采用恒定膜通量的操作方式时，对于某一特定的 MBR 系统，存在临界膜通量的问题，即能使粒子开始在膜表面沉积的膜通量，当膜通量低于此临界值时，则无粒子沉积。当实际采用的膜通量大于该临界值时，膜污染加重，膜清洗周期大大缩短。根据临界膜通量的概念启示，指导在恒定膜通量时只要把膜通量选择在临界值之下，就能延长膜的运行周期，否则膜就会被迅速污染而停止运行。当实际采用的膜通量低于临界膜通量时，膜过滤压力保持平稳且膜污染可逆；反之，膜过滤压力迅速上升而不能趋于稳定，膜污染的可逆性显著下降。膜污染向不可逆方向发展的主要原因之一是在膜过滤时浓差极化层转化成致密的滤饼层。另外，膜通量增加后，膜面污染层的结构会发生改变，最终也将造成污染层和凝胶层的阻力显著增大。如果实际采用的膜通量低于临界膜通量，提高曝气量可以显著地去除污泥层；否则曝气量的提高对污泥层的去除作用不大。临界膜通量随膜面错流流速的增加而线性增长。在一体式 MBR 中也发现同样存在着临界膜通量，并且与曝气强度（即膜面错流速度）和泥污浓度相关。同样，当采用恒定操作压力 - 变膜通量运行时，也存在一个临界的操作压力，在高于临界操作压力的条件下运行，会导致膜迅速污染，临界操作压力随膜孔径的增加而减小。

2）膜面错流流速：提高膜表面的水流紊动程度可以有效地减少颗粒物质在膜面的沉积，减缓膜污染。但是膜面错流流速并非越大越好，当膜面错流流速达到一个临界值后，其进一步增加将不会对膜的过滤性能有明显改善。而且，过大的膜面流速还有可能因打碎活性污泥絮体而使污泥粒径减小，上清液中溶解性物质的浓度增加，从而加剧污染。

3）温度：温度对膜的过滤分离过程也有影响，试验证明，温度每升高 1℃，可引起膜通量增加 2%，这是因为温度的变化可引起料液黏度的变化。另有试验表明，提高温度不仅降低了混合液的黏度，而且还改变了膜面上污泥层的厚度和孔径，从而改变了膜的通透性能。

4）操作方式：有人对恒定膜通量运行和恒定操作压力运行的两种操作方式进行了比较，结果认为采用恒定膜通量的操作方式在运行初期可避免膜面过度污染，更有利于膜的长期稳定运行。针对一体式 MBR 采用间歇抽吸的操作方式来运行，可有效地减缓膜污染的发展速度。进一步的试验结果指出，当出水泵开15min再停5min，间歇运行可有效地控制膜污染，而且又能降低运行成本。采用阶段性启动也有利于减缓膜的不可逆污染。采用逐步提高膜通量到设定值的方法，要比直接应用该通量时的膜过滤阻力的上升速度低得多。

第三节　生物处理技术的发展和展望

一、生物处理技术的发展

污水生物处理已有100余年的历史，生物处理技术也在不断的发展和进步，不仅应用技术在不断改进和创新，生物处理理论与环境科学也有不少建树与发展。但是，这些进步与发展又与不断提高的环境保护要求不相适应。随着工农业生产的发展以及环境问题的不断出现，尤其是水资源匮乏危机日益突显，对污水生物处理的要求和挑战相继出现。首先，工业废水中所含的有机物性质日渐复杂，尤其是随着化学工业的发展出现了许多人工合成的有机物不被自然界中微生物所识别，难以被微生物所降解，有的还具有致癌和致畸的特性；其次，水环境中出现了无机性的营养物（如氮、磷等）引起的污染，会使水生植物（包括藻类）过量生长，这种富营养污染十分严重。

此外，传统的好氧生物处理技术所处理的废水COD浓度一般在400～600 $mg \cdot L^{-1}$，厌氧生物处理技术则多用于含固率为2%～5%的有机污泥。随着工业的发展，会产生很多COD浓度为1000$mg \cdot L^{-1}$以上的工业废水，采用好氧生物处理技术的耗能成本太高，而厌氧生物处理技术又需时过长；厌氧与好氧相结合的处理工艺对难降解的合成有机物或含高浓度有机物的工业废水有良好的处理效果；通过微生物的培养驯化及遗传工程的应用，难降解的有机物将不难降解；采用生物滤池等生物膜法处理工艺可以有效地处理微污染水源水；废水生物处理技术可以与其他处理工艺相配合满足废水回用的要求。总之，废水生物处理技术在不断取得进步，今后还将在水污染控制中发挥更大作用。

纵观废水生物处理技术的100多年的发展历史，在早期阶段（1881～1915年）的处理技术主要有Moris池、生物滤池和活性污泥法。在第二阶段（1915～1960年）中，生物处理技术被普遍应用，先后有化粪池、生物滤池、活性污泥法及处理污泥的消化池等。同时生物处理技术也得到了不断的发展，出现了阶段曝气法、生物接触稳定法、完全混合曝气法、延时曝气法等新工艺；生物滤池还逐步发展为高负荷生物滤池、塔式生物滤池、生物转盘、生物接触氧化法等新工艺；厌氧生物处理也从传统的低率消化池变为高率消化池，并逐步出现了二级消化池和两相消化池等新工艺。从1961年开始进入到生物处理技术发展第三阶段，此阶段因为环境污染的加剧和能源危机的出现，促使生物处理技术的研究和应用发生了很大的飞跃。首先在好氧生物处理方面出现了氧化沟、A-B法、SBR反应器、高浓度活性污泥法、深井曝气、好氧生物流化床等新工艺，高效曝气器和新型填料等新设备。近10余年来出现了将悬浮生长与附着生长的生物系统装在一起的复合式生物反应器和膜-生物反应器等。其次是在厌氧生物处理方面先后出现了厌氧接触法、厌氧生物滤池、厌氧附着膜膨胀床、升流式厌氧污泥层反应器、厌氧生物流化床和厌氧生物转盘等。在厌氧生物处理的应用范围已从污泥消化扩大到高浓度有机废水的处理，进而到低浓度有机废水的处理。近40年来新型高效厌氧生物反应器的发展，使厌氧生物反应器的负荷大大提高，使其不仅能用于高浓度有机废水的处理，也能用于低浓度有机废水的处理。厌氧生物处理不需要提供氧，消耗能源少，且能将废水中的有机物转化成能源（如甲烷等），致使厌氧生物处理所需的运行成本降低，加之厌氧生物处理工艺的污泥产量较低，厌氧反应器能在常温下运行，更使厌氧生物处理在经济上的优越性显得突出，故采用厌氧生物处理工艺代替好氧生物处理工艺，有利于节能减排，节约运行费用，是符合可持续发展的战略方向。对于好氧生物处理技术耗能大的缺点，最直接的解决方法是开发节能的工艺和设备，推出高效曝气设备，由于好氧生物流化床传质效率高，可提高氧的利用率，提高好氧生物处理工艺的负荷也有重要作用，可减少反应器的体积，减小占地面积，从而节省基建费用。在天然条件下的生物处理采用非常经济有效的废水净化系统，但其局限性是占地面积过大和难以具有天然生物处理的生态环境。对于广大农村地区而言，利用天然的坑、洼、塘、淀，将生态农业建设和废水处理相结合，努力发展水资源利用和废水处理结合的天然生物处理系统，获得环境效益和经济效益的双丰收。

展望环境污染治理技术的进展，随着科学技术的突飞猛进，人类从自然界获取的资源越多，排放的废弃物也与日俱增。在新世纪里要保护人类的生存环境，必须实施可持续发展战略，可持续发展要求在保持经济高速发展的同时，必须保护好人类赖以生存的环境，既能满足当代人的需要，同时不损及未来世代人满足其需要之发展。在资源与能源上要做到“细水长流”，在发展方面要“留有后劲”，可持续发展战略的核心是经济发展与保护资源、保护生态环境的协调同在。

二、生物处理微生物学方面的进步与发展前景

微生物技术是环境保护的理想武器，而且是一个纯生态过程，从根本上体现了可持续发展的战略思想。微生物技术在处理环境污染物方面具有高速低耗，效

率高、成本低、反应条件温和、无二次污染、符合节能减排和循环经济要求等显著优点；但从另一方面看，在水环境中还出现了无机性的营养物（如氮、磷等）污染，这些营养物的富集会使包括藻类在内的水生植物过量生长，进而使水中溶解氧含量下降，水质恶化，尤其在农村一些封闭或半封闭的池塘、水沟中，这种富营养污染十分严重。尤其随着小城镇的工业发展，在工业废水好氧生物处理中竟然出现 COD 浓度为 1000mg · L^{-1} 以上的高浓度有机废水，使用好氧生物处理技术的能耗高得惊人，而厌氧生物因含固率过高，生物处理技术需时过长，这些均是废水生物处理技术发展中面临的问题。由于水资源的短缺日益突出，处理后废水的再利用也越来越受到重视。面临如此多的挑战，应看到目前废水生物处理还存在着不少缺点，如微生物的生长环境还不够理想，微生物的数量还不够多，反应速率不高，废水生物处理的基建投资和运行费用都很高，运行效果不够稳定，对难降解有机物的处理能力很有限，活性污泥法产生大量难以处理的污泥，生物处理过程中消耗大量碳源，释放较多 CO_2，产生温室气体等。所以说，目前废水生物处理技术的处理能力和水平并不能令人满意，但生物技术具有相当大的潜能与发展空间，故要尽最大可能研发出更好、更先进的方法，使其在环境保护建设上做出更大贡献。

1. 高效菌剂的筛选、培养和固定化

在废水生物处理技术中的关键是微生物。实现从环境中分离、纯化具有降解废水污染物功能的微生物，经驯化诱导，包括分子生物学技术培养出处理难降解有机污染物的高效菌。应进一步提高废水生物处理技术的能力，保证废水处理系统中高效菌的富集及固定化，维持微生物在处理器中具有一定生物量及生物活性，创制微生物型的水处理制剂。

高效菌剂的分离筛选和培养富集，包括三个层次。首先是从环境中，多半在废水处理厂的活性污泥中分离出生态菌群（eubiosis microbiota，EM），将其制备成特质的微生物活性制剂提取到废水处理系统中，以获取生物处理的优化效应，这种生物技术即为 EM 技术。由于环境污染的性质各异，废水处理要求不同，用天然微生物菌种配制并进行优化组合形成的菌剂，如北方寒冷地区使用的菌剂应投放耐寒的微生物；南方使用的菌剂应具有热稳定性；在风景旅游区，菌剂要适应于带有大量洗涤剂的生活污水环境；在农村地区，菌剂要适应带有大量污泥和禽畜粪便的污水环境等。为了能有效地、灵活地做到针对复杂环境中废水处理的要求，最好能建立菌种库，以保存具有各种降解功能的微生物，包括从自然环境中新发现的功能菌，以便能及时配制出不同功能的高效微生物菌剂，使其成为制备不同功能的高效菌剂的技术支持与供应地。随着工农业的不断发展，在污染物中出现了一些非天然环境中存在的人工合成的化合物，如制药业、饮食业、造纸业、纺织印染业等乡镇企业的排污物，如除草剂（阿特拉津）、食物添加剂（偶氮染料）、蒽醌、杂环等，因环境中有的菌类不能识别和降解这些有机物质，微生物的潜力无穷，经过培养和驯化及其他先进的生物技术，可充分地挖掘出微生物降解有机物的能力。通过各种措施，改造微生物，使那些对难生物降解的有机物变成易降解的，对降解速率慢的也可提高其降解速度。所以必须经将菌种库的类似菌经过驯化和诱导培养甚至利用质粒转移等生物技术，使其获得具有处理难降解有机污染物的性能，成为用于难水处理的特效人工菌种，解决废水的高效生物处理。

2. 厌氧生物技术的进展

厌氧生物技术应用于污水处理已有 180 年的历史，目前广泛应用于污泥消化、生活污水、工业废水和固体废物的处理领域，在环境保护中发挥着重要作用。在厌氧生物处理方面，近 40 年出现了一系列厌氧与好氧相结合的生物处理系统，如可进行生物脱氮的 A-O 系统，可进行生物技术脱磷的 A-O 系统，以及可进行生物脱氮和脱磷的 A-A-O 系统。此外，A－O 系统还可用于控制活性污泥膨胀，处理高浓度有机废水，处理含难降解有机物的工业废水等目的。传统的厌氧生物处理工艺负荷率很低，因此长期被认为是能处理污泥，不能用于污水的处理，由于新型高效厌氧生物反应器的发展，大大提高了厌氧生物处理的竞争能力，使其不仅能用于高浓度有机废水的处理，还可用于低浓度有机废水的处理。由于厌氧生物处理不需要曝气供氧，消耗能源少，且能将废水中的有机物转化为能源，即厌氧菌降解有机物的同时可产生大量甲烷（CH_4），因此，厌氧生物处理的运行费用明显低于好氧生物处理，而且厌氧生物处理工艺的污泥产量一般较低，更使厌氧生物处理技术成为节能和循环经济型的技术。显然，在条件适宜的场合下，采用厌氧生物处理工艺替代好氧生物处理工艺，是节约能源和运行费用的有效方法，符合可持续发展的战略方向。

3. 可持续污水的生物脱氮除磷技术

污水的现代处理工艺中，厌氧生物处理工艺扮演着重要角色。通过厌氧生物处理，可有效地降低污水的 COD。但在厌氧消化过程中会生成大量氮和磷等营养物质，使水体富营养化而污染严重。当前全球范围的水体的富营养化现象愈演愈烈，据统计我国约有 56% 的主要湖泊处于因氮磷污染而导致的富营养化状态，氮、磷超标排放越来越严重，威胁着全球的淡水资源，尤其是磷的含量对水体富营养化特别敏感，一般认为水体中总磷达到 $15\mu g \cdot L^{-1}$就可以引起水体富营养化。故在污水排出之前必须要脱磷。应注意的是，磷又是十分宝贵的有限资源，污水中含有可观的磷排出岂不可惜，而从污水中回收磷则是一项生物可持续发展技术，如能把污水处理中的除磷与回收磷结合起来，则具有保护环境和发展经济的双重意义。人们发现微生物具有在好氧条件下摄取磷而在厌氧条件下释放磷的特性，由此开发出厌氧、好氧联合的除磷工艺。近来又发现兼性厌氧的反硝化菌具有摄磷和放磷作用，由此又开发出反硝化脱氮与生物除磷相结合的工艺流程。目前在污水处理系统中单纯生物脱氮从技术上已不存在任何难点，但硝化能力不足常成为污水处理站脱氮效果的瓶颈，特别是在北方或冬季里水温低于15℃的情况下。近年来发现能在缺氧情况下利用硝酸盐中的氧使氨得到氧化，即存在能同时进行硝化和反硝化的细菌群，由此而开发出厌氧氨氧化的工艺，为简化生物脱氨流程奠定了基础。

进入21世纪以来，在污水处理技术方面的研究热点正向着经济、适用的脱氮工艺迈进。从污水处理工艺上，单独去除来自消化池污泥消化液中的氮负荷，会明显改善主流线脱氮效果，污泥消化液仅占处理水量的1%。在大多数污水处理厂，一般都能将侧流线污泥回流到主流工艺与污水一并处理，能对含有如此高浓度氨态氮（750～1500mg·L^{-1}，平均为进水总氮负荷的15%），温度较高（约30℃）和流量小的污泥消化液单独处理。这种巧妙的思路，为以侧流线污泥消化液中的氨态氮刺激硝化细菌生长，并使之回流到主流工艺，这种流程适于侧流富集硝化细菌，以强化主流工艺的硝化能力，推出了“生物强化/间歇富集”的新工艺——BABE（bioaugmentation batch enhanced）技术。

我国目前中小城镇污水处理，为了节省建设投资和运行费用，大多都没上除磷脱氮工艺。从全国水环境形势看，氮磷污染已经是威胁我国水资源安全的一个突出问题，随着我国关于用水卫生标准的不断提高，氮磷污染问题的存在也极大程度地制约再生水资源的利用。所以在制定中小城镇污水处理厂建设计划时，可把再生水作为水体补给水水源来考虑，这样就可在这些地域选择具有深度除磷脱氮功能的工艺流程，这样做是必要的，也符合循环经济的要求。

三、解决污泥膨胀的措施

污水生物处理的高效低耗的突出优点被广泛用于污水处理，但由于目前的污水生物处理工艺不完善，暴露出突出的缺陷就是处理过程中产生大量的剩余污泥。剩余污泥不仅大大地降低了污水处理的效果，而且污泥处理的费用异常高，约占到污水处理厂建设和运行总费用的一半以上。因此，从根本上彻底解决剩余污泥减量问题已成为当今世界普遍关注的一个焦点。

城镇污水处理包括污水处理和污泥处理，但对污泥的处理重视不够，尤其在农村，污泥处理仍然是个薄弱环节。因为小城镇的污水处理厂相对较小，污泥总量相对不大，污水处理设施的建设多采用分散式单元化方式，这种设计会造成对污泥的处理不当，形成二次污染。活性污泥工艺已发展成为应用最为广泛的污水生物处理技术之一，活性污泥微生物在曝气池中完成生物净化作用后，接着在沉淀池中要完成有效的泥水分离过程，否则产生的泥水混合必然使出水的水质恶化。出水中带走的污泥使回流的污泥浓度逐渐降低，导致反应器中污泥总量不足，最终使活性污泥工艺失效；另外，在污水处理过程中产生的大量污泥，对这些污泥的处理也令人头痛。在实际运行中，导致二次沉淀池中泥水分离失效的情况是最为忌讳的，但又非常普遍，其原因就是所谓的污泥膨胀现象。污泥膨胀是由污泥中丝状菌的过分增殖引起，一旦发生丝状菌的增殖膨胀，将直接导致污泥体积指数升高，污泥沉降性能下降，使生物处理系统的处理效果恶化。污泥膨胀是一个非常复杂、又难于控制和修复的现象。它涉及丝状菌的形态、生理变化、微生物菌群生态，以及反应器理论、反应动力学和物质扩散理论等。然而对活性污泥中丝状菌的良好认识与鉴定，是寻求污泥膨胀控制方法的基础。实际上在尚未发生污泥膨胀时，丝状细菌也能存在于絮状污泥条件中，甚至认为这些普遍存在的丝状细菌构成了活性污泥颗粒的骨架，丝状细菌的生长，在形态上具有一维持性，生长的数量即便为体积分数仅达到活性污泥总量的1% ~20%，就足以引起污泥膨胀。污水生物处理依赖系统内微生物对污染物质的降解。在生物降解过程中，微生物同时取得了生长所需的原料和能量，这些能量通常被用于细胞维持和细胞生长，细胞维持则是维持细胞正常的生理状态，维持细胞生长的过程则是活性污泥的形成过程。根据细胞对能量的利用原则，应尽量使生物降解过程中所产生的能量用于细胞的维持，而非用于细胞的生长，这样就可从根本上达到污泥减量的目的。而这些能引起生物减量的过程，涉及一系列的微生物学和微生态学反应机制，通过合理强化这些微观过程，就有可能减少污泥的产量。

污泥膨胀是由丝状细菌引起，因而预防污泥膨胀与污泥减量措施均与丝状细菌有关，识别与鉴定这些丝状细菌也就至关重要。在生物营养物去除系统（BNR）中的优势丝状菌群，主要有微丝菌（*Microthrix parvicella*）0092 型、0041 型和 0675 型，这些细菌的识别都是以丝状细菌形态学为基础的，但有些丝状细菌，如浮游球衣菌（*Sphaerotilus natans*）、0092 型和 1701 型微丝菌等，能根据生存环境的变化而改变其自身的形态特征；另外，还有一些丝状细菌的生理特征与分类上具有显著差异，但它们的形态却极其相似，这就不可避免地会出现一些判断上的错误。当然，活性污泥颗粒形态学的研究尚未十分完善，甚至其中尚有大量生物菌属未被分离鉴定出来，故对污泥膨胀的预防和控制还要经过一段时间才能解决。随着科技的发展，以 DNA 和 RNA 序列分析为基础的分子生物技术，通过特定的基因探针杂交或基因测序等，可准确有效地鉴定丝状细菌，将推动对污泥膨胀领域的研究和实际应用。

四、生物反应器的发展与展望

生物反应器是为参与污水处理的微生物创造适应生长条件，使之有益于污水降解和投加的微生物保持最佳生理状态，以求其降解和处理污水的最好效果。能影响微生物生长和降解作用的主要条件有：基质的种类和配比、污染物负荷、温度、pH、有毒物质的种类和数量等。微生物学原理和微生态学的研究，化工技术及其设备的进步，推动了污水生物反应器的发展。在传统活性污泥法及低负荷生物滤池的基础上，出现了为数众多的悬浮态与附着态等不同生长状态，不同结构类型，不同运行方式的生物反应器，具有不同功能和特性，能适应不同需要。由于可持续发展的要求，污水生物反应器又从传统平面占地型，向空间节地型方向发展，使其占地面积减小，但反应器内的生物量可大大增加。在生物反应器的发展中，生物膜或颗粒污泥成为技术发展的重要基础，颗粒污泥已不再是厌氧技术的专利，这一技术已扩展为好氧、厌氧环境下普遍存在的特殊情况，使空间反应器日新月异。从微生物的生长特性，可将现有的废水生物处理反应器分为悬浮生长型和附着生长型；从反应器中的水力特征和运行方式，可将反应器分为推流式、完全混合式、连续与间歇运行式等。但生物反应器主要还是为微生物创造理想的生长环境，提高微生物的数量和降解反应速率，从微生物的生长环境与反应器特点可作如下分类。

1. 好氧生物类型反应器

这一类型反应包括氧化沟活性污泥法、A-B 活性污泥法、好氧生物流化床及曝气生物滤池等。

1）氧化沟活性污泥法：氧化沟活性污泥法适用于工业废水和生活污水的处理，兼有推流式和完全混合式的特点。由于曝气装置只设置在某些位置，而不是沿整个池长设置，故池中不同点的状况不同。氧化沟活性污泥法可在较低负荷和较长污泥龄条件下运行，能承受冲击负荷作用，具有生物脱氮的功能，能在不同条件下得到十分优质的出水，污泥产量低，运行稳定，操作方便。

2）A-B 活性污泥法：A-B 活性污泥法分为 A、B 两个阶段，各阶段有各自的微生物种群，二次沉淀池和污泥回流系统。在 A 段主要进行吸附，B 段则进行氧化。与氧化沟法比较，A-B 活性污泥法的运行负荷较高，对进水负荷的变化有较强的适应能力。但污泥产量较多，难以清除处理。

3）好氧生物流化床：好氧生物流化床是一种悬浮生长型和附着型的复合式反应器，部分微生物附着在载体表面形成生物膜，可保持高生物固体浓度，传质效率提高，能适应各种不同浓度的废水，而且反应器的体积和占地面积均可明显减小。

4）曝气生物滤池：由于改变了滤料的性质和颗粒大小，提供了人工曝气，保证了悬浮生长和附着生长的好氧微生物的生物量，曝气生物滤池大大提高了污水的处理能力，保持良好的出水质量。

2. 厌氧生物类型反应器

厌氧生物技术已广泛应用于污泥消化、生活污水/工业废水和固体废物处理等领域，反应器的微生物可分为悬浮生长和附着生长两类。应用中的反应器有厌氧滤池（AF）、升流式厌氧污泥床（UASB）、膨胀颗粒污泥床（EGSB）等。

1）厌氧滤池：厌氧滤池适合于高浓度有机废水，有升流式和降流式两类，其生物固体浓度高，处理负荷高。在反应池中可安装若干垂直隔板，使反应器被隔板分割成多个反应池，形成升流式和降流式的若干个厌氧污泥床，废水折流前进称为折流式厌氧生物处理反应池。

2）升流式厌氧污泥床反应器：升流式厌氧污泥床反应器是应用最为广泛的废水厌氧生物反应器，以其中自行形成的颗粒污泥为其主要特征。生物固体浓度和生物活性均高，生物污泥降解性能好，可用于高浓度有机工业废水和低浓度有机生活污水的处理，达到很高的负荷和处理效率。在升流式厌氧污泥床反应器的基础上，又出现了内循环厌氧反应器和膨胀颗粒污泥床反应器等。如果将升流式厌氧污泥床和厌氧滤池组合，共同发挥两者的优点而避免两者的缺点，形成复合式厌氧生物反应池，可应用于工业废水和城镇污水的处理。

在生物反应器中使用的微生物制剂常常是环境中的需氧菌，兼性厌氧菌和厌氧菌的混合体，这样才能高效地针对污染物中的各种成分进行降解。而传统的活性污泥系统维持的是好氧环境，只适宜需氧菌的生长。发展中的新型反应器可以同时或交替地提供好氧与缺氧的环境，创造了在一个系统中保存硝化和反硝化菌群的环境，有利于在较紧凑的系统中完成生物脱氮的任务。总之，好氧工艺的处理效果较好，停留时间较短，但工程投资大，运行管理费用高；厌氧工艺特别适合高浓度的有机废水，但污染物的去除率相对较低，停留时间长，对温度比较敏感。另外，厌氧系统可产生气体（CH_4、H_2 等），满足系统的能量需要，甚至可将部分能量用于百姓的日常生活。而对于高浓度的有机废水等处理，采用好氧和厌氧的协同处理工艺，将是最为理想的方法。

五、在污水处理中膜技术反应器的发展

膜技术是指生物膜技术和膜滤技术两种，向反应器内投加多孔悬浮惰性载体或泡沫塑料等，使反应池中的微生物可在载体表面固体生长形成生物膜。或直接投加生长有微生物菌群的活性载体，以增加反应器中微生物数量，提高反应器的处理能力。膜生物反应器（membrane biologic reactor，MBR）的优点突出，使用的国家越来越多，主要用于小区污水的处理与回用、工业废水处理等。MBR 主要分类有生物滤池、曝气生物滤池、生物转盘和生物接触氧化等。MBR 取消了二次沉淀池，将污泥浓度提高了 2 ~ 5 倍，减小了占地面积，有机污染物的去除率高，对于氮、磷污染物有较高去除能力，可满足氮、磷的最大容忍限度（maximum tolerable risk，MTR），氮、磷的 MTR 为：$TN < 2.2mg \cdot L^{-1}$、$TP < 0.15mg \cdot L^{-1}$。MBR 出水水质好，可直接回用。此法的污泥产量少，降低了对剩余污泥的处理费用。但是膜工艺的一大缺点是在运行一段时间后，由于膜受到污染而导致膜通量下降，这种膜污染是受到膜本身的性质、污泥的性质和运行条件等三大因素的影响，其中污泥的性质是关键。活性污泥中的胞外聚合物（extracellular polymeric substances，EPS）的生成，会增加混合液的黏性，增强活性污泥的憎水性；活性污泥中丝状菌的生长会导致污泥膨胀，而且其新陈代谢中会产生一系列憎水特质，其中可溶性微生物代谢产物（soluble microbial products，SMP）还会导致膜的污染。这样，就必须从膜材质选择和结构设计上想办法，在运行条件下做文章。如预处理工艺中的格栅选择与设计，利用化学洗膜工艺，选择曝气及其混合装置，调节运行参数以使生物相保持良好的生长状态，保持系统较高的氧传递率和降低耗能等。膜 - 生物反应器的研究和应用取得了令人瞩目的进展，这种流程将分离效果最好的膜技术与生物反应器结合在一起，可有效地将生物固体保持在系统中，使处理出水达到完全满足回用的要求，流程也十分简单，在水资源短缺的地区，这种技术是值得推广的。

膜滤技术是一项新兴的高效分离技术，由于膜分离技术的高效、安全，工艺流程易自动控制，特别是在水处理中要求出水水质达到可饮用的高标准，膜滤技术是一个关键技术，是替代传统处理工艺的最佳选择。目前在膜滤技术中，反渗透（RO）、超滤（UF）、微滤（MF）和纳滤（NF）等均能有效地去除水中的臭味、色度、有机污染物及消毒副产物的前体物质等。尤其是纳滤膜循环工艺，以污染严重的水源水进行深度处理为例，纳滤可有效去除水中的细菌、氨态氮、硝基氮、总有机磷等杂质，除浊、除味、除臭，可获得安全、合格的饮用水。

（张卓然　周家正）

参考文献

刘茉娥 . 1998. 膜分离技术 . 北京：化学工业出版社

张忠祥，钱易 . 2004. 废水生物处理新技术 . 北京：清华大学出版社

Brindle K, Stephenson T. 1996. The application of membrane biological reactors for the treatment of wastewater. Biotechnol Bioeng, 49（6）：601 ~610

Stephenson T, Judd S, JeffersonB, et al. 2000. Membrane Bioreactor for Urban Wastewater Treatment. London：IWA Publishing

第十三章　固体废物的管理系统

第一节　固体废物的概念、来源及分类

一、固体废物的概念

固体废物亦称废物，一般是指人类在生产、加工、流通、消费以及生活等过程中提取目的组分之后，废弃掉的固态或泥浆状物质。废物具有相对性，一过程的废物经常可以成为另一过程的原料，所以有人说固体废物是“被错待了的原料”，应该加以利用。

《中华人民共和国固体废物污染环境防治法》对固体废物的概念采用了概括性和列举性的解释。该法第八十八条关于所谓“固体废物”的解释，是指在生产、生活和其他活动中产生的失去原有利用价值或者虽未丧失利用价值但被抛弃或者放弃的固态、半固态和置于容器中的气态的物品、物质以及法律、法规规定纳入固体废物管理的物品、物质。

二、固体废物的来源及分类

固体废物的来源大体上可分为两类：一类是生产过程中所产生的废物（不包括废水和废气），称为生产废物；另一类是在产品进入市场后的流通过程中或使用消费后产生的固体废物，称生活废物。固体废物有多种分类方法，按照固体废物的化学性质可以将它们分为有机废物和无机废物；按照它们的形状可以分为固态废物和半固态废物；按照它们的危害程度可以分为危险废物和一般废物；从管理的角度还可以将它们按照来源分为矿业固体废物、工业固态废物、城市垃圾、农业废弃物和放射性固体废物。

矿业固体废物主要指来自矿业开采和矿石洗选过程中所产生的废物，主要包括废石和尾砂。工业固体废物是来自各个工业生产部门的生产和加工过程及流通中所产生的废渣、粉尘、碎屑、污泥等。产生废物的主要生产部门有冶金、煤炭、化工、电力、交通、轻工、石油等。农业固体废物是指来自农业生产和畜禽饲养过程

中所产生的废物。有害固体废物是指来自核工业、放射性医疗及科学研究等具有放射性危害的废物，以及国家称之为危险固体废物的一切具有毒性、易燃性、爆炸性、反应性、腐蚀性、传染性废物，因而可能对人类的生活环境产生危害。城市垃圾是指来自居民消费、商业、市政建设和市政维护过程所产生的废物。《中华人民共和国固体废物污染环境防治法》所要控制和防治产生污染的固体废物，主要包括工业固体废物、生活垃圾以及危险废物。

在经济发达国家，将固体废物分为工业废物、矿业废物、农业废物与城市垃圾四大类。我国制定的《固体废弃物管理法》中，将固体废物分为工业固体废物和生活垃圾两大类。把其中具有毒性、易燃性、腐蚀性、反应性及传染性的废弃物列为有害废物，其他则按一般废物进行管理。固体废物的分类、来源和主要组成物见表13-1。

表13-1　固体废物的分类、来源和主要组成物

分类	来源	主要组成物
矿业废物	矿山、选冶	废石、尾砂、金属、砖瓦灰石、水泥等
工业废物	冶金、交通、机械、金属结构等工业	金属、矿渣、砂石、模型、芯、陶瓷、边角料、涂料、管道、绝热和绝缘材料、黏结剂、废木、塑料、橡胶、烟尘、各种废旧建材等
	煤炭业	矿石、木料、金属、煤矸石等
	食品加工业	肉类、谷物、果类、蔬菜、烟草等
	橡胶、皮革、塑料等工业	橡胶、皮革、塑料、布、线、纤维、染料、金属等
	造纸、木材、印刷等工业	刨花、锯末、碎木、化学药剂、金属填料、塑料等
	石油化工	化学药剂、金属、塑料、橡胶、陶瓷、沥青、油毡、石棉、涂料等
	电器、仪器仪表等工业	金属、玻璃、木材、橡胶、塑料、化学药剂、研磨料、陶瓷、绝缘材料等
	纺织服装业	布头、纤维、橡胶、塑料、金属等
	建筑材料业	金属、水泥、黏土、陶瓷、石膏、石棉、砂石、纸、纤维等
	电力工业	炉渣、粉煤灰、烟尘等
城市垃圾	居民生活	食物垃圾、纸屑、布料、木料、金属、玻璃、塑料、陶瓷、庭院植物修剪物、燃料、灰渣、碎砖瓦、废器具、粪便、杂品等
	商业、机关	管道、碎砌体、沥青及其他建筑材料，废汽车、废电器、废器具，含有易燃、易爆、腐蚀性、放射性的废物，以及类似居民生活栏内的各种废物
	市政维护管理部门	碎砖瓦、树叶、死禽畜、金属、锅炉灰渣、污泥、脏土等

续表

分类	来源	主要组成物
农业废物	农林	稻草、秸秆、蔬菜、水果、果树枝条、糠秕、落叶、废塑料、人畜粪便、农药等
	水产	腥臭死禽畜，腐烂鱼、虾、贝壳，水产加工污水、污泥等
有害废物	核工业、核电站，放射性医疗单位、科研单位	含有放射性的金属、废渣、粉尘、污泥、器具、劳保用品、建筑材料等
	其他有关单位	含有易燃性、易爆性、腐蚀性、反应性、有毒性、传染性的固体废物

第二节　固体废物的管理系统

固体废物的环境污染控制问题已成为环境保护领域的突出问题之一。过去由于生产技术和管理水平不能满足国民经济急速发展的要求，相当一部分资源没有得到充分、合理的利用而变成了固体废物。对固体废物进行妥善管理是实现固体废物资源化利用和无害化处置的重要途径。但我国的固体废物管理和处理处置工作起步较晚，与水污染控制和大气污染控制相比，其对环境的污染控制问题在相当一段时间内没有得到应有的重视。自20世纪90年代初开始，固体废物管理问题才逐渐受到重视，国家也逐步加大了对固体废物管理和处理处置技术研究开发的投资力度，并于1995年首次颁布实施了《中华人民共和国固体废物污染环境防治法》，并且随着人们对固体废物的管理和资源化利用要求的进一步提高，2005年又颁布了修订后的《中华人民共和国固体废物污染环境防治法》。该法的实施将我国固体废物处理处置工作纳入了法制化管理的轨道，对我国固体废物污染防治和资源化利用工作起到了积极的推进作用。不仅是我国固体废物的污染控制和资源化利用从无到有，逐步形成一系列覆盖范围较广、涉及内容较全的管理制度；同时也使我国工业固体废物的综合利用水平、城市生活垃圾和危险废物的资源化利用和无害化处置水平逐年得以提高。目前我国的固体废物管理水平还处于发展阶段，固体废物管理问题依然非常突出，固体废物污染环境的形势仍然严峻。

一、固体废物环境管理的特点

固体废物与水污染和大气污染相比，在管理方面有自己的特点，主要表现在以下几个方面。

（一）要作最终处置

许多固体废物，特别是废水、废气处理过程所产生的残渣物质，往往最大限度地浓集了多种污染成分。在无法或暂时无法加以综合利用的情况下，为了避免和减少二次污染，必须进行妥善的管理，使其最大限度地与生物圈隔离，这就是安全处置。安全处置主要解决废物的最终归宿问题，它是控制固体废物污染环境的最后关键环节。

（二）要作妥善的途径管理

安全处置要求合适的水文、地质、气候等条件，要求合理的设计、建造、操作和长期监测。因此，需要将固体废物，特别是有害废物从不同的产生地加以收集、包装，集中送到中间转运站，集中送到某一场地，预处理后加以处置。从废物的产生到处置需要经历多种渠道，许多环节。在每一环节上，既可能造成土壤、水体和大气的污染，也可能直接危害人体和其他物种。所以，必须对固体废物实行全过程的污染控制管理，这就是途径管理。

（三）要注意潜在危害

固态的有害废物有长期的滞留性和不可稀释性，一旦造成环境污染，往往很难补救恢复。其中，污染成分的迁移转化，如浸出液在土壤中的迁移是一个缓慢的过程，其危害可能在数年至数十年后才能发现。

上述特点决定了对于固体废物的管理将完全不同于水体、大气污染那样的管理体制。对于废水、废气，通常采用的是控制污染源的管理体制；而对于固体废物，则必须实行从产生到最终处置的全过程的管理体制；而将产生、运输、综合利用、处理、处置等所有废物的过程所涉及的各环节都作为污染源进行管理和控制。这一管理体制按照其先后次序可以分为以下几个方面：①产生、分类、标识；②运输；③加工处理；④交换和能量回收；⑤焚烧和无害化处理；⑥贮存和完全处理；⑦浸出液管理，处置场监督、管理。

二、固体废物的管理原则

固体废物的有效管理是环境保护的一项重要内容，《中华人民共和国固体废物污染环境防治法》首先确立了固体废物管理的“三化”原则，同时确立了对固体废物进行全面管理的原则。近年来，根据上述原则逐渐形成了按照循环经济模式对固体废物进行管理的基本框架。

（一）“三化”基本原则

《中华人民共和国固体废物污染环境防治法》第三条规定：“国家对固体废物污染环境的防治，实行减少固体废物的产生、充分合理利用固体废物和无害化处置固体废物的原则。”从法律上确立了固体废物污染防治的“三化”原则，既固体废物污染防治的“减量化、资源化、无害化”，并以此作为我国固体废物管理的基本技术政策。

1. 减量化原则

“减量化”是指通过采用合适的管理和技术手段，在对资源能源的利用过程中，最大限度地利用资源和能源，以尽可能地减少固体废物的排放量和产生量。要实现固体废物减量化，首先要从源头上解决问题，即所说的“源消减”；其次是对产生的废物进行有效地处理和最大限度地回收利用，以减少固体废物的最终处置量。减量化的要求不只是要减少固体废物的数量和体积，还包括尽可能地减少其种类、降低危险固体废物的有害成分的浓度、减轻或清除其危险特性等。减量化是对固体废物数量、体积、种类、有害性质的全面管理，是防止固体废物污染环境的优先措施。

2. 资源化原则

“资源化”是指采取管理和工艺措施从固体废物中回收物质和能源，加工使其转化成为二次原料或能源予以再利用的过程，是加速物质和能源的循环，创造经济价值的广泛的技术方法。

资源化的定义包括三个范畴：①物质回收，即从处理的固体废物中回收一定的二次物质，如纸张、玻璃、金属等；②物质转换，即利用固体废物制取新形态的物质，如利用废玻璃、废橡胶生产铺路材料、利用炉渣生产水泥和其他建筑材料、利用有机垃圾生产堆肥；③能量转换，即从固体废物处理过程中回收能量，以生产电能或热能。例如，通过有机废物的焚烧处理回收热量，进一步发电、利用垃圾厌氧发酵产生沼气，作为能源向居民和企业供热或发电。

3. 无害化原则

“无害化”是指对于已经产生又无法或暂时尚不能综合利用的固体废物，采用物理、化学或生物手段，进行无害或低危害的安全处理、处置，达到消毒解毒或稳定化，以防止并减少固体废物对环境的污染危害。在固体废物的无害化处理中，已有了很多成熟的技术，如固体废物的焚烧技术、危险废物的稳定化/固定化技术、有机废物的热处理技术、固体废物填埋处置技术等。

（二）全过程管理原则

在经历了许多事故与教训之后，人们越来越意识到对固体废物实行首端控制的重要性，于是出现了“从摇篮到坟墓”的固体废物全过程管理的新概念。目前，在全世界范围内取得共识的解决固体废物污染控制问题的基本对策是避免产生（clean）、综合利用（cycle）和妥善处置（control）的“3C”原则。

全过程管理原则是对固体废物从生产、收集、运输、利用、储存、处理和处置的全过程及各个环节都实行控制管理和开展污染防治。对危险固体废物而言，由于其种类繁多、性质复杂、危害特性和方式各有不同，则应根据不同的危害特性与危害程度，采取区别对待、分类管理的原则。《中华人民共和国固体废物污染环境防治法》中提出了危险固体废物的重点控制原则，并提出较一般废物更为严格的标准和更高的技术要求。在“3C”原则中，对源头的生产，尤其是工业生产的生产工艺（包括原材料和产品结构等）进行改革与更新，尽量采用“清洁工艺”显得更为重要。

（三）循环经济理念下的固体废物管理原则

2005 年新修订的《中华人民共和国固体废物污染环境防治法》① 将循环经济的理念融入相关政府对固体废物的管理中。实施循环经济战略，是实现固体废物减量化、资源化、无害化的根本出路。在固体废物管理和污染控制方面，需要体现循环经济的理念，主要是赋予政府责任，为推进固体废物循环利用创造基础、提供激励。为此，《中华人民共和国固体废物污染环境防治法》规定：“国家鼓励、支持开展清洁生产，减少固体废物的产生量。”在政府责任方面，《中华人民共和国固体废物污染环境防治法》还规定“国务院有关部门、县级以上地方人民政府及其有关部门编制城乡建设、土地利用、区域开发、产业发展等规划，应当统筹考虑固体废物综合利用和无害化处置”和“国家鼓励单位和个人优先购买再生产品和可重复利用产品”。此外，还针对报废产品、包装的回收，规定

---

① 如无特殊说明，后文中所提及的《中华人民共和国固体废物污染环境防治法》均为 2005 年开始实施的修订版

了生产者的责任。

循环经济是物质闭环流动型经济，是指在人、自然资源和科学技术的大系统内，在资源投入、企业生产、产品消费及其废弃的全过程中，把传统的依赖资源消耗的线性增长的经济，转变为依靠生态型资源循环来发展的经济。循环经济本质上是一种生态经济，它是按照自然生态系统物质循环和能量流动规律重构经济系统，使经济系统和谐地纳入到自然生态系统的物质循环的过程中，建立起一种新形态的经济。循环经济以资源的高效利用和循环利用为目标，以“减量化、再利用、资源化”为原则，以物质闭路循环和能量梯次使用为特征，按照自然生态系统物质循环和能量流动方式运行的经济模式。它要求运用生态学规律而不是机械论规律来指导人类社会的经济活动，其目的是通过资源高效和循环利用，实现污染的低排放甚至零排放，保护环境，实现社会、经济与环境的可持续发展。

传统经济是一种由“资源－产品－污染排放”单向流动的线性经济，其特点是高开采、低利用、高排放。在这种经济中，人们高强度地把地球上的物质和能源提取出来，然后又把污染和废物大量地排放到水系、空气和土壤中，对资源的利用是粗放的和一次性的，通过把资源持续不断地变成废物来实现经济的数量型增长。与传统经济相比，循环经济的不同之处是循环经济倡导一种与环境和谐的经济发展模式，它要求把经济活动组织成一个“资源－产品－再生资源”的反馈式流程，其特点是低开采、高利用、低排放。所有的物质和能源要能在这个不断进行的经济循环中得到合理和持久的利用，以把经济活动对自然环境的影响降低到尽可能小的程度。针对固体废物管理，需要综合运用生态学、环境学、经济学的理论作为管理规划的基础，强调循环再生原则和废物最小量化原则。

1. 循环再生原则

循环再生原则是在循环经济理念下，固体废物管理中必须遵循的重要调控原则之一。其基本思想就是要在城镇的生态系统内部形成一套完整的生态工艺流程。在这个生态工艺流程中，要求每一组分既是下一组分的“源”，又是上一组分的“汇”，即在系统中不再有“因”和“果”之分，也没有资源和废物之分。所有的物质都将在其中得到循环往复和充分利用。

2. 废物最小量化原则

废物最小量化原则包括两层含义：其一是降低城镇生活和生产过程中产生的废物，使其最小量化；其二是降低资源的损耗。废物最小量化的目标之一就是要实现人类资源需求的最小化，这就意味着人类在生产生活过程中尽量减少资源利用，同时最大限度地循环再利用，更大程度地依赖修理而不是替换。废物最小量化原则必须应用于产品的整个生命周期中，而不仅仅强调于循环环节或结尾环节，因而目标控制必须应用到原材料开采、生产、产品使用、处理和循环再利用。

循环经济理念下的固体废物管理，要求将再生利用原则和废物最小化原则运用于人类社会生产生活的各个环节中，包括“资源提取 – 生产 – 加工 – 装配 – 消费 – 固体废物储存 – 收运 – 处理 – 最终处置”的整个过程，见图 13-1。

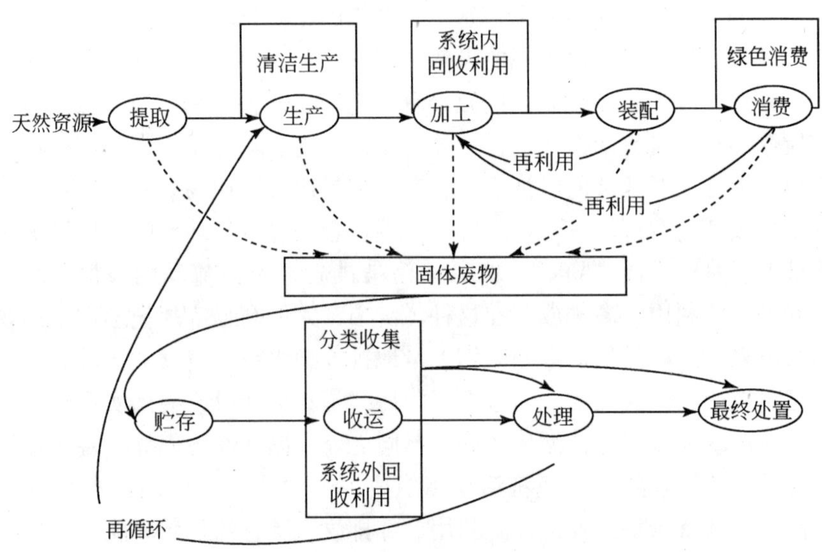

图 13-1　循环经济理念下固体废物管理系统概念

三、固体废物的管理制度

根据固体废物的特点以及我国的国情，《中华人民共和国固体废物污染环境防治法》对我国固体废物的管理规定了一系列的有效制度，这些管理制度包括以下几个方面。

（一）将经济理念融入相关政府责任

《中华人民共和国固体废物污染环境防治法》规定“国家对固体废物污染环境的防治，实行减少固体废物的产生量和危害性、充分合理利用固体废物和无害化处置固体废物的原则，促进清洁生产和循环经济发展。国家采取有利于固体废物综合利用活动的经济、技术政策和措施，对固体废物实行充分回收和合理利用”（第三条）。在政府责任方面规定：“县级以上人民政府应当将固体废物污染环境防治工作纳入环境保护规划，并采取有利于固体废物污染环境防治的经济、技术政策和措施。国务院有关部门、县级以上地方人民政府及其有关部门组织编制城乡建设、土地利用、区域开发、产业发展等规划，应当统筹考虑减少固体废物的产生量和危害性、促进固体废物的综合利用和无害化处置”（第四条）。“国家鼓励单位和个人购买、使用再生产品和可重复利用产品”（第七条）。

（二）分类管理制度

固体废物具有量大面广、成分复杂的特点，因此，《中华人民共和国固体废物污染环境防治法》确立了对城镇生活垃圾、工业固体废物和危险废物分别管理的原则，明确规定了主管部门和处置原则。《中华人民共和国固体废物污染环境防治法》第五十八条规定：“收集、贮存危险废物，必须按照危险废物特性分类进行。禁止混合收集、贮存、运输、处置性质不相容而未经安全性处置的危险废物。”

（三）排污收费制度

《中华人民共和国环境保护法》第二十八条明确规定：“排放污染物超过国家或者地方规定的污染物排放标准的企业、事业单位，依照国家规定缴纳超标准排污费，并负责治理。”该制度的建立对促进排污单位加强经营管理、节约和综合利用资源、治理污染等方面起着十分重要的作用。

（四）产品、包装的生产者责任制度

《中华人民共和国固体废物污染环境防治法》在《清洁生产促进法》企业责任的基础上，明确规定“国家对部分产品、包装的回收、处置实行生产者责任制度”，“生产、销售被列入强制回收目录的产品和包装物的企业，必须在产品报废和包装物使用后，对该产品的包装物进行回收、处置，也可以委托有关机构进行回收、处置”。明确了生产者的责任制度，同时进一步强调“产品和包装物的设计，应当选用无毒、无害、易于降解或者便于回收利用的方案，防止其在生命周期中对人类健康和环境造成不良影响”。“生产者应当对产品进行合理包装，减少包装材料的过度使用和包装性废物的产生”，“生产者应当在产品说明或者产品及包装标识上标明材料成分、有毒物质成分、回收或者处置方法提示、回收押金等信息”。

（五）工业固体废物和危险废物申报登记制度

《中华人民共和国固体废物污染环境防治法》对工业固体废物和危险废物的申报登记进行了规定，第三十二条规定“国家实行工业固体废物申报登记制度”，第五十三条规定“产生危险废物的单位，必须按照国家有关规定制定危险废物管理计划，并向所在地县级以上地方人民政府环境保护行政主管部门申报危险废物的种类、产生量、流向、贮存、处置等有关资料”。申报登记制度是国家带有强制性的规定，通过申报登记制度的实施，可以使环境保护的主管部门掌握工业固体废物和危险废物的种类、产生量、流向以及环境的影响等情况，有助于防止工业固体废物和危险废物对环境的污染。

（六）固体废物建设项目环境影响评价制度

《中华人民共和国固体废物污染环境防治法》第十三条明确规定“建设产生固体废物的项目以及建设贮存、利用、处置固体废物的项目，必须依法进行环境影响评价，并遵守国家有关建设项目环境保护管理的规定”。

（七）固体废物污染防治设施的“三同时”制度

《中华人民共和国环境保护法》第二十六条规定：“建设项目中防治污染的设施，必须与主体工程同时设计、同时施工、同时投产使用。防治污染的设施必须经原审批环境影响报告书的环境保护行政主管部门验收合格后，该建设项目方可投入生产或者使用。”“三同时”制度就是建设项目的防治污染设施必须与主体工程同时设计、同时施工和同时投产使用。为此，《中华人民共和国固体废物污染环境防治法》也规定，建设项目的环境影响评价文件确定需要配套建设的固体废物污染环境防治设施，必须与主体工程同时设计、同时施工、同时投入使用。固体废物污染环境防治设施必须经原审批环境影响评价文件的环境保护行政主管部门验收合格后，该建设项目方可投入生产或者使用。第十四条规定对固体废物污染环境防治设施的验收，应当与对主体工程的验收同时进行。

（八）固体废物污染环境限期治理制度

《中华人民共和国固体废物污染环境防治法》规定，没有建设固体废物储存或处置设施、场所，或已建设但不符合环境保护规定的单位，必须限期建成或改造。实行限期治理制度是为了解决重点污染源污染环境的问题。对于排放或处理不当的固体废物造成环境污染的企业和责任者，实行限期治理，是有效地防治固体废物污染环境的措施。限期治理就是抓住重点污染源，集中有限人力、物力和财力，解决最突出的问题。

（九）固体废物进口审批制度

《中华人民共和国固体废物污染环境防治法》明确规定“禁止中华人民共和国境外的固体废物进境倾倒、堆放、处置”，“禁止进口不能用作原料或者不能以无害化方式利用的固体废物；对可以用作原料的固体废物实行限制进口和自动许可进口分类管理”，“禁止进口列入禁止进口目录的固体废物。进口列入限制进口目录的固体废物，应当经国务院环境保护行政主管部门会同国务院对外贸易主管部门审查许可。进口列入自动许可进口目录的固体废物，应当依法办理自动许可手续”。

（十）危险废物行政代执行制度

由于危险废物的有害特性，其产生后如不进行适当的处置而任由产生者向环境排放，则可能造成严重的危害。《中华人民共和国固体废物污染环境防治法》规定“产生危险废物的单位，必须按照国家有关规定处置危险废物，不得擅自倾倒、堆放；不处置的，由所在地县级以上地方人民政府环境保护行政主管部门责令限期改正；逾期不处置或者处置不符合国家有关规定的，由所在地县级以上地方人民政府环境保护行政主管部门，指定单位按照国家有关规定代为处置，处置费用由产生危险废物的单位承担”。行政代执行制度是一种行政强制执行措施，这一措施保证了危险废物能得到妥善、适当的处置。

（十一）危险废物经营单位许可制度

危险废物的危险特性决定了并非任何单位和个人都能从事危险废物的收集、储存、处理、处置等经营活动。从事危险废物的收集、储存、处理、处置活动，必须既具备达到一定要求的设施、设备，又要有相应的专业技术能力等条件。必须对从事这方面工作的企业和人员进行审批和技术培训，建立专门的管理机制和配套的管理程序。《中华人民共和国固体废物污染环境防治法》规定“从事收集、贮存、处置危险废物经营活动的单位，必须向县级以上人民政府环境保护行政主管部门申请领取经营许可证；从事利用危险废物经营活动的单位，必须向国务院环境保护行政主管部门或者省、自治区、直辖市人民政府环境保护行政主管部门申请领取经营许可证"，"禁止无经营许可证或者不按照经营许可证规定从事危险废物收集、贮存、利用、处置的经营活动"，"禁止将危险废物提供或者委托给无经营许可证的单位从事收集、贮存、利用、处置的经营活动"。许可证制度将有助于我国危险废物管理和技术水平的提高，保证危险废物的严格控制，防止危险废物污染环境的事故发生。

（十二）危险废物转移报告单制度

为保证危险废物的运输安全，防止危险废物的非法转移和非法处置，保证危险废物的安全监控，防止危险废物污染事故的发生，需要建立危险废物转移报告制度。为此，《中华人民共和国固体废物污染环境防治法》规定"转移危险废物的，必须按照国家有关规定填写危险废物转移联单，并向危险废物移出地设区的市级以上地方人民政府环境保护行政主管部门提出申请。移出地设区的市级以上地方人民政府环境保护行政主管部门应当商经接受地设区的市级以上地方人民政府环境保护行政主管部门同意后，方可批准转移该危险废物。未经批准的，不得转移"。

四、固体废物的管理标准体系

我国所颁布的与固体废物有关的标准主要分为固体废物分类标准、固体废物监测标准、固体废物污染控制标准和固体废物综合利用标准。

（一）固体废物分类标准

固体废物分类标准主要包括《国家危险废物名录》、《危险废物鉴别标准》、建设部颁布的《城市垃圾产生源分类及垃圾排放》。另外，《进口废物环境保护控制标准（试行）》（GB 16487.1～12—1996）也应归入此类。

1）《国家危险废物名录》共涉及47类废物，为第一批执行名录，随着经济和科学技术的发展，《国家危险废物名录》需要不定期修改。

2）《危险废物鉴别标准》（GB 5085.1—1996）中包括腐蚀性鉴别、急性毒性初筛和浸出毒性鉴别三类，其中浸出毒性鉴别以无机重金属为主，但有机物的浸出毒性鉴别目前还没有制定。

3）《城市垃圾产生源分类及垃圾排放》（CJ/T 3033—1996）规定了城市垃圾的分类原则和产生源的分类，以及居民垃圾产生场所、清扫垃圾产生场所、商业单位、行政事业单位、医疗卫生单位、交通运输垃圾产生场所、建筑装修场所、工业企业单位和其他垃圾产生场所共九类。

（二）固体废物监测标准

固体废物监测标准包括已经制定颁布的《固体废物浸出毒性测定方法》（GB/T 15555.1～12—1995）、《固体废物浸出毒性浸出方法》（GB 5086.1～2—1997）、《工业固体废物采样制样技术规范》（HJ/T 20—1998）以及正在制定中的《固体废物监测技术规范》、《生活垃圾分拣技术规范》等。关于《危险废物鉴别标准急性毒性初筛》（GB 5085.2—1996）中附录 A《危险废物急性毒性初筛试验方法》应归入这类标准。另外，建设部制定颁布的《城市生活垃圾采样和物理分析方法》（CJ/T 3039—95）、《生活垃圾填埋场环境监测技术标准》（CJ/T 3037—1995）也属于这类标准。这类标准主要包括固体废物样品采制、样品处理以及样品分析的标准，目前还未制定有关固体废物成分分析的标准方法。

（三）固体废物污染控制标准

固体废物污染控制标准分为两大类，一类是废物处置控制标准，另一类则是设施控制标准。前者是对某种特定废物的处置标准和要求，这类标准有《含多氯联苯废物污染控制标准》（GB 13015—91）。该标准规定了不同水平的含多氯联苯废物的允许采用的处置方法。另外，《城市垃圾产生源分类及垃圾排放》（CJ/T 3033—1996）中有关城市垃圾排放的内容应属于此类。这一标准中规定了对城市垃圾收集、运输和处置过程的管理要求。后者则是设施控制标准，如《生活垃圾填埋污染控制标准》（GB 16889—1997）、《生活垃圾焚烧污染控制标准》（GB 18485—2001）、《一般工业固体废物储存、处置场污染控制标准》（GB 18599—2001）、《危险废物安全填埋污染控制标准》（GB 18598—2001）、《危险废物焚烧污染控制标准》（GB 18484—2001）、《危险废物储存污染控制标准》（GB 18597—2001）等。这些标准中都规定了各种处置设施的选址、设计与施工、入场、运行、封场的技术要求和释放物的排放标准以及监测要求。

（四）固体废物综合利用标准

为大力推行固体废物的综合利用技术，并避免在综合利用过程中产生二次污染，国家环保部将制定一系列有关固体废物综合利用的规范、标准。首批将要制定的综合利用标准包括有关电镀污泥、含铬废渣、磷石膏等废物的综合利用的规范和技术规定。

第三节 固体废物对人类环境的危害

固体废物对人类环境的危害很大。一方面，固体废物是各种污染物的终态，特别是从污染控制设施排出的固体废物，浓集了许多污染物成分，而人们对这类污染物却往往产生一种稳定、污染慢的错觉；另一方面，在自然条件影响下，固体废物中的一些有害成分会转入大气、水体和土壤，参与生态系统的物质循环，具有潜在的、长期的危害性。因此，对固体废物，特别是有害固体废物处理、处置不当，会严重危害人体健康。固体废物对环境的危害主要表现在以下几方面。

一、侵占土地

当固体废物不加以利用时，需占地堆放，堆积量越大，占地越多。据估计每堆积 1 万 t 废渣约需占用土地 0.067hm^2。随着我国国民经济的快速发展和人民生活水平的不断提高，固体废物大量的产生与积累，已有大片土地被堆占。随着时间的延续，固体废物的堆积量还将不断增加，如不加以妥善管理，固体废物侵占土地问题会变得更加严重。这对人口众多、可耕地面积较少的我国而言，将是极大威胁。

二、污染土壤

固体废物长期露天堆放，其中有害成分经过风化、雨淋、地表径流的侵蚀很容易渗入土壤中。这不仅会使土壤中的微生物死亡，使之成为无腐解能力的死土，而且这些有害成分在土壤中过量积累，还会使土壤盐碱化、毒化。由于工业固体废物中的有害物质释入土壤，积累量过大，导致土壤破坏、废毁、无法耕种的事例很多。如前联邦德国某冶金厂附近的土壤被污染后，在该土地上生长的植物体内含铅量为一般植物的 80 ~ 260 倍，含锌量为一般植物的 26 ~ 80 倍，含铜量为 30 ~ 50 倍。我国也有一些地区的稻田受到镉的污染，稻米含镉超标，无法食用。20 世纪 80 年代，我国内蒙古包头市的某矿尾砂堆积如山，造成尾砂坝下游的大片土地被污染，一个乡的居民被迫搬迁。

如果直接用垃圾、粪便或来自医院、肉联厂、生物制品厂的废渣作为肥料施入农田，其中的病原菌、寄生虫等就会使土壤污染，被病原菌污染后的土壤，可通过下面两条途径使人致病，即人与污染后的土壤直接接触，或生吃该土壤上种植的蔬菜、瓜果致病；污染土壤中的病原体和其他有害物质，随天然降水径流和渗流进入水体，再传于人体。

垃圾、粪便长期弃置郊外，粗制滥造，作为堆肥使用，使土壤碱性增加，重金属富集。因过量施用废物使土质被破坏的土地每年有近 7000hm^2，从而影响了农业生产。受到污染的土壤，由于一般不具有天然的自净能力，也很难通过稀释扩散的办法减轻其污染程度，所以不得不采取耗资巨大的办法解决。

三、污染水体

固体废物若随天然降水或地表径流进入河流、湖泊，或随风迁徙落入水体，则使有毒有害的物质进入水体，杀死水中生物，污染人类饮用水水源，危害人体健康。若随渗沥水进入土壤，则使地下水受到污染；若直接排入河流、湖泊或海洋，则会造成更大的水体污染——不仅减少水体面积，而且还妨害水生生物的生存和水资源的利用。例如，城市垃圾不但含有病原微生物，在堆放过程中还会产生大量的酸性和碱性有机污染物，并会将垃圾中的重金属溶解出来，是有机物、重金属和病原微生物“三位一体”的污染源。

我国沿河流、湖泊建立的一部分企业，每年仍在向附近水域排入成千上万吨的固体废物，有的排污口外形成的灰滩已延伸到航道中心，影响正常航运。据有关单位估计，由于湘江湖中排入固体废物，20 世纪 80 年代的水面比 20 世纪 50 年代减少约 $1.33\times10^6\ hm^2$。

四、污染大气

堆放的固体废物中的细微颗粒、粉尘等可随风飞扬，进入大气并扩散到很远的地方。研究表明，当发生 4 级以上的风力时，在粉煤灰或尾矿堆表层的直径为 1～1.5cm 以上的粉末将出现剥离，其飘扬高度可达 20～50m，并使平均视程降低30%～70%。运输过程中会产生有害的气体和粉尘，也会污染大气。一些有机固体废物在适宜的温度和湿度下会被微生物分解，释放出有害气体、产生毒气或恶臭，造成地区性空气污染。废物填埋场中溢出的沼气，在一定程度上消耗其上层空间游离的氧原子，使所种植物衰败。有些固体废物本身也会散发毒气和臭气污染大气。典型的例子是曾在我国各地煤矿多次发生的煤矸石的自燃，散发出大量的 SO_2、CO_2、NH_3 等气体，造成了严重的大气污染。采用焚烧法处理固体废物，已成为有些国家大气污染的主要污染源之一，特别是垃圾焚烧过程中产生的二噁英，扩散进入大气将对周围居民造成严重的身体损害。

五、影响环境卫生

由于没有合适的废渣、垃圾处置场所，固体废物被随意倾倒、大量堆放而又处理不妥时，既影响市容、妨碍景观，又容易影响环境卫生，传染各种疾病。目前随着城市人口的迅速增加，城市生活垃圾每年以 8% ~10% 的速度增加，固体物正面临着无处安纳的困难局面。很大一部分垃圾堆存在城市的一些死角，严重影响环境卫生，而且堆放的城市生活垃圾很容易发酵腐化，产生恶臭，招引蚊蝇、老鼠等繁衍，在城市下水道的污泥中，还含有几百种病菌和病毒，容易引起疾病传染。

第四节　小城镇垃圾的收集、运输

垃圾的收集、运输是连接发生源和处理设施的重要环节，在固体废物管理系统中占有非常重要的地位。因此，如何提高固体废物的收运效率对于降低固体废物处理处置成本、提高综合利用率、减少最终处置的废物量都具有重要意义。

一、小城镇生活垃圾的收集方式

垃圾的收集主要有混合收集和分类收集两种形式；根据收集的时间又可分为定期收集和随时收集。目前，国内外绝大多数城市仍采用混合收集方式收集生活垃圾。居民将各种垃圾混合装入袋中后送到垃圾收集点的垃圾桶内，由环卫清运部门用垃圾收集车定时运走。

（一）垃圾管道收集方式

生活垃圾由居民从设置在每层楼内的垃圾倾倒口投入垃圾管道内，垃圾靠自重下落到垃圾管道底部，由工人装上垃圾收集车，送往垃圾处置场或垃圾中转站。垃圾管道曾是我国广泛采用的高层及多层住宅垃圾收集设施。在这种垃圾收集过程中，轻物质和灰尘四处飘扬，由于没有垃圾渗滤液收集系统，垃圾道出口附近污水聚集，天热时臭气扩散，容易成为蚊蝇滋生地和鼠虫的藏身地。由于垃圾收集过程中的二次污染，近年来，新建的住宅楼大都取消了垃圾管道，采用其他方式收集垃圾。

（二）固定式垃圾箱收集方式

固定式垃圾箱收集方式是一种以固定式水泥垃圾箱和箱内垃圾定时收集为基本特征的非密闭化垃圾收集方式。生活垃圾袋装后由居民送入水泥垃圾箱，在指定时间内由垃圾车将箱内垃圾清运到垃圾处理场或垃圾中转站。早期建成的水泥垃圾箱常是无顶的简易垃圾箱，刮风时，塑料、废纸等质物质四处飘散，下雨时垃圾受到雨水浸泡，渗滤液四溢。简易垃圾箱的管理困难，影响四周的环境卫生，雨季时，垃圾含水率过高，给垃圾的运输处理带来困难。近年来，许多城镇将固定垃圾箱加上顶棚，改造成封闭式水泥垃圾箱，解决了受水浸泡的问题，但给垃圾清运人员作业带来了困难。目前固定式水泥垃圾箱的收集方式正逐渐被淘汰。

（三）垃圾箱房收集方式

垃圾箱房收集方式是一种非密闭化垃圾收集方式。生活垃圾袋装后由居民送入放置于住宅楼下或进出道路两侧的垃圾箱房的垃圾桶内，垃圾桶为圆形或方形，底部有轮子。用垃圾收集车来收集桶内的垃圾，然后运往垃圾处理场或垃圾中转站。这种方式各地均有。由于垃圾会散落在垃圾桶外，时间稍长就滋生蚊蝇，产生臭气。

（四）小型压缩式生活垃圾收集站

近几年，在一些大城市的部分居住小区或商业网点建造了一些小型压缩式垃圾收集站。在压缩式收集站内安装有压缩机，将从居民处收集来的垃圾由压缩机装到集装箱内，再由车厢可卸式垃圾车将集装箱直接拉走。它的最大优点就是能提高集装箱内的装载量，并能减少垃圾收集点的数目。

近年来，我国城镇垃圾分类收集已经提到议事日程，许多城镇已经开始了城镇垃圾分类收集的试点工作。我国属于发展中国家，城镇居民生活水平较低，而且具有勤俭节约的传统。城镇垃圾中可再利用的物质一般由自行分类和集中存放后，出售给个体废物回收者并进入废物回收系统。环卫管理部门应通过加强对废物回收行业的管理，使其形成完善的私营资源回收系统，并实行资源回收经营许可证制度。

二、小城镇垃圾的运输

小城镇生活垃圾运输是废物收运系统的主要环节，也是在整个系统中研究最多的一个方面。世界各国对生活垃圾收运环节都比较重视，一方面努力提高收运的机械化、卫生化水平，另一方面稳步实现垃圾运输管理的科学化。

（一）车辆运输

车辆运输历史最长，应用范围最广。车辆运输应考虑的问题是车辆与收集容器相匹配，装卸的机械化，车身的密封，对废物的压缩方式，中转站类型，收集运输路线以及道路交通情况等。一般应根据整个收集区不同建筑密度、交通便利程度和经济实力，选择最佳车辆规格。按装车形式大致可分为前装式、侧装式、后装式、顶装式、集装箱直接上车等形式。

（二）船舶运输

船舶运输适用于大容量的废物运输，水陆交通方便的地区应用较多。船舶运输由于装载量大、动力消耗小，运输成本一般比车辆运输和管道运输要低。但是，船舶运输一般需要采用集装箱方式，所以对中转站码头以及处置场码头必须配备集装箱装卸装置。另外，在船舶运输过程中，特别要注意防止由于废物泄漏对河流的污染。

（三）管道运输

管道运输又分为空气运输和水力运输。空气运输的速度比水力输送的速度大得多，所需动力和对管道的磨损也较大，且长距离输送容易发生堵塞。空气输送可分为真空方式和压送方式。真空输送适用于产生源向一点输送，由于管道内呈负压，臭气和粉尘不会向外泄漏，但由于负压有限，不适合长距离输送（一般为1.5～2km）。压送方式适用于供应量一定，长距离（7km）、高效率输送，压力管道的气密性要求高，停运后，重新启动困难。水力输送在安全性和动力消耗方面优于空气输送，可以实现低速、高浓度的输送，从而降低输送成本，主要问题是水源的保障和输送后水处理的费用。

三、小城镇垃圾的中转

在小城镇垃圾收运系统中，第三阶段操作为转运。它是指利用中转站将从各地分散收集点较小的收集车清运的垃圾，转到大型运输工具并将其远距运输至垃圾处理利用设施或处置场的过程。垃圾可以从产生地直接运往处理处置场，也可以经中转站再运往处置场。近距离运输时，常采用垃圾收集车直接运送至垃圾处理场，它比采用大载重量运输车经济且方便。当垃圾需远距离运输时，采用大载重量运输车运输比垃圾收集车经济。

四、小城镇垃圾收运体系

我国小城镇的经济发展水平相对要落后于大城市。但随着城市化的发展，小城镇建设得到了迅速发展，城市人口迅速扩大，垃圾产生量越来越大。同时随着乡镇企业的发展，城镇居民的生活水平和生活方式逐步与城市接近，垃圾对环境的污染越来越严重。目前小城镇垃圾污染主要在两方面，一是垃圾收集运输体系没有建立，垃圾的收集运输设施比较简陋，造成垃圾收集率低、收运过程逸洒等现象；二是垃圾处理大多是简易堆放，对地下水、地表水和土壤造成了比较大的污染。结合我国目前小城镇的现状和特点，小城镇垃圾收运体系可视具体情况采取下述三种体系，即区域性垃圾处理厂、城镇垃圾处理厂和城镇或区域性垃圾处理厂（图 13-2）。

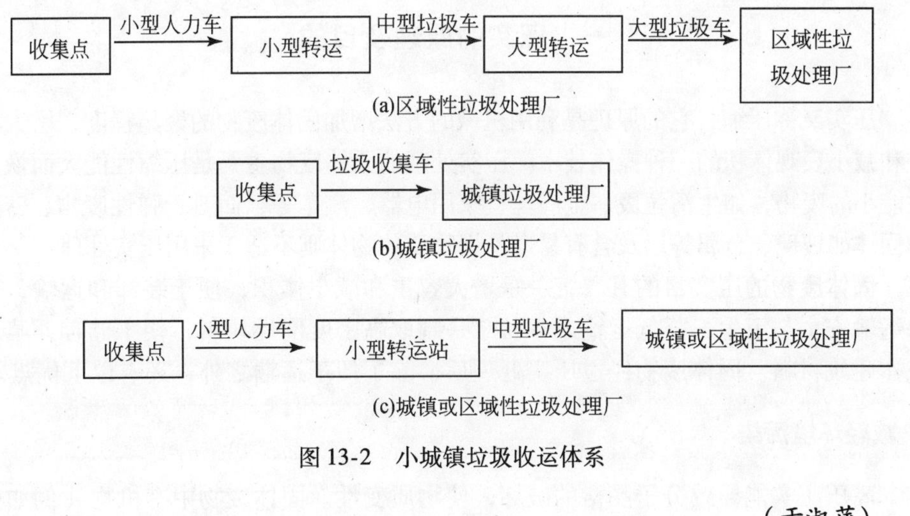

图 13-2　小城镇垃圾收运体系

（于淑萍）

参考文献

蒋建国. 2005. 固体废物处理处置工程. 北京：化学工业出版社：7～22

李健，高沛峻. 2005. 垃圾处理技术. 北京：中国建筑工业出版社：30～38，184

第十四章　固体废物处理技术

固体废物不仅种类繁多、组成复杂，而且其形状、大小、结构与性质等都有很大的差异。为满足后续处理、处置的工艺要求，首先要进行适当的预处理。固体废物的预处理包括前处理和后处理。前处理是资源化前的预处理，主要包括压实、破碎、分选等工艺过程，目的是使固废单体分离或分成适当的级别，以便资源化处理；后处理是对资源化处理后的残余固废或有害废物进行最终处置前或者运输之前的一种后处理，其主要过程包括破碎、压缩、固化方法等，其目的是使废物减容或压成块状，以利于运输、储存或者焚烧、填埋等最终处置。

第一节　固体废物的压实技术

一、压实的原理及目的

压实又称压缩，它的原理是利用机械的方法增加固体废物的聚集程度，增大容重和减小表观体积的一种操作技术。压实处理的固体废物主要是压缩性能大而恢复性能小的废物，如生活垃圾、金属丝、家用电器、汽车等；而对于弹性废物、密实的固体如玻璃、金属等以及含有易燃易爆物质的物体则不适于采用压实处理。

固体废物的压实目的有二，一是增大容重和减小体积，便于装卸和运输，确保运输安全与卫生，降低运输成本；二是制取高密度惰性块料，便于储存，填埋或作建筑材料。固体废物经过压实处理后，除了便于运输之外，还有以下优点。

1. 减轻环境污染

高压压实能导致分子晶格的破坏，使物质变性。固体废物中有机物（例如生活垃圾）在高压压缩过程中，由于挤压和升温，BOD_5 可以从 6000mg · L^{-1}降低到 200mg · L^{-1}，COD 可从 8000mg · L^{-1}降低到 150mg · L^{-1}。垃圾块已成为一种均匀的类塑料结构的惰性材料，从而减轻了对环境的污染。

2. 快速安全造地

用惰性固体废物压缩块作为地基、填海造地材料，上面只需覆盖很薄土层，所填场地不必作其他处理或等待多年的沉降即可利用。

3. 节省填埋或储存场地

对于城市生活垃圾，压缩后容积可减少60%～90%，从而大大节省了填埋用地。对于废金属切削丝、废钢铁制品或其他废渣、压缩块在加工利用之前需要堆存保管，对于放射性废物要深埋于地下水泥堡或废矿坑之中等，压缩处理之后，可大大节省储存场地。

固体废物压实处理后，体积减小的程度叫压缩比。废物压缩比决定于废物的种类及施加的压力。一般固体废物的压缩比为3～5，同时采用破碎与压实两项技术可使压缩比增加到5～10。

二、压实设备

压实设备也称压实器。压实器通常是由一个容器（供料）单元和一个压实单元所组成。压实器有移动和固定两种形式。移动式压实器一般安装在车上，接受废物后即行压缩，随后运往处理处置场地。固定式压缩器一般设在废物转运站、高层住宅垃圾滑道底部以及需要压实废物的场合。常用的固定式压实器主要有以下三种类型。

1）三向联合式压实器：三向联合式压实器结构如图14-1所示，适合于松散金属类废物的压实。它有三个互相垂直的压头，废物被置于容器单元内，依次启动1、2、3三个压头即可将废物压实成块，压后尺寸一般在20～100cm。

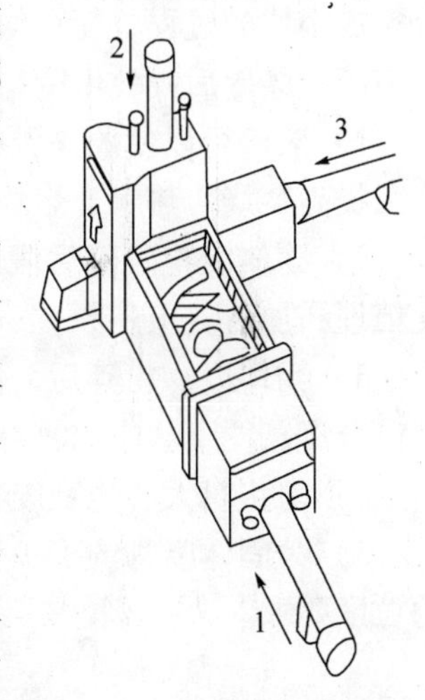

图14-1　三向联合式压实器

2）回转式压实器：回转式压实器结构如图14-2所示，适于压实体积小、质量轻的废物。废物装入容器单元后，先按水平式压头1的方向压缩，然后按箭头的运动方向驱动旋动压头2使得废物致密化，最后按水平压头3的运动方向将废物压至一定尺寸排出。

3）水平式压实器：水平式压实器结构如图14-3所示，主要用于城镇垃圾的处理。将废物加入装料室，在水平压头作用下使垃圾致密和定形，然后将坯块推出。推出过程中，破碎杆的作用是将坯块表面的杂乱废物破碎，以有利坯块的移出。

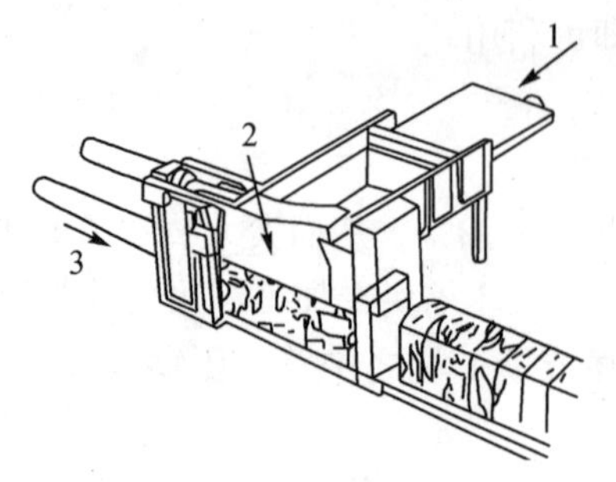

图 14-2 回转式压实器

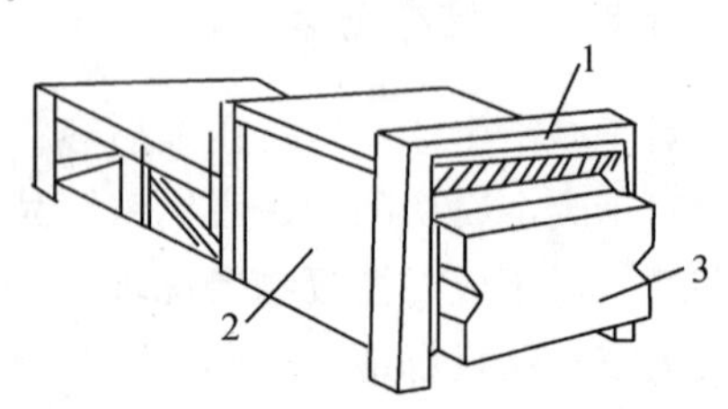

图 14-3 水平式压实器

第二节 固体废物的破碎技术

一、破碎的原理及目的

固体废物破碎就是利用外力克服固体废物质点间的内聚力而使大块固体废物分裂成小块的过程，使小块固体废物颗粒分裂成细粉的过程称为磨碎。固体废物经破碎和磨碎后，粒度变得小而均匀，其目的如下：

1）破碎可以使原来颗粒不均匀的固体废物变得均匀一致，比表面积增加，从而提高焚烧、热解、熔烧、压缩等作业的稳定性和处理效率。

2）固体废物破碎后假比重减少，容量减少，便于压缩、运输、储存、高密度填埋和加速复土还原。

3）固体废物粉碎后，使原来联生在一起的矿物或联结在一起的异种材料等单体分离，便于从中回收有价物质和材料。

4）防止粗大、锋利废物损坏分选、焚烧、热解等设备或炉腔。

5）为固体废物的下一步加工和资源化作准备，如制砖、制水泥等都有一定的粒度要求。

二、固体废物的机械强度和破碎方法

（一）固体废物的机械强度

机械强度是指固体废物抗破碎的阻力，通常用抗压强度来表示。抗压强度大于 250MPa 的为坚硬固体废物；40 ~ 250MPa 为中硬固体废物；小于 40MPa 为软固体废物。机械强度与废物颗粒的粒度有关，粒度小的废物颗粒机械强度较高。

（二）破 碎 方 法

破碎方法分为干式、湿式、半湿式三类。其中，湿式、半湿式破碎是在破碎的同时兼有分级分选的处理。干式破碎即通常所说的破碎，按所用外力不同分为机械能和非机械能破碎。

1. 机械能破碎（机械破碎）

机械破碎是利用破碎工具对固体废物施力而将其破碎，目前广泛应用。主要有挤压、劈裂、弯曲、磨剥、冲击和剪切破碎等方法，见图 14-4。

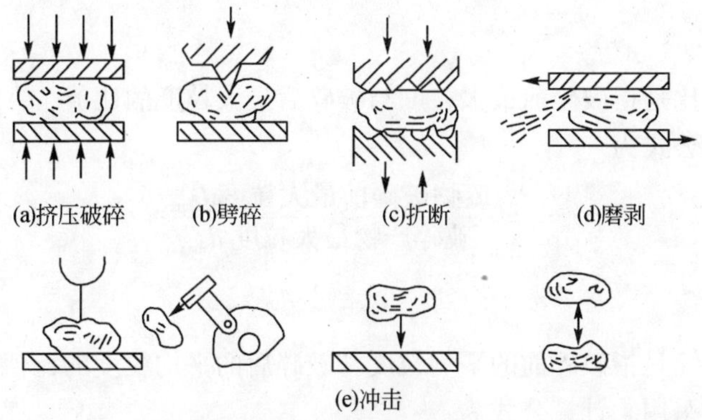

图 14-4　机械能破碎方法

1）冲击破碎：有重力冲击和动冲击两种形式。重力冲击是使废物落到一个坚硬的表面上，使其破碎；动冲击是使废物碰到一个比它硬的快速旋转的表面时而产生的冲击作用。

2）剪切破碎：剪切破碎是指在剪切作用下使废物破碎，包括劈开、撕破和折断等。

3）挤压破碎：挤压破碎是指废物在两个相对运动的硬面的挤压作用下破碎。

4）摩擦破碎：摩擦破碎是指废物在两个相对运动的硬面摩擦作用下破碎，如磨剥。

2. 非机械能破碎（物理方法）

利用电能、热能等对固体废物进行破碎的新方法，如低温冷冻破碎、热力破碎、减压破碎、超声波破碎等。低温冷冻破碎已用于废塑料及其制品、废橡胶及其制品、废电线（塑料橡胶被覆）等的破碎。

选择破碎方法时，需视固体废物的机械强度，特别是废物的硬度而定。对于脆硬性废物，如各种废石和废渣等多采用挤压、劈裂、弯曲、冲击和磨剥破碎；

对于柔硬性废物，如废钢铁、废汽车、废器材和废塑料等，多采用冲击和剪切破碎；对于含有大量废纸的城市垃圾，采用半湿式和湿式破碎；对于一般粗大固体废物，先剪切、压缩成形状，再送入破碎机。

三、破　碎　比

破碎机的基本技术指标有两个：一是单位能耗，即单位质量破碎产品的能量消耗，用于判别破碎机消耗的经济性；二是破碎比，即在破碎过程中，原废物粒度与破碎产物粒度的比值。破碎机的能量消耗和处理能力都与破碎比有关。破碎比有两种表示方法。

1. 极限破碎比

极限破碎比是指破碎前最大粒度与破碎后最大粒度的比值，在工程设计中常被采用。计算公式为

$$i = \frac{\text{废物破碎前最大粒度 } D_{\max}}{\text{破碎产物最大粒度 } d_{\max}}$$

2. 真实破碎比

真实破碎比是指破碎前的平均粒度与破碎后的平均粒度的比值，在科研和理论研究中常被采用。计算公式为

$$i = \frac{\text{废物破碎前平均粒度 } D_{cp}}{\text{破碎产物平均粒度 } d_{cp}}$$

四、破 碎 流 程

据固体废物的性质、粒度大小、要求的破碎比和破碎机的类型，每段破碎流程可以有不同的组合方式，其基本工艺流程如图 14-5 所示。

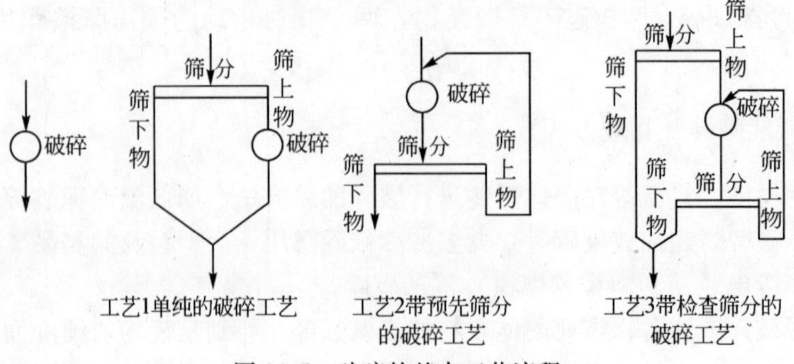

图 14-5　破碎的基本工艺流程

1. 单纯的破碎工艺

具有简单、易操作、占地面积小等优点，但只适用于对破碎产品粒度要求不高的场合。

2. 带预先筛分的破碎工艺

可预先筛除废物中不需破碎的细粒，减少破碎量，同时有利于节能。

3. 带检查筛分的破碎工艺

能将破碎产物中大于所要求粒度的颗粒分离出来，送回破碎机重新破碎，以获得全部符合要求的产品。

4. 带预先筛分和检查筛分的破碎工艺

该工艺是工艺2和工艺3的组合，因此兼有这两种工艺的优点。

五、固体废物的破碎设备

（一）颚式破碎机

颚式破碎机主要利用冲击和挤压作用，为挤压型破碎机械，俗称老虎口。具有构造简单、工作可靠、制造容易、维修方便等优点，至今仍广泛应用于选矿、建材、化学工业部门。适用于坚硬和中硬物料的破碎，如煤矸石等。既可用于粗碎，又可用于中、细碎。

颚式破碎机按照可动颚板（动颚）的运动特性分为：简单摆动型、复杂摆动型、综合摆动型。前两种应用最广，见图14-6（a）和图14-6（b）。复杂摆动颚式

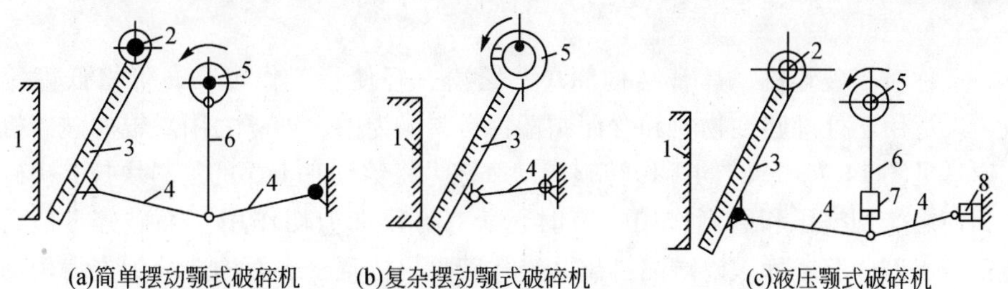

(a)简单摆动颚式破碎机　(b)复杂摆动颚式破碎机　(c)液压颚式破碎机

图14-6　颚式破碎机的主要类型

1. 固定颚板；2. 动颚悬挂轴；3. 可动颚板；4. 前（后）推力板；5. 偏心轴；6. 连杆；7. 连杆液压油缸；8. 调整液压油缺

破碎机的优点是破碎产品较细，破碎比大（一般可达 4 ~ 8，简单摆动型只能达 3 ~ 6）。规格相同时，复杂摆动型比简单摆动型破碎能力高 20% ~ 30%。近年来，液压技术在破碎设备上得到应用，出现了液压颚式破碎机，见图 14-6（c）。

（二）冲击式破碎机

大多是旋转式，都是利用冲击作用进行破碎的。工作原理是给进入破碎机空间的物料块、被绕中心轴高速旋转的转子猛烈冲击后，受到第一次破碎，然后从转子获得能量高速飞向坚硬的机壁，受到第二次破碎。在冲击过程中弹回的物料再次被转子击碎，难于破碎的物料被转子和固定板挟持而剪断。破碎产品由下部排出。冲击式破碎机的主要类型有反击式破碎机、锤式破碎机等。

1. 反击式破碎机

反击式破碎机为新型高效破碎设备，具有破碎比大、适应性强、构造简单、外形尺寸小、操作方便、易于维护等特点。适用于破碎中等硬度、软质、脆性、韧性及纤维状等多种固体废物。我国在水泥、火力发电、玻璃、化工、建材、冶金等工业部门广泛应用。

2. 锤式破碎机

锤式破碎机分为单转子和双转子两种。单转子又分为可逆和不可逆式两种。目前普遍采用可逆式单转子锤碎机。固体废物自上部给料口进入机内，立即遭受高速旋转的锤子的打击、冲击、剪切、研磨等作用而被破碎。在转子的下部设有筛板，破碎料中小于筛孔尺寸的细粒通过筛板排出；大于筛孔尺寸的粗粒被阻留在筛板上并继续受到锤子的打击和研磨，最后通过筛板排出。

（三）辊式破碎机

又称对辊破碎机，具有结构简单、紧凑、轻便、工作可靠、价格低廉等优点，广泛用于处理脆性物料和含泥黏性物料，作为中、细碎之用。辊式破碎机工作原理见图 14-7。旋转的工作转辊借助摩擦力将给到它上面的物料块拉入破碎腔内，使之受到挤压和磨剥作用（有时还兼有劈碎和剪切作用）而破碎，最后由转辊带出破碎腔成为破碎产品排出。辊式破碎机按辊子表面构造分为光滑辊面和非光滑辊面（齿辊或沟槽辊）两大类。前者处理硬性物料，后者处理脆性物料和含泥黏性废物，也可用于堆肥物料的破碎。齿辊破碎机按齿辊数目可分单齿辊和双齿辊破碎机。对辊机按两个辊的转速可分为快速的（周速 4 ~ 7.5m/s）、慢速的（周速 2～3m/s）和差速的三种。快速的生产率高，用得最多。

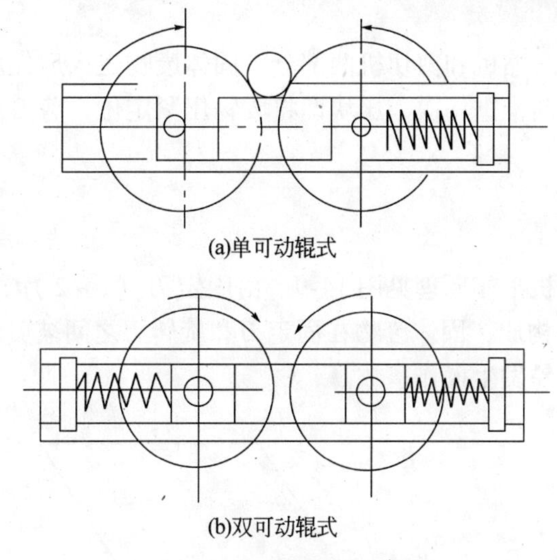
(a)单可动辊式

(b)双可动辊式

图 14-7　辊式破碎机示意图

（四）剪切式破碎机

以剪切作用为主，通过固定刀刃和可动刀刃之间的齿合作用，将固体废物剪切成段或小块。特别适合破碎低二氧化硅含量的松散物料。可动刀又分为往复刀和回转刀。

1. Von Roll 往复剪切破碎机

其结构见图 14-8，固定刀和可动刀通过下端活动铰轴连接。开口时侧面呈“V”字形破碎腔，固体废物投入后，通过液压装置将活动刀推向固定刀，将其剪成碎片。该机由 7 片固定刀和 6 片活动刀构成，宽度为 30mm。可将厚度约 200mm 的普通钢板剪至 30mm，其处理量为 80～150$m^2 \cdot h^{-1}$，适用于城镇垃圾焚烧厂的废物破碎。

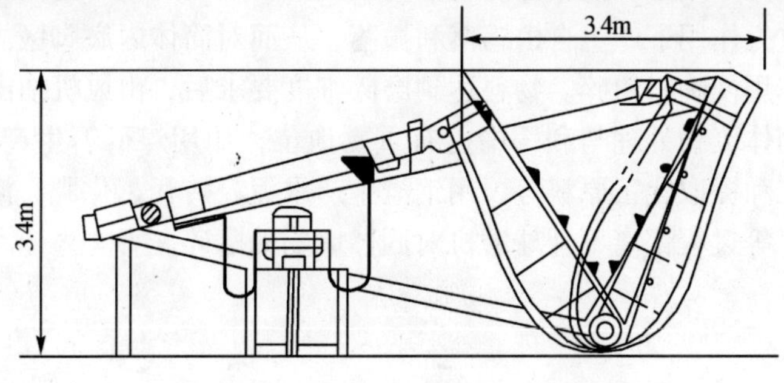

图 14-8　Von RoLL 往复剪切破碎机

2. 林德曼型剪切破碎机

该机分为预备压缩机和剪切机两部分。固体废物送入后先压缩，再剪切。送料将固体废物每向前推进一次，压块即将废物压紧定位，剪刀从上往下将废物剪断，如此往返工作。

3. 旋转剪切破碎机

旋转剪切破碎机工作原理见图 14-9。由固定刃（1～2 片）和旋转刃（3～5 片）及投入装置等构成，固体废物在固定刃和旋转刃之间被剪断。缺点是当混进硬度大的杂物时，易发生操作事故。

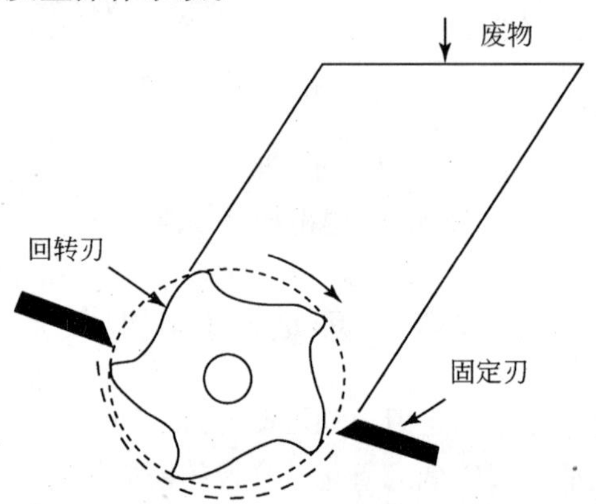

图 14-9　旋转式剪切破碎机工作原理

（五）球　磨　机

主要由圆柱形筒体、端盖、中空轴颈、轴承和传动大齿圈等部件组成，见图 14-10。筒体内装有直径为 25～150mm 的钢球。当筒体转动时，在摩擦力、离心力和衬板共同作用下，钢球和物料被衬板提升。当提升到一定高度后，在钢球和物料本身重力作用下产生自由泻落和抛落，从而对筒体内底脚区内的物料产生冲击和研磨作用使物料粉碎。物料达到磨碎细度要求后，由风机抽出。

磨碎在固体废物处理与利用中占有重要地位，如用煤矸石生产水泥、砖瓦、矸石棉、化肥和提取化工原料等，用钢渣生产水泥、砖瓦、化肥、溶剂以及对垃圾堆肥深加工等过程都离不开球磨机对固体废物的磨碎。

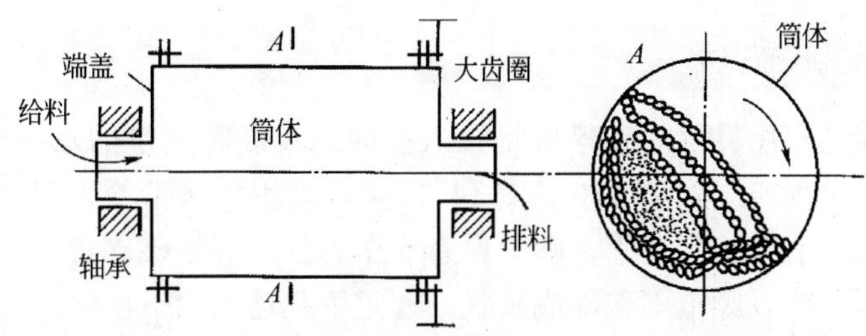

图 14-10　球磨机工作原理

（六）特殊破碎设备

1. 低温（冷冻）**破碎**

对于在常温下难以破碎的固体废物，可利用其低温变脆的性能而有效地破碎，亦可利用不同物质脆化温度的差异进行选择性破碎，即所谓低温破碎技术。低温破碎通常采用液氮作致冷剂。液氮具有致冷温度低、无毒、无爆炸危险等优点，但制冷液氮需耗用大量能源。故低温破碎对仅限于常温难破碎的废物，如橡胶和塑料。

低温破碎的工艺流程见图 14-11。将固体废物先投入预冷装置，再进入浸没冷却装置，使橡胶、塑料等易冷脆物质迅速脆化，之后送入高速冲击破碎机进行破碎。破碎产物再进入各种分选设备进行分选。低温破碎技术用于塑料低温破碎，从有色金属混合物等废物中回收铜、铝及锌的低温破碎，汽车轮胎的低温破碎。

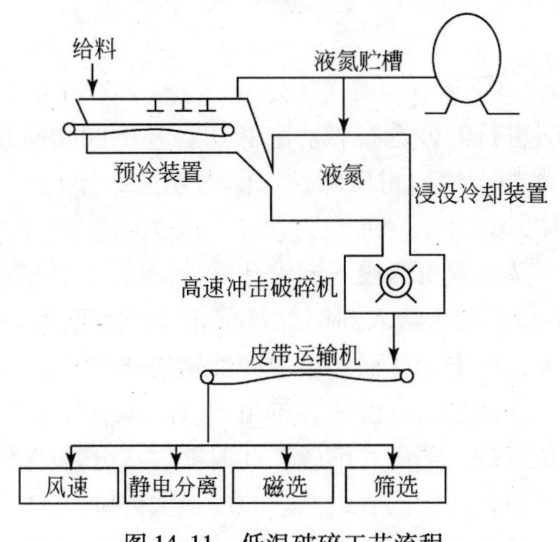

图 14-11　低温破碎工艺流程

2. 湿式破碎

湿式破碎是利用特制的破碎机将投入机内的垃圾和大量的水一起剧烈搅拌，破碎成浆液的过程。湿式破碎机见图 14-12。垃圾用传送带给入湿式破碎机，破碎机于圆形槽底上安装多孔筛，筛上设有 6 个刀片的旋转破碎辊，使投入的垃圾和水一起激烈回旋。废纸则破碎成浆状，通过筛孔落入筛下由底部排出；难以破碎的筛上物（如金属等）从破碎机侧口排出，再用斗式提升机送至装有磁选器的皮带运输机，以便将铁与非铁物质分离。适用于回收垃圾中的纸纤维、玻璃、铁和有色金属，剩余泥土等可作堆肥。

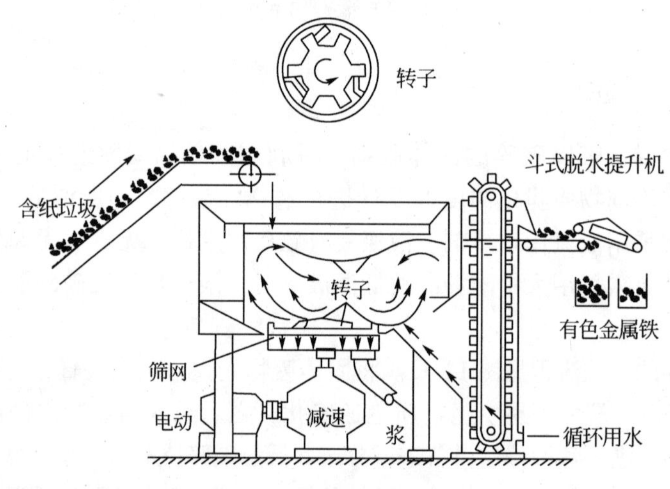

图 14-12　湿式破碎流程

3. 半湿式选择性破碎分选

破碎和分选同时进行的分选技术。它利用各种不同物质在一定均匀湿度下，因其强度、脆性（耐冲击性、耐压缩性、耐剪切力）不同而破碎成不同粒度的原理来分选不同物质。

半湿式选择性分选装置由两段不同筛孔的外旋转圆筒筛和筛内反向旋转的破碎板组成，见图 14-13。垃圾给入圆筒筛首部，并沿筛壁上升，而后在重力作用下落下，同时被破碎板撞击，从而垃圾中脆性物质如玻璃、陶器、瓦片、厨房垃圾等被破碎成细片状，通过第一段筛孔排出，进一步经分选机将厨房垃圾与玻片等物质分开。剩余垃圾进入第 2 片筛段，此时喷射水分，中等粒度的纸类变成浆状从第 2 片筛段孔排出，从而回收纸浆。粒度最大的纤维类、竹木类、橡胶、皮革、金属等类物质从终端排出，再进入比重分选装置，按比重分为金属类及纤维、竹木、橡胶、皮革类和塑料膜等三大类。这些物质还可以进一步分选。

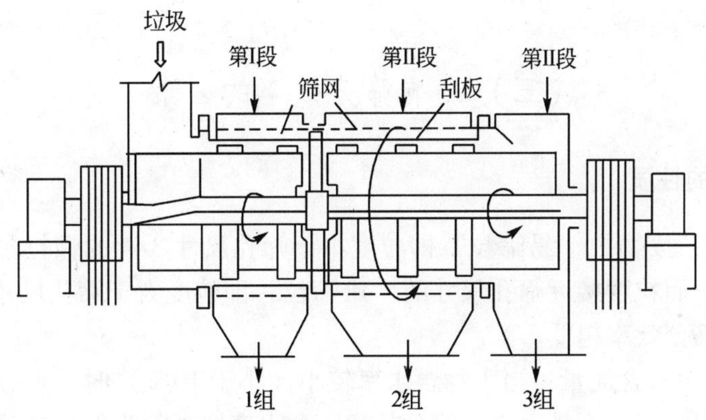

图 14-13　半湿式选择性破碎分选装置

第三节　固体废物的分选技术

固体废物分选就是把固体废物中可回收利用的或不利于后续处理、处置工艺要求的物料分离出来。

依据废物的物理和化学性质的不同而有不同的分选方法。有人工分选和机械分选，机械分选包括筛选（分）、重力分选、磁力分选、电力分选以及浮选等。

一、筛　分

（一）筛分原理

筛分是利用筛子将物料中小于筛孔的细粒物料透过筛面，而大于筛孔的粗粒物料留在筛面上，完成粗、细料分离的过程。该分离过程是由两个阶段组成的，即物料分层和细粒透筛。物料分层是完成分离的条件，细粒透筛是分离的目的。

（二）筛分效率

筛分效率是指筛分时实际得到的筛下产物的重量与原料中所含粒度小于筛孔尺寸的物料的重量比，用来描述筛分过程的优劣。表达式为

$$E = \frac{Q}{Q_0 \partial} \times 100\%$$

式中：Q 为筛下物重量；Q_0为入筛原料重量；∂ 为原料中小于筛孔尺寸的颗粒质量分数。

（三）影响筛分效率的因素

1. 入筛物料的性质

1）粒度：废物中“易筛粒”即粒度小于筛孔尺寸3/4的颗粒含量越多，筛分效率越高；而粒度接近筛孔尺寸的“难筛粒”即粒度大于筛孔尺寸3/4的颗粒含量越多，筛分效率越低。

2）含水率与含泥量：当废物含水率较小（小于10%）时，水分会使细粒结团或附着在粗粒上而不易透筛，筛分效率随含水率增高而降低。当筛孔较大、废物含水率较高（大于10%）时，水分有促进细粒透筛作用，筛分效率较高。水分影响还与含泥量有关，当废物中含泥量较高时，稍有水分也能引起细粒结团。

3）形状：球形、立方形、多边形颗粒筛分效率较高；而颗粒呈扁平状或长方块，用方形或圆形筛孔的筛子筛分，其效率较低；线状物料必须以一端朝下的“穿针引线”方式缓慢透筛，且物料越长透筛越难；平面状的物料会覆在筛面上，形成“盲区”而堵塞大片的筛分面积。

2. 筛分设备的性能

1）运动特征：筛子运动方式对筛分效率有较大的影响，同一种固体废物采用不同类型的筛子进行筛分时，其筛分效率不同。筛分效率固定筛为50%～60%，转筒筛60%，摇动筛70%～80%，振动筛90%以上。同一类型的筛子，筛分效率也受运动强度的影响。运动强度不足时，物料不易松散和分层，细粒不易透筛，效率不高；运动强度过大，会使废物很快通过筛面排出，效率也不高。

2）筛网类型：筛面有棒条筛面、钢板冲孔筛面和钢丝编织筛网三种。棒条筛面有效面积小，筛分效率低；编织筛网有效面积大，筛分效率高；冲孔筛面介于两者之间。

3）筛面面积：筛面宽度影响筛子的处理能力，长度影响筛分效率。负荷相同时，过窄的筛面使废物层增厚不利于细粒接近筛面；过宽的筛面又使废物筛分时间太短，一般宽长比为1∶2.5～3。

4）筛面倾角：筛面倾角是为了便于筛上产品的排出。过小起不到作用；过大废物排出过快，筛分时间短，效率低。倾角以15°～25°较适宜。

3. 筛分操作条件

连续均匀给料使物料沿筛面均匀分布，及时清理防止筛分设备堵挂、缠绕与维修筛面等。

（四）筛分设备

1. 固定筛

筛面由许多平行排列的筛条组成，可以水平安装或倾斜安装，构造简单、不耗用动力、设备费用低和维修方便，在固体废物处理中被广泛应用。固定筛分为两种。

1）格筛：一般安装在粗碎机之前，以保证入料块度适宜。

2）棒条筛：主要用于粗碎和中碎之前，安装倾角应大于废物对筛面的摩擦角，一般为30°~35°，以保证废物沿筛面下滑。棒条筛孔尺寸为要求筛下粒度的1.1~1.2倍，一般筛孔尺寸不小于50mm。筛条宽度应大于固体废物中最大块度的2.5倍。该筛适用于筛分粒度大于50mm的粗粒废物。

2. 滚筒筛

亦叫转筒筛，是种特制的筛，见图14-14。筛面为带孔的圆柱形筒体。在传动装置带动下，筛筒绕轴旋转，转速为10~15r·min^{-1}。为使废物在筒内沿轴线方向前进，筛筒的轴线应倾斜3°~5°安装。固体废物由筛筒一端给入，被旋转的筒体带起，当达到一定高度后因重力作用自行落下，如此起落运动，使小于筛孔尺寸的细粒透筛，而筛上产品则逐渐移到筛的另一端排出。

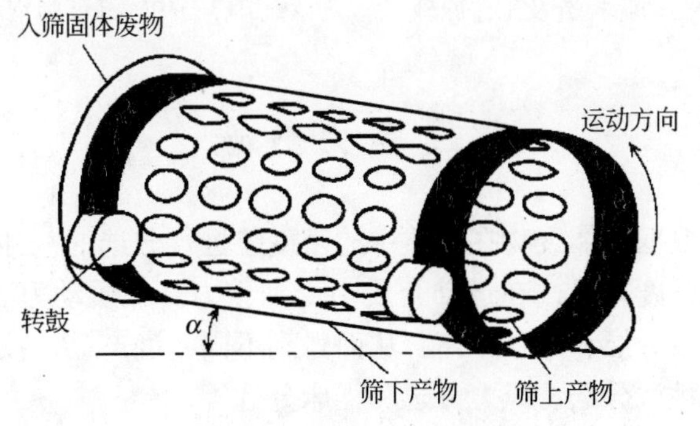

图14-14　滚筒筛结构示意图

3. 振动筛

振动筛的特点是振动方向与筛面垂直或近似垂直，振动次数为 600 ~ 3600 r · min^{-1}，振幅 0.5 ~ 1.5mm，倾角一般控制在 8° ~ 40°。振动筛可用于粗、中、细粒的筛分，也可用于脱水筛分和脱泥筛分。主要有惯性振动筛和共振筛两种。

1）惯性振动筛：是通过由不平衡物体的旋转所产生的离心惯性力使筛箱产生振动的一种筛子，其构造及工作原理见图 14-15。惯性振动筛适用于细粒废物（0.1 ~ 1.5mm）的筛分，也可用于潮湿及黏性废物的筛分。

2）共振筛：是利用连杆装有弹簧的曲柄连杆机构驱动，使筛子在共振态下进行筛分。其构造及工作原理见图 14-16。筛箱、弹簧及下机体组成一个弹性系统。该弹性系统固有的自振频率与传动装置的强迫振动频率接近或相同时，使筛子在共振状态下筛分，故该筛称为共振筛。共振筛具有处理能力大、筛分效率高、耗电少以及结构紧凑等优点，是一种有发展前途的筛子。适用于废物中细粒的筛分，还可用于废物分选作业的脱水、脱重介质和脱泥筛分等。

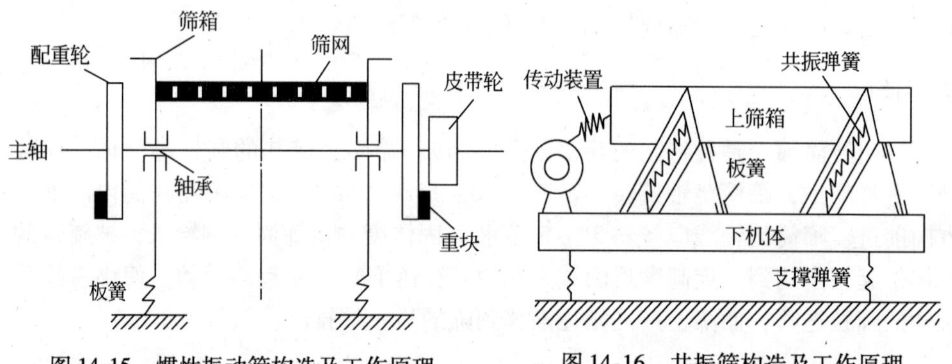

图 14-15　惯性振动筛构造及工作原理

图 14-16　共振筛构造及工作原理

二、重力分选

重力分选是根据固体废物在介质中的密度差进行分选的一种方法。它利用不同物质颗粒间的密度差异，在运动介质中受到重力、介质动力和机械力的作用，使颗粒群产生松散分层和迁移分离，从而得到不同密度产品。按介质不同，可分为重介质分选、跳汰分选、风力分选和摇床分选等。

（一）重介质分选

1. 重介质的概念

重介质是由高密度的固体微粒和水构成的固液两相分散体系，它是密度高于水的非均匀介质，包括重液和重悬浮液。重液是一些可溶性高密度的盐溶液（如 $CaCl_2$、$ZnCl_2$ 等）或高密度的有机液体（如 CCl_4、$CHCl_3$、四溴乙烷等）。重液不能根据需要迅速改变其密度，成本较高，损失较大。重悬浮液是在水中添加高密度固体颗粒而构成的，其密度可随固体颗粒种类和含量而变。高密度固体微粒起着加大介质密度作用，故称为加重质。最常用的加重质有硅铁、磁铁矿等。一般要求加重质的粒度为小于 200 目，占 60% ~90%，能够均匀分散于水中，容积浓度一般为 10% ~15%。

2. 重介质分选基本原理

在重介质中使固体废物中的颗粒群按密度分开的方法称为重介质分选。重介质密度（P_c）介于固体废物中轻物料密度（P_L）和重物料密度（P_w）之间，即

$$P_L < P_c < P_w$$

凡颗粒密度大于重介质密度的重物料都下沉，集中于分选设备的底部成为重产物；颗粒密度小于重介质密度的轻物料都上浮，集中于分选设备的上部成为轻产物，它们分别排出，从而达到分选的目的。

3. 重介质分选设备

常用的为鼓形重介质分选机，其结构和原理见图 14-17。外形是一圆筒转鼓，由四个辊轮支撑，通过圆筒腰间的大齿轮带动旋转（转速 2r/min）。在圆筒的内壁沿纵向设有扬板，用以提升重产物到溜槽内。圆筒水平安装，固体废物和重介质一起由圆筒一端给入，在向另一端流动过程中，密度大于重介质的颗粒沉于槽底，由扬板提升落入溜槽内被排出槽外成为重产物；密度小于重介质的颗粒随重介质流入圆筒溢流口排出成为轻产物。

鼓形重介质分选机适用于分离粒度较粗（40 ~60mm）的固废。该机具有结构简单、紧凑、便于操作、分选机内密度分布均匀及动力消耗低等优点，其缺点是轻重产物量调节不方便。

（二）跳汰分选

跳汰分选是在垂直变速介质流中按密度分选固体废物的一种方法。它使磨细

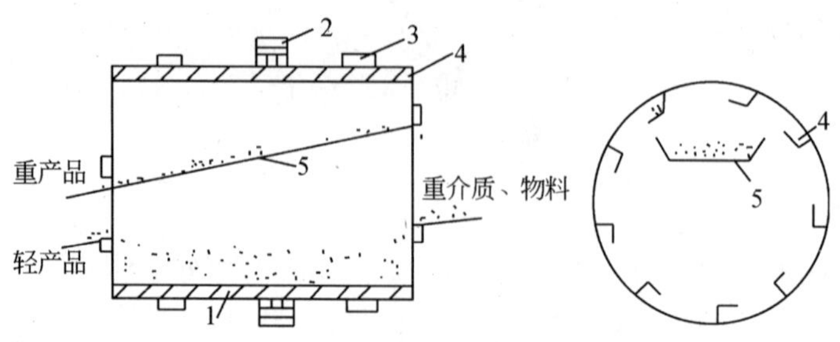

图 14-17　鼓形重介质分选机构造和原理

1. 圆筒形转鼓；2. 大齿轮；3. 辊轮；4. 扬板；5. 溜槽

的混合废物中的不同密度的粒子群，在垂直脉动运动介质中按密度分层。小密度的颗粒群（轻产物）位于上层，大密度的颗粒群（重产物）位于下层，从而实现物料分离（图 14-18）。在生产过程中，原料不断地送进跳汰装置，轻重物质不断分离并被淘汰掉，这样可形成连续不断的跳汰过程。跳汰介质可以是水或空气。目前用于固体废物分选的介质都是水，称为水力跳汰分选。

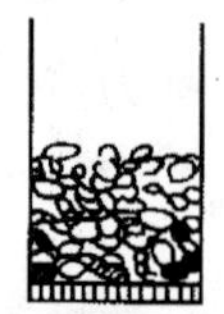

(a)分层前颗粒混杂堆积

(b)上升不流将床层抬起

(c)颗粒在水流中沉降分层

(d)下降水流床层紧密颗粒进入底层

图 14-18　颗粒在跳汰时的分层过程

水力跳汰机分选原理见图 14-19。机体的主要部分是固定水箱，被隔板分为两室。右为活塞室，左为跳汰室。活塞上下往复运动，使筛网附近的水产生上下交变水流。当活塞向下时，跳汰室内的物料受上升水流作用，由下而上升，在介质中成松散的悬状态。随着上升水流的逐渐减弱，粗重颗粒就开始下沉，而轻质颗粒还可能继续上升，此时物料达到最大松散状态，形成颗粒按密度分层的良好条件。当上升水流停止并开始下降时，固体颗粒按密度和粒度的不同作沉降运动，物料逐渐转为紧密状态。下降水流结束后，一次跳汰完成。每次跳汰，颗

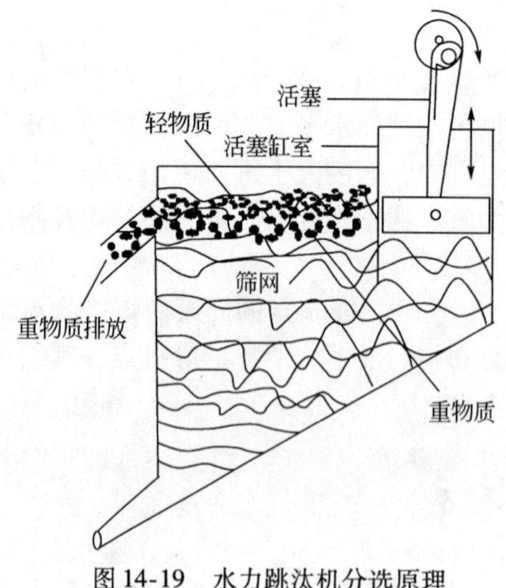

图 14-19　水力跳汰机分选原理

粒都受到一定的分选作用达到一定程度的分选。经过多次反复后，分层就趋于完全，上层为小密度的颗粒，下层为大密度颗粒。跳汰分选主要用作混合金属废物的分离与回收。

（三）风 力 分 选

风力分选简称风选，又称气流分选，是以空气为分选介质，在气流作用下使固体废物颗粒按密度和粒度大小进行分选。其基本原理是气流将较轻的物料向上带走或水平带向较远的地方，而重物料由于气流不能支撑而沉降，或由于惯性在水平方向较近的地方抛出。

风选主要用于生活垃圾的分选，将垃圾中以可燃性物料为主的轻组分和以无机物为主的重组分分离，以便分别回收利用或处置。风选设备按工作气流的主流向可分为水平、垂直和倾斜三种类型，其中垂直气流分选器应用最为广泛。

水平气流（卧式）风选机见图 14-20。该机从侧面送风，当废物在机内落下时，被水平气流吹散，密度不同的组分沿着不同的运动轨迹分别落入重质组分、中重组分和轻质组分收集槽中。

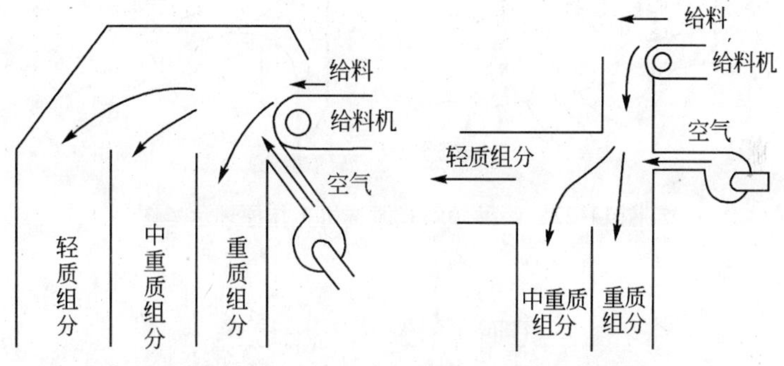

图 14-20　水平气流风选机工作原理示意图

垂直气流（立式）风选机见图 14-21。经破碎后的物料从中部给入风力分选机，物料由上向下降落，空气由底部向上运动。物料在上升气流的作用下，重质组分沉降到分选机底部排出，轻质组分随上升气流一起从顶部排出，然后经旋风分离器进行气固分离。该机分选精度较高。

倾斜式风选机工作原理见 14-22。两种装置的工作室都是倾斜的，为使工作室内的物料保持松散状，并使其中的重质组分较易排出，(a) 工作室的底板有较大倾角，且处于振动状态；(b) 工作室为一种倾斜的滚筒。倾斜式分离器既有垂直分离的一些特色，又具有水平分离器的某些特点。

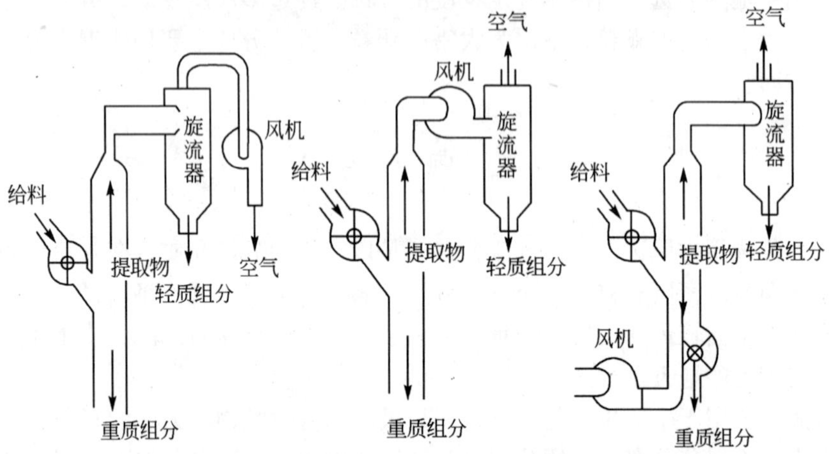

图 14-21　垂直气流风选机工作原理示意图

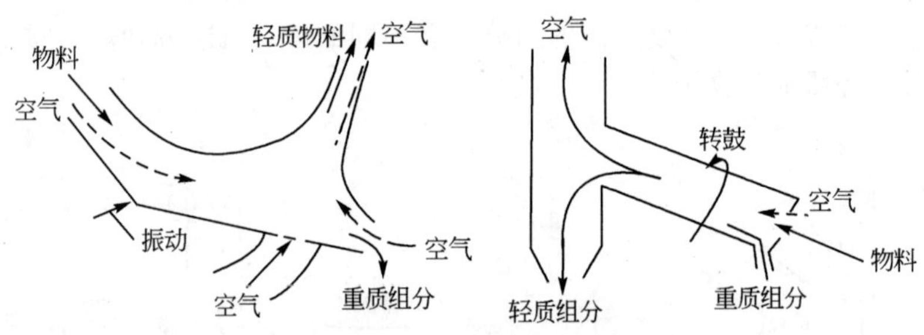

图 14-22　两种倾斜式风选机工作原理示意图

（四）摇床分选

摇床分选是细粒固体物料分选应用最为广泛的方法之一。细粒固体废物在一个倾斜的床面上，通过床面的不对称往复运动和薄层斜面水流的综合作用，按密度差异在床面上呈扇形分布而进行分选的一种方法。最常用的是平面摇床。

摇床分选的重要特点是产生析离，即密度大而粒度小的颗粒钻过密度轻而粒度大的颗粒间的空隙，沉入最底层，这种作用称为析离。颗粒分层后，粗而轻的颗粒在最上层，最早流出床面；依次是细而轻的颗粒；再次是粗而重的颗粒；最低层是细而重的颗粒从床尾排出。摇床分选用于分选细粒和微粒物料。在固废处理中，主要用于从含硫铁矿较多的煤矸石中回收硫铁矿。

三、磁力分选

（一）原　　理

磁力分选简称磁选，是借助磁选设备产生的磁场使铁磁物质组分分离的一种方法。或者是利用固体废物中各种物质的磁性差异在不均匀磁场中进行分选的一种处理方法。其原理见图14-23。在固体废物的处理系统中，磁选主要用作回收或富集黑色金属，或是在某些工艺中用以排除物料中的铁质物质。固体废物可依其磁性分为强磁性、中磁性、弱磁性和非磁性等组分。这些不同磁性的组分通过磁场时，磁性较强的颗粒（通常为黑色金属）就会被吸附到产生磁场的磁选设备上，而磁性弱和非磁性颗粒就会被输送设备带走或受自身重力或离心力的作用掉落到预定的区域内，从而完成磁选过程。

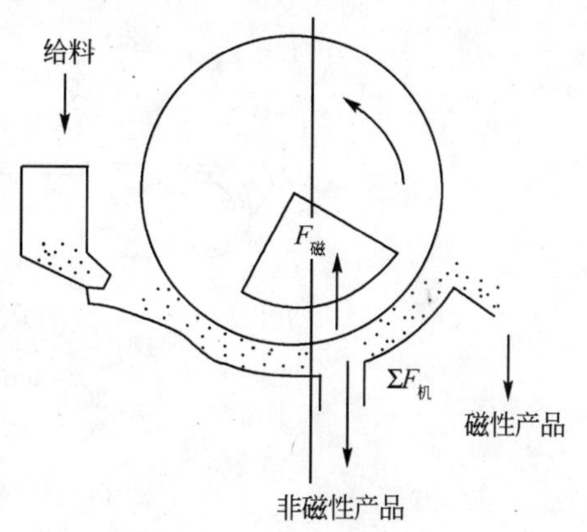

图14-23　磁选过程示意图

（二）磁选设备

目前，在废物处理系统中最常用的磁选设备是滚筒式和悬挂带式磁选机。

1. 滚筒式磁选机

主要由磁滚筒和输送皮带组成，见图14-24。当皮带上的混合垃圾通过磁滚筒时，非磁性物料在重力及惯性力的作用下，被抛落到滚筒的前方；而铁磁物质则在磁力作用下被吸附到皮带上，并随皮带一起继续向前运动。当铁磁物质转到滚筒下方逐渐远离滚筒（皮带离开磁力滚筒伸直）时，磁力也将逐渐减小而落入磁性物质收集槽中。该设备主要用于工业固体废物、城市垃圾的破碎

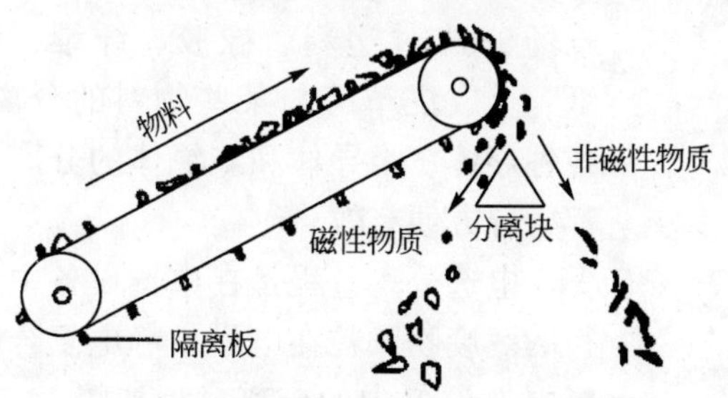

图14-24　滚筒式磁选机工作示意图

设备或焚烧炉前除去废物中的铁器，防止损坏破碎设备或焚烧炉。

2. 悬挂带式磁选机

在废物输送带的上方，悬挂大型固定磁铁（永磁或电磁铁）。当废物通过固定磁铁下方时，非磁性物料不受影响继续前行，磁性物质就会被吸附到传送带上，并随传送带一起运动。磁性物质被送到非磁性区时自动脱落，从而可实现铁磁物质的回收，见图 14-25。

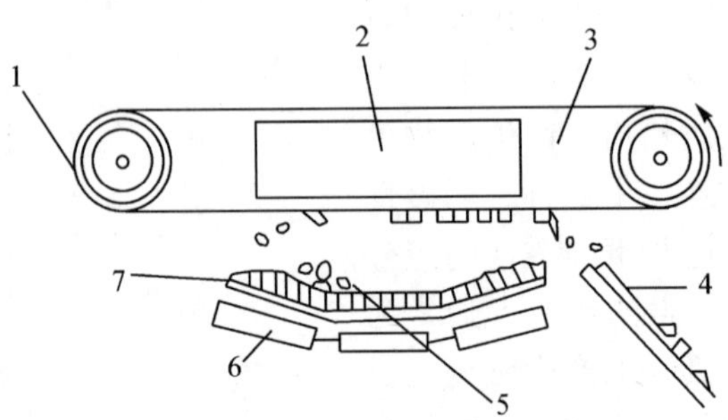

图 14-25　悬挂带式磁选机

1. 传动皮带；2. 悬挂式固定磁铁；3. 非磁性区；
4. 磁性物质；5. 来自破碎机的固体废物；
6. 滚轴；7. 传送带

四、电 力 分 选

电力分选是利用固体废物中各种组分在高压电场中电性的差异而实现分选的一种方法。一般物质大致可分为电的良导体、半导体和非导体。它们在高压电场中有着不同的运动轨迹，加上机械力的共同作用，即可将它们相互分开。电场分选对塑料、橡胶、纤维、废纸、合成皮革等与某些物料的分离，各种导体、半导体和绝缘体的分离等都十分方便有效。

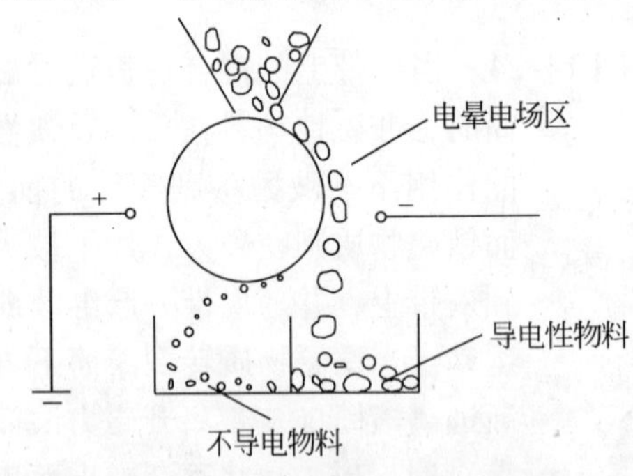

图 14-26　电选分离过程示意图

电选分离过程是在电选设备中进行的。废物颗粒在电晕－静电复合电场电选设备中的分离过程如图 14-26 所示。

电晕电场是不均匀电场，由电晕电极（带负电）和辊筒电极（带正电）组成。废物由给料斗均匀地给入辊筒上，随着滚筒旋转进入电晕电场区，导体和非导体颗粒都获得负电荷。导体颗粒一面荷电，一面又把电荷传给辊筒，快速放电。当废物颗粒进入静电场区后，导体颗粒负电荷释放完毕并从辊筒上得到正电荷而被辊筒排斥。在电力、离心力和重力的综合作用下，其运动轨迹偏离辊筒，而在辊筒前方落下。非导体颗粒则因放电较慢，有较多的剩余负电荷，被辊筒吸附带到后方，被毛刷强制刷下。半导体颗粒的运动轨迹则介于导体与非导体颗粒之间，成为半导体产品落下，从而完成电选分离过程。

五、浮　　选

（一）浮选原理

浮选是在固体废物与水调制的料浆中加入浮选药剂，并通入空气形成无数细小气泡，使欲选物质颗粒黏附在气泡上，随气泡上浮于料浆表面成为泡沫层，然后刮出回收。不浮的颗粒仍留在料浆内，从而达到分选的目的。

固体废物浮选主要是利用欲选物质对气泡黏附的选择性，这是由固体颗粒、水、气泡组成的三相界面的物理化学特性所决定的。其中比较重要的是物质表面的湿润性。物质表面疏水性较强的，容易黏附在气泡上；而另一些物质表面亲水性较强的，不易黏附在气泡上。物质表面的亲水、疏水性能，可以通过浮选药剂的作用而加强。因此，在浮选工艺中正确选择使用浮选药剂是调整物质可浮性的主要外因条件。

（二）浮选药剂

1. 捕收剂

能够选择性地吸附在欲选的物质颗粒表面上，使其疏水性增强，提高可浮性，并牢固地黏附在气泡上而上浮。

常用的捕收剂有异极性捕收剂和非极性油类捕收剂两类。典型的异极性捕收剂有黄药、油酸等。从煤矸石中回收黄铁矿时，常用黄药作捕收剂。非极性油类捕收剂主要成分是脂肪烷烃和环烷烃，最常用的是煤油。从粉煤灰中回收炭，常用煤油作捕收剂。

2. 起泡剂

是一种表面活性物质，主要作用在水-气界面上使其界面张力降低，促使空气在料浆中弥散，形成小气泡，防止气泡兼并，增大分选界面，提高气泡与颗粒的黏附和上浮过程中的稳定性，以保证气泡上浮形成泡沫层。常用的起泡剂有松油、松醇油、脂肪醇等。

3. 调整剂

作用主要是调整其他药剂（主要是捕收剂）与物质颗粒表面之间的作用，还可调整料浆的性质，提高浮选过程的选择性。调整剂包括活化剂、抑制剂、介质调整剂和分散与混凝剂等。

（三）浮选工艺过程

1. 浮选前料浆的调制

主要是废物的破碎、磨碎等，目的是得到粒度适宜，基本上单体解离的颗粒，进入浮选的料浆浓度必须适合浮选工艺的要求。

2. 加药调整

添加药剂的种类和数量，应根据欲选物质颗粒的性质通过试验确定。

3. 充气浮选

将调制好的料浆引入浮选机内，经充气搅拌后形成大量的弥散气泡，提供颗粒与气泡碰撞接触机会，可浮性好的颗粒附于气泡上而上浮形成泡沫层，经刮出收集、过滤脱水即为浮选产品；不能黏附在气泡的颗粒仍留在料浆内，经适当处理后废弃或作它用。固体废物中含有两种或两种以上的有用物质时，其浮选方法有以下两种。

1）优先浮选：将固体废物中有用物质依次地选出，成为单一物质产品。

2）混合浮选：将固体废物中有用物质共同选出为混合物，然后再把混合物中有用物质一种一种地分离。

（四）浮选的应用

浮选是固体废物资源化的一种重要技术，我国已应用于从粉煤灰中回收炭，从煤矸石中回收硫铁矿，从焚烧炉灰渣中回收金属等。浮选法的主要缺点是有些工业固体废物浮选前需要破碎到一定的细度；浮选时要消耗一定数量的浮选药剂，且易造成环境污染；另外，还需要一些辅助工序如浓缩、过滤、脱水、干燥等。在生产实践中究竟采用哪一种浮选，应根据固体废物的性质、经过技术与经济的综合比较后确定。

第四节　固体废物的脱水与干燥

含水率超过90%的固体废物，必须脱水减容，以便包装、运输及资源化利用。脱水方法有浓缩脱水和机械脱水两种形式。

一、固体废物中水分的存在形式

1. 间隙水

间隙水约占水分的70%，用浓缩法分离。

2. 毛细管结合水

毛细管结合水约占水分的20%，可采用高速离心机脱水，正负压过滤机脱水。

3. 表面吸附水

表面吸附水约占水分的7%，可用加热法脱除。

4. 内部水

内部水约占水分的3%，可采用生物法破坏细胞膜除去胞内水或用高温加热法、冷冻法去除。固体废物脱水的难易顺序为：内部水 > 表面吸附水 > 毛细管结合水 > 间隙水。

二、浓 缩 脱 水

浓缩脱水的目的是除去固体废物中的间隙水，缩小体积，为输送、消化、脱水、利用与处置创造条件。

（一）重力浓缩法

重力浓缩法是利用自然重力沉降作用使固体废物脱水的方法。重力浓缩的构筑物叫浓缩池，按其运行方式可分为间歇式和连续式。前者用于小型污水处理厂；后者用于大、中型污水处理厂。

（二）气浮浓缩法

依靠大量微小气泡附着在颗粒周围，形成颗粒－气泡结合体而产生浮力，从而把颗粒带到水表面达到浓缩的目的。图 14-27 为气浮浓缩工艺流程。该法浓缩程度高，固体物质回收率高（达 99%），浓缩速度快，停留时间短，运行稳定，操作管理简单，但基建费和运行费用偏高。

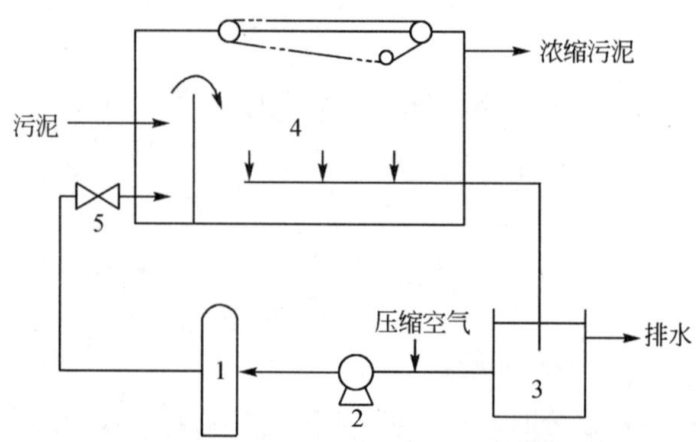

图 14-27　气浮浓缩法工艺流程图

1. 溶气罐；2. 加压泵；3. 澄清水；4. 气浮池；5. 减压阀

（三）离心浓缩法

利用固体颗粒和水的密度差异，在高速旋转的离心机中，固体颗粒和水分别受到大小不同的离心力而使固液分离的过程。设备主要有倒锥分离板型离心机和螺旋卸料离心机两种。

三、机械脱水

机械脱水是以过滤介质两面的压力差为推动力，使固体废物中的水分强制通过过滤介质成为滤液，而固体颗粒被截留在介质上成为滤饼，达到脱水的目的。据压力差的不同，机械脱水方法有真空过滤法、压滤法、离心法等。

1. 真空过滤脱水

在负压条件下，强制水分通过过滤介质的脱水过程。目前国内常用的是GP型转鼓真空过滤机，由空心转筒、分配头、污泥储槽、真空系统和压缩空气系统组成。该机的特点是能够连续操作，运行平稳，可自动控制。主要用于初次沉淀污泥及消化污泥的脱水。

2. 压滤脱水

在外加一定压力下，强制水分通过过滤介质，以达到固液分离的目的。压滤机可分为间歇型（如板框压滤机）和连续型（如滚压带式压滤机）两种。

3. 离心脱水

利用高速旋转产生的离心力将密度大于水的固体颗粒与水分离的过程。用于离心脱水的机械叫离心机。根据离心机的几何形状分为转筒式离心机、盘式离心机等，常见的为转筒式离心机。

4. 造粒脱水机

它通过加入高分子混凝剂使泥渣直接形成含水较低的致密泥丸。造粒脱水机构造由圆筒和圆锥组成，水平放置，分造粒段、脱水段和压密段（图14-28）。圆筒转速很低，线速度一般为0.5～3m·min^{-1}。造粒段的圆筒内壁上设有螺旋板形成螺旋输送器。经化学调理后的污泥首先进入造粒段，随着机体的缓慢旋转，滚动着的污泥向前堆进。在重力及高分子混凝剂的作用下，逐渐絮凝，形成泥丸。

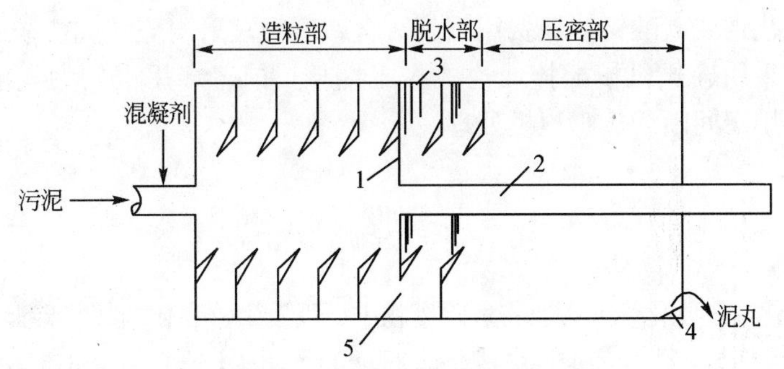

图14-28　湿式造粒脱水机

1. 隔板；2. 溢流管；3. 泄水缝；4. 堤泥螺旋板；5. 孔口

四、干　　燥

机械脱水后，固体废物的含水率仍很高，不利于焚烧或进一步处理。经干燥处理后，含水率可降至20% ~40%，达到去水、减重的目的。

干燥是通过加热使物料中水分蒸发，也就是随着相变化使水分离出去。为了提高干燥速度，采取的措施有：①将物料分解破碎以增大蒸发面积，增加蒸发速度；②使用尽可能高温的热载体或通过减压增加物料和热载体间温度差，以增加传热推动力；③经过搅拌增大传热传质系数，以强化传热传质过程。

干燥方法较多，目前常用的是转筒式干燥器和带式流化床干燥器。

第五节　危险废物的化学处理和固化

一、危险废物的化学处理

化学处理是针对危险废物中易对环境造成严重影响的化学成分，采用化学转化的方法，使之达到无害化目的。下面仅介绍中和法与氧化还原法。

（一）中和法

中和法是处理酸性或碱性废水常用的方法。中和法处理工艺与设备根据废物的酸碱性、含量、负荷与性状等因素进行设计。中和剂的选择是以废物的酸、碱强度以及药剂来源与处理费用为依据。对酸性泥渣的处理多以石灰为中和剂，也可选用氢氧化钠或碳酸钠，但费用较高。含碱废物宜采用硫酸或盐酸中和。中和反应设备可采用罐式机械搅拌或池式人工搅拌，前者多用于较大规模的中和处理，后者多用于间断的、小规模处理。

（二）氧化还原法

通过氧化或还原化学处理，将危险废物中可以发生价变化的某些有毒成分，转化为无毒或低毒且具有化学稳定性的成分。下面介绍国内比较成熟的铬渣还原处理。

1. 铬渣干式还原处理

利用CO与$FeSO_4$为还原剂的干式还原处理，是将铬渣与适量煤炭或锯末、稻壳混合，在 700～800℃ 密封条件下焙烧过程中产生大量 CO 与 H_2，以此作还原剂，使铬渣中 Cr^{5+} 还原为 Cr^{3+}，并在密封条件下水淬，然后添加适量硫酸亚铁与硫酸，以巩固还原效果。此方法处理 10 000t 铬渣，消耗煤 2200t、硫酸亚铁 220t、浓硫酸 50t。

2. 铬渣湿式还原法

先将铬渣湿磨、过筛（100 目左右），用碳酸钠溶液浸提，通过复分解反应，使其中铬酸钙和铬铝酸钙转化为水溶性铬酸钠而被浸出，由浸出液中回收铬酸钠产品。余渣再用硫酸钠溶液处理，使剩余的 Cr^{5+} 还原为 Cr^{3+}，加硫酸中和，最后添加硫酸亚铁，使过量 S^{2-} 转化为 FeS。经沉淀后的铬渣已为无毒渣。此方法处理 10 000t 铬渣，消耗碳酸钠 400t、硫化钠 350t、硫酸亚铁 350t、硫酸 200t，可回收铬酸钠 200t。

二、危险废物的固化处理

固化处理是物理、化学方法，将危险废物固定或包容在惰性固化基材中，使之呈现化学稳定性或密封性的一种无害化处理方法。固化产物应具有良好的抗渗透性、机械特性，以及抗浸出性、抗干湿性、抗冻融特性。可直接在安全土地填埋场处置，也可用做建筑的基础材料或道路的路基材料。常见的固化方法有水泥固化、石灰固化、沥青固化、玻璃固化等。

1. 水泥固化

水泥固化是以水泥为固化剂，将危险废物进行固化的一种处理方法。该法适于处理各种含有重金属的污泥、含汞泥渣、含砷泥渣等危险废物及放射性废物。可用普通硅酸盐水泥、矿渣硅酸盐水泥、火山灰质硅酸盐水泥等。为确保固化效果，在操作过程中必须满足下列条件：①水灰比为 0.5 左右；②水泥混合物 pH8 以上；③废物与水泥的比例应通过实验确定；④初凝时间大于 2h，终凝时间控制在 48h 内；⑤养护时间为 28 天，且室温条件、相对湿度大于 80%；⑥以填埋为主的固化产品，机械强度控制在 10～50kg · cm^{-2}，用做建筑材料或路基的固化产品，机械强度应大于 100kg · cm^{-2}；⑦添加剂的选择应根据废物的成分、性质确定，添加剂有减水剂、缓凝剂、促凝剂、吸附剂、乳化剂等。

2. 石灰固化

石灰固化是以石灰为固化基质，以活性硅酸盐类为添加剂的一种固定危险废物的方法。添加剂主要采用粉煤灰与水泥窑灰。该法适用于各种含重金属泥渣，并已应用于烟气道脱硫废物的固化中。

3. 沥青固化

沥青固化是以沥青类材料为固化剂，与危险废物在一定的温度、配料比、碱度和搅拌下发生的皂化反应，使有害物质包容在沥青中并形成稳定固化体的过程。该法一般用来处理中、低放射性蒸发残液、废水化学处理产生的污泥、焚烧炉产生的灰分，以及毒性较大的电镀污泥和砷渣等危险废物。沥青固化对含水率较高的废物需预先脱水；待固化的废物中应尽量少含或不含氧化性物质与导致沥青黏度增大的物质；另外，沥青与废物的配料比为（1～2）：1，混合温度为230℃。

4. 玻璃固化

以玻璃原料为固化剂，将其按一定比例与危险废物混合，并在1000～1500℃高温下熔融，经退火转化为稳定的玻璃固化体。该法的玻璃溶解度小、溶出率低、减容系数大，主要用于处理含盐低、高放废物，其中硼硅酸盐玻璃固化是最有发展前途的固化方法。

（陈丽荣）

参考文献

高艳玲. 2004. 固体废物处理处置与工程实例. 北京：中国建材工业出版社：24～59
蒋建国. 2007. 固体废物处置与资源化. 北京：化学工业出版社：80～161
聂永丰. 2000. 三废处理工程技术手册（固体废物卷）. 北京：化学工业出版社：162～200，405～456
宁平. 2007. 固体废物处理与处置. 北京：高等教育出版社：47～126
杨国清. 2007. 固体废物处理工程. 北京：科学出版社：19～49，302～312
张小平. 2004. 固体废物污染控制工程. 北京：化学工业出版社：43～59，152～188
赵由才，牛冬杰，柴晓利，等. 2006. 固体废物处理与资源化. 北京：化学工业出版社：46～70

第十五章　小城镇生活垃圾处理

生活垃圾是指人类在日常生活中及为城镇日常生活提供服务的活动中产生的垃圾，也称固体废物。通常有三种分类方法。

1）根据垃圾产生源不同，分为：居民生活垃圾、街道保洁垃圾、集团垃圾。

2）根据垃圾性质分类：按可燃性分为可燃性和不可然性垃圾；按热值分为高热值和低热值垃圾；按化学成分分为有机和无机垃圾；按可堆肥性分为可堆肥和不可堆肥垃圾。

3）根据垃圾的可回收性分为：可回收和不可回收垃圾。

生活垃圾是世界性难题，纵观世界各国解决垃圾问题的办法，主要是填埋、焚烧、堆肥和热解。在这些方法中，除热解外，填埋浪费了大量资源，焚烧和堆肥也只是取得了单一产物（热能和肥料）。热解虽能从中获得可燃气体等新产物，但仍摆脱不了销毁有用成分的弊端，不能实现物料的多次循环利用。因此，必须把垃圾看成第二“矿产”，最大限度地从中回收有用成分，而仅销毁剩留的相对少量的垃圾（或转化成为新产物），这才是生活垃圾处理的新思路。我国目前生活垃圾处置方式为：填埋占70%以上，高温堆肥占20%，焚烧量甚微。

第一节　垃圾堆肥处理

堆肥是生活垃圾处理的四大技术之一。生活垃圾进行堆肥处理，将其中的有机可腐物转化为土壤可接受且迫切需要的有机营养土或腐殖质。这种腐殖质与黏土结合就形成了稳定的黏土腐殖质复合体，有效地解决生活垃圾，解决环境污染和垃圾无害化问题；为农业生产提供了适用的腐殖土，从而维持了自然界的良性物质循环，因此受到了世界各国的重视。

目前，堆肥处理的主要对象是城镇生活垃圾和污水厂污泥，人畜粪便、农业废物、食品加工业废物等亦可做堆肥处理。堆肥化是在控制条件下，利用自然界中广泛存在的微生物，使来源于生物的有机废物发生生物稳定作用，使可被生物降解的有机物转化为稳定的腐殖质的生物化学过程。废物经过堆肥化处理制得的成品叫做堆肥。它是一类腐殖质含量很高的疏松物质，深褐色、有泥土气味，故也称为“腐殖土”。废物经过堆制，体积一般只有原体积的50%～70%。

一、好氧堆肥技术

好氧堆肥是在通气良好、氧气充足的条件下，借助好氧微生物的生命活动降解有机物，温度一般为 50 ~ 65℃，最高可达 80 ~ 90℃，堆制周期短，故也称为高温快速堆肥。

（一）好氧堆肥原理

好氧堆肥是在有氧的条件下，借好氧微生物（主要是好氧细菌）的作用来进行的。在堆肥过程中，有机废物中的可溶性有机物质透过微生物的细胞壁和细胞膜被微生物吸收；不溶的固体和胶体有机物先附着在微生物体外，由微生物分泌的胞外酶分解为可溶性物质再渗入细胞。微生物通过自身的生命活动，在酶的作用下对有机物进行氧化还原（分解代谢）和生物合成（合成代谢）过程，把一部分吸收的有机物氧化成简单的无机物，并释放出供微生物生长、活动所需要的能量；把另一部分有机物转化合成新的细胞物质，使微生物生长繁殖，产生更多的生物体。其过程见图 15-1。

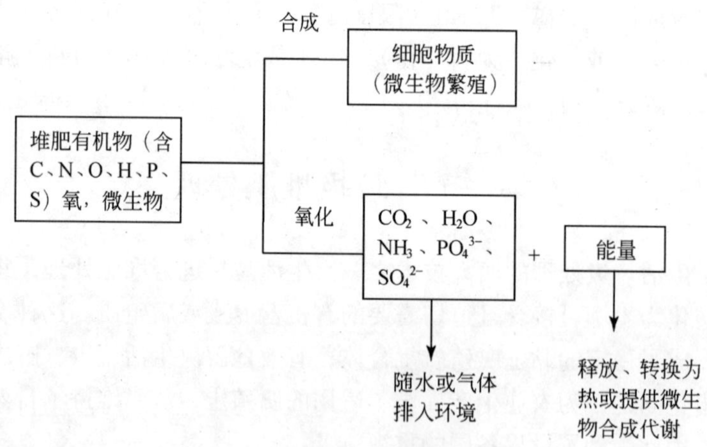

图 15-1　堆肥有机物好氧分解

（二）好氧堆肥过程温度变化规律

根据堆肥过程中堆体内温度的变化，大致分为三个阶段：起始阶段、高温阶段和降温熟化阶段。

1. 起始阶段（中温阶段或产热阶段）

堆肥过程初期，堆体温度在45℃以内。嗜温性微生物如细菌、放线菌和真菌最为活跃，分解有机物中易降解的葡萄糖、脂肪和碳水化合物，分解所产生的热量又促使堆肥物料温度继续上升。

2. 高温阶段

当温度升到45℃以上就进入高温阶段。此时，嗜温性微生物受到抑制或死亡，嗜热性微生物大量繁殖。堆肥中残留的和新形成的可溶性有机物继续被氧化分解，纤维素、半纤维素和木质素等复杂有机物也开始并强烈分解。当温度达到50℃左右时，嗜热性细菌、真菌及放线菌最为活跃。60℃时，只有细菌、放线菌仍在活动。70℃以上时，大多数嗜热性微生物均不适应，代谢活动受到抑制并大量死亡。在高温阶段，除一些孢子外，所有的病原微生物都可被杀死。在该阶段后期，由于可降解有机物已大部分耗尽，微生物的内源呼吸起主导作用。

3. 降温熟化阶段

温度降至45℃以下，并最终过渡到环境温度。剩余物质主要为难降解有机物和新形成的腐殖质。在温度下降过程中，嗜温性微生物（主要是真菌和放线菌）重新开始活动，对残余有机物进一步分解，腐殖质不断增多并趋于稳定化，最终完成堆肥过程。

（三）堆肥化的影响因素及其控制

1. 供氧量

氧气是降解过程中好氧微生物生长所必需的物质，因此，通风是好氧堆肥得以成功的重要因素之一。堆肥过程中氧浓度控制在10%～18%，低于8%微生物生命活动受到抑制，容易使堆肥发生厌氧作用而产生恶臭。

2. 碳氮比（C/N）

碳氮比是影响微生物生长最重要的影响因素之一。微生物活动需要碳源，蛋白质合成需要氮源，微生物每合成1份蛋白质大约需要30份碳。因此，堆肥过程理想的碳氮比为30∶1左右。当C/N值过低，氮过剩并以氨的形式释放，可能污染环境；过高，氮不足影响微生物生长，有机物分解代谢的速度减慢，堆肥施入土壤后易引起土壤氮饥饿。因此要求成品堆肥C/N值为10～20。据此推算，城镇垃圾堆肥的最佳 C/N 值应为 20～35，偏离时可通过添加含氮高或含碳高的物料来加以调整。

3. 碳磷比（C/P）

磷对微生物的生长有很大影响。在垃圾中添加污泥进行混合堆肥，就是利用污泥中丰富的磷调整堆肥原料的 C/P。堆肥原料适宜的 C/P 为 75～150。

4. pH

pH 影响微生物生长，微生物最适宜的 pH 是中性或弱碱性。在整个堆肥化过程中，pH 随时间和温度的变化而变化。一般认为堆肥的 pH 在 7.5～8.5 时，可获得最大堆肥速率。

5. 含水率

堆肥混合原料的最佳含水率为 50%～60%（按质量计）时，最利于微生物分解。水分超过 60% 应加强通风；低于 40% 应加以调节，如添加污水、污泥、人畜尿、粪等；低于 12%，生物活动基本停止。

6. 粒径

足够小的粒径可以提高废物与微生物及空气的接触面积，加快生物化学反应速率。一般适宜的粒径范围是 25～75mm，因此在堆肥化之前，物料需要进行筛分或破碎处理，但具体粒径可根据产品工艺和性能的要求而定。

7. 温度

在堆肥过程中，温度的控制对于微生物的生长乃至细菌种群的繁殖和生物的活性均有重要影响。对有机物的降解效率来说，高温菌所起的作用大于中温菌，因此堆体的最佳温度应控制在 50～60℃。

8. 有机物的含量

堆肥物料适宜的有机物含量为 20%～80%。有机物含量过低，不能提供足够的热能，影响嗜热菌增殖，难以维持高温发酵过程。有机物含量大于 80% 时，堆制过程要求大量供氧，常因供氧不足而发生部分厌氧过程。一般地说，堆肥原料中有机物含量越高，堆肥质量越好。因此，当堆肥原料中有机物含量过低时，需进行调整。办法之一是发酵前在堆肥原料中掺入一定比例的稀粪、城镇污水污泥、牲畜粪等；办法之二是用振动筛首筛出一部分炉灰渣，从而改变其中的有机物含量。

9. 腐熟度

腐熟度的基本含义是通过微生物作用，堆肥产物要达到稳定化、无害化，既不对环境产生有害的影响，而且堆肥产品的使用不影响作物的生长和土壤耕作能力。堆肥腐熟的大致标准是不再进行激烈的分解，成品温度低，呈茶褐色或黑色，不产生恶臭。腐熟度评定方法如下：①直观经验法。成品堆肥显棕色或暗灰色，具有霉臭的土壤气味，无明显的纤维。②淀粉测试法。将堆肥样品加入高氯酸溶液，搅拌、过滤，用碘液检验滤液，如果变黄、略有沉淀物，表明堆肥已经稳定；如果呈现蓝色，表明堆肥未腐熟。此法简便，适于现场检测用。③耗氧速率法。将堆层中的气体抽吸到 O_2/CO_2 测定仪，通过仪器自动显示堆层 O_2 或 CO_2 浓度在单位时间内的变化值，以评定堆肥发酵程度和腐熟情况。用耗氧速率作为堆肥腐熟程度的评定依据具有良好的稳定性、专一性和可靠性，不受原料组分的影响，易于在工程上应用。

（四）堆肥化工艺

1. 间歇堆积法（野积式堆肥或露天堆积法）

间歇堆积法是把新收集的垃圾、粪便、污泥等废物混合分批堆积。有的用单一垃圾为原料，经过堆积生产垃圾肥，一批废物堆积之后不再添加新料，让其中的微生物参与生物化学反应，使废物变成腐殖土样产物，然后外运。前期一次发酵大约需要 5 周，1 周要翻动 1 ~2 次，然后再经过 6 ~10 周熟化稳定二次发酵。全部过程需要 30 ~90 天。要求有一个坚实的不渗水的场地，其面积需能满足处理所在城镇废物排量的需要。

国外利用城市固体废物生产堆肥的配料方法有三种，即纯垃圾堆肥、垃圾 - 粪便混合（7∶3）堆肥、垃圾 - 污泥混合（7∶3）堆肥。我国露天堆积法一般是采用 70% ~80% 垃圾与 20% ~30% 稀粪配比。

2. 连续堆制法（装置式）

连续堆制法工艺，采取连续进料和连续出料方式发酵，原料在发酵装置内完成中温和高温发酵过程。这种系统除具有发酵时间短，能杀灭病源微生物外，还能防止异味，成品质量比较高。美国、日本、欧洲广为采用。连续发酵装置类型有多种，主要类型有立式堆肥发酵塔、卧式堆肥发酵滚筒、筒仓式堆肥发酵仓等。

二、厌氧发酵技术

厌氧发酵是废物在厌氧的条件下，通过微生物的代谢活动而被稳定化，同时伴有甲烷（CH_4）和二氧化碳（CO_2）的产生。堆制温度低，工艺比较简单，成品堆肥中氮素保留比较多，但堆制周期过长，需3～12个月，异味浓烈，分解不够充分。

（一）厌氧发酵原理

1. 三段理论

有机物厌氧发酵依次分为液化、产酸、产甲烷三个阶段，每一阶段各有其独特的微生物类群起作用，见图15-2。发酵细菌最主要的基质是纤维素、淀粉、脂肪、蛋白质。

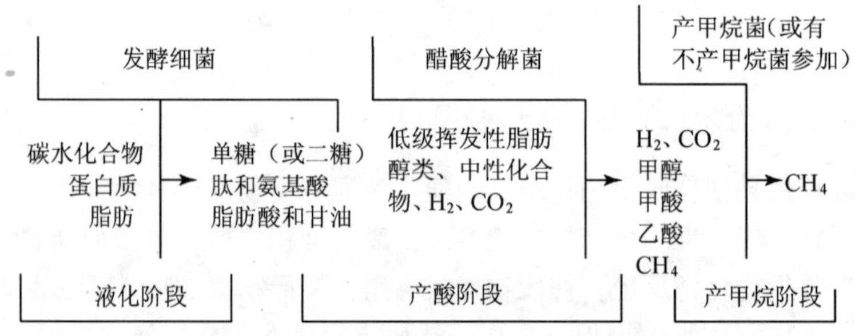

图15-2 有机物的厌氧发酵过程

1）液化阶段：液化阶段起作用的细菌称为发酵细菌，包括纤维素分解菌、蛋白质水解菌等。在液化阶段，发酵细菌对有机物进行体外酶解，使固体物质变成可溶于水的物质，然后细菌再吸收可溶于水的物质，并将其酵解成为不同产物。

2）产酸阶段：产酸阶段起作用的细菌是醋酸分解菌。在产酸阶段，产氢、产醋酸细菌把前一阶段产生的一些中间产物丙酸、丁酸、乳酸、长链脂肪酸、醇类等进一步分解成醋酸和氢。

3）产甲烷阶段：此阶段起作用的细菌是甲烷细菌。在产甲烷阶段，甲烷菌利用H_2/CO_2、醋酸以及甲醇、甲酸、甲胺等C_1类化合物为基质，将其转化成甲烷。其中H_2/CO_2和醋酸是主要基质，一般认为，甲烷的形成主要来自H_2还原CO_2和醋酸的分解。因此，醋酸是厌氧发酵中最重要的中间产物。

2. 两段理论

酸性发酵阶段和碱性发酵阶段，见图 15-3。分解初期，微生物活动中的分解产物是有机酸、醇、二氧化碳、氨、硫化氢等。在这一阶段中，有机酸大量积累，pH 随之下降，所以叫做酸性发酵阶段，参与的细菌统称为产酸细菌；在分解后期，由于所产生氨的中和作用，pH 逐渐上升，同时，甲烷细菌开始分解有机酸和醇，产物主要是甲烷和二氧化碳。随着甲烷细菌的繁殖，有机酸迅速分解，pH 迅速上升，这一阶段的分解叫碱性发酵阶段。

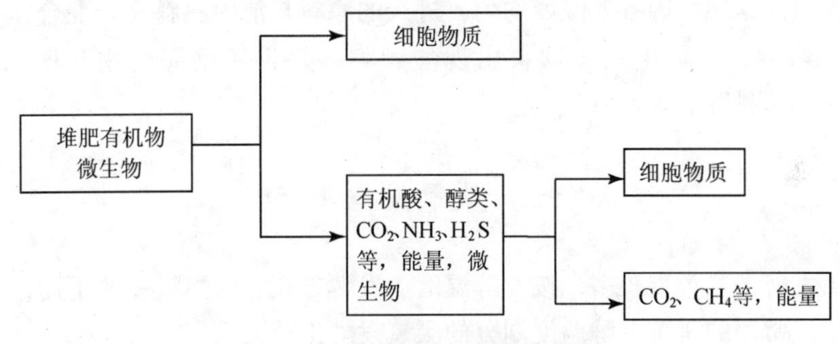

图 15-3　有机物的厌氧堆肥分解

（二）影响厌氧发酵的因素

1. 原料配比

配料时，应该控制适宜的碳氮比。碳氮比值大的有机物称为贫氮有机物，如农作物的秸秆等；碳氮比值小的有机物称为富氮有机物，如人粪尿等。为了满足厌氧发酵时的微生物对碳素和氮素的营养要求，需将贫氮有机物和富氮有机物进行合理配比，才能获得较高的产气量，适宜的碳氮比为（20～30）∶1。磷含量一般为有机物的 1/1000 为宜。

2. 温度

温度是影响产气量的关键因素。在一定温度范围内，温度越高，产气量越高。因为温度高时原料中的细菌活跃，分解速度快，使得产气量增加。研究发现，厌氧微生物的代谢速率在 35～38℃ 和 50～65℃ 时各有一个高峰，因此，厌氧消化常把温度控制在这两个范围内。

3. pH 和酸碱度

对于甲烷细菌来说，维持弱碱性环境，最佳 pH 范围是 6.8 ~ 7.5。pH 低，将使二氧化碳增加，大量水溶性有机酸和硫化氢产生，硫化物含量增加会抑制甲烷菌生长。为使发酵池内的 pH 保持在最佳范围，可以加石灰调节。但最好方法是调整原料的碳氮比。

4. 搅拌

搅拌目的是使池内各处温度均匀，进入的原料与池内熟料完全混合，底质与微生物密切接触，防止底部物料出现酸积累，并且使反应产物（H_2S、NH_3、CH_4 等）迅速排除。

（三）厌氧发酵工艺

厌氧发酵工艺类型较多，按发酵温度、发酵方式、发酵级差的不同，划分成几种类型。常用的是按发酵温度划分的厌氧发酵工艺类型。

1. 高温厌氧发酵工艺

高温发酵工艺的最佳温度范围是 47 ~ 55℃，此时有机物分解旺盛，发酵快，物料在厌氧池内停留时间短，非常适于城市垃圾、粪便和有机污泥的处理。其程序如下：①高温发酵菌的培养；②高温的维持；③原料投入与排出；④发酵物料的搅拌。

2. 自然温度厌氧发酵工艺

自然温度厌氧发酵指在自然界温度影响下发酵温度发生变化的厌氧发酵。目前我国农村都采用这种发酵类型（沼气发酵池），发酵池结构简单、成本低廉、施工容易、便于推广。

（四）厌氧发酵装置

厌氧发酵池亦称厌氧消化器，种类很多。按发酵间的结构形式，有圆形池、长方形池；按贮气方式，有气袋式、水压式和浮罩式。其中，水压式沼气池是我国农村推广的主要类型，被誉为“中国式沼气池”。其主要结构包括加料管、发酵间、出料管、水压间、导气管。

第二节　垃圾的热解处理

一、热 解 原 理

（一）热 解 定 义

热解又叫干馏、热分解或炭化，是利用有机物的热不稳定性，在无氧或缺氧的条件下，利用热能使化合物的化合键断裂，由大分子量的有机物转化成小分子量的可燃气体、液体燃料和焦炭等的过程。

（二）热 解 过 程

固体废物热解是一个复杂、连续的化学反应过程，包括有机物断键、异构化和小分子的聚合等化学反应。热解反应通式如下：

有机固体废物→气体（H_2、CH_4、CO、CO_2）+有机液体（有机酸、芳烃、焦油）+固体（炭黑、灰渣）

（三）热 解 产 物

热解产物通常有三种形态：

1）气态——$C_{1\sim5}$的烃类，如甲烷、氢和CO。

2）液态——$C_{>5}$的烃类，如焦油、溶剂油等，乙酸、乙醛、丙酮、甲醇。

3）固态——含纯碳和聚合高分子的含碳物，如焦炭或炭黑。

不同的废物类型，不同的热解反应条件，热解产物都有差异。含塑料和橡胶成分较多的废物其热解产物中含液态油较多，包括轻石脑油、焦油以及芳香烃油的混合物。

热解过程产生可燃气量大，特别是温度较高情况下，废物有机成分的50%以上都转化成气态产物，以H_2、CO、CH_4、C_2H_6为主，热值高。除少部分供给热解过程所需的自持热量外，大部分气体成为有价值的可燃气产品。

固体废物热解后，减容量大，残余炭渣较少。这些炭渣化学性质稳定，含C量高，有一定热值，一般可用作燃料添加剂或道路路基材料、混凝土骨料、制砖材料。纤维类废物热解后的渣，还可经简单活化制成中低级活化炭，用于污水处理等。

（四）热解过程控制

1. 热解温度

温度是最重要的控制参数。温度变化对产品产量、成分比例有较大的影响。热解温度与气体产量成正比，而各种液体物质和固体残渣均随分解温度的增加而相应减少。另外，热解温度不仅影响气体产量，也影响气体质量。

2. 热解加热速率

加热速率的快慢对生成产品成分比例影响较大。在低温－低速加热条件下，有机物分子有足够时间在其最薄弱的接点处分解，重新结合为热稳定性固体，难以进一步分解，因而产物中固体含量增加。在高温－高速加热条件下，有机物分子结构发生了全面裂解，产生了大范围的低分子有机物，产物中气体的组分增加。

3. 保温时间

废物在反应器中的保温时间决定了物料分解转化率。为了充分利用原料中的有机质，尽量脱出其中的挥发成分，应使废料在反应器中保温时间延长。废物的保温时间与热解过程的处理量成反比关系。保温时间长，热解充分，但处理量少；保温时间短，则热解不完全，但可以有较高的处理量。

4. 物料性质

不同的废物原料其可热解性不一样。有机物成分比例大，热值高，则可热解性相对较好，产品热值高，可回收性好，残渣少。废物的含水率低，则干燥过程耗热少，将废物加热到工作温度所需时间短。较小的废物颗粒尺寸将促进热量传递，保证热解过程的顺利进行。

5. 反应器类型

反应器是热解反应进行的场所，是整个热解过程的中枢，不同的反应器有不同的燃烧床条件和物料流方式。一般来说，固定燃烧床处理量大，而流态燃烧床温度可控性好。气体与物料逆流行进使物料在反应器内滞留时间相对延长，从而有较高的有机物转化率；而气体与物料顺流行进方式可促进热传导，加快热解过程。

6. 供气供氧

空气或氧可作为热解反应中的氧化剂，使废料发生部分燃烧，提供热能供热解反应的进行，但由于空气中含有较多的 N_2，产品气体的热值降低。

二、热解工艺分类与反应器

（一）热解工艺分类

一个完整的热解工艺包括进料系统、反应器、回收净化系统、控制系统四个部分。热解工艺按反应器类型分为固定床、流化床、移动床和旋转炉等；按加热方式分为直接加热和间接加热；按热解的温度分为高温热解、中温热解和低温热解；按反应废物成分分为城市固体废物热解、污泥热解等；按生成产品分为热解造气、热解造油等。

（二）反　应　器

1. 固定燃烧床反应器（固定床反应器）

图 15-4 所示为固定燃烧床反应器。经选择和破碎的城市固体废物从反应器

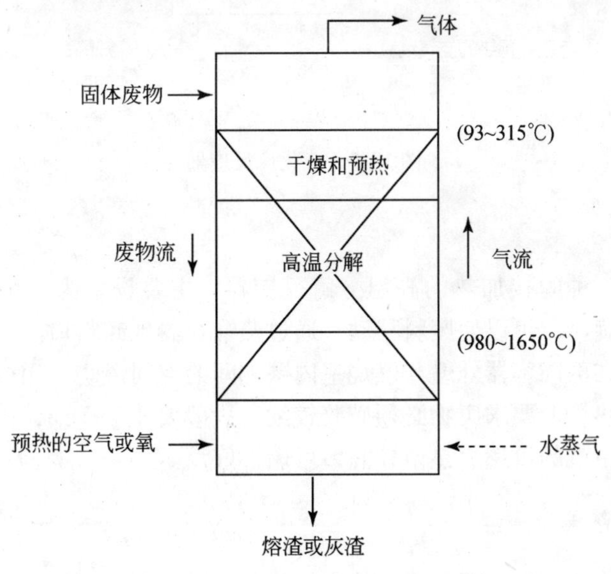

图 15-4　固定燃烧床反应器

顶部加入，反应器中物料与气体界面温度为93～315℃，物料通过燃烧床向下移动。在反应器的底部引入预热的空气或氧，温度通常为980～1650℃。这种反应器的产物包括从底部排出的熔渣（或灰渣）和从顶部排出的气体。排出的气体中含一定的焦油、木醋等成分，经冷却洗涤后可作燃气使用。

2. 流态化燃烧床反应器（流化床反应器）

在流化床中，气体与燃料同流向相接触，如图15-5所示。由于反应器中气体流速高到可以使颗粒悬浮，反应性能更好，速度更快。在流化床的工艺控制中，要求废物颗粒均匀、可燃性好，还在未适当气化之前就随气流溢出。另外，温度应控制在避免灰渣熔化的范围内，以防灰渣熔融结块。流化床适用于含水量高或含水量波动大的废物燃料，但在固体废料本身热值不高的情况下，尚须提供辅助燃料以保持设备正常运转。

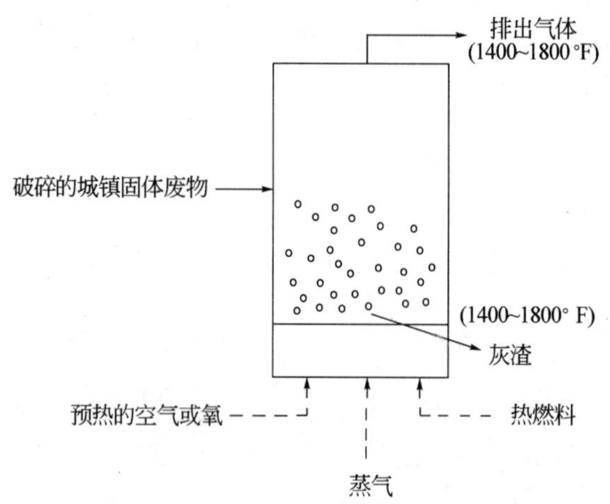

图15-5 流化床反应器

3. 旋转窑

旋转窑是一种间接加热的高温分解反应器。主要设备为一个稍为倾斜的圆筒。它慢慢地旋转，可以使废料移动，通过蒸馏容器到卸料口。分解反应所产生的气体一部分在蒸馏容器外壁与燃烧室内壁之间的空间燃烧，用以加热废料，为分解反应提供热量。要求废物必须破碎较细，一般要小于5cm，以保证反应进行完全。反应器生产的可燃气热值较高，可燃性好。

4. 双塔循环式热解反应器

双塔循环式热解反应器包括固体废物热分解塔和固形炭燃烧塔，特点是将热分解及燃烧反应分开在两个塔中进行。热解所需的热量，由热解生成的固体炭或燃料气在燃烧塔内燃烧供给。受热的垃圾在热分解炉内分解，生成的气体一部分作为热分解炉的流动化气体循环使用，一部分为产品。而生成的炭及油品，在燃烧炉内作为燃料使用，加热热媒体。垃圾中的无机物、残渣随旋回作用从两塔的下部边与流化的砂分级，并排出反应器。

三、垃圾的热解

1. 垃圾热解产物

回收燃料油及燃料气。

2. 热解工艺流程

目前有移动床热分解法、双塔循环式流动床法、管型瞬间热分解法、回转窑热解法、高温熔融热分解及纯氧高温热分解等多种工艺流程和装置，其工艺流程见图 15-6。

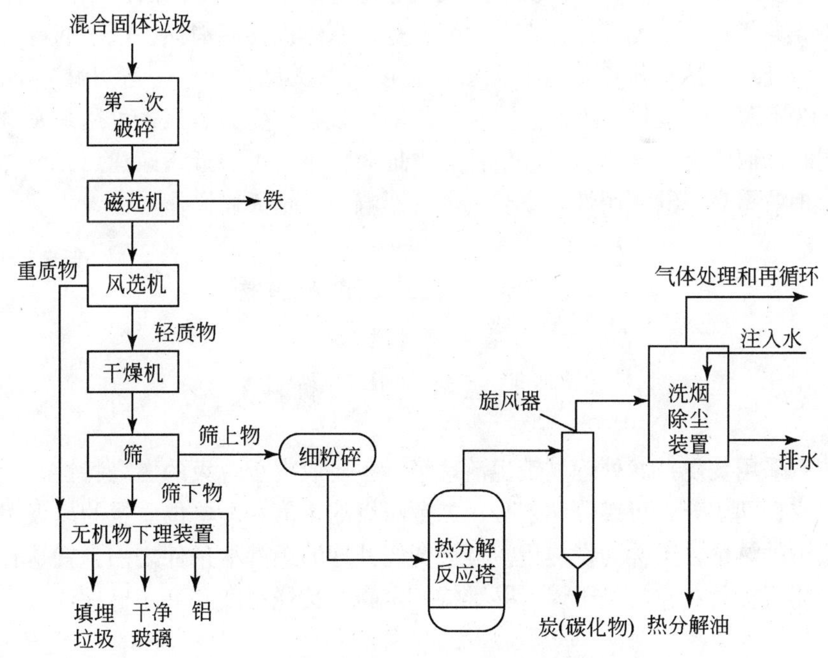

图 15-6　生活垃圾热分解系统流程

移动床热分解是城镇垃圾热解技术中最成熟的方法。将适当破碎（粒径

50mm 以下）除去重组分的城镇垃圾从炉顶的气锁加料进入热解炉，从炉底送入约 600℃的空气——水蒸气混合气，炉子的温度由上到下逐渐增加。炉顶为预热区，依次为热分解区和汽化区。垃圾经过各区分解后产生的残渣经回转炉栅从炉底排出。热解产生的气体从炉顶出口排出，由于含大量的 N_2，热值非常低。

第三节 垃圾的焚烧处理

焚烧是一种热化学处理方法。固体废物经过焚烧，一般体积可减少 80% ~ 90%。有害固体废物通过焚烧，可以破坏其组成结构或杀灭病原菌，达到解毒除害的目的。所以，焚烧处理是实现减量化、无害化和资源化最有效的途径之一。

一、焚烧技术的定义及其特点

焚烧是指在高温焚烧炉内，垃圾中的可燃成分与空气中的氧气发生剧烈的化学反应，放出热量，转化为高温的燃烧气和量少而性质稳定的固体残渣。

焚烧的优点：①无害化。细菌、病毒等病原体被彻底消灭，产生的有害气体和烟尘经处理后达到排放标准，无害化程度高。②减量化。一般可减容 80% ~ 90%。③资源化。焚烧产生的热能被余热锅炉吸收转变为蒸汽，可用来发电或供热，同时可回收有价金属。④经济性。占地面积小，可靠近市区建厂，节约了运费，处理效率高。⑤实用性。不受气候的影响，可全天候操作。

二、垃圾焚烧的特性及过程

（一）垃圾焚烧的特性

能否采用焚烧技术处理城镇生活垃圾，主要取决于垃圾的燃烧特性。一是垃圾的组成，即水分、可燃分和灰分；二是垃圾的热值，即单位质量的垃圾完全燃烧所放出的热量，又称为发热量。垃圾焚烧处理的最基本条件之一，就是看它的发热量能否支付对它自身干燥，并维持一定高的焚烧温度。

（二）焚烧过程

焚烧是一个完全燃烧的过程，根据可燃物质种类不同，分为蒸发燃烧、分解燃烧和表面燃烧三种燃烧方式。

生活垃圾焚烧从工程技术观点看，需焚烧的物料从送入焚烧炉起，到形成烟气和固态残渣的整个过程，可称为焚烧过程。包括三个阶段：第一阶段是物料的干燥加热阶段；第二阶段是焚烧过程的主阶段，即燃烧过程；第三阶段是燃尽阶段，即生成固体残渣的阶段。

（三）影响焚烧过程的因素

1. 停留时间

停留时间是指固体废物和烟气在燃烧炉内的停留时间。对于垃圾焚烧，通常要求垃圾停留时间1.5～2h，烟气停留时间为1～2s。

2. 过剩空气量

氧浓度高，燃烧速度快。为了使固体废物燃烧完全，必须往燃烧室鼓入过量的空气，但空气过剩、量太多又会引起燃烧室温度的降低。一般情况下，过剩空气量应控制在理论空气量的1.7～2.5倍。

3. 焚烧温度

焚烧温度是指废物中有害组分在高温下氧化、分解直至破坏所需达到的温度。燃烧温度取决于燃料特性、焚烧炉结构和燃烧空气量等。大多数可燃物的焚烧温度范围在800～1100℃，生活垃圾焚烧温度在850～950℃。

4. 搅拌强度

搅拌强度是表征生活垃圾与空气混合程度的指标。焚烧炉采用的搅拌方式有空气流搅拌、机械炉排搅动、液态化搅动、旋转搅动等，以液态化搅动效果最好。中小型焚烧炉多属于固定炉床式，常通过空气的流动来搅动，方式有炉床下送风、炉床上送风。

5. 生活垃圾的性质

主要是热值和组成成分的尺寸。热值高，燃烧过程越易进行，焚烧效果越好；尺寸越小，比表面积越大，与氧气接触面积越大，燃烧越完全。反之，易发生不完全燃烧。

三、垃圾的焚烧系统

生活垃圾焚烧系统主要由垃圾接收系统、焚烧系统、助燃空气系统、余热利用系统、蒸汽及冷凝水系统、烟气净化系统、自动控制系统等组成，其典型的工艺流程见图 15-7。

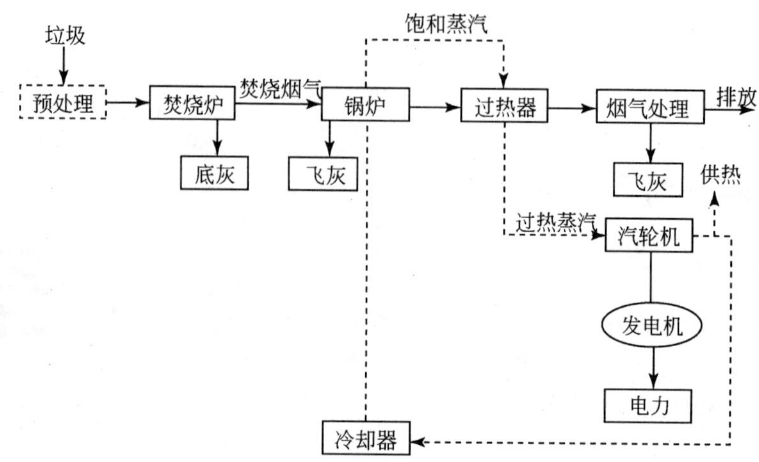

图 15-7　固体废物焚烧系统典型工艺流程

目前生活垃圾焚烧系统主要用的焚烧炉有炉排型焚烧炉、炉床型焚烧炉、沸腾流化床焚烧炉三种类型。

1）炉排型焚烧炉：通常分为预热干燥区、燃烧区和燃尽区，在入炉固体废物从进料端向出料端移动的过程中，分别进行蒸发、干燥、热分解及燃烧反应，同时松散和翻动料层，并从炉排缝隙中漏出灰渣。但一次性投资大，因而不适合中小城镇的垃圾处理。

2）炉床型焚烧炉：适用于处理颗粒小或粉末状固体废物及泥浆状废物，有固定炉床和活动床焚烧炉，应用较多的是旋转窑焚烧炉。

3）沸腾流化床焚烧炉：适用于气态、液态、固体废物的焚烧，它根据风速和垃圾颗粒的运动而分为固定层、沸腾流动层和循环流动层。固体废物在燃烧床中向上流动的空气使其呈悬浮状态，直至烧尽，烧成的灰由烟道气带到炉顶排出炉外。在燃烧床中要保持一定的气流速度（一般为 $1.5 \sim 2.5m \cdot s^{-1}$）。气流速度过高，会使过多的未燃烧废物被烟道气带走。

四、污染控制与防治

焚烧过程特别是有害废物的焚烧必然会产生大量排放物，其中主要有烟气和残渣两种物质。如将其直接排入环境，必然会导致二次污染，因此需对其进行适当的处理。

（一）焚烧烟气处理系统

1. 焚烧烟气处理工艺流程

在通常情况下，烟气处理主要是处理酸性气体（NO_x、SO_2、HCl）、颗粒物、二噁英和重金属，包括了固态、液态和气态污染物。主要工艺流程如下：

1）干法加除尘器：焚烧炉→干法→除尘器→烟窗。

2）干法加除尘器加湿法：焚烧炉→干法→除尘器→湿式除尘塔→烟窗。

3）干法加除尘器加湿法加脱氮塔：焚烧炉→干法→除尘器→湿式除尘塔→再加热→脱氮塔→烟窗。

2. 除酸

除酸主要针对垃圾焚烧时产生的酸性气体 NO_x、SO_2、HCl，方法有三种：

1）干法：将消石灰粉直接通过压缩空气喷入烟道或反应塔中，与酸性气体充分接触而达到中和及去除的目的。

2）湿法：将碱性药剂溶液喷入到湿式洗涤塔中，在烟气冷却到饱和温度的过程中酸性气体与碱性药剂发生化学反应而被去除。

3）半干法：将碱性药剂调制成浆再喷入到反应塔中的除酸法。

3. 除尘

除尘是烟气净化的一项重要内容。利用除尘装置如湿式除尘设备等，不仅能除掉固态颗粒物，同时也可综合去除和减轻臭气和酸性气体。常用的除尘装置有：

1）重力和惯性除尘：烟气流中固体颗粒物的质量浓度有较大差异，利用重力沉降或气流速度方向变化时颗粒产生的惯性力和离心力可将固体颗粒从气流中分离出来。

2）湿式洗涤：让固体颗粒与液滴充分接触，造成液滴拦截固体颗粒的现象；或润湿的颗粒在通过障碍物时，由于重力或惯性力的作用而分离；或润湿的烟气在经过压缩区时，强烈的紊流使固体颗粒与液滴产生良好的混合，然后通过膨胀区，润湿的颗粒物将会继续沿原方向流动，从而造成固气分离。气体穿过水层，在强烈的湍流状态下进行传质交换，以达到清洗作用等。湿式洗涤器可清除5μm以上颗粒物，效率达90%～95%。常见的湿式洗涤装置有液体喷雾塔文丘里洗涤器。

3）过滤除尘：让烟气进入纺织物袋子内，袋子能透气而不能透过颗粒物，它可除去10μm以下的颗粒物，尤其是小于1μm的粒子效果更佳。常用过滤比来衡量过滤效率的高低，比值越高，效率就越高。选择滤袋时，要考虑温度参数和对磨损、酸碱耐受力等条件。过滤除尘的过程还有冲击、扩散、重力吸引和颗粒物相互摩擦所产生的静电吸引等作用，这样才能完成全部过滤过程。袋式除尘器总压降一般为1000～2000Pa，总的除尘效率可达99%。

4）静电除尘：利用强电场使气体发生电离即电晕放电，此时烟气中的颗粒物带电，然后带负电荷的颗粒物在电场中向带正电的集尘极板（接地极）放电，再经振打落入灰斗，完成烟气的除尘任务。静电除尘根据结构形状可分板式和管式两种，按除尘方式又可分为干、湿两种。一般多用干式和板型的除尘器。

（二）残渣处理系统

焚烧系统产生的固体灰渣主要有细渣、底灰、锅炉灰、飞灰四种。含重金属化合物的炉渣，对环境会造成很大的危害。许多国家都对残渣进行填埋或固化填埋的处理。由于土地有限，且残渣中含有可利用的物质，因此可作为资源开发利用，从中回收有用物质。残渣的性质因焚烧温度不同而有差异，故利用的方式也不同。1000℃以下焚烧炉或热分解炉产生的残渣称为焚烧残渣。1500℃高温焚烧炉排出的熔融状态的残渣叫烧结残渣。

1. 焚烧残渣的利用

美国从城市垃圾焚烧得到的残渣中回收铁、非铁金属和玻璃；俄罗斯用感应射频共振法从垃圾焚烧残渣中分离回收导电性的黑色和有色金属，用光度分选法得到玻璃和陶瓷；日本采用向焚烧残渣中添加水溶性高分子添加剂，在压缩机中压缩、成形、制成砌块。

2. 烧结残渣的利用

烧结残渣中重金属熔出量少，可作混凝土的粗骨料及筑路材料用；残渣掺在黏土中可制红砖；采用焚烧法从焚烧残渣从中回收有价金属。综合各国情况，焚烧灰渣的处理和处置技术见图15-8，资源化技术见图15-9。

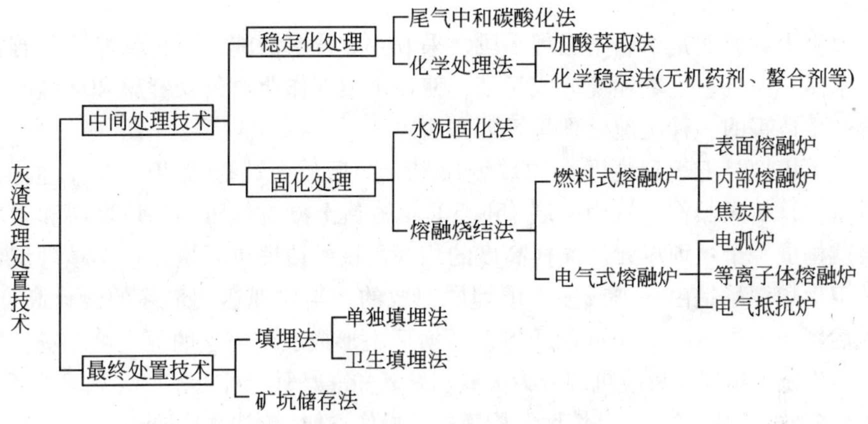

图15-8　焚烧灰渣处理处置技术

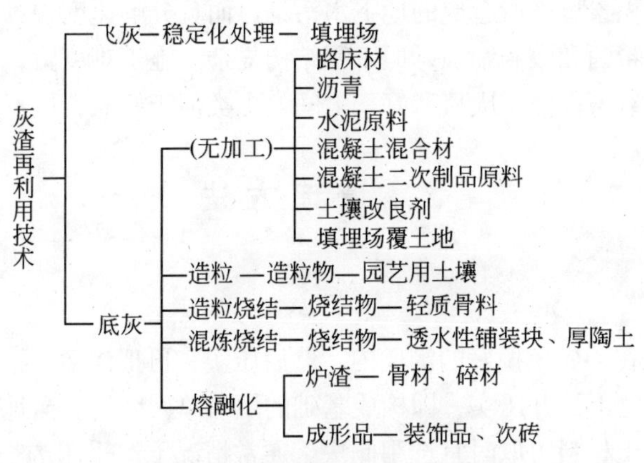

图15-9　焚烧灰渣资源化技术

第四节　垃 圾 填 埋

填埋是进行固体废物最终处置的较为理想的方法之一。填埋处置就是在陆地上选择合适的天然场所或人工改造出合适的场所，把固体废物用土层覆盖起来的技术，它是由堆放和回填处理方法发展起来的一项技术。而土地填埋处置则可以有效地隔离污染物保护好环境，并能对填埋后的固体废物进行有效管理，在国内外应用很普遍。土地填埋主要有卫生土地填埋、安全土地填埋两种方式，城镇生活垃圾通常采用卫生土地填埋。

一、卫生土地填埋概述

卫生土地填埋是指利用工程手段，采取有效技术措施，防止渗滤液及有害气体对水体、大气、土壤环境造成污染，使整个填埋作业对公众健康和环境的安全不会产生危害的一种土地处理垃圾的方法。

卫生填埋是把运到填埋场的垃圾在限定的区域内铺撒成 40 ~ 75cm 的薄层，然后压实，每天操作之后用一层 15 ~ 30cm 的黏土覆盖、压实。垃圾层和土壤覆盖层就构成一个填埋单元。同样高度的相互衔接的填埋单元构成一个填埋层，完整的卫生填埋场是由一个或多个填埋层组成的。当填埋达到最终的设计高度后，再最后覆盖一层 90 ~ 120cm 的土壤，压实后就形成一个完整的卫生填埋场。

卫生土地填埋按反应机制分为厌氧、好氧和准好氧三种类型。厌氧填埋是国内采用最多的一种形式，具有填埋结构简单、操作方便、施工费用低、还可回收甲烷气体等优点。好氧填埋能够减少填埋过程中由于垃圾分解所产生的水分，从而可以减少由于渗出液积累过多所造成的地下水污染，而且分解速度快，产生的高温能有效地消灭大肠埃希菌和致病细菌，但工程结构复杂，施工难度大，成本很高，难于推广使用。准好氧填埋介于厌氧和好氧之间，更类似于好氧，也不宜推广应用。

二、填 埋 方 法

1. 沟槽法

把废物铺撒在预先挖掘好的沟槽内，然后压实，再把沟槽内挖出的部分土作为覆盖材料撒在废物上面并压实，即构成基础的填筑单元结构。当地下水位较低，且有充分厚度的覆土材料可取时宜选用此法。通常情况下，采用沟长为 30 ~ 40m、沟宽为 4.5 ~ 7.5m、沟深为 1 ~ 2m。其优点是覆盖用黏土材料可以就地取用，多余的土可以堆积起来，作为最终表面覆盖材料。

2. 面积法（地面法）

把废物直接铺撒在天然的土地表面上，按设计的厚度分层压实并用薄层黏土覆盖，然后再整体压实。其特点是不需开挖沟槽或基坑，利用低凹地形填埋，但要另找覆盖材料。该方法最好选择峡谷、山沟、盆地、采石场或人工及天然的低洼区作为填埋场，条件是必须确保不渗漏。若在坡度平缓的土地上实施，应首先建造一个人工土坝，以作为初始填筑单元的屏蔽。面积法适于处置大量的固体废物，很多城市垃圾都采用这一方法填埋。

3. 斜坡法（混合法）

把固体废物直接撒在天然的斜坡上，经压实后用工作面前直接可取的土壤进行覆盖，然后再压实，如此往复填埋即为斜坡法。其特点是利用山坡地带的地形，占地少，填埋量大，挖掘量小。

三、填埋工艺

无论何种填埋方法，均有卸料、推铺、压实和覆土四个步骤构成，见图 15-10。废物填埋的单层厚度以 2m 左右为宜，厚度过大难以压实，太薄又浪费动力。每层上面至少铺撒 15cm 厚的黏土覆盖层并压实，以防止垃圾飞扬或造成火灾。达到最终设计高度后，再在该填埋层之上覆盖一层 90～120cm 的土壤，压实后就是一个完整的封场了的卫生填埋场。

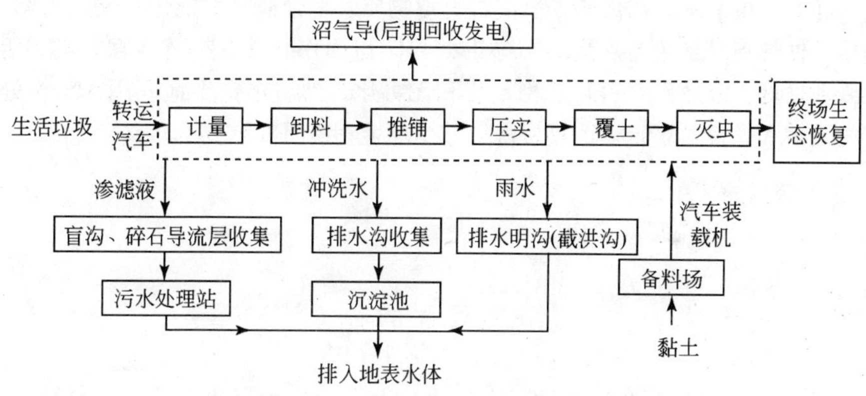

图 15-10　生活垃圾卫生填埋典型工艺流程

（陈丽荣）

参考文献

高艳玲. 2004. 固体废物处理处置与工程实例. 北京：中国建材工业出版社：59～88
蒋建国. 2007. 固体废物处置与资源化. 北京：化学工业出版社：162～260，286～330
聂永丰. 2000. 三废处理工程技术手册（固体废物卷）. 北京：化学工业出版社：204～404
宁平. 2007. 固体废物处理与处置. 北京：高等教育出版社：127～283
杨国清. 2007. 固体废物处理工程. 北京：科学出版社：55～71
张小平. 2004. 固体废物污染控制工程. 北京：化学工业出版社：60～149，190～210
赵由才，牛冬杰，柴晓利，等. 2006. 固体废物处理与资源化. 北京：化学工业出版社：72～114，139～253

第十六章　污泥与放射性固体废物的处理

第一节　污泥处理技术

我国城镇污水处理厂每年产生的干污泥约25万t，以湿污泥计为450～550万t，并以每年15%左右的速度增长。污泥中含有大量的有机物和丰富的氮、磷等营养物质，排入水体会大量消耗水体中的氧，导致水体水质恶化，严重影响水生生物的生存；污泥中的营养物质又会使水体富营养化，藻类大量繁殖，从而使水质恶化，渔业产量下降；污泥中还有多种有毒物质、重金属和致病菌、寄生虫卵等有害物质，处理不当会传播疾病，污染土壤和作物，并通过生物链转嫁人类。所以，污泥必须处理，以达到减容化、稳定化和无害化，然后再作土地利用等最终处置。污泥的处理和处置对于合理利用资源，减少环境污染具有重要的意义。

一、概　　述

（一）污泥的种类

污泥是水处理过程中形成的以有机物为主要成分的泥状物质。其有机物含量高，容易腐化发臭，颗粒较细，密度较小，含水率高且不易脱水，是呈胶状结构的亲水性物质。

污泥的种类较多，分类较复杂。按水的性质和水处理方法分为生活污水污泥、工业废水污泥和给水污泥；按污泥产生位置分为初次沉淀污泥、剩余污泥、熟污泥和化学污泥；按污泥成分和某些性质又可分为有机污泥和无机污泥、亲水性污泥和疏水性污泥；若按污泥处理的不同阶段分为生污泥、浓缩污泥、消化污泥、脱水污泥和干化（燥）污泥等。

（二）污泥的性质

污泥性质取决于污水水质、处理工艺和工业废水密度等多种因素。我国城镇污水处理厂的污泥具有以下几个特点：

1）有机物含量低。一般只有50%左右，而发达国家城市污水污泥的有机组分为70%～80%。

2）碳水化合物含量高。我国城镇居民的食品结构以粮食、植物油、蔬菜和豆制品为主，有机组分中淀粉、糖类和纤维素等碳水化合物密度很大，而脂肪含量很低，因此市政污泥属高碳水化合物、低脂肪的污泥。

3）一般认为污水污泥比在（10～20）∶1的范围内较为适宜，消化效果好。我国城镇污水污泥属高碳水化合物类型，但工业废水含量较大，污泥中的氮含量比较高，利于污泥消化。

4）pH和酸碱度基本正常。pH和酸碱度是厌氧消化的重要影响因素之一。甲烷菌适宜的pH为6.6～7.8，当$pH<5$时，对甲烷菌有毒害作用。我国城市污水污泥pH多为6～7，总碱度为$20mg \cdot L^{-1}$左右，基本属正常范围。

5）重金属超标。污泥中各种水溶性重金属以镉（Cd）、铜（Cu）、铅（Pb）为高，酸溶性以Cd居多，故Cd对土壤农作物的污染最为严重。城镇污水中工业废水所占比重较大，污泥中重金属含量较高，造成Cu、Zn、Cd等元素超标，影响污泥的利用。

6）具有燃烧价值。污泥的主要成分是有机物，因此可以燃烧。污泥的燃烧热值为污泥的处置和利用提供了一条途径。

7）含有病原菌。主要是混有医院排水和某些工业污水，所以污泥中常含有大量细菌和寄生虫卵。

（三）污泥处理的目的

1）减少水分、降低容积，便于后续处理、利用和运输。

2）使污泥卫生化和稳定化。污泥含有大量有机物、各种病原体及其他有毒有害物，若不进行稳定化处理，必将成为“二次污染源”，导致环境污染和病菌传播。

3）通过处理，改善污泥的成分和某些性质，以利于污泥资源化利用。

（四）污泥处理与处置工艺

污泥的处理与处置是由各个基本的操作单元组成的，常见的操作单元有浓缩、消化、前处理、脱水、干燥、焚烧、最终处置等。污泥处理与处置工艺选择详见图16-1。

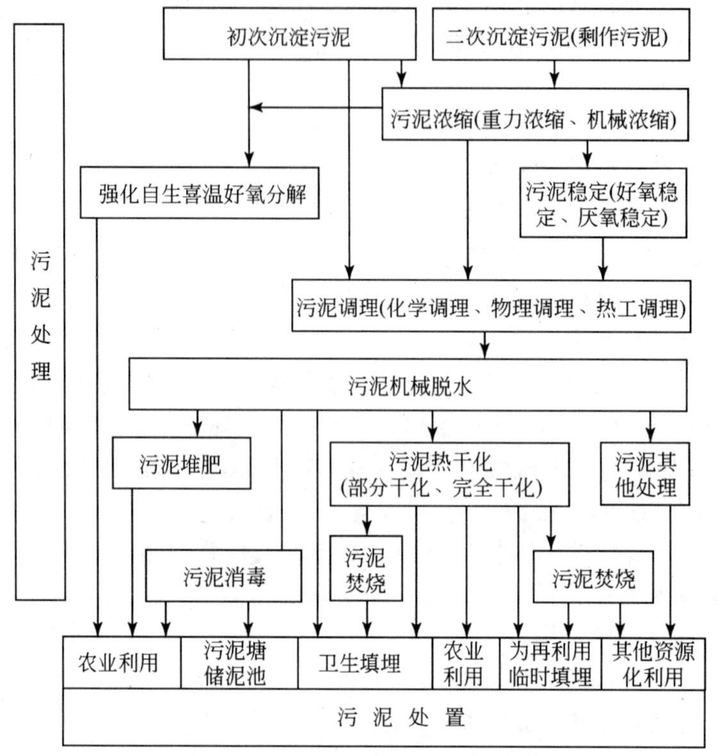

图 16-1 污泥处理处置工艺完整流程

二、污泥的处理技术

（一）污泥的浓缩

污泥中所含水分大致分为四类：粒间空隙水约占水分的 70%；毛细水约占 20%；颗粒的吸附水及颗粒内部水约占 10%。污泥浓缩的目的在于降低污泥中的水分，缩小污泥的体积，减少消化池的容积和加温污泥所需热量，为脱水、利用与处置创造条件，但仍保持其流体性质。污泥浓缩的方法主要有重力浓缩法、气浮浓缩法和离心浓缩法，详见第十四章第四节。

（二）污泥厌氧消化

污泥厌氧消化是在无氧的条件下，借兼性厌氧菌及专性厌氧菌降解有机污染物，使污泥中有机物最终矿化成甲烷、氨、二氧化碳和水等无机物和气体。污泥经厌氧消化后，性质稳定、安全无臭、易脱水。污泥中有机物厌氧消化降解的过程分为两个阶段：

1）酸性消化（酸性发酵）阶段：在酸性腐化菌或产酸细菌作用下，含碳有机物被水解成单糖；蛋白质被水解成肽和氨基酸；脂肪被水解成甘油、脂肪酸。水解的最终产物是包括丁酸、丙酸、乙酸和甲酸在内的有机酸以及醇、氨、二氧化碳、硫化物、氢及其能量。由于有机酸的积累，pH 常降到 5 ~ 6，故消化的第一阶段叫酸性消化阶段。经酸性消化后的污泥外观呈黄色或灰黄色，比较黏稠，不易脱水，且仍易于腐化发臭。

2）碱性消化（甲烷消化）阶段：经酸性消化阶段产生的代谢产物，在甲烷细菌作用下，进一步分解，生成甲烷、二氧化碳、氨等主要消化气体。随着消化气的形成，污泥的 pH 逐渐回升而变为碱性。经过碱性消化，污泥体积显著减少，呈黑色粒状结构，易脱水，性质稳定。

消化后的污泥称熟污泥（又叫消化污泥），这种污泥易于脱水，不会腐化，氨态氮浓度提高。

（三）污泥脱水

污泥脱水的难易与水分在污泥中的存在形式、污泥颗粒的大小、污泥比阻和有机物含量有关。污泥颗粒越细、有机物含量越高、污泥比阻越大，其脱水的难度就越大。为了改善污泥脱水性能，常采用污泥消化或化学调理等方法。

1. 脱水前的污泥调理

污泥调理是污泥机械脱水前的预处理，其目的是改善污泥脱水性能，提高脱水设备的生产能力。其常见的方法如下。

1）化学调节：化学调节是向污泥中投加混凝剂、助凝剂等化学药剂，使污泥凝聚，提高脱水性能。混凝剂有无机混凝剂和高分子聚合电解质，无机混凝剂包括铝盐、铁盐两类；高分子聚合电解质包括聚丙烯酰胺（polyacrylamide，PAM）、聚合氯化铝（polyaluminium chloride，PAC）。混凝剂投加量以占污泥干重的百分比计算，一般无机混凝剂投加量为 7% ~ 20%，高分子聚合电解质投加量在 1% 以下。助凝剂是石灰，用来调节污泥的 pH。

2）淘洗调节：污泥淘洗是用河水或处理水洗涤污泥，降低污泥中的碱度和黏度，以节省混凝剂用量。污泥淘洗仅适用于消化污泥。由于污泥在消化过程中产生大量重碳酸钙，其碱度可达生污泥的 30 倍以上，若直接化学调理，将消耗大量混凝剂。但采用淘洗法又需增加淘洗池等构筑物，造价提高与节约的混凝剂费用接近，故淘洗法目前已被淘汰，新设计的污水处理厂不再采用。

3）加热加压调理：污泥加热加压调理是将污泥加热，使污泥中的细胞物质破坏分解，细胞膜中内部水游离出来，亲水性有机胶体物质解体，从而提高污泥脱水性能的过程。按加热温度不同分为高温加压调理和低温加压调理。高温加压调理是把污泥升温到170～200℃，加压压力为1.0～1.5MPa，反应时间为40～120min，调理后的污泥含水率可降至80%～87%。低温加压调理的反应温度控制在150℃以下，使有机物的水解受到控制，分离液BOD_5较高温加压调理低40%～50%。因此，低温加压调理近年得到发展。污泥加热加压调理除了提高脱水性外，不需加药剂，不增加滤饼量也能杀死病原菌，特别适宜脱水性能很差的污泥处理。

4）冷冻调理：冷冻调理是将污泥交替进行冷冻与融化来改变污泥的物理结构，使胶体脱稳凝聚且细胞膜破裂，细胞内部水分得到游离，从而提高污泥的脱水性能。冷冻调理近10年在国外得到发展，它不需药剂，处理后的污泥适用于肥料或饲料，节省能量。但在处理过程中，要求缓慢冷冻，逐步把水排挤出来，形成大的冰晶体，融化时水容易和固体分离；相反快冷，则会形成小的冰晶体，融化时水会被固体重新吸收。

2. 污泥脱水

常用的脱水方法有自然干燥和机械脱水两种。自然干燥是利用自然力量将污泥脱水干化。该法适用于气候较干燥、占地不紧张以及环境卫生条件允许的地区。机械脱水是目前各国普遍采用的方法，常用的方法有真空过滤法、压滤法、离心法等，详见第十四章第四节。

（四）污泥的干燥

污泥脱水后的滤饼含水率仍有45%～86%，用作肥料或土壤改良剂回用于农田时水分偏高，不利于分散及装袋运输。将其干燥处理后，污泥含水率可降至20%～40%。

污泥干燥方法较多，目前常用的是转筒式干燥器和带式流化床干燥器等，详见第十四章第四节。但污泥干燥也存在问题：①易产生恶臭废气，需要除尘脱臭处理；②能耗高或处理费用大；③干燥污泥缺乏销路；④市场对干燥污泥成品的需求量波动大；⑤存在可燃性粉尘爆炸的安全隐患和装置严重磨损等技术问题；⑥污泥中往往含有重金属；⑦干燥处理后，污泥投弃处置时会吸收雨水等水分而恢复原状。所以，污泥干燥处理尚未推广和普及。污泥干燥处理成本高，只有干燥污泥在具有肥料价值且能补偿干燥处理的运行费用时，或者有特殊卫生要求时，才可考虑采用。

三、污泥的处置技术

（一）土地利用

污泥的土地利用是一种积极、有效而安全的污泥处理处置方式。污水污泥的土地利用在我国已有 20 多年的历史，国外已有 60 多年的历史。

（二）填埋处置

污泥填埋分为填地与填海造地两种。污泥可单独填埋，也可与垃圾等其他固废一起填埋。污泥填埋的操作要求与垃圾填埋相似。污泥填埋场的渗液属高浓度有机污水，必须集中加以处理：四周应设围栏，并采取相应的防蚊蝇、防鼠措施；未经干燥焚烧处理的污泥，宜小规模分层填埋，生污污泥层厚度应 $<0.5m$，消化污泥泥层厚度应 $<3m$，泥层上面铺砂土层为 0.5m，交替进行，并设置通气装置；污泥焚烧灰渣填埋时，可不分层填埋。

污泥填海造地，应遵守下列要求：①必须设护堤，渗水也必须集中进行处理，以防污泥和污水污染海水；②污泥或灰渣中的重金属含量应符合填海造地标准。

（三）污泥焚烧处置

污泥中含有大量有机组分，干燥污泥中有机质含量一般在 50% ~70%，热值较高，能提供大量能量，可使污泥干燥和自燃。当污泥不符合卫生要求、有毒物质含量高、不能作为农副业肥料与饲料，或大城市环境卫生要求高，或污泥自身的燃烧热值高，可以自燃并可利用燃烧热量发电时，可考虑采用污泥焚烧。在大型污泥处理场，也可兼顾考虑污泥的干燥与焚烧，在需肥旺季采用污泥干燥，而在需肥淡季采用污泥焚烧。焚烧的优势在于可以迅速和较大程度地使污泥达到无害化和减量化。污泥焚烧前，应首先干燥，焚烧所需热量主要靠污泥中的有机质燃烧提供。若其能量不足以使污泥自燃，则需补充辅助燃料。目前常用的污泥焚烧设备有回转焚烧炉、多段焚烧炉和流化床焚烧炉等。

（四）污泥投海处置

水体消纳污泥是一种方便、经济的处理与处置方式，特别是沿海地区。一般不需要进行严格的无毒无害化处理，也无需脱水便可直接排入水体，而且容量很大。投海方式可用管道输送或船运，其中管道输送较为经济。在污泥投海工程实施前，必须搞好投海区的选择（离海岸 10 km 以外，水深 25m 左右），以保证海水的稀释与自净作用，否则会导致水生环境恶化，对海洋生态系统和人类食物链造成威胁。目前该法已不被采用。

四、污泥的资源化技术

（一）污泥的农业利用

污泥中含有的氮、磷、钾、微量元素等农作物生长所需的营养成分；有机腐殖质是良好的土壤改良剂；蛋白质、脂肪、维生素是有价值的动物饲料成分。

1. 污泥的堆肥化

污泥中虽然含有大量植物生长所必需的肥分及土壤改良剂，但也含有对植物及土壤有危害作用的病菌、寄生虫卵及重金属离子。因此，在土地利用之前，必须对污泥进行无害化、稳定化处理，其中堆肥化处理就是常用的一种方法。堆肥化是利用细菌、放线菌、真菌等微生物的作用，将不稳定的有机质降解、转化成稳定的腐殖质的过程。根据微生物对氧气要求的不同，可分为好氧堆肥即高温堆肥和厌氧堆肥即厌氧发酵。

现代堆肥化大多指好氧快速堆肥过程。将污泥与调理剂及膨胀剂在一定条件下进行好氧堆沤，就是污泥的堆肥化。污泥堆肥过程的技术措施比较复杂，主要包括：①调整堆料的含水率和适当的碳氮比；②选择填充料改变污泥的物理性状；③建立合适的通风系统；④控制适宜的温度和 pH。

2. 生产复混肥

污泥堆肥产品可与无机氮、磷、钾肥配合生产有机无机复混肥。它不仅具有生物肥料的长效、化肥的速效和微量元素的增效外，还可根据不同土壤的肥力和不同作物的营养需求，生产通用复混肥和专用复混肥。

3. 灌溉农田

在符合卫生学要求与重金属的允许限量范围内，污泥可作为肥料及土壤改良剂灌溉农田，并可利用土壤的自净能力进一步稳定污泥。污泥作为肥料使用主要有三种方式：①直接施用到土壤中，仅适用于消化污泥，并在播种前几天施用；②干燥后施用到土壤中，但成本较高；③制成复混肥施用到土壤中，既有利于植物生长，又有利于土壤改良，是最好的使用方式。

4. 制动物饲料

污泥本身含有机物，如蛋白质、脂肪、维生素等，均是动物所需要的营养物质。污泥中70%的粗蛋白以氨基酸形式存在，含有几乎所有的家畜饲料中所需的氨基酸，因此是一种非常好的饲料蛋白。但如何将污泥中的营养成分转化为饲料蛋白，污泥中产生的有毒物质在动物体内累积以及造成的潜在危害和长远影响还有待于进一步研究。

（二）污泥制造建筑材料

污泥中除了有机质还含有20%～30%的无机物，特别是硅、铁、铝、钙等。如何充分利用污泥中的有机物和无机物，污泥的建材利用是一种经济有效的资源化方法。

1. 污泥制砖

污泥制砖有两种方法：一是用干化污泥直接制砖；二是用污泥灰渣制砖。用干化污泥直接制砖时，应对污泥的成分作适当调整，使其成分与制砖黏土的化学成分相当。当污泥与黏土按重量比1∶10配料时，污泥砖可达普通红砖的强度。利用污泥焚烧灰渣制砖时，灰渣的化学成分与制砖黏土的化学成分是比较接近的，制坯时只需添加适量黏土与硅砂。比较适宜的配料重量比为灰渣∶黏土∶硅砂＝100∶50∶（15～20）。

2. 污泥制纤维板材

污泥制生化纤维板，主要是利用活性污泥中所含粗蛋白（有机物）与球蛋白（酶）能溶解于水及稀酸、稀碱、中性盐的水溶液这一性质，在碱性条件下加热、干燥、加压后，发生蛋白质的变性作用，从而制成活性污泥树脂（又称蛋白胶），使之与漂白、脱脂处理的废纤维压制成板材。其品质优于国家三级硬质纤维板的标准。

3. 污泥制生态水泥

利用城镇垃圾（污泥）焚烧灰和下水道污泥为原料生产的水泥称为“生态水泥”。2001 年日本已建成世界第一座生态水泥厂，污泥生产水泥既是污泥资源化的重要途径，也是行之有效的方法，已引起高度重视。利用污泥做生产水泥原料有三种方式：一是直接用脱水污泥；二是干燥污泥；三是污泥焚烧灰。一般情况下，污泥中的灰分成分与黏土成分接近，可代替黏土作原料。

4. 污泥制轻质陶粒

污泥制轻质陶粒的方法按原料不同分为两种：一是用生污泥或厌氧发酵污泥的焚烧灰造粒后烧结，称为烧成技术，20 世纪 80 年代已趋成熟，并投入应用；二是直接从脱水污泥制陶粒，为近年来开发的新技术，称为烧结技术。轻质陶粒一般可做路基材料、混凝土骨料或花卉覆盖材料使用。近年来日本将其作为污水处理厂快速滤池的滤料，代替硅砂、无烟煤，取得了良好的效果。

5. 污泥制熔融材料

污泥熔融制得的熔融材料可作路基、路面、混凝土集料及地下管道的衬垫材料。但以往的技术均以污泥焚烧灰作原料，投资大、成本高。近年来开发了直接用污泥制备熔融材料的技术，大大降低了投资和运行成本，提高了产品附加值。

6. 污泥制微晶玻璃

微晶玻璃类似人造大理石，可作为建筑内外装饰材料应用。目前用于生产微晶玻璃的原料主要是污泥焚烧灰、沉砂池的沉沙和废混凝土。

（三）污泥的燃料利用

污泥燃料化方法目前有两种：一是污泥能量回收系统（hyperion energy system），简称 HERS 法；二是污泥燃料化（sludge fuel）法，简称 SF 法。

HERS 法是将剩余活性污泥和初次沉淀池污泥分别进行厌氧消化，产生的消化气经过脱硫后，用作发电的燃料。HERS 法所用物料是经过机械脱水的消化污泥。污泥能量回收有两种方式，即厌氧消化产生消化气和污泥燃烧产生热能，然后以电力形式回收利用。

SF 法是将未消化的混合污泥经过机械脱水后，加入重油调制成流动性浆液，送入四效蒸发器蒸发，然后经过脱油形成的污泥燃料。污泥燃料燃烧产生的蒸气作污泥干燥的热源和发电，回收能量。

（四）污泥制吸附剂

污泥中含有大量有机质，在一定高温下以污泥为原料通过改性可以制得含碳吸附剂。由污泥制成的活性炭吸附剂对 COD 及某些重金属离子有很高的去除率，是一种优良的有机废水处理剂。20 世纪 70 年代以来，国内外开始用活性污泥和剩余活性污泥作为生物吸附剂，能非常有效地去除废水中的重金属，并分离出抗金属菌。也有人将活性污泥提取驯化制成微生物絮凝剂，用以去除悬浮物、脱色及进行油水分离，但尚处于实验研究阶段。我国学者成功地利用石化污泥制备出用于回收水表面溢油的吸附剂，并已申请专利。在日本，将浓缩污泥及脱水污泥用来除磷，用酸再生凝集污泥，污泥再生后作铝盐和钙盐用。

（五）污泥制胶黏剂

污泥本身含有有机物，具有一定热值，又有一定的黏结性能。活性污泥替代白泥（常用胶黏剂）作为胶黏剂将无烟粉煤加工成型煤，不仅污泥热值得到充分利用，且无二次污染。另外，利用污泥代替白泥作为复合肥的胶黏剂也获得了成功。

第二节　放射性固体废物的处理

一、概　　述

放射性废物是指含有放射性核素或被放射性核素污染，其浓度或者比活度大于国家确定的清洁解控水平，预期不再使用的废物。按其状态分为气态、液态和固态。

放射性固体废物的来源主要有三个方面：

1）开矿、矿石加工、制造核燃料等过程产生的放射性固体废物。该类废物数量大，一般放射性核素浓度低，多就地堆存或回堆矿井，很少处理。但尾砂和冶炼尾渣要采取稳定和控制措施。

2）核燃料辐照后产生的裂变产物。该类废物为高放废物和超铀废物，含有几乎全部裂变产物和大量长半衰期的超铀元素，需经过几十万年才能衰减到无害水平，因此必须进行安全处理。

3）反应堆内非核燃料物质经辐照后产生的活化产物，以及放射性同位素应用单位放射性污染产物该类废物含中等偏低放射性核素，其主要放射性物质有铬^{51}、铁^{55}、铁^{59}、锰^{56}、钴^{60}等，必须进行安全处理。

二、放射性固体废物的处理

放射性固体废物在安全处置之前，常需进行减容，以降低废物操作、运输和隔离保存等处置费用。减容后的固体废物经固化后再进行处置。

（一）减 容 处 理

1. 切割处理

用于减少大件物体的体积或按不同污染程度拆卸设备部件。切割要在专门的房间进行，小物件可在防尘柜中切割，对于玻璃器件则压碎处理。

2. 压缩减容

大量放射性污染物诸如纸张、塑料、织物、橡胶以及各种小件制品都是可压缩的，可通过压力机压缩减容。为了防止在压缩过程中产生灰尘飞散，压缩减容需在密闭室进行，同时应在负压下操作。经压缩后的固体废物减容至原体积的1/6～1/3。

3. 焚烧减容

适于处理可燃物如纸、布、木材、塑料、橡胶及动物尸体等。但废物的理化性质、热值及燃烧的稳定性必须充分考虑，爆炸成分以及燃烧时产生有毒气体的材料应先剔除。

焚烧法减容比压缩法好，可减至原体积的1/100～1/30，且焚烧后变成稳定的灰分。缺点是进入焚烧炉之前要将废物分类，去除不可燃物质，而且燃烧产生烟尘、气溶胶和挥发性物质，需要净化装置和高度处理，会增加设备费、运输费和设备维修保养费。若固体废物中含聚氯乙烯树脂等，燃烧还会产生有腐蚀性气体等。

（二）固 化 处 理

固化处理是将减容后的放射性废物封闭在固化体中使其稳定化、无害化的一种方法。其机理是将放射废物参与某些化学过程而被引入某种稳定的晶格中或将放射性物质用惰性材料固化包容。

1. 水泥固化

可用普通硅酸盐水泥，为了改善固化体性能，多采用矿渣或粉煤灰水泥，也可适量掺入粉煤灰等。放射性废物与水泥的比例根据废物性状、固化体处置方法而定。固化过程要注意养护，一般养护 20 ~ 30 天。

2. 沥青固化

将放射性固体废物与沥青混合，加热、蒸发而固化的过程。由于沥青黏结性和化学稳定性良好，沥青固化体致密，空隙少，不易渗水，比水泥固化体有害物质浸出率低，不受废物的种类和性状影响，不需养护，对大多酸、碱、盐有一定的耐腐蚀性和辐射稳定性。其缺点是沥青导热性差，加热蒸发效率差，当废物中残余水分高时，受热易发泡并产生飞沫随废气进入大气而污染环境。因此，沥青固化前必须脱水。另外，沥青具有可燃性，因而要注意防火。

3. 塑料固化

以塑料为固化剂与放射性废物、填料按适当配料比混合、固化而形成一定强度和稳定性固化体的过程。由于该法使用方便，易保证质量，也适用于放射性废物的固化处理。该法的主要缺点是耐老化性差。

4. 玻璃固化

以玻璃原料为固化剂，将其按一定比例与放射性废物混合，并在高温下熔融，经退火转化为稳定的玻璃固化体。该法的玻璃溶解度小、溶出率低、减容系数大，主要用于处理高放废物，其中硼硅酸盐玻璃固化是最有发展前途的固化方法。

三、放射性固体废物的处置

放射性固体废物处置的目的，是以妥善方式将废物与人类及其环境长期、安全地隔离，使其对人类环境的影响减少到可合理达到的最低水平。

（一）低中水平放射性固体废物的处置

1. 近地表处置

近地表处置是指地表或地下、半地下的，具有防护覆盖层的、有工程屏障或没有工程屏障的潜埋处置，深度一般在地面下 50m 以内。

2. 岩洞处置

岩洞处置是指废物在地表以下不同深度、不同地质情况下建造的不同类型岩洞（废矿井、天然洞、专门挖掘的岩洞）中的处置。岩洞处置的废物必须具有固定形态，足够的化学、生物、热和辐射稳定性，在地下水中应具有低的溶解性和浸出性，不得含有自燃、易爆物质。

（二）高放射性固体废物的安全处置

高放射性固体废物的安全处置，目的就是通过某种技术措施使高放射性废物的安全处置与人类生物圈长期隔离，或使其放射性降低到对生物无害的程度，又称为安全最终处置。一般采用多重屏障系统设计原理，即设置一系列天然和人工屏障于高放射性废物和生物圈之间，以增强处置的可靠性和安全性。要求处置库的寿命至少为 10 000 年。

四、放射性固体废物的回收利用

在核动力装置和人工燃料的高能级裂变产物中，有 10 多种寿命较长的裂变同位素，它们裂变产额较高，大多是自然界中不存在的，若能合理加以利用，可以减少废物排放量。目前已能从核反应堆和人工核燃料钚^{239}、铀^{233}生产过程的裂变产物中回收有用的同位素。回收利用最多的是锶^{90}，用它制成核能电池广泛用于宇宙飞船、人造卫星、海上灯塔与航标等。利用核反应产物镎^{237}经反应堆照射制成钚^{238}，再将钚^{238}制成核电池，美国阿波罗登月舱的核动力电池就是用钚^{238}作热源材料。由钚^{238}作能源的心脏起搏器使用寿命可达 10 年，比一般化学电池作能源的寿命增长 5 倍。

回收放射性同位素铯^{137}作为辐射源，广泛用于工业、农业、医疗和科学研究，如医疗、消毒、杀虫、改良品种等。此外，还可回收自发光物质如氪^{85}、锶^{90}、锔^{247}，可用它们作发光粉等。

（陈丽荣）

参 考 文 献

高艳玲. 2004. 固体废物处理处置与工程实例. 北京：中国建筑工业出版社：236 ~ 240
蒋建国. 2007. 固体废物处置与资源化. 北京：化学工业出版社：101 ~ 161，270 ~ 284

聂永丰. 2000. 三废处理工程技术手册（固体废物卷）. 北京：化学工业出版社：405～472，729～763

宁平. 2007. 固体废物处理与处置. 北京：高等教育出版社：240～246，286～302

杨国清. 2007. 固体废物处理工程. 北京：科学出版社：302～335，416～420

张小平. 2004. 固体废物污染控制工程. 北京：化学工业出版社：156～189，190～210

赵由才，牛冬杰，柴晓利，等. 2006. 固体废物处理与资源化. 北京：化学工业出版社：117～125

第十七章　固体废物资源化和最终处置

第一节　材料回收系统

一、建立材料回收系统的条件

垃圾中含有的废纸、废橡胶、塑料、玻璃、纺织品、废钢铁与非铁金属等，都是有用的原材料，通过适当的组合处理工艺，可以一一得到加工、分选与回收。这种由单元技术组合处理工艺形成对城镇垃圾加工、分选的工程系统，称为材料回收系统。由于不同的垃圾中含有可回收材料的内容与数量不同，是否需要建立回收系统，应通过技术、经济评价加以决策。评价过程首要条件是产品应满足市场需求的技术规范，包括产品的纯净度与密度等，其次是各类回收物品的产量与运输条件。根据上述条件确定产品的价格，并设计回收技术系统。

二、材料回收系统流程与设计要点

综合国外已有的回收系统，城镇垃圾材料可以归纳为图 17-1 所示的三种回收类型。图 17-1（a）、图 17-1（b）两图属于常规简易材料回收系统，工艺过程大同小异，除适用于人工可捡选的废物外，以回收钢铁金属为主。图 17-1（c）属于多种物料回收系统，适用于含可回收物料种类较多的垃圾。经济发达国家虽然已经建立了不少类型的回收系统，但产品受市场条件制约仍较大。

材料回收系统设计布局的合理性是保证系统整体操作成功的基础。设计要点包括系统的工作效率、可靠性与适应性，操作的简易性与经济性，以及设备布局的合理性，并应符合美学与环境保护方面的要求。

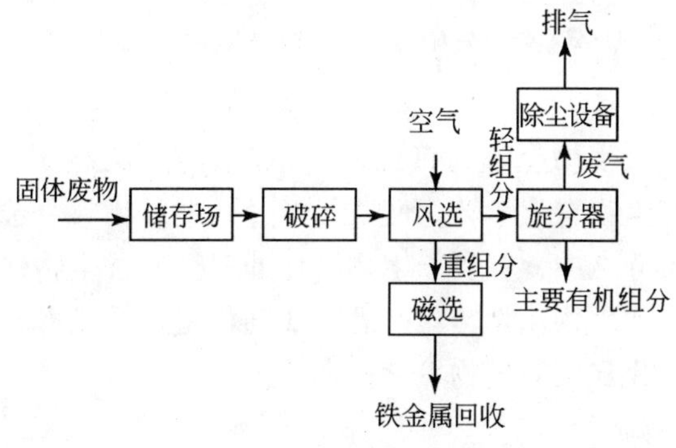

(a)常规简易材料回收系统

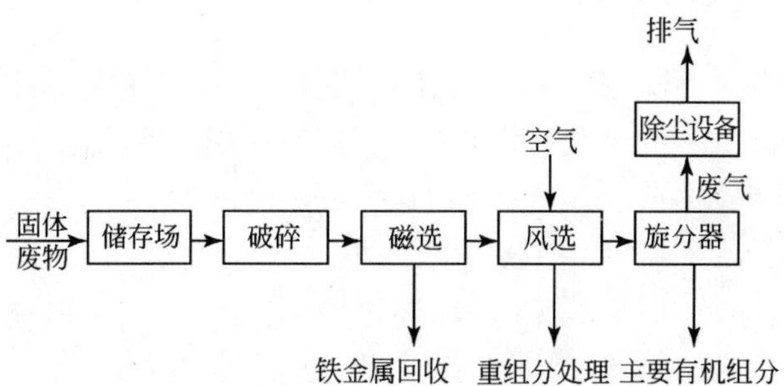

(b)常规简易材料回收系统

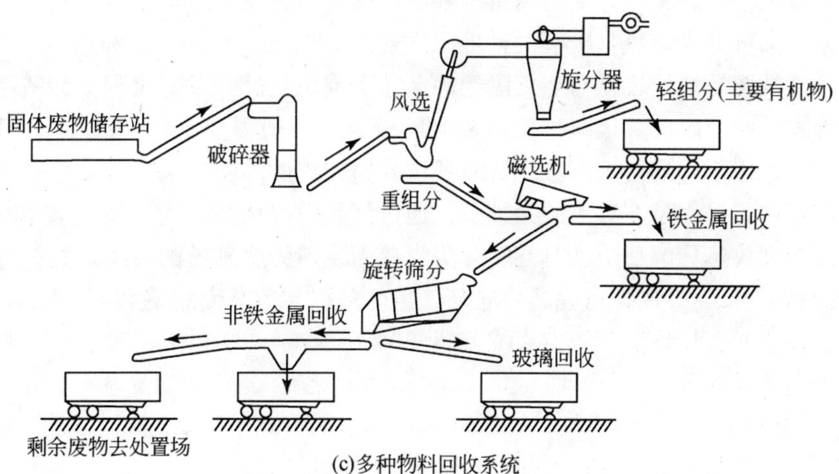

(c)多种物料回收系统

图 17-1　城镇垃圾材料回收系统流程

第二节　生物转化产品的回收

乡镇垃圾中含有多种可生物降解的有机物，除食品废物占有较大的比例外，废纸类与庭院废物也具有生物与化学转化性质。经过处理与物料分选回收，此类有机物进一步富集于轻组分之中，有利于生物转化处理。通过生物转化过程，可获得腐殖肥料、沼气或其他生物化学转化产品，如饲料蛋白、乙醇与糖类等。生物转化工艺主要包括堆肥化和厌氧生物发酵技术。

一、乡镇垃圾堆肥化

对乡镇垃圾实施堆肥化处理，是一种古老而又备受国外重视的生物转化方法。此方法既对垃圾实施了稳定化与无害化处理，又同时实现了资源化，既经济又简单，常称为“天然处理过程”。

（一）堆肥过程基本原理

垃圾堆肥化是在一定的人工控制条件下，通过生物化学作用，使垃圾中的有机成分分解转化为比较稳定的腐殖肥料的过程。根据发酵过程中微生物对氧的需求关系，又可分为好氧与厌氧两种堆肥方式。

厌氧堆肥是将垃圾在与空气隔绝的条件下堆积发酵，发酵过程分为酸性发酵和碱性发酵两个阶段。厌氧堆肥所需时间较长，一般需要 10 个月以上，且环境恶劣，仅适用于小规模农家堆肥，是我国农村传统的堆肥方法。

好氧堆肥过程是在有氧的条件下，通过好氧微生物的作用，使垃圾中有机物发生一系列放热分解反应，最终转化为简单而稳定的腐殖质的过程。好氧分解速率较快，一般 5 ~6 周即可完成，且环境条件较好，适合大规模生产。

经验表明，垃圾堆肥产品的产率为 30% ~50%，即 50% ~70% 的堆肥原料转化为气体和水分。

（二）好氧堆肥工艺过程

好氧堆肥工艺有野外人工堆肥与工厂化机械堆肥两类。野外人工堆肥是以传统农家堆肥方式为基础发展起来的一种垃圾堆肥工艺过程。工艺操作简单，费用低廉，许多国家都有应用。按堆肥配料比要求，将垃圾、污水处理场污泥或粪便等进行调配，选择野外空地，堆成平行条堆，每堆宽 1.2 ~ 2m，长 1.8 ~ 3m。定期人工翻动，一般每周 1 ~ 2 次，直至发酵完毕，通常需要 5 ~ 6 周。由于这种堆肥过程不能控制空气、水分、温度等条件，因此难以获得优质肥料。

工厂化机械堆肥工艺是由城镇行政管理部门集中垃圾，实施社会化堆肥的快速方法。经过加工处理与材料回收后的垃圾集中于堆肥工厂，在发酵池中采用机械搅拌与强制通风的方法使之快速发酵。图 17-2 表示了一典型工厂化机械堆肥工艺流程。这种堆肥工艺包括发酵、熟化、加工与储存四个阶段。

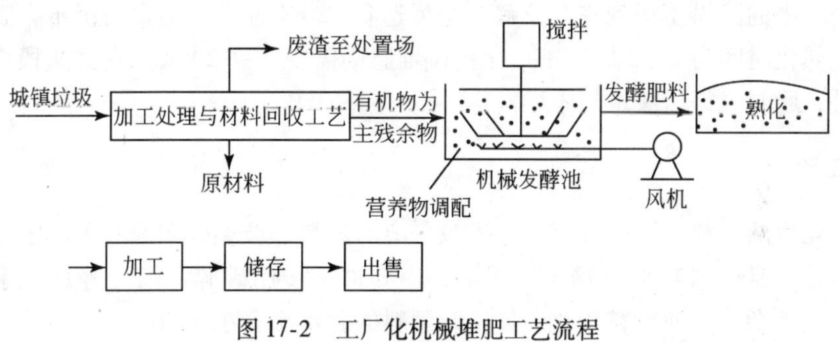

图 17-2　工厂化机械堆肥工艺流程

1. 发酵阶段

此阶段是生物化学反应的基本阶段，需要 2 ~ 3 周时间。发酵期需要满足下列各项工艺条件：

1）碳氮比：堆肥的最佳碳氮比以 20∶1 ~ 30∶1 为宜，当 C/N < 20∶1 时，发酵过程中将有部分氮以氨气的形势逸出，使 C/N 上升；当 C/N > 30∶1 时，喜温菌活动将受到抑制，使发酵受阻，发酵时间随之延长。若城镇垃圾中氮源不足，应适当参入含氮较高的物质，如城镇污水处理厂的污泥或粪便等废物。

2）含水率：发酵过程中，应保证发酵物含水率在 40% ~ 60% 范围内。水分过高，易造成发酵的厌氧条件；水分过低，则会影响细菌的繁殖。

3）温度：温度的变化是预示好氧微生物活性的重要指标。野外堆肥最高温度为 66 ~ 71℃，维持 7 ~ 10 天，发酵完毕时，温度降至 60 ~ 66℃。工厂化堆肥最高温度可达到 79 ~ 82℃，温度的降低预示空气供应不足或发酵接近终点。在堆肥的最高温度下，大部分病原体、寄生虫与蚊、蝇卵以及杂草种子等均可被杀灭。

4）pH：垃圾的 pH 一般为 5 ~ 8。在良好的发酵条件下，开始几天 pH 稍有降低，随后逐日上升，直至 8.0 ~ 8.5 而恒定。若过程中 pH < 4.5，表明发酵供氧不足，已处于厌氧条件；若 pH > 8.5，氨气将大量逸出。

5）空气需要量：保证较好的通风条件，提供充足的氧气，是好氧堆肥过程正常运行的保证。但过量供气易使温度下降，不利于发酵进程。

2. 熟化阶段

发酵完成后的肥料中，微生物仍比较活跃，其中未被分解的有机物将继续分解，此时 C/N 较高。若将这种新发酵完毕的肥料直接施于农田，将会消耗土壤中的氮素，于作物不利。“熟化”是将新发酵的肥料在相对静止条件下，继续完成有机物的分解过程，使较难降解的有机物得到进一步降解。肥料熟化的主要指标，是其中的淀粉质得到完全分解，C/N 达到 12∶1 左右。通常情况下，野外人工堆肥熟化时间为 1～2 周，工厂化机械堆肥则需要 7～120 天。在此阶段中，除熟化外，肥料也得以脱水与干燥。

3. 加工阶段

熟化后的肥料中，尚含有少量未被分离的塑料、玻璃、陶瓷等不利于施肥的杂物碎片，且肥料颗粒不均匀。因此，需要进一步用破碎、筛分等加工手段处理，以去除杂质并使颗粒均化。加工时肥料的含水率宜小于 30%。

4. 储存阶段

为适应农田施肥的高峰与淡季需求，大型垃圾堆肥厂均须备有 6 个月以上产品储存能力的储存场所与设施，并应配备防雨措施。

（三）堆肥产品的质量标准

由于城镇垃圾成分复杂，可能含有各种有害物质，为防止堆肥产品对生态环境造成损害与污染，必须制定堆肥产品质量标准。我国制定了如下城市垃圾堆肥质量标准（干基）：

1）有机质含量：≥10%。

2）营养元素含量：全氮（以 N 计）≥0.5%，全磷（以 P_2O_5 计）≥0.3%，全钾（以 K_2O 计）≥1.0%。

3）粒径：≤12mm。

4）含水率：≤35%。

5）pH：6.5～8.5。

6）重金属含量：总镉（以 Cd 计）≤3$mg \cdot kg^{-1}$；总汞（以 Hg 计）≤5$mg \cdot kg^{-1}$；总铅（以 Pb 计）≤100$mg \cdot kg^{-1}$；总铬（以 Cr 计）≤300$mg \cdot kg^{-1}$；总砷（以 As 计）≤30$mg \cdot kg^{-1}$。

7）大肠杆菌值：$10^{-2}\sim10^{-1}$（堆肥中大肠杆菌数与总细菌数的比值）。

8）蛔虫卵死亡率：95% ~100%。

城市垃圾堆肥产品具有改良土壤结构、增大土壤容水量、减少无机氮的流失促进难溶磷转化为易容磷、增加土壤缓冲能力、提高化学肥料的效力等多种功效。适量施用可促进作物生长，提高产量，是一种廉价、优质的土壤改良肥料。

二、乡镇垃圾厌氧消化处理与沼气回收

通过厌氧细菌的生物转化作用，将乡镇垃圾中大部分可生物降解的有机质转化为能源产品——沼气（CH_4），是乡镇垃圾又一资源化途径。

（一）乡镇垃圾厌氧消化处理工艺流程

图 17-3 概括了乡镇垃圾厌氧消化处理与沼气回收的基本流程。

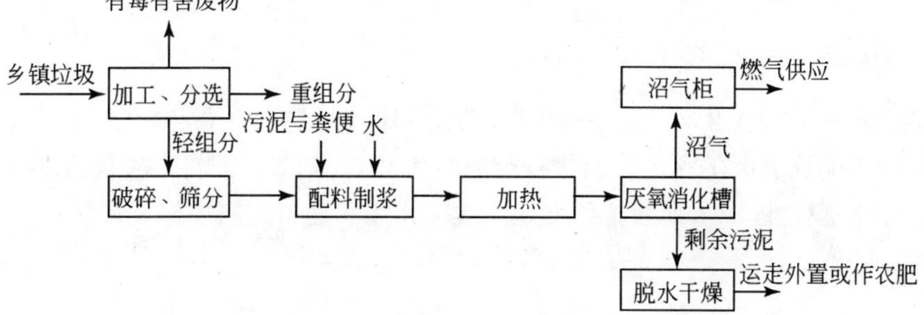

图 17-3 乡镇垃圾厌氧消化处理与沼气回收的基本流程

（二）垃圾预处理

乡镇垃圾经加工、分选处理后的轻组分中，含有少量有害物质，需进一步去除，且垃圾颗粒较大，不适于厌氧消化处理的技术要求，需进一步破碎与筛分，使颗粒细化、质地均匀后，方可进入厌氧消化系统。

（三）配料与制浆

厌氧消化处理的废物，需有适宜的碳氮比与碳磷比，而碳氮比尤为重要。城镇垃圾多为碳源过量，氮、磷不足，通过配料，适量投配含氮、磷含量较高的物

料，可满足厌氧消化条件。乡镇污水处理厂污泥与粪便是最佳配料，以污泥为配料时，投配率在 10% ～50% 范围内，视垃圾中氮、磷含量而定，一般投配率 40% 为最佳。配料后的混合物加入适量水，使含水率大于 90%，制成流动性浆体，以便输送与搅拌操作，并调节浆体至适宜的 pH。

（四）厌氧消化处理工艺条件

1. 碳氮比

厌氧消化反应的碳氮比以 20∶1～30∶1 为宜。若高于 35∶1，则甲烷产量将明显下降。

2. 操作温度

由于垃圾浆体中含有高浓度有机质，为达到快速发酵效果与最大产沼量，宜采用高温厌氧发酵，操作温度应维持在 55～60℃。鲜浆液投入前，必须预热到操作温度，再输入消化反应器内。

3. pH 与碱度

配料 pH 应为 6.8～7.5，消化反应器内 pH 应维持在 7.0～8.0，过高或过低的 pH 均影响厌氧菌的活性。为维持反应器内适宜的 pH，配料中应含适度碳酸盐碱度，在反应过程中，碳酸盐碱度起到缓冲作用。通常配料中碱度控制在 2000～3000mg · L^{-1}。

4. 投料方式与投配率

垃圾浆体厌氧消化投料方式有间歇式与连续式两种。间歇式适于农村用小型沼气池；对大、中型垃圾浆体厌氧消化处理系统多采用连续投料方式。投配率应以有机物容积负荷计算确定，经验容积负荷为 0.6～1.6kg（有机质）· m^{-3} · d^{-1}，大体相当于日投配率 6% ～8%。

5. 搅拌与强度

垃圾浆体厌氧消化处理装置中，多数采用机械搅拌，也可以采用沼气回流搅拌方式。搅拌强度与频率应保证槽内浆料均匀混合，防止局部过热与表面结壳。浆体最大运动线速度应小于 0.5m · s^{-1}，以免破坏厌氧菌的活性。

（五）沼气回收与利用

1. 沼气的成分与产量

垃圾中的有机质部分被厌氧分解生成沼气，部分转化为低分子有机质，不可生物降解的有机质基本不被分解。反应产生的气体基本成分为 CH_4 和 CO_2，CH_4 约占 60%，CO_2 约占 40%，并含少量 NH_3 与 H_2S 气体。沼气产率为 0.5～0.75$m^3 \cdot kg^{-1}$（被分解的可挥发性固体），浆体原料中可挥发性固体总分解率为 60%～80%。被分解的固体量站浆体原料中总固体量的 40%～60%，据此可以估算一座规模化垃圾厌氧处理厂的沼气产量。

2. 沼气的储存与利用

根据沼气产量与使用途径，确定沼气的储存方式与储存设备容量。通常一座规模化垃圾处理厂需合建沼气发电机组，并配建一座金属沼气储柜，以起调节作用。此外，在我国农村，采用农、废料与粪便建造家庭用小型沼气池，供家庭生活用气已得到发展，并积累了一定的经验。

第三节　固体废物的最终处置

一、最终处置的含义与处置途径

乡镇垃圾与各行业固体废物实施综合利用与资源回收后，仍有大量无任何利用价值的剩余部分，包括各类危险废物在内，需要以终态形式回归于自然环境中。为防止对环境造成污染，根据排放的环境条件，采取适当而必要的防护措施，以达到被处置废物与环境生态系统最大限度的隔绝，称为固体废物的“最终处置”或“无害化处置”。对于危险废物，则需要采取更加安全的防护处置措施，称为“安全处置”。

固体废物最终处置的途径可归纳为两种：陆地处置与海洋处置。某些工业化国家对于固体废物尤其是危险废物，早期多采用海洋处置。随着海洋保护法的制定及其在国际上的影响不断扩大，海洋处置引起了较大的争议，使用范围已经逐步缩小。我国对任何废物均不主张海洋处置。陆地处置是当前国际上较普遍采用的途径。陆地处置，从露天堆存已发展了多种处置方式，其中广为应用的是陆地填埋处置，适用于多种废物。其他处置方法还包括土地耕作处置、深井灌注、尾矿坝、废矿坑处置等，在世界各地亦有应用。本节重点介绍乡镇垃圾陆地填埋，简要介绍危险废物安全处置。

二、乡镇垃圾陆地填埋处置

陆地填埋处置是乡镇垃圾最终处置的经济有效的方法，这种处置方法是基于环境卫生的角度发展起来的，因而又称为“卫生填埋”。

卫生填埋场址的选择是处置工程设计的第一步，主要遵循两条基本原则：一是防止污染的安全原则，能满足环境保护的要求；二是经济合理的原则。因此，场地选择通常要经过预选、初选和定点三个步骤来完成。

（一）卫生填埋场选址条件

选择一个理想的卫生填埋场，主要应考虑以下的几个因素。

1. 场地有效利用面积

填埋场面积应满足 5 ~20 年使用期最为经济，但不能短于一年。除填埋完成后的总有效面积外，还应留有预处理、物料回收等辅助性场地。填埋场设计时，面积与容量应根据乡镇人口、垃圾产率、填埋深度、垃圾与覆盖材料的体积比以及压实度等参数进行详细计算。常用的设计参数如下：①覆土和填埋垃圾之比为 1∶4 或 1∶3；②固体废物的压实密度为 500 ~700kg · m^{-3}；③场地的容量至少供使用 20 年。

每年卫生填埋的固体废物体积可按下式计算：

$$V = 365 \cdot \frac{WP}{D} + C$$

式中：V 为一年要填埋固废体积（m^3）；W 为该乡镇垃圾和无害废物的产率（kg · 人$^{-1}$ · d^{-1}）；P 为服务区人口总数（人）；D 为填埋后垃圾的压实密度（kg · m^{-3}）；C 为覆土体积（m^3）。

利用公式求出了 V，若填埋高度为 H，则每年所需场地面积 A 为

$$A = \frac{V}{H}$$

2. 运输距离

运输距离是影响乡镇垃圾管理系统总体设计的重要因素之一，同时又是填埋场地址选择的制约因素。运输距离既不能太远，又要防止填埋场对居民环境造成影响。一般要求在保证其他条件不受影响的情况下，运输距离应尽可能短，同时

公路交通应能够在各种气候条件下进行运输。通常认为较经济的运输距离不宜超过20km。

3. 土壤与地形条件

填埋场每日卸料完毕与最终封场时，均需用土壤覆盖，因此，选址的土壤条件也是重要因素之一。包括土壤的可压实性、渗水性、可开采面积、深度、地下水位与开采量等。填埋场的底层土壤要求有较好的抗渗能力，防止渗出液污染地下水。覆盖所用黏土，最好取自填埋区的土壤，以减少从外地运土的费用，还可增加填埋场的容量。天然泄水漏斗及溶沟、溶槽等洼地不宜选作填埋场。地下水位一般要求尽量低，距底层填埋物至少有1.5m。

地形条件对填埋方式起决定作用，且制约着采土方法。如果选用坡度平缓的平原地为填埋场，土质优良者，宜采用开槽填埋，开槽挖掘的土方作为覆盖土。选不宜开槽的平原或峡谷以及天然坑塘或矿坑作为填埋场时，必须在场外采土。此外，地形条件对填埋场地表径流的排泄亦有较大影响。

4. 气象条件

填埋场场址应选择在居民区的下风向，防止灰尘、气味等对居民区环境的影响；高寒地区，冬季土壤封冻会影响采土作业；地区的气候干湿条件、雨量、风力与风向等均属于填埋场选址的气象评价因素。

5. 地表与地质、水文条件

地表坡度，坡向与地表径流排泄能力是影响填埋场排水系统建设的因素。选址时，应充分考虑地表径流特征与当地洪水泛滥情况。地质与水文是指土壤性质、地下水的埋深与流向等。通常，选址之地质应为透水性较小的黏土或岩层，地下水位越深，越有利于填埋场的利用。

6. 地区环境条件

卫生填埋场多远离居民区与工业区，若场址选在邻近人口集聚区，必须采取严格措施，限制噪声、气味、灰尘及飘飞物等对人口集聚区的影响。

7. 填埋场封场后的最终利用与开发

一旦填埋场使用完毕，建成封场后，场地即可考虑作为其他目的开发利用。场地开发利用的途径将影响填埋场的设计与操作，因此，在设计前必须确定场地最终开发利用的目标。

（二）卫生填埋场的一般结构形式

干燥地区卫生填埋的操作方式大体分为地面堆埋、开槽填埋与天然洼地（谷地）填埋。无论采用何种方式，填埋场的结构形式基本一致，如图 17-4 所示。每日被填埋的废物逐层压实。每日操作终了时，垃圾表面覆盖 15 ~ 30cm 土层，边坡为 2 : 1 ~ 3 : 1，使之形成一规整的菱形“单元”。当填埋场全部填埋完毕，外表面用厚度为 0. 5 ~ 0. 7m 的覆盖土封场，为最终场地开发利用创造良好的表面条件。结构单元层数视地形与封场后场地最终利用目的而定。

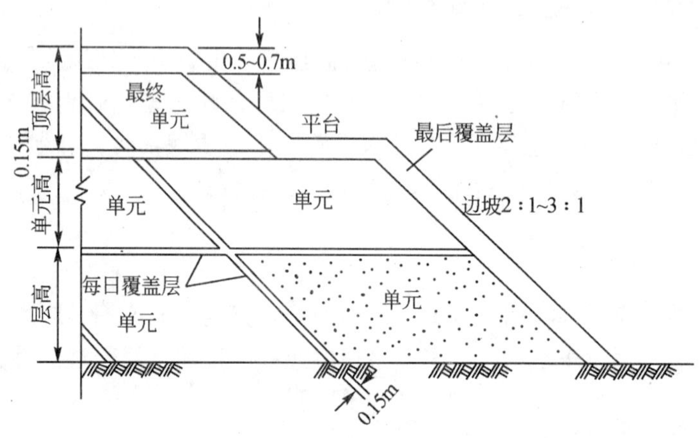

图 17-4　垃圾填埋场基本结构形式

（三）干燥地区填埋场操作方法

1. 地面堆埋法

这种方法主要适用于地形、地质条件不宜开挖沟槽的平原地区。填埋场起始端，先建土坝作为外屏障，于坝内沿坝长方向堆卸垃圾，使其形成每层厚 0. 4 ~ 0. 8m 连续层叠的条形堆，并逐层压实。每天完成条堆高度 1. 8 ~ 3. 0m，最后覆盖 15 ~ 30cm 土层，形成地面堆埋单元，覆盖土由邻近适宜地区采集。每一单元长度视场地条件与操作规模而定，通常为 2. 4 ~ 6. 0m 不等。如此堆埋操作，直至达到填埋场最终高度，最后进行封场。

2. 开槽填埋法

这种方法适用于地面，地面有足够深度的可采土壤且地下水位较深的地区。填埋初期，先挖掘一段足够一日填埋量的条形槽。将开挖土方于槽边筑成条形土堤，作为储备覆盖土。垃圾向槽中卸入，展成薄层压实，连续操作至预期高度，日覆盖土由相邻沟槽开挖的土方获得。典型填埋场沟槽开挖长度为 30 ~ 120m，深度为 1 ~ 2m，宽度为 4. 5 ~ 7. 5m。

3. 谷地（沟壑）填埋法

有天然或人为谷地与沟壑可利用的地区，可以采用这种填埋法。垃圾卸料位置与压实方式视地形、覆盖土性质、水文地质条件与通路而定。若谷底较为平整，第一层可采用开槽式操作，上面各层则用地面堆埋法操作。填埋场完成时，封场高度应稍高于谷口上沿，以免积水。

（四）潮湿地区卫生填埋场结构与操作特点

沼泽、潮汐洼地、水塘、采土与采石场都可以作为湿地卫生填埋场。设计此类填埋场时，应特别注意地下水的污染与填埋结构的稳定性等问题，因此，需要设置地下水抽提、排泄系统与气体收集系统。湿地填埋场通常分隔为若干单元储留槽，每一单元或储留槽应满足一年的填埋量。在地下水位较高的地区，常将废物直接卸入水中，水下底层先填充较为清洁的废物，直至高出水面，再填埋垃圾。为使填埋结构有足够的稳定性，通常每一填埋单元或储留槽先用木条、石块或城市废建筑砌块衬砌边坡，用黏土类铺衬底部，再用清洁废物填充，防止垃圾渗滤液扩散，污染地下水。

（五）卫生填埋场气体的产生、迁移与控制

1. 卫生填埋场中垃圾发酵分解与气体的产生

乡镇垃圾一旦填埋入场后，其中可生物降解的有机组分即开始发酵分解。初始阶段，由于垃圾空隙中夹带大量空气，好氧微生物起主要作用。待内部空气耗尽后，将长时间处于厌氧生物反应环境中，可生物降解有机物（包括纤维素、蛋白质、碳水化合物与脂肪类）经厌氧分解后，最终产物为较稳定的有机质、可挥发性有机酸以及由 CH_4、CO_2、CO、NH_3、H_2S 和 N_2 所组成的气体。上述分解反应的速率取决于有机物的性质与含水率，通常以气体产率为指标的反应速率在封

场后两年内达到峰值，之后逐渐减缓，可持续 25 年之久。

卫生填埋场产气量可通过现场测量或经验公式求出，因为产气主要与垃圾中可能分解的有机物有关。推算公式如下：

$$V_g = 1.866 \times C_F / C$$

式中：V_g 为气体产生量（L）；C_F 为可能分解的有机碳量（g）；C 为有机物中的总碳量（g）。

2. 卫生填埋场中气体的迁移与控制

填埋场产生的气体随时间的延续不断增加，并沿土壤向各方向扩散。由于 CH_4 的密度小于空气，易向大气逸散；而 CO_2 密度大于空气，易向下部土壤扩散直达地下水位，并溶于地下水，导致 pH 下降，硬度与矿化度升高。对于气体的迁移，CH_4 易于控制，而 CO_2 较为困难。下面介绍几种控制填埋场气体迁移扩散的方法。

（1）透气通道控制法

用透气性良好的材料，在填埋场不同的部位设排气通道，有三种结构形式，如图 17-5 所示。图 17-5（a）为单元型排气通道，根据填埋单元宽度，设置透气性通道。采用矿砾为透气性材料，宽度一般为 18 ~ 60cm，厚度建议为 0.3 ~ 0.45m。通道在不均匀沉降条件下，保持上下贯通。图 17-5（b）为栅栏型，透气通道设置于填埋场四周。图 17-5（c）为井点型，此种排气井点常与埋入坡下的沙砾沟道联合使用。通常情况下，排出的气体在井口燃烧，若有回收价值，则各井点管口用水平管连接，由抽气加压机将气体抽提、输入净化装置，收集后的气体可作为发电燃料。

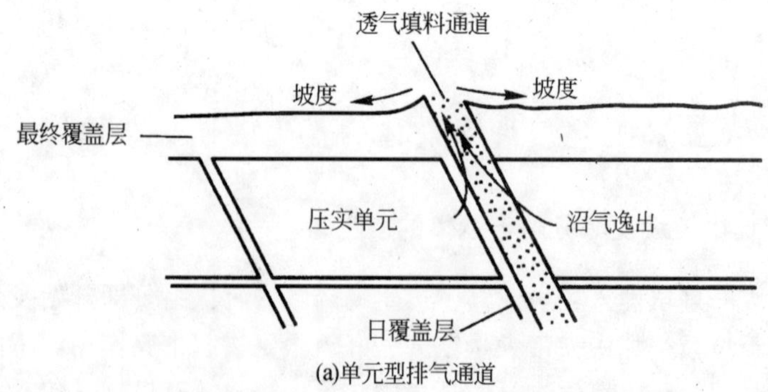

(a)单元型排气通道

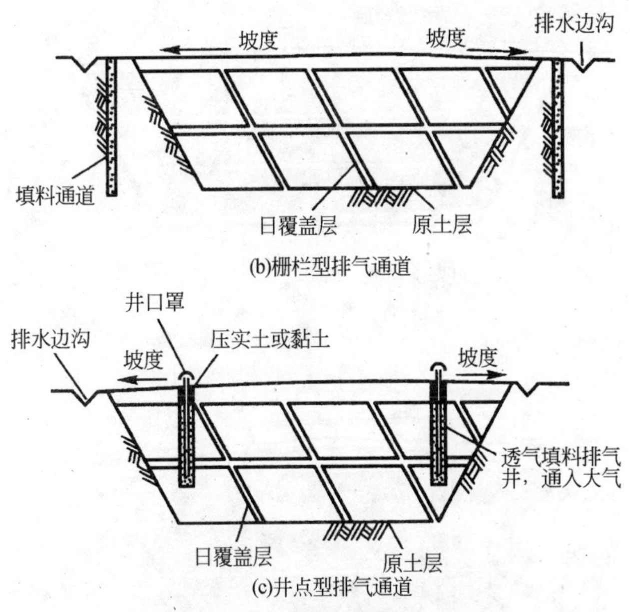

(b)栅栏型排气通道

(c)井点型排气通道

图 17-5 控制卫生填埋场气体迁移三种排气通道结构

(2) 密封法控制气体迁移

利用不透气性材料在填埋场四周铺衬全封闭型防渗层，同时控制气体与渗滤液的迁移，其结构形式如图 17-6（a）适用于无气体回收的填埋场；图 17-6（b）适用于有气体收集系统的填埋场。最经济的防渗材料位压实黏土衬层，厚度为 0. 15 ~1. 20m。改良沥青或沥青混凝土以及压实土喷涂混凝土等亦可作为防渗材料。柔性薄膜不透性材料，如聚氯乙烯、丁酯橡胶、氢硫酰化乙烯橡胶等是当前最受青睐的卫生填埋场防渗层材料。

（六）卫生填埋场中渗滤液的产生与迁移控制

1. 渗滤液的产生与性质

卫生填埋场渗滤液来源于被填埋垃圾自身生物降解的产物，以及外部地面径流水和地下水通过垃圾层时携带其中可溶性与悬浮性污染物而下渗的液体。渗滤液的性质十分复杂，且浓度甚高，如不加以控制，势必严重污染地下水。渗滤液在填埋场底部聚集，并透过底部向下部土壤纵向迁移，侧向扩散亦有可能发生，纵向迁移是渗滤液污染地下水的主要途径。

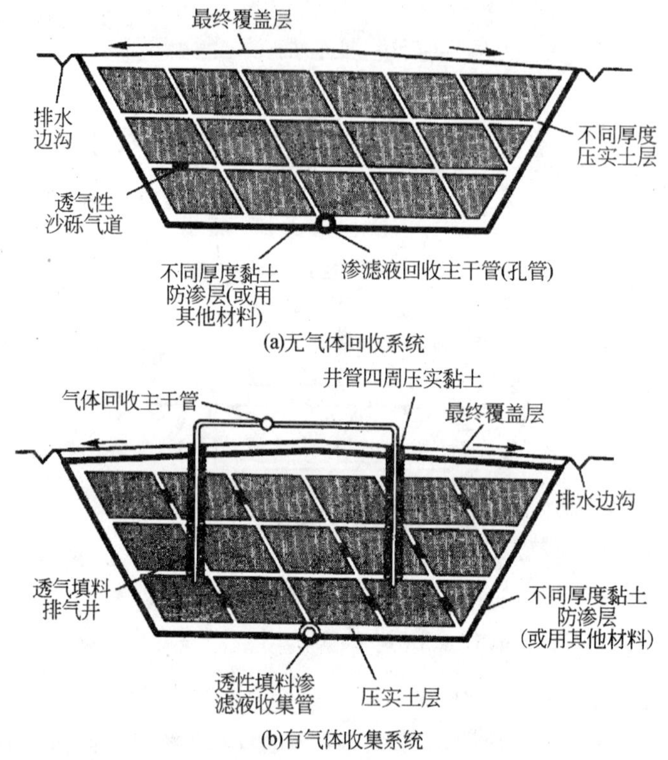

图 17-6　不透气性材料防渗层结构

2. 垃圾填埋场渗滤液的控制措施

垃圾填埋场渗滤液是高污染废液，必须严密控制其向地下水迁移，因此，预设防渗层是十分必要的。防渗层的结构和材料与密封法气体迁移控制防渗层一致。为能将聚集于防渗层上部的渗滤液及时抽走，须在防渗层上部设置收集管道系统，与抽提泵站相连，连续地将渗滤液输送到处理系统中。封场后的顶部覆盖土应由中心向四周坡降，场外地面沟通排水系统，以便疏导地表径流水。

为了防止填埋场浸出废液污染地下水，要求在填埋场内设计保护系统，以防止废液可能产生的污染。

1）设置防渗衬里：就是在填埋垃圾与土体之间设置的不透水层，分人造衬里如沥青、橡胶和塑料和天然衬里主要采用黏土两大类。用黏土做衬里时，要求渗透系数小于 $10^{-7}cm \cdot s^{-1}$，厚度大于 1m。

2）设置导流渠或导流坝：在填埋场的上坡方向开挖导流渠或导流坝，防止地表径流进入填埋场，从而减少渗出液的量。

3）选用合适的覆盖材料：国内填埋场多就地取用黏土，并分层压实；国外采用先在垃圾上铺塑料布再覆盖黏土，更为有效地起到了防渗的作用。在同一填埋场，几种方法同时使用防护效果会更好。

4）渗出液的处理：渗出液收集系统有导流层、收集沟和多孔收集管、集水池及提升系统（有时可省略）、调节池。

3. 渗滤液处理工艺

由于垃圾填埋场渗滤液中含有极高浓度的有机质与 NH_3-N，单纯采用生物处理，不能有效地脱氮，需预先用物理或化学法脱氮，至碳氮比适宜，再采用经典的生物脱氮工艺，如改进的 A/O 工艺或 A^2/O 工艺。根据垃圾渗出液的特性，常选用的处理方法有以下几种：①现场处理；②利用城市污水厂进行处理；③利用填埋场再循环处理；④把渗出液直接浇洒到地面。

（七）填埋场地规划

进行填埋场地规划时要考虑以下几方面：一是进出口道路；二是设备保养站；三是供特种废物使用的储存场；四是表层土壤堆放场；五是填埋区；六是绿化带。图 17-7 是填埋场典型布置图。

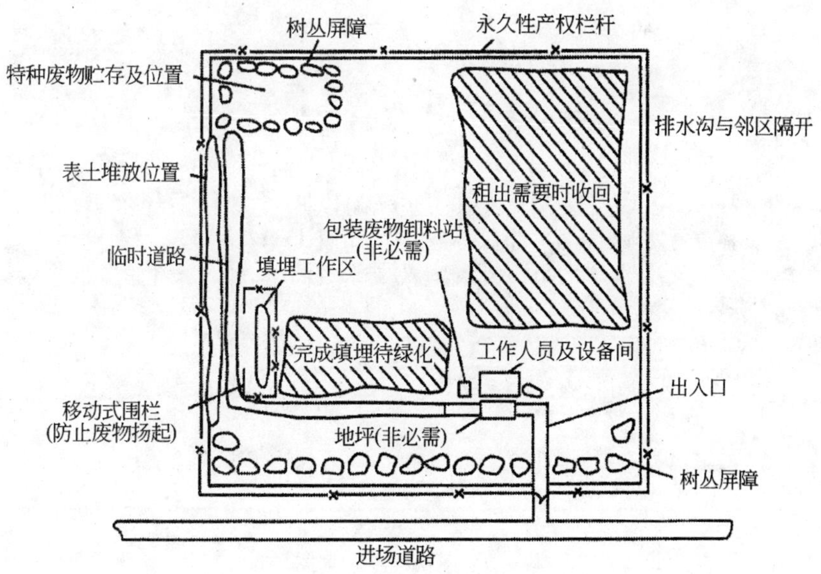

图 17-7　填埋场典型布置

三、危险废物安全填埋场的结构与安全措施

危险废物对生态与环境有很大的危害性，因此，其填埋场结构与安全措施较卫生填埋场更加严格。选址须远离城镇的安全地带。安全填埋场的结构，需要以更加严密的人工或天然不渗透性材料作为防渗层，土壤与防渗层结合部的渗透率应小于 10^{-6} m · s^{-1}；填埋场最底层应位于最高地下水位以上，必须铺设地下水位控制设施；采取必要的措施控制地表径流水；配置完整的渗滤液收集与监控系统；设置气体排放与检测系统；严格记录废物来源、性质与处置量，并适当加以分类处理。若此类废物在处置前予以稳定化处理，填埋后会更加安全。典型的安全填埋场结构如图 17-8 所示。这种填埋方法几乎可以处理任何种类的危险废物。

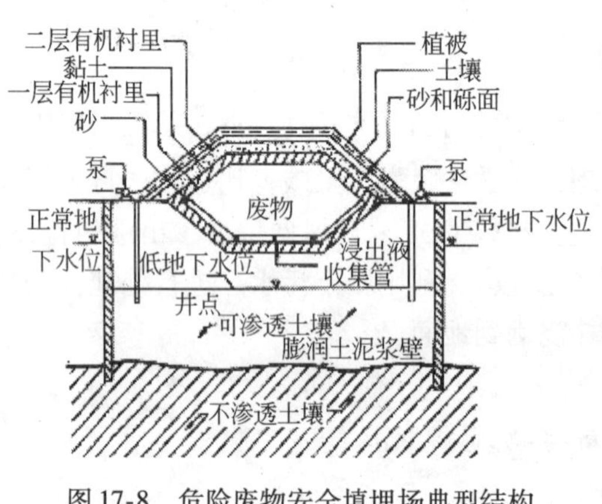

图 17-8　危险废物安全填埋场典型结构

（于淑萍）

参 考 文 献

蒋建国. 2007. 固体废物处置与资源化. 北京：化学工业出版社：162 ~ 260，286 ~ 330

蒋展鹏. 2005. 环境工程学. 第二版. 北京：高等教育出版社：566 ~ 574，588 ~ 599

宁平. 2007. 固体废物处理与处置. 北京：高等教育出版社：127 ~ 283

赵由才，牛冬杰，柴晓利，等. 2006. 固体废物处理与资源化. 北京：化学工业出版社：72 ~ 114，139 ~ 253

第三篇　农村环境污染治理应用技术

第十八章　农村垃圾的处理

第一节　农村的垃圾问题

一、农村垃圾的现状

我国是一个农业大国，农业人口约 9 亿，农业技术相对滞后。改革开放以前，由于农村传统的社会结构形态和生产生活方式，农村垃圾产量不多，而且成分单一，易于处理。其处理依赖简单地堆肥、填埋或自然腐烂等方法，维系着垃圾总量与生态平衡。改革开放以来，随着我国农业经济的快速发展，农民现代化生活方式的逐渐确立和城乡环境保护要求的不断提高，农村垃圾问题日益突现，已成为新农村建设过程中的一个不可回避的难题。城镇是人类社会活动和生产活动集中的地方，人民在这里大量消耗物质资源，同时也产生大量废物，我国城市垃圾排放量每年达 10 亿 t 余。长期以来城市垃圾的主要处置方式是堆积于郊区的堆放场或直接拖入农田，垃圾由市区转移到郊区，郊区堆起一座座“垃圾山”，占用了大量土地，甚至还破坏了不少良田。堆放的垃圾长期露天旷置，腐烂发臭，污水横流，蚊蝇滋生，尘土和病菌、虫卵等随风传播。垃圾中有机物的分解和雨淋水溶，使某些病原微生物和有害化学物质渗入地下，污染地下水，这与垃圾渗透液的治理非常困难有关。同时也会造成农田土壤污染，损害农作物的生长。

目前我国农民人均每天产生生活垃圾在 0.8～1.0kg，为城镇居民的 70%～80%。随着农村工业化的发展及城市外来人口的大幅增加，城乡人均垃圾产生量都有快速增加的趋势，据悉每年约递增 5%。在垃圾数量倍增的同时，农村垃圾的成分也悄然发生了变化。以前的生活垃圾主要是厨房废物（废烂菜叶、煤灰、蛋壳、废弃食品等）以及废塑料、废纸、碎玻璃、碎陶瓷、废电池和其他生活用品等；如今除了生活垃圾之外还有乡镇企业等产生的工业垃圾和建筑垃圾、畜禽垃圾、化工药物废产物等有毒有害垃圾，成为具有复杂成分的综合性垃圾。

农村垃圾量的骤增导致污染范围的扩大，污染程度的加深，出现对大气环境、水体和土壤等的立体污染的严重危害。农村生活习惯的沿袭，生产设备及管理制度滞后，垃圾不能按照定点倾倒和日产日清的要求进行处置，致使垃圾堆积，甚至违章排污和垃圾直接倾倒，塑料废物、废电池以及有毒有害垃圾随意堆放或填埋，致使在土壤中垃圾难以自然降解腐化，地下水源受污、地表“生态平衡链”失衡。

目前农村垃圾的处置成本主要包括收集、运送和处置三方面，按照现行的统一收集、统一运输和统一处理的“三统一”要求测算，一般沿海地区农村的垃圾收集成本 30 ~ 50 元/t、转运费用约 35 元/t，而处置费用约 80 元/t（一般焚烧 1t 垃圾需 100 元左右，卫生填埋 1t 也需 70 元左右），平均下来一年每人的垃圾处置成本约需 70 元，对农民来说是一笔不小的开支。

二、农村垃圾分类

农村垃圾的成分和来源相对简单，其垃圾分类主要指生活垃圾与产业垃圾，后者指农业生产本身（如地膜等垃圾）畜禽养殖垃圾和乡镇企业垃圾等。

1）农村生活垃圾：农民在日常生活中产生的废物（主要指固体废物和液体废物），包括燃料废渣（煤渣、草木灰等）、厨余物（剩菜、剩饭、剩汤等）、日用品废物（废玻璃、废金属、破旧衣物、各种废弃塑料包装盒等）、高科技废物（废旧家电、废旧电子产品、废电池等）等。生活垃圾是农村垃圾的主要来源。

2）农村产业垃圾：产业垃圾主要来源于乡镇企业，特别是一些对环境污染较大、又难于治理的行业，如造纸、印染、油脂、小型冶炼等，这些企业很难在城市得到批准建厂，便到农村办厂。另外，工业、农林业、畜牧业、医疗卫生业等生产或执行过程中产生的废物，如砖窑厂、木材加工厂、家具制造厂、村办或私人的诊所等产生的废物。其中的部分废物带有一定的毒性。改革开放后的农村，产业垃圾在整个垃圾中的数量在迅速增加，逐渐取代生活垃圾占据农村垃圾的主要地位。由于其数量大，难处理，逐渐成为影响农村垃圾处理的关键。

由于农村垃圾种类的变化和数量的逐渐增加，农民对于垃圾的认识也在改变，大致可分为三个阶段。开始阶段，在农民的脑子里并不存在“垃圾”的观念。例如，农民在日常生活中由于燃烧煤炭或柴草而产生的煤渣和草木灰等，直接被运往农田作为无机肥；将日常生活中的泔水等厨余物用来喂养家畜，家畜的排泄物又作为农业生产用肥施田，所以在农民眼里一切剩余物都是有用处的。第二个阶段是随着农民的生活水平的逐渐提高，一些工业制品开始进入农民家庭，但由于这一时期处于计划经济体制下，社会产品总体供应有限，物资相对紧缺，农民的生活仍然是省吃俭用，如碎布、旧报纸多用于纳鞋底，碎碗破罐用于铺路，这一时期的垃圾产量虽然在逐渐增加，种类也由简单逐渐变复杂，而且农民也已经意识到垃圾的存在和增加，但由于循环利用率比较高，垃圾的处理仍没引起应有的重视。第三阶段是农民大量涌进城市打工，农民的腰包逐渐鼓了起来。电视机、洗衣机等大型家用电器开始进入农民的生活，由于农户生活水平的飞跃提高，垃圾废物的循环利用率在下降，垃圾的危害逐渐显示。这一时期的垃圾数量大、垃圾种类特别多，乡办企业的迅速增加，产业废物已打破生活废物的垄断地位占有重要位置，农村垃圾影响到农民正常的生产和生活，垃圾问题才逐渐引起农民的重视。农民对垃圾认识的变化将直接影响农村垃圾处理的实施与效果。

第二节　农村垃圾的处理模式

垃圾处理方式既是一个社会文明进步的标志，也是衡量人与自然和谐相处的一个重要标准。由于农村垃圾与农业生产、林业生产和畜禽养殖业密切相关，故垃圾成分更趋复杂，分布面积更广，收集更为困难。但农村也具有将垃圾就地处理便捷、人力资源丰富、转化利用率高的特点。所以必须探索一条与农村实际情况相吻合，与经济承载实力相适应，与新农村建设相一致的科学处理模式。根据农村的具体情况，因地制宜，因经济状况和发达程度而采用合适有效的方法。例如，在偏远山区的行政村可将生活垃圾等就近简易填埋；而大多数乡镇则采用“户集、村收、乡运、县（区）处理”的模式。

一、农村垃圾的集中

农村生活垃圾选择自觉收集、义务清扫、有偿包干和物业管理相结合的农村多样化保洁。村民要自觉将日常生活垃圾收集到垃圾袋（筒）内，同时要负责门前、屋后的卫生三包（卫生、绿化和秩序），做到自家垃圾自家清，并将垃圾袋（筒）和门前屋后的废物等一起移置到按几户居民点就近设置的垃圾集中点。在收集垃圾时要按就地减量化分类的原则进行，农村垃圾中一般既有可以就地填埋的砖瓦石块，或作为铺路垫道的材料，也有可以就地堆肥的瓜皮菜叶等，但其中也有难以降解的农业塑料（地膜和农业棚膜）、塑料袋和橡胶制品，还有些破铜、烂铁和碎玻璃等。其基本做法是对食物性垃圾采取就地生态处理，先由每户居民将食余垃圾倒入一个带封盖的容器内，再由农村保洁员集中到由村统一建制的生态堆肥装置内，经生态堆肥、厌氧降解，三个月后即可作为优质的有机肥料使用。另外，对非食物垃圾采用就地分拣，将塑料、橡胶和金属类垃圾可回收卖给废品公司或交由专门的物质转化再生部门处理；将有毒有害的废物如废旧电池、农药等，则单独集中交到专门机构进行处理；将其余的垃圾就地运到村里设置的垃圾屋中。

这样做可以就地减量分类，可使垃圾转运量和处理量减少70% ~80%，既有效节约了处理成本，又可将可再生资源回收利用和产生优质有机肥用于农业生产。

在农村一般以50户为一个保洁点，按“一名保洁员、一套保洁工具、一个垃圾屋”的标准组建保洁队伍，保洁员定时到垃圾集中点收集垃圾，打扫公共场所、清扫保洁地，保洁员将清扫及收集的垃圾运至村设垃圾屋内，并在此进行减量分类。保洁员的工作是有偿包干，如果居住区较为集中又有经济实力，如农村新社区和一些城镇化程度高的乡镇，保洁员的形式可转变为城市的物业管理模式。

二、农村垃圾的转运与处理

目前提出对农村垃圾进行无害化处理是不太现实的，但如果不向无害化处理的方向努力，日益集中的垃圾将对环境产生严重危害，为此，提出要对农村垃圾实行“村收集、乡镇转运、县处理”的处理模式。

1. 就地简易处理模式

根据农村的具体条件，因地制宜。例如，在偏远山区的行政村，居住分散，交通不便，经济条件相对落后，应在就地建设简易的垃圾填埋场。在村内按居住点设置多个垃圾屋，由每户将垃圾放置在就近的垃圾屋内，由保洁员负责清扫公共场所的垃圾和清运垃圾屋内的垃圾。在清运前先由保洁员就地进行减量化分类，以最大限度地减少垃圾的清运量，节省处理成本。垃圾清运至填埋场后，先喷洒消毒剂再进行卫生填埋。这就是垃圾分散清扫、集中堆放、统一清运和简易填埋的处理模式。

2. 梯次网络化运送及无害化处理

农村要健全户、村、镇三级垃圾收集和运送网络，及时消化处理，可实行“户集、村收、镇（乡）运、县（市）处理”的垃圾处理模式，县处理这一环节的发展重点是走垃圾处理产业化道路，要建有一定数量的垃圾中转站，配备垃圾运输车，建立县区专业垃圾处理人员，每日将中转压缩后的垃圾运进综合垃圾场进行处理。垃圾在处理场经过分类压缩后集中进行无害化处理是农村垃圾处理的后续程序。除生态堆肥的材料放入发酵装置内进行生物降解，以生产优质的有机肥料以外，无害化处理主要采用卫生填埋和焚烧发电两类。农村垃圾中可燃物含量明显增加，垃圾热值完全能满足焚烧发电的要求，即便焚烧发电装置的建设成本较高，但这是垃圾无害化处理的重点发展方向。农村垃圾处理有利于改善农村生产和生活的环境，有利于减少环境污染引发的各类社会问题和矛盾，让农民更多地享受现代文明，促进社会和谐与稳定。

3. 资源利用型模式

垃圾是人们在生产和生活中产生的废物，认为是无用之物，甚至是有毒有害物质。如果视垃圾为废物，其实垃圾也是一种资源。应将垃圾化害为利，变废为宝，这是处理垃圾最为有效的方法，将这些固体废物转变为有用的原料和资源，处理时既要考虑环境效益，又必须考虑到社会效益和经济效益，实现资源利用型的垃圾处理模式。在农村、乡镇的居住点边缘新建垃圾池、垃圾箱（建议设置地埋式及分类式垃圾箱）等，教育农民懂得进行分类的垃圾处理常识。采用将无机与有机垃圾进行简单分类的处理模式，使垃圾处理真正实现减量化、资源化、无害化。垃圾经分类后，可利用的物质由废品公司回收，进入循环再利用系统；有机垃圾可作为沼气池中的能源原料，无机垃圾倒入垃圾屋由保洁员将垃圾清运到垃圾中转站，而转运至县城垃圾处理场。

（1） *残留农膜的回收利用*

目前我国年产农用地膜约30万t，使用的土地面积达1000万hm^2，随着地膜使用的增加，残留在土地中的农业塑料日益增多。残留的地膜碎片会破坏土壤结构，使农作物产品降低，据实验表明每公顷农田残留地膜45kg，会使蔬菜产量减少10%，残留地膜的土地小麦出苗率低，生苗慢，出苗不整，缺苗断垄多，小麦根系扎得浅，生长发育不良，穗小粒少，造成大幅度减产。据统计，使用普通地膜1～2年的麦地，可致小麦减产7%～9%，连续使用地膜5年的麦地，小麦可减产26%；若使用超薄地膜1～2年可使小麦减产1%～5%，连续使用超薄地膜5年的麦地可使小麦减产15.6%。农用地膜对土壤的理化性状影响很大，如土壤容重、含水量、孔隙度、土壤的透气性、透水性等都受到显著影响。而且残膜多集中在土壤的地表和耕作层，易阻碍土壤毛细管水的移动和水分的浸透，使土壤水分、养料和空气的运行受阻，造成减产。农用地膜是聚乙烯化合物，在加工过程中需加40%～60%的邻苯甲酸二异丁酯（增塑剂），其化学性能对植物生长发育有害，主要作用是破坏叶绿素和阻碍叶绿素的形成，尤其对蔬菜的毒性更大。

农用地膜的使用是一种耕作技术的改进，是一种增产农作物的措施，但使用的地膜不回收清除，就会遭致地膜对土壤和农作物的损害；从另一个角度来看，回收的农用塑料还可重复利用，变废为宝。有些农作物适于在收获前回收废膜（如拔根收获的作物），有些农作物适于在作物收获后再回收废膜（如割茎收获的作物），还有一些农作物适于在收获同时回收废膜（如花生等植株不易同地膜分离的植物)。地膜经过手工和简易的工具，回收废膜的机械等回收地膜。回收时尽量保持其完整性，加以叠整、捆包、便于存放及运输；回收的废膜带有很多泥土，妨碍其回用加工，必须要洗净干燥，一般要经过连续的三个水池漂洗，或用机械洗膜。净膜后要晾干或风干，然后将干燥的净膜粉碎、熔融，经机械挤压成塑料泥，放入挤塑机拉成塑料条，经小型造粒机将塑料条切割成 7~8mm×3~4mm 的塑料颗粒。这种塑料粗制品的售价为 1100~1500 元/t，而制作成本为 600 元/t，除去加工和管理费用，每吨纯利润为 250~300 元，尽管利润不高，但这是一项化害为利，变废为宝的工程。

(2) 生活垃圾的农业利用

垃圾的农业利用是解决垃圾污染的有效方法之一。我国城郊的农民历来有施用城市垃圾作为有机肥的习惯，但长期大量使用的是未经无害化处理的垃圾，不仅导致瓦砾、灰渣、碎玻璃及其某些盐类的积累，还使农田生态系统遭受到物理、化学和生物的污染，甚至会导致有毒物质在农田土壤中的蓄积，造成有毒物质在农作物中积聚，进入人和畜禽的食物链中，引起人和动植物的急、慢性中毒。例如，在施用重金属含量较高的垃圾堆肥和混合堆肥的污泥中，重金属含量较高，除按照“城镇垃圾农用标准”的规定注意其含量标准，还应注意对总量的控制，使有害元素在农业土壤中的积累量控制在造成危害的程度之下。

资源化模式是生活垃圾及固体废物处理、利用最积极的方式，而垃圾处理的产业化给生活垃圾可利用性提供了可能性的空间。垃圾处理在保证生态效益的同时，必须与经济效益和社会效益相结合。生活垃圾在农业利用前必须要经过无害化处理，一是要防止砖石瓦块、碎玻璃、金属、塑料、废电池等异物进入农田；二是要将有机物堆腐，在微生物的作用下使其向腐殖质方向转化，同时杀死其中的有害生物，生产出无害的有机肥料。现代堆肥的方法基本上均采用好氧堆肥的方法。一般是将有机垃圾分层松散地堆积在地面上，堆高约 1m，表面用土覆盖。有的还在堆肥中放置通风管，或在地面挖通风沟，在堆肥期间翻堆 2~3 次，以提供好氧分解的条件。由于微生物的降解使有机物逐渐消化，同时堆肥中产生热量提高土堆中的温度，可杀死部分病毒、细菌和虫卵。由于生活垃圾随着人口的增加而不断增量，现在多采用机械堆肥，消化器有塔式和卧式的，并通过管理程序促进微生物的增殖和降解活性，以达到最大的生产率，加快了堆肥的速度和缩短腐熟的周期。管理的主要任务是优化微生物活动的条件，包括温度、湿度、有机碳和氮的比例（C/N）、堆肥的 pH 和氧的供给。好氧堆肥中主要是中温菌和高温菌，35~55℃是这些菌生命活性的适宜温度，当温度高于 60℃时，微生物的分解活性逐渐下降；升至 75℃时，很少有微生物继续活动，高温能灭活病毒，杀死大部分动植物的病原菌、虫卵和草籽。堆肥也需适度的湿度，湿度低于 20%，微生物活动减弱而使分解作用停止；湿度超过55%，堆料水分过多会影响空气的含量，造成供氧不足，使分解时间过长或发生厌氧发酵，产生大量臭气，并给操作带来困难，堆肥中适宜的湿度为45%～55%。在堆肥中容易被分解的有机物的比例不低于25%，而且微生物活动的能量主要来自碳水化合物分解时释放的化学能，所以对碳的需求远超过氮，由于有机物分解过程中产生的CO_2被排出，而氮仍留在系统内，使C/N不断缩小，故堆肥开始时的C/N是影响分解速度的重要因素，理想的初始C/N为（30～35）∶1。当C/N超过40∶1时，堆料中消化的时间显著拖长，而当C/N低于30∶1时，可能会造成氮的大量损失。堆肥中微生物的最适pH为6.0～7.5，好氧分解初期会产生一些有机酸，使堆肥的pH下降至5.0左右，之后随着氨的释放使pH提升，一般腐热堆肥的pH为7.1～8.0。堆肥中氧气的供给靠堆肥中的通气管、通风沟以及堆肥机械中的吹送风管和堆料的移动等，充分的供氧还要靠堆料的含水量适宜、堆料的颗粒大小（适宜范围粒径为2～5mm）等，在好氧堆肥系统中，供给的空气是冷的，调节通气量也是调节物料温度的方法之一。

堆肥是我国传统的有机垃圾处理方式，在经过发酵的堆料中几乎所有的有机物都变细碎了，数量也减少了，但在堆料中还存在一些在预分选中没有除去的塑料、玻璃和陶瓷碎片，砖头瓦块和锈蚀的金属等杂物，需要在发酵后用筛选、风选、磁选和惯性分离等方法将其除去才好施肥。由于堆肥的肥效低、费工费时、难保存和有异味等，已不适于现代农业生产的需求，如能将堆肥与化肥结合起来，制造有机和无机的复合肥，这将是垃圾堆肥向产业化发展的方向。

（3）其他

乡镇垃圾中含有大量的有机物，可以经过厌氧发酵生产沼气，回收垃圾中的能量。目前利用垃圾生产沼气的方式有两种，一种是收集垃圾填埋场中产生的沼气，建立城乡垃圾厌氧消化池。先将垃圾破碎、分选，将有机垃圾、碎料与污泥混合，送进厌氧发酵池发酵，收集沼气使用，这种较大型的沼气池及沼气发酵产物在农业生产和农村生活中的直接利用，称为沼气综合利用或“三沼利用”。沼气可解决农业生产或农村生活的能源（烧饭、取暖及发电等），沼气发酵产物可作为一种农业生产资料，作为肥料、饲料和饵料，用于农作物浸种，防治作物病虫害，提高作物和果品的产量和质量，或用于农产品的储存保鲜等。另一种是在消化池中快速生产沼气，这除了目前推广的“气、肥、卫三结合”的中国农村家用水压式沼气池以外，还出现了一些“新型农家用沼气池”，如自动排料沼气发生罐、塞流式料液自动循环沼气池和上流式小型高效沼气池等。

此外，由于乡镇企业的蓬勃发展，产生了许多工业垃圾，如锅炉炉渣、燃煤锅炉除尘器所捕集的粉煤灰等，可成为生产轻型建材（小型空心砌块、粉煤灰水泥、粉煤灰黏土烧结砖和粉煤灰加混凝土砌块等），也可用于农业（如改良土壤、覆土造田、作肥料、医治果树黄叶病等）、交通（如筑路材料等）、水力（如用于建筑物的地基、桥台、挡土墙等一般性回填等）、化工（如制取分子筛用于气体与液体的脱水、干燥、分离、净化、提纯等）、轻工（如从粉煤灰中提取漂珠，可做耐磨制品，生产涂料，作橡胶制品的填充等）和冶金（如从粉煤灰中磁选铁精矿，如黄铁矿（FeS_2）、赤铁矿（Fe_2O_3）、褐铁矿（$2Fe_2O_3 \cdot 3H_2O$）、菱铁矿（$FeCO_3$）等，粉煤灰中铁的含量（以 Fe_2O_3 计算）一般为6%～26%，因此极有回收价值）。如果能将这些垃圾中的资源开发出来，经济效益是显著的。

第三节　农村垃圾处理的建议

垃圾处理生态工程是一个牵涉政府、农民、企业，与社会经济环境效益有关，包括规划、立法、管理、建设、设备、技术在内的复杂系统。垃圾包括生活垃圾、商业垃圾、工业垃圾等。其组成有食品废物、纸屑、金属、塑料、柴灰和煤渣、玻璃及其他废物等。国内处理垃圾的技术比较落后，目前以填埋为主，这不仅占用了大量土地，而且会造成地表水、地下水、土壤及大气环境的污染。而地下水一旦遭到污染则治理困难，耗资巨大，殃及子孙后代。焚烧的效果良好，但成本太高，目前也只有欧洲和日本较普遍采用，他们以巨额投资建焚烧厂，当然，为了从垃圾中回收能源而建设了配套的回收设备，其焚烧技术设计也必须达到足够高的温度（1200℃以上），否则易产生二噁英等有害物质。由于焚烧的耗资大，像我国这样的发展中国家不宜大量采用。近年来随着农村经济发展和农民生活水平的不断提高，农村垃圾的产生量也逐年加大，如果垃圾处理问题不能得到有效解决，将会影响到新农村建设的步伐，关系到全面建设小康社会的大局。因此农村垃圾处理急需规范，坚持以科学发展观为指导，以发展循环经济、低碳经济，建设资源节约型和发展环保生态农业为目标，将垃圾处理纳入政府管理体系，以立法的形式从制度上规范起来，用制度促其有序运转。

一、建立农村垃圾处理制度，健全垃圾处理网络

农村垃圾产生量在不断扩大，垃圾成分在日益复杂化，如果垃圾处理不当，大量垃圾乱堆乱放会占用很多土地，破坏自然景观，影响农业生产；垃圾的复杂成分会造成土壤、水体和大气的污染，破坏人类的生存环境；垃圾堆放也会成为蚊蝇孳生地、致病微生物的繁殖场所，进而造成各种疾病传播，危及人和动植物的生命。故垃圾处理不能再任其自然，必然将农村环保建设以立法的形式加以规

范，让“保护环境，人人有责”的环保理念深入民心，切实改掉乱扔乱倒的不良习俗，应该用严格的制度约束来规范村民的行为。要因地制宜，因村、镇的地理、经济、民意等具体情况，比照国家现有的《农村环境卫生及垃圾处理管理办法》和《污水、垃圾处理的排放标准》等，制定切合当地执行的方法和制度，将农村环境卫生工作纳入政府工作职能，使农村垃圾处理规范化、制度化，保证垃圾处理有序可循，全程控制，长效治理。弘扬农民良好生活方式，培养他们自觉遵守垃圾分类存放等要求，树立“洁净家园，从我做起”的新风尚。与此同时，要健全户、村、镇三级垃圾处理网络，严格实行“村收集、镇转运、县处理”的垃圾处理模式，乡镇在合适位置设立无公害垃圾处理场。以上垃圾处理工程的运转，除了靠每家每户村民的努力以外，还要配备好保洁员，确定专人具体负责垃圾的处置工作。村、镇、县、市各级政府要建立相应的卫生监督和卫生执法队伍，认真抓好环境卫生综合治理工作。

二、加大投入，政策支持，试点研究逐渐推广

要坚持将农村垃圾处理纳入城乡社会事业的工作总体，摆上政府相关部门的议事日程。研究制定适合当前农村实际的垃圾处理政策保障体系，法规管理体系和工作激励体系等，使农村垃圾处理工作走上规范化、制度化轨道。垃圾处理是一个庞大的生态工程，目前农村的经济发展相对滞后，除要考虑垃圾的彻底清理，又要保护生态环境，还要顾及资源回收和循环经济的开发等。垃圾处理的技术、设备和维持正常运行，依靠农村自己的投资是不行的，故应加大政府对农村垃圾处理的资金投入，如投资一些农村垃圾处理的基本设施，购置垃圾桶、垃圾屋，垃圾中转站和垃圾处理场的必需设备（如垃圾转运车、分选机、压缩机等）。这中间也包括制定一些优惠的扶持政策，安排一定比例的资金给予农民补贴。对一些企业利用农业废物进行资源回收综合利用的，实行倾斜政策，在资金、税收等方面予以扶植，对垃圾处理技术的开发研究和生产环保产品的企业也应重点予以扶持。

现阶段，由于财政投入有限，可按市场化运作方式，建立起符合市场经济要求的垃圾处理运行机制，按照“谁污染、谁治理、谁付费”的要求，实行环卫设施有偿服务，明确垃圾处理收费的相关事宜。在管理手段上要注重从源头控制垃圾产生，确实做到将垃圾进行分类和有效的减量，降低处理成本以弥补财政投入的不足。同时按照“谁投入、谁经营、谁收益”的要求，吸纳社会各方面的资金、动员各种社会力量和社会资源参与农村垃圾治理与环境建设，减轻政府管理压力。

（周家正　张卓然）

参考文献

安恩科.2006. 城市垃圾的处理与利用技术. 北京：化学工业出版社
卞有利.2006. 生态农业中废弃物的处理与再生利用. 第二版. 北京：化学工业出版社
李国建，赵爱华，张益.2003. 城市垃圾处理工程. 北京：科学出版社
吴文伟.2003. 城市生活垃圾资源化. 北京：科学出版社
徐勇.2004. 乡村治理与中国政治. 北京：中国社会科学出版社
张宝莉.2002. 农业环境保护. 北京：化学工业出版社
张益，赵由才.2000. 生活垃圾焚烧技术. 北京：化学工业出版社
张咏，郝英群.2003. 农村环境保护. 北京：中国环境科学出版社
赵由才，龙燕，张华.2004. 生活垃圾卫生填埋技术. 北京：化学工业出版社

第十九章　农村生活污水处理工艺

第一节　农村生活污水污染现状

我国农村人口多达9亿，每年产生的生活污水达80亿t余，据2005年建设部《村庄人居环境现状与问题》对全国部分农村的调查显示，96%的农村没有污水处理及收集系统，生活污水随意排放。目前，农村水环境污染已成为全国水体污染控制的新焦点。80%的村庄垃圾堆放在路边甚至水源地、泄洪槽及水塘边，这严重危害饮用水源安全和影响居民身体健康。目前，我国农村环境问题较为突出，饮用水源的污染、城市转嫁的污染、农田的污水浇灌与肆意流淌的生活污水，对水体及土壤都造成了严重的污染，严重地危害了广大人民的身体健康。党的第十七次全国代表大会指出，要“建设生态文明，基本形成节约能源、资源和保护生态环境的产业结构、增长方式、消费模式”。在新农村建设中，生活污水处理方式必须符合经济、高效和简便易行的原则：经济原则是指占地面积少，以节省征地费，机械和动力设备少，以减少总投资；高效原则是指出水在去除有机污染物的同时还具有脱氮除磷作用，以防止水体的富营养化；简便原则指的是对运行操作人员的水平要求不高，以适应村镇污水处理设施管理特点，同时减少运行人员的数量，避免建得起污水处理设施，但负担不起运行的弊端。

污水处理工艺的选择是污水处理设施建设的关键。处理工艺选择是否得当，不仅影响处理设施的处理效果，而且还影响整个工程的基建投资、处理工艺运行的可靠程度、运行费用高低、管理操作的复杂程度。因此，必须综合当地生活污水的水量水质及温度、气候、地理、经济发展水平等情况，选择适宜的处理工艺，以确保处理设施的出水质量要满足国家相关标准的要求。

第二节　农村生活污水的水质特征和排放特点

一、农村污水水质特征

农村污水与城市废水水质差别较大，农村生活污水主要为冲厕污水、炊饮污水、洗澡污水、洗衣污水等，其中的有机污染物含量低于城市污水，主要污染物为COD、氮和磷，水质相对较稳定。但在经济发达地区，由于有工厂的存在，农村污水成分与城市废水相近，与偏远地区、经济落后的农村污水水质相差明显。近年来，国家加大对城市污染控制，一些城市污染严重的企业迁至城郊和农村，致使原本以单一生活污水为主要特征的农村污水，向工业废水与生活污水混合的复杂废水型转变。城市废水与垃圾向农村的迁移，使原本靠环境容量自净的农村环境更是雪上加霜。我国96%的农村没有污水处理及收集系统，少数靠近城镇的农村虽建有排水管网，多采用雨、污合流形式排水。多数农村采用明渠或自然沟渠排放生活污水和雨水。在南方经济较发达的地区建有化粪池，化粪池出水由明渠排放，或就近排入水体。虽然污水得到一定的处理，但经化粪池处理后的污水中含有大量的有机污染物，满足不了保护环境的要求，对地表与地下水体还存在污染的隐患。

二、农村生活污水的排放特点

农村人均污水排放量少于城市居民，经济越欠发达的地区，人均污水排放量越少。在不同地域的农村，污水排量也有很大差异，北方农村人均污水排放标准低于南方，而且同一地区农村污水流量日变化波动较大，季节性变化更为明显。由于我国多数农村没有污水收集系统，只采用明渠和自然沟排放污水，居民洗衣、洗菜污水直接泼洒地面，因此大部分生活污水渗入土壤中，而由排水沟渠能收集到的污水少之又少。

随着农村自来水、洗衣、卫生、厨房设备的普及与应用，家庭生活污水可分灰水和黑水两类，其中灰水由厨房排水、卫生淋浴水、洗衣水构成；黑水由粪便、尿液及其冲洗水构成。根据有关资料，家庭人均年排放灰水25 000～100 000kg，黑水550kg，其中尿液500kg，粪便50kg。农村生活污水综合排放是指农村家庭产生的黑水和灰水混合，并通过污水管网收集后的污水排放。一般农村生活污水排放量较小，排放时间集中在早、中、晚，因农村居民生活规律相近，生活污水夜间排水量最小，甚至可能断流，水量变化明显，日变化系数大，一般为3.0～5.0。一般农村生活污水综合排放浓度与家庭用水量有关，所含有机物浓度相对偏高，但重金属、有毒有害物质较少。

三、存在问题

我国农村分布广，各村人口相差较大，多则上千户，少则几十户，而且污水日变化系数大，日污水流量不连续。农村地形复杂，布局分散，这就增加了对污水收集处理的难度。而且污水在运送过程中还会发生跑、冒、渗、漏现象，对管网沿线的土壤与水体造成二次污染。若以城市废水处理模式集中收集污水，运送至污水处理厂统一处理，这就要求建设庞大的排水管网，修建污水处理设施，基建投资与运行维护费用均很高，尤以北方为甚，国家与地方财力难以承受。

目前，农村基础设施薄弱，农村居民环境保护意识较差，人们关注水环境的观念不强，村民的文化水平较低，缺少必要的专业技术人员，加之农村生活条件较差，专业人员很少愿意去农村工作定居，因此污水处理设施的运行维护管理较为困难。往往是建成污水处理设施，但难以长久维持运行。

国外许多国家较早地开展了农村生活污水治理研究，其成功处理技术可以为国内治理生活污水借鉴。由于我国农村居民生活方式、经济状况与国外有较大差异，因此，在开展我国农村分散污水治理时，不应全盘照搬国外已有处理方法。应选择适合我国农村实际情况，因地制宜地采取集中处理与分散收集、分散处理相结合的污水处理技术。

第三节　适合农村生活污水处理的工艺

农村污水处理技术的选择应根据农村自然环境、经济环境与人口规模等条件确定，因地制宜，采取集中收集处理与分散处理相结合的策略。以投资少、简单实用、管理方便、效率高、运行成本低为污水处理技术选取原则。

目前我国研究并应用较多的农村污水处理工艺有好氧生物处理工艺、人工湿地、稳定塘系统、土地处理系统、生活污水净化沼气池技术、生活污水地下自动连续处理技术、蚯蚓生态滤池等。

一、好氧生物处理工艺

适用于小量污水处理的好氧生物处理工艺主要有生物接触氧化、生物滤池、生物转盘、序批式反应器等。我国农村生活污水处理应用较多的好氧生物处理工艺是生物接触氧化法。

生物接触氧化法是在生物滤池的基础上，通过接触曝气形式改良而演变出的一种生物膜处理技术。生物接触氧化技术是介于活性污泥法和生物膜法之间的处理技术。在填料表面上培养微生物，形成生物膜，并采用与曝气池相同的方法向微生物供氧，污水流过时与填料上的生物膜接触，通过微生物的新陈代谢作用降解污水中的污染物，从而达到净化污水的目的。生物接触氧化工艺占地面积小、处理负荷高、污泥产量少、抗冲击能力强、维护管理简便。生物接触氧化池又称浸没式生物滤池，由布水系统、滤床和布气系统组成。

生物接触氧化工艺对冲击负荷有较强的适应能力，在间歇运行条件下仍能保持良好的处理效果，对于水量不均匀的农村生活污水处理更具有实际意义。然而对于农村生活污水来说，生物接触氧化工艺的投资和运行费用偏高，所以此工艺适合于我国南方及东部城市化速度快、比较富裕的农村推广应用。

二、人工湿地污水处理工艺

人工湿地污水处理工艺是20世纪七八十年代发展起来的一种污水生态处理技术。由于它能有效地处理多种多样的废水，如生活污水、工业废水、垃圾渗滤液、地面径流雨水等，且能高效地去除有机污染物，氮、磷等营养物，重金属，盐类和病原微生物等多种污染物。具有出水水质好，氮、磷去除率高，运行维护管理方便，投资及运行费用低等特点，近年来获得迅速的发展和推广应用。

人工湿地污水处理工艺为生态处理工艺，该技术在欧美等国应用较多，主要用于处理小城镇或社区的生活污水。近年来，国内学者对湿地污水处理原理与设计参数也进行大量的研究，湿地系统人均建设费用为250～300元，仅为传统工艺建设投资的1/3，运行成本主要为提升水泵所消耗的电费，为0.05～0.1元/t，人工湿地污水处理技术是适合我国国情的污水生态处理技术。

人工湿地具有结构简单、投资小、易于维护和运行费低等特点，适用于地势平坦、坡地、居住相对集中的中、小村庄。通过管网将各户经沼气池、化粪池、格栅井收集处理后的生活污水通过人工湿地系统进一步处理后，直接排放或回用灌溉农田，水质达到国家污水二级排放标准。由于人工湿地工艺受季节变化影响较大，气温的降低会影响人工湿地的正常运行，低温对有机物和氨态氮的去除影响是比较明显的，特别是对氨态氮的去除不利，因此人工湿地适用于我国南方平均气温较高的农村，用于处理生活污水，而对于北方寒冷地区的农村来说则不太适合。

三、稳定塘污水处理技术

稳定塘是经过人工适当修整的土地，设围堤和防渗层的污水池塘，主要依靠自然生物净化功能使污水得到净化的一种污水处理技术。稳定塘的污水净化过程类似于天然水体的自净过程，主要通过在污水中存活的微生物的代谢活动和塘内水生植物及多种生物的共同作用使有机污染物得到降解。根据塘内溶解氧含量及微生物特性，稳定塘工艺可分为好氧塘、兼性塘和厌氧塘。稳定塘对于农村生活污水处理来说具有明显的优点：①可以充分利用地形，工程简单而且施工周期短，易于施工，投资省；②能够实现污水资源化，使污水处理与利用相结合，塘内可种植经济植物，也可放养水生动物，如虾、鱼、水禽等而形成综合处理塘；③污水处理能耗少，维护方便，成本低。稳定塘也有其固有的缺点：①占地面积大；②污水处理效果受季节、气温、光照等自然因素影响较大，且处理效果不够稳定；③易于散发臭气。

稳定塘结构简单，易于维护，基建费用低，人均建设费用为150～250元，为传统二级活性污泥法的1/4，无设备运行费用，但稳定塘占地面积大。该工艺适用于经济欠发达、水资源短缺、规模较小且拥有自然池塘或闲置沟渠地形的村庄。稳定塘技术多用于南方，在北方也有应用，但基建投资与运行费用高于南方，且冬季稳定塘对污水处理效果降低。

进入稳定塘的污水应先经化粪池或沉淀池处理，去除污水中的悬浮物质。在环境要求较高、经济条件较好地区，可在氧化塘前加自控A/O、A^2/O或SBR处理工艺。污水经稳定塘处理后可用于农田灌溉、环境绿化等。

四、土地处理工艺

污水的土地处理工艺是利用土壤－微生物－植物组成的生态系统的自我调控及人工调控机制，对污水中的污染物进行一系列物理、化学和生物的净化过程，使污染物得到去除、转化，使污水水质得到改善；并通过系统中营养物质和水分的循环利用，使绿色植物生长繁殖，从而实现污水的无害化、稳定化和资源化的生态系统工程。目前，我国常用的农村生活污水土地处理工艺有人工快渗和土壤地下渗滤工艺。

1. 人工快渗污水处理工艺

人工快渗污水处理工艺是基于污水快速渗滤工艺研发出来的新工艺。该工艺在快渗池内，人工填充一定的颗粒级配的天然介质，并掺入一定量的特殊填料，采用干湿交替的运行方式，保证有较高的水力负荷（$1.0 \sim 2.0 m \cdot d^{-1}$）的同时，又能满足处理污水的目的。在系统的正常运行中，人工快渗池中的滤料表面生长着生物膜。污水流经时，滤料中黏土性矿物和有机质的吸附作用，以及生物膜的生物微絮凝作用，截留和吸附污水中的悬浮物和溶解性物质；同时高比表面积的滤料上有高浓度的生物膜，可以降解污水中的污染物，使污水快速净化。人工快渗工艺对污染物的去除，主要有过滤截留、吸附和生物降解过程。人工快渗工艺操作简单、运行管理方便、能耗低、建设投资和运行管理费用低，然而目前人工快渗工艺主要应用于南方气温较高的地区，应加强完善系统在低温条件下的运行研究，以利于该技术的推广和应用。

2. 土壤地下渗滤工艺

土壤地下渗滤系统是日本开发的一种浅层土壤处理工艺。其工艺原理是将污水投配到具有一定渗透和扩散性能的土层中，利用土壤毛细管浸润扩散作用，使污水向周围土壤扩散和渗透，污染物通过土壤和植物组成的生态系统来降解和净化。地下渗滤工艺具有不影响地面景观、基建及运行管理费用低、运行管理简单、氮磷去除能力强、出水水质好、污水可回用等优点。

土地处理系统工艺是最原始的污水处理方法，通过对污水合理投配，充分利用土壤的吸附能力、土壤微生物降解能力及植物的吸收，使污水得到净化的一种污水处理工艺。该工艺适合土质通透性能高、农户分布散、人口少、经济较落后的农村进行污水处理。

五、一体化地埋式污水处理系统

地埋式污水处理系统是一种集成化、模块化的高效污水生物处理系统，适合于污水处理程度要求较高的农村地区，可根据农村地势及用地情况决定采用散装或整装的形式。一体化地埋式污水处理系统是近两年来应用较多的小型污水处理工艺，该工艺以厌氧生物处理为主，后接兼性生物滤池，系统类似 A^2/O 工艺，主要由水解沉淀池、生物滤池和接触氧化槽组成。该工艺具有抗冲击性强，能耗低，活性污泥产量少，污水处理效果好等优点。但处理污水量不宜过大，而且工程施工要求技术较高，反应器的材质有纤维玻璃钢、钢板和混凝土。反应器主体可埋置于地下，也可置于地上，随动性较大。反应器埋置地下，受低温天气影响较小，而且地表可绿化美化环境。

该工艺建设费用每人为 350～400 元，基本无设备运行费用。适合经济基础较好、人口相对集中的中、小农村和分散饭馆、酒店使用等。

六、生活污水净化沼气池技术

生活污水净化沼气池技术，是一种分散处理生活污水的装置。它采用生物厌氧消化和好氧过滤相结合的办法，集生物、化学、物理处理于一体，采用多种好氧过滤和多层次净化，实现污水中多种污染物的逐级去除。它将污水处理与其合理利用有机结合，实现了污水的资源化。污水中的大部分有机物经厌氧发酵后产生沼气，发酵后的污水被去除了大部分的有机物，达到净化的目的；产生的沼气可作为浴室和家庭炊用能源；厌氧发酵处理后的中水可用作浇灌用水和观赏景点用水。农村有大量的农作物秸秆和人畜粪便等原材料，可用作沼气发酵，通过厌氧发酵过的粪便（沼液、沼渣），其碳、磷、钾的营养成分没有损失，而转化为可直接利用的活性态养分——农用沼肥，来替代部分化肥。结合农村改厨、改厕和改圈，可将猪舍污水和生活污水合并处理，经在沼气池中厌氧发酵后作为农肥，沼液经管网收集集中净化后，出水水质可达到国家标准后排放。该技术的沼气池工艺简单，成本低，一户约需费用1000元，运行费用基本为零，适合于农民家庭采用。但其应用也有其局限性，厌氧沼气池主要适用于高浓度生活废水处理。当生活废水中有机物浓度过低时，会导致系统产气效率低，从而给生产及生活用气造成影响。此外，该技术通常适用于冬季地下水温保持在5℃以上的地区，或在沼气池上建日光温室，能使气温达到5℃以上的地区。当冬季气温较低时，该工艺的处理效率也会降低，出水难以实现达标排放。目前，该技术在中国农村生活污水处理的实践中是最通用和节俭的，能够体现环境效益与社会效益双赢的生活污水处理方式。

七、生活污水地下自动连续处理技术

农村生活污水地下自动连续处理技术，是一家一户生活污水就地独立处理的技术。每户的污水直接排放到地下装置，经沉淀分离、腐化水解和土壤生物降解、渗滤、吸收等净化作用，以去除污水中的氮、磷、细菌、病毒等，达到规定排放标准后，渗入地下水。该技术适用于农村居住分散，污水无法集中，或虽然形成居住小区，但户数不多，难以承受建设污水处理厂的投资和运转费用。该技术就地处理一家一户产生的生活污水，不受天气和温度限制，无能源消耗，山区和平原均可利用。并具有投资少、建设快、不占用土地、无运行费用等特点，适合于中国经济发展地区农村的需要。该技术唯一的限制条件是对地下土质结构和地下水深度有具体要求。设计前，要对现场地下土质结构进行了解，如果达不到要求，只要设计时增加相应设施仍可使用。该技术需要用户定期检查分离水解池的水位和污泥深度，平均3~5年清理一次，并将系统产生的污泥运走。目前，该技术在国外已被成熟的应用，在美国已运行了数十年，全美国1/4的家庭采用了这套工艺技术，每天约有150亿L的生活污水经该技术处理后进入地下水。

除此以外，浙江、广东、天津和江苏等地，还分别在无动力、地埋式厌氧处理系统、雨污分流管网输送集中处理和生物投菌治理污水等技术应用方面进行了探索与尝试，也都取得了一定的进展。中国目前共有60多万个行政村、250多万个自然村，居住生活着2亿多农户、近9亿农民。农村地大面广，具体情况千差万别。因此，在选择污水处理技术模式时，要坚持“投资节省、技术成熟、工艺简便、运行成本低廉、运行过程简便、便于维护保养、符合农村生产生活实际”的原则，因地制宜、分类指导，采用符合实际的治理要求和方法，以实现农村生态环境的改善。

八、蚯蚓生态滤池

蚯蚓生态滤池是近几年在国外发展起来的一项新型生态污水处理技术，它是利用人工方法在滤床中建立适合蚯蚓和多种微生物生存的生态环境，对所处理城镇污水中各种形态的污染物质通过蚯蚓和其他微生物的协调作用进行处理和转化。蚯蚓在生态滤池中的主要作用是：参与污水、污泥的分解，对滤床起清扫作用，防止堵塞，增加滤床的通气性，改变生物种群结构，提高生物活性，促进滤床碳、氮分解和转化。据有关资料介绍，蚯蚓生态滤池对COD、BOD、SS和NH_3-N的去除率分别为83%～88%、91%～96%、85%～92%和55%～65%。同时蚯蚓生态滤池工艺过程和设备简单，操作容易掌握，维护管理方便，适合于农村生活污水处理。但由于蚯蚓有冬眠和夏眠的习性，会造成阶段性出水不稳定，据报道，李先宁等采用蚯蚓生态滤池和湿地联用的生活污水处理技术，取得良好的效果。

第四节　农村生活污水处理工艺的发展前景

根据我国农村的农户分布特点及农村水质水量特点，研发分散处理小水量的农村污水处理工艺，并且工艺需满足建设和管理运行费用低廉、耗能低、操作管理简便、处理稳定、可长期使用、部分污水可再利用等要求。这是我国农村生活污水处理工艺发展的总体方向。

对农村生活污水的处理工艺在考虑水质净化和经济技术可行的同时，必须将污泥处理的问题提上日程，从资源利用和可持续发展的角度，在源头上控制污泥，使之无害化、稳定化、资源化，使农村污水处理达到真正的经济、可行和实用。基于上述理念，结合农村实际，从可持续发展的角度看，农村污水处理技术应满足以下要求：①基建投资省，后续运行维护工作量小及成本低；②污水有机物、氮、磷等指标去除率高；③着重体现处理工艺中的清洁生产理念，污泥产量小或无，且无害化与资源化程度高，最大限度地减少并利用处理过程所产生的二次污染物；④同时处理出水可用作灌溉用水及自然水体补充用水，提高水资源利用率；⑤污水处理设施占地面积小，布局整洁紧凑。

一、厌氧生物处理是农村生活污水处理工艺发展的潜在方向

厌氧生物处理主要是利用厌氧微生物的代谢过程，在无氧的条件下，把有机物转化为无机物和少量细胞物质。厌氧生物处理适用于处理不同浓度、不同性质的污水。其污泥产率低，所以可节省污泥处理费用。同时厌氧生物处理还具有耗能低、建设和运行管理费用低廉等优点。

二、生物－生态组合工艺是农村生活污水处理工艺发展的主要方向

组合工艺是目前污水处理技术发展的主要方向，若干个不同的单一工艺的组合可实现优势互补，从而可以更好且高效地处理污水。对于农村生活污水，生态处理工艺（地下渗滤、人工湿地等）因其建设费用低、能耗低、运行管理方便等特点，所以拥有广阔的发展前景。生物处理工艺可以弥补生态处理工艺受气候变化影响较大、处理效果不稳定等缺点。

三、借鉴国外的成功经验推动我国农村生活污水处理工艺的发展

美、日等发达国家的农村生活污水处理已取得巨大成功，将发达国家成熟的处理工艺与我国实际国情相结合会促使我国农村生活污水处理工艺飞速发展。生态厕所、高级综合塘工艺、地沟式土壤渗滤工艺、净化槽工艺等都借鉴发达国家，并将其成功地应用到我国农村生活污水处理之中，并取得了不错的效果。由国外引进的污水处理技术在一定程度上推动了我国农村生活污水处理工艺的发展。

（魏俊峰）

参考文献

白小慧，王宝贞，秦晓荃.1998. 稳定塘系统与城镇污水资源化. 西北水资源与水工程，9（2）：20～24

陈星，大矢绫子，杨喜田，等.2007. 土壤地下渗透系统处理污水的研究进展. 河南科学，25（2）：316～320

成水平，吴振斌，况琪军 . 2002. 人工湿地植物研究 . 湖泊科学，14（2）：179 ~ 184

环境保护部自然生态保护司 . 2008. 农村实用环保技术 . 北京：中国环境科学出版社

贾静，傅大放，马强，等 . 2007. 苏南农村地区分散式污水的处理与回用 . 中国给水排水，23（6）：31 ~ 34

李旭东，何小娟，周琪，等 . 2006. 高效藻类塘处理太湖地区农村生活污水研究 . 同济大学学报，34（11）：1505 ~ 1509

宋志文，毕学军，曹军 . 2003. 人工湿地及其在我国小城市污水处理中的应用 . 生态学杂志，22（3）：74 ~ 78

苏东辉，郑正，王勇，等 . 2005. 农村生活污水处理技术探讨 . 环境科学与技术，28（1）：79 ~ 81，113

王宝贞，王琳 . 2004. 水污染治理新技术——新工艺、新概念、新理论 . 北京：科学出版社

王庆永 . 2009. 农村污水处理现状及处理模式探讨 . 农技服务，26（3）：141，142

王晓峰，陈鹏飞 . 2009. 社会主义新农村污水处理设施的选择探讨 . 小城镇建设，（4）：56 ~ 58

谢良林，黄翔峰，刘佳，等 . 2008. 北方地区农村污水治理技术评述 . 安徽农业科学，36（19）：8267 ~ 8269

许春华，周琪 . 2001. 高效藻类塘的研究与应用 . 环境保护，8：41 ~ 43

严戈，海热提 . 2007. 潜流式人工湿地在我国干旱地区的试运行 . 水处理技术，33（10）：42 ~ 45

张丽，韩乔，司马卫平 . 2007. 人工湿地污水处理技术综述 . 山西建筑，23（28）：204，205

《中国环境年鉴》编委会 . 2007. 中国环境年鉴 . 北京：中国环境年鉴社

《中国环境年鉴》编委会 . 2008. 中国环境年鉴 . 北京：中国环境年鉴社

第二十章　农村人粪便的处理及生态厕所

粪便的处理程度与每一个国家的发达程度有关，一般来说，粪便处理率与国家的发达程度成正比。目前欧美国家的粪便处理率均达到90%以上，日本为100%。随着下水道管网普及率的不断提高，粪便由污水处理厂处理的比例也不断提高，但在广大农村铺设下水道，建立排放管网系统是极为困难的。很多国家规定在没有下水道系统的地方，独立的住宅建设必须配备相应的独立污水处理装置。在历史上，美国农村厕所也曾与我国农村的茅房差不多。但在20世纪初期各地就先后通过了地方法规，禁止这种开敞式的对粪便不经处理的简易厕所的存在。每一家农户都在厕所里使用了抽水马桶，并在每户的地方安装了一个化粪罐。老式的化粪罐多为水泥制作，新式的大多是用玻璃钢材质，既轻便结实，封闭性能又好。在安装时就向罐中投放特有的发酵菌种，使用中还可随时添加菌剂，所有粪便与废水在罐中经过细菌发酵，固体部分大大减少。经过化粪罐处理的液体几乎变为清水，然后排放于地下而渗入土壤，但是化粪罐的排放口与用作饮用水的水井保持一定距离，以保证井水的绝对清洁。化粪罐一次安装可以供一户人家连续使用20多年，20年后需要清除罐中沉积的固体物，清理一次又可持续使用20年。面临我国农村的居住情况，我们应该推荐使用类似美国的化粪罐来处理农村人粪便废水，而且我国已有类似产品（详见第二十二章），可每户一个，也可几户、几十户安装一个。

第一节　农村的粪便处理现状

一、粪便处理的意义

目前在农村，农民多将人粪尿未经无害化处理，未经消毒灭菌而直接施于农田，不仅影响农作物的吸收，而且严重污染环境，导致疾病传播。造成这种现象的原因是农民只注重粪便的肥分，而忽视粪便无害化的重要性；加之在农村非常缺乏简单有效的粪便无害化处理技术，又缺乏进行无害化处理的投资力度；而小规模的经营模式限制了先进的粪便无害化、资源化技术与设备的推广。简而言之，粪便处理的意义在于：①粪便经无害化处理达到了排放的卫生指标，消除了粪便中的病原体微生物的恶性循环，从而有利于人民的身体健康，有效地控制了对环境的污染，促进了精神文明建设；②粪便处理时在发酵过程中产生的沼气可以作为能源，也可提供高温发酵所需要的热量，从而减少了运行费用；③无害化处理后的粪便作为有机肥施入农田，可增加土壤的有机质含量，缓解施用化肥而导致的土壤板结化。

1. 人粪尿资源

我国农村约 9 亿人口，按每人每天排泄 1.5kg 粪尿计，每年可产生 4.93 亿 t 粪便。按表 20-1 粗略估计，这些粪便含 240 万 t 氮、120 万 t 磷和 150 万 t 钾，相当于 1200 万 t 市售化肥的肥力，即为全国每年化肥使用量的 12%。如果再加上 3 亿城市人口每年产生的 1.64 亿 t 粪便用于施肥，则可达到全国每年化肥使用量的 16%。

表 20-1 人粪便和天然肥料的养分对比

种类	养分质量分数（以干重计）/%			种类	养分质量分数（以干重计）/%		
	TN	P_2O_5	K_2O		TN	P_2O_5	K_2O
人粪	5 ~ 7	3.0 ~ 5.4	1.0 ~ 2.5	牛粪	0.3 ~ 1.9	0.1 ~ 0.7	0.3 ~ 1.2
人尿	15 ~ 19	2.5 ~ 5.0	3.0 ~ 4.5	猪粪	4 ~ 6	3 ~ 4	2.5 ~ 3.0
粪便	10.4 ~ 13.1	2.7 ~ 5.1	2.1 ~ 3.5	秸秆	1 ~ 11	0.5 ~ 2.8	1.1 ~ 11

人粪尿用于农业和渔业生产的经济效益是显著的，如果每公顷地施 3 ~ 7.5t 粪便和 900kg 化肥（N∶P∶K = 20∶20∶20），与只施 1.5t 化肥相比，可增产稻米 225kg · hm^{-2}，小麦 450 kg · hm^{-2}，葡萄产量可达 30 ~ 37.5t · hm^{-2}。经厌氧发酵的粪便与青饲料混合用于养鱼，鱼的生长速度加快 1 倍，患病率和死亡率下降 50%。

从表 20-1 中看出人粪便的氮、磷、钾含量均高于其他天然肥料的养分。但目前我国粪便的无害化处理和资源化利用率较低，仅约 30% 的粪便被作为粪肥，而且由于城镇的粪便处置模式使粪肥的利用价值已丧失，现基本上已不再被利用。随着农村城市化进程的加快，就预示着粪便的资源利用率还要不断下滑，从 20 世纪 80 年代后，化肥、农药的广泛应用，随着化肥投入量的不断增大，土壤的培肥情况却不断下降，土壤板结和环境污染现象日趋严重；粪肥等有机肥料投入量的逐渐减少，使土壤肥力和土壤有机质含量急剧降低。例如，我国规定土壤中含氮量不得低于 0.7，而现在的平均值是几近底线的 0.73，这是一个值得关注的问题，因为现代化的绿色农业急需更多高效、无害化的粪肥还田。

2. 粪便的污染及对人类健康的影响

全国城市建城区中约有40%未铺设下水道，这些城区所产生的粪便年清运量0.33亿t。而收运的粪便90%未做无害化处理，直接运到农村作肥料或直接排入水体，致使粪便传染病蔓延流行，如细菌性痢疾发病率居诸多急性传染病之首。近年来由粪便传染的水体而致肠道病毒感染率在上升。例如，手足口病、病毒性腹泻、病毒性肝炎等。实验室检查粪便中含有大量致病性微生物和寄生虫卵，每克新鲜粪便中含有大肠埃希菌$5\times10^6\sim10^8$个，肠道病毒$10^5\sim10^8$个/pfu（plague forming unit），霍乱和伤寒患者排泄的粪便中，每克粪便含病原菌$10^8\sim10^9$个，带菌者排出的E1 tor霍乱弧菌约每克粪便中含$10^2\sim10^5$个，在含粪便生活污水中含有肠道病毒$1\sim100\text{pfu}\cdot\text{mL}^{-1}$，大肠埃希菌$10^6\sim10^7$个$\cdot\text{mL}^{-1}$。在某些寄生虫病流行地区，40%的人群粪便中含有钩虫卵。

由于施用未经无害化处理的人畜粪便作农家肥，劳动保护不健全，又不注意饮食和饮水卫生，致使农村的肠道传染病和寄生虫病发病率普遍高于城市。1988年上海地区由于食用了被粪便污染的毛蚶，造成30余万人感染甲型肝炎的爆发流行；在有食用未熟烤鱼习惯的局部地区，肝吸虫发病率接近100%；全国农村地区蛔虫病、钩虫病和鞭虫病的发病率分别为94%、65%和93%。在对市场农产品、水产品进行抽样检查时，分别选自用经过处理的粪便和未经处理的粪便作农肥的蔬菜（包含韭菜、菠菜、小白菜、茄子、豆角、辣椒、蒜苗和大葱等200份）及鲢鱼等，检测蔬菜上的大肠菌群和鲢鱼肠内的沙门菌，结果表明施用经无害化处理粪便作农肥的蔬菜污染程度明显低于施用未经处理粪便的蔬菜（表20-2）。

表20-2　施粪肥对蔬菜和鱼类污染的比较

项目	无害化处理粪便的污染率/%	未经无害化处理粪便的污染率/%
蔬菜类①	4.44	22.22
鲢鱼②	0	20.0

注：①蔬菜的污染以大肠菌群>31/100g计；②鲢鱼的污染以肠内沙门菌检出阳性者计。

为切实抓好粪便管理和无害化处理，改善农村环境卫生状况，保障人民身体健康，特制定“粪便无害化卫生标准”，用于评价城乡垃圾、粪便处理的无害化效果。人畜粪便是构成生态农业的要素之一，但是必须按无害化卫生标准进行粪便的处理，只有用这种无害化的粪便施田和喂养水产品才能保证生态农业的可持续发展。

二、国内外处理粪便的方法

为预防疾病，治理环境污染和保护环境，提高农家肥效，粪便管理和无害化处理显得非常重要。自开展“卫生城镇”建设以来，粪便的处理设施逐年增加，但是尚处于初级阶段。处理覆盖率低，尚未形成完整的粪便管理体系，处理方法仅限于堆肥、储存、发酵复合肥以及沼气处理等。

欧美国家城市下水道系统的建设目的，是解决粪便和污水的排泄问题。欧美国家下水道普及率为70%～97%，城市几乎达到100%。像英国均已普及到农村，这样就使粪便污水的污染得到有效控制。在美国，下水道人口普及率和城市污水处理厂服务人口普及率均达到80%以上。美国城市粪便的处理主要采用特殊处理与污水治理相结合的方法，在农村每户都安装了一个地下的化粪罐，由于农村都有自来水，所以厕所里都使用抽水马桶，粪便与污水经化粪罐的处理，变成近乎于清水排放。

日本是一个经济大国，虽然下水道的普及率并不高，但其粪便处理率高达100%，按目前日本服务人口普及率计算，粪便排入下水道的只占35%，采用开发新技术净化槽的也占35%，使用旱厕的占30%，对使用净化槽的污泥和旱厕粪便，依靠单独收集处理系统进行清运、处理及最终处置。目前日本50%以上的生活污水及粪便污水经污水处理系统处理，经下水管网系统进入污水处理厂处置。在下水道和污水处理厂尚未建设好的地区，日本力推粪便净化槽技术。净化槽相当于一个小型污水处理厂，大都有沉淀分离室、接触氧化曝气室、沉淀室、消毒室等几部分组成。在净化槽内放有大量经驯化和培养的能强有力分解有机物的微生物，粪便污水处理效果也较好。这种处理方式对下水道管网普及率低的国家具有普遍的指导意义，反映了粪便处理的发展趋势。

发展中国家在20世纪70年代以前，普遍不重视卫生设施的建设。约有10亿城市人口缺乏下水道系统，城市环境卫生问题严重，80%的疾病原因在于水污染和粪便没有进行卫生处置。目前，在发展中国家使用较为广泛的粪便处理系统，有各种改良型旱厕和化粪池、渗井、桶式车运、真空吸粪车、小口径污水管、混合堆肥及沼气发酵等。大多数居民使用的是各自的原位卫生设施，如化粪池或无排水系统的厕所等，从这些系统中收集到的粪便污泥常是未经处理就排放到城市或其周围的环境中，对水资源及公共健康造成了极大的威胁。在我国，排泄物处置的传统做法是将其用桶或真空粪罐车从各家各户或公厕中收集起来（我国每年约收集3000万t人畜粪便），然后用于农业或水产养殖。由于大部分粪便未经处理就被利用了，这关系到潜在的居民的健康，可见粪便无害化处理是发展中国家亟待解决的重大环境卫生问题。

城乡粪便的处理方法大致分为三种。少数发达国家具有较好的地下管网建设，因此第一种处理方法是粪便污水排入下水管网系统，然后进入大型污水处理厂进行无害化处理。欧美、日本等国或地区的先进城市普遍采用，设计总处理能力为 $3.0\times10^{6}\ m^{3}\cdot d^{-1}$，下水道按人口普及率达 99.3%，按处理面积计达 97.7%。

第二种方法是用净化槽或化粪池，美国和日本的农村应用较广泛，适于那些已建有卫生便池但尚未纳入“下水管网－污水处理厂”系统的住户。净化槽的构造相当于一个微型的污水处理厂，也可简单地分为沉淀分离室、接触氧化曝气室、沉淀室和消毒室等几个部分，功能完整，结构紧凑（图 20-1）。除粪便污泥需定时抽取外，日常管理方便，处理效果也较好。化粪池（罐）的结构较净化槽简单，进入池内的粪便在静止条件下进行生物消化，使 BOD 降低，粪渣滞留在池内，处理后的澄清液从化粪池上部流入雨水管道。每隔一段时间需抽取池内粪渣，在我国多将清理的粪渣污泥等运往农村作肥料。在日本农村较多使用一种土壤毛细管净化系统埋于地下，粪便污水通过陶管输送分布，在土壤毛细管系统作用下，使污水在土壤上层约 50cm 深度内缓缓移动而不致于迅速渗入地下深层污染地下水；充分发挥地表以下 50cm 左右土层内环境微生物及微型动物的作用，使污水粪便等被有效分解和矿化，粪便污水中的氮、磷等养分也会及时地被地表绿化和作物栽培植物吸收利用，形成一个良性的生态循环。这种土壤毛细管净化系统较适于处理分散的小型点污染源的粪便污水，除初建时需花费少量人力和物力外，运行中再无投入，而且操作简单，处理效果良好，可形成良性循环。

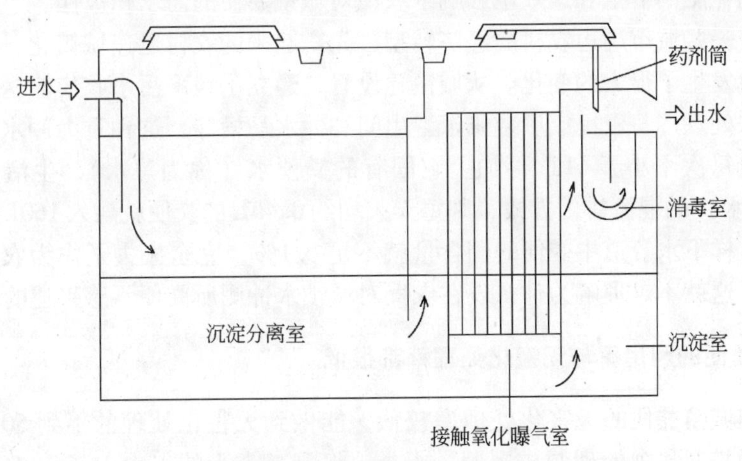

图 20-1　净化槽结构示意图

第三种方法是修建粪便污水处理厂进行集中处理，其规模就粪便污水收集量来决定。粪便主要来自化粪池的粪渣，旱厕和公共厕所的新鲜粪便。但投资较大，最好与粪便处理的综合利用、节能减排等措施一起考虑。

三、农村的粪便处置现状

1. 农村城镇化进程与粪便处理方式的变化

随着社会的进步，农村城镇化进程已不可避免。城市自身的发展要向农村伸腿，城市周边的农村要不断的融入城市。欧美等发达国家或地区的城市化进程起步早，发展快，程度高，1995 年英国、德国的城市化水平已分别达到 89.23% 和 86.50%；美国、法国和日本等国也达到 75% 左右。这些城市化的农村纳入城市完整的下水道管网 - 污水处理厂系统，有效解决了大部分地区的粪便无害化处理问题。而我国农村人口已愈 9 亿，城市化水平仅为 40% 左右，城镇下水管网和污水处理厂系统只能解决少部分城市人口的粪便处置问题。在我国的广大农村，粪便处置仍需要走无害化和资源化相结合的道路。而城镇化进程在粪便处置上的标志就是下水管网的建设，并纳入城市污水处理厂进行处理，这种变化就直接影响了粪便资源化在农业生产上的综合利用。1980 年我国约 90% 的城镇粪便运往农村作肥料，但其后农民逐渐拒绝使用城镇粪便作肥料，因为过去旱厕粪便的固含量占 6% ~9%，而现在城市居民使用水冲厕所的粪便固含量还不足 0.1%，已失去了原有的利用价值；再则，城镇污水粪渣中混入了大量化学洗涤剂、重金属和有毒难降解的物质，不宜再利用污水处理厂的污泥制作农田肥料而进入食物链；加之使用化肥的卫生和速效也影响了农民对城镇粪便的需求积极性。

随着一些城市周边农村的经济转型，先富起来的农村迅速城镇化，农民的生活习惯也发生了很大的变化。从城镇建设看，建立了地下污水收集输送管网和集中的污水处理厂，农民家里装修了卫生间和冲水马桶等，这种重力冲水厕所所需的冲水量每次不小于 6L，再加上它固有的粪便水（称为黑水），生活杂洗用水（称为灰水）的混流排污方式，则每天人均约 0.45L 的粪便就融入 160L 左右的用水中。这样下水管道中粪便的固含量就不足 0.1%，完全失去了作为农家肥的利用价值，这就不难理解为什么现在农民对城镇水冲厕所粪便不感兴趣的道理。

2. 农村粪便的利用率与无害化处理率都很低

我国城镇粪便的无害化处理率较低，能做到无害化处理的不到 50%；在农村，农用粪肥集中处理制成厩肥、土粪、沤肥、粪干的仅占 16%。农民多将人粪尿未经无害化处理就直接用于农田，不仅影响农作物的吸收，并可污染环境，导致疾病传播。造成农村粪便无害化处理率和利用率都低的原因是：①农民只注意粪便的肥力，而忽视粪便无害化处理的重要性；②农村缺乏简单有效的粪便无害化处理技术；③农民的经济状况制约了粪便的无害化处理；④小规模的经营模式限制了先进的粪便无害化处理技术的实施，资源化技术与设备的推广。我国使用粪肥等有机肥的习惯由来已久，并积累了丰富的经验，长期使用有机肥料，依靠农业内部的物质循环，保持地力和稳定产量是可能的。以前约90%的城镇粪便被运往农村施用，但由于城镇居民逐渐改用冲水厕所，粪便由下水管网排放到污水处理厂集中处理，处理后粪便的固含量降至0.1%以下，已完全失去了肥料的作用，加之农村粪便的无害化处理和利用率都很低，以及农民对化肥的热衷使用，使农村土壤的质量每况愈下。这就出现了一个矛盾，如何整体提高我国土壤肥力以利于农业成为现实问题。随着农村的逐渐城市化，农民生活质量的提高，家庭引进重力冲水马桶，必定会使粪便污水中的固含量下降，以至其失去利用价值。所以在农村是否要引进下水管网——污水处理厂的处置模式值得商榷，尤其是离大中城市较远的县镇。另外一个重要的因素是城市化后依然存在下水管网建设的困难问题，如投资难以承受，或由于居住分散难以做到下水管网远距离输送等，均不适于农村特点。故农村应考虑在农户的冲水马桶和卫生间之后的污水处置方式，争取采用一种投资少，节能减排，又能充分利用粪肥的无害化处理模式。

四、农村粪肥的处置方式与处理工艺

粪便作为肥料来源和土壤调节剂具有悠久历史，20世纪80年代以前，全国粪便提供了全部农业肥料的1/3以上，90%的城市粪便被运往农村用作施肥。但此后随着城市下水管网建设与污水处理系统的普及推广，农民对城市污水处理厂出来的污水和污泥就不再感兴趣了，化肥的使用也影响了农民对城镇粪便需求的积极性。

（一）农村粪便的处理模式

目前农村粪便的处置同时存在着两种模式。一是随着经济的快速发展，城市周边或地处交通要道的农村逐渐步入城市化，农民居住的建筑群已具有城市般的卫生设施和排水系统，粪便连同其他生活污水经室外化粪池流入污水处理厂，进行集中化处理。但在这一处置方式中，由于污水处理厂的数量严重不足，新建城镇的下水管道未形成完整的网络，故大部分粪便污水经过下水管道或明流而直接排放到附近的水体，污染了地面水，甚至可污染地下水源。二是采用旱厕和不纳入城镇排水系统的水厕等，其粪便多采用人工或机械的方法予以集中，因地制宜的进行简易无害化处理，如密封储存法、发酵沉淀、沼气发酵法等。

1. 下水管网——污水处理厂系统处置模式

这是城市化后的农村沿袭城市的处置模式，朝着无害化、减量化、能量化、资源化的方向发展，粪便综合利用已成为粪便处理的主要方向。

1）粗过滤、除砂由下水管网排放相结合的处理方法：采用粗过滤与除砂相结合的工艺，即粪便经下水管网收集至粪便消纳站，通过细格栅过滤后进入沉淀池（箱），沉淀的砂和大颗粒粪渣由提升螺杆提出，与细格栅阻流的滤渣一起运往填埋场填埋，滤清液通过市政管网或通过管道进入污水处理厂，经无害化处理后排放。

2）粗过滤、除砂、除泥脱水，由下水管网排放相结合的处理方法：采用粗过滤进行固液分离的方法捞出大块物质和较大的砂石等重物后，混合物进入调节池，而后由污泥泵泵入密封的污泥脱水机，通过脱水机进一步固液分离。脱水机产生的滤清液排入市政管网或下水道进入污泥处理厂，脱水机排除的干渣可运至堆肥厂制成有机肥用于农业。

3）粗过滤、除泥脱水与生物处理结合的独立系统处理：采用粗格栅过滤等固液分离和除泥脱水处理后，滤清液进入生物反应池，由活性污泥中的生物或投放的微生物制剂进行生物分解、腐化、澄清处理等，使其形成一、二、三级为一体的处理程序。处理后的水质可实现下水管网的直接排放，而且部分可用于固液分离程序的稀释水、脱水设备的冲洗用水或浇灌用水等，从而实现对粪便的有效资源化处理。

2. 不建城市下水管网的粪便处置模式

包括旱厕和不纳入城市下水管网的冲水厕所的粪便处理方法。为预防疾病、提高肥效，保护环境，粪便的管理和无害化处理显得尤为重要。对于远离大城市的广大农村，或虽然步入城市化的农村，由于资金投入短缺和卫生设施建设滞后的地区难以建设大规模下水道管网与污水处理厂，短时间内难以形成完整的粪便处理体系，其处理方法也仅限于堆肥、储存、发酵复合肥、沼气发酵以及单元式生物与膜的粪便处理等。

1）堆肥和发酵复合肥：将收集的粪便与经筛分的生活垃圾中的有机物混合，或与秸秆等混合，堆成条形堆料进行堆肥发酵，粪便的混入可调节堆肥的湿度，提高肥力。当堆肥温度升高时，可杀死粪便中的致病微生物和寄生虫卵；也可将粪便、垃圾中的有机物或秸秆混合，置入密封的容器内进行厌氧发酵 20 天，后经风干结成团粒状，作为有机复合肥用于农田。由于有机复合肥易于运输和使用，深受农民欢迎。经高温堆肥的粪便应达到如表 20-3 所示的卫生标准要求。但此法处理的粪便数量有限，而且仅适于干旱少雨的北方地区。

表 20-3　高温堆肥的卫生标准

项　目	指　标
堆肥温度	最高堆温达 50 ~ 55℃以上，持续 5 ~ 7 天
蛔虫卵死亡率	95% ~ 100%
粪大肠菌值①	$10^{-2} \sim 10^{-1}$
苍蝇	堆肥周围没有活蛆、蛹或新羽化的成蝇

注：①粪大肠菌值为含有一个粪大肠菌的质量（g）或体积（mL），即为粪大肠菌数的倒数。

2）储粪池储存：建造较大的储粪池可作为粪便的一级处理，储存期一般为 2 ~ 3 个月，如果采用中温发酵，储存期可相对缩短，也可达到粪便的无害化处理要求，无需外加能源，而且还能回收沼气。经沼气发酵、三格化粪池或储粪池封闭储存后的粪便应达到表 20-4 的卫生标准。

表 20-4　厌氧发酵的卫生标准

项　目		指　标
密封储存期		30 天以上
高温沼气发酵温度		(53 ± 2)℃，持续 2 天
寄生虫卵沉降率		95% 以上
血吸虫卵和钩虫卵		使用粪液中不得有血吸虫卵和钩虫的活卵检出
粪大肠菌值	常温发酵	10^{-4}
	高温发酵	$10^{-2} \sim 10^{-1}$
蚊蝇		粪便中无孑孓，池周围无活蛆、蛹或新羽化的成蝇
粪渣		需经无害化处理后方可用作农肥

3）沼气发酵：随着新农村建设的快速进展，现在多数农户都盖了砖瓦房，不少是 2 或 3 层的楼房，每户都设立了厨房、厕所，庭院里有猪圈、禽舍、粪堆（或粪坑）等。在未建集中式供水系统的村庄，庭院中还需建水井等，这里就存在一个合理的规划和布局的问题，需要设计和建立一套适于人居生活，又使人和畜禽每天排泄物转化成资源加以利用的系统，包括将室内下水管道、厕所，室外猪圈、禽舍与沼气池连接，将生活污水、人粪尿、畜禽粪便集中在发酵池内进行无害化处理，同时收集发酵中产生的沼气可用于照明和烹饪。这不仅解决了农村供电和燃料不足带来了生活不便，而且净化了室内外空气，符合低碳经济的要

求。实验证明燃沼气户比燃煤户产生的有害物质对人体健康的危害要小，如对在室内生活时间较长的家庭主妇检测血液中氮氧血红蛋白含量，燃沼气户主妇血液的氮氧血红蛋白含量显著低于燃煤户主妇；而燃沼气户主妇的唾液中溶菌酶的含量显著高于燃煤户主妇。说明燃沼气户家庭主妇受厨房有害气体的危害较轻，机体免疫力也比燃煤户家庭主妇略强。

随着人口密度的过快增长，单位面积土地承受人类排泄物数量也越来越大，如果不将居民区内的粪便和垃圾等进行收集和处理，势必造成对环境的污染，不但污染周围土壤，而且污染地面水和地下水源。居民区内有了沼气设施，对防止环境受粪便污染是有效的。可数户人家共用，也可每户居民自用，如果有了“三联式”沼气池，人畜粪便就有了妥善的收集设施，不至于造成流失，随后经过沼气池发酵处理杀菌灭虫卵，就使可污染环境的新鲜粪便变为优质的有机肥料。

（二）农村粪便的处理工艺

我国人口数量的急剧增加和生态环境的日益恶化，主要问题都反映在农村里。全国一年可产生约9.5亿t纯粪便，产量巨大，含有大量的有机物和氮、磷、钾等营养成分，是我国传统的农业资源，粪便中又含有大量的病原微生物和寄生虫。粪便的储存和处理过程均有可能危害环境，日益严格要求的排污标准和农用标准的制定和实施，使农村粪便的处理问题显得更加突出和重要。

粪便的处置宜本着“稳定化、无害化、减量化和资源化”的原则，其中无害化是最为重要的，通过无害化杀灭病原性微生物等有害物；通过稳定化消除粪便的恶臭；通过减量化使之便于运输和处置；通过资源化使之得到有效的回收和利用。

1. 预处理

农村居住分散，农户多采用旱厕，建设粪便污水处理的地下污水管网难度很大。农村在今后很长时间内也很难以建成完善的污水管网，故最好将粪便清运集中，先进行预处理后再进行终处理达标排放。

(1) 真空收运系统

真空收运系统由真空厕所、真空破碎抽吸器、阀件、管网、真空泵、真空罐、排污泵及控制柜等组成。真空厕所的冲水量每次约为1L，对于1万人口左右居民的村镇，采用真空收运系统，每年可节约冲厕用水12万t余；真空厕所的粪便污（黑）水与生活污（灰）水分别收集，降低了废水处理和中水回用的成本，可使中水回用的设备投资与运行费用分别降为原来的1/2与1/3。真空收运系统中的粪便固含量约为2%，是传统重力冲水厕所的20余倍，有利于粪便的资源化利用，减少化肥使用量，改良土壤状况和促进绿色农业的发展。该系统适应性强，真空管网管径小（50～250mm），管道可随地形上升4～5m，管道安装土方开挖量小，呈单元式，可大可小，施工方便，适合各种地形安装。适于旅游生态园，小城镇和养殖场的粪便收运；该系统有较好的经济性，当系统为2000户服务时，总投资的回收期约为10年，而且管道化对粪便的臭气控制好，也不易发生蚊蝇造成的二次污染，设施周围卫生。此外，若在居室厨房内安装真空破碎抽吸器，可破碎、抽吸，真空收运厨余物等易腐性垃圾，进入真空管网与粪便混合。调整C/N正确比例，生产有机复合肥，既可解决厨余物等易腐性垃圾的收运、处理，又能解决垃圾的减量化和资源化问题。

（2）脱臭处理

目前大多农村的厕所是位于院落中的露天旱厕，粪便及腐败物质的臭气四散，招惹蚊蝇乱飞，尤其在炎热的夏季，感官效果极差，又有传播疾病的不安全感。粪便的臭气主要来自其中几十种挥发性物质，包括H_2S、NH_3、甲硫醇、三甲胺、低级脂肪酸等。脱臭处理法有三种。

1）生物脱臭：粪便倒入粪池，采用微生物菌剂对臭味物质进行分解，如某些解氨菌、脱硫菌、腊样芽胞杆菌、单胞菌、以及假丝酵母菌、白僵菌等真菌，针对特定发臭物质进行分解除臭，其有除臭率高、停留时间短、运行成本低及占地面积小等优点。

2）物理法脱臭：靠吸附作用降低挥发性物质的蒸气压是主要的作用，如活性碳、多孔硅酸盐、二氧化硅、沸石、膨润土、活性白土等，表面活性剂也有脱臭效果，但物理脱臭作用较温和，效果慢，力度弱。

3）化学法脱臭：化学法采用中和、成盐、氧化还原、络合等方法，如利用铁盐对含硫化合物的成盐、络合作用；有些活泼有机物可与臭味物质发生加成、缩合、聚合等作用，如乙二醛、马来酸等衍生物。臭氧、高锰酸钾、二氧化氯等氧化剂，亚硫酸钠、硼氢化钠等还原剂也多被采用。

（3）固液分离法

粪便与生活灰水混合降低了粪便污水的固含量，使粪便的资源化利用变得不可能，或者说粪便污水失去了作为农肥的利用价值，所以在粪便处置之前应想办法先进行固液分离，以提高粪便污水的固含量。清运的粪便倒入贮粪槽可用水冲稀，或冲水厕所冲下的粪便污水，排入固液分离密闭箱内，经转刷圆筒栅分离。粪便由机内的螺旋清渣机清渣，分离压缩排出的粪渣运往填埋场，分离出来的粪液流入污水处理系统。该法适应性强，占地面积小，投资省，既可固定地点处理，又可根据需要移动后就近处理，减少运输，节约能源，快速消纳，实现粪便的资源化利用。

2. 生物法处理工艺

（1）化粪池处理

化粪池是粪便与生活污水的局部处理构筑物。在中小城镇和农村，由于生活污水及粪便的处理，收集用完全管道化建设比较困难，小型化粪池就成为单元住宅最普遍的设施。化粪池的功能就是接收、储存生活污水与粪便，池内分为表面漂浮层、中间清水层、底部淤泥层三个区域。表层飘浮物在不断溶解、沉淀的变化中，中间层可截留生活污水中的粪便、纸屑、病原生物等杂物的50%，BOD降低20%，清水可采用污水灌溉的方式做最终处理，减轻了污水处理厂的负荷或水体污染压力。底层沉淀下来的污泥经3～12个月的厌氧分解、酸性发酵、脱水熟化后，转化为稳定状态。沉淀层可清掏出肥料，一般清掏周期为3～12个月，否则将失去功效。但是化粪池去除有机物的能力是有限的。

化粪池是由腐化槽、沉淀槽、过滤槽、氧化槽和消化槽组成，随着应用情况的复杂化，其构造也出现不同的改良，有改良型、立体多槽式和好氧曝气式化粪池等。立体多槽式是将各槽分隔叠置，以节约用地，又可分为合置式和分置式两种结构。合置式立体化粪池是将各槽设在同一圆筒内，腐化槽设在氧化槽的上部，污水进入腐化槽腐化分离，经过滤、沉淀、再经过氧化、消毒后排污；分置式立体化粪池是将腐化槽和过滤池设在一起，氧化槽和消毒槽分别另设，污水进入腐化槽后污泥下沉至沉淀槽，污水再经过滤、氧化，最后经消毒槽后排出。好氧曝气式化粪池是利用曝气方式及好氧菌的酵解来处理有机物质，污水首先由污物分离槽进行预处理，将粗大的颗粒分离，然后在曝气室内经曝气分解，再经沉淀分离后，清水经消毒槽排放。其优势是污水停留时间很短（2～4h），出水水质稳定，但曝气需设备和动力，其运行和管理费用较高。

（2）厌氧发酵

厌氧发酵是处理非下水道粪便的一种方法，在厌氧阶段可根据温度的差异分为常温厌氧发酵（8～15℃）、中温厌氧发酵（36～38℃）、高温厌氧发酵（52～55℃）。厌氧微生物在缺氧或无氧的条件下，可降解粪便中的碳水化合物、脂肪及蛋白质等有机物，产生热量和甲烷等。国外的厌氧处理技术一般多采用中温发酵处理来完成，中温发酵后的粪便通过20倍水的稀释后，再进行曝气沉淀处理，处理后的废水经过加 Cl_2 或 O_3 杀菌，达到无害化卫生标准后再排入河流中。处理后的粪便可作为有机肥料加以利用，处理过程中产生的沼气则作为能源加以利用。

（3）好氧堆肥处理法

好氧堆肥是将处理的粪便等堆积起来，加入除臭、有氧发酵的生物菌剂和调整物料混合，堆积在一起发酵。材料含水率在55%～65%范围内，能保证其通风性，进行一次发酵和二次发酵，为期10～30天，发酵时需通风供氧，或材料堆积时经常翻动，促进好氧堆肥发酵。发酵时，粪便中的有机物分解产热，使材料温度上升，促进水分蒸发，杀死病原菌、寄生虫卵和杂草种子，促进粪便干燥，成为使用方便的肥料。同时，使其中对作物有害的物质分解，成为无恶臭、安全、能广泛流通利用的有机质资源。

堆肥化处理由于堆积方式和搅拌方式不同可分为多种方式，堆积方式可分为无通气型和通气型，前者有堆肥盘和堆肥舍等，后者为通气型堆肥舍。搅拌方式分为开放型与密闭型两种，开放型有单列和多列堆积，在发酵槽上部装置搅拌机或起重机式的翻动装置，定期搅动；密闭性搅拌为密闭圆筒状发酵槽，利用发酵槽的滚动回转运动或通过内部搅拌机的搅拌。常用的堆肥舍型是在1周～1个月内，利用铲或装料机搅拌1次堆肥。此方式简易、省力，属运行成本较低的粗放型方式，但处理堆肥的时间比搅拌式的长。此方式由于翻动次数少，水分蒸发慢，材料易成团块状，增加翻动次数或使用粉碎机可使团块变细。开放型发酵装置，使用搅拌机等将粪便材料在发酵槽内强制搅拌，每天翻搅1次。发酵槽深部在0.5～2.0 m，发酵槽深度在1.0m以上。发酵时产热可维持粪便材料较高温度，堆肥化处理天数在14～20天，此后在堆肥舍进行二次处理，堆肥发酵需相同的时间。密闭型发酵装置有纵型和横型两种，每天向槽内加入处理的粪便材料等，利用筒状发酵槽的回转运动或内部搅拌机的搅拌混合，以促进发酵。一次处理的时间为3～7天，此后约1个月进行二次处理。堆肥化处理时间见表20-5。

表20-5　堆肥化处理时间标准　（单位：天）

堆肥化种类	只有粪便（含回收堆肥）			添加辅材料的场合		
	发酵槽一次处理	堆肥舍二次处理	合计	发酵槽一次处理	堆肥舍二次处理	合计
通气型堆肥舍	20～25	15～20	35～45	25～30	65～90	90～120
开放型堆肥化设施	15～20	15～20	30～40	20～25	40～65	60～90
密闭型 纵型	10～14	20～26	30～40	—	—	—
密闭型 横型	5～7	25～33	30～40	—	—	—

注：密闭型纵型和密闭型横型均未作添加辅材料的测试。

采用堆肥方式处理粪便，由于微生物发酵产生60～80℃的堆温，可以有效地消灭粪便中的各种病原体和寄生虫卵，可杀灭粪便中杂草的种子（主要指畜禽粪便），既可使粪便无害化，又可避免施用后杂草的孳生。堆肥后粪便中的有机质极易分解，因此可降低施用后对地下水所造成的污染，而且发酵后的粪便中可产生一些有利于植物生长的物质，从而促进农作物的生长。粪便经过合理的堆肥处理，还可减轻粪便的恶臭对空气的污染，并便于长途运输和储存。

(4) 人工湿地的粪水处理

地处自然湿地周围的农村可利用这些湿地进行粪水处理，没有自然湿地的农村可在闲置的低洼地人工修建湿地。人工湿地是由砾粒、砂、土壤组成的过滤器，上面种植一些挺水植物，如芦苇、灯芯草、香蒲等。人工湿地占地面积约为 $25m^2$，配有排水及通风系统。可以处理3000人产生的粪便污泥和生活污水。

3. 化学法处理工艺

(1) 混凝法

混凝法是在粪便污水中加入粪便处理量的0.2%～2%化学药剂，使粪便发生絮凝作用，并通过沉淀分离成液体和脱水污泥两部分，使粪便污水在短时间内达到固液分离。但该法机械设备数量较多，操作复杂，基建费和日常运行管理费用也较高。随化学药剂的种类（如铁盐、石灰等）和投入方式的不同，其设备也不尽相同。药剂的投加设备有干式和湿式两种，湿式反应因混合均匀，所以效果较佳。但絮凝后分离出的液体BOD在 $5000mg \cdot L^{-1}$ 左右，比厌氧发酵槽脱离液的BOD $2500mg \cdot L^{-1}$ 要高出1倍。

(2) 物理化学处理工艺

粪便中的有机物在高温高压条件下，经过约1h连续不断的氧化分解，可达到较好的处理效果。粪便在反应釜内经高温高压处理，以高温使各种病原菌体和寄生虫卵体蛋白凝固、变性，导致各种病原体和寄生虫卵灭活。此法的关键在于反应塔的设计，反应釜容量应根据粪便的发热量、反应速度和氧化的程度来确定。热凝变化和灭活作用，不仅使粪便无害化，也不致粪便氨化，并使粪便垃圾的下一步混合造粒、稳固肥效处理奠定了基础。而在无热源时可借用反应釜的搅拌功能，促进粪便进行化学药物法的无害化处理。选用药物可为尿素、敌百虫和碳酸氢铵等。选择时要考虑药源广、价格低、杀虫卵和灭菌的效果好、不易损肥效、对作物和人、畜无害等因素。尿素是一种含氮很高的化肥，在粪便中加尿素可增加氨的含量，提高杀灭虫卵的效果。用量为粪便与尿素的容积比是200∶1，经搅拌后48h可杀灭90%以上的钩虫卵，随着尿素浓度的增加可提升杀灭效率，但浓度不能超过15%，否则会伤害幼苗。

4. 物理法处理工艺

(1) 脱水干化

粪便的脱水、干化是保证后续堆肥质量的关键步骤，是粪便污泥焚烧处理的前提。但粪便是高黏度、富含有机质、粒子细微、含水量高的有机胶体，脱水性能较差。对粪便脱水性能好的机械有一体化分离机和滚压式脱水机等。一体化分离机是集格栅、传输机和螺杆压榨机三者为一体的机械，通过安装在螺杆上的清渣刷对筛网进行旋转自清洗。分离机以35°倾斜安装，粪尿混合液流过倾斜放置的筛网时，漂浮、沉淀和悬浮物被有效地截留并分离，送入上升螺管，经压榨脱水自动投入垃圾箱内，然后外运到垃圾场进行填埋。分离机的处理量为$80m^3 \cdot h^{-1}$，分离后的粪便流入调节池，该池可以储存3天的粪便，体积为$600m^3$。经过分离去除杂质的粪便由污泥泵打入滚压脱水机，采用压榨脱水，密闭运行，无恶臭污染。其工作原理是稀释粪便进入脱水通道，通道两旁各有一面圆形、钻有小孔的不锈钢栅格，栅格每分钟转动1～3圈，并把粪便带进脱水机内，水分开始由两旁栅格的出水孔挤出，并由脱水机下污水槽收集排出。粪便污泥的水分被脱出后，流动缓慢，承受挤压力越来越大，使更多的水被挤出，可达到很好的脱水效果。脱水机采用自动控制操作，投加絮凝剂以强化脱水效果。通过脱水，粪便由原先的$200t \cdot d^{-1}$浓缩至$15～20t \cdot d^{-1}$，回收率达93%，含水量可由原先的96%～98%下降至65%～70%，粪渣呈黄褐色固态，满足堆肥原料含水率的要求。分离出来的粪水澄清透明，COD为$1500～2000mg \cdot L^{-1}$，TN为$150～200mg \cdot L^{-1}$。

（2）焚烧工艺

焚烧工艺并非是将粪便一烧了之，而是使粪便焚烧实现粪便污泥的高效综合利用，通过粪便污泥焚烧处理系统的脱水、干燥、加压造粒后，进行燃烧产能。其流程是将粪便污泥经高压脱水后送入干燥机，干燥脱水后的粪便污泥由造粒机制成颗粒状态，投入焚烧炉中进行燃烧。干燥机所需热风是由粪便燃烧时所释放出的热量提供，干燥机利用后的热风，经热交换器再次反馈给燃烧炉，以实现二次循环。整个系统利用的热风经旋风除尘器除尘，气体冷却器进一步回收余热后，由排风机送入排风筒。由于采用了“双闭环”式热量循环系统，故整个系统的热效应很高。该系统在干燥－造粒－焚烧工艺中，使用产热量较高的氧化法处理粪便污泥，在连续运转中不需任何辅助燃料，从而实现了能源的高效利用。在正常运转中，即便是焚烧发热量较低的消化污泥，需要添加的辅助燃料也很少，这是处理大量消化污泥的良策，烧后的残渣还可作为制作建筑材料的原料。

（3）膜滤工艺

膜滤工艺被引入污水处理流程仅有20余年的历史，因其具有独特的物理特性和无需沉淀池的构造，实现了对人粪尿的高负荷处理，并使处理过程变得更为简洁、快速。膜滤工艺一般都是与生物或生物化学反应器相结合，建立以超滤膜为处理手段的粪便处理工程。其工艺流程是将人粪尿和化粪池污泥先经滚筒筛预处理，然后依次进入两极生化反应器以及混凝－超滤处理、一级活性碳处理，然后消毒排放。固液分离在一级生化反应器中的超滤段和后续的混凝－超滤处理中完成。剩余污泥和混凝污泥暂时储存，脱水后焚烧处理。

膜超滤组件可分为超滤、微滤和纳滤，一般选用中空纤维膜和管式膜两种，是悬浮固体微粒、胶体等的有效屏障。中空纤维膜的膜丝较细、柔韧，能保持较长的寿命，但中空纤维膜是利用纤细膜丝内腔的抽吸负压来阻流，膜丝很易被污泥阻塞，故运行一段时间后需将阻塞的膜丝内腔疏通激活，或更换新膜；管式膜是靠泵的压力进行超滤，水和溶解盐能透过该膜，相对分子质量超过 10^4 的胶态物质极少能透过。一级生化处理中的每个生化反应器有两个超滤单位，后继混凝－超滤系统有四个超滤单位。管式膜的膜孔被污泥阻塞后也会影响粪便污水的处理，但管式膜可通过反渗透法进行洗膜，其使用寿命也很长。不论是中空纤维膜，还是管式膜，悬浮固体均不能透过滤膜，表明超滤处理效果不受生化反应器和混凝－超滤工艺的影响，从而能保持稳定的出水质量。

五、对农村粪便处理的建议

我国农村粪便的处理现状不容乐观，尤其农村地域辽阔，居住分散、人口众多、投资力度低，以及农村对粪便处理的意识不足令人担忧。粪便处置的减量化、无害化和资源化水平都很低，技术落后。随着新农村建设的需要，随着农村城市化进程的迅速发展，粪便处理、处置应结合农村特色进行改造和进步。

1. 城镇化进程中的新城区

农村的城乡结合部，尤其是所在城市地处沿海经济发达地区，城市有完善的下水管网和污水处理厂，新建城区可与城市下水管道并网。新城区的下水管网和污水处理厂与接壤城市进行统一规划和建设。由重力冲水厕所、化粪池、黑水与灰水混合排污管网加强对化粪池的管理，或新建，或并入城市污水处理厂。应用新工艺并降低运行成本，增强处理系统对水冲粪便的消纳和处理能力，使粪便及其粪渣确实达到无害化排放，在此基础上能进一步做到妥善处理污水粪渣中的有害难降解物质和重金属等，并将粪渣等加工成有机复合肥用于农业生产。

我国是一个水、肥、资金缺乏和生态环境逐渐恶化的发展中国家，人均淡水资源仅占世界平均水平的 27%，而水厕冲水却耗掉居民约 1/3 的自来水，高 BOD、TS 粪水在污水处理厂处理之前，还需大量水加以稀释。因此说，重力冲水厕所－下水管网－污水处理厂系统是各有利弊的。其利是粪便无害化处理，卫生、无臭味，提高了居民的生活质量；但弊是需巨资兴建，浪费了大量自来水和粪肥，运行费用也很大。比较起来，弊大于利，因此，对于有条件的新城区，可采用新型的粪便收运和处理系统，如真空收运系统，并用新的制肥工艺与设施，既能节约自来水资源，又便于实现粪便无害化和资源化。

2. 农村

我国农村地区广阔、农村人口达9亿，在全国农村要推广下水管网和污水处理厂系统的难度很大，农村的经济支持力度也难以承受。在有条件的地区可对分散农户逐步推广粪便的沼气资源化技术，将厕所、畜圈、禽舍和沼气池融为一体，厕所和畜禽粪便及有机废弃物直接排入沼气池，在封闭缺氧条件下，利用厌氧菌进行厌氧发酵，促使有机物液化与气化，除去80%～85%的BOD，并产生沼气供农户照明和做饭。高温厌氧消化后的粪便，经过热力灭菌和杀寄生虫卵，是含高腐殖质的有机肥料，肥效比通常的农家肥高，这样既做到了粪便的无害化，又对粪便进行了综合资源化。

此外，随着污水处理工艺的进步，针对农村居住分散的特点，新出现了一种单元式生物与膜的农村污水处理系统（彩图6）。粪便及生活污水由每家每户的下水道收集到一个密闭的玻璃钢制的处理器中，为节约地表面积可将其埋于地下。而且埋在地下可保温，利于处理器中功能性微生物的生长繁殖，适于北方寒冷地区使用。该处理器通过格栅、沉淀、微曝气处理，粪便经有氧和无氧微生物的分解。为提高污水的处理质量，生物技术又与超滤膜技术结合，可用中空纤维膜或管式膜进行超滤、微滤或纳滤，使污水滤过后是清澈的、无菌的，此水可循环回用，达到污水零排放。室内卫生间无臭味，污水处理系统周围也可做到无臭味、无蚊蝇、完全改善农村脏、乱、差和不卫生的状况。单元式生物与膜的污水处理系统，可每户单独应用，也可百余户较集中的楼盘应用，区别在于埋在地下玻璃钢容器的大小。此技术可与大城市重力水冲厕所－下水管网－污水处理厂系统的处理效果相媲美，又可免去下水管网铺设的困难，建设投资也大幅降低，运行管理也简易经济，是一个特别适用农村的粪便与污水处理的新技术，应予大力推荐。

第二节　生态卫生厕所

生态卫生厕所在新农村建设和农村城市化进程中的特殊阶段具有重要意义。在广大农村想建设城市那样大型的水下水管网是极度困难的，如何解决农村地区粪污的收集和处理，在逐渐城市化的城乡结合部独立住宅，如何解决粪污的收集、处理，以及处理后的归田受纳等，均应符合可持续发展的政策。要建设良好的生存环境，提高土地利用率，又要健康防病和提高农民的生活质量，采用生态卫生厕所是最现实的好办法，针对不同使用环境和条件，研究和推广不同类型的生态厕所极为重要。

一、生态厕所的类型与工作原理

1. 免水冲厕所

免水冲厕所主要分为免水打包型和免水生物处理制肥型两种。打包型是由可生物降解膜制成的包装袋、打包装置和贮粪桶三部分组成。使用后粪便由牵引装置自动启动将其打包、密封，防止粪便和臭味外泄。包装后的粪便由环卫部门收集送往粪便处理场处理，在厕所使用地不污染环境，不遗留粪便等残留物，且无需水源。生物处理制肥型的核心是安装了一个生化反应器，反应器中有定期补充的生物填料。滑入反应器的粪便通过微生物的发酵而降解，反应过程的高温可以杀灭粪便中的病原菌和寄生虫卵等。粪便发酵完成后变成主要成分是腐殖质的有机肥，可用于农业生产。

2. 厌氧发酵型生态卫生厕所

以厌氧发酵、沉淀达到粪便无害化的生态卫生厕所包括三格化粪池、双瓮漏斗式化粪池和三联沼气池式等。所谓三格化粪池即由三个池子组成，中间由过粪管联通，利用厌氧发酵、中层过粪、虫卵沉淀的原理处理粪便。使用该型户厕用水量不宜过大，否则影响无害化效果，以每人每天 3～4 L 为宜。需要定期清掏，清掏周期半年至 1 年。目前国内已有生产由玻璃钢和增强塑料制成的预制式化粪池，具有强度高、无渗漏、耐腐蚀、施工简单等特点。在北方寒冷地区可以深埋在冻层以下，以获得较理想的防冻效果。双瓮漏斗式化粪池是将粪尿同时储存在密闭瓮体内进行厌氧发酵、沉淀分层、杀灭致病微生物和寄生虫卵。粪便熟化后可用作液体肥。清渣周期为 1 年，沉渣用农药或生石灰处理后深埋。该技术适合家庭人口少，基建投资 400～500 元，使用寿命为 15 年左右。三联沼气池式户厕以人畜排泄物为主要原料，通过厌氧发酵、好氧过滤，产生沼气作为清洁能源、沼渣和沼液作为有机肥料。该技术在我国许多地区已经得到成功应用。

3. 粪尿分集式生态卫生厕所

粪尿分集式处理，即粪与尿不要混合、粪不要与水混合（sanitation without water）的粪污处理方式，在无害化处理和防蝇、防臭的途径是干燥的，因粪尿分集和粪便脱水而使该型户厕的抗冻能力较强，适于北方农村寒冷地区使用。此类厕所分为粪尿分集式旱厕和粪尿分集式生态卫生厕所。将粪尿分别进行收集和处理是有科学根据的，首先在人体生理上对粪和尿产生和排泄是分属两个不同的系统，各有不同的排泄口，而且正常人尿中没有致病微生物，粪便中很有可能存在致病微生物和寄生虫及其虫卵；正常成人每人每年排尿 400 ~ 500L，排便 50L 左右；成年人每人每年的排泄物中所含的粪分以 N、P、K 为主，含 N 量为 5. 5kg，P 为 0. 8kg，K 为 2kg，这些粪分 80% 以上存在于尿中。基于以上理由，粪尿分集式厕所将粪、尿分别收集，将数量较多、富含养分且基本无害的尿直接利用；将数量较少，危害性较大的粪便单独收集进行无害化处理，排尿后仅用 100 ~ 200mL 水冲洗排尿口，由排尿管收集于贮尿器。无污水排放，故对地表水和地下水均无污染。粪便部分绝对禁水冲洗，而且需通过干燥脱水，加偏碱性覆盖物提高 pH，达到无害化并成为良好的土壤改良剂用于农业生产，实现生态上的循环。

粪尿分集式生态卫生厕所适宜在北方农村推广，具有多方面的优势：①该厕基本上不用水冲，仅排尿部分需要少量水冲，水冲厕所每人每年耗用清洁水 2000L，冲厕水占家庭用水的 1/3 ~ 1/2，粪尿分集式厕所仅需冲洗排尿口（每次需水 200mL），每人每年用水不足 100L，可节约大量水资源。这对缺水的北方地区尤为可贵。②粪便不用水冲洗而且通过干燥脱水和覆盖碱性物质，能有效地杀灭致病性微生物和寄生虫卵。③将粪尿分集处理进行归田循环利用，实现了资源化和生态上的平衡，经干燥后处理的粪便形同腐熟的腐殖质，干燥无臭，不仅量少而且没有那种污秽的外观。④由于不需要水冲，不会污染地表水和地下水，保护了环境资源。又由于粪尿中的养分被循环利用，无害化排放不会导致水体的富营养化。⑤由于厕所不用水冲，同时尿也不进入粪坑，收集于贮尿器，大大减少了粪坑的容积。使用水冲厕所，每人每年排泄物处理量为 2000L，粪尿分集式厕所的排泄物处理量可降至 50L，一个 5 口之家的户厕只需 0. 6m^3 大小的粪坑，而且不需挖坑，粪坑可建于地上，勿需进行防渗处理，大大降低厕所的造价，每座单户型厕所的造价仅用 500 元左右。由于不挖粪坑，粪尿分集式厕所易建于户内，且多能利用房屋的原有结构，厕所无蝇无臭味，方便使用与维护，能改善居住环境的卫生状况，这也是厕所可入室的一个理由。

生态卫生旱厕虽然技术简单，却代表了世界上最先进的对人粪排泄物进行处理的理念和趋势，实现了无害化、减量化和资源化的目的。重力冲水厕所所用水量占整个家庭用水的 1/2，这部分水与其余受污染并不严重的家庭废水（如洗菜、淘米、洗澡、洗衣服用水等）混合，加大了污水量，并经下水管网集中到污水处理厂，再与其他多种类型的废水（工业废水、雨水等）混合后进行终极处理；而生态卫生厕所是将集中处理变为就地处理，将先经混合扩大污染后进行治理，变为预防污染在先的从源头治理，把处理量降至最低限度。同时生态卫生厕所把人类的排泄物变废为宝，转变为资源进行循环利用，克服了水冲厕所的弊病。

4. 循环水型生态厕所

所谓循环水型生态厕所就是冲厕用水可以经处理后循环使用，其来源于粪尿及冲厕水经处理后获得的洁净水贮于循环池内备用，冲厕用水随着冲厕污水处理后不断增加，周而复始的供循环使用，只需添加少量自来水。

（1）*尿液单独处理型*

这种类型的生态厕所单独收集尿液，经少许水冲洗后，加入一种药剂去除异味，再回用于冲洗厕所。国内蓝洁士免水可冲式生态厕所就属这一类型，是一种收集尿液冲洗粪便，而免去用清水冲洗厕所的高新技术型卫生厕所。该操作系统通过对固态粪便与尿液的自动识别，单独收集尿液并向其中自动添加一种具有除臭、杀菌、消毒、润滑和防垢作用的专用药剂，使新鲜的尿液变为一种无臭的蓝绿色液体储存起来作为冲洗液，全部冲洗过程采用附壁射流技术，仅用 500 mL 冲洗液就能彻底冲净一人次的排便，卫生状况可以达到重力水冲厕所的标准。粪便被冲洗后与冲洗液混合，经过搅碎、混融等过程，变为无味的纸浆状物，流动性很好。如果厕所比较靠近市政污水管线，可直接排到下水管网，省去化粪池带来的空间和投资的浪费。厕体自带集粪箱，可用自吸泵泵入清运车上定期运走；也可将纸浆状物干燥后制成农肥还田。总之，此类厕所具有与水冲厕所同样的卫生，不受使用环境温度限制，实现了免水冲厕，而且粪便无增量，便于清运处理，粪便经处理也可用于农田施肥。此类厕所比其他类型生态厕所的造价低廉，耗能少，运行成本低，维护方便，实现了排泄物的无害化处理和资源化利用。

（2）*粪尿混合处理型*

这种类型的生态卫生厕所是目前国内使用的主流方式，通过环境工程的手段，利用微生物对有机物的降解作用和物理、化学作用，完成对粪便污水的降解处理，最后经滤过、沉淀、氧化和酵解等完成污水的无害化处理，处理后再生出清洁的水用于冲洗厕所或直接排放到环境中。目前使用的处理方法有四种：①好氧生物处理法：将收集的粪便污水首先经过沉淀，在沉淀储存过程中，粪便溶解并水解，然后进入曝气阶段，好氧微生物在曝气池中将粪尿中的绝大部分有机物转化为 CO_2 和 H_2O，然后经沉淀和滤过等辅助处理，获得悬浮物浓度极低的出水，再采用吸附剂、膜过滤、氧化剂等手段，对出水进行脱色和灭菌处理，最终获得清洁水，回用于冲厕或绿化等。②厌氧生物处理法：冲厕粪便收集于一个封闭式的化粪池或贮粪罐，在启用初期要补加一定量的厌氧微生物菌剂，粪便污水经厌氧菌酵解，在无害化处理过程中，随着有机物的分解，化粪池内会产生沼气，可用于农家照明和煮饭等；化粪池出水再按一级土地处理系统，经过土地处理后的出水直接渗入地下或排入水体。处理的粪便可作农肥施用。③高效优势菌种处理法：经过特殊筛选和驯化培养，获得专门针对人粪尿处理的高效优势菌种，依托该菌群实现人粪尿的高效无害化处理，其本质与好氧生物处理相同，不同的是需定期向处理池中投入高效菌剂。④膜分离处理法：厕所粪尿的收集仍采用传统的化粪池，化粪池的上清液被抽送到膜分离组件，通过膜选择性分离。膜分离器常用的有中空纤维膜和管式膜两种，通过膜滤生产出清洁水，回用于冲厕、绿化、洗车等。

水冲式厕所较易被人们接受，较适合于城市地区和农村城市化后已过上接近城市人生活的地区使用。循环水型生态厕所必须具备以下特点才会有较强的生命力：①处理设施占地面积小，应不超过厕所总面积的1/3，这就要求粪污处理设施必须高效、紧凑、合理。从目前的技术看，采用优势生物菌剂代替自然培养活性污泥和生物膜是必须的。②日常运行费用和维修费用必须低廉，处理装置的耗能少，需添加的药剂和菌种量少，机电设施寿命长，基本上达到免维护状态。③二次污染少，要求粪尿处理装置的污泥产量少，甚至基本上不产生剩余污泥，这样就可不向外排放污泥物，不造成二次污染。④处理设施出水质量要求达到国家规定的中水回用标准，既方便循环回用冲厕，又能就地回用于绿化、洗车或排放。而且出水峰值的供水能力强，适应高峰期大量冲洗水的需求，这就要求处理装置耐冲击能力强，缓冲能力大，并且有一定的清洁水贮量。⑤处理装置能长期稳定运行，要求处理系统能很好地解决盐分积累和盐腐蚀等问题。单元式生物与膜技术联合的农村生活与粪便污水处理系统，就是一种适应农村特点的新模式，具有良好的发展前景（见第二十二章）。

二、生态卫生厕所的建造

1. 粪尿分集式生态卫生厕所的结构建设

粪尿分集式厕所的核心是粪尿分流收集，这是通过一种专门设计的便器来实现的，整个结构非常简单，除便器外，还包括一根塑料尿管，尿桶、粪坑、排气管等。粪坑根据房屋结构及周围环境情况，可设计为双坑交替式、单坑太阳能式等多种类型，便器与粪坑可直接连通，也可通过一条粪管连接。

1）粪尿分集式便器及附属设施：分集式便器与传统便器的最大区别在于分集式必须要有两个排出口，前部口径较小的孔道用来排尿，孔下端接排尿管，排尿管为直径40mm的塑料软管，一端接便器的排尿口，另一端与储存尿液的容器相连，排尿管的长度根据各家厕所情况而定；贮尿器就地取材，可用塑料桶、瓷罐等，最好有盖，由于密闭使尿中的氨态氮损失不到5%。便器后部口径较大孔是排便用的，与过粪管连接，过粪管用220mm排污管充当，当厕所的便器部分建于楼上，而厕坑部分建于地面，过粪管可延长连接。

2）厕坑：厕所通常建在地面，厕坑容积长 1m，宽 1m，高 0.6m，容积计 $0.6m^3$。分为双坑，每坑 $0.3m^3$，可满足 5 口之家的需要。双坑交替使用，一年出粪一次，坑中隔墙高度为 0.4m，留有空隙利于排气。厕所使用面积为 $1m^2$，如果与浴室共用，面积不低于 $2.2\ m^2$，其中 $0.2\ m^2$ 为台阶。蹲板可预制或现浇，中央留出长方形放置便器的空间（约 220mm × 500mm），厕所角部留 100 mm 的圆孔安装排气管。排气管采用 100 mm 的塑料管，一直插入厕坑顶部的一角，长度为 4 ~ 6m，以高出屋顶 1m 为宜。排气管要减少弯头，以保证抽吸力良好，排气通畅，排气管上应加防蝇网。厕坑有出粪口，大小一般为 300 mm × 300 mm 即可，出粪口可做成木门或铁门封堵。厕坑只接受粪便和少量的草木灰或泥土等覆盖物，即厕所内放置有草木灰桶和废纸篓等，每次便后加一勺灰土，用过的大便纸放入废纸篓中待焚烧处理。尿液和水等液体不能混入厕坑，粪便在坑内脱水干燥，加入草木灰等覆盖物除了有吸水和吸臭作用外，还可提高 pH，在这些因素的综合作用下，经过 6 个月粪便就可达到无害化的要求，干燥后的粪便无臭、松散，如同腐熟的腐殖质，是优良的土壤改良剂。

2. 单元式循环水冲洗厕所的建造

随着农村城市化的进程，农民的生活质量向城市水准看齐，户外厕所都搬进室内，使用抽水马桶并与洗浴间共用。但是在农村分散居住的情况下，无法像城市那样建设大覆盖面的下水管网和大型污水处理厂，故提出单元式生物与膜技术的农村污水处理系统。所谓单元式是指处理系统进行原位的从污水源头进行处理，不需建设下水道管网，洗浴间的洗涤水用自来水，但冲厕所是用污水经处理后的中水循环使用。该处理系统的核心是用玻璃钢压制的高效生物反应器（HBR），微生物菌剂的高效降解处理和中空纤维膜的超滤作用联合，接受冲厕水，洗菜、淘米水和洗浴等生活用水，通过下水管道进入 HBR 中进行处理，处理后的中水经自吸泵提升至储水箱用来冲厕、绿化和洗车等。

三、生态厕所的处理设施投资及使用管理要点

由于污水处理要达到循环回用的目的，需增加净化设备和能源利用设备，因此生态厕所的建造费用较传统的厕所要高一些，但是采用新技术后带来明显的节水，节省维修费用及资源化利用的好处。对生态厕所的价值更应放在大环境中去考虑，对于那些就地实现废物的无害化的生态厕所，它们节省了粪污处理费用和对下水道或下水管网的依赖，其价值和重要性更为可观。从生态厕所处理设施的

实际投资上看，建造费用每平方米一般在 2 万元左右（粪污水处理量为统计单位，每人次用水量 10L 左右，粪污水 COD 一般为 8000 ~ 10 000mg · L^{-1}）。对于微生物菌种生态厕所费用略有提高，每平方米达到 2.2 万 ~ 2.3 万元。一般日处理量越大，单位投资和运行费用越低。如果每天处理 5t 以下的生物厕所，投资基本上为 10 万 ~ 12 万元，运行费用约 1.4 元 · m^{-3}。

在使用粪尿分集式生态卫生厕所时，应先在厕坑中垫一层草木灰或细土，小便排入前部尿口，收集于贮尿器中，大便排入后部粪孔，不能将尿或水等液体混入厕坑。便后不要忘记加一层草木灰等，经常保持粪池的干燥，如果不慎将粪便沾污便器，不要用水冲洗，只能用干灰及干刷擦净，应保持厕所的卫生。当一侧粪坑满后覆盖一层灰后，须掉转便器粪口方向使用另一侧粪坑，直到另一侧粪坑用满后才将原先装满的粪坑出粪。

（周家正　张卓然）

参考文献

卞有生. 2005. 生态农业中废弃物处理与再生利用. 第二版. 北京：化学工业出版社

杜兵，司亚安，孙艳玲. 2003. 生态厕所的粪型及粪便处理工艺. 给水排水，29（5）：60 ~ 66

冯建红. 2004. 粪便处理的几种方法. 环境卫生工程，（12）：83，86

秦峰，柴晓利，赵爱华. 2006. 粪便处理与处置技术. 北京：化学工业出版社

第二十一章　畜禽粪便的处理与资源化

随着改革开放和新农村建设的深入，畜牧业得到了迅猛发展，随着农村经济体制改革的全面展开和党中央、国务院各项方针政策的落实，畜牧业改变了以往的从属副业的生产地位，成为国民经济及农业中相对独立的产业。农村在安排好粮食生产的同时，农村家庭养殖和农村集体养殖业得到了持续快速发展。而且有些地区规模化畜禽养殖业也像雨后春笋般的发展起来，主要畜禽产品产量连续20年以10%左右的速度增长。1983～2006年的20余年，肉类从每年生产1402万t增长到8051万t，增长了4.7倍；禽蛋产量从每年332万t增长到2946万t，增长了7.9倍；奶类的产量从每年不足300万t增长到3303万t，增长了10倍。我国畜牧业的构成主要是养猪业，约占50%；其次是家禽业，占30%；牲畜（牛、羊业和奶业）占20%。据统计，截至2006年，我国畜牧业的收入已占全部农业总收入的31.4%，但距发达国家的肉类产值占农业产值的50%～80%还相距甚远，因此，畜牧业还要持续加大力度发展。

但是，不论是家庭养殖还是集约化养殖，其饲养污水、畜禽粪便及其产生的臭味等，均会对农村环境产生严重的污染。

第一节　畜禽粪便的污染特性、治理目标及管理体系

一、畜禽粪便对环境的污染

粪尿污染是无公害畜禽产品生产的最大危害之一。我国畜禽养殖业每年平均产生粪便约17.3亿t，是每年排放工业固体废物（约6.34亿t）的2.7倍。特别是近年来，畜禽养殖从农户散养转向集约化养殖后，导致农牧脱节、粪污密度增加。以年出栏1万头育肥猪的猪场为例，每天约产生73t污水，年产粪便2.7万t；1个千头的奶牛场，日产粪便15t，年产粪尿5500t余；1个万只蛋鸡场每天就要产生鸡粪近2t，年产鸡粪730t。由于多种原因，我国许多规模化畜禽养殖场，地处对居民产生环境影响的区域范围内，约1/10的规模化养殖场距离水源地不超过50m，约1/3的规模化养殖场距水源地或居民区不超过150m。全国有60%的养殖场缺乏干湿分离这一最为必要的环境管理措施，80%的养殖场没有污染治

理设施或缺乏必要的污染治理投资，近90%的规模化养殖场未经过环境影响评价。畜禽养殖业产生的污染物主要有三个方面：粪便、污水和恶臭。一头60Kg猪每天产生的粪尿量是同样体重人排粪量的4倍，一个10万头养猪场均对环境的污染程度相当于5万人口当量，如果以BOD来计算，猪是同样体重人排泄量的10倍。2006年我国畜禽固体粪污产生量已超过27.5亿t，若加上冲洗水，实际粪水量超过100亿t，其中COD排放总量达1.1亿t，是目前全国污水排放COD总量的7.3倍，氨态氮排放量约1200万t，其污染负荷已超过工业废水和城市生活污水污染负荷的总和。

畜禽粪便既是宝贵的资源，又是一个严重的污染源，如果不经过妥善处理即排入环境，将会对地表水、地下水、土壤和空气造成严重污染，并危及畜禽本身和人体的健康。在畜禽业生产中，清洗、消毒等所产生的污水数量大大超过畜禽粪便的排放量，这些污水中含有大量的有机质和消毒剂的化学成分，且可能含有病原微生物和寄生虫卵等。据测定，猪场污水中总固体物为15～47g·L^{-1}，COD为15～32.5 g·L^{-1}；牛场污水中总固体物为6 g·L^{-1}，COD为14～32.8g·L^{-1}，BOD为4.2～5.2 g·L^{-1}。在多数养殖场都采用水冲式清洗，畜禽粪尿随水冲洗直接排出场外，成为严重的环境污染源。有些养殖场的畜禽粪便没有出路，长期暴露堆放，任其日晒雨淋，致使空气恶臭，蚊蝇滋生，污染周围水环境。未经处理的污水流入河流、水塘、湖泊。由于细菌的作用，大量消耗水中的氧气，使水体由好氧分解变为厌氧分解，水质变臭，并导致富营养化，严重污染周围水体。

1. 对水体的影响

养殖业废水属于富含大量病原体的高浓度有机废水，直接排放进入水体或存放地点不合适，受雨水冲洗进入水体，将可能造成地面水或地下水水质的严重恶化。由于畜禽粪尿的淋溶性很强，粪尿中的氮、磷及水溶性有机物等淋溶量很大，如果不妥善处理，就会通过地表径流和渗滤进入地下水层污染地下水，从而严重地破坏了水体生态平衡。

1）对地面水的影响：对地面水的影响则主要表现为大量有机物质进入水体后，有机物的分解将大量消耗水中的溶解氧，使水体发臭。当水体中的溶解氧大幅度下降后，大量有机物质可在厌氧条件下继续分解，分解中将会产生甲烷、硫化氢等有毒气体，导致水生生物大量死亡；畜禽养殖场的污水中含有大量的污染物质，污水的生化指标极高，如猪牛粪便混合排出物的COD_{cr}值分别可达81 000 mg·L^{-1}和36 000 mg·L^{-1}，笼养鸡场冲洗废水的COD_{cr}为43 000～77 000 mg·L^{-1}，BOD_5为17 000～32 000 mg·L^{-1}，氨态氮（NH_3-N）浓度为2 500～4 000 mg·L^{-1}。这些未经处理的冲洗污水和粪尿混合排出物进入自然水体后，可使水中悬浮固体（SS）、COD、BOD_5 和微生物含量升高，虽然水体可通过稀释、扩散、沉淀、吸附、光化学分解和生物降解等作用，使无机污染物减少，有机污染物分解，水体得到自然净化，但当污染物超过水体自净能力时，就会改变水体的各种性状，使水质变坏。畜禽粪便污水中含有大量的氮、磷等有机营养元素，水中微生物将迅速对其进行分解，并会促进低等水生生物大量繁衍。有机物的生物降解和水生生物的孳生，均大量消耗水中的溶解氧（dissolved oxygen，DO），使 DO 被耗尽，最终使水生生物缺氧死亡，从而进一步加剧水体底部缺氧，使水体同化能力降低，生物降解过程变为厌氧腐解，水体变黑发臭，导致水体"富营养化"，这种水体将不可能再得到恢复。另外，粪尿污水中还含有大量的微生物及寄生虫卵等，不能被自净过程杀灭，而直接通过水体或通过水生动植物进行扩散，甚至可导致某些传染病的传播，危害人和动物的健康。

2）对地下水的影响：畜禽粪便污水不仅能污染地表水，其有毒、有害成分还易渗入地下，严重污染地下水，而一旦污染了地下水，将难以治理恢复，能造成较持久性的污染。畜禽粪便污水可使地下水溶解氧含量减少，水质中有毒成分增加，严重时使水体发黑变臭，失去使用价值。目前养殖场仅有少数可通过明沟或暗管排入到附近的灌渠或河汊等地表水，而多数都是利用养殖场内外的空地、渗坑、路旁泄洪沟、场外粪沟等下渗排放。这种随意下渗的排放方式，必然会遭至地下水的污染，使养殖场内外的井水逐渐变质。

2. 对土壤和农作物的影响

畜禽粪便污水未经无害化处理直接进入土壤，粪污中的有机物将被土壤微生物分解，其中含氮有机物（蛋白质等）被分解为氨（NH_3）、胺（NH_4^-），继而氨和胺可被硝化细菌氧化为亚硝酸盐和硝酸盐；含碳有机物（糖、脂肪和类脂等）最终被微生物降解为 CO_2 和 H_2O，从而通过土壤得到自然净化。如果污染物排量超过了土壤本身的自净能力，便会出现降解不完全或厌氧腐解。我国畜禽粪便的总体土地负荷警戒值已达到 0.49（正常值应小于 0.40），此值已体现出一定的环境胁迫水平和比较严重的环境压力。畜禽粪便在存放期间，有机质和矿物质会随粪便水渗入土壤中，并进入地下水或随雨水进入地表水体。其量远远超过土壤或水体的消纳能力，造成植物根系的损伤或旺长，或使水体中藻类大量繁殖而使水质腐败，封闭水体表面，使水生生物缺氧而死。据检测，当畜禽养殖场粪便污水流入池塘而使水中氨含量达到 $0.2\ mg \cdot L^{-1}$ 时，就会对水中鱼类等生物产生毒性。畜禽场内及周围水环境中的微生物数量是其他良好水体的 30 倍以上。畜禽养殖业废水中含有较多的氮、磷、钾等养分，如果能做到合理施用可有效地提高土壤肥力，改良土壤的理化特性，促进农作物的生长。但如果未经任何处理就直接、连续、过量的施用，则会给土壤和农作物的生长造成不良的影响。引起土壤板结、盐渍化，会造成农作物陡涨、返青、倒伏，晚熟或不熟、减产等，甚至毒害作物出现大面积腐烂。废水中的大量有机物质在土壤中不断累积，虽然可为土壤中栖居的小动物、昆虫、真菌、细菌等提供营养物质和适宜的环境，但也可导致一些病原菌大量孳生引起病虫害的发生；此外，大量有机物的积累也会使土壤呈强还原性，而强还原性的条件不仅影响作物的根系生长，而且易使土壤中原本处于惰性状态的有害元素得到还原而释放；大量无机盐在土壤中的积聚则会引起农作物的损害。

3. 对大气环境的影响

畜禽粪便使污水对空气的污染主要来自其中的有害气体、粉尘（包括气溶胶）和微生物等，如年出栏1万头猪的养殖场，每天通过粪便向空气中排放的氨气达13.4kg以上；年饲养1000头牛的养殖场，每天的氨气排量达8kg以上。来源于粪便的恶臭，会使养殖场内外及其周围的居民感到不快，对健康产生损害，也会引起畜禽的抗病能力和繁殖力下降。如年出栏1万头猪的养殖场每小时可向大气中排放1.5亿个细菌，使距离猪场80m远的空气中所含菌数也会引起动物致病。牛马粪便中含有大量的破伤风芽孢梭菌，通过皮肤破损处可感染人类，有些病原微生物可引起人畜共患性疾病，如炭疽等，而流行性极强的人流感和禽流感，其致病的病毒来源均与养殖场中的猪和鸡鸭等有关。

1）恶臭污染：畜禽养殖场排出大量粪尿污水，如果长期堆置或排放到附近低洼地区，会造成严重恶臭。在新鲜畜禽粪尿中含有氨、硫化氢、胺等有害气体，如果不清除或清除后不予处理，其恶臭程度将显著增加，产生的氨气、硫化氢、甲基硫醇、二甲二硫醚、甲硫醚、二甲胺、苯乙烯、乙醛和粪臭素等成分，造成空气中含氧量相对下降，污浊度升高，降低空气质量，产生异味令人不快。久之引起精神不振、情绪烦躁、记忆力下降等，重则对人、畜的健康产生损害。如氨气具有刺激性，易溶于水具有腐蚀性，刺激人体黏膜组织而引起黏膜充血，喉头水肿、支气管炎等呼吸系统疾病；硫化氢是一种易挥发和刺激性很强的气体，易引起眼结膜充血流泪，鼻炎和支气管炎等。随着集约化畜禽养殖业的发展，养殖场的恶臭现象难以避免，严重危害饲养人员及周围居民的身体健康。虽然表面看不出饲养的畜禽对恶臭的直接反应，但从恶臭引起畜禽采食量的下降，饲料利用率约降低18%，增重下降16%～20%，恶臭强度扩散范围与养殖场的规模、生产管理方法、气温、常年风向和风力等因素有关，一般扩散范围在100～1000m。据调查，约有1/10强的养殖场距离民房不足100m，可长期对周围居民产生恶臭影响，选址极不合理；约有近1/3的养殖场距离民房不足500m，可能会在不利气象条件下对周围居民产生恶臭影响。

2）温室效应：温室效应已成为国际社会十分关注的一个全球性环境问题，其中畜禽养殖业的快速发展是构成全球变暖的重要因素之一。目前大气层中甲烷浓度以每年约1%的速度增长，而甲烷的多少则是导致气温高低的重要气体之一，其增温贡献率约为15%。畜禽类动物年排放的甲烷约占大气中甲烷气体的1/5，尤其像牛、羊等反刍动物是释放甲烷、二氧化碳等温室效应气体最多的。随着畜禽产业化的发展，甲烷等温室效应气体的释放量会更加巨大，将对全球变暖产生重要影响。

4. 饲料中残留兽药和矿物元素的污染

在畜禽养殖过程中，为了防治畜禽的多发性疾病，常在饲料中添加抗生素和其他药物，这些药物随饲料进入动物消化道后，短时间内进入动物血液循环，最终绝大多数的药物经肾脏过滤随尿液排出体外，只有极少部分的药物和抗生素残留在动物体内。大量研究表明，大多数饲料用抗生素都有残留，只是残留量大小不同。随着科技水平的不断提高，人们发现抗生素作为饲料添加剂使用，对养殖环境已造成了严重的负面后果。首先，使畜禽体内的耐药病原菌或变异病原菌不断产生，并不断向环境中排放；其次，畜禽不断向环境中排泄这些抗生素或其代谢产物，使环境中的耐药病原菌与变异病原菌不断产生。这两者反过来又刺激生产者增加用药剂量、更新药物品种，这就造成了“药物污染环境→耐药或变异病原菌产生→加大用药剂量或换药→环境被进一步污染”的恶性循环。另外，畜禽产品中药物残留进入环境后，可能转化为环境激素或环境激素的前体物，从而直接破坏生态平衡并威胁人类的身体健康。矿物元素和重金属的污染，一方面在畜禽饲料中大量添加的无机磷约75%为植酸磷，由于植酸磷不能被动物吸收利用而直接排出体外，引起污染。另一方面，各饲料厂和养殖场均普遍采用高铜、高铁、高锌等微量元素添加剂，由于这些金属元素的吸收率和利用率都很低，易随粪便排出体外进入环境，已成为我国的一大环境公害。

5. 微生物污染及人兽共患疾病

畜禽体内的微生物主要是通过消化道排出体外，通过养殖场废物的排放进入环境从而造成严重的微生物污染。废水中的大量有机物质在土壤中不断累积，但也可导致一些病原菌大量滋生引起病虫害的发生。如果对这些粪污不进行无害化处理，大量的有害病原菌一旦进入环境，不仅会直接威胁畜禽自身的生存，还会严重危害人体健康。畜禽粪污是人畜共患病的重要载体，畜禽粪污水浓度高，并含有大量致病菌和寄生虫卵，不能直接用于农田灌溉。若直接排放将会对水体和农村环境造成严重污染，导致水质恶化、蚊蝇滋生、病菌泛滥、诱发疾病，将会严重影响农村生活环境质量和危害人体身心健康。全世界约有250多种人畜共患疾病，我国共有120多种。人畜共患疾病的传染渠道主要是动物性食品、患病动物的粪尿、分泌物、污染的废水、饲料等。畜禽粪尿及废水中的有害微生物、致病菌及寄生虫卵的肆意传播给人类的健康甚至生命造成严重威胁。例如，在亚洲地区肆虐的禽流感让人们感到触目惊心，而禽流感病毒在畜禽粪便中可存活180天。因此，畜禽粪污的无害化处理也已成为世界各国当前亟待解决的问题。

随着我国农业经济重心逐渐从种植业向畜牧业转移，2006年畜牧业在我国农业总产值中的比重已占到33.6%。但由于普遍存在规划不合理以及“农牧脱节”的现状，大量的畜禽粪污不能实现资源化综合利用，及时还田消纳，造成污染严重，带来一系列的环境和社会问题。在我国华中、东北、西北、西南等畜禽养殖集中区，最大污染承载负荷已经超过环境容量的4~6倍。目前畜禽养殖业本身利润低薄，难以独立承受废弃物处理和综合利用工程的投资，绝大部分畜禽粪污未经过处理直接排入环境。养殖场在污染周围环境的同时，也污染了自身的环境，并不可避免地导致畜禽疫病的频发，严重地影响了畜禽养殖业自身的健康发展。同时畜禽粪污使外源性营养物质（主要是氮和磷）过量输入，造成浮游植物的大量繁殖，破坏了水生生态系统，对水产养殖业也带来了直接和间接的影响。畜禽养殖污染使得我国农村面临越来越严重的生态环境压力，已直接影响到农村区域社会经济的健康发展，成为我国农业可持续发展的瓶颈。

二、畜禽粪便处理目标

畜禽养殖包括农户的自家养殖，其大量粪便污水如果不经妥善处理而排放，将使环境产生严重的污染。由于市民的副食品供应与畜禽养殖业的发展密切相关，所以国家制定了在限定规模条件下，保障供给、大力发展的政策。对畜禽粪便等废物控制管理的战略是以保障市民的生活稳定和习惯，保证适当畜禽产品自给率为前提，以消除畜禽废物对环境的严重污染为目标，大力推行清洁生产，变废为宝，实现畜禽粪便综合利用及资源化。要达此目标，必须要将养殖产业在农村经济中的总量规模合理化，畜禽养殖场的区域布局合适，政策扶持上要加大治理设施建设，专款专用，不得挪作他用，并保证治理设施不能作为一种摆设，要保障治理设施的良性持续运转，确保畜禽废物得到有效治理。要达到这一目标，必经强化环境保护监督管理，提高养殖业的环境保护意识，政府部门要确保治理资金投入和扶持政策的环境效益。

治理目标的实施设想，必须按“四化”原则进行规划，即减量化、集约化、无害化和资源化。减量化是要对畜禽养殖业的规模实施总量进行控制，以保证耕地对畜禽粪尿实际承载能力为底线；集约化是扶持畜禽业发展集约化生产基地，逐步削减、淘汰散养户和中小规模饲养场，对集约化畜禽养殖场的布局要以环境功能区划进行优化调整；无害化是要严格控制畜禽业污染源，并以防治水环境污染为主，兼顾空气污染和土壤污染防治，全面推广畜禽废物治理实用技术，同时充分运用行政、经济、法律、科技和教育等手段；资源化是以农牧业经济与环境建设协调发展为目的，对畜禽粪尿进行综合治理和资源化利用，变废为宝，促进现代化农业的高效、优质和生态建设型发展。畜禽粪便治理的基本目标是无害化、资源化，其要求：①杀死寄生虫卵和致病细菌，达到不生蛆蝇、无病原菌，大肠菌群值为每毫升 10^{-2} ~ 10^{-1}个，蛔虫卵死亡率达 95% ~100%，无植物病原菌及草籽；②将其中多糖蛋白质、脂肪转化为腐殖质和腐殖酸，有机质含量 > 50%，腐殖质含量≥30%，C/N≤20，含水量≤15%，使粪便变为有机肥，呈粉末或颗粒状；③除臭，环境周围无臭味。冲圈粪水经处理应达到《地面水环境质量标准》（GB3838—2002）中Ⅳ类以上水质标准要求，满足畜禽场冲圈二次用水需要，主要卫生指标如表 21-1 所示。

表 21-1 《地面水环境质量标准》对畜禽场冲圈二次用水的要求

项目	标准
COD_{cr}	≤20mg · L^{-1}
BOD_5	≤ 6mg · L^{-1}
病原菌	0
大肠菌群值	每毫升 10^{-1} ~ 10^{-2}个
蛔虫卵死亡率	95% ~100%
水质感观	水质清澈，无异味

为切实达到治理目标，还要将环境建设、畜禽粪尿综合治理与村镇发展规划相结合。尤其在布局调整规划中，应符合村镇发展总体规划，按农村地区发展功能要求规划畜禽养殖场的位置，便利进行畜禽污染物的综合治理，以及资源化利用的配套与链接。还要注意和农村河道综合整治相结合，以改善河道水质为重要目标之一，纳入到集约化养殖场的规模及畜禽污染的综合治理。在一些经济发展比较快，经济基础好的农村，还要将畜禽业发展与生态示范区的建设相结合，生态示范区建设要以可持续发展为原则，合理开发利用和有效保护自然资源为手段，改善生态环境质量为目的，将畜禽粪尿污染的治理及其综合利用作为生态示范区建设中的一个重要环节和考核指标。

三、畜禽废物管理系统

（一）管理系统功能

整个畜禽粪便管理系统的功能包括粪便的收集、储存、运输、处理和利用等多个步骤，每个步骤的进行可有多种选择方案，同时系统含有多个变量和约束。管理系统总的功能包括：畜禽粪便的收集、粪便的固液分离、粪便及废水的储存，处理前后的粪便运输、粪便及污水的处理与利用等。限制因素主要有国家和地方有关的法律法规、可用的土地和可投入的资金、当地的市场潜力和劳动力等。畜禽粪便管理是在经济、环境等约束条件下的技术选择问题，畜禽粪便的处理要求效率高，精确监控，环境污染率低，资源化利用要效益好。因此，工程设计者和管理者往往面临着管理系统是否适于环境和生产的要求。

（二）管理系统

畜禽粪便管理已从过去环境保护处理进入环境的可持续发展，从过去资源利用进入到资源保护的高度，这种新的处理方法和管理战略的研究，将在未来畜禽废物管理中发挥重要作用。大型现代化养殖场大多采用水冲式粪便收集的方式，应推荐循环式水冲系统，将粪便废水储存于房舍下，粪便废水的运输则采用带污水泵的罐车或直接与低速灌溉系统相连；畜禽粪便的无害化处理可分为物理、化学及生物的方法，生物处理是利用微生物来降解畜禽粪便中的有机物，包括好氧生物与厌氧生物处理等。从效率高、效益好的处理技术出发，应采用多阶段多方法的综合处理，以使畜禽粪便科学、合理的施用于农田，此外还可用作制备饲料、生产有机肥及厌氧发酵生产沼气等。

畜牧主管部门应推行生产许可证制度，畜禽养殖的环境管理应针对的是，对具有一定规模的养殖场，根据环境保护法律、法规的规定，所有排污单位，不论其规模大小，均应遵守国家环境保护法律、法规规定的各项管理制度和措施。因此，所有的畜禽养殖场都应纳入环境管理的范围。

1. 畜禽养殖业的发展要依法行事

各级政府应对本地区养殖场的数量、规模、位置以及粪便和污水的产生和排放情况等了如指掌，针对畜禽养殖场污染的防治工作特点，采取如下管理措施。

1）将畜禽养殖业污染防治工作纳入各级政府的环境保护目标责任制，同时各级环保部门应将本辖区畜禽养殖的污染防治纳入其拟定的环境保护规划中，以保证该项工作纳入当地的社会和经济发展计划中。

2）建立健全规范化畜禽养殖场的环保审批程序和制度，对新建、改建和扩建的规模化养殖场，强制要求按照建设项目、环境保护的有关规定办理“建设项目环境影响报告书”的审批手续。

3）建立规模化畜禽养殖场排污申报登记制度。各区县环保局应每隔2～3年进行一次规模化畜禽养殖场全面排污申报登记，市环保局应通过对全市大中型养殖场的年度变更申报登记，同时掌握畜禽养殖业的发展变化与排污防治状况。

4）畜禽养殖企业应向当地的环境保护行政主管部门提出排放污染物的申请，经审查批准取得排污许可证，排污口应设置国家环境保护总局统一规定的排污口标志后，按照其核定的排污量排放污染物。

2. 畜牧业主管部门应推行生产许可证制度

在新建畜禽养殖场要求在进行生产设施建设时，必须要对畜禽粪尿污水的排放治理和污染防治设施。包括畜禽粪便综合利用的设施，应同时设计、同时施工和同时投入使用。凡没有粪便污水治理设施和粪便利用措施的养殖场，一律不准开工建设和使用。畜禽养殖场的污染治理设施还必须正常运行，未经当地政府环境保护行政部门批准，不得关闭、闲置、排除等。

3. 环保主管部门的现场检查和定期监测

环境保护行政主管部门，应对本辖区内的畜禽养殖生产企业的畜禽粪便污染防治状况进行现场检查，对现有的污水、粪便处理设施进行全面调查，掌握各类设施的技术水平、运行能力和运行管理状况，以便使现有的设施能够充分发挥削减污染物排放的作用，同时也为下一步畜禽养殖业污染防治设施的选择、建立、推广，污染防治设施的验收方法和程序奠定科学基础和技术路线。

1）对畜禽养殖场应每年至少两次定期向当地环保行政主管部门报告污水处理设施和粪便处理设施的运行情况，提交排放污水、废气、恶臭以及粪肥的无害化指标的监测报告。

2）畜禽养殖场应安装水表，对用水实行计量管理。对粪便污水处理设施的进出水水质应每天进行监测，确保废水达标排放，环保主管部门应对畜禽养殖场的排放污水水质进行定期监测。对超标排放污染物和超过污染物排放总量的畜禽养殖企业，向县级政府以上或根据管理权限授权同级环保行政主管部门，对其责令限期治理。对违反有关规定，由环保行政主管部门根据不同情节，可责令其改正，并给予警告或处以罚款。

第二节　畜禽粪便的收运和预处理

畜禽粪便的收集、储存、预处理和运输是整个粪便管理系统的组成部分之一，为便于收集、储粪和预处理，可有多种形式的设计方案。对小型养殖场来说，大多用板条式地面，通过刮板进行机械方法收集固体状粪便，然后采用堆沤方法进行储存；大型现代化养殖场的畜禽圈舍，大多采用水冲式收集方式，粪便废水储存于圈舍下的储放池里。畜禽养殖场的粪便储存设施的位置，必须远离各类功能地面水体（最小距离不得小于100m），应放在生产及生活管理区的常年主导风向的下风向或侧风向处；设施本身要有防渗漏功能、防溢流和防止降雨倒灌的措施，以免畜禽粪便污染地下水或溢流污染地表水等。

一、储粪设施

由于畜禽粪便对周围水源、土壤、大气造成严重污染，每天对产生粪便的收集、清除和施用就成为必须要解决的问题。如果养殖场的规模不大，可以做到及时清运粪便或在极短时间内储存并频频清运；但对集约化大规模养殖场来说，每天产生的粪便污水量很大，养殖场附近的田地不能消纳，而且施肥要在天气条件和田地耕作阶段接近或正处在作物生长季节时进行，而且粪便管理系统要从固体/半固体系统转变为液态系统，所以对粪便进行储存的需要就越来越明显了。

1. 贮粪设施的类型

1）典型的浆性粪便储存设施：用于储存浆性粪便的设施有多种类型，一是在猪舍地板下面设置的坑，或浅或深，粪便直接通过地板缝隙漏入坑内。这种坑通常是部分或全部在地下，贮粪设施可以用混凝土建造的，也可以是涂层金属板（内衬玻璃涂层的钢板）制作的贮粪罐。浆性粪便也可储存于土质坑内，其成本低廉，又可达到一定的储存量，特别当粪便和废水量很大时易采用土质贮粪池，建造时要进行仔细的规划和调查。因所需空间较大，需要建造护道并要前后有一定的倾斜度，这些设计应在结构上具有一体性并便于保养，尤其对护道区的植被要进行较高要求的保养，以防杂草、树木等生长。土质贮粪池的内壁要以水泥敷盖并设计有坡道，以便于装运设备能进入贮粪池就更为理想。当然，土质贮粪池也要对储存的粪便进行搅动，设计方案中要考虑搅拌机和泵的安放部位，但若大个贮粪池要用加盖来控制臭气是比较困难的。

以粪浆形式储存粪便的优点是既适应于地面以下的贮粪池，也适应于地面以上的贮粪罐，粪便中养分的保留率比较高，可采用液压的方式收集和运输。缺点是臭气比较严重，尤其是难以加盖的贮粪池；而加盖的封闭贮粪池里，又容易积聚产生有毒气体或可燃气体，常发生事故，这种贮粪池需多次性往返装载，以将其出空。粪浆施用于田地，若施加后未覆盖土则会散发臭气，也易污染水体。

2）典型的液态粪便储存设施：液态粪便储存设施是土质的厌氧发酵池，具有储存和处理粪便的双重功效。应设计成具有较永久性的“处理空间”，使其具有稀释粪便的余地，并赋予了建立细菌群体的能力，从而能有效地分解粪便中的固体物。由于细菌活力是影响厌氧发酵池性能的主要因素，在设计上除了要考虑粪便性质和粪水的量，还要考虑温度和气候条件。厌氧发酵一般是在温暖气候条件下良好运行，此时厌氧菌的活动比较活跃。另外，厌氧发酵池的底部和侧壁上必须建造密封层，以符合法规和建筑业规定的抗渗透标准。液态粪便储存设施需用水冲洗和稀释粪便，要具备稀释水源，并保证厌氧发酵池的空间大小，保证处理空间，加入稀释水可在雨水少而蒸发作用大使处理空间减少到设计水平以下时，减轻厌氧发酵池中盐类的作用。厌氧发酵池储存粪便可减轻粪便的臭气，能用常规泵和灌溉设备开启运和施用粪便。但在添加垫料物质或存在不可生物降解的物质时，就需要进行固液分离和淤泥清除。因不可降解的物质淤积于池底，最终会占去相当的容积而影响发酵池的性能，因此，在厌氧发酵池的设计中应考虑淤泥的积聚问题。另外，液态粪便储存的形式会使氮的损失量较大，也会散发出温室气体。

2. 贮粪设施的选择

1）粪便的形态和质地：粪便通常是以固体（干物质 > 15%）、粪浆（干物质 > 5% ~ 10%）或液态（干物质 < 5%）的形态进行储存和处理，接受处理的粪便形态和质地可影响贮粪设施的选用。

2）粪便在田间的施用方法和设备：粪便的固体、粪浆和液态等三种形态在田间的施用对劳力和设备的需要是明显不同的。每一种形态都会选用不同的贮粪设施，如果便于粪肥的装运，那么以固体或粪浆的形式比液体粪便更为理想；如果以灌溉法施用粪肥，液态粪肥可能更适于泵和喷嘴设备的应用。

3）养分的保存：固体和粪浆系统一般都能比液体系统保存更多的养分，细菌在液体环境中生长旺盛，液态粪肥可受到稳定化和处理，但其挥发作用使氮的损失大于固体或粪浆系统，如粪便堆积或地面以上贮粪池（固态）的氮损失率为 10% ~ 40%，土质贮粪池（粪浆）的氮损失率为 20% ~ 40%，而厌氧发酵池（液态）的氮损失率为 70% ~ 85%。如果粪肥可施用田地较充足，作物的价值比较高，那就要选用养分保存率较高的粪便管理系统；如果施肥的田地有限或作物的价值比较低，那对养分保存率的考虑就要让位于劳力、设备和时间的考虑上。

另外，在处理方式上如果需要进行除臭和固体物降解，可选用厌氧发酵池；如果粪便储存地点的空间有限，就应选用占用空间较小的贮粪罐。

3. 贮粪设施的成本和经济

在选用贮粪设施时必须考虑建造不同类型贮粪设施的成本，并将其成本与整个粪便管理系统的经济分析和畜禽粪便处理的相关法规标准结合在一起考虑。选择最低成本的储存设施并不一定符合完整的经济分析要求，所以说贮粪设施的成本还是整个粪便管理系统经济分析中，众多投入项目中的一项。而且在建造贮粪设施时不仅要考虑储存，还要考虑粪便的处理、除臭、资源化利用等，也要考虑国家对畜禽粪便处理的法规要求。贮粪设施还要与整个畜禽粪便管理系统的运行等一起考虑。具体进行成本核算，储存设施的建造与所用材料（水泥、钢材）、需掘运的土方数量、劳力成本、所需的泵和搅动机等多种因素有关。

二、畜禽粪便的运输

畜禽粪便的运输包括养殖场粪便的收集、运输及处理后粪肥的运输，一般采用传统的运输工具，粪便废水的运输工具主要有带污水泵的罐车或直接与低速灌溉系统相连。

三、畜禽粪便的预处理

由于规模型畜禽养殖场排出的粪便量大且含水量高，难以运输、储存或直接利用，而且臭气熏天，会造成严重的环境污染，必须进行及时的处理。粪便处理过程的周期愈长，其工艺环节愈多，营养成分（主要是氮和粗蛋白）损失愈大，对环境的污染也愈严重。要对粪便进行高效处理，如发酵、热喷、微波等处理工艺，前期必须预先进行大幅度的脱水干燥；粪便预处理还包括对粪便臭气的控制，由于较为重要，另立第三节专述。

大中型机械化畜禽养殖场大多采用水冲洗或刮粪机的清粪方式，导致粪便的含水量高达80%左右，在进入带有加热装置的发酵罐处理之前，必须将含水率为80%～85%的湿粪脱水至含水量为60%～65%。因此，粪便的固液分离是重要的预处理过程，同时也为粪便的综合利用（制成肥料、饲料）打好基础，又可减少污水中的总固体值，便于污水的排放和进一步处理。

1. 筛分

筛分是一种用不同筛孔的网筛将畜禽粪便中颗粒与液体分离的方法，根据粒度分布及网筛的筛孔大小不同，固体物的去除率也不同，筛孔越小去除率越高，但筛孔越小越容易出现筛网的堵塞。网筛主要有固定筛、振动筛和转动筛等，固定筛的筛网固定不动，筛孔 20 ~ 30 目，固体物去除率为 5% ~ 15%，结构简易，无能耗，但筛孔容易堵塞，需经常清洗。振动筛是以一定振幅和频率加快了固体物与筛面间的相对运动，增加了过筛速度并减少了筛孔的堵塞现象，固体物去除率为 6% ~ 27%（筛孔径 0. 75 ~ 1. 5mm）。转动筛具有自动清洗筛面的功能，固体物去除率为 4% ~ 14%（孔径为 20 ~ 30 目）。后两种的结构略复杂，且有能耗。

2. 沉降分离

利用畜禽粪便污水中固体物密度大于溶液密度的性质，将固体物分离出来的方法，可分为自然沉降、絮凝沉降和离心沉降等。自然沉降速度慢、去除率低，但简易、几乎无成本；絮凝沉降是为加速沉降速度而填加絮凝剂，使小分子悬浮物絮凝成大颗粒，从而加速沉降，提高去除率，加速运行时间；离心沉降利用离心力加快颗粒的沉降速度，使固液分离性能大为提高，如当猪粪中含固率为 8% 左右时，其总固体去除率可达 61%。典型的离心沉降设备是卧式螺旋离心机（图 21-1）。化学混凝剂如石灰、硫酸铝、三氧化铁、碱式氯化铝、有机高分子化合物如聚丙烯酰胺等，它们与水中可溶性物质反应可产生难溶于水的沉淀物，或混凝吸附水中的微细悬浮物及胶体杂质而下降，现在较为推荐使用生物絮凝剂，效果好且成本可以降低。

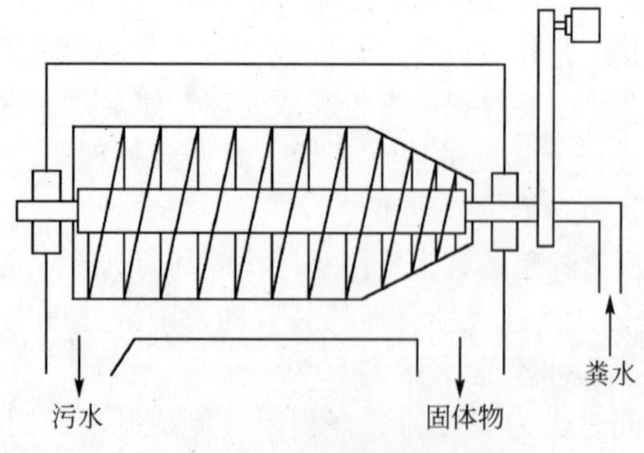

图 21-1　卧式螺旋离心机

3. 过滤分离

过滤是一种在分离过程上不同于筛分的固液分离方法。采用真空过滤机、带式压滤机、转辊压滤机等过滤设备。真空过滤机结构复杂、投资大，但去除率高；带式压滤机设备费用和电耗略低，带式压滤可连续作业，由于采用高分子材料滤网，可使设备的寿命提高；转辊压滤机结构紧凑，分离性能较筛分好。

对于大中型畜禽养殖场的粪便污水日处理量较大，为能连续作业又能降低能耗，力求自动化水平高，操作简便，推荐使用螺旋挤压式固液分离机。作业时无堵塞泵将粪便污水泵入机体，在振动电机作用下加速落料，经动力传动，挤压绞龙等将粪水逐渐排向网筛，同时不断提高前缘的压力，迫使粪便中的水分在边压边滤的作用下挤出网筛。挤压机是连续作业，物料不断被无堵塞泵泵入机体，前缘压力不断增大，当压力大到一定程度时，就将卸料口顶开，达到挤压除料的目的。挤出网筛的粪水流入排污管，经固液分离后的畜禽粪渣含水量降到70%以下。为了掌握出料速度和含水量，可调节主机下方的配重块。

第三节 畜禽粪便臭气的控制技术

畜禽养殖场产生大量的畜禽粪便恶臭，给养殖场和周围的大气带来严重的环境污染，恶臭对人畜具有毒害作用，其影响是长期的、连续的，轻则产生恶臭物质给人们带来不快和厌恶感，使家畜体质变弱，生产性能下降；重则许多恶臭物质危害人体健康甚至生命，可引起畜禽产生症状、疾病、甚至死亡。

一、恶臭的产生及危害

1. 恶臭的来源及组成

畜禽粪便中的有机物主要由碳水化合物与含氮化合物组成，在合适条件下经过缓慢的厌氧发酵，植物纤维和粗蛋白发生降解，碳水化合物会转化成挥发性脂肪酸、醇类和二氧化碳，含氮化合物转化为氨、硫酸、乙烯醇、三甲基硫醚、硫化氢、三甲胺等，这些物质或带有臭味和酸味，或带有腐败洋葱味或腐败的蛋臭、鱼臭味。也有些恶臭是这些有机物通过酶解作用而形成的，如硫酸盐类被酶解为 H_2S，马尿酸酶解为苯甲酸等，这些酶解反应的速度较快。这些具有不同臭味的气体混在一起，形成恶臭气体。恶臭的成分复杂，现已鉴定出恶臭成分在牛粪尿中有94种，猪粪尿中约有230种，鸡粪中约有150种。这些恶臭成分可分为挥发性脂肪酸、醇类、酚类、酸类、醛类、酮类、胺类、硫醇类和含氮杂环化合物等 9 类有机化合物，NH_3 和 H_2S 两种无机物。按其性质分为以下 5 类：①含硫化合物，如 H_2S、SO_2、硫醇、硫醚等；②含氮化合物，如 NH_3、胺、酰胺、吲哚等；③卤素及衍生物，如 Cl_2、卤代烃；④烃类，如烷烃、烯烃、炔烃、芳香烃；⑤含氧有机化合物，如醇、酚、醛酮、有机酸等。

2. 恶臭及有害气体的特点及危害

畜禽养殖场散发的恶臭及有害气体成分很多，主要有氨、硫化氢、粪臭素、硫醇等。

1）氨：在畜禽舍内，氨主要是由粪尿被细菌和酶分解产生，其含量少则为 $6\sim35mg\cdot L^{-1}$，多者可达 $150\sim500mg\cdot L^{-1}$。畜舍中氨常被溶解或吸附在潮湿的地面、墙壁上，氨具有强烈的挥发性，对眼、上呼吸道黏膜产生刺激，进入血液可结合血红蛋白，使氧和血红蛋白减少，造成组织缺氧。浓度高时可致家畜急性氨中毒，产生症状；长期在低浓度氨的环境可引起氨的慢性中毒，使采食量、日增重、生产力都下降，畜体变弱，易对某些疾病传染。

2）硫化氢：畜体采食高蛋白食物，消化不良时会产生大量硫化氢，由含硫有机物厌氧降解生成，呈臭鸡蛋味，发自新鲜粪便，越接近地面浓度越大。H_2S 对黏膜、结膜产生刺激。H_2S 与黏膜中的 Na^+ 盐结合形成 Na_2S，更具强烈刺激性，H_2S 进入血液，结合细胞色素氧化酶 Fe^{3+}，导致细胞不能正常呼吸可因缺氧死亡。畜体长期处于低浓度 H_2S 中，体质减弱，肥育率下降；而高浓度 H_2S 可导致神经中枢麻痹，甚至死亡。

3）硫醇类：硫醇类为一组在结构上类似醇类的有机化合物，具有强烈的烂洋葱和烂甘蓝菜的恶臭，是由微生物分解粪便中有机物而产生的。硫醇类在 $0.01mg\cdot L^{-1}$的极低浓度时就能明显刺激嗅觉产生不快，如甲硫醇产生的难闻的气体可引起恶心呕吐。

4）粪臭素：粪臭素又称甲基吲哚，具强烈臭味，由微生物分解蛋白质中的色氨酸而产生的。

畜禽养殖场产生恶臭及有害气体同样也妨害人体的健康，人在较高浓度氨气环境中会出现目涩流泪，严重者可致失明；空气中的 H_2S 过高会引起头晕、恶心；长期处于恶臭环境中生活会引起慢性中毒，常引起呼吸系统及其他系统的疾患。

二、畜禽粪便除臭技术

1. 饲料改进技术

畜禽养殖场产生的恶臭主要来源于饲料中营养物质消化吸收不完全而造成

的，其主要污染物是未被畜禽消化吸收利用的氮、磷和金属元素等。因此，凡能提高饲料营养物质利用率的措施，如合理处理饲料的配方，饲料加工、消化，应用吸收促进剂等，提高饲料利用率，就可减少畜禽舍内有害气体的产生，其主要手段有四种。

1）调节饲料中氨基酸平衡：提高畜禽对于饲料蛋白质的利用率，需在降低饲料中粗蛋白含量的同时，适当增加氨基酸的比例，则可使畜禽氮的排出量减少20%～25%。即采用氨基酸平衡的营养饲料配方新技术，是从源头上解决畜禽粪尿中氮的排出，以减少氮对环境污染的有效措施之一。目前的畜禽养殖业应用“理想蛋白质（ideal protein，IP）模式”添加氨基酸，以畜禽对可消化氨基酸的需要量为依据，增加必需氨基酸的浓度（如赖氨酸由0.69%增加至1.19%），则氮存留量较常规饲养提高40%，排泄量下降30%。从氨基酸平衡饲料营养方面着手，即达到节约蛋白质饲料资源的目的，又能减少畜禽养殖场带来的氮对环境的污染。

2）提高畜禽对蛋白质的消化率：在饲料中添加适当种类和数量的消化酶，有助于动物对特定营养物的消化吸收，从而减少养分排出。例如，在饲料中添加β-葡聚糖酶的混合酶制剂，可使能量的利用率提高13%，蛋白质的吸收率提高21%，减少猪粪排出量20%以上。又如在低磷的日粮中添加微量植酸酶（450pu·kg^{-1}），可降低日粮中1%的粗蛋白，0.1%的无机磷，不会影响动物的正常生长，而且磷的排泄量可减少25%～40%，氮的排泄量降低10%。

3）在饲料中添加臭气吸附剂和除臭剂等：为减轻畜禽粪尿及其气味的危害，可在饲料中添加无毒害作用的吸附剂。例如，天然沸石（硅酸盐为主的矿石）具有很大的吸附表面和大小均一空腔和通道的开放型结构，随食物进入胃肠道可吸附细菌及肠内的NH_4^+、H_2S、CO_2和SO_2等有害物质；腐殖酸作为改造土壤的膨润土添加到猪饲料中（用量为饲料的0.5%～1%），具有吸附作用，可降低粪便中氮的排出量，从而减少恶臭气体的发生量。

4）饲料中添加微生物制剂和酶制剂等：微生态制剂（如日本的EM菌剂）是一种新型活菌制剂，将其添加到饲料中，可促进畜禽体内的微生态平衡，不同功能的微生物在体内代谢旺盛，可明显提高畜禽机体对各种营养物质的吸收，提高饲料的利用率。微生物菌剂使饲料转化率提高了，减少粪便中恶臭产生物质的比例。丝兰是一种生长在美国西南部和墨西哥北部的植物，印第安人一直用它制作食物和饮料，因为丝兰是一种脲酶的抑制剂，抑制尿素分解成NH_3和CO_2，故将其添加到饲料中可降低粪尿中氨的浓度，起到除臭作用。

2. 畜禽粪便处理过程中控制畜禽粪尿恶臭的措施和技术

1）覆盖法：即在畜禽粪便表面覆盖土壤或已熟化的畜禽粪便进行堆肥发酵

除臭。该法利用土壤和熟化粪便中胶体的吸附作用，将含有各种恶臭气体缓慢通过土壤等粒子之间，被土壤中的水分溶解，进而被土壤及熟粪中微生物氧化分解成无臭成分。应用堆肥发酵除臭法是将粪便运至发酵槽内，采用移动式搅拌机将搅拌时散发出来的恶臭吸到密封的容器内，再送入搅拌后的堆肥中发酵脱臭，脱臭率可达 90% 。覆盖遮掩剂的原理是用一种混合型芳香化合物的气味去遮掩畜禽粪便的恶臭。只能用于短时间或应急使用，成本比较高，也有些成本不大的，如松叶精制剂，是黑松叶的提取物，带有杂酚油的气味，除可遮掩恶臭外，还可杀灭或抑制某些细菌的生长。

2）使用中和剂：其原理是应用中和剂与粪尿中产生恶臭的化合物发生化学反应，已达到减少臭气的目的。例如，分别将碳酸氢钠、硫酸亚铁和明矾研成粉末，按照 90∶5∶5 的比例混合，直接散布或作适当稀释喷雾于粪尿，混合物缓慢产生的碳酸气体可与粪便中的吲哚、粪臭素、NH_4^+ 等发生碱性反应，从而起到脱臭的效果。此外，利用铁盐对含硫化合物的成盐、络合等作用；用乙二醛、马来酸等活泼有机物可与臭味物质发生加成、缩合、聚合等作用；用臭氧、高锰酸钾、二氧化氯等氧化剂，用亚硫酸钠，硼氢化钠等还原剂也可除臭。

3）吸附剂和除臭固化剂：其原理是靠吸附作用降低挥发性臭气的播散，如多孔硅酸盐、二氧化硅、膨润土、活性白土、合成高分子材料等。畜禽粪尿与除臭固化剂均匀混合后，将粪便中的营养成分固定下来，同时改变微生物繁殖所需的酸性条件，从而抑制微生物繁殖，防止大量分解而释放 H_2S 等恶臭气体，达到除臭目的。

4）生物除臭技术：其原理是通过接种降解产生恶臭物质的微生态菌剂，微生态制剂是一种新型活菌制剂，也可以在畜禽粪便处理过程中喷洒微生态制剂，利用微生物或微生物产生的酶降解粪尿中的产臭气化合物，控制臭气发生。这些微生物多由光合细菌、双歧杆菌、乳杆菌、水单胞菌、假单胞菌、醋酸杆菌、放线菌和酵母等，包括 10 余菌属，80 多种微生物复合培养而成的微生物菌群，接种后具有除臭功效。在猪舍、鸡舍 $1m^3$ 空间投放 20g 生物菌剂，能防止产生大量有害气体，从而减少圈舍粪便的恶臭，可使各种有害气体的浓度达到卫生标准。实验表明，使用生物菌剂 1 个月后，恶臭浓度能下降 90%，臭气强度可降低到 2.5 级以下。应用生物菌剂对畜禽粪便进行无臭化处理，可改善养殖场的环境卫生条件。在对大量的或特殊的恶臭进行处理时，可利用分解恶臭成分的微生物构建生物滤池。此外，还有生物洗涤塔和生物滴滤池法，这些除臭生物反应器主要采用的细菌作为微生物的主体，细菌适合于在水中或潮湿的环境中生存，因此对水溶性好的污染物的分解作用最佳。但对在水中溶解度低的物质，细菌表面的水层将影响传质速率，导致处理效果下降；利用真菌降解疏水性或水溶性差的污染物，其降解效率高于细菌。由于真菌可在较干燥的环境中生长，无需连续喷洒水来维持湿润环境，而且真菌适宜的 pH 范围为 3 ~6，处理酸性臭气或出现酸性积腐时，不需加碱调整 pH，特别对某些有机物，真菌的降解能力高于细菌。实际上，臭气中所含污染物既有亲水物质，也有疏水物质，对此复杂而多样的污染物，仅使用单一方法或单一设备进行除臭处理是难以奏效的。

第四节　畜禽粪便污水处理模式与技术

畜禽粪便污水包括畜禽粪便，尿液和冲洗污水，粪便污水与固态粪便相比，具有含水量高，有机质和氮、磷、钾等营养成分低，利用价值低等缺点。对畜禽养殖场产生的粪便污水处理应本着综合利用和污水达标排放二个途径，采用“综合利用”是解决畜禽粪便污染的最佳途径，也是生物质能多层次利用、保证农业可持续发展的最好出路。只有做到“污水达标排放”才能确保养殖业长期稳定的生存与发展。

一、畜禽粪便污水处理模式

1. 还田模式（养殖场零排放模式）

畜禽粪便污水还田用作肥料是一种传统、经济有效的粪污处置方法，可使畜禽粪尿不排向外界环境，从而达到“零”排放。一般家庭分散户养方式的畜禽粪尿处理均是采用还田模式处置。还田模式不仅可以有效地处置粪尿污染物，而且又能将其中有用的营养成分循环于土壤－植物生态系统中，通过土壤中的微生物和植物的作用，将粪尿中有机物质分解转化成稳定的腐殖质和植物生长因子，将有机氮、磷转化成无机氮、磷，供植物生长利用，从而减少化肥的使用。另外，这些粪便污水还能帮助维持并提高土壤肥力，改善土壤特性，增加土壤持水能力，减轻风蚀和水蚀，改善土壤通透性，促进有益微生物的生长。但在还田模式处理不当时，也有可能破坏农田生态平衡，如造成地表水和地下水中氮、磷含量超标等。

（1）工艺流程及工艺设计参数

首先，人工将干粪和吸收粪尿的垫草等一起清扫出圈舍，扫出的干粪可外销或堆沤后，生产有机复合肥；其次，用少量水冲洗圈舍中残存的粪尿并贮存于贮粪池中，液态粪污经厌氧发酵后在施肥季节供周围农田施用。粪污还田模式工艺流程见图 21-2。

由于还田模式存在生物量积累问题，故要做到与之相配套的政策和制度的合

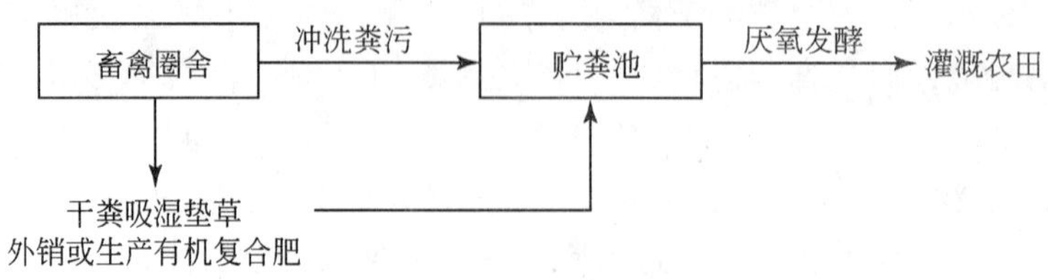

图21-2 粪污还田模式工艺流程

理安排，其一是在一定区域内实施种养平均政策，根据当地农业耕地的土壤养分状况和对养分平衡的需求，确定某地区农田总体的畜禽承载量；其二是“施肥协议”，即养殖场和周围的种植业经营主体（农户、村庄等）签订“粪水”农田施用协议，以便在播种和施肥季节向农田施肥，在非施肥季节严禁向环境中排放粪水，并根据施肥需求修建合理容积的贮粪发酵池。既要有足够的容积来储存暂没有施用的粪污水，不能出现将贮盛不下的污水排向环境，又不能闲置太多的空容积造成浪费。建议一个规模化畜禽养殖场的贮粪池容积按下列公式设计：

贮粪池容积（m^3）=1.1×每天粪尿污水量（$m^3 \cdot d^{-1}$）×最长储存期（d）

贮粪池应尽量减少占地面积，池深可达6m，但深度不得低于正常水位，而且池壁和池底必须有防渗透功能，以免污染地下水。

（2）还田模式的特点

养殖场零排放模式，其优点是最大限度实现资源化，可减少化肥的施用，增加土壤肥力；投资省，年出栏5000头肥猪的规模化养猪场，修建一个贮存30天的贮粪池投资约需几万元；而且不耗能，不需专人管理，运行费用较低。但该模式也存在一些缺点，如养殖场产生的粪尿污水需有足够的农田消纳，一个5000头猪养殖场需要至少33 335m^2（50亩地）的田地来消纳污水，因此受条件限制，适应性不强。特别在雨季和非施肥季节还需考虑粪便污水或沼液的出路问题，如果消纳的农田不足，即不合理的施肥方式或连续过量使用会导致硝酸盐、磷及重金属的沉积，从而对地表水和地下水造成污染。另外，开放式贮粪池尚有传播畜禽疾病和人畜共患疾病的危险，贮粪池散发的恶臭以及在降解过程中产生的NH_3、H_2S等有害气体会对大气造成污染。

（3）适用范围

还田模式适用于远离城市，经济落后，土地宽广，有足够农田消纳养殖场粪污的地区，特别是种植常年施肥作物，如蔬菜、经济作物种植基地，要求畜禽养殖场规模不大。一般出栏在5000头规模以下，当地劳动力价格低，大量使用人工清粪，冲洗水量少，5000头猪场排放的粪尿污水在$20t \cdot d^{-1}$以下。

2. 无动力——自然处理模式

自然处理模式主要是采用氧化塘、土地处理系统或人工湿地等，对养殖场粪尿污水进行处理。该模式以厌氧消化为主体工艺，可以使处理出水达到排放标准。而厌氧处理后的沼渣、沼液又可全部还田，故可称为"简单厌氧处理 + 生态工程处理法"。

(1) 工艺流程及工艺设计参数

自然处理模式的具体工艺是由厌氧系统和自然处理系统两大部分组成，各系统又分若干单元。人工清除干粪后，冲洗圈舍的粪水经过格栅，拦截残留的干粪和残渣人工清除，可将清除的干粪和拦截的残渣出售或生产有机肥料。经流格栅后的养殖废水进入厌氧系统，即进入厌氧消化池和厌氧滤池。在这一系统中，依靠重力作用沉淀分离污水中的颗粒有机物质和寄生虫卵。在厌氧微生物的作用下降解有机污染物，并产生沼气。在严格的厌氧条件下可抑制和杀灭寄生虫卵与部分病原菌。厌氧系统为多级自流式、拆流式厌氧池，均建在地下，一般为钢筋混凝土拱形结构。厌氧系统处理的粪污和沼气池产生的沼渣等可施肥于农田和大棚等，厌氧系统的出水最后进入自然处理系统，如氧化塘、土地处理系统以及人工湿地等。在氧化塘中依靠藻类生物共生系统去除污水中的污染物。氧化塘一般塘深为 1.2 ~ 2.5m，为多级串联，有兼氧塘、水生植物塘或藻类塘等多种形式。自然处理模式工艺流程如图 21-3 所示，工艺流程参数见表 21-2。

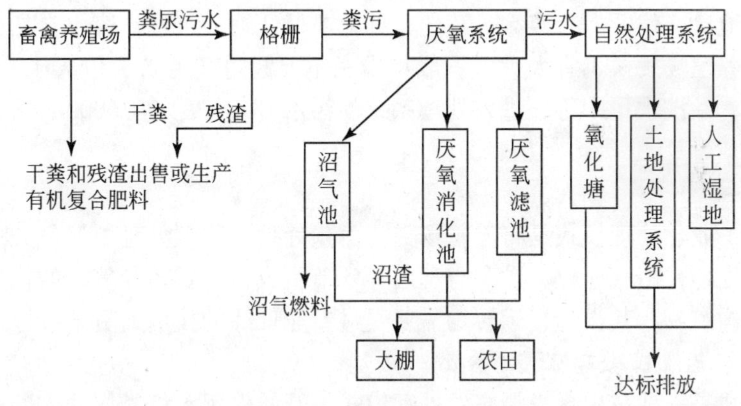

图 21-3　自然处理模式工艺流程

表 21-2　工艺流程参数

项目	厌氧系统	自然处理系统
进水 COD_{Cr}/($mg \cdot L^{-1}$)	2000 ~ 6000	500 ~ 900
进水 BOD_5/($mg \cdot L^{-1}$)	—	150 ~ 400
水力停面时间/d	4 ~ 8	20 ~ 30
COD_{Cr}容积负荷/($kg \cdot m^{-3} \cdot d^{-1}$)	0.4 ~ 0.1	—

续表

项目	厌氧系统	自然处理系统
COD_{Cr}去除率/%	70～85	60～80
BOD_5 表面负荷/($kg \cdot m^{-2} \cdot d^{-1}$)	—	0.05～0.07
容积产气率/($m^3 \cdot m^{-3} \cdot d^{-1}$)	0.20～0.30	—

注：—未检测。

（2）特点

自然处理模式的优点是投资省，一个5000头猪场的废水处理工程投资13万～18万元，仅占养殖场建设总投资的3%～5%；不耗能，运行管理费用低，污泥产量少，因此不需要复杂的污泥处理系统；由于厌氧系统的厌氧消化池等均建于地下，故基本上无臭味，不需复杂的设备，管理方便，无噪声，对周围环境影响小，还可回收能源（甲烷）。该模式的缺点是占地面积较大，污水处理负荷低，特别易受温度影响，冬季处理效果较差；厌氧系统产沼气率低，厌氧系统建于地下，造成出泥困难和维修不便，还存在着污染地下水的可能。

（3）适用范围

自然处理模式适用于远离城市，经济欠发达地区，尤其年平均气温较高，土地广阔，地价又偏低，有滩涂、荒地、林地或低洼地，可选作废水自然处理系统的地区。养殖场规模不宜太大，一般年出栏不要超过2万头，以人工清粪为主，水冲为辅，冲洗水量中等，进入处理系统的污水COD_{Cr}最好在6000mg·L^{-1}以下。

3. 工业化处理模式

所谓工业化处理模式是将养殖场粪污由预处理、厌氧处理、好氧处理、后处理、污泥处理、沼气净化、贮存与利用等环节组成，需要较为复杂的机械设备和高标准的构筑物，其设计、运转均需要受过专业训练的技术人员来执行。

（1）工艺流程及工艺设计参数

该模式是一种技术含量最高的处理模式，开始先用水将粪尿冲入粪沟进行预处理，通过固液分离机将固态粪渣分离出来，分离出来的粪渣可出售或者生产有机复合肥。液态粪污进行连续的厌氧处理和有氧处理，厌氧处理系统为高效厌氧反应器，一般分为两级，第一级为全混式厌氧反应器，第二级为复合式厌氧污泥床（UBF）或升流式厌氧污泥床（upflow anaerobic sludge bed，UASB）；好氧处理系统有活性污泥法（activated sludge process，ASP），接触氧化法和间歇式活性污泥法（SBR），其中SBR工艺具有在一个构筑物中完成生物降解和污泥沉淀两种作用，减少了全套二次沉淀池和污泥回流设施，在缺氧混合与曝气反应反复交替运行的系统中降解有机物，又能同时脱氮和除磷。如果距离城市污水处理厂比较近，其厌氧处理出水可直接并入城市污水厂一起处理。工业化处理模式或工艺流程见图21-4，工艺设计参数见表21-3。

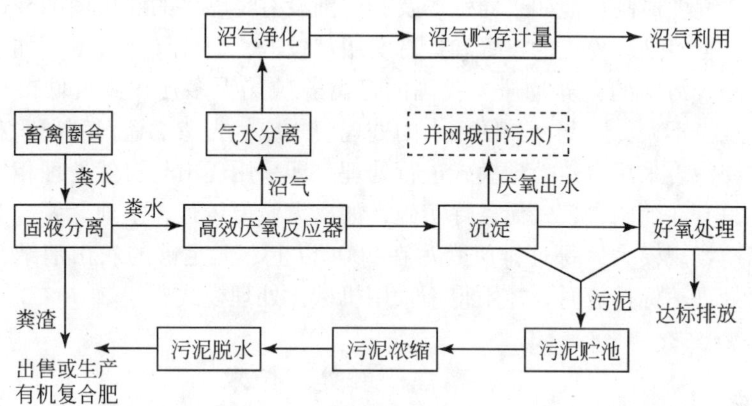

图21-4 工业化处理模式的工艺流程

表21-3 工艺处理模式工艺设计参数

项目	厌氧处理系统	好氧处理系统
进水 COD_{Cr}（$mg \cdot L^{-1}$）	6 000 ~ 12 000	1 200 ~ 2 500
进水 BOD_5/（$mg \cdot L^{-1}$）	—	800 ~ 1 500
水力停面时间/d	3 ~ 5	2 ~ 3
COD_{Cr}容积负荷/（$kg \cdot m^{-3} \cdot d^{-1}$）	2 ~ 4	—
BOD_5容积负荷/（$kg \cdot m^{-3} \cdot d^{-1}$）	—	0.20 ~ 0.50
COD_{Cr}去除率/%	80 ~ 90	80 ~ 90

注：—未检测。

(2) 特点

工业化处理模式的科技含量高，占地少，适应性强，不受地理位置、气候等因素的影响和限制；容积负荷高，容积产气率高，甲烷回收量多，粪污处理后可达标排放。但其设备投资大，以万头猪规模的投资在100万~150万元；能耗高，处理1t污水需耗电2~4kW·h；运行费高，处理1t污水约需2.0元；需要的机械设备较多，维修和管理工作量大，并需专门技术人员进行管理。

(3) 适用范围

该模式适用于地处城市近郊，经济发达，土地紧张，周边既无一定规模的农田消纳养殖场的粪污，又无闲暇空地可建造池塘和湿地，其末端出水必须要达到国家规定的相关标准才能排放。采用这种模式的猪场规模应在年出栏2万头以上，否则难以承受较大的投资额。当地劳动力价格相对高，主要采用水冲粪，冲洗水量大，一般出栏 2 万头猪场每日排放的粪污在 200t 以上。

在畜禽粪便污水的三种处理模式当中，还田模式可以实现污染物“零”排放，资源化程度最高，但如果养殖场及其周围没有足够多的农田消纳粪便污水就无法实施；自然处理模式的投资和运行费用都较低，但资源化程度不如前者，没有充分利用粪污中的营养物质。我国的畜禽养殖场大多建在离大城市较远的农村，饲养规模不大。因此，粪便污水的处理模式应优先考虑还田利用，利用不完而剩余的粪污再采用自然处理模式进行处理，即采用还田与自然处理相结合的处理模式。只有在前两种模式无条件实施，如离大城市较近，土地紧张，劳动力价格高，养殖场规模大，每日排放粪污在 200t 以上，无足够的农田消纳，又必须要将粪污处理达标排放时，才不得不采用机械化处理模式。

二、畜禽干粪处理技术

当前养殖业处理粪便的主要手段是堆肥，沼气发酵和在粪池内储存，经过处理的粪便作为土地的肥料或土壤调节剂来满足作物生长的需要，但粪肥必须经过无害化处理才能进行土地利用。畜禽养殖场产生的粪便污水需经固液分离及除臭等预处理后，再将干粪和粪便污水分别进行处理，干粪的处理一般通过干燥法，堆肥法，化学法及生物法等进行处理。处理后或制备成肥料施田，或在市场出售等。

（一）干　燥　法

减少粪便含水量对于粪便的减容，储藏，加工运输及使用均十分重要。据测定，非垫料或非冲洗畜禽粪便的含水量一般在 60% ~85%，干燥法是一种经济、有效的降低粪便含水量的常用方法。

1. 太阳能 - 风能干燥法

太阳能 - 风能发酵干燥法是利用塑料大棚内摊铺湿粪，经太阳能加热和强制通风排湿，通过槽底通风管道增氧发酵，使干燥和发酵同时进行。大棚内设有可沿导轨往复行走的翻动推送干粪的搅拌行车，还可采用各种形式的干燥机（如气流干燥机，圆筒干燥机等）强化供热，提高干燥速率。但该设备投资高，占地面积大，且处理周期长，只适于规模化养鸡场进行资源化生产。

2. 热波干燥

利用微波产生高频振动、摩擦而使干粪等物料内、外同时升温，且对粪便具有消毒灭菌的作用；但缺点是耗能高，只能加工含水率低于40%的半干鸡粪等。利用超高频微波电场对畜禽粪便等产生的热效应和生物效应，使其被加热、灭菌和除臭等。但使用微波处理鸡粪时，其工艺应先将新鲜鸡粪等摊晒于水泥场或塑料大棚内，或先经固液分离机和远红外线干燥机处理后，使其含水率降至28%以下，经粗加工粉碎后再进行微波处理。

3. 热喷处理

将其含水率预干至3%以下的粪便装入封闭压力容器内，通过高温、高压可使畜禽粪便熟化。粪便经数分钟的蒸气“熟化”与“解毒”处理，将压力骤减为正常时，物料可突然喷放，变得疏松、细碎，并能去除异臭味。以鸡粪为例，经热喷处理的鸡粪用作饲料，可使其消化吸收率提高13%以上。国内现已具备能生产0.5t·h^{-1}热喷设备的能力，可用于饲料生产。

4. 滚筒式干燥机

畜禽粪便的含水量一般在60%～85%，新鲜鸡粪的含水也在70%～75%。滚筒式干燥机可加热温度在500～550℃或更高温度，可以用来直接处理新鲜鸡粪，经过滚筒干燥，可在数十秒的极短时间内使鸡粪中的水分降至18%以下。使用滚筒式干燥机的优点是不受天气影响，能大量生产，干燥快速并同时达到去臭，灭菌，除杂草（草籽灭活）等效果；但是投资较大，煤、电等耗能较大，运行成本高。另外，因干燥机温度较高，处理产物的肥效降低，易出现“烧苗”现象，而且处理产物再遇水时易产生更为强烈的恶臭。

（二）堆　肥　法

在堆肥过程中微生物分解有机物所产生的能量，增加粪便中水分的散发，起到干燥粪便，降低粪便含水量的作用，这就是生物干燥（biodrying）技术的原理。堆肥的生物干燥涉及物理与生物两个过程：从生物过程中所用微生物的种类可将堆肥法分为好氧堆肥和厌氧堆肥；从实施手段形式上又可分为条垛式、槽式、翻堆塔式、袋装式堆肥发酵法。厌氧堆肥法是使用固体畜禽粪便在厌氧条件下利用厌氧微生物的作用使粪便内有机物的分解和形成腐殖质，但厌氧堆肥、产沼发酵较适合粪便污水的处理，虽然方法简单、省工，又能得到沼气能源，但时间较长，并伴有多种臭气，而且产沼发酵对环境温度有一定要求，故不适于粪便的干燥处理。而好氧发酵是可使固体粪便在有氧条件下，转变为有利于土壤性状改良并对作物生长有益和容易吸收利用的有机肥的方法，对于畜禽粪便的干燥处理是一种传统和应用较广的技术。

1. 好氧堆肥的生物作用

典型的好氧堆肥过程包括矿化和生物转化，即微生物利用氧气将有机物分解为稳定的有机物（如腐殖质），并放出放出 CO_2、NH_3、NO、H_2O 等小分子无机物及能量，同时利用部分分解物质合成生物机体。有机物的分解可分为三期：

1）初期（0～25 天）：为快速分解阶段，常温好氧微生物分解粪便中的淀粉、糖类等易分解物质，同时不断地释放热量使堆温不断升高，故也称升温期。在堆肥过程中总碳（TC）、总氮（TN）及 C/N 不断下降，但总氮相对含量上升，碳氮的腐殖化作用明显，不用材料组合，氮的微生物同化和矿化作用不同，过氧化氢酶及蛋白酶均出现两个高峰期。

2）中期（25～35 天）：其分解速度变为缓慢阶段，当 50% 多的堆肥堆温升高时进入高温期，此时高温菌代替常温菌成为优势菌，而且高温加速了粪便中的蛋白质，脂肪及复杂的碳水化合物如纤维素、半纤维素等的分解，这些物质比淀粉和糖的分解要困难，故分解速率变缓。由于高温聚集并保持一定时间，可杀死粪便中的寄生虫卵和病原菌。在堆肥制作中，pH 和电导率较堆制前有所提高，且在持续高温阶段高于后期熟化阶段。

3）后期（35～90 天）：堆肥制作后期的堆温持续一段高温后，易于分解或较易分解的有机物已大部分分解了，剩下的是木质素等较难分解的有机物及新形成的腐殖质。实际上，纤维素分解酶的活性始终保持旺盛状态。且在堆制前、中、后期各出现一个峰值；脲酶活性在堆制前期迅速上升，至中、后期基本趋于稳定。相反，过氧化氢酶活性在前期是下降趋势，在中、后期有所回升。此期由于粪便中有机物的充分分解成腐殖质形式，故也称熟化期。熟化期里微生物的活动减弱，产量减少，温度下降，常温微生物又成为优势菌，残余物进一步分解，腐殖质继续积累。在整个堆肥制作中，堆肥浸提液可严重影响种子发芽，最终堆制结束时发芽率也没有明显的提高。

2. 好氧堆肥的条件

（1）C/N 与 C 源填充剂

在固体好氧堆肥中，碳水化合物是微生物生长的一种能源，又是微生物体内的主要组成元素；而氮则是组成蛋白质的重要元素，蛋白质的供给量决定微生物的生长速度。太高的 C/N 会使微生物因为缺乏足够的氮而无法快速生长，使堆肥进展缓慢；太低的 C/N 又会使微生物的生长过于旺盛，甚至出现局部厌氧，散发难闻气味，同时大量的氮以氨气形式放出，降低了堆肥的质量。所以通常应将 C/N 控制在 30 左右较好。不同的畜禽粪便的 C/N 为：鸡粪 3～10，猪粪 11～15，牛粪 11～30，因此在畜禽粪便好氧堆肥中最好是添加一定量的碳源，通常以稻草、秸秆、木屑或稻壳等作为 C 源填充剂，填充剂必须是生化性较好的物质。若以稻草填充至新鲜猪粪堆肥中，填充量能达到 3% 时，整个堆肥堆制期含水量变化不大，C/N 基本上处于稳定略降的趋势，同时堆温最高，保氮率及腐殖酸的保存率也最高；若以稻壳作为填充剂，稻壳的用量以占粪便重的 4% 为宜。另外，填充剂的形状、大小对堆肥结果也有影响，如以稻草或秸秆为填充剂，一般需将秸秆切碎至长 3～5cm，否则影响翻堆效果，切碎的秸秆填充剂其腐熟程度要好于不切的秸秆。

（2）堆肥的含水率、通风及堆温

堆肥的温度与含水率密切相关，含水率过大会使堆肥通气不佳，使堆肥处于厌氧状态；太低的含水率又会造成生物活动减弱，使堆温难以上升。一般认为含水率应控制在 60% 左右较好，但以提高堆肥的肥效而言，堆肥含水量在 70% 左右较好。以猪粪堆肥的实验研究认为含水量在 66% 时可使堆温上升较快，约 3 天内便会出现持续高温。温度尽量控制在 65℃ 以下，因多数微生物无法在过高的温度下生长，影响发酵的速度。堆温可通过翻堆和使用调节通风量等方法进行调整。通风有多种方法，包括主动通风（如鼓风机通风）和被动通风（如通风沟通风）。主动通风要求强制通风量为 0.05～0.2$m^3 \cdot min^{-1}$，而被动通风没有主动通风的效果好，但运行费用低，无能耗，仅需一次性基建投资，目前仍在广泛使用。鼓风机通风和通气沟通风堆制均有利于有机残体物料的迅速分解，转化成腐熟的有机肥。如果仅用翻堆方法进行通风的效果不佳，但在无其他通风措施时，翻堆也有用于通风和控制堆温。对于翻堆的次数，一般认为在堆制后 6 天宜翻堆一次，或测堆温高于 65℃ 或堆温刚下降时就应翻堆，以后每隔 3～5 天翻堆一次。

（3）堆肥用菌种（发酵剂）

为加快生物处理的速度，提高堆肥质量，必须在堆制时使用高效菌剂来处理畜禽粪便，如用玉垒菌处理猪粪尿，用发酵剂对于猪粪堆肥中除臭，保氮及加快堆肥的作用；发酵剂的使用应根据堆肥的原料不同、条件控制以及腐熟程度指标等选择不同的菌种。

（4）堆肥腐熟度指标

腐熟度指标与判断堆肥的完成时间和堆肥质量的关系密切，但在指标判断的操作上较为复杂，如 C/N 和 pH 的检测需要一定的设备和技术，而且堆肥条件的变化也会有较大差别。现较常用的腐熟度指标如下：①当堆制初始 C/N 为 30 时，其后 C/N 降至 <20 可作为达到腐熟的主要指标，试验利用自制菌种对于猪粪进行堆肥，使其在 20 天后 C/N 可降至 15～20。例如，以 C/N 和 pH 为指标，

使牛粪最快在20天时达到腐熟；C/N受到堆制中添加的填充剂性质的影响，如用稻壳作为填充剂时，C/N就不能作为以稻壳为碳源的堆肥腐熟度的指标，此时应以堆肥水浸提液水溶性碳和有机氮（WSC/org－N），以及发芽率指数（IG）等指标作为堆肥的腐熟度指标。②以稳定堆肥的NH_4^+－N含量$<0.4g\cdot kg^{-1}$、WSC含量$<6.5g\cdot kg^{-1}$、阳离子交换量（CEC）$>110cmol\cdot kg^{-1}\cdot OM^{-1}$、E4/E6（腐殖酸物质在465nm和665nm处的消光系数比）为6～7、腐殖化比率>1.5等为指标，以此获得利用强制通风静态堆肥法处理畜禽粪便，在35天左右可达到品质稳定的腐熟堆肥的结果。③以畜禽粪便及麦秆作为原料制定高温堆肥体系，在堆肥化进程中CO产生量的变化，与堆肥腐熟进度的关系最为密切，以CO下降90%左右，在后期深度熟化阶段稳定在$2g\cdot kg^{-1}\cdot d^{-1}$以下，堆肥体系的腐熟期应在堆制后35天左右；其他物质如粗纤维、粗蛋白、粗脂肪、粗灰分等的变化，在一定程度上可能反映与堆肥腐熟程度的关系。但均随堆肥的材料变化而出现较大差异，故与腐熟进度的关系较为复杂。

（三）化　学　法

畜禽粪便以化学制剂进行处理，均以化学制剂的性能对粪便进行某一方面的处理，作用性能单一，而且成本高，处理程度需一定设备和技术来控制，一般较少应用。如甲醛法，以每10kg新鲜粪便添加40%甲醛（福尔马林）17.5g，充分混合后加盖密封处理3h，使粪便中多数微生物被杀死，而动物能利用的营养物质和氮素没有降低。也可用乙烯法同样处理，如用处理后的鸡粪便作为饲料使用时，可用一定量的氢氧化钠处理，以提高磷酸钙和氯化钠的利用率；如用氢氧化钠处理猪粪喂羊时，可提高羊对纤维素的消化率。也可用甲基溴化物来处理鸡粪。

三、畜禽粪便污水处理技术

在上述畜禽粪便污水的三大处理模式中，均利用厌氧和好氧处理技术、生物技术等，以废物“减量化”的原则为指导，对粪尿污水先进行预处理，即畜禽废物干湿分离。主要包括两方面的技术，一是在畜禽养殖场棚舍建设和改造时要做到畜禽粪便和尿液分别收集，应建成粪便干物质收集、尿液污水收集和雨水径流收集的三大收集系统；二是当干粪便收集后用水冲洗棚舍的粪便残渣，对粪污仍需用干湿分离技术降低其中固形物含量。可采用物理方法（如用网格栅栏阻挡、过滤、沉淀和制式的固液分离设备等），或用中和法和絮凝沉淀等化学的方法等。主要是将粪污中的残留物分离出来，降低污水中有机物质的浓度，以利于粪污的后续处理。粪便污水的处理方法有多种，目前常采用厌氧处理、好氧处理，好氧－厌氧联合处理和生态工程等。

（一）厌氧生物处理技术

1. 化粪池厌氧消化技术

化粪池主要是利用厌氧微生物对污水进行发酵，从而达到降解有机物质的目的。传统的单室化粪池已不能满足净化处理的要求，根据尿液及冲洗水的性质，需要串联一体的3～4室化粪池，将传统的厌氧发酵和斗墙布水折流厌氧消化装置（图21-5），同时也把厌氧氧化（曝气）应用到整个规划中。粪便污水经调节进入第1室，主要起沉淀和融化作用，沉淀在1号池中，由泵抽入经过滤后作为渣肥利用；污水进入2号池，在1号池内也有部分固体物质在分解，该室通常还处于好氧状态，污水中溶解态的有机物质降解不多，在第2、3室则处于完全厌氧消化状态，主要对污水中溶解态的有机物进行厌氧分解，污水经过斗墙布水折流的厌氧消化池。整个过程不耗动力，有机废物在多级厌氧作用下分解，产生的沼气经管道收集供农户使用，发酵后的沼气液流向氧化塘。此法较适合于高、中浓度畜禽粪便污水的处理。经处理，固体物质去除率可达90%～95%，COD去除率可达50%～65%。而且化粪池可直接利用粪水中的厌氧微生物，基本上不需再另外加生物菌剂，运行费用低廉，仅需投入一定的启动资金。

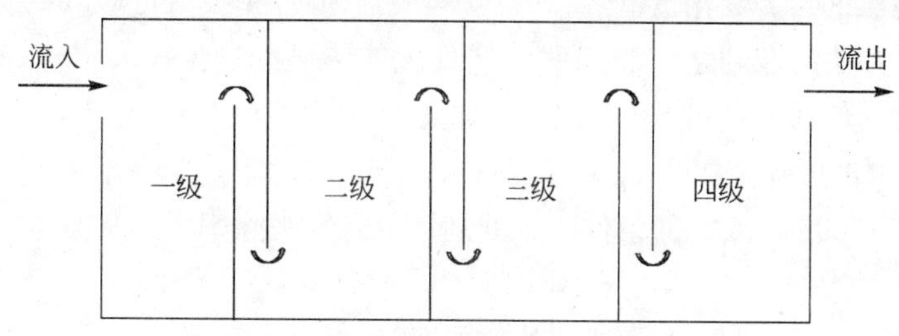

图21-5　斗墙布水折流厌氧消化装置截面

2. 厌氧产沼法

修建厌氧消化的大中型沼气工程，对高浓度畜禽粪便污水进行集中处理，这种处理方式不需耗能，而且还能利用多种水解和发酵微生物菌群，将复杂的有机物分解为简单的有机物，进而产生甲烷，实现废物的综合利用，变废为宝。利用沼气工程处理粪污，每去除 1kg 有机物可获得一定的清洁沼气燃料（可发 0.6 度电[①]）；沼液可用于生产绿色食品的优质农田有机肥；沼渣也可制成有机肥料，部分沼渣还可作为饲料用于养鱼等。因此，大中型沼气工程是实现对集约化养殖场粪便污染的有效防治，是对畜禽粪便污水进行工程化治理的一条主要途径。粪便污水的厌氧甲烷化大致分为产酸和产甲烷两阶段，将两个阶段分别置于不同的反应器中进行，第一阶段为产酸相，第二阶段为产甲烷相，即两相厌氧发酵工艺。升流式厌氧污泥床反应器的两相工艺流程如图 21-6 所示。

图 21-6　两相厌氧发酵工艺流程

3. 折流式厌氧反应器（anaerobic baffled reactor，ABR）**法**

ABR 法是一种适合于中、低浓度畜禽粪便污水的高效节能厌氧处理装置，分为一个较宽的上流室和一个较窄的下流室。在处理污水时，ABR 反应器上流室的功能相当于一个升流式厌氧污泥床，其中有大量沉降性能好的活性污泥，上流室有一个相通的气室，运行时就相当于若干个 UASB 的串联。ABR 反应器是分格的，运行时，沿水流方向的 pH 由低到高，这样就为要求不同 pH 的厌氧菌提供了合适的生长繁殖环境，且对水力冲击负荷有较强的承受力，固体停留时间长，污泥产率低。若采用 ABR 法与好氧－厌氧 ICEAS 脱氮反应器［序批式活性污泥（SBR）法的专利之一］串联工艺处理养猪场废水，效果比较好，适于中、低浓度畜禽粪便污水的处理，进水 COD_{cr}浓度为 5000～6000mg · L^{-1}，处理后的出水 COD_{cr}浓度可降至 250 mg · L^{-1}左右，COD_{cr}去除率达 95%；在进水氨态氮浓度为 1400～1500mg · L^{-1}的条件下，处理后氨态氮去除率可达 97%。

（二）好氧生物处理技术

好氧生物处理法可分为天然和人工两大类，天然好氧生物处理法有氧化塘和土地处理法等；人工好氧生物处理法有曝气复氧处理、活性污泥法、生物滤池法（biofilter）、生物转盘法（biological rotating disk，BRD）、生物接触氧化法、序批式活性污泥（SBR）法、A/O 法及氧化沟（oxidation ditch）法等。

① 1 度电等于 1 千瓦时。

1. 曝气复氧处理

采用曝气复氧处理，主要作用是在污水中增加氧气，从而促进好氧微生物的降解，用于粪便污水经过物理处理，化学处理和三格化粪池等预处理后的排出污水，以及沼气工程产生的沼液等，属污染物浓度仍然较高的污水，经好氧微生物的作用较快达到污水的净化，一般可使污水污染物降解 10% ~30%。

2. 生物接触氧化法（biological contact oxidizing pond）

生物接触氧化法是一种利用附着在池内填料表面生物膜中的需氧菌，进行有氧代谢作用，降解污水中的有机物，生成 CO_2 和 H_2O 的生物处理工艺。该方法操作简便可靠，出水水质有保证，而且较活性污泥法具有更强的抗冲击负荷能力，污泥生成量少，不发生污泥膨胀。若采用接触氧化 - 水解（酸化）的两段接触氧化和混凝工艺处理高浓度养猪废水，在最佳试验条件下的研究表明，当进水 COD_{cr} 低于 5000mg · L^{-1} 时，经处理后的 COD_{cr} 的去除率平均大于 97%，氨态氮的去除率大于 96%。此联合处理工艺适合于中浓度以上畜禽粪便污水的处理。

3. 活性污泥处理法（activated sludge process，ASP）

污水的活性污泥处理分为连续性和间歇性两种方法，前者适合于大规模畜禽养殖场的污水处理，在设施的维护管理水平上要求较高；后者适合于中、小规模的污水处理，设施维护管理较为容易。

序批式活性污泥法（sequence batch reactor，SBR）是一种既能去除有机污染物，又能去除氮、磷的工艺技术。整个工艺过程均在一个反应池中，由进水、曝气、沉淀、排水和静置等工序依次周期性运转。其特点是在一个构筑物中反复交替进行厌氧发酵和曝气反应，并完成污染沉淀作用。这一工艺过程不仅能在充分降解有机物的同时脱氮除磷，还能免除二次沉淀池和污泥回流设施，具有工艺流程简单、投资节省、运行费用低、占地少、耐冲击和管理方便等优点，而且泥水分离效果好，不会发生污泥膨胀现象，以及出水的水质较好。此法适合于中、低浓度畜禽粪便污水的处理。研究表明，SBR 工艺对养猪场污水中的污染物有较好的去除效果。但出水中仍残留相当数量的 COD 难以降解。但 SBR 对猪粪污水中的氮有良好的去除率，尤其对氨态氮的去除效果最好，当水力停留时间（hydraulic retention time，HRT）为 1.0 ~1.4 天，实际曝气 6h，氨态氮的去除率可达 97.6% 以上。在进水氨态氮为 280 ~410 mg · L^{-1} 时，经 SBR 处理后的出水氨态氮可降至 0.68 ~11.5mg · L^{-1}。

4. 氧化塘（沟）法

氧化塘是一种天然的或经一定人工修建的有机废水处理池，属于水体自净的过程，人工修建的氧化塘称氧化沟。在净化过程中，既有理化因素（如沉淀、凝聚、氧化和还原等）又有生物因素（如微生物的增殖、代谢酶及有机物降解等）。污水进入塘内，首先受到塘水的稀释，降低了污水中污染物的浓度，污染物中悬浮的不溶性颗粒逐渐沉淀至塘底，成为污泥，这也使污水中污染物的浓度降低。而污水中溶解的和胶体性的有机物质，可由塘内大量繁殖的菌类、藻类、水中动、植物的作用下逐渐降解，其中有一部分被氧化分解，同时释放出相应的能量；另一部分可被微生物作为营养物利用，合成新的有机体。氧化塘可由塘内占优势的微生物种群和相应的生化反应的不同，被分为好氧塘、兼性塘、曝气塘和厌氧塘四种类型。厌氧塘一般不可能有氧存在，常置于氧化塘系统的前端，当处理浓度较高的有机废水时，作为预处理阶段可以承担较高的 BOD 负荷。好氧塘的全塘皆为好氧区，可分为普通好氧塘和高负荷好氧塘，高负荷好氧塘的 BOD_5 设计负荷较高，因而水分停留时间短。较适合用于气候温暖且阳光充足的地区，而为了使阳光能达到塘底，好氧塘的深度较浅，一般在 0.3 ~0.5m。

氧化沟是一种人工条件下的有氧生物处理技术，属于延时曝气的活性污泥法。其工艺一般都采用封闭的环状沟，污水和活性污泥在沟内进行几十圈以上的充分循环后排除系统，这种池型构造和运行方式使氧化沟在流态上兼具推流式和完全混合式的双重特点。在考虑硝化的情况下，采用污泥低负荷量为 0.10kg BOD · kg^{-1} MLSS · d^{-1}（污泥低负荷范围为 0.05 ~0.15kg BOD · kg^{-1} MLSS · d^{-1}）和高污泥龄（SRT 15 ~30 天，一般 SRT 需大于 20 天才能完全硝化），污泥在氧化沟内充分好氧稳定，不需要厌氧硝化。通常氧化沟均采用表曝设备，如转刷、转碟和表曝机等，曝气设备同时满足充氧、混合、推动混合液循环运动以及防止活性污泥沉淀等多方面的要求。混合液的平均流速要求不小于 0.3m · s^{-1}，才能防止活性污泥的沉积，供氧量的控制通常通过改变曝气设备的运行台数、转速和调节浸水深度来实现。由于氧化沟的基建和运行费用较低，操作技术相对简单，处理效果稳定，出水质量好，产泥量小，不易阻塞，并可对污水进行脱氮处理等优点，促使氧化沟法的应用比较广泛，某些畜禽养殖场采用人工曝气的氧化沟，对粪便污水进行有氧净化，其技术参数有机负荷（BOD）为 530g · m^{-3} · d^{-1}，液粪流速约为 0.38m · min^{-1}，转子曝气机间最大距离为 100m，沟的负载深度为 0.6m，净化后 BOD 减小达 90%。净化污水可用于农业灌溉。

（三）生物菌处理

1. 生物菌处理

利用微生物处理污水是现代高科技生物技术的一大应用，通过改良传统的污水处理工艺（格栅－酸解池－接触氧化－沉淀池－排放），采用各种生物技术，培养并使用特异的微生物菌群，或加入混合酶制剂以降解有机物，控制和抑制臭气产生，从而达到净化水质的目的。目前应用的生物菌处理技术包括生物膜技术，或直接在污水中加入微生物菌剂和利用强化生物技术等。

2. 光和细菌法

光合菌（photosynthetic bacteria，PSB）菌剂是一种无毒副作用，无污染的绿色环保型微生物制剂，菌体含有大量的蛋白质，多种氨基酸和维生素，特别是B族维生素，还含有较高促进水产动物生产发育的生理性物质辅酶Q等，是一种营养成分较全的菌剂，在净化水质方面具有独特的作用，PSB法处理粪便污水的工艺流程如图21-7所示。

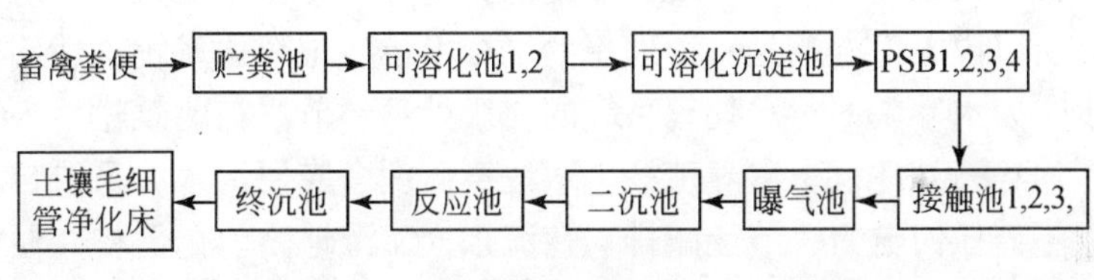

图21-7　PSB法处理粪便污水的工艺流程

PSB法适用于高、中浓度畜禽粪便污水的处理，当粪便污水平均COD_{cr}为18 000mg·L^{-1}，BOD_5为6000mg·L^{-1}，氨态氮为3000mg·L^{-1}时，经PSB法处理后的出水COD_{cr}平均值为2682mg·L^{-1}，BOD_5为60mg·L^{-1}，氨态氮为906mg·L^{-1}，COD_{cr}的去除率为85.1%，BOD_5去除率为99.0%，氨态氮去除率为69.8%。

（四）生态工程处理

在发育正常的自然生态系统中，同时进行着富集与扩散、合成与分解、拮抗与加减等多种调节作用的过程。在通常情况下，自然生态系统内部，不易出现由于某种物质的过度积累而造成体系崩溃，或主要生物成分的大量死亡。这是因为生态系统本身就有自行调控的平衡机制，即使由于某种物质过分积累而破坏了系统平衡，亦会出现适应新情况的生物更新，然后达到新的生态平衡。利用天然的水体和土壤中的微生物来净化污废水的方法，称自然生物处理法，属生态工程范畴的处理技术，包括水体净化和土壤净化两类方法。水体净化法有氧化塘和稳定塘系统等；土壤净化法有土地处理（土地渗滤、地表浸流）和人工湿地系统等。

1. 人工湿地处理系统

人工湿地（constructed wetland）是模仿自然生态系统中的湿地，利用地势、地貌、河塘滩涂等，经人为设计和建造的用于处理污水的一种工艺，是一种推流式生物反应器。人工湿地由碎石或卵石构成碎石床，其上栽种耐有机污水的水生植物或湿生植物（如鸭舌草、芦苇或蒲草等），植物本身能吸收人工湿地、碎石床上的营养物质，在一定程度上使污水得以净化，并能给生物滤池增氧，根际微生物区系及酶还能降解矿化有机物。当污水流向碎石床后，经一定时间会在碎石床表面形成生物膜，生物膜和根际微生物利用污水中的营养物质大量繁殖，并将有机物氧化分解为 CO_2 和 H_2O。含氮有机化合物则通过氨化、硝化作用转化为含氮无机物（如 NO_2-N、NO_3-N），在缺氧区通过反硝化作用而脱氮。人工湿地的碎石床是一个天然的生物滤床，能高效的过滤粪便污水中的悬浮物，使富含 SS 的畜禽粪污流经人工湿地后，水质明显变清，这种物理作用在人工湿地运用初期更显重要。所以说人工湿地是一种理想的、全方位生态净化系统，适用于处理水冲粪便污水，为水冲粪便污水处理系统的二级处理环节。在能改建为人工湿地的地方，选择地势高处建设畜禽养殖场。水洗畜禽圈舍粪便污水，采取自流化流入人工湿地，不需任何电力，节能减排。在流入人工湿地之前仍需将粪便污水进行固液分离和多级酸化，然后再与人工湿地串联，其流程见图 21-8。

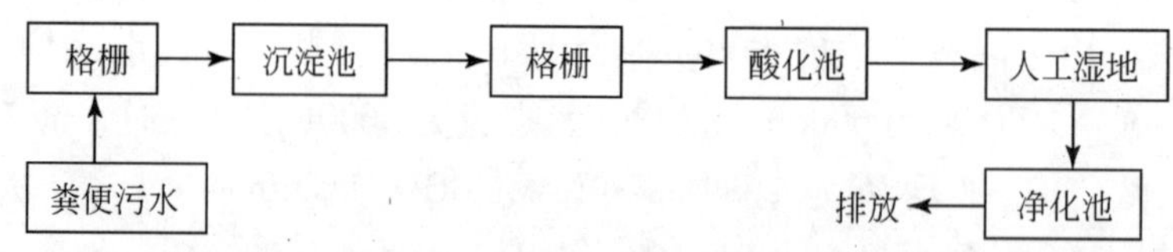

图 21-8　人工湿地处理系统的工艺流程

人工湿地适用于中低浓度畜禽粪便污水的处理，进水时 COD_{cr} 为 15 000mg · L^{-1}，BOD_5 为 9000mg · L^{-1}，SS 为 186 000mg · L^{-1}，硫化物为 480mg · L^{-1}。经整个系统的处理后，出水时 COD_{cr} 可降至 98. 4mg · L^{-1}，BOD_5 降为 49. 4mg · L^{-1}，SS 降至 51. 5mg · L^{-1}，硫化物降至 1. 3mg · L^{-1}，而且能有效清除猪场污水中的重金属，达到我国畜禽养殖业污水的排放标准。

2. 稳定塘系统

该系统是利用一些适宜的自然池塘，人工改造或修建成稳定塘，通过不同的工作原理和净化机制，以保证其排出水的水量水质，不超过受纳水体的自净容量的污水处理池塘系统。污水处理塘按工作原理可分为厌氧塘，兼性塘，好氧塘，水生植物塘，高速藻类塘，生态塘（如养鱼塘）等。水生植物塘就是在塘中养一些漂浮植物，浮叶植物，梃水植物和沉水植物等，利用这些水生植物来处理污水，可将污染物浓度降至相当于二级、超二级和三级出水的水平。

第五节　畜禽粪便的资源化技术

畜禽粪便在过去一直作为农业生产的绿色肥料。今天由于大规模集约化养殖场所产生的畜禽粪便数量较大，如果直接排放会成为一个严重的污染源，即使进行了无害化处理，如果没有足够的土地受纳，超量排放也能造成重大的污染。故如何使其在无害化，减量化的同时到达资源化，仍是当今对畜禽粪便进行处理的基本方向，畜禽粪便资源化的方向是指饲料化，肥料化和能源化等。

一、畜禽粪便的资源化特征

畜禽粪便是一种有价值的资源，含有丰富的氮、磷、钾等各种营养成分，含有75%的挥发性有机物，其中蛋白质含量为23.5%～35.8%，维生素 B_{12} 为17.6mg·kg^{-1} 干重，畜禽粪便中可被利用的主要成分见表21-4，这些成分是农作物所必需的营养物质，也是畜禽饲料中的主要营养成分，因此畜禽粪便的资源化利用具有很高价值。

表21-4　畜禽粪便中可被利用的主要成分

种类	干物质/%	可利用氮/(kg·t^{-1})	TP/(kg·t^{-1})	总钾/(kg·t^{-1})
肉鸡类禽粪	60	10.0	25.0	18.0
蛋鸡类禽粪	30	5.0	13.0	9.0
猪粪	6	1.8	3.0	3.0
牛粪	6	0.9	1.2	3.5

在农村，粪便经堆肥等传统处理后施用于农田，有助于农作物生长，而且有机肥利于改良土壤结构，提高土壤的有机质含量，促进农作物增产；粪便中的营养物质经无害化处理和除臭后，可作为畜禽饲料，尤其养鸡场产生的大量鸡禽粪

便；畜禽粪便经厌氧发酵产生甲烷等气体，可作为能源为农村发电，燃气等，提高农村的生活质量。因此，充分利用畜禽粪便，不仅可在一定程度上减少资源危机和环境危机，还能带来可观的经济效益和社会效益。

二、畜禽粪便的资源化技术

（一）肥料化技术

畜禽粪便用作肥料是农村的传统习惯，过去家庭散养猪禽方式多采用填土，垫圈的方法，圈内粪便积累到一定数量就出圈，用堆肥方式将畜禽粪便制成农家肥使用。随着集约化养殖场的发展，人们在畜禽粪便肥料化技术上也有了很大发展。一些大型畜禽养殖场附设了有机肥生产厂，采用的处理方法有厌氧发酵法、快速烘干法、微波法、充氧动态发酵法等，构建能在短期内可处理畜禽粪便的设备，如混合搅拌料机、螺旋输送机、加压混炼机、粉碎机等；也有些条件好的养殖场引进国外的关键技术，既解决畜禽粪便对环境的污染问题，又能为农业提供优质的有机肥，而且还能为畜禽养殖场带来可观的经济效益和社会效益。

1. 堆肥法与复混生产

目前应用较广泛的处理方法是堆肥法，堆肥法对处理各种有机废物仍是有效的，是一种集处理和资源循环再生利用为一体的生物方法。堆肥是把收集到的畜禽粪便掺入高效发酵微生物（如 EM 菌群），调节粪便中的 C/N，控制适当的水分、温度、氧气、pH 等进行发酵。此法的优点是最终的产物臭气少，较干燥，容易包装、撒施，成本低廉，有利于农作物生长。但在堆肥过程中会出现 NH_3 的损失，不能完全控制臭气，而且堆肥需要场地大，处理需时也较长。

我国农村历来倡导和贯彻有机肥和化肥相结合的施肥制度。目前出现的盲目追施化肥，忽视有机肥的使用，导致土壤生态环境的进一步恶化和土壤肥力的下降，严重影响农业生产的快速发展。必须指出，结合施肥制度的益处还在于化肥与有机肥的互补，因为化肥无论在土壤中还是被作物吸收利用，其养分都将以不同形式进入营养物质的生物循环中。生物循环中的多种废物，则以有机肥的形式返回农田，同时也将进入生物循环的各种化肥养分带回农田再利用。因此，可以认为有机肥是化肥和土壤矿物质养分的共同载体，也是使化肥养分得以重复利用的基本形态和发挥长期后效的主要途径。另外，化肥的施用量将直接影响作物的产量，进而影响畜禽的产量和动物废物的量。所以说，化肥养分也直接影响有机肥的数量和质量。有机、无机复混肥的生产过程，是将畜禽粪便集中堆肥发酵，达到除臭、无菌的目的，然后进行干燥、冷却、粉碎至一定的细度，单独造粒制成商品有机肥，或再配加一定量的氮、磷、钾肥，经搅拌、进料、挤压造粒机造粒，陈化冷却后即得到有机无机复混肥。各种商品有机肥的企业标准见表21-5。

表21-5　畜禽粪便生产各种农肥质量的企业标准

农肥	总养分 $\omega\ (N+P_2O_5+K_2O)$	总有机质	$w\ (H_2O)$	颗粒（大小）所占比率	颗粒硬度
有机无机复混肥	≥18.0%	≥18%	≤14%	（4mm）≥85%	30粒平均/N≥8
商品有机颗粒肥	≥20.0%	≥35%	≤14%	（4mm）≥85%	30粒平均/N≥8
粉状有机肥	≥20.0%	≥35%	≤12%	（<0.175mm）100%	—

2. 畜禽粪便快速无害化处理及复混肥生产

传统堆肥处理粪便方式占地面积大、费时，操作环境恶劣，发酵过程中有机物质量受损较大，产品含水量高，并且仍有臭味，商品性差，经济效益也不高。如果采用快速无害化工艺处理畜禽粪便，进而采用无烘干工艺制成高效有机无机复混肥，处理时间仅用24h，除臭、灭菌彻底，能耗省，无“三废”排放，处理费用低，处理过程中的有机物质和养分少受损失，畜禽粪便腐熟程度高，其肥效和提高土壤肥力的效果均高于堆肥法，虽然省去传统的烘干工艺，但产品的含水量≤10%，产品质量符合国家标准《有机、无机复混肥料》（GB18877—2002）的规定。设备投资省，运行成本低，综合经济效益高，有较强的市场竞争力。

1）工艺流程：首先是对新鲜畜禽粪便进行混化处理，即混加添加物质，达到灭菌和除臭功效，将有机物进行初步分解和脱水，然后进行陈化，陈化阶段用时24h。陈化后的物料可经粉碎即成为粉状，成为干燥、无臭、优质的有机肥；陈化后的物料也可混加添加物，再经10min左右的搅拌反应，达到进一步脱水干燥的目的，之后晒干至含水量20%（2~6天）再粉碎为有机肥，然后加入氮、磷、钾肥混合，经挤压造粒机造成圆球形颗粒，再经整形，过筛（无需烘干）后，成为有机-无机复混肥。该技术的工艺流程如图21-9所示。

2）产品质量及经济效益：产品总养分〔$\omega\ (N+P_2O_5+K_2O)$〕≥20%，有机质含量≥20%，成粒率≥5%，含水量≤10%，均符合有关有机-无机复混肥料的国家标准。因为每2t新鲜畜禽粪便就可生产1t成品有机肥，其售价为每吨1000元以上，而每吨新鲜畜禽粪便的无害化处理费用（包括电耗、设备折旧、物料和人工费等）仅为50元左右。如果是一个年生产万吨粪便的畜禽养殖场，

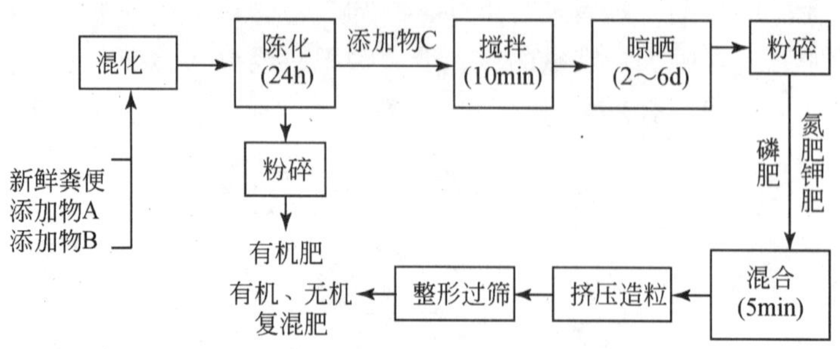

图 21-9 畜禽粪便快速无害化处理及复混肥生产工艺流程

每年光从粪便中就可获利 100 多万元。如果在有机肥中添加氮、磷、钾肥等生产万吨粒状有机－无机复混肥，则年利润会增至 200 万元以上。

（二）饲料化技术

畜禽粪便的饲料化是粪便资源综合利用的重要途径，早在 1922 年 Mclullum 就提出了以动物粪便可作为饲料营养成分的观点，一般认为畜禽粪便中所含的氮素、矿物质、纤维素等是能作为取代饲料中某些营养成分的物质，而且其中的常量和微量元素的含量与口粮量呈正相关性。尤其是鸡粪，由于鸡的肠道短，食物从吃进到排出仅有 4h，所食饲料中约 70% 的营养物质未被充分消化吸收就被排出体外。在排泄的鸡粪中，粗蛋白含量为 20% ~30%，其中氨基酸含量不低于玉米等谷物饲料，因此有人利用鸡粪代替部分精料来养牛、喂猪等。1967 年美国曾因畜禽粪便携带病原菌而限制将粪便用作饲料，而且畜禽粪便饲料化的环境效益和经济效益也不十分明显，因此粪便饲料化的进程曾受一定限制。随着畜牧业和化肥工业的发展，尤其是出现了全球性能源危机和粮食短缺的问题，畜禽粪便的饲料化问题才再次受到高度重视，相应的生产技术和应用理念也得以发展。

畜禽粪便经适当处理可除臭，改善适口性，提高蛋白质等营养成分的消化率和代谢率，并可杀死病原菌，便于储存、运输等，国外畜禽粪便饲料化早已商品化，很多加工处理工艺和设备已获专利。

1. 干燥法

干燥法是常用的处理方法，用以处理鸡粪居多，主要是利用热效应和喷放机械。干燥法可分为自然干燥和人工干燥两种。

1）自然干燥：自然干燥适于小规模养鸡场，收集的鸡粪可以单独或掺入一定比例的麦糠，搅拌均匀后堆晒在干燥地方，利用太阳晒干。晒干后过筛，除杂，粉碎后可供作饲料。自然干燥也可利用塑料大棚，将鸡粪运入塑料大棚用干燥搅拌机搅拌晒干，等鸡粪干燥时即停止工作。此法在棚内运行不怕雨淋，不需燃料，成本低，适宜我国雨多的地方采用。

2）人工干燥法：可采用快速干燥机（即脱水机），其优点是能充分保留鸡粪中的养分（只损失4%～6%），同时可达到去臭、灭菌、除杂草（种子）的作用。因快速干燥机可使鸡粪在极短时间内（约12s）受到500℃左右的高温，故可使鸡粪快速脱水；人工法也可将鸡粪倒入烘干箱内烘干，约70℃经2h，或140℃经1h，或180℃经30min加热处理，可达到干燥、灭菌和耐贮藏的功效。人工法处理鸡粪的效率最高，而且设备简单，投资小。但高温快速干燥法和烘干法消耗能源较大，投资及运行成本较高（表21-6），而且高温会损失部分氮源，故人工干燥法只使用于大型畜牧场。

表21-6　人工干燥法处理畜禽粪便的效率

粪便种类	处理速度/($Kg \cdot h^{-1}$)	含水量/%		燃料消耗/($L \cdot h^{-1}$)	耗电量/($kW \cdot h$)	效率/%
		处理前	处理后			
鸡	155	76.3	11.1	9.1	4.2	71.8
牛（含2%草）	110	82.4	12.0	9.9	4.2	51.6
猪	100	72.2	12.5	9.1	4.2	44.1

2. 发酵法

畜禽粪便具有很大的饲用价值，如鸡食入的口粮中有70%以上的氮素随粪便排出，但如果不经处理直接用鸡粪作为饲料，不仅适口性差，显著降低了鸡粪的利用率，而且由于鸡粪中含有大量的病原菌，会导致不良后果。若采用发酵法处理畜禽粪便，不仅能节约粮食，而且有显著除臭和防病效果。常用的发酵法有普通发酵法、两段发酵法、充气发酵法和微发酵法等。

1）普通发酵法：将新鲜鸡粪与配料（玉米粉50%、棉粕或菜粕50%、食盐0.5%混料）混合，在搅拌机中混合或在地上搅拌。配料的用量视新鲜鸡粪的含水率调整，将水分调至45%～50%，混合后原料颗粒直径不大于1cm。将混合好的鸡粪与配料堆成高60 cm，宽100 cm的梯形，长度不限。堆积时不可踩压，让其保持松散状态，上面覆盖透气性保温材料（如草帘、麻包等）进行发酵。利用鸡粪中的野生菌发酵产热，温度可升至55～65℃，能杀灭绝大多数致病菌和寄生虫卵。野生菌能利用鸡粪便中的非蛋白氮转化为菌体蛋白，同时还可产生某些酶、B族维生素和抗生素等。当发酵过程中如果温度开始下降，说明料堆中的氧已被耗尽，所以应在堆积36h后进行一次翻堆增氧，并将表面和底层料翻至中间，以保证均匀发酵。翻堆后 24 ~ 36h 就可将堆料散开，并在日光下曝晒干燥。待发酵料干燥后将鸡粪粉碎，筛除其中的鸡毛等杂质，装袋备用。发酵后的鸡粪无臭味，单独使用时大部分牛羊并不拒食。鸡粪也可与能量饲料混合使用，为提高适口性也可加入一些谷香型等的香味剂，以掩盖鸡粪的不良气味。虽然鸡粪中的粗蛋白含量较高，但可利用的能值较低，加入玉米、次粉等能量饲料，可调整碳氮比，促进瘤胃微生物菌群的发育，有利于牛羊对发酵鸡粪饲料的适应性。可将发酵鸡粪与玉米等能量饲料按 1∶1 混合，另加入 1% 的食盐，作为牛羊的精饲料。若能制成颗粒型饲料可减少鸡粪饲料的粉尘，另外，制粒过程的高温、高压，有利于杀灭病原微生物和寄生虫卵，并具有增香和改善风味的作用。

2）两段发酵法：即好氧发酵与厌氧发酵法。在畜禽养殖实践中，应用多酶糖化菌进行两段发酵制作鸡粪生物性饲料，不仅节约了粮食，又能获取显著的防病效果。先将收集的鸡粪去除鸡毛、土块等杂物，按 35% 的鸡粪、40% 的草粉（木薯粉、米糠等）、15% 麸皮、10% 玉米面、2% 食盐混合，与已接种活性多酶糖化菌的调制液充分搅拌，使混合料的含水率在 65% 左右，即用手捏球可见出水，但又不能从指缝内滴水，手松后即散为宜。将接种菌的混料松散摊放在水泥地面，用麻袋或塑料薄膜覆盖保持料温，好氧发酵温度控制在 28 ~ 37℃，发酵 12h 后翻堆散放，再覆盖被物好氧发酵 24h；将经过好氧发酵的混料装入一个水泥池中层层踏实，最后装入混料需高出池口约 10cm，其上覆盖塑料薄膜，薄膜上再压上细砂封闭，使水泥池不漏气，不浸水，进行第二段的厌氧发酵。发酵 10 ~ 15 天后，可使混料转化成营养丰富的生物饲料，并能杀灭粪便中的大量病原菌。二段发酵法制作的饲料呈金黄色，具苹果酒香味，营养丰富，适口性好，畜、禽、鱼等均喜食。另外，在厌氧发酵过程中产生的挥发性脂肪酸和乳酸等有机酸性物质，能显著抑制白痢杆菌等肠道病原菌的繁殖，提高畜禽的抗病能力。

3）微发酵法：微发酵法是一种配方独特、微贮窖厌氧发酵，饲用价值高的实用技术，适于鸡粪的处理。配方是选用新鲜鸡粪，并按每 1000kg 鸡粪添加食盐 2kg、尿素 3kg、草粉 250kg 的比例准备好各种用料，同时准备鸡粪发酵培养基 10g。微发酵还要准备微贮窖；养鸡在 100 只以下的可用两个水缸作为微贮窖；养鸡在 100 只以上的，可选用地势高、向阳干燥、排水方便、离鸡舍近的地方，挖一土窖或建成水泥池，具体大小视鸡粪微贮再生饲料的用量和原料多少而定，此外，还要准备适量大小的塑料薄膜，以作微贮窖封闭之用。微发酵法的操作是先配制鸡粪发酵培养基，根据鸡粪重量将相应比例的食盐和尿素溶于水中，再将相应用量的鸡粪发酵培养基溶于此溶液中，配制好培养基溶液备用。铺料时先将土窖或水泥池的底部与四周用塑料膜铺垫好，然后铺上事先已捡干净鸡毛或其他杂质的新鲜鸡粪，将配制好的培养基溶液和草粉分别加入鸡粪中，边搅拌边加水，使其混合均匀，并随时检测含水率是否适宜，以达到60%的含水量即可(用手握料，以指缝间见水滴但不往下滴为宜)。铺料时注意要将微贮料分层装入，每层厚20～40cm，需踩实压紧，排出空气，尤其是四周的死角部分，然后再铺垫上一层，直至装料到高出窖口或池口时，压紧装料，表面用塑料膜封盖窖口或池口，并在上面再压40～60cm厚的黄土层，形成馒头型或梯形土堆。若用水缸装料，缸底及周围不用铺垫塑料膜，装料方法同前，装满缸口时用塑料膜严盖缸口，四周用绳子扎紧，并在上面压20cm厚的泥土。微贮窖封口后要经常检查，发现有裂缝漏气时应及时用土填平，并在四周挖好排水沟，以防雨水渗入。微发酵的时间要根据气温条件，一般需7～15天完成微发酵过程，开启窖池后即可获得再生饲料。

4）需氧发酵：需氧发酵能改变粪便本身的许多特点，产生更加适合单胃动物的饲料。该方法投资少，但在处理过程中需充氧、加热、产品干燥等，所以消耗大量能源，每头猪的粪便每天需消耗电能0.44kW·h，蛋鸡需耗电0.021kW·h。为降低运行成本，用氧化沟处理，可省去充气和产品加热干燥过程，氧化沟的混合液体可作为动物的饮水，动物日杂粮中的蛋白质含量可节省15%。

3. 分离法

上述干燥法及发酵法等都较适用于鸡粪的处理，因鸡粪相对比较干固，但许多畜禽养殖场采用冲洗式的清扫方法（尤其是猪场）收集的粪便都是液体或半液体的，直接采用干燥法和发酵法等都比较困难，故应将液体状粪便先经分离法进行固液分流，即选用一定规格的筛和适当的冲洗速度，将畜禽粪便中的固体和液体部分分离开来，可获得满意的结果。分离出来的猪粪含有11%～12%的粗蛋白质，近75%是氨基酸，50%的能量是消化能，46%是代谢能，近17%的粗蛋白可被母猪消化。在怀孕期母猪日粮中至少有60%的干物质可被这种饲料代替。用这种饲料喂牛，其中的干物质、有机物、粗蛋白质和中性化纤维与玉米青贮饲料中的相应成分相比，其消化率略高。当然分离出来的粪便固体要进行干燥法和发酵法处理时，分离法可做为饲料化的上游工艺，然后再进行其他方法的进一步处理。

4. 分解法

分解法是利用优良品种的噬粪生物，如蝇、蚯蚓和蜗牛等低等动物分解畜禽粪便，达到既提供动物蛋白质又能处理畜禽粪便的目的，而且最后可将这些得到增殖的低等动物，连同粪便一起都加工成饲料。这种方法比较经济，生态效益显著。但由于前期需将粪便灭菌，脱水处理和后期收蝇蛆，饲喂蚯蚓、蜗牛的技术难度较大，加上所需温度等条件苛刻，难以进行全年生产。

（三）能量化技术

畜禽粪便转化成能源有两种方式，即直接焚烧产热和厌氧发酵产沼气。干粪便直接燃烧可以产热，该方法仅适合于草原地区牛、马粪便的处理。对于集约化养殖场来说，所产生的大量粪便，其含水量高，干燥起来很困难，必须进行转化才能用作燃料。这种方法需要耗费大量的能量，推广难度大。目前研究指出，最有发展前景的方法是通过厌氧消化工艺获得沼气。

厌氧消化工艺处理畜禽粪便制作沼气是一种有效的资源回收利用技术。畜禽粪便中含有大量的能量，利用发酵沼气不仅可使畜禽粪便中的能量转化成可燃气体，还可避免粪尿的肥分损失。畜禽养殖场若有沼气，可用其取暖或给仔畜禽保暖、工作人员洗澡，也可用沼气烘干粪便；而沼液和沼渣可用来灌溉农田和果园，提高农作物的产量，是一种“畜禽养殖－沼气－果菜粮”的绿色生态农业模式。这种方法体现了物质与能量多层次循环利用技术，实现了畜牧业无废物、无污染生产，具有明显的经济、社会和环境效益。

发酵初期，粪尿中的有机物可被沼气池中的好气性微生物分解。在氧气不足的环境中，厌气性微生物开始活动，发酵过程可分为成酸阶段、沼气和二氧化碳的生成阶段。使粪便产生沼气的条件有：①保持无氧环境；②需要充足的有机物，以保证沼气菌等各种微生物正常生长和大量繁殖；③有机物中碳氮比适当，碳氮比一般以25∶1时产气系数较高；④沼气菌的生存与活动温度范围为8～70℃，以35℃最活跃，此时产气快且量大，发酵期约为1个月；⑤沼气池发酵物pH保持在6.7～7.2时产气量最高。家畜粪便经沼气发酵，其残渣中约95%的寄生虫卵被杀死，钩端螺旋体、大肠埃希菌等全部或大部被杀死。同时，残渣中还保留了大部分养分，可作为饲料或肥料进行多层次利用。

沼气的产生需要较高的环境温度，往往在冬季需要沼气的时候因温度低、产生沼气少，而不能满足需要。制作沼气仅适用于温度较高的地区，而在较寒冷的北方，如果制作沼气，冬天要采取其他的辅助升温措施，以增加产气量。

（周家正　张卓然　朱志祥）

参考文献

卞有生．2005．生态农业中废弃物的处理与再生利用．北京：化学工业出版社

秦峰，柴晓利，赵爱华．2006．粪便处理与处置技术．北京：化学工业出版社

第二十二章　新农村建设环境污染治理技术推荐

第一节　农村饮用水现状和实用处理技术

水是生命之源，生活中离不开水，获得清洁的饮用水是人类的基本生存权利。在农村，饮水卫生质量的优劣不仅直接影响到人体的身体健康，而且还影响到当地的经济发展，严重的水体污染和不安全的饮用水还会影响到农作物或农产品的质量、畜禽养殖等。在全球，由于环境污染等原因造成的影响，每6人中就有1人不能持续获得清洁安全的饮用水。据统计，在我国通过饮水而发生和传播的疾病就有50多种。而在农村，饮水不安全引起的疾病更为多见。因此，改善供水条件，保证农村饮用水安全已经成为保障和改善农民生活质量的迫切需要。

一、农村饮用水现状

（一）饮用水水质要求

目前中国大多数的农村饮用水属于小型集中式供水和分散式供水，为使农村饮水安全得到保障，按照《生活饮用水卫生标准》（GB5749—2006）的分类，水质标准包括感官性状和化学性状、毒理学、细菌学、放射性、消毒剂等指标。

水的感官性状包括色、浑浊度、臭和味、肉眼可见物等各项指标。要求水质从感观性状上对人体无不良影响。水的化学性状包括pH、总硬度、铝、铁、锰、铜、锌、挥发酚、阴离子合成剂、硫酸盐、氯化物、耗氧量等各项指标。超过一定限量时，将会使水发红发黑，产生异味、异臭，水烧开时产生沉淀，为生活用水所不宜。在农村最常遇到的是地下水含铁、含锰和硬度过高，这时需采取除铁、除锰措施。而降低水的硬度则比较困难，在农村中无法实现，遇到此情况只有另择水源。水的毒理学指标包括氟化物、氰化物、铝、砷、铅、汞、铬（6价）、硝酸盐、硒、四氯化碳等有害物质，超过卫生标准时将对人体产生危害。所以，含氟量过高的水，不宜作生活饮用水。水的细菌指标包括细菌总数、总大肠菌群、粪大肠菌群和游离氯，通过消毒措施，使水质达到流行病学上安全，供应卫生的水。放射性指标包括总 α 放射性、总 β 放射性。现行生活饮用水标准规定中所含放射性物质不得危害人体健康。水的消毒剂控制指标，主要是投加氯气、二氧化氯、臭氧时需要随时监测出厂水末梢余量等指标，防止受到消毒副产物等的影响。村镇饮用水每日需要检测的水质指标及对应的限值见表 22-1。

表 22-1 村镇供水单位日常检验的水质指标及限值

指 标	项 目	限 值
微生物指标	菌落总数/（$CFU \cdot mL^{-1}$）	500
	总大肠菌群/（$MPN \cdot 100mL^{-1}$或 $CFU/100mL^{-1}$）	不得检出
毒理指标	砷/（$mg \cdot L^{-1}$）	0.05
	氟化物/（$mg \cdot L^{-1}$）	1.2
	硝酸盐（以 N 计算）/（$mg \cdot L^{-1}$）	20
感官性状和一般化学指标	色度（铂钴色度单位）	20
	浑浊度单位（散射浊度单位）/NTU	3
	水源与净水技术条件限制时为 5	
	pH	≥6.5，≤9.5
	溶解性总固体/（$mg \cdot L^{-1}$）	1500
	总硬度（以 $CaCO_3$ 计）/（$mg \cdot L^{-1}$）	550
	耗氧量（CODMN 法，以 O_2 计）/（$mg \cdot L^{-1}$）	5
	铁/（$mg \cdot L^{-1}$）	0.5
	锰/（$mg \cdot L^{-1}$）	0.3
消毒剂控制指标	氯气及游离氯制剂（游离氯），出厂水中余量/（$mg \cdot L^{-1}$）	≥0.3
	一氯胺（总氯），出厂水中余量/（$mg \cdot L^{-1}$）	≥0.5
	臭氧（O_3），出厂水中限值/（$mg \cdot L^{-1}$）	0.3
	二氧化氯（ClO_2）出厂水中余量/（$mg \cdot L^{-1}$）	≥0.1

对健康危害较大为主要引起消化道传染病的肠道致病菌。常规氯消毒可有效杀灭大部分此类细菌，因此应加强对饮用水的消毒。肠道致病性病毒也是对人类健康危害较大的水传染性致病微生物，由于对病毒研究手段和检测技术的局限性，很多肠道病毒在水中的存活力及对氯消毒的耐受力尚不清楚。近年来，欧美的发达国家爆发了多起由贾第鞭毛虫、隐孢子虫等致病性原生动物引起的较大规模的水系传染病，这两种致病原生动物，特别是隐孢子虫已经构成对饮用水微生物安全的主要威胁。隐孢子虫是一种原生寄生虫，主要寄生于人或动物的肠道内。在自然环境中，它的细胞隐藏在一层胞壳内，一旦进入消化器官便引起肠道感染。水中部分致病性原生动物对氯消毒的耐受力强，常规氯消毒方法很难将其

杀灭，加之引起发病所需感染剂量很低，因此水源受污染时，容易造成疾病流行。部分致病微生物对人体健康造成的影响见表22-2。

表22-2　部分致病微生物对人体健康造成的影响

致病微生物		从水中摄入后对健康的潜在影响	对氯的耐受性①	相对感染剂量②	饮用水中污染物的来源
细菌	大肠埃希菌	主要是胃肠炎、婴幼儿腹泻	低	高	人类和动物粪便
	沙门菌	主要是胃肠炎，有时为伤寒	低	高	人类和动物粪便
	志贺菌	肠胃疾病，如痢疾等	低	中等	人类和动物粪便
	霍乱弧菌	主要引起肠胃疾病及霍乱	低	高	人类粪便
	军团菌	军团菌病，通常为肺炎	中等	高	水中常见，在温度高时繁殖快
病毒	甲型肝炎病毒	引起甲型肝炎	中等	低	人类粪便
	诺如病毒	主要引起腹泻，导致儿童，尤其是婴幼儿的死亡	高	低	人类粪便
原生动物	隐孢子虫	肠胃疾病，如痢疾，有呕吐、腹部绞痛等	高	低	人类和动物粪便
	贾第鞭毛虫	肠胃疾病，如痢疾，有呕吐、腹部绞痛等	高	低	人类和动物粪便

注：①对氯的耐受性：高是指对常规氯消毒有较强抵抗力；中等是指常用的剂量和接触时间不能完全杀灭病原体；低是指常用的剂量和接触时间可完全杀灭病原体。

②相对感染剂量：引起50%健康成年志愿者发病所需剂量。

（二）农村饮用水污染现状

我国是农业大国，在全国13多亿人口中，农村人口约为9亿，约占全国总人口的69.2%。据统计，全国农村约有4.3亿人的饮水存在问题，其中有8000多万人饮用不清洁的水，饮水卫生条件有待改善，这部分农民大多居住在贫困地区、少数民族地区、偏远地区，这些地区经济欠发达，资金短缺，交通不便，改水难度极大。1.3亿人仅经过初级改水，喝上的只是改良井水和窖存雨水，达不到或很难达到现行的“饮水卫生标准”要求，水质亟待提高；2.2亿人饮用的浅层手压井水，水源易被污染。此外，20世纪80年代初期建成的农村简易自来水厂，大多为水处理工艺流程落后，设施简陋，输配水管网系统老化，二次污染的隐患也比较突出，生活给水水质难以得到保障。据有关资料显示，我国农村有3亿多人饮水不安全，其中6300多万人饮用高氟水，2000万人饮用高砷水，3800

多万人饮用苦咸水，1.9 亿人饮用水中有害物质超标，血吸虫疫区约1100 多万人饮水不安全。

1. 农村小型企业造成的饮用水污染

改革开放以来，随着工业化进程的加快，农村乡镇接纳了在发达地区受限制的、对环境污染较重的、技术落后的工业，如造纸、印染、制革、电镀、农药等小型企业迅速发展，大量的工业废物、废气、废水和垃圾不合理排放，天然水体受到了不同程度的污染。据环境公报，2004 年我国七大水系中，一半以上河段受到不同程度的污染，达不到饮用水源的标准；36.6% 的河段水质属于Ⅴ类劣Ⅴ类，其中劣Ⅴ类水质达到 27.9%，已经丧失了直接使用功能。

2. 养殖业造成的饮用水污染

近年来我国畜禽养殖业发展迅猛，其污染物产生量也随之剧增。大量的畜禽粪便没有很好地处理和利用，随意排放，造成地表水和地下水污染严重。目前，我国畜禽粪便产生量接近 20 亿 t，是同期工业固体废弃物的 2.7 倍。统计显示，养猪业对水质的污染居首位，尤其是猪排泄的粪尿，其次是家禽。猪粪尿混合排出物的 COD 值达 81 000mg · L^{-1}，牛粪尿混合排出物的 COD 达 36 000mg · L^{-1}，笼养蛋鸡场冲洗废水的 COD 为 43 000 ~ 77 000mg · L^{-1}，氨态氮浓度为 2 500 ~ 4 000mg · L^{-1}。高浓度畜禽养殖污水排入江河湖泊，将造成水质恶化。畜禽粪便中的有毒、有害成分渗入使地下水溶解氧含量减少，有毒成分增多，严重时使水体发黑变臭，失去使用价值且难以治理恢复，造成持久性污染。畜牧业对水环境的污染问题常被忽视或被人们重视不够，但畜牧业对环境污染的危害却是令人触目惊心的，部分调查数据显示：一头牛一天产生并排放的废水超过 22 个人一天生活产生的废水，而一头猪产生的污水相当于 7 个人生活产生的废水。例如，北京近郊禽畜养殖场排放的有机污染物总量，相当于全市工农业生产污水和生活废水中所含的有机污染物总量的 2 ~ 3 倍。

3. 过量施用化肥引发的饮用水污染

随着化学肥料施用量的快速增长，导致土壤板结、影响耕作质量，土壤和肥料养分易流失，不但肥料利用率低，而且还污染了地表水和地下水。我国化肥有效利用率相对较低，仅为 30% 左右。未被吸收的氮、磷元素除部分被土壤吸附而存留于土壤中，其余大部分则通过地表径流、农田排水沟进入地表和地下水体，导致水体富营养化和其他水体污染。造成污染的另一个原因是施用化肥的比例失调，2003 年我国化肥施用的氮、磷、钾比例为 1∶0.33∶0.19，而世界平均水平为1∶0.5∶0.5；农业生产中氮肥的利用率为30%～35%，氮肥的地下渗漏损失为10%，农田排水和暴雨径流损失为15%；磷肥利用率为10%～25%；大量的氮和磷营养元素随着农田排水或雨水进入江河湖库，污染了水质，也导致了水体的富营养化。

4. 污水灌溉造成的饮用水污染

近年来，污水灌溉被广泛应用于农村。目前，我国污水灌溉农田面积有330万hm^2余，约占全国总灌溉农田面积的7.3%，主要分布在我国北方水资源严重短缺的海河、辽河、黄河、淮河四大流域，约占全国污水灌溉面积的85%。污水水质严重超标、灌溉面积盲目扩大，已经造成土壤、农作物及地下水的严重污染。

5. 农村固体废物造成的饮用水污染

农作物秸秆是农业生产过程中的主要固体废物，2001年全国秸秆产生量为7.14t。农村秸秆大都没有综合利用，随意堆放在田角地头或河湖岸边，秸秆富含植物蛋白，堆放过程中，发酵分解产生氮素、磷素，在降雨的冲刷下，其大量含有氮素、磷素的渗滤液经渠道被冲入河床或直接排入饮用水源，造成水体富营养化，由于水中氮、磷含量的急剧增加，导致水藻在世界各地频繁发生除引起生态恶化外，因某些藻种所产生的藻毒素也给人类健康构成威胁。

由于我国大部分农村经济不发达，生活水平落后，农村安全饮水发展水平与中等发达国家相比存在明显差距。据有关资料介绍，世界上中等发达国家农村安全饮水普及率为70%以上，发达国家在90%以上。我国的安全饮水普及率水平大致为东部70%，中部40%，西部不到40%，与世界中等发达国家相比尚存在明显的差距。另外，农村饮用水源多为浅井水且为开放式，周围环境卫生条件差，紧邻污染源，常常是水井周围10m内同时有厕所、粪坑、牲畜圈、污水沟，放养的畜、禽随地排便。这些污染源可通过渗透或直接流入水井中，造成水源污染。据国家环境保护总局对234个农村供水站的饮用水卫生监测表明，其细菌指标合格率仅为8.81%。

二、农村饮用水实用处理技术

（一）常规饮水处理技术

1. 水质良好的地下水仅需进行消毒处理

消毒措施应根据供水方式、供水水质、供水规模等工程具体情况和消毒剂供应等情况确定。规模较大的水厂采用液氯、次氯酸钠或二氧化氯等对处理后的水进行消毒；分支供水站采用臭氧或紫外线等对处理后的水进行消毒；分散供水工程，采用漂白粉、含氯消毒片或家用消毒设备等对饮用水进行消毒。

2. 原水浊度长期不超过 20NTU、瞬间不超过 60NTU

采用慢滤加消毒或接触过滤加消毒的水处理工艺，也可采用超滤膜技术进行处理。生物慢滤水处理具有工艺流程简单，慢滤池结构简单，管理要求低，无需投加任何化学药剂，水处理效果好，成本低，易于小型化等优点，特别适用于农村小型分散式饮水处理。接触过滤是省去沉淀过程而将混凝与过滤过程在滤池内同步完成的一种接触絮凝过滤工艺，它是在原水中加入絮凝剂后，经快速混合，形成小而密的絮体，就直接进入滤池，边絮凝边过滤，促使水质进一步得到净化。这种直接过滤技术不仅可简化水厂处理流程、降低投资费用和运行费用，而且还可提高产水量及改善出水水质；超滤膜能有效去除水中的悬浮物质和微生物，但不能去除水中的溶解性物质，适合于地下水、山泉水等良好水源水的净化，这些水经超滤膜净化后可直接饮用，超滤膜净化水设备，无需加药，自动化程度高，价格便宜，但需要做好反冲洗和正冲洗，滤膜 3 年左右需要更换。

3. 原水浊度长期低于 500NTU，且瞬间不超过 1000NTU

原水浊度长期低于 500NTU、瞬间不超过 1000NTU，采用混凝沉淀（或澄清）、过滤加消毒的水处理工艺，见图 22-1。澄清池是利用池中的泥渣与凝聚剂，以及原水中的杂质颗粒相互接触、吸附，以达到泥水分离的净水构筑物。澄清池主要有机械搅拌澄清池和水力循环澄清池。适用于农村水厂的澄清池主要是水力循环澄清池。水力循环澄清池是一种具有集混合、絮凝、沉淀于一体的泥渣循环型澄清池。原水经过水射器喷嘴，在其周围形成负压吸入泥渣，使原水、泥渣、混凝剂充分而激烈的快速混合，从而增加悬浮颗粒间的碰撞，加快接触絮凝作用，达到泥水分离的目的。其工作原理是根据近代絮凝理论中“闪发式混合”、“双电层作用”与“化学架桥作用”的观点，充分利用活性泥渣的接触絮凝活性，使其泥渣回流参与混合絮凝，通过连续加药和间歇排泥，使泥渣层一直处于新陈代谢状态中，泥渣层始终保持接触絮凝的活性。该池自 20 世纪 60 年代引入中国，因其造价低、占地面积小、无机械搅拌设备、运行管理方便、构造较简单等优点，在国内水处理工程中已得到较为广泛的应用。

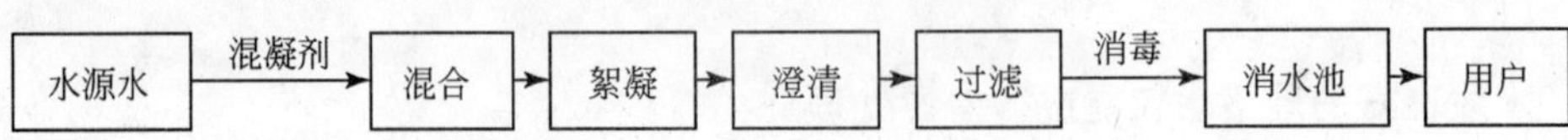

图 22-1 澄清过滤净水工艺流程

4. 原水浊度经常超过500NTU

原水浊度经常超过500NTU或含沙量变化较大，在常规净水工艺前增加预沉淀、粗滤或渗滤设施。规模较小的水厂，采用体积小、占地少、一次性投资较低的一体化净水器或组合式净水装置，其型式根据原水水质和调节构筑物布置等确定。

（二）特殊水处理技术

1. 铁、锰超标的饮水处理技术

当水中铁含量大于0.3mg·L^{-1}、锰大于0.1mg·L^{-1}时，称为高铁、锰水。铁、锰是人体必需的微量元素，是高等动物不可缺少的14种微量元素之一，它们与蛋白质组成的金属酶是细胞酶系中的主要催化剂。成年人体含铁量大致为4～5g，成年人每天需摄入12～15mg铁量。铁在血液中起输送氧的作用，血液中能溶入通常溶解度60倍的氧量，其理由就是氧与血液中的血红蛋白结合的关系。人体缺铁会感到疲劳、困乏，并产生口腔发炎等病症。人体锰的含量大致为20mg，成年人每天需摄入5～10mg锰。锰是人体内多种酶的成分，与人体健康的关系十分密切，因此有人将锰称作“益寿元素”。人们每天食用粮食、青菜和饮茶就可满足铁、锰的需求。铁、锰过量摄入对人体是有慢性毒害的。体内的铁若超过正常量的10～20倍，就可能出现慢性中毒症状，肝、脾有大量铁沉积，可表现为肝硬化、骨质疏松、软骨钙化，皮肤呈棕黑色或灰暗，胰岛素分泌减少而导致糖尿病，还可诱发癫痫病。锰的生理毒性比铁更严重，试验表明每日给实验兔0.5～0.6g·kg^{-1}体重的锰就能阻止其骨骼发育。有的学者认为某些地方病与常年饮用含锰水有关。更深入的研究表明，人体摄入过量的锰可使脑中的“多巴胺”（即是神经递质，又是合成肾上腺素的前体）合成减少，早期表现为疲劳乏力、头昏头痛、记忆力减退、肌肉疼痛、情绪不稳定、抑郁或激动，晚期出现肌肉僵直、肌张力增高和肢体震颤等重症，有时出现用药物治疗无效的发烧和呼吸困难。医学实验确认由于锰及其无机化合物的过量摄入而产生的疾病，在断绝摄入以后，所得疾病仍会继续发展并不可治愈。因此，不论是铁还是锰过量摄入对人体的危害是相当严重的，尤其在以含铁、锰地下水为主要饮用水源的地区，人们常年饮用铁、锰超标的水，人体所受危害的隐患是可想而知的。

高铁、锰水处理可采用曝气氧化过滤法、接触过滤生物氧化法、二氧化氯或高锰酸钾化学氧化过滤法等氧化过滤及离子交换等工艺。

1）曝气氧化过滤法：曝气氧化过滤法是利用空气中的氧将 +2 价铁氧化成 +3 价铁，然后再经沉淀、过滤予以去除。其工艺流程见图 22-2。曝气装置根据原水水质，可选用跌水、淋水、喷水、射流曝气、压缩空气、板条式曝气塔、接触式曝气塔或叶轮式表面曝气装置等。

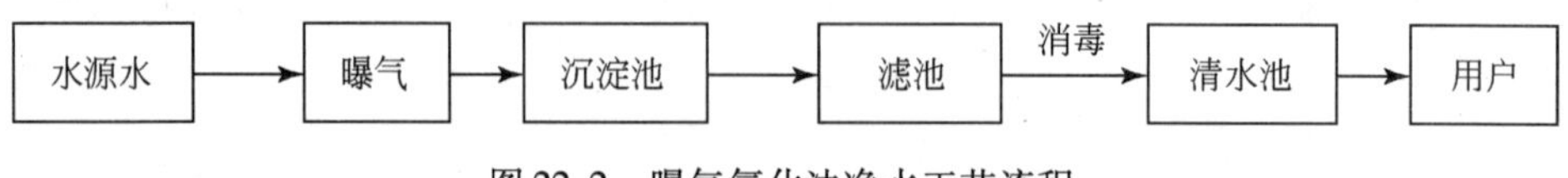

图 22-2　曝气氧化法净水工艺流程

2）接触过滤生物氧化法：接触过滤生物氧化法是以水中溶解氧为氧化剂，以固体催化剂为滤料，利用接触催化作用，加速 +2 价铁氧化的除铁方法。其工艺流程见图 22-3。

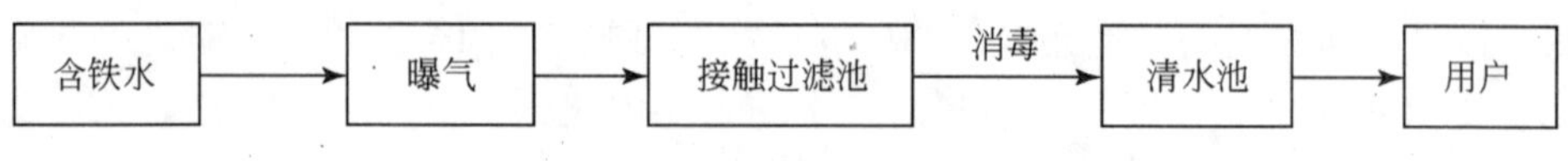

图 22-3　接触过滤氧化法净水工艺流程

3）二氧化氯或高锰酸钾化学氧化过滤法：氯是强氧化剂，可在广泛的 pH 范围内将 +2 价铁氧化成 +3 价铁，经过沉淀后过滤去除。当原水含铁量较少时，可省去沉淀池。其工艺流程见图 22-4。而高锰酸钾是比氧和氯更强的氧化剂，它可以在中性和微酸性条件下迅速将水中 +2 价锰氧化为 +4 价锰。

图 22-4　氯氧化法净水工艺流程

4）离子交换法除去铁、锰：在运用离子交换法过程中滤料是水处理的关键，其主要成分是二氧化硅和三氧化铝，也可以叫做硅铝酸盐，它是硅、铝氧晶格状四面体，硅离子与铝离子交换，由于铝是 +3 价，硅是 +4 价，因此缺少一个电荷，需要有邻近的 +1 ~ +3 价的阳离子补充，当水中的钙、镁、钠、钾、铁、锰、铜、锌等阳离子与滤料接触时，滤料骨架上的硅、铝发生大量的交换，交换中缺少的电子即由水中的离子补充，因而水中的离子即被滤料所吸附，固定在骨架上，从而达到净水的目的。从理论上讲，凡是 +1 ~ +3 价的阳离子均能被滤料所交换。地下水中存在的铁和锰均为溶于水的 +2 价，因此，完全可以被滤料所交换和吸附。其交换能力为：不间断供水时滤料除铁、除锰的能力分别为每千克滤料除铁 3500mg、除锰 1500mg。如果每日供水时间间隔 6h 以上，除铁除锰能力提升 1.8 倍。这种离子交换法的根本点是滤料。其处理工艺如图 22-5 所示。

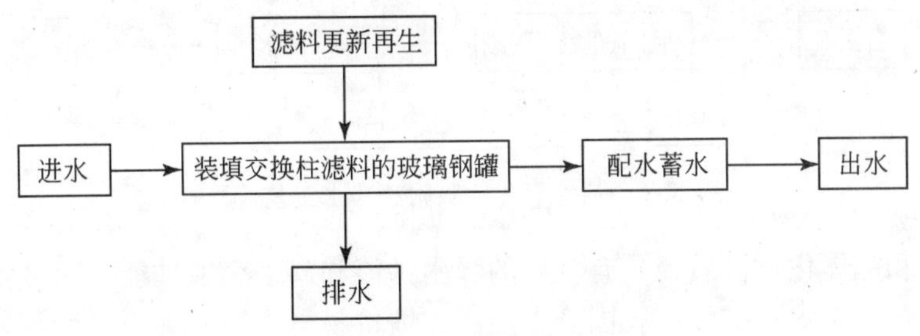

图22-5　离子交换法滤料处理工艺流程

该项技术处理好，处理后水质符合国家《生活饮用水卫生标》（GB5749—2006）的要求。这种技术运行费用低，滤料吸附铁锰饱和时，可用大粒盐或氢氧化钠溶液洗脱，每吨滤料洗脱一次需用溶液约500L，消耗大粒盐40kg或氢氧化钠15kg。一般情况下，运行6个月需要进行洗脱一次，每次滤料洗脱更新费用500～1000元。

2. 氟超标的饮水处理技术

在水体中，当氟含量大于1.2mg·L^{-1}时，称为氟超标，也称高氟水。氟是人体必需的微量元素，对人体的牙齿和骨骼形成，钙、磷代谢以及体内酶系统具有重要的生理作用。氟化物摄入过量时，则对人体产生危害，长期饮用高氟水，可引起慢性中毒，产生氟斑牙和氟骨症，严重的会丧失劳动能力和失去生活自理能力。根据有关研究资料，饮水中氟含量0.5～1.0mg·L^{-1}较适宜；1.0～1.5mg·L^{-1}时，会出现氟斑牙；长期饮用3.0～6.0mg·L^{-1}以上的高氟水可能出现氟骨症，但发病情况与当地气候、饮食结构等有关。据有关资料表明，目前全国农村有6 300余万人饮用水含氟量超过生活饮用水卫生标准。长期饮用高氟水，轻者形成氟斑牙，重者造成骨质疏松、骨变形，甚至瘫痪，丧失劳动能力。

高氟水的降氟可采用介质吸附、电渗析、反渗透或电吸附法等水处理技术。

（1）介质吸附法

介质吸附法是指含氟水通过滤层，氟离子被吸附在由吸附介质组成的滤层上，将氟化物从水中除去。当吸附介质的吸附能力降低至出水含氟量超标时，需要用再生剂再生，恢复其除氟能力。目前采用较多的吸附介质是活性氧化铝，即采用活性氧化铝滤料吸附、交换氟离子，将氟化物从水中除去的过程。其工艺流程如图22-6所示。活性氧化铝吸附方法具有降氟效果好、制水成本低的优点，但需要调整原水和出水的pH，再生时的废液需要妥善处理，它适用于有一定规模的集中供水工程。

此外，也可采用活化处理后的矿石进行吸附。例如，沸石，沸石具有独特的

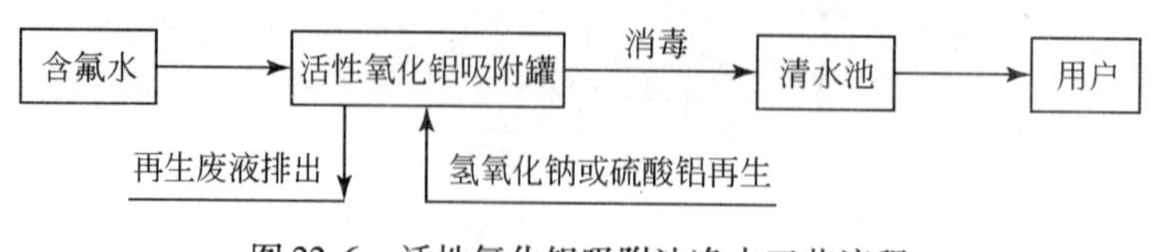

图 22-6 活性氧化铝吸附法净水工艺流程

内部结构和晶体化学性质，具有良好的吸附性能和离子交换性能，对氟离子有很好的吸附效果。沸石矿物在我国分布广泛，廉价易得，采用沸石做除氟剂，不需要经常更换除氟剂，这样使用起来就较为方便，且一次投资长久受益；除氟时不需调整 pH，处理费用低廉；处理后水质良好，饮水安全，是一种适合农村高氟水地区的除氟方法。

（2）电渗析法、反渗透法和电吸附法

降氟与除盐的原理和使用条件基本相同，在降低水中含盐量的同时也降低了高氟水的含氟量。

3. 砷超标的饮用水处理技术

当饮用水中砷含量超过 $0.05mg \cdot L^{-1}$ 时称为砷超标。长期饮用高砷水会造成砷中毒，主要以皮肤改变为特征，可导致皮肤色素脱失、着色、角化，严重的会发生皮肤癌，同时对心、脑血管系统、消化系统、神经系统也有损害。高砷水的除砷可采用电凝聚、混凝沉淀或吸附法等水处理措施。

（1）电凝聚法

在外加电压的作用下，利用可溶性的阳极，产生大量的阳离子（如 Fe^{2+}、Al^{3+} 等），对废水进行凝聚沉淀，这种方法称为电凝聚法。该方法在处理废水的过程中，具有凝聚、吸附、氧化、还原及气浮等作用，可以有效地同时处理重金属、悬浮物、有机物、乳化液等。该技术无需投药，出水水质好，设备紧凑，运行自动化水平高，管理简单，制水成本低，但需沉淀过滤和经常反冲洗。

（2）混凝沉淀法

混凝沉淀法是利用混凝剂对废水进行净化处理的一种方法。利用混凝剂将水中可溶性胶体及悬浮颗粒物形成沉淀，再经过滤而拦截去除。通过改变混凝剂种类或剂量，使絮凝体表面化学电位产生变化，还可促使水中部分离子（包括砷离子）被吸附去除。混凝剂可分为无机和有机两类，最常见和应用最广泛的无机混凝剂是铁盐和铝盐。除砷混凝剂有三氯化铁、硫酸铁、氯化铝、硫酸铝、硫酸亚铁、硫酸铝钾等。混凝沉淀法简便、易于实施，但易形成含砷废渣。混凝沉淀法对家庭分散式供水的饮水除砷具有一定的实用价值。

（3）吸附法

吸附法是利用某些物质强大的吸附、交换能力，将砷离子从水中去除的方法。除了以上介绍的沸石吸附、活性氧化铝吸附外，还可利用氧化铁涂层滤料对水中砷进行吸附。该方法处理效率高，吸附干扰小，吸附剂可再生重复使用，对环境不会或很少产生二次污染，但药剂费用高、达标率较低。

4. 苦咸水

当水中溶解性总固体大于1000mg·L^{-1}，或总硬度大于450mg·L^{-1}，或氯化物大于250mg·L^{-1}，或硫酸盐大于250mg·L^{-1}时的水称为苦咸水。除黑龙江外，全国农村饮水均不同程度地存在饮用苦咸水问题，人口约为3 832万人，占饮水不安全人口的12%。沿海地区苦咸水的成因主要有两种：一是由于近代海相变成陆地，地层中沉积盐分较多；二是海水倒灌，造成地下水含盐量较高。内陆地区苦咸水主要是由于土壤中成盐母质较多，在地表水和地下水浸蚀下溶于水中，造成水中矿物成分高，或因地势低洼排泄不畅，水位埋藏浅，在蒸发浓缩作用下盐分积累，形成苦咸水。苦咸水首先是口感差，人们不愿饮用，苦咸水主要分布在北方和东部沿海地区。沿海地区的苦咸水氯化物含量高、发咸；内陆地区的许多苦咸水硫酸盐含量高、苦涩。长期饮用中重度苦咸水会引起高血压、心血管等方面的疾病，容易造成人体腹胀、腹泻，尤其是胃、肠等消化系统和肾等泌尿系统疾病。另外，苦咸水还腐蚀输水管道和设备，洗衣服易板结。

苦咸水的淡化，可采用电渗析、反渗透、电吸附等水处理措施。

(1) *电渗析法*

在苦咸水淡化中应用的电渗析法（electrodialysis，ED），利用离子在电场的作用下定向迁移，通过选择透过性的离子交换膜，使一种水中大部分离子迁移到另一种水中而达到除盐的目的。苦咸水电渗析法净水工艺流程见图22-7。电渗析装置应根据原水水质及出水水质要求，选择主机型号、流量、级、段和膜对数。该技术已比较成熟，具有净水效果好、无需加药、工艺简单、除盐率高、制水成本低、操作方便、不污染环境等主要优点，但存在对水质要求较严格、需对原水进行预处理等缺点。适用于有一定规模的分质供水工程。

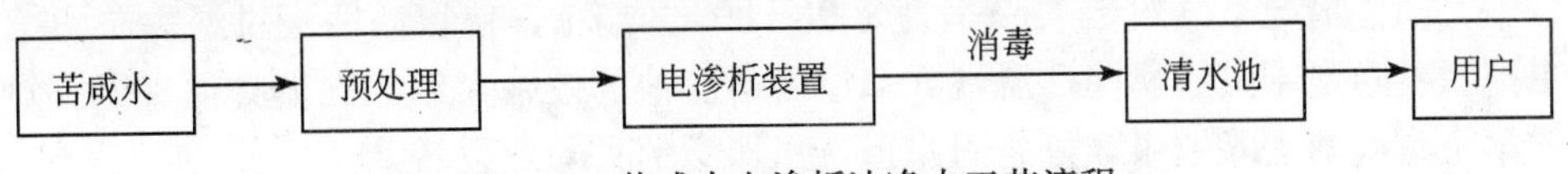

图22-7　苦咸水电渗析法净水工艺流程

(2) *反渗透法*（reverse osmosis process，ROS）

反渗透是在原水一边加上比自然渗透更高的压力，扭转自然渗透方向，把溶液中的离子压到半透膜（能够对水或溶液具有选择透过性的膜）的另一边而获得清洁的水，这与自然界的正常渗透过程相反，故称之为“反渗透”。在进行反渗透系统设计时，应掌握原水水质、各组分的浓度、渗透压力、温度、pH以及淡水水质、水量等。苦咸水反渗透法净水工艺流程见图22-8。反渗透方法可以从水中去除90%以上的溶解性盐类和99%以上的胶体微生物及有机物等，具有不需加药、净化效果好、管理简便等特点，但一次性投资较高，膜（核心部件）的使用年限一般在3年左右，需要针对原水水质进行预处理，能耗和运行费用较高，制水过程中的废水较多且需要妥善处理，适用于分质供水的农村供水工程。

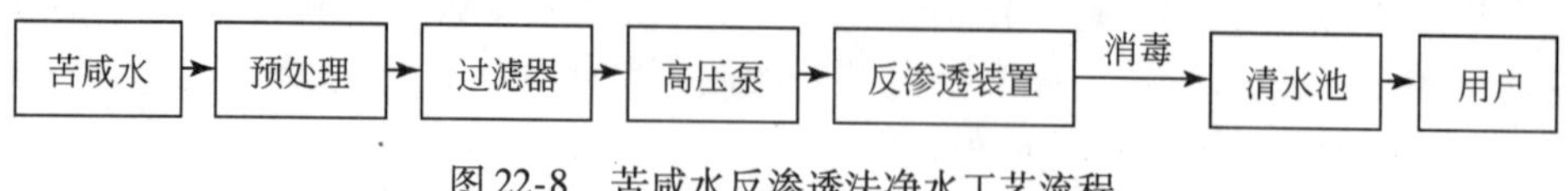

图22-8　苦咸水反渗透法净水工艺流程

（3）电吸附法

电吸附法具有不需加药、净化效果好、能耗较低、管理简便的特点，但投资较高，电极（核心部件）的使用年限一般在5～8年，需要对原水进行预处理、制水过程中的废水较多且需要妥善处理。

（三）水体中微生物的处理

水源保护是防止隐孢子虫感染的最重要的措施，必须严防人类粪便污水入水体，流域内有牧场、屠宰场等的河流、湖泊更应引起重视。

1. 物理去除

对于受到致病原生动物污染的水源，必须首先采用过滤等方法进行物理去除。慢滤池对隐孢子虫的去除率可达99.99%，若短时间内温度由15℃降至5℃，对去除效果亦未产生影响。研究发现，当混凝剂未达到最佳投量，贾第虫孢囊可穿透双层滤料，穿透点出现在混凝剂投加中断、滤速突然提高、过滤周期结束或滤后浊度增加时，如果处于最佳运行条件（滤后水浊度为0.1～0.2NTU时），贾第虫孢囊的对数去除率可达3.31g（99.95%）；隐孢子虫卵囊的去除难度则要大得多，同样情况下其对数去除率为2.9lg（99.80%）。粒状活性炭过滤去除贾第虫孢囊、隐孢子虫卵囊与砂滤池或双层滤料滤池的效果大致相同。具体来说，对贾第虫孢囊的去除效果较好，对隐孢子虫卵囊的去除效果较差。

2. 膜过滤

采用膜过滤技术是去除致病原生动物的有效方法。在正常运行时，膜过滤对贾第虫孢囊的对数去除率>61g，对隐孢子虫卵囊的对数去除率>51g。只要膜设备运行正常，即使进水水质发生变化，一般出水中致病原生动物的数量也都在检出限以下。

3. 消毒灭活

在饮用水消毒过程中CT值是一个重要的控制参数，对微生物的灭活率取决于CT值，即消毒剂浓度与水和消毒剂接触时间的乘积。研究表明，臭氧和二氧化氯对隐孢子虫卵囊的灭活能力明显高于自由氯和氯胺。在臭氧为$1mg \cdot L^{-1}$、接触5min时对隐孢子虫卵囊的灭活率为90%；在二氧化氯为$1.3mg \cdot L^{-1}$、接触1h时对隐孢子虫卵囊的灭活率为90%，而若要达到同样的去除率，则需要$80g \cdot L^{-1}$的自由氯或氯胺接触近90min。这表明除臭氧外，水厂通常使用的消毒剂不能用来灭活隐孢子虫卵囊，但用臭氧消毒时，要在较低的TOC浓度下才能达到较好的灭活效果，同时还要注意控制投加方式、投加量和接触时间，使消毒副产物的量不致超出规定值（WHO的推荐标准为$25\mu g \cdot L^{-1}$）。

（张　晶）

第二节　膜生物反应器在污水处理方面的应用

水处理大体上分为饮用水处理和污水处理两大方面。饮用水处理包括饮用水净化、瓶装纯净水和矿泉水的制取、苦咸水和海水淡化等。比饮用水水质要求更高的水还有纯水、超纯水和软化水等。污水处理主要包括生活污水、工业废水和垃圾渗滤液的处理，除了环境保护这一主要目的之外，就是再生水回用。

膜是流体（液体和气体）物理分离过程中采用的一种半渗透性致密过滤层。膜科学分为基础研究和实际应用研究两方面。其研究方向是膜材料和膜结构，而膜技术主要研究膜的实际应用。它首先是在人类社会对水处理要求越来越高、越来越迫切的大背景下产生并发展起来的。膜经过50多年的研发，现已达到相当成熟的阶段并在全球范围内形成了庞大的膜工业体系。

一、膜的分类与特点

膜种类繁多，其分类主要有以下几种。

1. 膜的材质

按膜的材质分为无机膜和有机膜两大类：①无机膜应用较多的有陶瓷膜、不锈钢膜等。这类膜比较厚重，因其化学性质稳定（耐高温和酸碱）、抗污染能力强、机械强度高、寿命长等特点，在某些特定领域被采用。但由于它们的制作成本高、价格较昂贵而使其应用受到了一定的限制。②有机膜由合成高分子材料（如纤维素类、聚砜类、聚乙烯类、聚丙烯类等）制成，由于制作成本较低、价格适中而得以广泛应用。但有机膜在使用过程中易被水中的有机物和杂质污染，使得处理效果变差，而且其使用寿命远不如无机膜。

2. 膜的微观结构

按膜的微观结构分为对称膜、非对称膜和复合膜三大类：①对称膜的横截面两侧微孔大小相同；②非对称膜的横截面两侧微孔大小不同，呈V形，微孔小的一侧是极薄的分离过滤层，微孔较大的一侧是支撑层；③复合膜是在对称膜的一侧又敷上一层更薄、更致密的膜。

3. 膜的形状

按膜的形状分为片状膜和管状膜。常见的有平板式、卷式、中空纤维和管式四种膜。其中，前两种为片状膜，后两种为管状膜（图 22-9）。

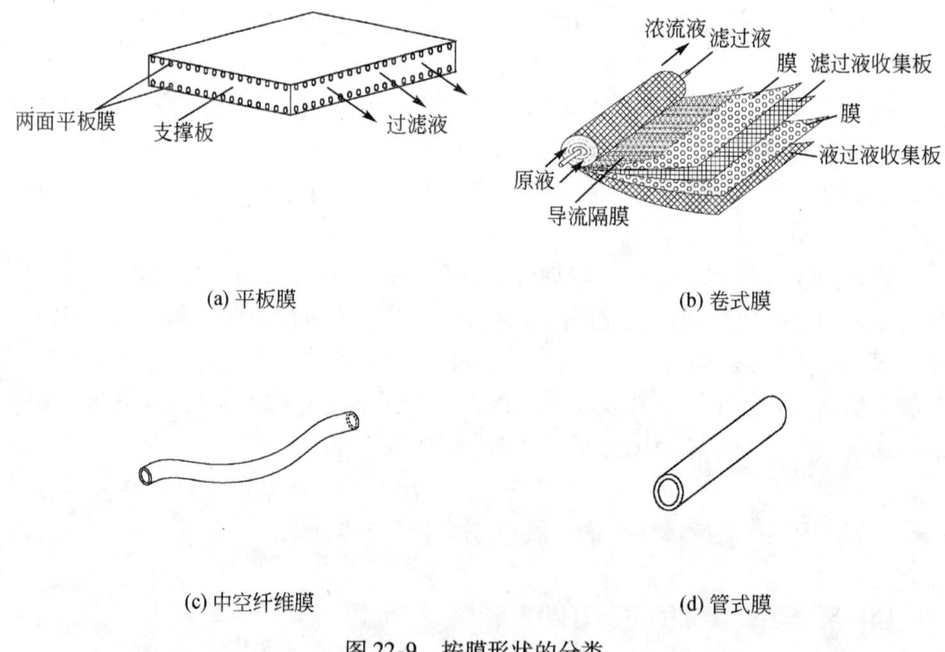

图 22-9 按膜形状的分类

（1）平板膜

平板膜是膜技术的先驱。这类膜对原液（待处理的混合液体）要求不严格，但由于难以保证其表面适当的流速、特别是其复杂的密封问题，使其应用受到限制。

（2）卷式膜

卷式膜是在平板膜的基础上发展起来的。由于其导流隔网会造成微粒堆积且无法反洗（从滤过液流动的反方向清洗），因此对进入的原液的要求特别严格，也就是说，必须对原液进行预处理，在达到一定的要求后方能进入卷式膜进行下一步的处理，否则会缩短卷式膜的寿命。

（3）中空纤维膜（彩图3）

中空纤维膜是当今水处理领域应用最广泛的一种膜，直径为0.5～4mm（直径4mm的中空纤维膜是荷兰产的7孔膜）。其优点是操作压力低、能耗小、通量大（单位时间单位膜面积渗透出的滤过液的容量，常用单位为$m^{-2} \cdot h^{-1}$）。其缺点是易被原液污染，污染后易将膜的微孔堵塞，致使膜通量下降、寿命缩短。但中空纤维膜除了可进行化学清洗外还可以反洗，这使其缺点得以弱化。

（4）管式膜（彩图4）

无机膜中的陶瓷膜和不锈钢膜都属于管式膜。管式膜又分为内压式（原液从膜的管孔一端进入，从另一端流出浓缩液，而从管壁渗透出滤过液）和外压式（原液在膜外侧，通过外部压力或从管孔的一端或两端抽吸，滤过液穿过管壁进入管孔中）两种形式。管式膜因其内径尺寸较大（5～24mm）、耐污染性和寿命优于中空纤维膜，广泛应用于工业废水、市政污水的处理以及垃圾渗滤液的预处理。这种膜国内尚未有生产，德国有两家公司可生产。

4. 膜的分离精度

根据膜表面上微孔的大小，分为微滤（micro-filtration，MF）膜、超滤（ultra-filtration，UF）膜、纳滤（nano-filtration，NF）膜和反渗透（reverse osmosis，RO）膜。这几种膜的分离精度依次提高，膜分离图谱如图22-10所示。

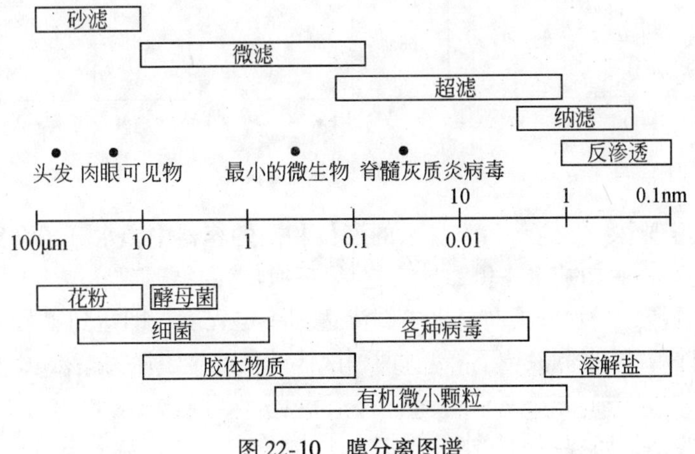

图22-10　膜分离图谱

（1）微滤膜

微滤膜能截留大于0.1μm（100nm）的颗粒（如悬浮固体、细菌和大分子量胶体等），而不能截留较大分子和溶解性固体（如无机盐）等，其操作压力一般为0.01～0.7MPa。

（2）超滤膜

超滤膜能截留住0.1～0.002μm（100～2nm）的大分子物质和杂质（如胶体、蛋白质、微生物、各种病毒和大分子有机物），其操作压力一般为0.03～0.5MPa。超滤膜广泛应用在自来水净化、矿泉水制备、海水淡化的预处理、污水处理后的再生水回用、中药制剂的提取、酒类的精制、茶水和人体血清的浓缩等。

（3）纳滤膜

纳滤膜的分离精度突破了1nm，能截留0.01～0.0005μm（10～0.5nm）的物质，其对二价离子的脱除率达90%以上，而对一价离子的脱除率不足80%。纳滤膜可以滤除污水原液中的毒素、农药、洗涤剂、浊度、色度，可以对自来水、地表水、地下水进行深度净化处理，可以对苦咸水、海水进行淡化处理，可以对抗生素、多肽进行纯化和浓缩，对工业废水的处理更是得天独厚。

（4）反渗透膜

反渗透膜是基于液体的自然渗透现象而产生的，如图22-11所示。用微孔直径为0.1～1nm的半透膜将容器隔开，在膜的两侧分别倒入等高液位的纯水和盐水。

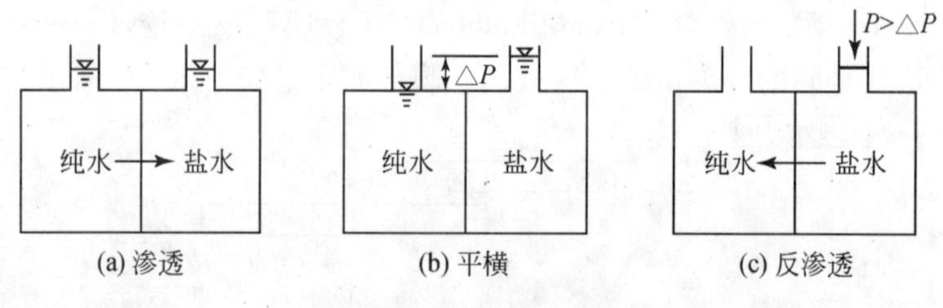

图22-11　反渗透膜

1）渗透现象：在纯水和浓盐水的液位相同的容器中，水分子会穿过置于两种液体间的半透膜向盐水一侧渗透，这是一种自然的物理现象。

2）渗透压：当水分子向盐水一侧渗透到一定程度，即达到平衡程度时（盐水侧液位升高，纯水侧液位下降），两种液体间便产生了压力差Δp，物理学上称之为渗透压。

3）反渗透：向容器的盐水侧施加大于Δp的压力P，盐水中的水分子便会向纯水侧渗透，而盐分、细微杂质、有机物等却被半透膜截留不能进入纯水侧，这就是反渗透。其中的半透膜在后来的工程实践中演变成了反渗透膜。

反渗透膜是当今过滤精度最精细的膜。它可以滤除分子量大于100dalton的有机/无机物质，广泛应用于纯净水、超纯水的制备，酒类和饮料生产用水，海水、苦咸水淡化，各工业领域用水的制备等。醋酸纤维类反渗透膜的脱盐率一般都大于95%，而复合反渗透膜的脱盐率甚至大于98%。反渗透膜的操作压力介于苦咸水处理的1.2～7MPa。

二、膜元件、膜组件与膜装置

在膜技术的实际应用或工程实践中，人们大都首先选定适宜的膜元件（片状或管状），或选定膜元件组装成膜组件，直至安装成膜装置，从而进行流体分离。

1. 膜元件

膜元件（membrane element）为流体分离的核心部件。依材质、原始形状的不同而制成了陶瓷膜元件、不锈钢膜元件、平板式膜元件、卷式膜元件、中空纤维膜元件、管式膜元件等不同的形式（图22-12）。

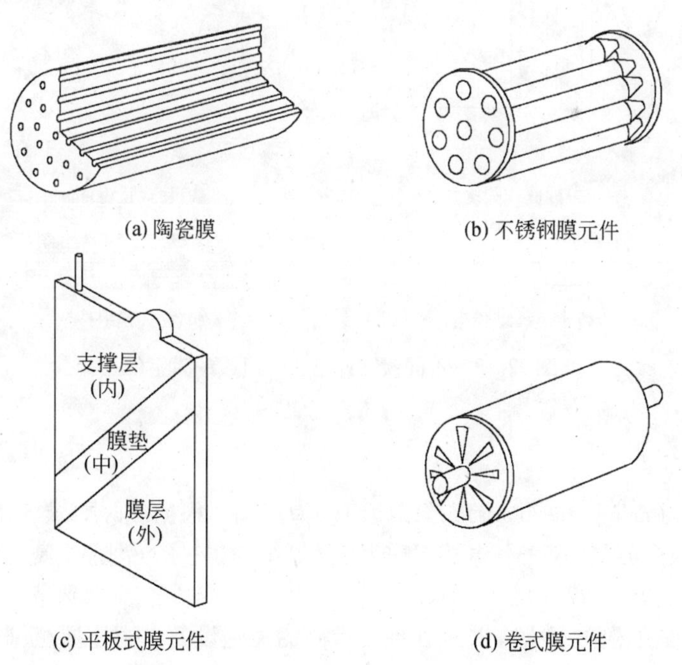

(a) 陶瓷膜 (b) 不锈钢膜元件

(c) 平板式膜元件 (d) 卷式膜元件

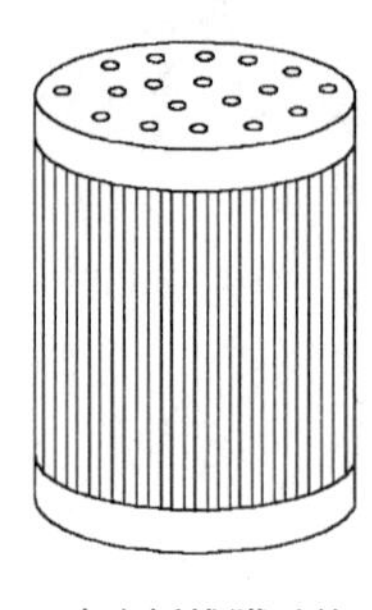

(e)中空纤维膜元件

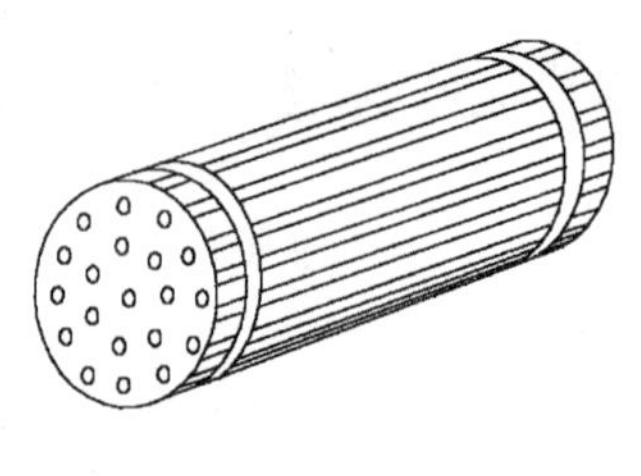

(f)管式膜元件

图 22-12 不同材质与不同形式的膜元件

2. 膜组件

膜组件（membrane module）是由膜元件与膜壳（保护膜元件的壳体）组装而成的，它是水处理的最小单元。不同膜元件与膜壳组成的膜组件见图 22-13。

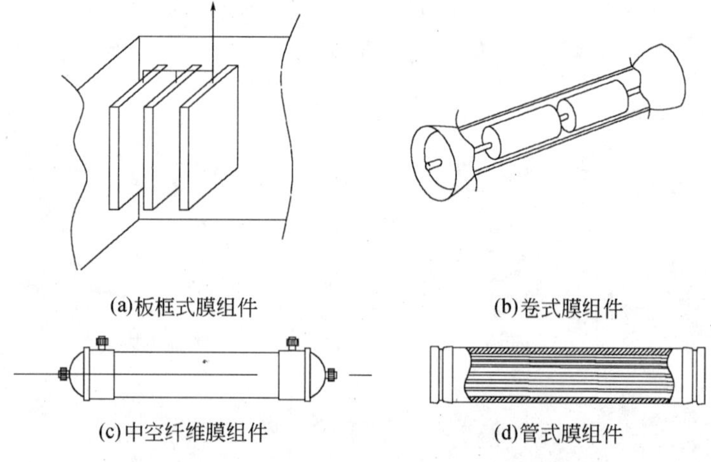

(a)板框式膜组件　(b)卷式膜组件

(c)中空纤维膜组件　(d)管式膜组件

图 22-13 不同膜元件与膜壳组成的膜组件

3. 膜装置

膜装置（membrane plant）是以膜组件为基础，根据实际要求，由支架、泵、滤器、管子、阀门、仪表、电控/气控装置等组成的一个系统。膜装置有立式和卧式两种形式（图 22-14）。

膜装置是工程项目大、对水处理要求高的关键设备。由于原液（含有多种物质和杂质的混合液）水质不同、处理后的要求不同，而需选择不同的过滤等级（分离精度），配置相应的膜装置。

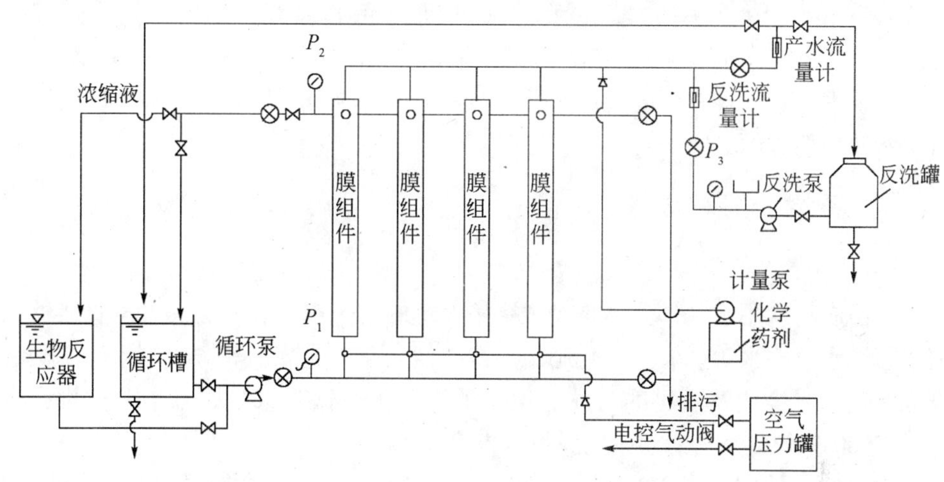

(a) 立式膜装置——膜组件垂直安装

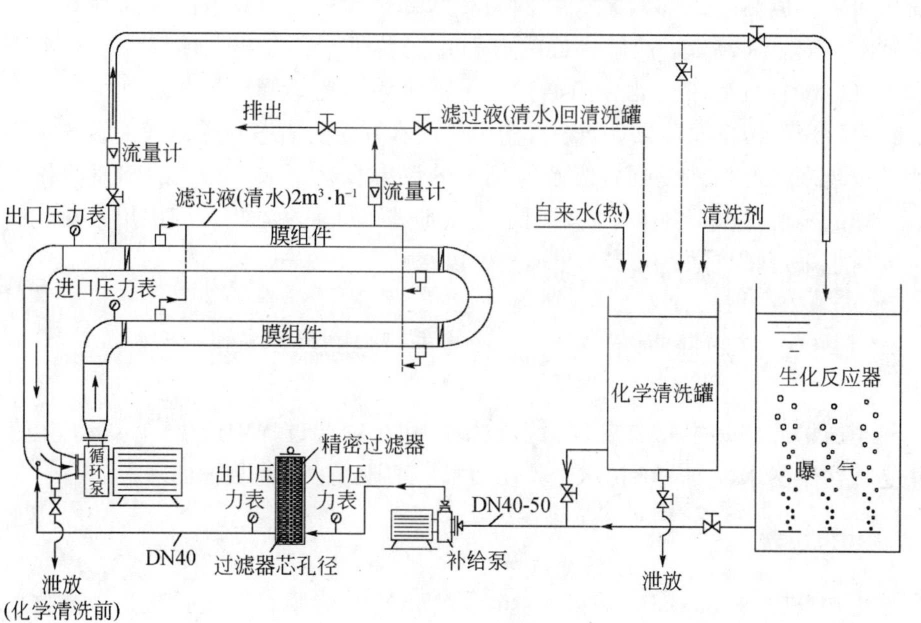

(b) 卧式膜装置——膜组件横向安装

⋈ 载止阀　止回阀　⊗ 电控气动阀　压力表　电接点压力表

阀门　管接头及水流方向

图 22-14　立式和卧式两种不同形式的膜装置

三、膜技术在水处理方面的应用

膜技术在水处理方面的应用主要体现在饮用水处理和污水/废水达标处理或再生水回用两方面。

（一）膜技术用于饮用水处理

中国农村饮用水大部分不是经过严格处理的自来水，农村居民大都直接饮用河水、湖水、井水等。农药、化肥、人畜粪便、及工业废水等对饮用水源不同程度的污染，直接危及农民的身体健康。世界各国对饮用水问题都十分重视，自20世纪80年代以来，纷纷采用膜技术提高水质。

中国的“饮用水安全工程”自2006年实施以来，广大农民的饮用水安全问题得以缓解。但截至2008年底，我国尚有约2亿农村人口饮水困难问题亟待解决，饮水不安全（高氟、高砷、苦咸水等）问题仍十分突出。传统的自来水处理工艺（混凝－沉淀－过滤－消毒）也出现了诸如贾第鞭毛虫、隐孢子虫、水蚤、红虫、藻类污染及藻毒等问题。鉴于饮用水方面的诸多问题，采用膜技术提高水质被越来越迫切地提到各级政府部门的议事日程上来。我国的苏州渡村水厂、天津的杨柳青水厂等也先后采用了膜技术进行自来水处理。四川川中丘陵地区的农村也采用膜技术建成多个小型集中供水站。

（二）膜生物反应器及其在污水处理方面的应用

这里所谓的“污水”主要是指人类生活和在生产过程中产生的，能对生态环境造成污染的水，如生活污水、粪便污水、工业废水和垃圾渗滤液等。

1. 膜生物反应器

膜生物反应器（membrane bioreactor，MBR）是将膜组件或膜装置与生物反应器相组合而形成的一种污水处理工艺，至今已有40多年的历史。

生物反应器是人类较早采用的一种污水处理工艺。它是把微生物放入污水池/槽中，利用微生物对污水中的有机物的消化降解作用，使水质得以改善。生物反应处理主要分为厌氧生物处理和好氧生物处理。前者是利用兼性和专性厌氧菌将污水中的大分子有机物降解为低分子化合物，进而转化为甲烷和二氧化碳，适用于高浓度有机废水和粪便污水的处理；后者一般用于处理低浓度有机废水，传统的处理方法有活性污泥法、接触氧化法、速分法等。

目前实际应用最为广泛的是固液分离膜生物反应器。通常是将经过格栅、沉淀等预处理的污水置于生物反应器中，通过酶、微生物或动植物细胞对污水进行生物化学反应，而后再依照对产水（Permeate，透过膜的那部分滤过液）的要求，采用不同分离精度的膜将生化反应的产物、催化剂、各类物质和杂质截留，从而完成分离过程——原液被分离成滤过液（产水）和浓缩液。膜生物反应器因膜组件或膜装置相对于生物反应器的位置不同而分为内置浸没式和外置分流式两种（见第十二章图12-1）。

1）内置浸没式（internal-submerged）：膜组件置于生物反应器内部并浸没在水中，靠抽吸泵抽出产水。这种形式也称一体式膜-生物反应器。

2）外置分流式（external-sidestream）：膜装置与生物反应器分开放置，利用循环泵将生物反应器中的混合液输送到膜装置，并由膜装置将混合液分离成滤过液（产水）和浓缩液，完成了分流过程。

污水处理过程中的产水也称为再生水。这种水不经过进一步的处理则不能直接饮用，而只能用于灌溉、喷洒道路、地下水回灌、景观环境用水、消防用水等，可参见“再生水水质标准”。

浓缩液是混合液经过分离产水后剩下的液体。在污水处理过程中一般都使其返回生物反应器进行循环处理。然而，当污水处理过程完成后，生物反应器中剩下的经过多次浓缩的污水若不做深度处理便排放会对生态环境造成更加严重的污染，因此，必须进行再处理并达到相关排放标准后才能排放。

2. 膜生物反应器在污水处理方面的应用

（1）工业废水处理

中国正在从农业大国向工业大国迈进，在这一进程中产生了多种多样的工业废水（如含有氰、镉、铬、汞、酚、油、硫、有机磷的废水以及酸性、碱性、放射性废水等）。在工业废水中，有些是无明显毒性而易被生物降解的，这类废水的处理相对简单些，而有些废水则是有较大毒性且又不易被生物降解的（包括重金属、有毒化合物等），这类废水的处理相对复杂一些。实际上，任何一种工业所排出的废水都不会是单一组分的，往往都同时含有几种污染物，这就使得其处理变得十分复杂，有些甚至是当今技术水平都难以解决。

（2）垃圾渗滤液处理

垃圾渗滤液是一种成分复杂、污染威胁大且难以处理的高浓度有机废水。我国城乡生活垃圾的数量逐年增加，其成分也越来越复杂。特别是我国农村的生活垃圾和生产垃圾（如塑料地膜、农药瓶/桶等）的成分更复杂，仅用简单的填埋方法处理很有可能造成地下水和临近水源的严重污染。

垃圾渗滤液是垃圾填埋场中外来水源和垃圾本身内含水分的混合液，它的 COD_{cr}（常采用重铬酸钾法来测定水中有机物的含量，以 $mg \cdot L^{-1}$ 表示）和 BOD_5（是一种用好氧微生物代谢作用所消耗的溶解氧量来间接表示水被有机物污染程度的一个指标，常用单位 $mg \cdot L^{-1}$）浓度高，而且金属和氨态氮含量高、微生物营养元素比例失调、色度大、有恶臭。

国内外的垃圾渗滤液的传统处理方法主要有物理化学法和生物法。前者在 COD 为2 000 ~40 000$mg \cdot L^{-1}$时，有机物的去除率可达 50% ~87%。生物法包括好氧生物处理和厌氧生物处理以及两者相结合的处理方法。随着膜技术的不断成熟，国外纷纷采用膜生物反应器（MBR）来处理垃圾渗滤液。近年来中国在这方面也取得了长足的进步——渗滤液处理后的产水回收率达到 80%，而浓缩液则一般都采用蒸发、固化或回灌（喷灌到垃圾填埋场）工艺处理。

（3）生活污水和粪便污水处理

生活污水是人们日常生活中进行各种洗涤（洗米、洗菜、洗水果、洗澡、洗衣服等）产生的污水，粪便污水即人和动物的排泄物。这两种污水所含成分不同，处理方法也不同。然而，我国城镇人口密集的住宅小区往往都把这两种污水并入一个管网（有些较发达的乡村亦是如此），这就使得这种混合污水的处理稍显复杂。

公共厕所、牲畜/禽舍中的污水纯粹是粪便污水。这类污水的处理我国已有国家重点保护技术或专利，在实际应用中有许多成功案例。由于生活污水和粪便污水往往被并入一个管网，人们往往把这种混合污水统称为生活污水。虽然相对于工业废水和垃圾渗滤液来说，生活污水对环境污染的威胁较小些，但由于其数量特别巨大，处理不好或根本不处理必会造成生态环境的严重污染，威胁人们的身心健康。早在 20 世纪 60 年代，国外就有人将膜生物反应器应用于生活污水的处理。70 年代以后世界各国对 MBR 的研究更加深入广泛，至今已有不计其数的应用实例。

我国城市大都已建污水处理厂。而广大农村，包括许多乡镇的生活污水不可能并入城市管网，只能分散处理。在这种形势下，“移动式污水处理站”便应运而生（彩图 5、彩图 6）。这种污水处理站亦是膜生物反应器的应用形式之一。

（侯关运　张卓然）

第三节　畜禽粪便处理设备与有机肥生产

畜禽粪便处理有着悠久的历史，自古以来，农民都把畜禽粪便积攒起来，经过沤制形成农家肥，用作农业生产的肥料。根据古书记载，我国在公元6世纪，就已经开始将农作物的秸秆、落叶及杂草和畜禽粪便混合起来沤制肥料，现称为农家肥。这个古老的方法至今在广大的偏远农村仍在应用，真正对畜禽粪便处理采用科学技术的探讨则始于20世纪初，根据美国公用事业协会（APWA）报道，最早的畜禽粪便处理工程工艺起于1925年的印度。当时，英国的霍华德先生将农作物的秸秆、落叶及杂草和畜禽粪便及人粪尿按一定的配比，在土坑内堆成1.5m高的堆体，经过6个月的发酵，其中通过两次翻堆，最后形成了腐殖质样的产品，实际上就是现在称为的有机肥。此法称为印多尔法（Indore），也就是堆置发酵法。1932年，荷兰VAM公司建立了欧洲的第一个改良印多尔法规模堆置发酵工厂，其工艺称为范曼荼法（van Mannen），将畜禽粪便、垃圾、农作物的秸秆、落叶配比含一定的水分后，在室外堆置发酵4~8个月，也形成了最后的产品，经过筛选后生产出有机肥。上述的方法不论是古老的沤制法，还是印多尔法，堆置发酵的过程，都属于厌氧发酵，其缺点是在发酵的过程中产生臭味（主要成分是二氧化硫、硫化氢等），而且发酵时间长。

1933年在丹麦，出现了丹诺（Dano）好氧堆置发酵工艺。这是一种运用转鼓进行好氧发酵的方法。其特点是发酵过程中无臭味，发酵周期短，一般为4~5天。此方法尽管投资成本比较大，但是它开启了畜禽粪便处理堆置发酵好氧发酵法。近于20世纪70年代，美国、日本、西欧等国家和地区，开始了好氧堆置发酵法的应用探索，一些新的工艺也被开发出来。20世纪70~90年代，美国出现了通气静态工艺，日本出现了立式多层搅拌床工艺（即塔式工艺）。上述各种方法，与厌氧堆置发酵方法不同的是出现了设备的应用。因此，在本节我们将对畜禽粪便处理的设备与有机肥生产的工艺技术，并结合当今的情况有选择性地进行探讨。

一、畜禽粪便处理技术与设备

畜禽粪便处理技术发展到如今，方法是多种多样的。但是，从对氧气的需要来分，可以分为有氧发酵和厌氧发酵。由于厌氧发酵占地面积大，发酵时间长（3~6个月），又产生臭味等缺点，故当前各种技术和应用设备基本上均属于有氧发酵。采取的技术方法不同，设备就不同。以操作过程，可以分为静态堆置发酵和动态堆置发酵。

1. 静态堆置发酵系统

静态堆置发酵法（图22-15）就是把畜禽粪便与辅料（农作物的秸秆、落叶、杂草粉末及木屑等）按一定比例混合，并填加菌种（微生物发酵剂），搅拌均匀后，堆置到发酵仓内（发酵仓室内地下部分有良好的充气装置）。堆置高度一般在1.2～1.5m，长宽由发酵仓的大小决定。一般在不间断地充气条件下，10～12天，畜禽粪便可以充分发酵完毕，形成有机肥，过筛后，可入成品库。这种方法占地面积小，成肥速度快，但设备投资较大，我国一般的畜禽养殖厂难以承受较大投资。此方法多在欧、美、日等国家或地区采用。我国尚属实验阶段。

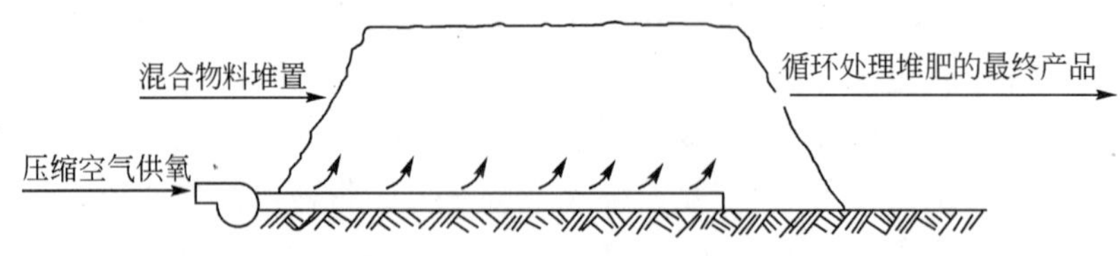

图 22-15　静态堆置发酵系统简图

2. 动态发酵

以下仅介绍四种动态发酵法，具体如下：

1）动态发酵法：动态发酵就是把畜禽粪便与辅料（农作物的秸秆、落叶、杂草粉末及木屑等）按一定比例混合，并填加菌种（微生物发酵剂），搅拌均匀后，堆置到发酵间。堆置高度一般在1.2～1.5m，长宽由当天的生产量和厂房布局决定。每天通过人工或机械的方法进行翻堆，以解决透气问题和控制温度（50～55℃），这个方法一般经过30～40天，畜禽粪便可以充分发酵完毕，形成有机肥，过筛后，可入成品库。

2）室外条垛式堆置发酵：大量的生产可以采用露天条垛式堆置发酵系统（图22-16），操作过程与上述方法相同。室外条垛的高度一般在1.2～1.5m；条

图 22-16　露天条垛式堆置发酵系统

垛的底部宽度在3～5m；条垛的顶部宽度在2～3m；条垛的剖面呈梯形。条垛的长度由当天的生产量决定。每天通过机械的方法进行翻垛（彩图1），以解决透气和控制温度的问题。一般在30天左右畜禽粪便可以充分发酵完毕，形成有机肥，过筛后，可入成品库。

3）槽式发酵法：动态发酵法还有一种方法是槽式发酵法（彩图2）。根据生产量的需要，建立长方形的水泥槽，槽深在1.2m左右，槽宽度一般在10～16m，槽长度由厂房和生产量决定。槽的一端封闭，另一端敞开，将原料加菌种配制混合后，堆于槽内，每天翻拌1～2次，以解决透气和控温，20天左右即成有机肥。便于进料和出肥，槽的上部安装轨道翻搅机。

4）GALLUS技术是目前国内流行的一种中日合作研制的方法，该技术方法是将畜禽粪便与辅料（农作物的秸秆、落叶、杂草粉末及木屑等）按一定比例混合，不需加任何菌种，搅拌均匀后，经过加压混炼机激活畜禽粪便和辅料内原有的有益菌种，激活过程仅用十几分钟，经激活后有益菌群即成为菌种进行堆置发酵。堆置高度一般在1.0～1.2m，长宽由当天的生产量和发酵间（厂房）的布局决定。每天用人工或机械进行翻垛一次，大约堆置10～14天，畜禽粪便可以充分发酵完毕，形成有机肥，过筛后，可入成品库。该方法投资少，占地面积小，是当前国内大小养殖场均可采用的技术。

二、畜禽粪便处理的工艺流程及原理

1. 工艺流程

目前，畜禽粪便处理的工艺均提倡有氧发酵。其工艺流程如下：

$$\text{畜禽粪便} + \text{有机废物} + O_2 \xrightarrow[\text{菌种}]{\text{堆置发酵}} \text{稳定的有机残余物} + CO_2 + H_2O + \text{热量}$$

其中，畜禽粪便加的有机废物是指农作物的秸秆、落叶及杂草粉末等，与畜禽粪便要按一定的比例混合，一般比例为1:0.3，秸秆的主要作用是通气和调节粪便当中的水分，增加有机物，堆置发酵的水分含量应该在65%左右为宜；微生物发酵并产生稳定的有机残余物就是我们所说的有机肥；产生的热量直接提供给在堆置发酵过程中，满足于微生物生长、繁殖温度的需要，热量在散发过程中又蒸发了水分。

2. 原理

从工艺流程当中不难看出，畜禽粪便堆置发酵过程主要是利用微生物的作用进行的，微生物是堆置发酵的主体，参与堆置发酵的微生物有两个来源，一个是畜禽粪便和秸秆里面原有的大量的微生物（称为野生菌）；另一个是人工加入的微生物，即人工培育的菌种。这些菌种在一定的条件下，对畜禽粪便和有机废物具有强烈的分解能力，具有活性强、繁殖快、分解有机物迅速等特点，从而能使堆置发酵的过程进行下去。所以说，畜禽粪便堆置发酵的原理是利用了微生物生长、繁殖的过程。畜禽粪便处理过程是一个很复杂的微生物学原理，参与畜禽粪便处理的微生物种类和变化情况简介如下：

参与堆置发酵主要的微生物有细菌、放线菌和真菌。这三种微生物是畜禽粪便堆置发酵的主要种群。

1）细菌：在好氧堆置发酵系统中，存在着大量的细菌。细菌凭借大的比表面积，可以快速将可溶性底物吸收到细胞中。所以在堆置发酵过程中，细菌在数量上通常要比体积更大的微生物（如真菌）多得多。在不同的堆置发酵环境中分离的细菌在分类学上具有多样性，其中包括假单胞菌属（*Pseudomonas*）、克雷伯氏菌属（*Klebsiella*）以及芽孢杆菌属（*Bacillus*）的细菌。

一些细菌，例如，芽孢杆菌能够生成很厚的芽孢壁以抵抗高温、辐射和化学腐蚀。因此芽孢杆菌属的一些种群，例如，枯草芽孢杆菌（*B. subtilis*）、地衣芽孢杆菌（*B. licheniformis*）和环状芽孢杆菌（*B. circulans*）成为了堆置发酵高温阶段中的代表性细菌或优势菌。嗜温细菌是堆置发酵系统中最主要的微生物。研究表明，在堆置发酵过程的初始阶段，嗜温细菌最为活跃，其数量为每克（0.85～5.8）$\times 10^9$ 干物料，随着堆温达到最大值，其种群数量达到最低；在降温阶段，嗜温细菌的数量又有所回升。

2）放线菌：放线菌是具有多细胞菌丝（假菌丝）的细菌，因此它更像是真菌。放线菌可以分解纤维素，并溶解木质素。同时，它们比真菌能够忍受更高的温度和 pH。所以，尽管放线菌降解纤维素和木质素的能力并没有真菌强，但是它们在堆置发酵过程中的高温期却是分解木质纤维素的优势菌群。在条件恶劣的情况下，放线菌则以孢子的形式存活。研究表明，诺卡菌（nocardia）、链霉菌（streptomyces）、高温放线菌（thermoactinomyces）和单孢子菌（micromonospora）等都是在堆置发酵中占优势的嗜热性放线菌，它们不仅出现在堆置发酵过程中的高温阶段，同样也在降温阶段和熟化阶段出现。

3）真菌：真菌，尤其是白腐真菌可以利用堆置发酵底物中所有的木质纤维素，由此，真菌的存在对于堆置发酵的腐熟和稳定具有重要的意义。嗜温性真菌地霉菌（*geotrichumsp*）和嗜热性真菌烟曲霉菌（*aspergillus fumigatus*）是堆置发酵物料中的优势种群，其他一些真菌，如担子菌（*basidiomycotina*）、子囊菌（*ascomycotia*）、橙色嗜热子囊菌（*thermoascus aurantiacus*）也具有较强的分解木质纤维素的能力。但随着温度的升高，真菌的菌数开始减少，在 64℃时，几乎所有的嗜热性真菌全部消失。当温度下降到60℃以下时，嗜温性真菌和嗜热性真菌又都会重新出现在堆置发酵中。研究显示，温度是影响真菌生长的最重要因素之一，绝大部分的真菌是嗜温性菌，可以在5～37℃的环境中生存，其最适温度为25～30℃。但是，在堆置发酵过程中，由于高温时间持续较短，在增强真菌降解能力的同时却不足以将其致死。

病原体是对人体、动物或者植物有害的生物。动物的粪便、植物秸秆以及庭院废弃物中都能发现病原体，城市污泥也含有人体病原微生物。高温堆置发酵能大量杀伤植物和动物病原体的数量。

在整个堆置发酵微生物群落中，细菌占主导地位，真菌、放线菌也有较多的数量，研究表明，每克堆置发酵中细菌数为10^8～10^9，放线菌数为10^5～10^8、真菌数为10^4～10^6，藻类数目$<10^4$。细菌是中温阶段的主要作用菌群，对发酵升温起主要作用；放线菌是高温阶段的主要作用菌群；芽孢杆菌、链霉菌、小多孢菌和高温放线菌是堆置发酵过程中的优势种。

上述三种微生物在堆置发酵过程中是如何发挥作用？在发酵过程中微生物的种群随温度的变化发生着交替变化，从以低、中温菌群为主转变为以中、高温菌群为主，又以中、高温菌群为主转变为中、低温菌群。随着堆置发酵时间的延长，细菌逐渐减少，放线菌逐渐增多，霉菌和酵母菌在堆置发酵的末期显著减少。研究发现：堆置发酵温度在50℃时，高温真菌、细菌和放线菌非常活跃；65℃时，真菌极少，细菌和放线菌占优势；75℃时仅有产芽孢细菌是唯一存活的微生物。

在高温堆置发酵过程中，微生物的活动主要分为三个时期：糖分解期、纤维素分解期、木质素分解期。①堆置发酵初期主要以氨化细菌、糖分解菌等无芽孢细菌为主，对粗有机质、糖分等水溶性有机物以及蛋白质类进行分解，称为“糖分解期”。②当堆内温度升高到50～70℃的高温阶段，高温性纤维素分解菌占优势，除继续分解易分解的有机物质外，主要分解半纤维素、纤维素等复杂有机物，同时也开始了腐殖化过程，这一阶段称为“纤维素分解期”。③当堆置发酵温度降至50℃以下时，高温分解菌的活动受到限制，中温性微生物显著增加，主要分解残留的纤维素、半纤维素、木质素等物质，称为“木质素分解期”。

掌握了堆置发酵的原理是微生物作用的过程，在畜禽粪便处理过程中如何满足微生物的生长、繁殖需要就成为畜禽粪便处理工程的核心。了解这一原理，在畜禽粪便处理过程中合理的原料配比及良好的温度控制，就可以保证畜禽粪便处理结果，产生优质的生物有机肥。

三、复混肥生产制造的工艺流程、设备及应用

畜禽粪便经过上述技术处理，生成了优质的有机肥，在有机及绿色农业生产

方面得到广泛应用。但由于这种有机肥总体养分偏低，氮、磷、钾（$N+P_2O_5+K_2O$）的总和为3.5%～5.5%，只能作底肥使用，应用范围存在局限，与现有的种植习惯和作物需肥特性存在差距，所以通常将有机肥产品进一步加工成为有无机复混肥。所谓有无机复混肥是指以有机肥为原料，以现有的氮、磷、钾化肥产品为无机原料，按照一定比例混合在一起，经加工，根据作物需肥特点，生产的一种有无机结合的肥料。该肥料具备有机无机养分全面、养分供应均衡、养分利用率高、能有效改良土壤的特点，是我国肥料发展的趋势。国家农业部有关部门在有机无机复混肥料（GB18877—2002）已经有了明确的规定，见表22-3。

表22-3　有无机复混肥料技术指标

项目	指标	
	Ⅰ	Ⅱ
总养分［N+有效（P_2O_5）+（K_2O）］/%≥	20.0	15.0
有机质/%≥	15	20
水分（H_2O）≤	12	14
酸碱度（pH）		5.5～8.0

注：组成产品的单一养分含量不得低于2.0%，且单一养分测定值与标准值负偏差的绝对值不得大于1.5%。

1. 工艺流程

复混肥生产工艺流程见图22-17。

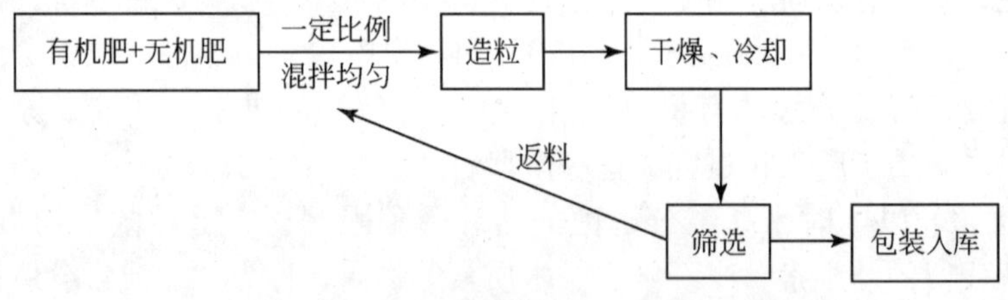

图22-17　复混肥生产工艺流程

工艺概述：畜禽粪便经加工生成的有机肥由于水分相对较高，一般在30%左右，通常粒度大小不一，而无机肥（化肥）成品多为颗粒状，因此在生产复混肥时，均应经过粉碎处理后再混合。造粒过程中由于有机质含量高，黏性差，即使在加黏合剂的情况下，成粒时间也较长。生产有无机复混肥干燥过程中，温度过高会损坏有机肥中的有机物，也容易挥发一定量的氮、磷、钾，影响复混肥的肥力。因此，温度要求比较低，一般控制在220℃左右。

2. 设备

1）混合搅拌机：由于复混肥是一种新兴的肥料，目前还没有完全适合于生产复混肥的设备，混合过程中需要的混合搅拌机，目前有各种各样的，甚至于用生产混凝土的搅拌机来替代。

2）造粒机：目前用于生产复混肥的造粒机大多还是用生产化肥时用的造粒机改装而成，除少数用挤压式，多数用圆盘造粒机，但由于复混肥成粒时间长，成粒率低，一般都通过加大造粒圆盘，调整圆盘角度来提高产量。

3）干燥设备：干燥设备目前多采用无机肥生产中使用的滚筒式干燥机加以改造，一般情况下，都是把现有的滚筒长度加长到 2m 左右（原来不超过 1.4m）。

近些年来，由于复混肥的推广应用不断在扩大，很多设备研究生产单位都加大了对有无机复混肥专用造粒和干燥设备的开发，如哈尔滨、北京、广东等农机部门，已经开始有相继产品的生产。总之，在复混肥的生产设备方面，现在还没有一个统一规范化的设备，各地根据用的原料及农作物配肥的需要因地制宜地选择适合本地区的不同设备进行生产。

3. 复混肥的应用

有无机复混肥作为一个新的肥料品种或类型，在生产上应用时间不长，但效果很好。正确认识和把握该类肥料的特点，并在实际中加以合理应用，对有无机复混肥的推广应用具有重要意义。在有无机复混肥的使用上，要避免两种极端倾向的发生：一种是将其完全等同于无机肥料，而无视该类肥料中有机养分的作用和特点；另一种是将其完全游离于普通肥料之外，当成一个无所不能、包治百病的“万能肥”。

1）基本原则：与其他肥料一样，有无机复混肥的使用必须综合考虑作物、气候、土壤等因素，做到科学、合理、正确地施肥。一是要科学配肥，即根据土壤肥力状况和作物营养特性合理选择和搭配肥料，如对偏沙土壤，应选择有机质含量偏高、养分适中的有无机复混肥，减少因土壤矿化速度过快而导致的养分易于流失，但应在作物中后期适当补充部分速效性化肥，以弥补养分不足，而对于土壤有机质较高、保水保肥能力较强的土壤，则应选择养分较高的有机无机复混肥品种；二是合理施肥，即要“看苗施肥”，要根据作物的生长特性，调整各阶段的施肥比例。

2）施用技术：有无机复混肥既可作基肥，也可以作追肥和种肥，施用方法有撒施、条施、沟施、穴施等，但具体采用哪种施用方式应根据肥料用途和作物生长特点，并结合气候要素进行判断。如作基肥时多采用撒施，结合整地将肥料耙入土壤中，而作追肥时条施或穴施较多。此外，应根据作物的目标产量、养分需要量计算施肥数量，同时还应根据作物的生长特点和需肥规律，确定底肥和追肥的比例。由于作物种类多种多样，针对具体的农作物，可参照无机复混肥的使用方法，结合有无机复混肥的特点适当进行调整。最好配制不同作物的专用肥。

四、相关技术模拟及发展前景

畜禽粪便处理基本上在畜禽粪便加辅料和菌种，按一定比例混合后，进行有氧堆置发酵，最后生成有机肥。其相关技术、原理及设备在前面均已详细介绍，在这里不再予以重复。下面我们重点介绍一种不用加菌种的新技术——GALLUS技术（畜禽粪便处理设备）。该技术是在20世纪90年代末，由大连市环境科学设计研究院与日本中兴产业株式会社一起合作研发的。该技术已被国家科学技术委员会等有关部门授予最佳实用新技术。该技术最大的特点是，在有氧堆置发酵过程中，不加任何菌种，在短时间内将畜禽粪便、辅料（农作物的秸秆、落叶、杂草粉末及木屑等）中原有的有益微生物迅速激活，起到了菌种的作用。

（一）GALLUS设备与技术

1. 设备组成

畜禽粪便处理设备可以在短期内，将畜禽粪便处理成有机肥，所以也称有机肥生产设备，畜禽粪便处理设备主要由五部分组成（图22-18）。

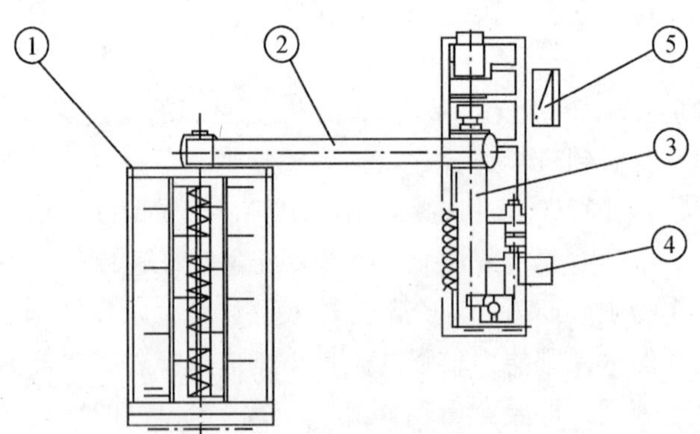

图22-18 畜禽粪便处理设备组成图

①混合搅拌机；②螺旋输送机；③加压混炼机；④破碎机；⑤电气控制系统

2. 设备各部分功能与作用

设备各部分功能与作用见表22-4。

表22-4　设备各部分功能与作用

序号	名称	功能与作用	备注
1	混合搅拌机	使畜禽粪便与配料混合均匀，其上的输送器起混合、输送作用	搅拌轴只准正转（按指示方向转动）
2	螺旋输送机	把搅拌混合后的原料送进加压混炼机中	一般情况只准正转
3	加压混炼机	挤压摩擦混炼内部混合物使其升温，杀死或抑制低温菌等	正常工作处于正转状态
4	破碎机	破碎混炼机处理后的物料	
5	电气控制	控制系统中各部件动作，使系统正常工作	设有加压电源

3. 工艺流程（图22-19）

该设备系统工作时（图22-20），把畜禽粪便与配料按规定的比例送混合搅

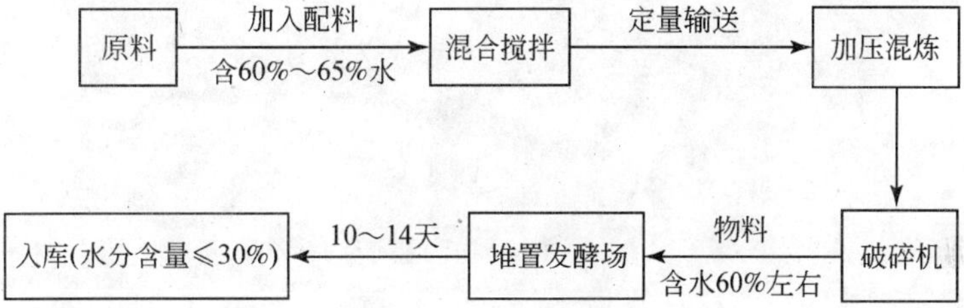

原料
加入配料
含60%～65%水
混合搅拌
定量输送
加压混炼
破碎机
物料
含水60%左右
堆置发酵场
10～14天
入库(水分含量≤30%)

图22-19　工艺流程图

加压混炼机
添料车
成品运输车
斜输送
混合料斗

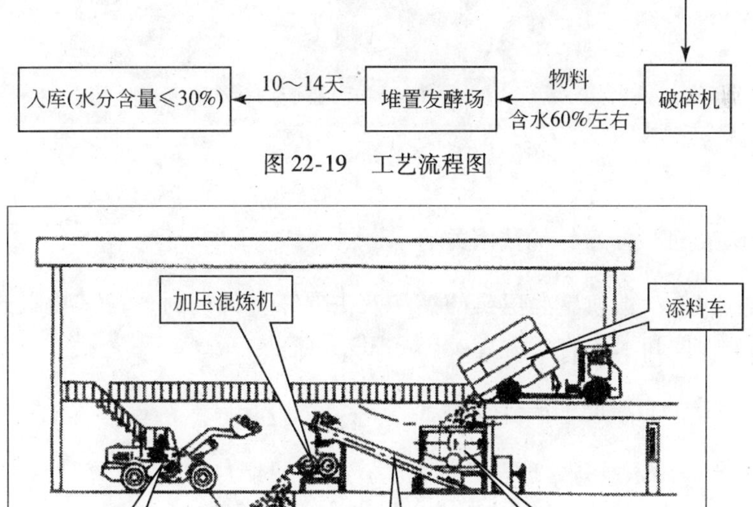

图22-20　生产示范图

拌料机，进行搅拌混合使均匀，通过螺旋输送机进一步搅拌并送入主机——加压混炼机，通过加压混炼机的加压摩擦，使该机体内的混合物温度自行升高，杀死或抑制低温菌和有害菌，然后供给适当的空气和水分，为高温菌发酵创造适宜的条件，完成快速发酵，再通过破碎机破碎松散，最后送入堆置场堆放10～14 天，即成为有机肥。

4. 畜禽粪便处理设备特点

畜禽粪便处理设备（图 22-21）的特点包括：①利用该设备与技术处理畜禽粪便，不受季节限制，一次性投资小，占地面积小，运行管理费用低。②畜禽粪便经过该设备，立即进入好氧发酵，没有臭味，属无害化处理。③畜禽粪便从被处理利用到有机肥产生仅需 10 天左右，有机肥生产周期短。④操作简单，维护方便。

图 22-21　畜禽粪便处理设备图

5. 畜禽粪便处理设备系统的技术关键

其主要包括：①加压混炼机的结构及主要零部件的材质；②物料的配比参数；③物料温度和水分的控制；④电气控制系统。

6. 该设备生产的有机肥的成分及特点

1）成分：用该设备处理畜禽粪便生产的有机肥经过权威部门检验，有机肥含量高达45%以上，总养分（$N + P_5O + K_2O$）含量高达 5%～6%，水分低于30%，肥中含有对农作物极为有利的铁、锌、镁等微量元素，含有大量的活性菌（每克活性菌数近亿个）。

2）特点：①元素多，营养全，含有丰富的有机质和氮、磷、钾及微量元素钙、镁、锌、铜和锰等养分。②该设备技术生产的有机肥发酵彻底，施用后不会出现二次发酵，造成烧菌。③施用该有机肥，做底肥，使作物产量、质量有显著提高，大田作物可增产5%～10%，蔬菜可增产15%～30%，水果含糖量提高1%～2%。④有机肥保质期长，肥效长，效果好，比施用化肥费用节省10%以上，节省人力，降低生产成本。⑤不含有毒物质，对土壤、作物无污染，有利于保护生态环境，是粮食作物，蔬菜、果树、草坪、花卉等作物底肥的优质绿色肥料。

目前该设备与技术在辽宁省、河北省、山东省、山西省、甘肃省（银川）、广东省及北京市、上海市均有应用。其中，山东省青岛城阳的“地绿宝生物有机肥厂”、辽宁省锦州的“大中生物有机肥厂”生产的肥料均是该地区的名牌产品。

（二）畜禽粪便处理的前景

随着畜禽养殖业的不断发展，我国畜禽粪便的年产量达20亿t以上，目前处理量仅占10%左右，对江河湖海和地下水的污染已经到了不治不行的地步。党中央国务院予以高度重视，国家环保部有关畜禽粪便的处理相关措施即将出台，对畜禽粪便的处理及生产有机肥的产业给予了很多优惠政策。另外，我国农业生产的发展，有机肥的需求前景十分广阔，随着三绿工程的实施，优质高效生态农业生产基地的不断扩大，必然对有机肥的生产需求不断扩大。

我国农业由于长期、大量使用化肥，土壤肥力（地力）严重退化，仅以土壤当中有机质含量为例，已接近贫瘠土壤的标准。国家提出的沃土工程，必将带动有机肥使用量的大幅增加。仅在淮河和太湖流域实施沃土工程中，对有机肥的需求量就近几百万吨。可以说，畜禽粪便处理产业发展的前景是十分广阔的。

（朱志祥 李 慧）

第四节 农村沼气发酵及综合利用技术

在生态农业建设中，沼气的建设与推广对农村的能源建设、肥料建设、净化环境、保护农民健康有着十分重要的意义，沼气被看作是系统能量转换、物质循环及有机废物综合利用的中心环节，对于建设农业循环经济体系、保持系统的生态平衡起着重要的作用。

沼气是由微生物发酵产生的一种可燃性混合气体，其主要成分是甲烷

(CH_4)，约占 60%，其次是 CO_2（约占 35%）和少量其他气体（如 H_2S、CO、N_2 和水蒸气等）。沼气发酵首先要建设沼气池。

一、农村家用沼气池的建设

（一）家用沼气池的设计要点

农村沼气项目建设必须执行下列国家或行业的相关标准：

1)《农村家用水压式沼气池标准图集》(GB/T 4750—2002)；

2)《农村家用水压式沼气池质量检查验收标准》(GB/T 4751—2002)；

3)《农村家用水压式沼气池施工操作规程》(GB/T 4752—2002)；

4)《农村家用沼气管路设计规范》(GB/T 7636—87)；

5)《农村家用沼气管路施工安装操作规程》(GB/T 7637—87)；

6)《农村家用沼气发酵工艺规程》(GB/T 9958—88)；

7)《家用沼气灶》(GB/T 3606—83) 等。

1. 农村家用水压式沼气池的基本结构

农村家用沼气池是为沼气微生物的生长代谢提供了一个厌氧环境，微生物在代谢过程中所产生的沼气给我们提供了能源，同时也是一个微型的污水处理系统。沼气池是一个小型的沼气发生器，按特定的方式由若干单元操作和单元过程组合而成的，现将农村家用水压式沼气池的主要构成单元简述如下（图 22-22）。

进料口①不仅是进料的通路，而且具有为发酵原料的贮存、混合、计量和输入等四项功能，即发酵原料的分离、预处理，料液水封、泄压回流及简易搅拌器入口。原料与接种物均匀混合，在发酵间②内经厌氧消化，沼气微生物在分解有机物的同时，产生的沼气贮存于贮气间③，大量未被利用的沼气集存于集气间④，集气间还具有防止料液阻塞导气管的作用。侧室的水压间⑥为排放和贮存发酵后废液的空间，同时具有水压输气的作用。在沼气池的底部为污泥间⑤，是集存厌氧消化污泥的空间，也是提供接种物的源地。沼气池的顶部为井口⑧，是建池施工及维修之进出口，常为大换料的进出口，也是沼气压强超常时的泄压口。另外，沼气池还需设置导气管、输气管道⑨、导气管连接输气管道通向用户。另应设置气水分离器、沼气压力计、沼气灯灯具等完整的输配气系统。

2. 设计参数及注意事项

水压式沼气池利用进出料间的水封作用，造成发酵间的密封厌氧环境，使料

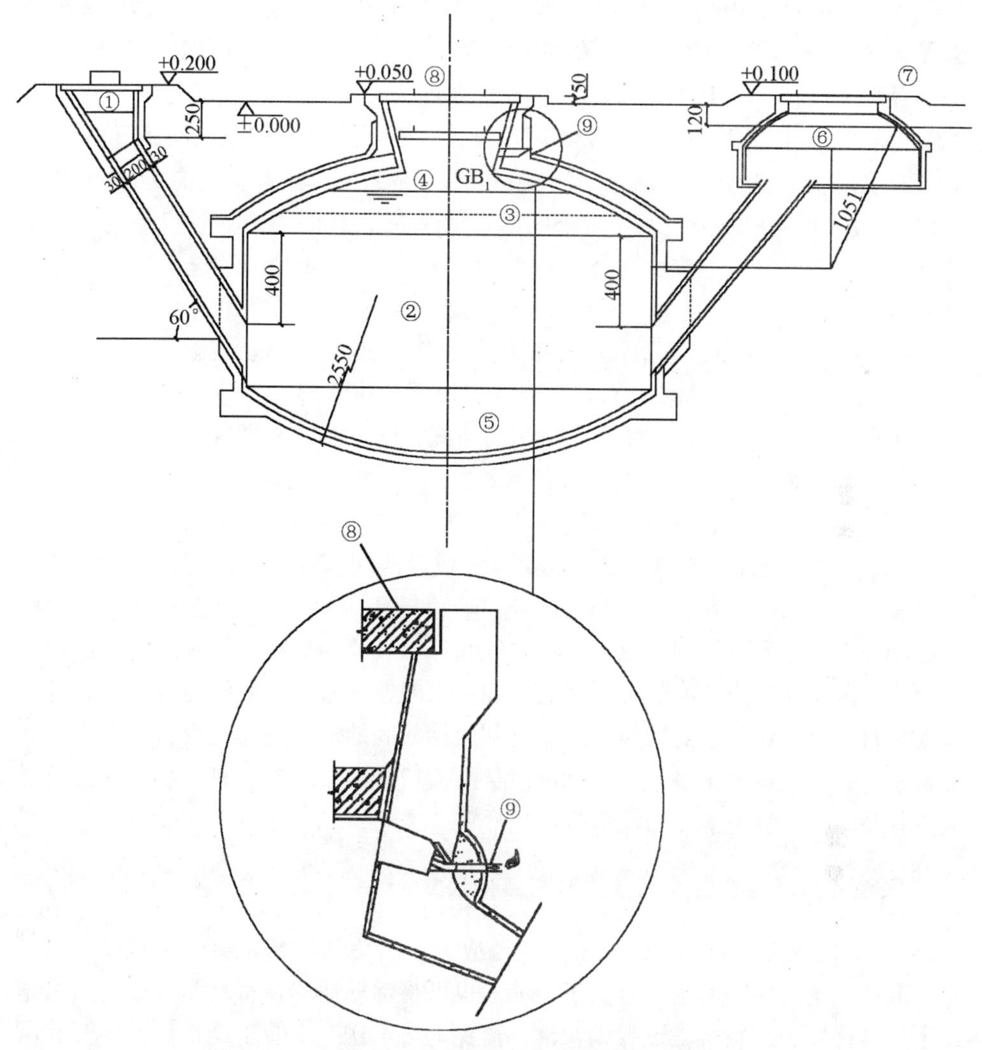

图 22-22　家用水压式沼气池的主要构成单元及输气导管

①进料口；②发酵间；③贮气间；④集气间；⑤污泥间；
⑥水压间；⑦溢流间；⑧沼气池井口；⑨输气管

液发酵产气，并随之排水储气和水压用气，如此反复循环，形成沼气池的动态平衡。沼气池属于土木工程中的特种构筑物，其设计必须符合“技术先进、经济合理、安全适用和确保质量”的原则。

1）工艺设计参数：设计参数主要包括发酵原料的类别、原料有机物浓度、水力滞留期、容积有机负荷率、池容产气率和原料产气率等。

2）土建设计参数：荷载即结构上的作用，能使结构产生效应（内力、变形、应力、应变、裂缝等）的各种原因。埋设于地下的沼气池，其地面活荷载一般取 3.0kN · m^{-2}为标准值，沼气池内沼气气压荷载，水压式沼气池一般为6.0 ~ 8.0 kN · m^{-2}（6 ~ 8kPa）。主要建池材料强度为：混凝土的强度等级不得低于 C20，烧结普通砖的强度等级不得低于 MU10，石材的强度等级不得低于 MU20，砌筑砂浆应为水泥砂浆，强度等级不得低于 M7.5。地基承载能力不得低于 80kPa，最大投料量一般应等于发酵间池容的 95%，且液面距导管口高度不小于 20cm；最小投料量一般应大于发酵间池容的 60%，且液面淹没进出料管口应超过 100cm。

3）输配气系统设计参数按《农村家用沼气管路设计规范》执行。

4）注意事项：一些家用沼气池经常出现沼气压强超过设计压强而冲掉水柱压力计水管中的水，或料液溢出水压间的情况，就是将初始投料时池内液面的水位线，作为计算水压间容积的基准的缘故，即所谓“零压线”定低了标准。其次是集气间和储气间的问题，集气间处于沼气池的顶部，容积不应大于沼气池容积的 5%，只要能保证收集沼气，避免料液或浮渣堵塞导气管即可；储气间是实际上能贮存沼气的池容空间，其有效容积受储气量、水压间尺寸及进出料管的水封高度三方面因素所控制，故不能将集气间和储气间相混同。再次是沼气池埋置的深度、水压间溢流口高度和压强之间的关系问题，溢流口的标高应保证：①在最大投料量时，农户家的燃烧器可完全利用储气间的沼气；②当投料量大于最大投料量时，产气过程中多余的料液可以从溢流口排出；③当投料量小于或等于最大投料量时，料液不能从溢流口排出。

3. 沼气池建池场地选择及沼气池常用结构尺寸

1）场地选择：建造农村家用沼气池应力争将沼气池与畜禽圈舍和厕所安排在一起，与厨房的距离也不宜大于 50m。也可将沼气池建在畜禽圈舍或厕所的地面下，这样发酵原料可就近自流入池，避免人力运送，也便于经常清洗圈舍和厕所。要想全年均衡产气，沼气池应建在全年平均气温在 10℃ 以上的地区。在北方寒冷地区，沼气池须埋在冻土层以下。此外，还应考虑以下问题：①注意朝向，争取日照，并应建在农舍主导风向的下方；②选择地形应避免将沼气池建在易被水淹没的低洼处；③应尽量避免在地下水位太高的地方建池；④沼气池应防止树根窜入而破坏池体结构，要避开根系发达的树；⑤进料口必须高过出料间溢料口 20cm，以避免料液倒灌、进料不畅等；⑥布置沼气池位置时，应考虑方便用木杆疏通进料管，或有摇动搅拌的活动余地。

2）沼气池常用结构尺寸：家庭小沼气池的结构尺寸一般应根据沼气池所承受的各种荷载，按照结构静力计算公式，分析各部分的结构内力，然后再按所选用的建池材料进行强度及抗裂度验算、抗浮验算，最后确定结构尺寸。家用小沼气池一般均采用薄壳结构，当容积为6～10m^{3}时，合理确定其几何形状（如球面壳，池盖、池底的矢跨比分别采用1/5及1/8）后，池体各部分的内应力大多处于受压状态，采用砖、石砌体或混凝土等脆性材料建池，只要圈梁箍紧，一般按结构要求都能保证结构安全。家用小沼气池（6～10m^3）的结构尺寸为：①池盖、池墙采用5.3cm厚时，以M7.5砂浆砌MU10砖完成；池底采用6cm厚的C20混凝土浇制。②当采用C15～C20混凝土浇制时，池盖、池墙须浇制5cm厚，池底须浇制6cm厚。③进出料管采用C20混凝土预制，管壁须浇制2.5～3.0 cm厚。④进料口、出料口及活动盖口的盖板均采用6 cm厚的C20混凝土预制，内配构造钢筋ϕ6mm×200mm之钢筋网。⑤在地质情况不佳或沼气池池盖露出地面时，沼气池的圈梁应按结构设计规范要求配置钢筋。

（二）农村家用沼气池施工要点

1. 基坑施工

农村家用沼气池的地基工程施工主要是土方工程。在具有天然湿度、土质结构均匀、水文地质条件良好、地下水位低于基坑标高时，可直立开挖而不加设支撑，一般开挖深部均在2 m左右，当基坑土质较好时，基坑土壁可充当沼气池的外模板，沼气池池墙紧贴坑壁，这样可减少回填土的工程量，而且对池体结构受力有利。

2. 混凝土沼气池的建造

（1）混凝土的施工

混凝土是由水泥（胶结材料）、硅质砂（细骨料）、碎石或卵石（粗骨料）加水拌和，经水化硬化而成的一种人造石材。混凝土一般采用人工拌和，首先在基坑旁找一块面积2m^{2}左右的平地，平铺上不渗水的拌板（钢板等），先将砂和水泥均匀搅拌，再将石子倒入干拌一遍，然后逐渐加入定量的水湿拌三遍，拌至全部的颜色一致，石子与水泥砂浆没有分离与不均匀的现象，即可浇筑池墙等。从混凝土拌和好，至浇筑完毕的延续时间不宜超过2h。在浇筑混凝土前，对沼气池基坑按设计尺寸进行校正，并清除杂物。浇筑沼气池池墙、池盖，无论采取钢模、木模还是砖模，先检查校正模板尺寸，做好模板表面清洁，给木模板淋水润湿，砖模铺设油毡或塑料薄膜的隔离层。沼气池池底混凝土浇筑好后，一般相隔24h再浇筑池墙。浇筑池墙时，环向每圈的浇筑高度不应大于25cm，且每圈的间歇时间应尽量缩短，再次连接浇筑不得超过2h。一般采用人工捣实混凝土，池底和池盖的混凝土可拍打夯实，池墙则宜采用钢钎插入振捣。在浇筑沼气池倒球壳或倒锥壳池底时，应从壳顶向壳的周边轴对称地进行浇筑，浇筑池盖球壳时，则应自球壳的周边向壳顶轴对称进行。

为保证沼气池混凝土有适宜的硬化条件，防止其发生不正常的收缩裂缝，在混凝土浇筑完毕后 12h 以内应加以覆盖和浇水养护，浇水次数以能保持混凝土具有足够的湿润状态为准。

（2）预制钢筋混凝土盖板的方法

沼气池的进料口，活动盖口，出料间均设置盖板，盖板一般用 C20 混凝土预制，内配标准强度为 235MPa 的低碳建筑钢筋。盖板的几何尺寸要符合设计要求，一般圆形，半圆型盖板的支承长度应不小于 50mm，盖板混凝土的最小厚度应不小于 60mm。盖板内钢筋网的全部钢筋相交点都用铁丝扎结，钢筋的混凝土保护层应不小于 10 mm。盖板的混凝土强度达到 70%，板底面要进行表面处理，水封盖板底及周边侧面应按沼气池内封闭作法进行粉刷，进出料口盖板底用 1:2 水泥砂浆粉刷 5 mm 厚面层。

3. 造好密封层，保证气密性的做法

由于一般混凝土浇筑的沼气池要达到不漏水、不透气是困难的，混凝土是多孔性材料，而且浇筑中各元件的连接处都会留下许多漏点，所以必须设置密封层。家用沼气池内密封采用的是多层抹灰的做法，可通过抹压均匀、密实的素水泥浆和水泥砂浆交替刷抹，构成 1 ~ 2cm 厚的整体密封层，具有较高的抗渗漏能力。密封层施工的操作顺序是：先池盖，后池墙，再池底。推广七层做法或五层做法外刷涂料。目前各类高分子涂料具有较强的抗渗性能，是否采用要视经济情况。处理进出料管与池体的连接处一定要密实。密封层终凝后必须做好养护工作，这是保证密封层不出现裂隙、水泥充分水化，增加强度、提高密封性能的重要措施，一般在砂浆终凝后表面呈灰白色时，即可洒水养护、并将池口盖上，以保持池内潮湿状态。正常情况（20℃时）4 ~ 5 天才能试水试压。

4. 管池连接和水封盖板

（1）进料管、出料管及导气管的安装

进料管、出料管最好是购置工厂生产的内径为 20 ~ 30cm 的商品化混凝土水管，购不到时也可自行预制。安装前应将管的密封层作好，即在管内壁刷 2 ~ 3 道防水水泥浆，在管外壁刷 1 ~ 2 道防水水泥浆。安装时，管底宜用 C10 混凝土作垫层，务必填实埋实，管与池墙连接处，应用 C15 ~ C20 细石混凝土填塞密实。导气管采用钢管容易被锈蚀，采用硬质塑料管容易老化，最好用玻璃材质

（可用玻璃瓶改制）的导气管头，如图 22-22 所示。

（2）*水封活动盖板的安装*

在池盖顶部设置水封活动盖板的目的主要是为施工方便，维修方便，大换料时安全。推荐盖板的直径为 65cm，板厚为 6cm，采用黏土塞紧密封，在沼气气压为 10kPa（1000mmH_2O）时，盖板与密封黏土的摩擦力及密封黏土的剪切能力都大于沼气气压在盖板周边所产生的剪力，就不会出现因沼气压力过大而将活动盖板冲翻的现象。为增加盖板与池口之间黏土的内聚力和内摩擦力，在选用黏土时要求颗粒越细越好，越黏越好，含水量适中。安装盖板时，要将黏土挤压密实，厚薄均匀，以 5 ~ 10mm 厚为宜。盖板装好后立即装水，进行水封。

气密性的好坏可以进行检验。沼气池的试水试压可按《农村家用水压式沼气池质量检查验收标准》（GB4751—84）的第 7 节方法进行。在向池内注水时水面标高应下降至进出料管口标高，以免造成漏检。

二、沼气技术

（一）沼气发酵原料的性质及产气率

人工制取沼气所利用的主要发酵原料有畜禽粪便污水，生活污水和农作物秸秆等，这些原料从是否溶于水来看，沼气发酵原料可分为两类：一类是固形物，通常用挥发性固体（VS）或总固体（TS）表示，农村常用的沼气发酵原料可用总固体表示。一般风干的农作物秸秆的总固体含量在 85% 左右，新鲜猪粪（不含尿）总固体含量大约为 20%，人粪便总固体含量为 18% ~ 20%。另一类是可溶性物质，通常用 COD 来表示，COD 表示一般有机废水的浓度，可溶性有机物组分多，也可产生很多沼气。标准状态下每千克 COD 的理论产气量为 0.35m^3，如果能测出 COD 浓度，则可算出原料理论产气量。表 22-5 和表 22-6 分别是沼气原料秸秆和粪便的固体含量与产气率。

表 22-5　秸秆总固体含量及生产实际产气率估计

原料种类	总固体含量/%	生产实际产气率估计/($m^3 \cdot kg^{-1}$)
稻草	80 ~ 90	0.30
麦草	80 ~ 90	0.30
玉米秆	80 ~ 90	0.30
高粱秆	80 ~ 90	0.30

表 22-6 粪便排量、固体含量及生产实际产气率估计

原料种类	每天排粪量 /(kg·个体$^{-1}$)	每天排尿量 /(kg·个体$^{-1}$)	年排粪量 /(kg·个体$^{-1}$)	总固体含量 /%	生产实际产气率 /(m^3·kg^{-1})
人粪便（成人）	0.5	1.0	183	18～20	0.35
猪粪（重 50 kg）	5.0	15	1 825	18～20	0.35
鸡粪	—	—	—	30	0.35
奶牛粪	34	34	12 410	14	0.30
马粪	15	15	3 650	30	0.30
羊粪	2	2	548	35	0.30

注：—未检测。

利用表 22-5 和表 22-6 提供的数据可计算不同原料的沼气产量。如果某家庭有 3 口人，常年保持生猪存栏为 3 头（按 50kg 计），可利用的秸秆按 100kg 计算，这些原料年产沼气量见下列计算式。

1）人粪便产沼气量：年产人粪 $=3\times183=549$（kg）

$$人粪折合干物质 =549\times19\% =104.31\ (kg)$$

$$人粪便产沼气 =104.31\times0.35=36.51\ (m^3)$$

2）猪粪便产沼气量：年产猪粪 $=3\times1825=5475$（kg）

$$猪粪折合干物质 =5475\times19\% =1040.25\ (kg)$$

$$猪粪便产沼气 =1040.25\times0.35=364.188\ (m^3)$$

3）秸秆产沼气量：秸秆折合干物质 $=100\times85\% =85$（kg）

$$秸秆产沼气 =85\times0.30=25.5\ (m^3)$$

4）农户原料预计可产沼气 $=36.51+364.188+25.5=426.198$（m^3）。

上述计算结果可看出以下几点：①该农户每天可获得 1.16 m^3 沼气，可解决生活用能（一般情况下每户每天有沼气 1.10 m^3 即可满足生活用气量）。②人粪便产量少，所产沼气不多，而猪粪是主要沼气原料。③温度对沼气发酵有影响作用，一般情况下每天有 1.1 m^3 沼气可能在夏天用不完，而在冬季会差一些。如果沼气池能解决更多的秸秆入池（尤其在冬季）、沼气产量会大大增多。

秸秆类可来自稻草、麦草、玉米秆等。秸秆发酵的特点是：①秸秆随农事活动批量获得，长期存放并不影响产气，可随时满足沼气池的进料需要，也可一次性大量入池；②每立方米沼气池只能容纳风干秸秆 50kg 左右，一旦入池后再从沼气池内取出较为困难，故通常采用批量入池和批量取出的方法；③入池前需将秸秆切短、进行堆沤等预处理；④秸秆与粪便一起发酵时效果更好；⑤秸秆需要较长时间才能分解达到预期的沼气产量。而粪便的特点是分解速度相对较快，可在短时间内产气，粪便每天都在不断产生，存放后会随存放时间的延长而产气量逐渐减少，因此适合每天进入沼气池，而且入池和发酵后取出都很方便，单独入池的产气效果也很好。正是由于这些特点的明显对比，目前一些地方只采用粪便入沼气池，而不再使用秸秆了。

（二）影响沼气发酵的因素

1. 温度

沼气发酵可在较为广泛的温度（4～65℃）内进行，随着温度的上升，产气速度加快，如发酵温度在10℃时，沼气发酵时间为90天，有机物产气效率为450mL·g^{-1}；发酵温度在20℃时，发酵时间为45天，产气效率为610 mL·g^{-1}；而发酵温度在30℃时，发酵产气只需27天，产气效率为760 mL·g^{-1}，但这种水长船高的关系并不是线性关系。一般温度变化超过3℃，产气状况就会发生明显变化。在我国南方农村水压式沼气池内的温度一般为8～30℃，因此全年都会在产气，但沼气产量会有一定变化；而在北方由于冬季较冷，沼气池的发酵温度过低，沼气池的运行困难，必须争取向恒温工程的方向施工，温度是沼气产量必需的监测指标。

2. 接种物

正常沼气发酵时由一定数量和种类的微生物来完成，如沼气池在投料时微生物的数量和种类都不足时，应人工加入微生物。含有丰富沼气微生物（如甲烷菌等）的污泥称为接种物。如果未向沼气池投放接种物或接种物中沼气微生物不足，投料后会很长时间才能启动产气或根本就不能正常运转，一般粪便中含有一定量的沼气微生物，若沼气池中料温在20℃以上，经过一段时间可以达到正常发酵，不过需时较长（30～45天），若接种物较多，一般在投料后第二天就可正常用气。

接种物中的沼气微生物主要是厌氧菌，沼气发酵需要在厌氧环境下进行。在沼气池刚修好投料时，料液和气相中都会有氧气，另外，每天投入的新料中也溶解有氧气，但沼气池内的发酵性细菌能自动将这些氧消耗掉，以保证甲烷菌的正常生长和产气。判断池内的厌氧程度可用氧化还原电位来表示，发酵正常进行时，其氧化还原电位为－300mV（氧化还原电位是负值才能说明是在厌氧条件下），它可用pH计进行测定。

3. 进料浓度

进料浓度关系到发酵浓度，对不同沼气装置来说，所需的最佳进料浓度是不一样的。进料浓度通常就是废水本身的浓度，如可溶性固体质量分数（%）、总固体质量分数（%）、COD 浓度（$mg \cdot L^{-1}$或 $kg \cdot m^{-3}$）等。因进料浓度的调节在经济上往往是不合算的，故一般不采取稀释或浓缩处理，尤其是浓缩的成本更高。在农村用非冲洗式猪舍的粪便或农作物秸秆发酵时，其浓度可进行稀释调节。在 TS 质量分数不高于 40% 的条件下，沼气发酵都可进行，只是速度较慢；作物秸秆采用 TS 为 25% 时发酵很好。大多数沼气工程所采用的粪便浓度为 5% ~8%，这种选择更多考虑的是进料浓度和进料泵对浓度的承接能力。猪粪便在常温下发酵，尽管是高浓度也是可能的，如不经稀释的猪粪浓度为总固体 18% 左右，直接入沼气池发酵已获成功，且池容气率也达到年平均 $0.35m^3 \cdot m^{-3} \cdot d^{-1}$）以上。沼气池正常运行时，对料液的 pH 的要求通常是微碱性环境，pH 大都在 7.0 ~7.5。pH 是一个重要的监测指标，监测目的是发现在 pH 刚要开始下降时，即时调整进料和采取其他措施使发酵正常进行。

（三）农村沼气池运行的几个问题与故障排除

1. 发酵方式

我国农村沼气池通常采用半连续发酵方法，因为以秸秆为原料的，秸秆需要预处理，故发酵方式有采用秸秆和不采用秸秆为原料的两种不同的发酵工艺，而且秸秆预处理还关系到发酵的好坏。通常要将秸秆切短、切碎，切后长度不要超过 20cm。切碎的目的一方面是有利于发酵产气，一方面也有利于今后的出料。切好的秸秆先用水润湿 4 ~6h 后，将秸秆、粪便和接种物按质量比为 1∶1∶1 的比例混合好，然后放入沼气池内，每立方米容积放秸秆 50kg 左右，秸秆在池内的堆沤时间为 2 ~3d，气温较低时可增加至 4 ~5d，堆沤时间太长会使原料损失太大。此后可加水封盖，加水量不能太多，在封住了出料管的池壁出口上沿后，再加入 400 ~500kg。若能收集更多的粪便和接种物，可用其代替水加入池中。

不用秸秆的沼气池起动简单，仅将粪便和接种物加入池中就可以了，在大多数情况下，接种物就是大出料时留在底部的料液，此时只需加入粪便即可。农村沼气池由于没有搅拌设备，不能进行搅拌处理，故池内料液通常是分为上、中、下三层，在需要用接种物时要尽量选用沼气池底部料液，每次大换料时一定要把部分底层料液留下来，作为接种物供下次起用。

2. 常见运行故障及排除

农户沼气池在启动时加入原料较多，因此初期产气普遍较好，如果能一直不断地加料入池，就能维持相对稳定的产气量，但如果不能及时补料就会逐步减少产气量。若沼气池在正常运行时并能源源不断的补加原料的情况下，产气却逐步减少，经查又未发现是沼气池和输气管漏气时，说明是沼气发酵受到了抑制。抑制的表现为产气量明显下降，水压间料液表层有白色薄膜出现；沼气燃烧不好，有时点火困难，有脱火现象；搅动料液可闻到一股微酸的气味，用试纸测定料液的 pH 已降至 6.8 以下。造成这种抑制出现的原因可能有：①一次性加料过多，特别是一次性加入过多的鸡粪或人粪；②在进行猪舍或牛舍等消毒时，不小心将圈舍消毒液混进了沼气池，此种抑制现象出现的时间相对较快，于进料 2 ~ 3 天后就会出现；③可能在畜禽的饲料中含有较多的抗生素类药物，这些药物进入畜禽的粪便中，再进入沼气池抑制了沼气微生物的生命活动；④低温引起的抑制，尤其在沼气池刚刚起动阶段易发生或加重抑制。

排除抑制的措施首先是停止进料，其次是要查明原因，最后才是采取恢复措施。恢复措施的第一步是搅动料液，然后观察 1 ~ 2 天，一个简单的搅动也可能会出现恢复迹象，最为明显的恢复迹象就是产气不再下降，从压力表上的水柱高度就可看出产气压力的变化，沼气燃烧情况变好，说明有可能自我恢复。若搅动后不见自我恢复迹象，则要采用更有效的措施，即从附近正在正常运行的沼气池中，取来尽可能多的接种物投入已受抑制的沼气池中，然后搅拌使其接种物与料液均匀混合，一般情况下 2 ~ 3 天就能正常产气；若此举仍然无效，则考虑采用重新起动沼气池的办法。为防止低温发酵抑制，尽量设法提高沼气池的发酵温度，在修建沼气池时，尽量将沼气池建在猪舍下面，不仅节约了沼气池的占地，而且池温在冬季也会升高 2 ~ 3℃，这对冬天产气是极为有利的。在北方，将沼气池建在太阳能猪舍下并与太阳能蔬菜大棚相接合，使冬季的池温也能达 10℃以上，解决了北方地区沼气池的越冬和产气问题。另外，要考虑到农事活动的用肥间隔和需要储存肥料的问题，大多数农户选用 6 ~ 10m^3 的沼气池容积是合适的。在沼气池运行时需要经常留意产气状况，及时发现抑制迹象的出现，因为抑制是在开始发生的时刻容易解除，抑制被解除后，加料要比平时少一些，等到完全恢复正常后再正常进料。

3. 安全用气

用气安全是农村沼气池应特别注意的问题，用之不当会发生伤亡事故与重大经济损失。如果能掌握关于沼气的基本知识，平时稍加注意和防范，这些事故都是可以避免的。最严重的事故就是沼气池的爆炸，事故绝大多数是发生在打开池盖后，沼气未排尽就急着下池去出料而中毒，或是有的将火种带入或丢入沼气池内发生爆炸，沼气一旦爆炸，损失惨重，所以一定要避免发生。避免事故发生的最好办法就是人不入沼气池和不开活动盖，即使非要打开活动盖不可，也要在沼气排尽后再下池去出料，并在完工后及时封住活动盖。

农村沼气有时会嗅到一种很轻微的臭鸡蛋味，原因是沼气中含有 H_2S 气体，H_2S 在沼气燃烧时生成 SO_2，这种气体具有刺鼻气味，遇水会生成酸，对金属有较强的腐蚀性。H_2S 的产生与沼气池中的原料有关，采用鸡粪和人粪作为原料，因其含有相对较高的蛋白质、含硫氨基酸等，使沼气中的 H_2S 浓度达到 $4000mg \cdot m^{-3}$；若以猪粪、牛粪、作物秸秆等为发酵原料时，沼气中的 H_2S 浓度只有 $2000mg \cdot m^{-3}$左右（石油液化气中的 H_2S 浓度仅有 $300\ mg \cdot m^{-3}$）。目前有专供农村沼气池使用的简易脱硫器，只要按一定时期更换脱硫器中的脱硫剂就可解决这一问题。

沼气使用过程中还须随时检查输气管是否漏气，漏气的原因很多，主要是输气管等的管材老化，接口松动，也有被老鼠等动物损坏的。漏气通常引起用气量减少，有时可闻到沼气的特殊气味。一旦发现管道漏气应立即更换或彻底堵漏。另外，在输气系统的最低处应安装集水瓶来收集沼气中的冷凝水，如果无集水瓶，沼气池中析出的冷凝水就会汇集于输气管中，当用气时会出现火苗飘浮不定，时大时小或灭火。

三、沼气发酵产物的综合利用

农村沼气池建设及综合利用的开展不仅是解决农村能源问题的需求，同时也是农业肥料建设、农村环境建设的需要，是生态农业建设的重要内容。沼气池是一项具有多种效益的技术，通过解决农户生活用能，改变了世代用烧柴禾，烧煤做饭和取暖的方式。在农村畜禽和人的粪便曾是农业生产中喜用的有机肥料，但近年来却成为一个重要的污染源，尤其是畜禽粪便的污染，已引起社会各方面的关注。若将这些粪便收集起来在沼气池内经过厌氧发酵，不仅能去除污染，而且能回收能源，变废为宝。沼气和沼气发酵产物在农业生产中可被直接利用，称之为："三沼利用"（沼气、沼液和沼渣）成为发展庭院经济、生态农业和增加农户收入的重要手段。

（一）沼气的综合利用

1. 沼气在塑料大棚蔬菜生产中的应用

沼气在太阳能塑料蔬菜大棚中的应用有两方面，一是在冬季燃烧沼气为大棚增温和保温，二是将沼气作为气肥，促进蔬菜生长。燃烧 $1m^3$ 沼气可以释放出大约 23 000kJ 热量，此热量可使容积略大于 $200m^3$（$20m \times 7m \times 1.5m = 210m^3$）的大棚在不考虑大棚散热的情况下升温10℃（每立方米空气升高1℃约需热量1kJ）。实际上大棚的保温性能不佳，热量散失很快，尤其夜间的温度接近室外，所以通常在塑料大棚里每50 m^2 设置一个沼气灯，灯可一直点着不断放热；而在大棚里每10 m^2 设置一个沼气灶，灶则是在需要较快提高温度时点燃。

作物在进行光合作用合成有机物时，CO_2 是主要碳源，是合成有机物的重要原料。太阳能蔬菜大棚在冬、春季由于长期密封，蔬菜光合作用消耗了大量 CO_2，会引起棚内 CO_2 浓度急剧下降，影响作物的光合作用及其光合作用产物的积累，这一问题已成为提高蔬菜产量的一大障碍。近年来，国内外已将增施 CO_2 气肥作为提高蔬菜产量的一种手段，用沼气增施 CO_2 气肥是最简单、最经济的方法，而且不影响产气和用气，可同时获得加热保温与增加气肥两种效果。

2. 沼气养蚕

用沼气灯给蚕种感光，以燃烧沼气给养蚕室加温，可以达到孵化快，出蚕齐、缩短饲养期、提高蚕茧产量和质量的目的。其做法是当蚕种催青到即将孵化时，让催青室完全黑暗，将蚕种摊开，平放在距沼灯下65～70cm处，点燃沼气灯1h左右，一张蚕种床可出蚕一大半，剩下的在第二天再点燃一次灯即可使其出全。如用煤油灯则需3～4天，且蚕体大小不一。沼气加温蚕室可用沼气灯进行，一盏灯可加温70 m^2 蚕房，每昼夜用气约1m^3。

3. 沼气保鲜和储存农产品

沼气的气调储藏就是在密闭条件下利用沼气中的 CH_4 和 CO_2 含量高，氧含量极少，造成一种高 CO_2 和低 O_2 的状态，可以降低水果、蔬菜、粮食等储藏物的呼吸强度，减弱其新陈代谢功能，减少储藏过程中的基质消耗，推迟了植物的后熟期，并防治虫、霉、病、菌，达到延长储藏时间并保持储藏物良好品质的目的。用沼气储藏柑橘，先装置一个密封的储藏室。一般情况下，沼气通入量为每立方米储藏空间每天输入0.01～0.03m^3。或每3天输一次，每立方米储藏空间输入0.1 m^3。以保果率大于80%，失重率小于10%为条件，一般可储藏90天以上。如果沼气储藏甜橙的话，储藏期可延长至150天以上。用沼气储藏粮食的原理也是减少粮堆里的氧气含量，使各种危害粮食的害虫因缺氧而死亡。农户的储粮一般数量较少，所以沼气的用量也较少，一般15天通一次沼气，每次沼气通入量仅为储粮器容积的1.5倍即可。沼气储粮无污染、价格低。

（二）沼液的综合利用

沼气发酵原料包括固形物和可溶性组分，经微生物发酵后存在于发酵料液中的物质含有少量微生物菌体与固形物，发酵中所产生的可溶性物大部分在沼液中。但沼液中可溶物只有很少部分是原料中残留的，大部分是新产生的。可溶性有机物中含有各种氨基酸、维生素、蛋白质、糖类、核酸等，还有赤霉素、生长素、甚至抗生素，这些物质中不少是属于“生理活性物质”这些物质对作物生长发育有调控作用。农户所用的沼液中大部分是可溶性有机物，对作物主要表现在调节生长、提供肥效和抗病虫害三方面。

1. 沼液浸种

沼液中含有所谓“生理活性物质”，各种营养组分和相对稳定的温度等，在种子进行播种前进行浸种处理，具有出芽率高、幼苗生长旺盛、能防治某些病虫害、作物产量高等优点。浸种要使用大换料后至少 2 个月以上的沼气池沼液，即必须选用沼气发酵正常的（如沼气燃烧火苗正常、不脱火、没有臭味的）沼气池沼液才可浸种，凡沼气灯不燃时，沼液不能用于浸种，不同粮食种类和不同品种的种子，浸种时间及方法也不同，如早稻早熟品种、中稻和晚稻等的浸种时间和方法均不相同，早稻用沼液浸种 24h，而中稻则需 36h。水稻经沼液浸种后，发芽率比清水浸种高 5% ~10%，成苗率提高 20%，水稻产量可提高 5% 以上。小麦沼液浸种与清水浸种相比，发芽率提高 3% 左右，具有出苗早、生长快的特点，小麦产量可提高 7% 左右；玉米沼液浸种与干播相比，有发芽齐、出苗早、苗势壮等优点，玉米产量可提高 10% 以上；红薯沼液浸种能提高产芽量 30% 左右，黑斑病发病率明显降低，壮苗率可达 99%，平均百株重为 1.6kg（常规方法壮苗率为 67%，百株重为 0.5kg）。

2. 沼液叶面喷洒

沼液叶面喷洒的主要作用在于沼液中的厌氧微生物的代谢产物，尤其是其中的“生理活性物质”、营养物质和水分，这些沼液物质可以调节作物的生长代谢，为作物提供营养物质、杀灭某些病虫害。如柑橘喷洒沼液，红蜘蛛、黄蜘蛛在喷洒后 3 ~4h 失去活力，5 ~6h 的死亡率达 98%；蚜虫在喷洒后 30h 停止活动，40 ~50h 的死亡率达 94%；西瓜经沼液叶面喷洒后可使主蔓长势健壮浓绿，蔓长加大，果实膨大，使西瓜产量达到 52 500kg · hm^{-2}以上。葡萄经沼液喷洒后可使产量提高 10% 左右。另外，也可用沼液添加一些其他的营养元素，作为水培蔬菜的培养液，在种植番茄和黄瓜时的产量与人工合成的营养液相当，但成本却大大地降低了。

3. 沼液在养殖中的应用

1）沼液养鱼：沼液不必进行固液分离，可直接使用。沼液施入池塘后可减少鱼饵的消耗，也减少了鱼病。一般每次每公顷鱼塘的沼液用量不超过 4.5t，每周施用不超过 3 次。沼液进入鱼塘可使浮游生物量增加，鱼塘光合作用加强，使产氧量增加。沼液养鱼具有减少鱼病、节约鱼饵等优点，鱼产量也有一定的增加，净产量与常规相比增加了 12.25%，因而有较大的经济效益。

2）沼液喂猪：沼液喂猪是指将沼液作为一种猪饲料的添加剂，可起到加快生长，缩短肥育期，提高肉料比的目的。沼液喂猪要在猪只消化能为 $12.14MJ \cdot kg^{-1}$、粗蛋白质含量为 10% 的条件下，按饲料中量的 1.5 倍添加沼液，可节约饲料 15%，缩短肥育期 25% 左右。沼液喂猪是安全的，但在沼气发酵运行时，不产气或产气不正常，或有生水和其他污水进入水压间时，此时的沼液绝对不能用于喂猪。

3）沼液喂鸡：沼液喂鸡是用沼液替代一部分水供鸡食用。一种方法是将沼液与鸡饲料拌和在一起喂食，另一种方法是与清水混合后供鸡饮用，肉鸡的沼液饲喂是将沼液添加量为每只鸡每天 0.3kg，占饲料质量的 26.79%，喂食沼液 90 天后，比不添加沼液的鸡增量 34% 左右。而蛋鸡饲喂沼液后的产蛋率可提高 7% ~14% 不等。

（三）沼渣的综合利用

近期的沼气发酵原料多用畜禽和人的粪便，沼气池内料液的多少也取决于粪便的收集和用量，沼气发酵中的固形物是真正的沼渣，是由未分解的原料固形物、新产生的微生物菌体组成的，将沼气发酵料液风干就可得到沼渣，也包括沼气池底部沉淀的活性污泥等。

1. 沼渣作为肥料使用

从沼气池底部直接取出的沼渣，其固体含量在 10% 左右，可作为作物的底肥使用，每公顷的施用量为 15 ~30t。采用混合发酵原料的沼气池，每年大约可利用作物秸秆 1000kg 做发酵原料，这些秸秆会产生 500kg 左右的沼渣。如果另外平均有两头成年猪的粪便入沼气池，猪粪也能产生大约 250kg 的沼渣，这样一个沼气池每年能产生沼渣 750kg，若换算成固体含量 15% 的沼渣，每年能提供 5000kg 固体浓度较高的沼气发酵料液。考虑平时使用沼液时也会用掉一部分固体物，所以能集中用于作为底肥的沼渣每次（半年）2 ~3t，能满足 666.7 ~1333.3m^2（1 ~2 亩）地的需要。若完全采用粪便发酵的沼气池，平均有 3 头成年猪的粪便入沼气池，则每年可提供沼渣约 370kg，每次（半年）只能满足 666.7m^2（1 亩）左右土地的基肥使用。

沼渣作为一种优质的有机肥，在实际应用中也起到了增产的作用。每公顷施用沼渣 15 ~ 22.5t 的条件下，配合其他措施，水稻增产 9.1%，玉米可增产 8.3%，红薯可增产 11.4%。沼渣对不同土壤都有增产作用，紫色土水稻增产 11.4%，灰色土水稻增产 9.1%。沼渣也可与磷肥、氮肥等化肥组成复合生物肥，在施用沼腐磷肥 37.5t · hm^{-2} 的情况下，比对照组增产 8.9% 以上。将沼渣（水）与碳铵、氨水混合施用，能促进化肥在土壤中的溶解和吸附，并刺激作物吸收，减少氮素损失，提高化肥的利用率，实际应用这种混施方法可使玉米增产 37.6%。

2. 沼渣的其他应用

沼渣可用于栽培食用菌，因为沼渣的养分全面，含有粗蛋白，腐殖酸、全氮、全磷、有机质以及各种矿物质，能满足食用菌生长的需要。沼渣的 pH 适中、质地疏松、保墒性好，是人工栽培食用菌的良好培养料，同时用沼渣作培养基具有成本低、效益好的优点。沼渣还可以用来养殖蚯蚓，蚯蚓是一种高蛋白质含量并有多种营养价值的动物，它既是鸡、鸭、猪、鱼的良好饲料，也可作为人类的有益食品。蚯蚓粪便能活化土壤，是高级的园艺肥料。蚯蚓粪含腐殖酸高达 11% ~68%，它可以促进作物对磷的吸收，可使油菜、棉花增产 10% 以上；用蚯蚓作为饲料添加剂，肉用鸡可提早 7 ~ 10 天上市，产蛋鸡的产蛋率可提高 15% ~ 30%。

总之，沼气发酵是一种有效的治理粪便污染和资源回收利用技术，沼气工程是一种产生多种效益的技术，通过可再生能源回收，去除了大部分污染物，还可提供有机肥料和饲料等。所以应从发展生态农业的角度考虑，将畜禽养殖场，沼气工程发酵料液输送系统，无公害农业生产当成一个整体，将能源获得及农业生产有机的结合在一起，形成一个有直接经济效益，环保效益的高效系统工程。

（周家正　肖　霏　张卓然）

第五节　高效复合生物反应器

一、概　　述

高效复合生物反应器（hybrid biological reactor，HBR）是以高效复合微生物种群为核心技术的城镇污水处理系统，采用好氧、兼氧及厌氧微生物复合菌种及其酶来处理生活及粪便污水。HBR 生物反应系统包括七个独立的小单元，制作成一个封闭式的箱体，可放置在可移动的房体内，也可埋于地下。只要将每家每户的排污口和循环用水（再生水）的进水口分别连接到两根总管上，再与污水处理系统的进、出水孔连接好，该系统就能科学、简便、有效地处理生活及粪便污水，达到零排放和再生水回用。HBR 生物反应器是一项发明专利和实用新型专利，该技术达到国际先进水平，是国家环境保护重点实用技术。

二、工作原理与工艺流程

（1）工作原理

通过微生物的生命过程，将生活及粪便污水中的复杂有机物降解，生成新的微生物细胞并将部分成分转化为简单的无机物，从而达到去除有机物的目的。微生物对生活及粪便污水的净化过程，是依赖分解有机污染物作为其生长繁殖所需的基质，通过不同的转化途径，将大分子或结构复杂的有机物经异化作用氧化分解为简单的氮气（N_2）、水和二氧化碳（CO_2），同时经同化作用并利用异化过程产生的能量，使微生物得到增长、繁殖，为进一步分解有机物创造条件。有机物去除的过程是生活及粪便污水作为营养物质被微生物摄取、代谢及利用的过程，此过程包含了物理、化学、物理化学及生物化学反应过程，主要由吸附去除阶段和转化降解阶段构成生物氧化过程，是脱氢、递氢和受氢三个环节，经好氧、兼性氧厌和厌氧过程，完成同化、硝化及异化反硝化。反硝化工艺不仅使含氮化合物被还原，而且可使有机碳底物得到氧化分解，同时起到除碳、脱氮的效果。

硝化作用简式：$NH_3\text{-}N \longrightarrow NO_2^- \cdot NO_3^-$

反硝化作用简式：$NO_2^- \cdot NO_3^- \longrightarrow H_2O + N_2\uparrow$

异化反硝化合并方程式为

$$6\,NO_3^- + 5CH_3OH \longrightarrow 3N_2\uparrow + 3CO_2\uparrow + 3H_2O + 6OH^-$$

微生物在固定的载体上附着，厌氧分解时产生氨气、硫化氢、甲烷、甲硫醇、甲硫醚等及有机酸代谢物，被异养微生物氧化成 $CO_2 + H_2O$，氨气、硫化氢等被自养菌氧化成 NO_2^-、NO_3^- 和 SO_4^{2-} 等。通过生物多级氧化和异化反硝化过程，脱氮、除碳。兼氧菌在缺氧条件下如聚磷菌作用脱磷。复合菌剂中的酶及除臭菌种如嗜粪菌降解抑制吲哚、硫醇、粪臭素等异味——除臭。

（2）工艺流程

原水先经过污水收集调节池中的细格栅，去除水中的较大的悬浮物和固体物质，之后进入 HBR 生物反应系统进行生化处理，再经过输送泵提升到生化膜反应池中进行进一步处理，或将处理后的清水用自吸泵送到储水池（回用水池）中，可以排放或是中水回用。该工艺较传统工艺占地省、出水水质稳定、运行管理简便，大大节省了人力和物力资源。而且集生物降解、沉淀、过滤等为一体，减少了设备需求，可使运行成本降低，故障点减少。其工艺流程如图 22-23 所示。

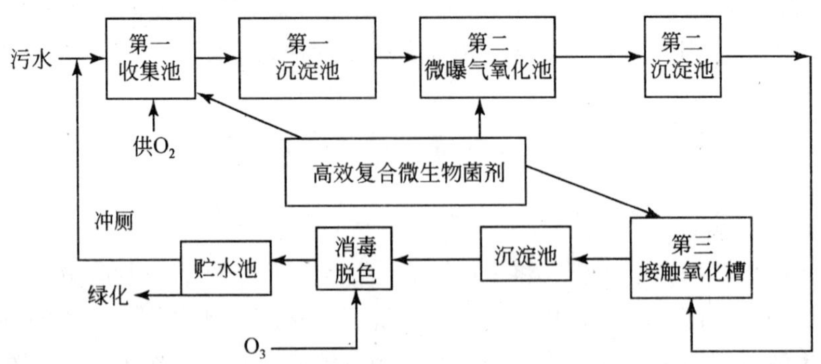

图 22-23 高效复合生物反应器工艺流程

第一、第二、第三为微曝气氧化池，并在曝气池内投放高效复合微生物菌剂，其后为过滤沉淀池。

高效复合生物反应器工艺具有反硝化过程的一切优点：①恢复硝化阶段约 50% 的碱度，可利用缺氧条件去除；在不增加动力的情况下，流到前置缺氧池与原水混合并进行反硝化反应，达到较高程度总氮的去除。②HBR 采用深水微孔曝气和水下曝气推流相结合的微曝气系统。充氧能力高，保证氧化出口处的氧浓度不小于 1 ~ 2mg · L^{-1}，保持活性污泥良好的净化功能；维持污水流速在 0.03m · s^{-1}，防止有机杂物沉降，充分利用复合生物，有效的进行有机物分解。③HBR 工艺出水水质好，运行稳定。因设置了前置厌氧和好氧池，可以取得最好的除磷脱氮效果，该工艺性能稳定，达到 GB8978—96 标准的要求，满足高标准受纳水体的需要。

HBR 的主要构筑物建于地下时，不但因结构紧凑而节约用地，还便于冬季保温；使用高效生物菌剂，处理效果甚佳，脱氮除磷大大降低了水体的污染负荷，无臭味、污泥量少。经过膜处理后出水水质更好。

三、HBR 的主要技术组成

1. 细格栅

细格栅被用于去除污水中较大颗粒的杂质。原水在不断的填充过程中会自流到细格栅，经格栅自流入调节池。因原水为生活污水，格栅采用无动力式，截留下来的污物沿格栅弧面下滑至下部渣斗，渣斗底部有箅子，污物在渣斗中沉积，原水则经由箅子自流入调节池。

2. 调节池

调节池的作用是调节水量、均化水质，使后续处理工艺在相对稳定的条件下工作。同时调节池中由风机曝气除臭降温，还可防止悬浮物沉积。调节池出水由输送泵提升至 HBR。调节池主要设计参数为有效水深 2.0 m，有效容积为 100 m^3。

3. HBR 生物反应器

HBR 生物反应器（图 22-24、彩图 5）系统包括七个独立的小单元，经过调节池后的污水进入 HBR 后经过三级厌氧、三级好氧，逐级氧化分解污水，每个沉淀池内产生的少量未完全分解的大分子化合物回流于 HBR 的初始端，重新经过此流程进行二次分解以达到理想效果，经此处理后的水再经过生化过滤膜池中的内置浸没式膜组件，通过自吸泵的抽吸，利用膜丝内腔的抽吸负压抽吸出更好水质的水。膜丝材质为聚偏氟乙烯，膜丝内孔径为 400～600nm，可截留悬浮固体、胶体等。

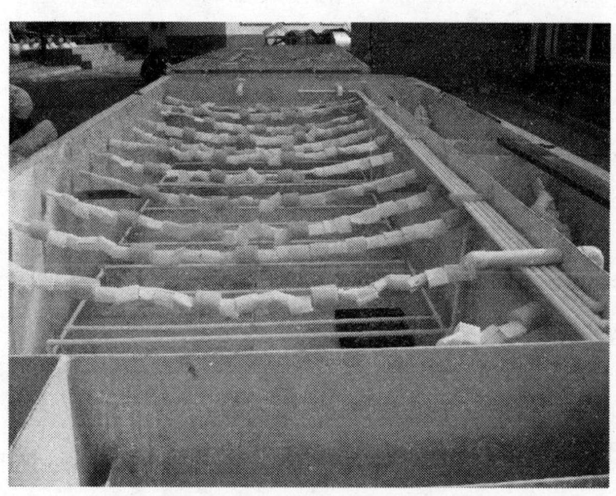

图 22-24　HBR 生物反应器

4. 微曝气

微曝气除提供微生物生长所必须的溶解氧之外，其上升的气泡及其产生的紊动水流会冲击膜丝表面，阻止污染物在膜微孔周围的沉积，保持膜通量稳定，设计气水比为 20∶1。经过 HBR 处理系统的出水由自吸泵抽送至储水池（清水池），用于绿化灌溉、清洁冲厕等，做到中水回用。

5. 复合微生物菌剂

高效复合微生物菌剂的作用是对污水进行降解和消化，菌剂中主要包括蜡样芽孢杆菌、乳杆菌、肠球菌、双歧杆菌、气单胞菌、水单胞菌等，按最佳方案配制成的复合菌剂在微曝气池中不仅能竞争性存活，且有除臭、氧化、酵解之功效。

6. 储水池

储水池中的水可用于冲厕、绿化或洗车等。储水池主要设计参数为有效水深3.0 m；有效容积为120m^3。

HBR的主要设备见表22-7。

表22-7　高效复合生物反应系统的主要设备

序　号	名　称	型　号	单　位	数　量	备　注
1	构筑物				
1.1	生物反应池		m^3	41	玻璃钢
1.2	储水池		m^3	120	钢砼结构
1.3	设备间		m^2	8	轻钢结构
2	设备				
2.1	格栅	XX/ZF-15	台	1	不锈钢
2.2	提升泵	SSP50.4-50	台	2	一用、一备
2.3	曝气器	PQ120	个	25	
2.4	曝气机	Q = 0.45 m^3/min H = 5M	台	2	一用、一备
2.5	生物载体		m^3	12	
2.6	加压泵	CH2-40	台	2	
2.7	HBR生物系统	JS-50	套	1	
2.10	专用微生物菌剂	JS-WS-101	L	170	
2.11	生化过滤膜	SUR334（T-34）	组	2	
2.12	配电控制柜		台	1	

四、HBR的应用

1. HBR的应用优势

高效复合生物反应器适用于从源头治理城镇生活污水，不仅达到零排放与循环回用的效果，而且处理费用也比污水集中处理节省44.2%，HBR反应器处理系统较污水集中处理（$300t \cdot d^{-1}$）费用节省65.54万元。以日处理小城镇300t生活污水为例（按5000人的乡镇，每人每天产生60L污水计算），用集中处理和HBR法两种方法的处理费用比较见表22-8。

表22-8　生活污水（$300t \cdot d^{-1}$集中处理与HBR法处理费用对比）（单位：万元）

类别名称	小城镇污水集中处理（1座）	HBR反应器处理装置（3套）
一次投资	60	75
泵站	4.5	3.0
管路费	56	1.5
管理费	11.5	0.96
耗电费	16.4	2.4
合计	148.4	82.86

2. HBR的运行与用电负荷

设备间设有电控柜，可使整个污水处理过程实现全自动控制，如以液位作为控制点，高位开低位停等；或以时间为控制点，实现周期性运行。

工艺设备既可以自动控制，也可以手动切换。根据处理工艺的要求，需装设必要的各种仪表。各种仪表主要安装于设备及管道上，通过这些仪表长期检测的结果，可以掌握和认识运行规律，及时了解各工艺过程的运行状态，管理人员根据这些状态可决定采用什么样的工艺手段，使HBR系统运行于最佳状态。以最大水量为50 $m^3 \cdot d^{-1}$的生活污水处理为例，本产品用电负荷见表22-9。

表22-9　日处理50m^3生活污水的用电负荷

设备名称	装机容量/kW	数量	工作参数	日工作时/h	日用电/(kW·h)
主送风机	1.5	2	1	24	18
调整槽风机	1.1	1	1	24	13.2
吸引泵	1.5	2	1	20	15
移送泵	1.5	2	1	20	15
放流泵	0.25	2	1	20	2.5
合计					63.70

3. 设计水量水质及用水标准

HBR应用于城镇生活污水、粪便污水处理后的中水可回用于冲厕、绿化、洗车等方面。经国家《城市污水再生利用——景观环境用水水质》（GB/T18921—2002），确定设计水质见表22-10；出水指标执行中水设施管理办法中的中水标准见表22-10，HBR与国内同类技术的特点比较见表22-11。

表 22-10 设计出水水质中水标准

编号	项目	标准
1	浑浊度/度	5
2	溶解性总固体/($mg \cdot L^{-1}$)	1000
3	悬浮性固体/($mg \cdot L^{-1}$)	5
4	色度/(度)	30
5	臭	无不快感
6	pH	6.5~9.0
7	BOD/($mg \cdot L^{-1}$)	10
8	COD/($mg \cdot L^{-1}$)	50
9	氨态氮（以N计）/($mg \cdot L^{-1}$)	10
10	总硬度（以$CaCO_3$计））/($mg \cdot L^{-1}$)	450
11	氯化物/($mg \cdot L^{-1}$)	300
12	阴离子合成洗涤剂/($mg \cdot L^{-1}$)	0.5
13	铁/($mg \cdot L^{-1}$)	0.4
14	锰/($mg \cdot L^{-1}$)	0.1
15	游离余氯/($mg \cdot L^{-1}$)	管网末端不小于0.2
16	细菌总数/(个·mL^{-1})	100
17	总大肠菌群/(个·L^{-1})	3

表 22-11 HBR与国内同类技术的特点比较表

指标 \ 项目	北京马甸生物公厕/($4m^3 \cdot d^{-1}$*)	HBR反应器生物厕所/($4m^3 \cdot d^{-1}$*)	化粪池集中处理中水工程（$20m^3$**）	HBR（$20m^3$**）及回水设施
投资	34万元（2蹲位）	17万元（2蹲位）	30万元	25万元
技术性能	占地18 m^2 原水经两级沉淀、两级氧化，再经过滤和活性碳和消毒等生成中水	占地8 m^2，经HBR反应器后，处理降解为CO_2和H_2O实现封闭循环	集中处理占地$45m^2$，废水采用厌氧接触发酵工艺，处理后水达标排放。只有20%处理水回用	不额外占地。原水-格栅-调节池-HBR反应器，处理后水回用冲厕及绿化
后续处理	中水用于绿化，冲洗厕所，无后续处理	污水零污染，零排放，无后续处理	直排水体或入下水管网，需后续处理	污水零污染，零排放，无后续处理

续表

项目 指标	北京马甸生物公厕/($4m^3 \cdot d^{-1}$*)	HBR反应器生物厕所/($4m^3 \cdot d^{-1}$*)	化粪池集中处理中水工程($20m^3$**)	HBR($20m^3$**)及回水设施
卫生状况及生态效益	无臭味，无二次污染，节约水资源，无病害菌	无臭味，不存在二次污染，节约水资源，无病害菌	需定期清掏，有废气排放，节约部分水资源	无噪音，无残渣，无臭味，无病害菌，污水处理后可回用。实现生态良性循环

*厕所以日处理粪便污水量为$4m^3$为基线；**污水处理器（化粪池与HBR）以污水容积为$20m^3$为基线。

HBR工艺处理系统，是复合式多元结构，又可埋入地下，节省土地资源。此工艺在恒水位下连续运行，保证优势菌种的生存环境，运行稳定，处理效果良好，具有卫生、安全、节水、节能的优点。现全国每万人拥有5.6座公厕，额定建设指标应为每万人有12座。仅公厕一项尚有一倍的差距。按建1座10蹲位公厕和1单元化粪池造价25万元计算，全国尚有250亿元的市场。按每年解决5%计算，每年将有12.5亿的市场，因而推广前景十分广阔。

HBR可应用于城镇分散型粪便和生活污水的治理，新建、改建城市化粪池，自然保护区，风景旅游区，别墅区，灾害区等公厕污水治理。解决了地表水、地下水、土壤、大气环境污染；也解决了城市生活区域化粪池经下水管网进入城市污水处理厂需昂贵资金进行末端处理的难题。使生活污水，特别是难以治理的粪便污水治于源头，保护和有效的利用水资源。使粪便和生活污水中引起肠胃炎伤寒、痢疾、霍乱、马鼻疽 、钩端螺旋体病等的病原微生物得以控制。促进了我国城乡建设的规范化、资源化和城乡绿化，从而提高人们的生活品质，既保护了生态环境又推进了人类文明和社会进步。

（周家正　张丽华　张卓然）

第六节　生物反应器与膜技术相结合的单元式农村污水处理站

一、概　　述

生物反应器与膜技术相结合的单元式农村污水处理站对污水的处理靠物理的（如微曝气破碎、细格栅、沉淀、吸附和滤过等），化学的（如微曝气氧化、酶解和催化等）和生物的（如高效菌剂、生物膜、生物转盘和生物棉等）综合作用，三者优化组合达到最佳处理效果。生物处理以改良的 HBR 生物反应器作为核心技术，利用添加的高效复合微生物菌剂，对污水中氮、磷及有机物等污染物质进行降解、去除。污水经过生物处理后，再采用中空纤维膜和/或管式膜进行进一步的微滤和/或超滤，有效去除污水中悬浮物质、细菌、病毒等，使处理后的水达到中水回用标准。单元式体现了污水从源头处理，总体设计技术先进、成本低、占地少、易于建设、管理简便及可移动等特点。

二、工作原理与工艺流程

此种农村污水处理站以 HBR 生物反应器作为核心技术，HBR 包括好氧与兼性厌氧曝气池、砂滤池、活性炭过滤池、清水池等独立的小池。单元式农村污水处理站的工艺流程（图 22-25）是生活污水及粪便等原污水首先进入收集池（调节池），利用水位差流入 HBR 反应器中的 1 号好氧曝气池，1 号曝气池中的高效复合微生物菌剂在微孔曝气充氧的条件下对污水中污染物进行降解、去除；出水进入兼氧－厌氧池；此后污水依次进入 2 号好氧曝气池、2 号兼氧－厌氧池、3 号好氧曝气池，利用好氧－兼氧－厌氧相结合的工艺，有效的增强了对污水的脱氮除磷能力；3 号好氧曝气池的出水经石英砂、活性炭过滤以进一步去除水中的悬浮杂质、脱色、除臭等；经过上述处理的水进入清水池，并通过清水池中的中空纤维膜组件和/或外置分流管式膜装置处理，得到最终出水。经膜过滤处理后的出水水质能达到很高的标准，可进行绿化、洗车、冲厕等。这种污水处理站的工作原理是：①利用高效微生物菌剂与 HBR 反应器系统联合，去除污水中的有机物，污水经原位处理后循环回用，节能减排；②生物反应器与膜技术联合，利用若干组中空纤维膜组件或管式膜装置最终完成污水处理。其特点是 HBR 生物反应器构造简单、占地少、成本低、易建设，处理效果好。此种污水处理站适用

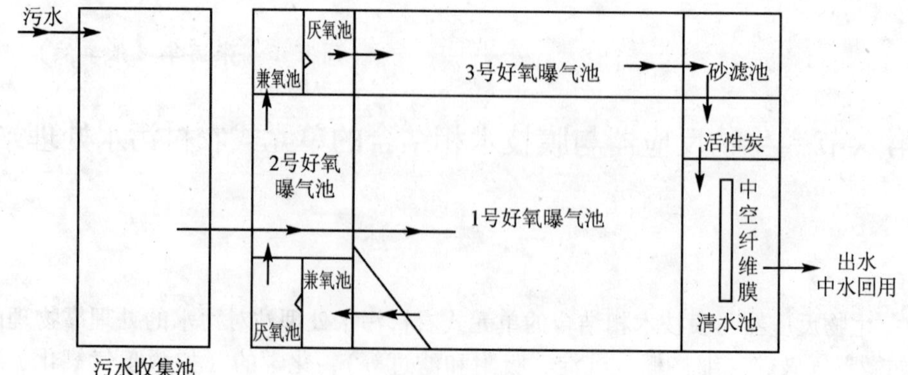

图 22-25 污水处理流程示意图

于中小城镇和广大农村的生活与粪便污水的治理。

三、处理系统的主要技术组成

1. 改良 HBR 生物反应器

HBR 是单元式移动污水处理站的核心部分。所谓改良 HBR 生物反应器是将生化处理后的水经过生化过滤膜池，再利用若干组内置浸没式中空纤维膜组件过滤，这是一种全新的膜生物反应器（MBR）；这种 MBR 包括 7 个独立的小单元，经过调节池后的污水直接进入 HBR 生物反应器，经厌氧、好氧和酵解，逐级氧化分解污水。每个沉淀池内产生的少量未完全分解的大分子化合物回流于 HBR 的初始端，重新经过此流程的二次分解达到理想效果。高效复合微生物菌剂主要包括蜡样芽孢杆菌、乳杆菌、肠球菌、双歧杆菌、气单胞菌、水单胞菌等。高效复合微生物菌剂在微曝气池中不仅能竞争性存活，在污水中稳定地达到有效作用密度（每毫升达 $1\times10^{6}\sim1\times10^{10}$ 个），具有降解污水中有机物和脱硫、脱氨、脱磷等作用，且有氧化和除臭之功效。为充分实现生物与膜的联合效应，还在反应池中使用生物转盘和生物活性棉等。处理后的污水水质经检测完全达标（GB/T 19820—2002）。

2. 膜技术

HBR 与中空纤维微滤膜和/或管式超滤膜的结合形成了一种全新的膜生物反应器。这种 MBR 多采用外压式中空纤维膜，中空纤维膜的膜丝较细（彩图 3），低分子物质、离子和水可渗透过膜的微孔，而高分子物质、胶体和菌类等被截留。中空纤维膜有较好的柔韧性，在 HBR 正常运行的情况下能保持 3 年以上的寿命；管式膜组件有不锈钢外壳（图 22-26、彩图 4），壳内的膜元件可更换，这

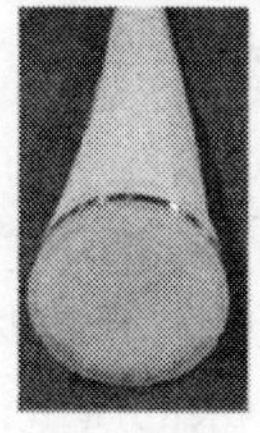

(a)可更换的膜元件

(b)不锈钢外壳

(c)内膜元件套入外壳

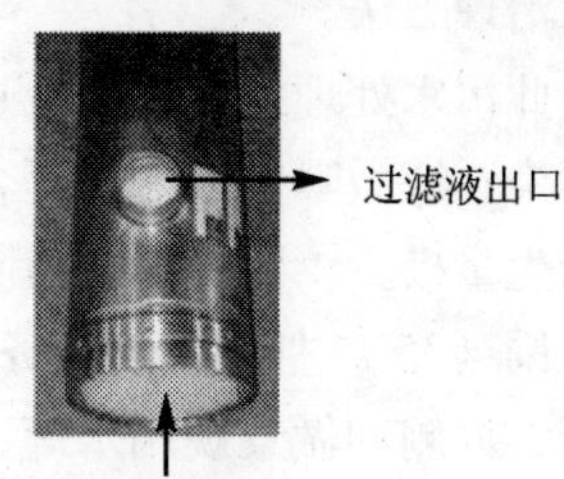

(d)管式膜超滤污水

图 22-26　管式膜

是一种内压式管式超滤膜，截留分子量为 5 ~ 250 kDa。实际测试表明：原液进水的 COD 为 1 000 ~ 5 000mg · L^{-1}，出水的 COD 为 200 ~ 500mg · L^{-1}，经此处理原液的 COD 的清除率为 90%，BOD 的清除率为 96%，SS 的清除率为 100%，滤过液（产水）中无细菌存在。

四、设 备 特 点

单元式可移动 MBR 污水处理系统是针对小城镇和农村生活污水及粪便的处理设计的（彩图 5、彩图 6），符合新农村环保建设的要求。单元式是针对农村分散的住户，以 HBR 生物反应器为核心，以膜过滤达标为目的，将全部设备建在一个可移动的房体内，易于建设和运行，也便于管理和维修，故障少，寿命长，非常适合在小城镇和农村推广应用。该项目的提出是污水处理理念上的一场革命，与传统污水处理装置比较有五大区别：①移动式污水处理站主张单元化，即针对小城镇和农村一个单元区（15 ~ 100 户）的生活及粪便污水从源头进行即时处理；而传统污水处理要经过长距离的管网将污水集中到终端再处理，集中后的污水性质复杂，处理难度大，而且在污水集中过程中还存在二次污染。②单元式移动型污水处理系统主要依赖高效微生物菌剂的作用，在几个微曝气池中进行多级生物消化降解，污水处理效果好；而传统法要经过长距离的管网集中到终端，污水量剧增，仅靠活性污泥中微生物处理的生物效应较差。③移动式污水处理系统占地少、成本低、易于建设；传统污水处理要进行大范围的管网建设，受到资金、地域、地下结构及不可预料的复杂情况等制约。④单元式污水处理站在处理中几乎不产生污泥，而传统污水的终端处理产生大量污泥，而污泥处理是令人头痛的世界性难题。⑤单元式移动 MBR 是本项目最大亮点，这种污水处理站具有原位处理、简易高效、节水节能、投资省、管理方便等优点，是一种先进有效的污水治理方法。

此污水处理站在性能上达到了：①污水从源头治理、全封闭、零排放、无二次污染；②微曝气系统和复合微生物菌剂的使用，使得氧化和酵解效果甚佳，污泥产生量极少，几乎不需清除处理；③污水收集、处理和水资源回收利用全部在小范围（35 户左右）的服务区内进行，处理后得到的中水可直接用于本区绿化灌溉、冲厕和做景观用水等；④启用膜装置进行过滤，提高了中水的质量，系统回路短，减少故障和维修范围；⑤此污水处理站的设计克服了小城镇和新农村建设中存在的“先污染后治理”的弊病；⑥单元式移动污水处理站为污水治理提供了一种低费用、低能耗的处理技术，相对于高投入和复杂的管网集中式污水处理方式而言，前者在技术和经济上都具有绝对的优势。

该项目的实施大大的改善了用户的周边环境，无异味，无蚊蝇，零排放，零污染，真正做到了从污染源头治理，出水水质达到《城镇污水排放三级标准》(GB18918—2002)，可循环再利用，大大节约了淡水资源。

五、应用实例

1. 使用条件

单元式是为了处理难于投入大型管网的分散居住区（15～50户）的生活及粪便污水，移动型是将污水处理站的全部设备安装在一个可移动的房体内，易进行运输和安放。该处理站占地省、出水水质优良稳定、管理简便，故障点减少，最大限度的降低运行成本，尤其适用于环保建设从零起步和投资困难的农村地区。

2. 运行费用

电费由表22-12的用电容量统计可知，本工程实际电耗为18.18kW·h·d^{-1}，按电价0.5元·kW·h^{-1}计，则电费为1.818kW·h·m^{-3}废水×0.50元·kW·h=0.909元·m^{-3}废水。每户每天电费为0.26元。

表22-12　用电负荷

序号	设备名称	装机容量/kW	数量/个	日工作时间/h	日用电量/(kW·h·d^{-1})	备注
1	主送风机	1.1	2	22	12.1	一用一备
2	吸引泵	0.38	1	18	6.08	
	合计	1.48			18.18	

由表22-12可知，本工程总装机容量1.48kW，实际运行容量0.85kW。实际用电容量为18.18kW·h·d^{-1}。该污水处理站综合废水处理运行费用为0.909元·m^{-3}废水。满负荷年运行总费用为：0.909元·m^{-3}废水×10m^3·d^{-1}×360=3 272.4元·年$^{-1}$；药剂费及生物菌剂费510元·年$^{-1}$（1.05元/m^3·d^{-1}，30.15元·月$^{-1}$），运行总费用为3780元·年$^{-1}$。

3. 应用实例

1）该污水处理站应用在大连市金州区三十里堡镇50户居民小区的生活与粪便污水处理，日处理量为60t，处理后的水已回用于冲厕、绿化等。经过连续58天对该小区污水处理前后进行检测，污染物的去除率为：COD_{Cr} 92%、BOD_5

93.7%、SS 94.59%、氨基氮96.1%、总磷94.59%。按设计出水水质标准的检测结果符合国家（GB/T18921－2002）标准要求。检测结果如表22-13所示。

表22-13 污水处理站在三十里堡镇污水处理检测结果

序 号	项 目	排放口原水	处理站出水	标准限值
1	pH	—	7.46～7.48	6.0～9.0
2	COD_{cr}/($mg \cdot L^{-1}$)	384.8	≤30.6	50.0
3	SS/($mg \cdot L^{-1}$)	185.0	≤10.0	10.0
4	NH_2—N/($mg \cdot L^{-1}$)	66.7	≤2.6	5.0
5	BOD_5/($mg \cdot L^{-1}$)	160.5	≤10.0	10.0
6	TP/($mg \cdot L^{-1}$)	7.4	≤0.4	5.0
7	粪大肠菌群/(个$\cdot L^{-1}$)	533 000	未检出	3
8	石油类	—	未检出	1
9	动植物油	—	未检出	1

注：—未检测。

2）在大连市旅顺口区袁家沟村35户居民小区采用了该污水处理系统，日处理量为20t。在运行期随机连续5天对生活与粪便污水处理前后进行检测，污染物的去除率为：COD_{Cr}58%～77.3%、$BOD_5$48%～87.4%、SS 58%～90.9%、氨态氮55%～89%、总氮68%～83.4%、总磷30%～49%。按设计出水水质标准的检测结果符合国家（GB/T18921—2002）标准要求。检测结果如表22-14所示。

表22-14 污水处理站在袁家沟村污水处理检测结果（2009年9月9～14日检测）

序 号	项 目	排放口原水	处理站出水	标准限值
1	pH	—	7.46～7.48	6.0～9.0
2	COD_{cr}/($mg \cdot L^{-1}$)	223	21.1～40.0	50.0
3	SS/($mg \cdot L^{-1}$)	—	3.3～8.0	10.0
4	NH_2-N/($mg \cdot L^{-1}$)	15.0	1.31～1.50	5.0
5	BOD_5/($mg \cdot L^{-1}$)	—	6.3	10.0
6	TP/($mg \cdot L^{-1}$)	3.3	0.2	5.0
7	粪大肠菌群/(个$\cdot L^{-1}$)	157000	未检出	3
8	石油类	—	未检出	1
9	动植物油	—	未检出	1

注：—未检测。

当今全国污水处理率不到50%，城乡的污水处理发展缓慢，已有污水厂的处理效果不理想，仍存在二次污染；单元移动式污水处理站是解决这一问题的最好模式之一，它可以缓解城乡污水集中处理的巨额投资的窘境，不需要铺设大规模的地下管网，无须浩大的土建工程。使城乡的污水进行原位处理，占地面积小，投资省，处理后的水可循环回用，就地消灭污染源，平衡了生态环境，达到零排放、零污染。从源头治理污水，节能、减排、环保，不仅美化了周边环境，还确保了人们的身体健康，为构建和谐社会谱写新的篇章。

（周家正　肖　霏　张丽华　张卓然）

参考文献

卞有生. 2005. 生态农业中废弃物的处理与再生利用. 第二版. 北京：化学工业出版社

国务院. 2006. 国民经济和社会发展第十一个五年规划纲要

雷刚，崔彩贤，田义文. 2007. 农村饮用水安全问题研究. 安徽农业科学，35（5）：233，234

联合国环境规划署（UNEP）. 2002. 全球环境展望·内罗毕. 北京：中国环境科学出版社

秦峰，柴晓利，赵爱华. 2006. 粪便处理与处置技术. 北京：化学工业出版社

石辉，彭可珊. 2002. 我国的水资源问题与持续利用. 中国人口·资源与环境，12（6）：23~25

世界卫生组织（WHO）. 2004. 饮用水水质准则. 第三版. 排版地：中国香港特别行政区，印刷地：新加坡

赵明，舒春敏. 2003. 我国城市供水状况及节水对策. 干旱区资源与环境，17（1）：32~36

白晓慧，张玲，原喆，等. 2004. 饮用水水质安全性及其保障策略. 中国公共卫生，20（9）：1147，1148

张忠祥，钱易. 2004. 废水生物处理新技术. 北京：清华大学出版社

周家正，张卓然. 2009. 高效复合生物反应器（HBR）处理城镇生活及粪便污水系统的实验研究. 微生物学杂志，29（1）：94~97

索　　引

中文	英文（缩写）	页码
D—荧光素酶	D-luciferase	324
人工湿地	constructed wetlands	277
五氯酚	pentachlorophenol（PCP）	326
化学需氧量	chemical oxygen demand（COD）	51
内源性环境污染	endogenous environment pollution	4
升流式厌氧污泥床	upflow anaerobic sludge blanket（UASB）	257
开普敦大学（UCT）工艺	University of Cape Town Process（UCT）	305
反渗透	reverse osmosis（RO）	553
水力停留时间	hydraulic retention time（HRT）	325
水体自净	self purification	171
可同化有机碳	assimilable organic carbon（AOC）	43
可溶性微生物代谢产物	soluble microbial products（SMP）	357
胞外聚合物	extracellular polymeric substances（EPS）	347
生化需氧量	biological oxygen demand（BOD）	51
生物干燥	biodrying	527
生物转盘法	biological rotating disk（BRD）	532
生物降解	Biodegradation	174
生物接触氧化池	biological contact oxidizing pond	241
生物强化/间歇富集	bioaugmentation batch enhanced（BABE）	353
生物强化技术	bioaugmentation	312
生物滤池	biofilter	532
亚硝酸氧化菌	nitrite oxidizing bacteria（NOB）	287
传统活性污泥法	conventional activated sludge（CAS）	205
光合菌	photosynthetic bacteria（PSB）	535
共代谢	co-metabolism	77
厌氧/缺氧/好氧系统	anaerobic/anoxic/oxic system（A^2/O）	309
厌氧滤池	anaerobic filter（AF）	255

延时曝气活性污泥法	extended aeration activated sludge (EAAS)	207
污泥停留时间	sludge retention time (SRT)	289
污泥体积指数	sludge volume index (SVI)	204
吸附再生活性污泥法	contact stabilization activated sludge (CSAS)	206
完全混合式活性污泥法	completely mixed activated sludge (CMAS)	206
沉淀池	sedimentation tank	66
序批式活性污泥法	sequence batch reactor (SBR)	533
折流式厌氧反应器	anaerobic baffled reactor (ABR)	316
纯氧曝气活性污泥法	high-purity oxygen activated sludge (HPOAS)	214
纳滤	nanofiltraion (NF)	333
固液分离膜—生物反应器	Solid-liquid separation membrane bioreactor	335
非生物源性化合物	xenobiotics	315
总有机碳	total organic carbon (TOC)	52
总需氧量	total oxygen demand (TOD)	52
总凯氏氮	total Kjeldahl nitrogen (TKN)	308
活性污泥	activated sludge	524
活性污泥处理法	activated sludge process (ASP)	533
胞外多聚物	extracellular polymer (ECP)	347
废水灌溉农田	wastewater irrigation	273
废水土地处理	land treatment of wastewater	273
荧光素酶	luciferase	324
挥发性脂肪酸	volatile fatty acids (VFA)	250
氧化沟 (A/O)	oxidation ditch	532
氨氧化菌	ammonium oxidizing bacteria (AOB)	287
格栅	grizzly screen	62
离线富集反应器	off-line enriching reactor	316
高负荷活性污泥法	high-rate activated sludge	207
移动床	moving bed	244
基因工程菌	gene engineering microorganism (GEM)	316
悬浮污泥系统	suspended system	296
悬浮固体	suspended solid (SS)	200
理论需氧量	theoretical oxygen demand (THOD)	52
理想蛋白质	ideal protein (IP)	519
萃取膜-生物反应器	extractive membrane bioreactor (EMBR)	343

溶解氧	dissolved oxygen (DO)	310
富集池	enriching-reactor	316
筛网	screen stencil	66
最大容忍限度	maximum tolerable risk (MTR)	357
紫外线	ultraviolet radiation (UV)	98
超滤	ultrafiltration (UF)	333
遗传修饰微生物	genetic modified microorganism (GMM)	319
混合液悬浮固体浓度	mixed liquor suspended solids (MLSS)	203
混凝	coagulation	37
微丝菌	microthrix parvicella	354
微滤	microfiltration (MF)	333
截止式转化	dead-end transformation	174
稳定塘	stabilization ponds	266
膜—生物反应器	membrane bioreactor (MBR)	335
膜法系统	attached system	296
曝气膜生物反应器	membrane aeration bioreactor (MABR)	335

彩 图

彩图 1 露天条垛式机械翻堆

彩图 2 槽式堆置发酵系统

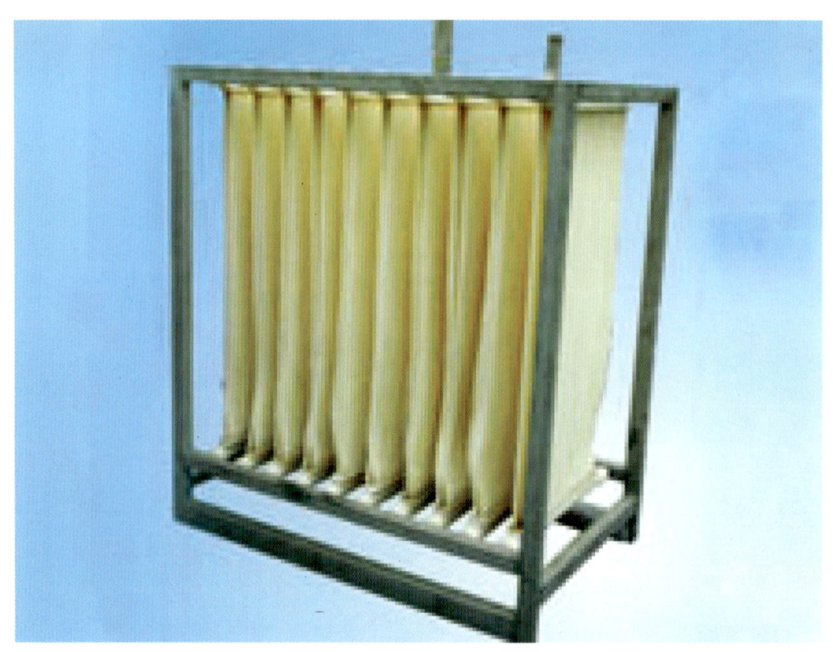

彩图 3　中空纤维膜

彩图 4　管式膜

①移动污水处理站
②HBR生物发生器
③中空膜组件设备
优点：中水回用，零排放，零污染，自动控制，污水处理站的全部设备安装在一个可移动的房体内，易于运输、安装及运行管理。

彩图5 单元式生物与膜的移动型污水处理站

彩图6　单元式生物与膜的农村污水处理站